中国科学院大学研究生教材系列

半导体工艺与集成电路制造技术

Semiconductor Process and Integrated Circuit Manufacturing Technology

韩郑生　罗　军　殷华湘　赵　超　编著

科学出版社

北　京

内 容 简 介

本书将系统地介绍微电子制造科学原理与工程技术，覆盖集成电路制造所涉及的晶圆材料、扩散、氧化、离子注入、光刻、刻蚀、薄膜淀积、测试及封装等单项工艺，以及以互补金属氧化物半导体(CMOS)集成电路为主线的工艺集成。对单项工艺除了讲述相关的物理和化学原理外，还介绍一些相关的工艺设备。

本书可作为高等院校微电子、集成电路及微电子机械、光电器件、传感器等相关专业研究生的教材和参考书。

图书在版编目(CIP)数据

半导体工艺与集成电路制造技术/韩郑生等编著. —北京：科学出版社，2023.3

中国科学院大学研究生教材系列

ISBN 978-7-03-075060-0

Ⅰ.①半… Ⅱ.①韩… Ⅲ.①半导体集成电路–集成电路工艺–研究生–教材 Ⅳ.①TN430.5

中国国家版本馆 CIP 数据核字(2023)第 039877 号

责任编辑：周 涵 田轶静／责任校对：杨聪敏
责任印制：赵 博／封面设计：陈 敬

科 学 出 版 社 出版
北京东黄城根北街 16 号
邮政编码：100717
http://www.sciencep.com

北京富资园科技发展有限公司印刷
科学出版社发行 各地新华书店经销
*
2023 年 3 月第 一 版 开本：720×1000 1/16
2025 年 2 月第三次印刷 印张：36
字数：724 000

定价：178.00 元
（如有印装质量问题，我社负责调换）

前　言

1956 年国家的《1956—1967 年科学技术发展远景规划纲要 (修正草案)》就将半导体技术作为四个优先发展的技术之一。21 世纪以来，国务院推出了一系列推进集成电路发展的政策，例如《国务院关于印发鼓励软件产业和集成电路产业发展若干政策的通知》(国发〔2000〕18 号)、《国务院关于印发进一步鼓励软件产业和集成电路产业发展若干政策的通知》(国发〔2011〕4 号)、2014 年《国家集成电路产业发展推进纲要》、《国务院关于印发新时期促进集成电路产业和软件产业高质量发展的若干政策的通知》(国发〔2020〕8 号)。2020 年国务院学位委员会将 "集成电路科学与工程" 设置为一级学科。

2018 年全球半导体总产值是 4767 亿美元。中国 2017 年集成电路进口额 3100 亿美元，连续 5 年排名第一，是排名第二的原油进口额的两倍，超过铁矿石、钢、铜和粮食的进口费用总和。

综上所述，半导体技术及其产品是现代信息产业的基础，关系到国家战略安全和国民经济的可持续发展，代表着国家的科技水平，并且与每个人的日常生活息息相关。

目前，我国集成电路从业人员总数偏少，人才培养总量严重不足。作者希望本书能为我国的集成电路技术人才的培养做出一份贡献。

本书共 15 章，其主要内容为：半导体制造绪论，半导体衬底材料，扩散，氧化，离子注入，快速热处理，光学光刻，先进光刻，真空、等离子体与刻蚀技术，物理与化学气相淀积，CMOS 集成技术：前道工艺，CMOS 集成技术：后道工艺，特殊器件集成技术，半导体测量、检测与测试技术，封装工艺。各章末都附有习题和参考文献供教师、学生选用。

本书由韩郑生参与编写了第 1～4、7、8、14、15 章；罗军参与编写了第 3～10 章；殷华湘参与编写了第 11、13、14 章；赵超编写了第 12 章。

"半导体工艺与制造技术" 是中国科学院大学的专业核心课程，已在中国科学院大学讲授 10 次，选课学生超过 1000 人。

由于半导体工艺技术在快速不断地发展、变化，本书除了系统地讲述基本的工艺方法、基础知识外，尽量在各个部分介绍一些最新的技术成果和发展趋势。本书的编著者都具有多年实践经验，目前还在参与半导体技术研发项目。

　　通过本书学习，可以系统、全面地了解集成电路完整的制造工艺技术。

　　感谢中国科学院大学教材出版中心对本书出版的资助。

作　者

2022 年 12 月于中国科学院大学

目　　录

第 1 章 半导体制造绪论

韩郑生

1.1 引　　言

半导体概念涉及的内容包括半导体物理学、半导体化学、半导体材料、半导体器件、半导体制造技术。

半导体物理学是物理学的一个分支，它包含：半导体理论、半导体性质、非平衡载流子、杂质和缺陷、PN 结等。半导体理论又包含：半导体量子理论、半导体统计学、极化与激子理论、半导体晶体物理、半导体能带结构等。半导体性质又包含：热学、光学、电学、磁学、力学等性质 [1]。

半导体化学是理论化学、化学物理学的一个分支，它包含：半导体晶体结构、半导体表面化学、半导体分析化学、半导体物理化学、化学物理、有机半导体化学等。

半导体器件包含：二极管、双极晶体管 (BJT)、晶闸管、光电器件、热电器件、热敏电阻、霍尔器件、光磁电探测器件、发光器件、铁电及压电器件、微波器件、场效应器件、体效应器件等。其中场效应器件又包含：金属-氧化物-半导体 (MOS) 器件、绝缘栅场效应器件、肖特基势垒栅场效应器件、硅栅器件、电荷耦合器件、结型场效应晶体管、静电感应场效应晶体管等。

集成电路 (IC) 技术包含：理论、设计、结构、制造工艺、可靠性及例行试验、测试和检验、应用等。半导体制造工艺又包含：图形化技术、薄膜技术、隔离技术、引线技术、互连及多层布线技术、刻蚀工艺等。

本书着重介绍的是半导体制造工艺技术，会涉及大量的半导体物理、半导体化学方面的知识。

1.2　半导体产业史

电子工业起源于电真空器件。1883 年，美国著名的科学家托马斯·爱迪生 (Thomas Edison) 发现了"爱迪生效应"，在点亮的电灯内有电荷从热灯丝经过空间到达冷板。英国物理学家约翰·弗莱明 (John Fleming) 根据"爱迪生效应"在 1904 年发明了电子二极管 [2]。1906 年，美国发明家德·福雷斯特 (De Forest)，在二极管的灯丝和板极之间巧妙地加了一个栅板, 从而发明了放大电子信号的第一只真空三极管, 标志着人类从此进入了电子时代 [2]。

上述发明奠定了电子工业发展的基础。1946 年 2 月 14 日, 在美国宾夕法尼亚大学发布了世界上第一台通用计算机——电子数字积分计算机 (Electronic Numerical Integrator and Computer, ENIAC)[3]。其机台长 30 m、宽 0.9 m、高 2.4 m, 占地约 167 m^2, 重 27 t, 功率消耗 150 kW。ENIAC 包含 17468 个真空管、7200 个晶体二极管、1500 个继电器、70000 个电阻器、10000 个电容器和大约 5000000 个手工焊接接点 [4]。ENIAC 的诞生是电子工业领域一个重要的里程碑。

1947~1948 年美国贝尔实验室约翰·巴丁 (John Bardeen)、沃尔特·布拉顿 (Walter Brattain) 和威廉·肖克利 (William Shockley) 成功研制出半导体晶体三极管, 并于 1956 年获得诺贝尔物理学奖 [5]。由此开创了固体电子时代的新纪元。

1958 年美国德州仪器 (Texas Instruments, TI) 公司杰克·基尔比 (Jack Kilby) 研制出第一个集成电路 (图 1.1), 其发明专利中介绍:"因此, 本发明首要的目的就是利用一块包含扩散形 PN 结的半导体材料, 制备一种新颖的小型化电子电路, 在其中, 所有电路元件全部集成在这块半导体材料之中。"[6] 这是固体电子器件历史上的一个重要里程碑。为此, 杰克·基尔比于 2000 年获得诺贝尔物理学奖。

图 1.1　第一个集成电路 [7]

说到集成电路的发明, 还不得不提的一位科学家是罗伯特·诺伊斯 (Robert Noyce), 他在 1959 年也研制出单片集成电路 [7]。可惜的是斯德哥尔摩将诺贝尔奖授予集成电路发明者时, 他已经去世了。此外, 他还是半导体产业界的领袖级人物, 他和戈登·摩尔 (Gordon Moore) 共同创办了传奇的仙童 (Fairchild) 半导体公司和英特尔 (Intel) 公司。

人类历史上很少有哪个行业是在其初期阶段就有人为其后几十年的发展指明方向的。幸运的是半导体集成电路领域有 Moore 这样一位导师。1965 年 4 月仙童公司的 Moore 在《电子学》杂志上发表文章预言：集成电路芯片上集成的晶体管数量将每年翻一番。这就是著名的 "摩尔定律"[8]。1975 年 Moore 在国际电子器件会议 (IEDM) 上，将集成电路集成度的发展趋势修正为每两年翻一番 [9]。后来半导体业界普遍认为 "集成度是每 18 个月翻一番"。

早期，人们根据 "摩尔定律" 将集成电路的集成度 (每个芯片上集成的器件数) 对应的年代做了划分，并分别按规模命名为小规模集成电路 (SSI)、中规模集成电路 (MSI)、大规模集成电路 (LSI) 等，参见表 1.1。后来大概是表示量级的形容词都用尽了，就不再按此命名法往后排了。但是，集成电路的集成度一直没有停止其前进的步伐。在 2008 年每个芯片上的器件数已经超过了全世界的人口数，现在已经到 100 亿的量级了。

表 1.1 半导体电路集成规模 [10]

电路集成规模	半导体产业周期	每个芯片元件数
没有集成 (分离元件)	1960 年之前	1
小规模集成电路 (SSI)	20 世纪 60 年代前期	2 ∼ 50
中规模集成电路 (MSI)	20 世纪 60 年代到 70 年代前期	20 ∼ 5000
大规模集成电路 (LSI)	20 世纪 70 年代前期到 70 年代后期	5000 ∼ 100000
超大规模集成电路 (VLSI)	20 世纪 70 年代后期到 80 年代后期	100000 ∼ 1000000
甚大规模集成电路 (ULSI)	20 世纪 70 年代后期到现在	> 1000000
巨大规模集成电路 (GSI)		> 100000000

图 1.2 是两类最具代表性的集成电路的摩尔定律的表现形式——微处理器和存储器电路的发展变化趋势。英特尔的微处理器开始是用数字表示其技术代，例如 8086、80286、i386™、i486™，以及此后的奔腾 (Pentium®)、安腾 (Itanium™) 等；存储器是以其存取容量来标记其前进的步伐，如 1k 表示存储器容量是 1024 位 (bit)；菱形标识是从集成电路诞生到 1965 年之间集成度与年度关系的实际数据；星形标识是 MOS 阵列；花形标识 MOS 逻辑电路到 1975 年集成度与年度关系的实际数据；圆圈标识在 1975 年对集成度与年度关系的预测值；方块标识存储器的集成度与年度关系的实际数据；三角标识微处理器的功能与年度关系的实际数据。由此可以看出，集成电路的集成度随着年度增加是呈指数关系增加的。

后来摩尔定律的表现形式进一步细化，1992 年美国半导体行业协会 (SIA) 发起制定了美国国家半导体技术发展路线图 (National Technology Roadmap for Semiconductors，NTRS)。随着欧洲、日本、韩国以及中国台湾相关协会的加入，1999 年更名为国际半导体技术路线图 (International Technology Roadmap for Semiconductors，ITRS)[11]。针对半导体制造技术发展所需的材料、器件结构、

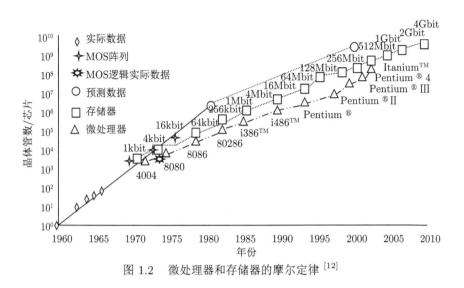

图 1.2　微处理器和存储器的摩尔定律 [12]

工艺及设备等方面，来自企业及科研院所的科学家、工程技术人员参与讨论制定
ITRS。

再往后《国际半导体技术发展路线图》(2010) 又呈现出如图 1.3 所示的形式。
一方面继续沿着摩尔定律指引的方向，通过不断缩小器件的关键尺寸 (CD) 增大
集成度，如图中纵轴的方向，即所谓的延续摩尔定律 (More Moore's Law)。这一
维度的主要功能是进行数字内容的信息处理，可通过片上系统 (SoC) 的方式来提
高集成电路的功能和性能。这类的特点是在工艺上要处理的图形尺寸特别微细和
精准，而且要不断挑战物理的和化学的加工极限。目前，半导体产业界量产的特
征尺寸已经到了 7 nm 的技术代。现在正在研发的是 5 nm、3 nm 等技术代。继续
下去就是所谓的超越 (Beyond) 互补金属氧化物半导体 (CMOS)，将会出现什么
替代工艺、结构、材料等方案？可能的候选者有纳米管、量子器件、异质集成等。
但是从产业量产的角度来评价，正如图中所绘，目前还都是"浮云"。另一个维度
是多样化 (Diversification) 的形式，即所谓的超越摩尔定律 (More than Moore)。
主要是处理与人或环境交互的非数字变量，这类器件包括模拟/射频 (RF)、无源
元件、高压 (HV)、功率器件、传感器、驱动器、生物芯片等。这类的特点是在工
艺上要处理的图形特征尺寸不像数字信息那样微细和精准，采用的主要措施是系
统级封装 (SiP)。显然，将纵向 SoC 和横向 SiP 两个维度的技术结合就可以通过
强强联合，实现高附加值的系统产品。

2016 年 3 月的报告将 ITRS 改名为国际器件及系统技术蓝图 (IRDS)。它不
再像过去那样偏重如何继续提升运算速度与效能，而是关注如何让芯片发展能更
符合智能型手机、穿戴式装置与数据中心机器的需要 [14]。标志着半导体集成电路

发展从以往技术引领应用，转向应用驱动技术的发展模式。

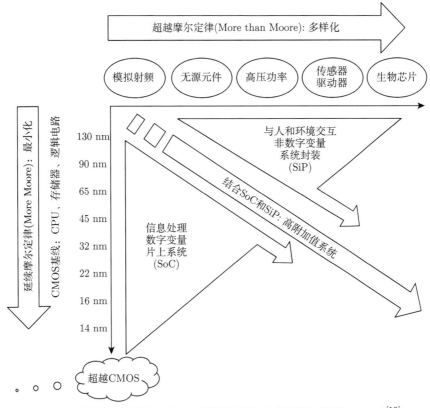

图 1.3 摩尔定律及其他 (引自《国际半导体技术发展路线图》(2010)[13])

1.3 晶圆制造厂

半导体集成电路制造可以分为五大制造阶段：①晶圆制备，②晶圆制造，③晶圆测试，④装配与封装，⑤终测与考核试验。

1.3.1 晶圆制备

晶圆制备阶段是从原材料开始，包括硅晶锭的生长、滚圆、切片、抛光、检验及包装，如图 1.4 所示。这部分通常是与晶圆制造商分开的。

(1) 生长：将化学配比好的杂质 (如磷或硼) 与多晶硅料放入坩埚，通过坩埚外装配的电炉丝加热，使其处于熔融状态；然后将一个特定晶向的籽晶与熔融硅液面接触，慢慢旋转提拉。拉制出满足晶圆直径规范的硅单晶锭。

(2) 切掉不满足直径要求的两头, 晶圆研磨滚圆使其直径一致, 并严格符合国际半导体设备与材料组织 (SEMI) 规范要求。

(3) 研磨为定位使用的平边 (Flat) 或凹槽 (Notch)。

(4) 切片 (Wafer Slicing): 将晶圆从硅晶锭上切成一定厚度的晶圆片。

(5) 倒角 (Edge Rounding): 使晶圆边缘平滑。

(6) 晶圆研磨 (Lipping)。

(7) 晶圆刻蚀 (Wafer Etch)。

(8) 晶圆抛光 (Polishing)。

(9) 晶圆检查: 晶圆质量检查依据的是 SEMI 标准。

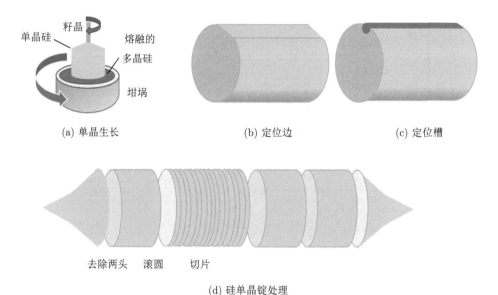

(a) 单晶生长　　　　　　　(b) 定位边　　　　　　　(c) 定位槽

去除两头　滚圆　切片

(d) 硅单晶锭处理

图 1.4　晶圆制备步骤示意图

晶圆尺寸演变: 集成电路制造所用的晶圆尺寸在不断地增大, 晶圆直径往往代表一个集成电路制造厂 (FAB) 的水平指标。对应年代与最先进的晶圆直径有个大致关系, 如表 1.2 所示 [11]。有人习惯用英制称呼, 有人喜欢公制的说法, 实际上二者是对等的。

表 1.2　晶圆尺寸的演变

年份	1965	1975	1981	1987	1992	2000
直径 (公制)/mm	50	100	125	150	200	300
直径 (英制)/in	2	4	5	6	8	12

若以芯片尺寸 20 mm × 20 mm 为例, 300 mm 晶圆上完整芯片是 142 个, 而

200 mm 晶圆上完整芯片是 57 个，142/57 ≈ 2.49。即每个直径 300 mm 晶圆上的芯片数约是每个直径 200 mm 晶圆上的 2.5 倍，在同样的时间段，产出效率可以显著提高，生产成本可以大幅度降低。这就是业界不断增大晶圆直径的驱动力。

1.3.2 晶圆制造

晶圆制造包括按照一定的工艺流程，反复多次对晶圆清洗、薄膜制备、光刻图形、刻蚀及掺杂等加工工艺组合，在晶圆上完成集成电路的芯片制造。

晶圆制造厂房内会按各单项工艺模块划分区域，包括：①光刻区，②刻蚀区，③离子注入区，④薄膜区，⑤扩散区，⑥金属化区，如图 1.5 所示[15]。

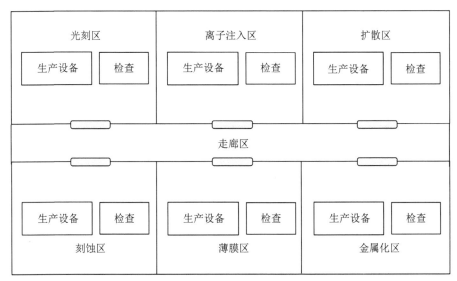

图 1.5　晶圆制造 FAB 工艺分区示意图

早期的光刻间用的是红灯，随着器件特征尺寸减小，光刻机所有的光源波长向深紫外方向转移，现在光刻间照明都是用黄光，因此，有时光刻间又称为黄房区。

早期主要是湿法刻蚀，刻蚀通常和清洗在一个区域。现在随着器件特征尺寸减小，各向异性的干法刻蚀用得更多，干法设备通常涉及反应腔体需要抽真空系统和产生等离子体的射频系统，现在干法刻蚀单独一个区。

早期对半导体掺杂主要是采取高温炉扩散工艺。随着器件特征尺寸减小，对 PN 结结深和杂质浓度在硅中分布的形貌要求有所提高，现在掺杂主要是采用离子注入技术。离子注入机的离子束流需要在真空中输运，会涉及真空系统、高压加速系统和电磁偏转系统。

薄膜区主要是涉及各种薄膜淀积工艺，淀积薄膜包括：多晶硅、氧化硅、氮化硅等。所用技术包括：物理气相淀积 (PVD) 和化学气相淀积 (CVD)。

尽管现在高温炉扩散几乎不用了，但是 FAB 通常还会沿用过去的称呼，将常压高温炉区称为扩散区，将这个区域的工作组称为扩散班。现在这个区域主要是热生长氧化硅膜，传统的热退火和现在的快速热退火 (RTA)。

铝金属化工艺需要的电子束淀积铝、磁控溅射铝，以及铝的干法刻蚀工艺，与薄膜区没有太严格的区分。铜的金属化的大马士革 (Damascene) 工艺开发成功后，为了避免铜对下面器件部分的沾污，CMOS 集成电路的晶圆制造工艺分成前道工艺和后道工艺，分界处就是铜金属化开始点。铜金属化之前的器件制造部分为前道工艺，之后为后道工艺。在 FAB 中有明确的界限。

要求比较高的集成电路会需要外延工艺，有在硅衬底上生长硅单晶层的同质外延，也有在硅衬底上生长锗薄膜层、Ⅲ-V 化合物等材料的异质外延。也有像晶圆材料制造商一样，专门提供外延晶圆的制造厂。

1.3.3　晶圆测试

晶圆测试包括在晶圆制造工艺过程中的各种在线检查、测量，在芯片制造完成后用探针卡 (Probe Card) 对集成电路芯片部分功能、性能的分检测试，图 1.6(a) 所示是一个探针卡的实例。早期中测是将测试出有故障的芯片打个墨水点，以备封装时将其剔除，如图 1.6(b) 所示。现在多用测试的计算机将有故障的芯片在晶圆位图上记录下其位置。

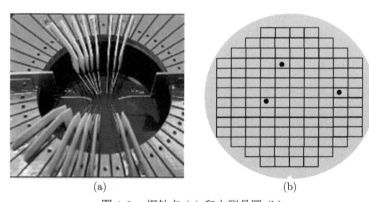

(a)　　　　　　　　　　　　　　　　　(b)

图 1.6　探针卡 (a) 和中测晶圆 (b)

1.3.4　装配与封装

装配与封装阶段，其中装配阶段包括背面减薄、划片、贴片、引线键合，封装阶段包括包封、打印标识，如图 1.7 所示。

(1) 在晶圆制造过程中为了保证一定的机械强度，以免在加工过程中碎片，通常要保持一定的晶圆厚度。而在封装前，再将晶圆的厚度减薄。

(2) 划片是将晶圆上的芯片分开。

(3) 引线键合是用铝丝或金丝将芯片上的输入和输出的压点与管壳上的电极连接起来。

(4) 包封是用盖板将芯片保护起来。

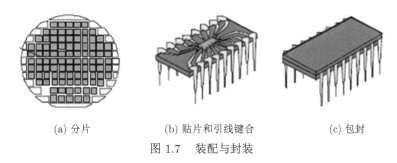

(a) 分片   (b) 贴片和引线键合   (c) 包封

图 1.7　装配与封装

1.3.5　终测与考核试验

终测阶段是指对已经封装好的集成电路产品进行全部功能、性能的测试。必要时还要针对不同的应用环境，进行可靠性试验，这些试验后往往还要对集成电路产品进行全部功能、性能的测试。

1.4　集　成　电　路

半导体工艺和制造技术主要是为了制造各种半导体器件。半导体器件家族虽然庞大，但是制造工艺有一些基本模块，将它们进行不同的组合和集成，就可以组成各种半导体器件的制造工艺流程。在市场上占据最大份额、制造工艺要求最高、制造设备最复杂的当属 CMOS 集成电路。图 1.8 所示是一个 CMOS 反相器对应的各种视图，其中 (a) 为 CMOS 的电路图，(b) 为 CMOS 版图 (顶视图)，(c) 为 CMOS 器件结构的截面图。

图 1.8(a) 中一个 P 沟 MOS 场效应晶体管 (P MOSFET) 的源极与电源 V_{DD} 相连，其栅极与一个 N 沟 MOS 场效应晶体管 (N MOSFET) 的栅极相连，形成反相器的输入端 V_{IN}，其漏极与同一个 N MOSFET 的漏极相连，形成反相器的输出端 V_{OUT}，这个 N MOSFET 的源极与地 V_{SS} 相连。反相器是可以完成逻辑"非"功能的最简单的逻辑门。用其中的 N MOSFET 和 P MOSFET 就可以构成所有复杂的逻辑运算。

图 1.8(b) 中斜条填充图形表示多晶硅，其与 N 型有源区重叠部分是 N MOS-FET 的栅区，与 P 型有源区重叠部分是 P MOSFET 的栅区，由于掺杂多晶硅是导电的，可以实现局部互连，对应于电路图的输入端 V_{IN}。标有金属的无填充图形代表金属，如铝，其通过黑色方块表示的接触孔分别与 P MOSFET 和 N

MOSFET 的漏极相连，对应于电路图的输出端 V_{OUT}；通过黑色方块的接触孔分别将 P MOSFET 和 N MOSFET 的源极接到电源 V_{DD} 或地 V_{SS}。

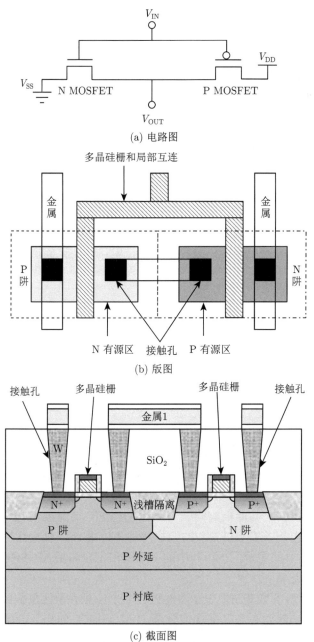

(a) 电路图

(b) 版图

(c) 截面图

图 1.8　CMOS 反相器

图 1.8(c) 中在 P 型硅晶圆材料衬底上先外延一层 P 型单晶硅；然后通过光刻和刻蚀定义出 P 阱 (Well) 和 N 阱，进行掺杂退火形成 P 阱和 N 阱；之后，通过光刻和刻蚀分别定义出 N MOSFET 和 P MOSFET 的有源区，刻蚀和淀积填充形成浅槽隔离 (STI) 的场区；随后，生长栅氧化层，淀积多晶硅；通过光刻和刻蚀定义出多晶硅图形；接下来，分别进行 N MOSFET 和 P MOSFET 的漏端轻掺杂 (LDD) 注入；在多晶硅生长侧墙 (SPACER)，然后，分别进行 N MOSFET 和 P MOSFET 的源/漏端注入 (N^+ 或 P^+)；接下来制备自对准金属硅化物 (Salicide)；淀积氧化层，通过光刻和刻蚀定义出接触孔，淀积钨塞 (W Plug)，溅射金属铝；通过光刻和刻蚀定义出金属连线图形。

评价集成电路技术的主要指标是：①集成电路的功能和性能；②集成电路的可靠性；③集成电路的制造成本。

1.4.1 集成电路的功能和性能

集成电路的功能是指其完成的任务，例如，存储器有多大的存储容量，微处理器的指令集有多少条，能执行什么计算和数据处理等。

集成电路的性能是指其处理数据的速度有多快，输出驱动能力有多强，功耗有多大等。

集成电路的集成度之所以能沿着摩尔定律不断前进，主要因素是工艺加工关键尺寸 (Critical Dimension，CD) 水平。工艺上的关键尺寸一般对应集成电路中器件的关键特征尺寸 (Feature Size)，对应于 MOS 器件的沟道长度或接触孔的长度和宽度。在自对准硅栅工艺中，对应于多晶硅栅条的宽度。半导体业界通常使用这个 CD 来描述半导体制造技术节点 (Technology Node)，又称为技术代 (Technology Generation)。CMOS 技术节点推进进度如表 1.3 所示。

表 1.3　CMOS 技术节点的演变 [16]

集成电路工艺步骤	2007 年	2010 年	2013 年	2016 年	2019 年	备注
Flash Poly	54 nm	32 nm	22 nm	16 nm	11 nm	多晶硅
DRAM M1	68 nm	45 nm	32 nm	22 nm	16 nm	第 1 层金属

芯片的特征尺寸缩小是按比例进行的，器件在垂直和水平两个方向按比例缩小，即多晶硅条宽度、栅氧化层厚度、MOS 器件的源漏 PN 结深等按比例缩小，而不是仅仅其中一个特征尺寸缩小。

1.4.2 集成电路的可靠性

可靠性是集成电路产品获得广泛应用的一个关键因素。早期集成电路主要采用的是双极晶体管器件，一直到 20 世纪 70 年代中期。其原因是制造 MOS 集成电路中的栅氧化层和场氧化层存在可动离子，致使集成电路使用一段时间后电学性能蜕化，甚至功能失效。通过严格控制工艺中化学试剂纯度来提升 MOS 集成电路的可靠性，现在 CMOS 集成电路占据半导体产品市场的最大份额。

随着 CMOS 集成电路技术节点的不断推进，其抗静电放电 (ESD) 能力也不断面临新的挑战，抗 ESD 技术也要不断前进。

尽管如此，从 1947 年以来在芯片价格持续降低的同时，芯片的可靠性不断提高。

1.4.3　集成电路的制造成本

随着集成度的提高，集成电路中器件的单位价格以指数的形式降低。例如，1958 年一个硅晶体管的价格大约 10 美元，而现在 10 美元可以买到包含上亿个晶体管的集成电路。

大规模的批量生产，设备和工艺技术的改善使得集成电路产品的成品率 (Yield) 大幅度提升，也可以最终降低产品的制造成本。

1.5　小　　结

本章介绍了半导体的概念及学科分类。概述了半导体产业发展史，讲述了引领 CMOS 集成电路发展的摩尔定律，简述了集成电路芯片制造的五大步骤：晶圆制备、晶圆制造、晶圆测试、装配与封装以及终测与考核试验。

以 CMOS 反型器为例，其描述了 CMOS 集成电路图、版图以及截面图的对应关系。现在大规模数字集成电路就是由这 N 沟道 MOSFET 和 P 沟道 MOSFET 构成的。

提高集成电路芯片技术的三个重要趋势是：提高功能和性能、提高可靠性以及降低成本。对于功能和性能，芯片的速度是重要的并且可以通过减小芯片上的关键尺寸或最小化特征尺寸来提高。

习　　题

(1) 解释什么是关键尺寸？这种尺寸为何重要？

(2) 列出集成电路制造的五个重要步骤，简要描述每一个步骤。

(3) 什么是摩尔定律？摩尔定律起了什么作用？

(4) 试画出 CMOS 反相器的电路图、版图和截面图。

(5) 集成电路芯片技术的三个重要趋势是什么？

参 考 文 献

[1]　刘恩科, 朱秉升, 罗晋生. 半导体物理学. 6 版. 北京：电子工业出版社, 2006：II-VIII.

[2] Booth C C F. Fleming and de Forest an appreciation. IEE pub. Thermionic Valves 1904-1954. IEE London, 1955:1-2.

[3] Celebrating Penn Engineering History: ENIAC. https://www.seas.upenn.edu/about/history-heritage/eniac/.

[4] ENIAC. https://encyclopedia.thefreedictionary.com/ENIAC.

[5] Cairncross A K, Jewkes J, Sawers D, et al. The Sources of Invention. London: MacMillan & Co., 1958: 400.

[6] Kilby J S. Miniaturized electronic circuits: U.S. Patent 3138743. [1964-6-23].

[7] Noyce R N. Semiconductor device-and-lead structure: U.S. Patent 2981877. [1961-4-25].

[8] Moore G E. Cramming more components onto integrated circuits. Electronics, 1965, 38: 114-117.

[9] Moore G E. Progress in digital integrated electronics. International Electron Devices Meeting, IEEE, 1975: 11-13.

[10] Quirk M, Serda J. Semiconductor Manufacturing Technology. Upper Saddle River: Prentice Hall, 2001: 5-6.

[11] International Technology Roadmap for Semiconductors. Overview, 2010: 1. https://irds.ieee.org.

[12] Weste N H E, Harris D M. Integrated Circuit Design. 4th ed. Beijing: Publishing House of Electronics Industry, 2011: 4.

[13] International Technology Roadmap for Semiconductors. Overview, 2010: 7. https://irds.ieee.org.

[14] Waldrop M M. The chips are down for Moore's law. Nature, 2016, 536: 145-147.

[15] Quirk M, Serda J. Semiconductor Manufacturing Technology. Upper Saddle River: Prentice Hall, 2001:17.

[16] SI Association International Technology Roadmap for Semiconductors. Overview, 2010: 6.

第 2 章 半导体衬底材料

韩郑生

本章首先介绍与材料制备工艺相关的基本概念：相图和固溶度、晶体结构和晶体缺陷。然后，介绍晶圆制备及规格。最后介绍半导体制造的清洗工艺。

2.1 相图与固溶度

相图 (Phase Diagram) 是描述系统的状态、温度、压力以及成分之间关系的一种图解，又称为状态图。状态 (State) 是指系统中的各相凝聚状态、相的类型等。

相变 (Phase Transformation) 是指合金中的相从一种类型转变为另一种类型的过程。

如果体系中的各相在较长时间内而互相不转化，则称其处于相平衡状态 (Phase Equilibrium)。

1947 年发明的第一个半导体晶体管是用锗材料 [1]，由于锗在地球上的含量很少，到 20 世纪 60 年代，SiO_2 作为钝化膜和平面硅 MOSFET 开发出来后，硅接替锗作为占统治地位的材料。随着半导体集成电路技术发展，锗又展现出复苏之势。在所有已知的半导体材料中，P 型锗具有最高的迁移率，因此在未来的低功耗逻辑应用方面是一个有潜力的硅替代者。研究领域和工业界在研究用锗替代硅作为 PMOS 器件的沟道材料 [2]。

图 2.1 所示是 Si-Ge 材料系统的相图 [3]。图中上面的一条线是液相线，它表明 Si-Ge 混合物在达到该温度时将完全处在液态；下面的一条线是固相线，它表明在该温度下，这种混合物完全凝固。在这两条曲线中间的则是既含有液态，又含有固态混合物的区域。从相图中可以确定熔化物的组成。将硅和锗的原子浓度相等的固态混合物加热，假设加热过程足够慢，即其过程总是处于热力学平衡状态，加热到 1108 ℃ 时开始熔化。位于两实线之间的区域，熔化物中两种原子百分比可以由液相线与温度轴对应点的组分得到。例如，在 1200 ℃，熔化物的组成可以从硅原子百分比的横坐标轴上得到硅在熔化物中占 33%。在固体中，两种原子百分比可以由固相线与温度轴对应点的组分得到。例如，在 1200 ℃，固体的组成可以从硅原子百分比的横坐标轴上得到硅在固体中占 69%。

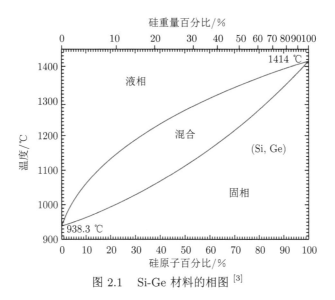

图 2.1 Si-Ge 材料的相图 [3]

对于 Si-Ge 各占 50%(原子百分比) 的混合物，从液相线对应的温度轴的数值可知混合物完全熔化的温度大约是 1272 ℃。理论上相图与热循环的历史过程无关，其冷却过程应出现与升温过程相同的变化，但是实际上在固体中维持热力学平衡状态比熔化态困难得多。所以加热引起的相变过程比同样速率的冷却过程更接近热平衡状态。

假设 Si-Ge 材料中两种原子各占 50% 的原子百分比，在 1200 ℃ 时，计算其熔化物所占比例。

设 x 是熔化物所占的比例，则 $1-x$ 是固体所占的比例，在熔化物中硅的原子百分数加上固体中硅的原子百分数应等于硅的总原子百分数，即

$$0.5 = 0.33x + 0.69(1-x)$$

可得

$$x \approx 0.53$$

即原始材料的 53% 已熔化掉，而 47% 仍为固态。

GaAs 是除了硅之外应用最广泛的半导体材料。GaAs 的相图如图 2.2 所示 [3]。GaAs 这类有两个固相，且熔化后形成单一液相的材料系统，称为金属间化合物 (Intermetallics)。在图 2.2 中的左下方，在 29.7741 ℃ 对应的固相线下是固态 GaAs 和 Ga 的混合物；右下方，在 810 ℃ 对应的固相线下是固态 GaAs 和 As 的混合物；中间 50% 对应的竖线表示在此材料系统中将形成 GaAs 化合物。对于富

Ga 的混合物，固液混合物约在 30 ℃ 开始出现。对于富 As 的固态混合物加热到 810 ℃ 开始熔化。

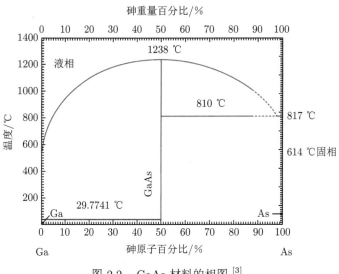

图 2.2   GaAs 材料的相图 [3]

As-Si 系统的相图如图 2.3 所示 [3]。虽然相图结构显得很复杂，但是在半导体技术中，As 是一种硅中常用的施主掺杂元素，即使重掺杂时，砷的浓度通常也不超过 5%，所以我们主要关注砷浓度处于低限的情况。

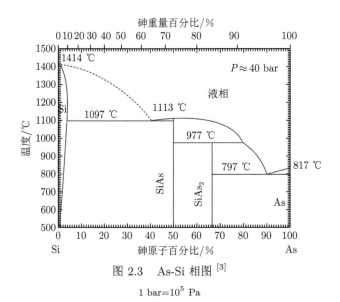

图 2.3   As-Si 相图 [3]

1 bar=10^5 Pa

在平衡状态下，一种杂质可以溶于另一种材料的最高浓度称为固溶度。砷在硅中的固溶度随着温度上升而逐渐增加，从 500 ℃ 砷原子百分比为 0% 到 1097 ℃ 时约 4% 的这条曲线，称为固溶相线。从砷原子百分比 4%~50%，对应于 1097 ℃ 的这条直线为固相线。从 1097 ℃ 砷原子百分比约 4% 到 1414 ℃ 时为 0% 的这段曲线为液相线。由半导体物理知识可知掺杂的杂质原子只有占据晶格格点位置时才能起到电子施主或受主的作用，即掺杂原子只有溶于半导体材料中才能对其电性能起作用。由于半导体材料硅中，只要掺入百万分之一的杂质，就能使其电阻率发生很大变化，所以砷在硅中的固溶度是较大的，适合于进行重掺杂的应用。例如，MOS 场效应晶体管的源和漏掺杂、双极 NPN 晶体管的发射极和集电极的掺杂。

对于掺杂而言主要考虑的是其在半导体材料中的固溶度，在硅中不同的杂质的固溶度差别也很大，图 2.4 所示为常见杂质在硅中的固溶度[3]。

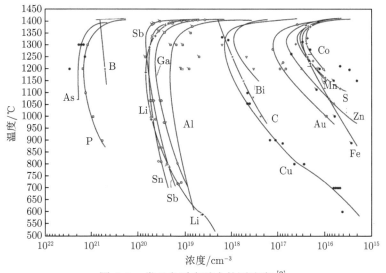

图 2.4 常见杂质在硅中的固溶度[3]

若硅晶圆加热到 1097 ℃，将 3.5% 原子浓度的砷掺进去，硅单晶的原子密度是 5×10^{22} cm^{-3}，可知 3.5% 原子浓度的砷相当于 1.75×10^{21} cm^{-3}。图 2.3 表明，硅晶圆冷却下来时，砷的成分会超过硅中所能溶解的最大浓度。如果保持热力学平衡，则多余的砷会凝聚出来跑到硅晶格的表面，或者在硅晶体内成为淀积的固体。如果晶圆冷得足够快，就无法形成淀积，高于热力学平衡条件所允许的杂质浓度就被冻结在硅晶格中。该过程被称为淬火。将含有多余杂质的晶圆加热，然后快速冷却就可以使掺杂浓度超过其固溶度。最大的杂质浓度可以超过其固溶度 10 倍。

2.2　晶　体　结　构

晶体是由一些晶胞非常规则地在三维空间重复排列而形成的阵列。最重要的晶胞具有立方对称性，其每边长度相等。三种常见的立方晶体如图 2.5(a) 所示。在直角坐标系中，晶体的方向标识为 $[x,y,z]$，对立方晶体，由晶胞的各个面所构成的平面是垂直于所选坐标系各个坐标轴的，几种常见的晶向如图 2.5(b) 所示。若一个矢量的指向沿着 $[x,y,z]$，则与其垂直的某一特定平面用 (x,y,z) 符号标记，所用到的一组数字称为一个平面的米勒指数。对于一个给定平面，取该平面在三个坐标轴上的截距的倒数，然后乘以某个可能取到的最小因子，使得 x,y,z 均为整数，这组数就是其米勒指数。规定用 $\{x,y,z\}$ 标记的不仅是某给定的平面，而且还包括所有与其等价的平面。例如，在一个立方对称晶体中，(100) 平面的性质与 (010) 和 (001) 平面完全相同，唯一的区别是坐标系可以任意选择，可以用 $\{100\}$ 记号同时表示这三者。

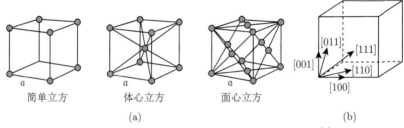

图 2.5　(a) 常见立方晶体 (b) 立方晶系的晶向 [3]

硅和锗是 IV 元素，有四个价电子，还要有另外四个电子才能填满它们的价电子壳层，每个原子要与最邻近的四个原子以共价键的形式相结合，体心立方 (BCC) 有 8 个，面心立方 (FCC) 有 12 个。IV 元素半导体晶体是金刚石结构，如图 2.6 所示 [3]。这种晶胞可以看成两个面心立方晶胞沿立方体的空间对角线互相位移了 1/4 的空间对角线长度套构而成的。原子的排列情况是：八个原子位于立方体的八个顶角上，六个原子位于六个面的中心上，晶胞内部有四个原子。立方体顶角和面心上的原子与这四个原子周围的情况不同，所以它是由相同原子构成的复式晶格。实验测得硅和锗的晶格常数 a 分别为 0.543089 nm 和 0.565754 nm，从而可以求得硅每立方厘米体积内有 5.00×10^{22} 个原子，锗有 4.42×10^{22} 个原子，硅的两原子间最短距离为 0.235 nm，锗的为 0.245 nm，因而它们的共价半径分别为 0.117 nm 和 0.122 nm[3]。

由化学元素周期表中的 III 族元素铝、镓、铟和 V 族元素磷、砷、锑合成的 III-V 族化合物都是半导体材料，它们绝大多数具有闪锌矿型结构，与金刚石结构类似，不同的是闪锌矿型结构由两类不同的原子组成。

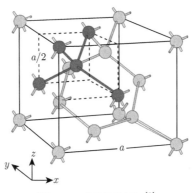

图 2.6　金刚石结构 [3]

2.3　晶体缺陷

半导体的晶体缺陷 (Crystal Defect) 根据其维度可以分为四种：在各个方向都没有延伸的点缺陷；在晶体中沿一个方向延伸的线缺陷；在二维方向延伸的面缺陷和在三维方向上延伸的体缺陷。不同的缺陷对半导体制造和半导体器件性能影响不同。

图 2.7 画出了几种最重要的半导体缺陷 [3]。在晶格位置缺失一个原子是一种空位 (Vacancy) 缺陷，如图 2.7 中的 A[3]。若一个原子不在晶格的格点上，而处于格点之间，就称其为间隙原子 (Interstitial Atom)。如果间隙原子与衬底材料相同，就称其为自间隙原子 (Self-interstitial Atom)，如图 2.7 中的 B[3]。

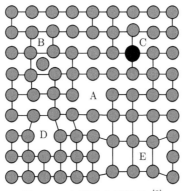

图 2.7　点缺陷和线缺陷 [3]

A. 空位；B. 自间隙；C. 替位杂质；D. 刃型位错；E. 位错环

　　一个间隙原子离开原子的晶格位置，在原晶格处留下一个空位，这种成对出现的空位和间隙原子称为弗仑克尔 (Frenkel) 缺陷 [4]。若只在晶体内形成空位而无间隙原子，则称为肖特基缺陷 [4]。在一定温度下，间隙原子和空位会不断地产生，同时两者又不断地复合，最后确立一个平衡浓度值。以上两种由温度决定的点缺陷又称为热缺陷。

　　间隙原子或空位缺陷会在晶体中运动。随着温度升高，缺陷运动加剧。两种缺陷都有可能迁移到晶圆表面，并在那里消失。一列额外的原子被插入另外两列原子之间是最常见的线缺陷，称为刃型位错，如图 2.7 中的 D。刃型位错，存在一个额外的原子面，其一端形成一个刀刃，终止于晶体中。如果这个额外的原子面完全包含在晶体中，则称此缺陷为位错环，如图 2.7 中的 E。位错是存在应力的标志，在额外的原子插入之前，键是伸展着的，插入之后，键就被压缩。位错通常是由点缺陷结团而形成的，晶体中的每个点缺陷都与一个表面能量相联系，缺陷的表面积越大，储存在点缺陷中的能量越高。与位错相比，高浓度的点缺陷占据的总表面积更大，能量更高。

　　空位和自间隙原子是本征缺陷。只要温度不是热力学零度，原本完整的晶体就会出现本征缺陷。热能可以使少量的原子从它们的晶格位置移开，留下空位。可以用阿伦尼乌斯 (Arrhenius) 函数表示空位的浓度 N_v^0

$$N_v^0 = N_0 e^{-E_a/kT} \tag{2.1}$$

式中，N_0 是晶格中原子的密度；E_a 是与空位形成相关的激活能；k 是玻尔兹曼常量；T 是热力学温度。

　　硅晶体的晶格原子密度 $N_0 = 5 \times 10^{22}$ cm^{-3}，$E_a \approx 2.6$ eV，在室温 (300 K) 条件下，空位的浓度 $N_v^0 = N_0 e^{-E_a/kT} \approx 1.86 \times 10^{-21}$ cm^{-3}。在 1000 ℃ 时，空位的浓度 $N_v^0 = N_0 e^{-E_a/kT} \approx 2.52 \times 10^{12}$ cm^{-3}。

　　间隙原子的平衡浓度也可以用同样的公式来表示。硅材料中间隙原子的激活能 $E_a \approx 4.5$ eV 比形成空位的激活能高，即原子要具有更大的能量才能挤入间隙位置，又因它迁移时激活能很小，所以晶体中空位比间隙原子多得多。

　　GaAs 中有两类晶格位置，每个镓原子所在位置有四个近邻的砷原子，而每个砷原子有四个近邻的镓原子。GaAs 中的空位浓度，对于镓和砷分别是 [5]

$$N_{v,Ga}^0 = 3.3 \times 10^{18} \text{ cm}^{-3} e^{-0.4/kT} \tag{2.2}$$

$$N_{v,As}^0 = 2.2 \times 10^{20} \text{ cm}^{-3} e^{-0.7/kT} \tag{2.3}$$

　　单晶硅，当一个空位产生时，4 个共价键同时断裂。这使得有关的所有原子都呈现电中性，但也造成 4 个不饱和的价电子壳层。

另一种情况, 空位产生时, 可以留下 1 个电子, 该电子可以与邻近的某个原子的价电子成键, 使之带 1 个负电荷, 称此种情形为产生了一个 −1 价的空位 (同时有个 +1 价的间隙原子), 这种空位的激活能与中性空位的激活能明显地不同。也可能产生 −2 价、−3 价、−4 价、+1 价、+2 价、+3 价、+4 价的空位。

带负电荷的空位, 其平衡浓度是

$$N_{v-}^0 = N_v^0 \frac{n}{n_i} e^{(E_i - E_v^-)/kT} \tag{2.4}$$

式中, n 是半导体中自由电子的浓度; n_i 是本征载流子浓度; E_i 是本征能级; E_v^- 是与带负电荷的空位有关的能级, $(E_v^- - E_i)$ 相当于一个新的激活能 $E_a^{v^-}$。类似地, 带正电荷的空位的浓度是

$$N_{v+}^0 = N_v^0 \frac{p}{n_i} e^{(E_v^+ - E_i)/kT} = N_v^0 \frac{p}{n_i} e^{E_a^{v^+}/kT} \tag{2.5}$$

带多个电荷的空位, 其平衡浓度正比于电荷浓度对本征载流子浓度比值的若干次幂, 例如, $v^=$ 的浓度可由下式给出

$$N_{v=}^0 = N_v^0 \left[\frac{n}{n_i} \right]^2 e^{E_a^{v=}/kT} \tag{2.6}$$

如果掺杂浓度远小于 n_i, 则半导体材料就处于本征状态, 即 $n = p = n_i$, 实际硅晶体材料中带电空位浓度都很低。

半导体中存在的第二种点缺陷是非本征缺陷。当杂质原子处在间隙位置或者晶格位置时, 都能形成这类缺陷。处在晶格位置的杂质称为替位型杂质。处在间隙位置的杂质原子称为间隙型杂质。某些占据间隙位置的杂质, 具有靠近禁带中心的电子能级, 成为有效的电子和空穴的复合中心, 复合中心的存在将降低双极晶体管的增益, 可导致 PN 结漏电。

当晶体中的点缺陷浓度超过平衡态的数值时, 缺陷趋于聚集在一起, 可能形成一个位错或其他高维度缺陷, 这个过程称为聚集作用。

工艺过程中可以通过多种途径诱导产生缺陷的应力。由于在快速热处理 (RTP) 中存在过大的温度差, 硅晶圆可能发生非均匀膨胀, 在其内部形成热塑性应力。对已生长有不同热膨胀系数的介质层硅晶圆加热时也会产生类似的应力。例如, 淀积有氮化硅的硅晶圆再进行加热工艺。

含有高浓度的替位型杂质的硅晶体中, 由于这些替位型原子与衬底硅原子的半径不同而在硅晶体中产生应力, 应力的作用是降低打断化学键和形成空位所需的能量。

在离子注入、溅射、干法刻蚀等工艺过程中，晶圆表面会受到原子或离子等粒子的轰击，这些粒子足够将化学键断开的能量传递给晶格，进而产生空位和间隙原子。

位错的运动机制有攀移 (Climb) 和滑移 (Glide) 两种。

攀移是位错线延长或收缩，如图 2.8 由 (b) 中所标识的 3 个原子延长为 (a) 中的 5 个原子，或者由 (a) 中的 5 个原子收缩为 (b) 中的 3 个原子。空位和间隙原子是由应力而产生的，这些点缺陷将形成线缺陷的一部分。

(a) 攀移　　　　　　　　　 (b) 初始位置　　　　　　　　　 (c) 滑移

图 2.8　一个刃型位错的移动 [6]

在剪切应力作用下，晶格中一个刃型位错旁边的一个原子面断裂成上下两部分，其中下边半个原子面与刃型位错面结合形成一个新的原子面，上边的原子面成为一个新的刃型位错原子面，这个过程称为位错面滑动，如图 2.8 由 (b) 演变为 (c)[6]。这个过程可以连续地进行，直到整个晶圆都移动一个晶格位置。

面缺陷是二维缺陷。多晶的晶粒边界和堆垛层错属于面缺陷。与位错类似，层错也是一个额外的原子面，在层错中，原子的排列在两个方向上被中断，而仅在第三个方向上保持。层错要么终止于晶体的边缘，要么终止于位错线。

体缺陷在三个方向都失去了排列的规则性，淀积是一种常见的体缺陷，其中一大类是杂质淀积。

杂质凝聚时，与吉布斯自由能 (Gibbs Free Energy) 相关的变量可以表示为

$$\Delta G = -V \cdot \Delta G_v + A\gamma + V\varepsilon + R_e \tag{2.7}$$

式中，V 是淀积的体积；ΔG_v 是与这种转化相联系的单位体积自由能变化量；A 是淀积的面积；γ 是单位面积淀积的自由能；ε 是单位体积淀积的应变储能；R_e 是与应变相关的项。

如果点缺陷的浓度超过了其平衡值，即晶体是过饱和的，这时驱动这些缺陷使之形成扩展缺陷的趋势是相当强的。当温度降低时，过饱和的程度增加，上式中第一项足够大，ΔG 为负，为淀积形成提供了所需的热动力。如果淀积时体积发生了较大的变化，引起的应变可以通过自间隙原子和/或位错而释放掉 [7]。

显然，在器件的有源区不应该有二维和三维缺陷存在。可以在有源区之外故意产生杂质和缺陷，然后利用这些缺陷吸引杂质聚集。这种利用晶体中的杂质和缺陷扩散，并将其俘获在特定位置的过程称为吸杂。大的缺陷通常都具有非常低的扩散系数，因此一旦形成之后就不容易移动。通过在离开器件有源区一定距离处引入应变或损伤的方法来进行吸杂，这种方法称为非本征吸杂。

利用晶圆体内淀积的氧也可以起到吸杂的作用。这种由晶圆内固有的氧进行吸杂的方法称为本征吸杂。氧在硅中的固溶度如图 2.9 所示[8,9]，虚线对应变化的上下限。氧在 Si 中的固溶度呈现出阿伦尼乌斯关系，即

$$C_{ox} = 2 \times 10^{21} \text{atom} \cdot \text{cm}^{-3} \text{e}^{\frac{-1.032 \ eV}{kT}} \qquad (2.8)$$

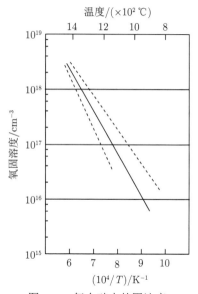

图 2.9　氧在硅中的固溶度

生长单晶硅的工艺会造成一部分氧溶解于其中，Si 晶圆中的氧浓度是 10 ～ 40ppm[①]，或者约等于 10^{18} cm^{-3}。当晶圆温度低于 1150 ℃ 时，氧的浓度会超出其固溶度，氧倾向于从晶体中淀积出来，形成三维的聚合淀积缺陷[10]。淀积的形状取决于晶圆的温度。如果晶圆快速冷却，多余的氧将无法活动，无法结团析出，氧以一种过饱和的形态处于其固体中。在 650 ℃ 下退火，则淀积的形状像一根根短杆，沿 ⟨110⟩ 方向躺在 (100) 平面上[11]。在 800 ℃ 下退火，在 (100) 平面上形成方形的淀积，方形的边沿 [111] 方向[12]。在 1000 ℃ 下退火，淀积形状像八面体[13]。氧淀积的数目大致随初始氧浓度的 7 次方变化[14]。

① 1ppm $= 10^{-6}$。

要进行本征吸杂处理，晶圆中氧的浓度应当为 15 ～ 20ppm。氧浓度小，难以形成结团；氧浓度大，会形成淀积，但造成晶圆翘曲，且形成穿越有源区的扩展缺陷。随着晶圆直径不断增大，对晶圆翘曲度要求提高，需要实现低温的氧淀积。

本征吸杂包括外扩散、成核和淀积三个步骤[15]。外扩散作用是降低接近晶圆表面的脱氧层中所溶解的氧浓度，脱氧层的深度应超过工艺中的结深与这个结上施加最大反偏压时的耗尽层厚度之和。脱氧层过深会降低吸杂效果；过浅会降低器件性能。典型的深度为 20 ～ 30 μm。工艺温度要够高，使氧向外扩散离开表面；但不能太高，保证氧浓度 < 15ppm。

硅中脱氧层的厚度[16]

$$L_{\mathrm{d}} = \sqrt{0.091 \frac{\mathrm{cm}^2}{\mathrm{s}} t e^{\frac{-1.2\ \mathrm{eV}}{kT}}} \tag{2.9}$$

例如，在 1200 ℃，进行 3 h 退火，由式 (2.8) 可得 $C_{\mathrm{ox}} \approx 5.88 \times 10^{17} \mathrm{cm}^{-3}$，由式 (2.9) 可得 $L_{\mathrm{d}} \approx 24.15\ \mu\mathrm{m}$。

氧可以在碳杂质处淀积，应用本征吸杂技术时，要控制晶圆内的碳浓度[17]。碳浓度影响氧淀积的大小和形状，碳浓度 < 0.2ppm[18]。加入低浓度的氮，可以实现低温氧淀积，减小晶圆中空洞的尺度，增大晶圆机械强度，改善大晶圆的翘曲。硅中脱氧层的厚度在直拉法单晶生长中，将氩气替换为氩气和氮气的混合气氛，氮气浓度 1 ～ 10ppb[①]。

2.4　晶圆制备及规格

在 1917 年，丘克拉斯基 (Czochralski) 从熔融的金属中拉制细灯丝，后来直拉技术就以他的名字命名[19]。20 世纪 50 年代，蒂尔 (Teal) 开发了晶体拉制技术[20]。石英 (SiO_2) 转化成纯度为 99.999999999％的多晶硅。拉制单晶的系统如图 2.10 所示[21]。从反应腔上方充入保护性气体，下方用真空泵抽气，在坩埚中装入高纯度的多晶硅，用加热器将其加热成熔融态。拉制硅单晶工艺的温度 T 大约是 1500 ℃，反应腔内设置有热屏蔽装置。用机械装置控制，让直径 d 约 0.5 cm，长度 l 约 10 cm 的籽晶与熔融的硅液面接触，缓慢旋转着向上提拉。机械装置控制着放有熔融硅的坩埚与上面反方向缓慢地旋转。拉制过程分为五个阶段。①润晶阶段：将籽晶置于熔融硅上面烘烤几分钟后，让籽晶与熔融硅熔接；②缩颈阶段：快速提拉出一段细直径单晶，以消除位错；③放肩阶段：降低提拉速度逐渐增大晶锭的直径，直至达到规范需要的直径；④等径生长阶段：接着上一步等直径拉制单晶；⑤拉光阶段：顾名思义将熔融硅全部拉光。现在拉制出硅晶锭的直径 d 可以大于 300 mm，长度 l 通常在 1 ～ 2 m。

---

① 1ppb=10^{-9}。

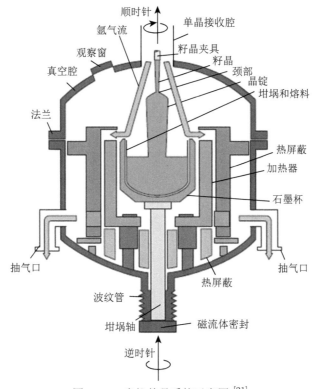

图 2.10　直拉单晶系统示意图 [21]

而 Si 在地球上存量丰富, 地壳中的含量约为 25%。硅的主要来源是石英砂 (SiO_2), 另外, 在许多矿物中含有大量的硅酸盐, 也是硅的来源之一。通常把 95%～99% 纯度的硅称为粗硅或工业硅。它是用石英砂与焦炭在碳电极的电弧炉中还原制得的, 其化学反应如下 [22]:

$$SiO_2 + 3C \xrightarrow{1600～1800\ ℃} SiC + 2CO \tag{2.10}$$

$$2SiC + SiO_2 === 3Si + 2CO \tag{2.11}$$

这样制得的工业硅纯度约为 97%, 还必须经过化学提纯和物理提纯才能满足制造半导体器件的要求。进一步提纯方法之一是首先将硅转化成为高纯度的三氯氢硅 ($SiHCl_3$), 其化学反应如下 [22]:

$$Si + 3HCl \xrightarrow{280～300\ ℃} SiHCl_3 + H_2 \tag{2.12}$$

生成物 $SiHCl_3$ 经过分馏达到半导体器件纯度要求的硅。将精馏所得的纯 Si-HCl_3 与 H_2 按一定比例送入还原炉, 在 1100 ℃ 左右温度下, H_2 还原提纯 $SiHCl_3$

制得高纯的多晶硅, 此反应正好是上式的逆过程 [23]:

$$SiHCl_3 + H_2 \xrightarrow{1100\ ℃} Si + 3HCl \tag{2.13}$$

这时硅的纯度为 99.9999999%。

液体和固体处在近似相同的压力下, 组分近似相同, 结晶通过降温来实现。随着固体表面积增大, 热量不断散失。自然对流和灰体辐射都可以使晶体损伤相当多的热量, 并在固液界面处产生一个大的温度梯度。在固液界面处, 熔硅还必须释放出额外的热量, 以提供所需的结晶潜热。在简单的一维分析中, 让界面处单位体积内的能流平衡, 可得到

$$\left(-k_1 A \frac{dT}{dx}\bigg|_l\right) - \left(-k_s A \frac{dT}{dx}\bigg|_s\right) = L\frac{dm}{dt} \tag{2.14}$$

式中, k_1、k_s 是液态和固态硅在熔点温度点的热导率; A 是硅锭的截面积; T 是温度; L 是结晶潜热 ($\sim 1423.19\ \mathrm{J/g}$)。

通常情况, 两种热扩散项都是正值, 第一项大于第二项, 意味着硅锭有一个最大的提升速度。如果向上扩散到固体的热量都是由界面处的结晶潜热产生的 (第一项为 0), 则能达到最大速度, 此时在液体部分没有温度梯度且

$$V_{max} = \frac{dx}{dt} = \frac{k_s}{L}\frac{dT}{dm} = \frac{k_s}{\rho L}\frac{dT}{dx}\bigg|_s \tag{2.15}$$

如果以更快的速度从熔料中提拉单晶, 固体部分来不及把热量散掉且不会结晶成单晶。硅直拉单晶的典型温度梯度 $\sim 100\ ℃/cm$, 即便是在接近最大提拉速度的情况下, 温度梯度仍会与晶锭直径成反比。为了使熔料的温度梯度降至最低, 生长过程中常使用晶锭和熔料沿相反方向旋转。

2.5   清洗工艺

随着芯片上关键尺寸的不断缩小, 必须在每道工艺之前将晶圆表面清洗干净。如同防病胜于治病, 控制沾污的最佳策略是防止污染晶圆。然而, 只要晶圆表面有可能受到污染, 就必须通过清洗工艺将污染物去除。

2.5.1   晶圆清洗

晶圆清洗是为了去除颗粒、有机物、金属和自然氧化层等表面污染物。整个超大规模集成电路制造工艺中每一步都可能给晶圆带来污染, 所以需要对晶圆进行几百次的清洗 [24]。

晶圆表面清洗方法是以化学的湿法为主 [25]。

常用去除颗粒的化学品是硫酸 (H_2SO_4)/过氧化氢 (H_2O_2)/去离子水 (H_2O) 混合液，或氢氧化铵 (NH_4OH)/过氧化氢 (H_2O_2)/去离子水 (H_2O) 混合液。

常用去除有机物的化学品是氢氧化铵 (NH_4OH)/过氧化氢 (H_2O_2)/去离子水 (H_2O) 混合液。

常用去除金属的化学品是盐酸 (HCl)/过氧化氢 (H_2O_2)/去离子水 (H_2O) 混合液，或者硫酸 (H_2SO_4)/过氧化氢 (H_2O_2)/去离子水 (H_2O)，或者氢氟酸 (HF)/去离子水 (H_2O)。氢氟酸水溶液不能去除金属铜。

常用去除自然氧化层的化学品是氢氟酸 (HF)/去离子水 (H_2O)，氢氟酸缓冲液 ($NH_4F/HF/H_2O$)。

美国无线电公司 (RCA) 的 W. Kern 和 D. Puotinen 提出了一套清洗工艺：① 将氢氧化铵/过氧化氢/去离子水按 $1:1:5$ 到 $1:2:7$ 的配比混合，工业界习惯称其为 1 号清洗液，这种清洗液呈碱性，被用来去除颗粒和有机物。② 将盐酸/过氧化氢/去离子水按 $1:1:6$ 到 $1:2:8$ 的配比混合[26]，习惯称其为 2 号清洗液，这种清洗液呈酸性，被用来去除晶圆表面的金属和一些有机物。这套清洗工艺通常被称为 RCA 清洗法，已成为半导体工业界的标准清洗工艺。

1 号清洗液去除颗粒的机制是通过氧化或电学排斥来去除颗粒[27]。强氧化剂 H_2O_2 可以氧化颗粒和硅，削弱颗粒在硅晶圆表面的附着力，使颗粒溶于清洗液中而脱离晶圆。晶圆表面形成的氧化层可防止颗粒在其上黏附。NH_4OH 溶液中的 OH^- 会腐蚀硅表面，并在其上和颗粒上产生负电荷。根据电学上同性相斥原理，推动颗粒离开晶圆而溶于清洗液。这种清洗液的缺点是会使晶圆表面变粗糙，影响薄氧化层的生长质量。

2 号清洗液去除金属的机制是金属离化并溶于强酸液中。去除有机物的机制是将机杂质分解并溶于清洗液中。

后来，在传统的 RCA 清洗工艺基础上，有人将 1 号清洗液的配比稀释为 $NH_4OH:H_2O_2:H_2O$ 为 $1:4:50$，获得了更好的清洗效果[28]。

清洗中常用的另一种清洗液是硫酸 (H_2SO_4) 和过氧化氢 (H_2O_2)，常用配比是 7 份浓 H_2SO_4 和 3 份 H_2O_2。这种清洗液呈酸性，被用来去除硅表面的有机物和金属。

生长高纯外延薄膜或 MOS 电路栅极超薄氧化物前，硅晶圆表面不能存在自然氧化层。通常是采用氢氟酸 (HF) 去除硅晶圆表面的自然氧化层。

用化学蒸气去除单片硅晶圆上的残存氧化物和金属沾污的方法称为化学蒸气清洗法。这种方法是将稀 $HF:H_2O$ 以细密喷雾的方式处理硅晶圆表面，然后用去离子水清洗和异丙醇 (IPA) 蒸气进行干燥。

晶圆清洗步骤要按一定的顺序进行。典型的晶圆清洗顺序是：①用 H_2SO_4/H_2O_2 去除有机物和金属；②用去离子水清洗；③用去离子水稀释的 HF 溶液去除自然氧化层；④用去离子水清洗；⑤用 $NH_4OH/H_2O_2/H_2O$ 去除颗粒；⑥用去离子水清洗；⑦用 HF/H_2O 溶液去除自然氧化层；⑧用去离子水清洗；⑨用 $HCl/H_2O_2/H_2O$ 去除金属；⑩用去离子水清洗；⑪用 HF/H_2O 溶液去除自然氧化层；⑫用去离子水清洗；⑬用甩干机将晶圆表面的水分去除[29]。

2.5.2　湿法清洗设备

湿法清洗在半导体制造中广泛使用。湿法清洗设备选型的原则是在保证清洗效果的前提下，尽可能减小化学品的浓度和用量。传统的湿法清洗工艺在清洗槽中进行。由于化学溶液通常都具有挥发性，在酸槽和清洗槽上方会安装抽风罩。

清洗工艺的关键变量是温度、时间、循环次数，通常由微处理器控制这些参数。

1. 兆频超声清洗

兆频超声清洗 (Megasonics) 是一种与 1 号清洗液结合起来使用的湿法清洗技术。顾名思义，兆频超声清洗就是在清洗工艺中采用的超声频率接近 1 MHz，其装置如图 2.11 所示。这种工艺在 30 ℃ 的溶液温度下实现更有效的颗粒去除。要去除的颗粒越小越困难，因为要把必要的力传递到非常小的颗粒是困难的[30]。

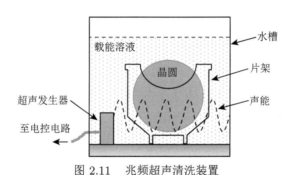

图 2.11　兆频超声清洗装置

超声发生器振动激发清洗槽中的液体，以产生压力波。传统超声工艺使用的振荡频率低于 100 kHz。但是，在这个超声频率范围会出现成穴诱生的蚀损斑，而在兆频段 (800 ～ 1200 kHz) 超声清洗工艺则没有发现[31]。其另一个好处是该技术减少了所需的化学溶液用量。兆频超声技术已在化学清洗中广泛应用。

2. 喷雾清洗

在喷雾清洗技术中，将预先配好的化学清洗液喷射到置于旋转密封腔内片架的晶圆上。这种清洗过程是：①喷射清洗化学液，同时旋转的片架带动晶圆旋转；②停止喷射化学清洗液，开始喷射去离子水，同时监控流出去离子水的电阻率，直到其电阻率达到设定值；③停止喷射去离子水，在清洗腔内通入热氮气，同时加速旋转片架使得晶圆在热氮气和离心力的双重作用下实现脱水干燥。

3. 刷洗器

在化学机械抛光 (Chemical Mechanical Polishing，CMP) 工艺中会产生大量的颗粒，通常在化学机械抛光后使用刷洗器清洗晶圆。刷洗式清洗能去除直径 1 μm 以下的颗粒。

聚乙烯醇 (PVA) 制成的刷子可以有效地去除颗粒而又不会损伤硅表面[32]。刷洗器如图 2.12 所示，刷子由柔软、可压缩的材料制成，上方的喷嘴可以喷射化学清洗液或去离子水。清洗时，清洗刷在晶圆上转动，同时喷嘴喷射清洗液。

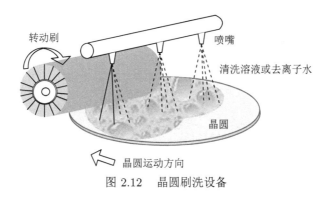

图 2.12　晶圆刷洗设备

4. 水清洗

每次酸性或碱性溶液清洗后，紧跟其后都要进行一次高纯去离子水清洗，以去除晶圆上的残余物。水清洗设备有溢流式、排空式和喷射式等。

图 2.13 所示为溢流清洗槽结构。去离子水注入清洗槽流经并环绕硅晶圆，有

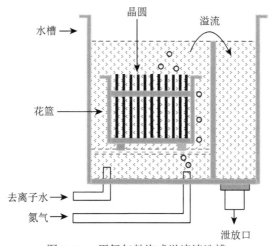

图 2.13　用氮气鼓泡式溢流清洗槽

时增设氮气鼓泡器来促进硅表面与化学物质的混合。通过流体运动来清除从硅表面扩散到水流中的污染物。

有时会将几个溢流槽串联起来进行清洗，例如，去离子水在两个或三个相互连接在一起的溢流清洗器之间串行。晶圆清洗过程从下游的清洗槽开始，顺次经过各清洗槽而移至第一个直接供给去离子水的清洗槽。这种装置的缺点是去离子水消耗量大。为此，出现了耗水量较小的交替清洗工艺。

排空清洗是一个简单的清洗方法。晶圆装入清洗池时，去离子水喷射晶圆。当达到一定水位时，迅速打开池底的排水管，立即将水排空。然后排水管关闭，再重复往晶圆上喷水。周期性地循环一定次数，如图 2.14 所示。有时会往水中通入氮气，不断在水中鼓泡以促进沾污物的去除。

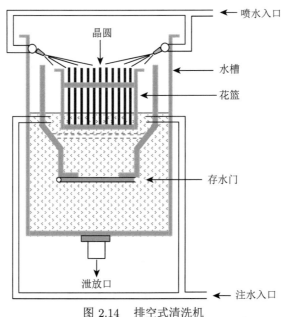

图 2.14　排空式清洗机

通常情况下，喷射清洗设备是将晶圆清洗和甩干结合在一起使用的。它利用水流动的物理作用力去除硅表面的残余物。

为了改善去除残余物的效果，开发了将去离子水加热 70~80 ℃ 的加热清洗设备，已经广泛应用于晶圆清洗。然而，有一些研究发现，使用加热去离子水会在硅表面产生腐蚀，导致表面的微观不平整[33]。

5. 晶圆干燥法

去离子水清洗后，对晶圆的干燥处理也非常重要。早期工艺有用棉球或试纸擦干、红外灯烘干等方法，其缺点是容易在晶圆表面留下斑点、水渍等。硅表面对水的响应如何称为它的可湿性。亲水性表面对水具有亲和力，水可以在其上面蔓延成一小滩水。疏水性表面对水具有排斥作用，水不会以大面积的形式存在，水通常收缩为水珠，这种称为反润湿。刚经过氢氟酸腐蚀的无氧化物表面由于氢终结了表面而是疏水性的。由于氢氟酸清洗过的硅表面容易受到污染，必须使硅晶圆表面完全干燥。

1) 旋转式甩干机

使用最广泛的是旋转式甩干机。将装有晶圆的片架送入设备旋转腔内，通过高速旋转产生的离心力去除晶圆上的水分，通常会同时往旋转腔内吹送热氮气。这种设备的弱点是难以去除孔穴中的水分和由于机械装置生成的颗粒污染。高速旋转会引起电荷积累而吸引颗粒。可以通过在设备内添加静电消除装置来防止静电积累。

2) 蒸气干燥法

利用异丙醇 (IPA) 蒸气对晶圆进行干燥是一种常用的方法。其原理是用具有溶解性的加热异丙醇蒸气来取代晶圆表面的水。这种工艺的优势是只要异丙醇纯度足够高，晶圆表面受颗粒污染的可能性就非常小。将异丙醇在一个槽中加热，晶圆悬挂在液面以上的蒸气中。当晶圆从蒸气干燥机中移动时，溶液蒸气蒸发使晶圆表面实现干燥。

2.5.3 其他清洗方案

除了 RCA 湿法清洗技术外，人们还开发了其他一些清洗工艺。

1. 干法清洗

干法表面清洗技术主要在集群设备中实现，而不是单机设备。

等离子体干法清洗技术已用来去除有机光刻胶。借助等离子体能量，使反应气体与晶圆表面的污染物发生化学反应，生成物脱离晶圆表面被抽出清洗腔体，最终实现干法清洗。

微波下游等离子体工艺可以去除有机材料、金属和其他无机成分[34]。这种工艺可用于去除侧墙薄膜。

随着 CMOS 集成电路器件特征尺寸不断缩小，不断有新材料引入制造工艺，很多情况下，湿法清洗的化学反应不具有足够的激活能来去除所有残余物。必将进一步开发和使用半导体制造中的干法等离子体清洗工艺。

2. 螯合剂 (Chelating Agent)

可用螯合剂来去除金属离子。将乙二胺四乙酸 (EDTA) 螯合剂加入 1 号清洗液中，其中螯合物可以将金属同黏附在硅表面的化学杂质隔离开，减少溶液中金属的再淀积。

3. 臭氧

将臭氧加入去离子水中。臭氧处理过的去离子水结合紧随其后进行的 2. 清洗步骤能有效去除像铜和银这类金属，同时能去除有机污染物[35]。臭氧注入到去离子水中可以取代硫酸/过氧化氢/去离子水清洗液，用于有机物的清洗。

4. 低温喷雾清洗

低温喷雾清洗的原理是，充分冷却气体直至形成固体冰粒，喷射到硅表面去除颗粒沾污。当氩氮混合物流经一个喷嘴阵列，氩的冷却通过真空室内的膨胀冷却完成。氮是用来稀释氩和控制固体氩粒子直径的。

2.6　小　　结

本章回顾了半导体材料的一些基本性质，讲述了相图和固溶度的概念。介绍了晶体中的点、线、面、体各种缺陷。以直拉法生长硅单晶为例，讲解了硅晶体生长技术。

最常用的晶圆清洗方法是使用 1 号和 2 号清洗液的湿法工艺。颗粒和有机物通过 1 号清洗液去除，而金属通过 2 号清洗液去除。此外的湿法清洗液是硫酸/过氧化氢/去离子水混合液和最后步骤的 HF。兆频超声和喷雾清洗是用到 RCA 的两种常见清洗方法。刷洗器经常用于化学机械抛光中去除颗粒。各种类型的去离子水清洗方法包括溢流清洗、排空清洗、喷射清洗和热去离子水清洗。硅片通过旋转式甩干机或 IPA 蒸气干燥。RCA 湿法清洗的可选余地包括等离子体干法清洗、使用螯合剂、臭氧和低温喷雾清洗。

习　　题

(1) 什么是 Czochralski (CZ) 单晶生长法？描述 CZ 法拉单晶炉。

(2) 什么是晶体缺陷？

(3) 将含有 30％硅和 70％锗的混合物加热到 1100 ℃，如果材料处于热平衡状态，熔融部分中硅的浓度是多少？在多高温度下，上述混合物将会全部融化？若先将该样品升温到 1300 ℃，然后再缓慢地降温，回到 1100 ℃，此时固态部分中硅的浓度是多少？

(4) 在使用直拉法生长硅单晶时，硅晶锭中的温度梯度为 100 ℃/cm，试求所允许的最大拉速。

(5) 硅片清洗的目标是什么？

(6) 占统治地位的硅片表面清洗工艺是什么？

(7) 描述 RCA 清洗工艺。

(8) 用在 1 号清洗液 (SC-1) 中的化学配比是什么？SC-1 去除什么沾污？

(9) 描述 SC-1 湿法清洗工艺怎样去除硅片表面颗粒。

(10) 说明 SC-1 湿法清洗工艺产生的两个值得关注的问题。

(11) 用在 2 号清洗液 (SC-2) 中的化学配比是什么？SC-2 去除什么沾污？

(12) 解释什么是稀释清洗化学液。

(13) 什么是硫酸/过氧化氢/去离子水混合液？它从硅片上去除什么沾污？

(14) 讨论最后的 HF 清洗步骤和为何使用它。

(15) 列出典型的硅片湿法清洗顺序。什么是清洗槽？

(16) 讨论兆频超声清洗和为何使用它，包括成穴和声流。

(17) 讨论喷雾清洗技术。这个清洗方法有什么优点？

(18) 讨论硅片的刷洗。它去除什么沾污？在什么工艺步骤中经常用到它？

(19) 何时进行去离子水清洗？描述去离子水清洗的三类不同方法。

参 考 文 献

[1] Jewkes J, Swawers D, Stillerman R. The Sourcese of Invention. London: MacMillan & Co., 1958: 400.

[2] Pillarisetty R. Academic and industry research progress in germanium nanodevices. Nature, 2011, 479: 324.

[3] Campbell S A. Fabrication Engineering at the Micro and Nanoscale. 3rd ed. Oxford: Oxford University Press, 2008: 11-16.

[4] 刘恩科, 朱秉升, 罗晋生. 半导体物理学. 6 版. 北京：电子工业出版社，2006：59.

[5] Ghandhi S. VLSI Fabrication Principles. New York: Wiley, 1983.

[6] Campbell S A. Fabrication Engineering at the Micro and Nanoscale. 3rd ed. Oxford: Oxford University Press, 2008: 19.

[7] Mahajan S, Rozgonyi G A, Brasen D. A model for the formation of stacking faults in silicon. Appl. Phys. Lett., 1977, 30: 73.

[8] Craven R A. Oxygen precipitation in czochralski silicon. Journal of the Electrochemical Society, 1981, 128(3): C93.

[9] Mikkelsen J C, Pearton S J, Corbett J W, et al. Oxygen, carbon, hydrogen, and nitrongen in crystalline. MRES, Pittsburgh, 1986.

[10] Huff H R. Silicon Materials for the Mega-IC Era. Semtatech Techical Report—XFR, 1993: 93071746A.

[11] Bourret A, Thibault-Desseux J, Seidmann D N. Early stages of oxygen segregation and precipitation in silicon. J. Appl. Phys., 1985, 55: 825.

[12] Wada K, Inoue N, Kohra K. Diffusion limited growth of oxygen precioition in czochralski silicon. J. Cryst. Growth, 1980, 49: 749.

[13] Yang K H, Kappert H F, Schwuttke G H. Minority carrer lifetime in annealed silicon crystals containing oxygen. Phys. Stat. Sol., 1978, A50:221.

[14] Huff H R, Schaake H F, Schaake H F, et al. Some observation on oxygen precipition/gettering in device processd czochralski siliocn. J. Electochem. Soc., 1983, 130: 1551.

[15] Gupa D C, Swaroop R B. Effects of oxygen and internal gettering on donor formation. Solid State Technal., 1984, 27: 113.

[16] Stavola M, Patel J R, Freeland P E, et al. Diffusivity of oxygen in silicon at the donor formation temperature. Appl. Phys. Lett., 1983, 42: 73.

[17] Tayor W J, Tan T Y, Gosele U. Carbon precipitation in silicon: why is it so difficult? Appl. Phys. Lett., 1993, 62: 3336.

[18] Fukuda T. Mechanical strength of czochralski silicon-crystals with carbon concentrations for 10^{14} to 10^{16} cm^{-3}. Appl. Phys. Lett., 1994, 65: 1376.

[19] Czochralski J. A new method of measuring the speed of cristilation in metals. Z. Phys. Chemie, 1917, 92: 219.

[20] Teal G K. Single crystals of germanium and silicon-basic to the transistor and the integrated circuit. IEEE Trans. Electron Dev., 1976, 23: 621.

[21] Campbell S A. Fabrication Engineering at the Micro and Nanoscale. 3rd ed. Oxford: Oxford University Press, 2008: 23.

[22] 杨树人, 王宗昌, 王兢. 半导体材料. 北京: 科学出版社，2004: 8.

[23] 杨树人, 王宗昌, 王兢. 半导体材料. 北京: 科学出版社，2004: 11.

[24] Ohmi T. Revolution of silicon substrate surface cleaning: ULSI science and technology proceedings. Pennington, NJ: Electrochemical Society, 1997: 197.

[25] Hattori T. Trends in Wafer Cleaning Technology. Berlin Heidelberg: Springer, 1998.

[26] Chang C, Chao T. USLI Technology: Wafer Clearing Technology. New York: McGraw-Hill, 1996: 61.

[27] Chang C, Chao T. USLI Technology: Wafer Clearing Technology. New York: McGraw-Hill, 1996: 64.

[28] Meuris M, Mertens P W, Opdebeeck A, et al. The IMEC clean: A new concept for particle and metal remove on Si surfaces. Solid State Technology, 1995: 40.

[29] Ohmi T. Total room temperature wet cleaning for Si substrate surface. Journal of the Electrochemical Society, 1996, 143: 2961.

[30] DeJule R. Trends in wafer cleaning. Semiconductor International, 1998, 21(9): 64.

[31] Gale G, Busnaina A, Dai A, et al. How to accomplish effective megasonic particle removal. Semiconductor International, 1996: 133.

[32] DeJule R. Trends in wafer cleaning. Semiconductor International, 1998, 21(9): 65.

[33] Rosamila J, Boone T, Sapjeta J, et al. Hot water etching if silicon surfaces: New insights of mechanic understanding and implications to device fabrication. Science and Technology of Semiconductor Surface Preparation, Symposium Proceedings 477, Warrendale, PA: Materials Research Society, 1997: 181-190.

[34] Lao K, Wu W. Microwave downstream plasma removes metal etch residue. Semiconductor International, 1997, 20(8): 231-252.

[35] Ohmi T. Total room temperature wet cleaning for Si substrate surface. Journal of the Electrochemical Society, 1996, 143: 2959.

第 3 章 扩 散

韩郑生 罗 军

半导体器件制作过程中的 PN 结、阱等工艺都离不开准确控制的局部掺杂。掺杂通常分为两个步骤：一个是将要掺杂的物质掺入硅晶圆的指定位置；二是经过热处理将这些杂质激活，即使杂质位于晶格格点的位置。激活的杂质才能为器件提供工作所需的载流子。本章要讲的扩散是主要的掺杂方法之一，另一种主要掺杂方法是离子注入，将在第 5 章讲述。

半导体器件中杂质的分布对器件的性能至关重要，所以在半导体工艺中要能精确控制杂质浓度、浓度的分布。图 3.1 所示是杂质在硅晶圆内的典型分布图 [1]，其纵坐标表示杂质浓度或载流子浓度，一般用对数坐标来表示，横坐标表示进入晶圆的深度。

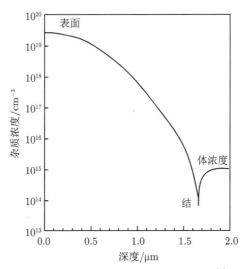

图 3.1 杂质在硅晶圆内的典型分布图 [1]

杂质掺入晶圆后，可能在晶圆中进行再分布。再分布可能是专门的工艺步骤，如推进等工艺，也可能是其他热过程所致。所以在考虑杂质最终分布情况时必须考虑掺杂后的整个热过程。在现代 CMOS 集成电路工艺中对整个工艺过程的热预算控制得非常严格。

3.1 扩 散 方 程

自然界中普遍存在着物质的随机热运动。在一定温度下，当杂质在物体中存在浓度梯度时，扩散运动总是从杂质浓度高处向杂质浓度低处移动。在平衡状态下，物体中的杂质浓度会重新分布。

1. 菲克第一定律[1]

描述扩散运动的基本方程是菲克 (Fick) 第一定律：

$$J = -D\frac{\partial C}{\partial x} \tag{3.1}$$

式中，C 是杂质浓度；D 是扩散系数；J 是扩散通量。J 是单位时间内通过单位横截面的粒子数，常用单位是 $g/(cm^2 \cdot s)$ 或 $mol/(cm^2 \cdot s)$。式 (3.1) 中的负号表示杂质净运动方向与浓度降低的方向一致。

2. 菲克第二定律[1]

考虑一个均匀的长条形材料，其截面积为 A，如图 3.2 所示。沿扩散方向，在 x 和 $x + \Delta x$ 区间的体积元为 $A\Delta x$，J_x 为流入该体积元的杂质通量，$J_{x+\Delta x}$ 为流出该体积元的杂质通量。在 Δt 时间内，杂质在该体积元的累积量为

$$\Delta m = (J_x A - J_{x+\Delta x} A)\,\Delta t$$

$$\frac{\Delta m}{\Delta x A \Delta t} = \frac{(J_x - J_{x+\Delta x})}{\Delta x}$$

当 Δx 和 Δt 趋近于 0 时

$$\frac{\partial C}{\partial t} = -\frac{\partial J}{\partial x} \tag{3.2}$$

$$\frac{\partial C}{\partial t} = \frac{\partial}{\partial x}\left(D\frac{\partial C}{\partial x}\right) \tag{3.3}$$

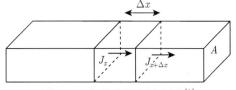

图 3.2　杂质扩散流示意图[1]

如果扩散系数与位置无关，式 (3.2) 可写成

$$\frac{\partial C}{\partial t} = D\frac{\partial^2 C}{\partial x^2} \tag{3.4}$$

一般称式 (3.3)、式 (3.4) 为菲克第二定律。对于各向同性的三维材料，菲克第二定律的表达式为

$$\frac{\partial C\left(x, y, z, t\right)}{\partial t} = D\left(\frac{\partial^2 C}{\partial x^2} + \frac{\partial^2 C}{\partial y^2} + \frac{\partial^2 C}{\partial z^2}\right) \tag{3.5}$$

球对称扩散对应的表达式为

$$\frac{\partial C}{\partial t} = D\left(\frac{\partial^2 C}{\partial r^2} + \frac{2}{r}\frac{\partial C}{\partial r}\right) \tag{3.6}$$

菲克第二定律描述在不稳定扩散条件下，介质中各点作为时间函数的扩散物质聚集的过程。它是位置变量的二阶微分、时间变量的一阶微分的微分方程。要求解这种方程，必须知道至少两个独立的边界条件。

3.2　杂质扩散机制与扩散效应

在硅晶体材料中，杂质原子或是替代晶格上硅原子的位置，或是处于晶格的间隙中。这些替代那些在晶格位置上的杂质被称为替位型杂质。这些处于晶格间隙中的杂质被称为间隙型杂质。处于晶格位置的原子势能最低。间隙型杂质在晶体中的扩散很快，但是由于起不到受主或施主杂质的作用，即不能产生载流子。

硅晶体材料中常见的间隙型杂质有：O、Au、Fe、Cu、Ni、Zn、Mg；替位型杂质有：P、B、As、Al、Ga、Sb、Ge。

在硅晶体中，只有当一个替位型原子拥有足够能量来克服束缚它的势阱时，它才能移动。在图 3.3(a) 中，如果晶格两个位置相邻的原子对调，则要打破 6 个键才能使硅原子与杂质原子交换位置。如果替位型杂质旁边有一个空位，杂质原子移动只需要打破 3 个键，所需的激活能较低，所以空位交换模式相对容易，如图 3.3(b) 所示。

当温度小于 1000 ℃ 时，费尔 (Fair) 的空位模型可用于解释低掺杂浓度和中等掺杂浓度下多种杂质的扩散过程。以硅晶体为例，硅晶格点阵中的每个原子和其周围相邻的 4 个原子形成共价键，以填充其价电子层。当存在一个中性空位时，4 个相邻的价电子层不饱和。如果这个空位俘获一个电子，就可以使其中一个相邻原子的价电子饱和，同时该空位带一个负荷。同样，一个相邻原子失去一个电子，该空位带一个正电荷。

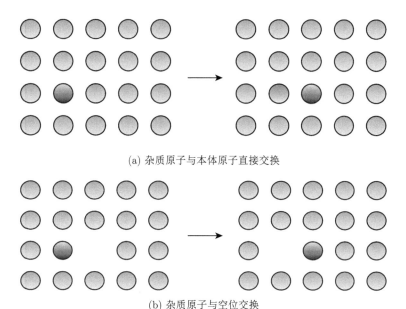

(a) 杂质原子与本体原子直接交换

(b) 杂质原子与空位交换

图 3.3 杂质原子在晶体中的交换模式 [2]

　　一般工艺条件下，硅晶体中的空位很少，空位带电状态是彼此孤立的。所有可能的扩散系数按其概率加权相加可得总的扩散系数。假设电荷俘获的概率是个常数，则

$$带电空位数量 \propto \left[\frac{C(z)}{n_i}\right]^j$$

式中，$C(z)$ 为载流子浓度；n_i 为本征载流子浓度；j 为带电状态的阶数。空位模型中总扩散系数是表达式 [2]

$$D = D^0 + \frac{n}{n_i}D^- + \left[\frac{n}{n_i}\right]^2 D^{2-} + \left[\frac{n}{n_i}\right]^3 D^{3-} + \left[\frac{n}{n_i}\right]^4 D^{4-}$$

$$+ \frac{p}{n_i}D^+ + \left[\frac{p}{n_i}\right]^2 D^{2+} + \left[\frac{p}{n_i}\right]^3 D^{3+} + \left[\frac{p}{n_i}\right]^4 D^{4+} \tag{3.7}$$

半导体的本征载流子浓度的表达式为 [3]

$$n_i = n_{i0}T^{3/2}e^{-E_g/2kT} \tag{3.8}$$

式中，n_i 的单位是 cm^{-3}；T 的单位是 K。硅的 $n_{i0} = 7.3 \times 10^{15}$ cm^{-3}，砷化镓的 $n_{i0} = 4.2 \times 10^{14}$ cm^{-3}。禁带宽度的表达式为

$$E_g = E_{g0} - \frac{\alpha T^2}{\beta + T} \tag{3.9}$$

其中，硅和砷化镓的 E_{g0}、α 和 β 的值列于表 3.1 中；硅和砷化镓的本征载流子浓度与温度的关系曲线如图 3.4 所示 [4]。

表 3.1 禁带宽度参数

	E_{g0}/eV	$\alpha/(\mathrm{eV/K})$	β/K
硅	1.17	0.00047	636
砷化镓	1.52	0.000541	204

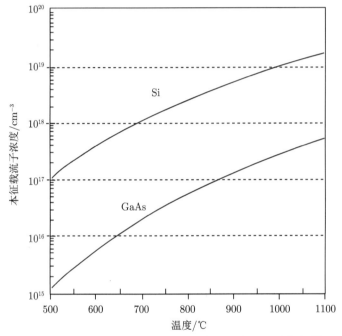

图 3.4 硅和砷化镓的本征载流子浓度与温度的关系曲线 [4]

在重掺杂情况下，禁带变窄效应会使禁带宽度减小：

$$\Delta E_{\mathrm{g}} = -7.1 \times 10^{-10}\ \mathrm{eV} \sqrt{\frac{n\,(\mathrm{cm}^{-3})}{T\,(\mathrm{K})}} \tag{3.10}$$

当 $C \gg n_{\mathrm{i}}$ 时，电子浓度 n 等于施主杂质浓度 N_{d}，或空穴浓度 p 等于杂质浓度 N_{a}。当 $C \ll n_{\mathrm{i}}$ 时，电子浓度 n 约等于空穴浓度 p，也约等于本征载流子浓度 n_{i}。当材料中存在过剩的自由电子时，可以忽略式 (3.7) 中的正电荷项；当材料中存在过剩的自由空穴时，可以忽略式 (3.7) 中的负电荷项；此外，式 (3.7) 中的 3 次和 4 次幂很小，可以忽略掉。

注意如果必须考虑带电空位的扩散, 电子或空穴的浓度以及其扩散系数就是位置的函数。在这种情况下, 只能用数值方法求解式 (3.3), 而不能用式 (3.4)。

当扩散前后测出的杂质浓度分布都很低时, 就可以得到一个扩散系数。在不同温度下重复这一过程, 然后再绘出扩散系数的对数值与温度倒数之间的关系曲线, 就得到一幅阿伦尼乌斯图。

中性空位扩散系数的表达式为

$$D^0 = D_0^0 e^{-E_a/kT} \tag{3.11}$$

式中, E_a 是中性空位的激活能; D_0^0 是一个与温度无关的系数, 其值依赖于晶格振动的频率和晶格的几何结构。表 3.2 列出了一些常见杂质的激活能和指数项前的系数值 [5]。其中 "D" 表示施主杂质; "A" 表示受主杂质; "I" 表示自间隙杂质。

表 3.2   硅和砷化镓中常见杂质的扩散系数 [5]

		施主杂质				D_0/(cm²/s)	E_a/eV	受主杂质	
		$D_0^=$/(cm²/s)	$E_a^=$/eV	D_0^-/(cm²/s)	E_a^-/eV			D_0^+/(cm²/s)	E_a^+/eV
Si 中的 As	D			12.0	4.05	0.066	3.44		
Si 中的 P	D	44.0	43.7	4.4	4.0	3.9	3.66		
Si 中的 Sb	D			15.0	4.08	0.21	3.65		
Si 中的 B	A					0.037	3.46	0.41	3.46
Si 中的 Al	A					1.39	3.41	2480	4.2
Si 中的 Ga	A					0.37	3.39	28.5	3.92
GaAs 中的 S	D					0.019	2.6		
GaAs 中的 Se	D					3000	4.16		
GaAs 中的 Be	A					$7×10^{-6}$	1.2		
GaAs 中的 Ga	I					0.1	3.2		
GaAs 中的 As	I					0.7	5.6		

在硅中, 杂质扩散还依赖于硅自间隙原子的存在, 如图 3.5 所示 [6]。这种扩散模式是一个自间隙原子硅将一个杂质原子推到间隙位置, 进而取代该杂质所占晶格的位置。该杂质原子移动到另一个晶格位置, 将晶格位置的硅原子挤开, 使其成为自间隙原子。计算杂质的有效扩散系数时应将这两种扩散方式都考虑进去。

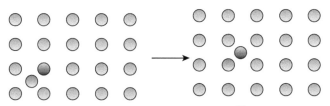

图 3.5   间隙扩散机制示意图 [6]

通常杂质可以通过间隙空间快速扩散。杂质有两种方式可以占据晶格位置。一种是通过空位将间隙型杂质俘获，称为弗兰克-特布尔 (Frank-Turnbull) 机制。另一种是杂质原子取代了一个硅原子的晶格位置，称为挤出 (Kick-out) 机制。这两种机制的描述如图 3.6 所示 [7]。这两种机制不需要自间隙原子来推动扩散过程的进行。

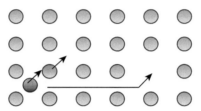

图 3.6 挤出机制和 Frank-Turnbull 机制示意图 [7]

表 3.2 中给出的参数是通过将式 (3.7) 与实验测量数据拟合而导出的。

杂质在硅中的扩散系数与空位浓度有关。当硅被氧化时，在氧化硅/硅界面附近会产生高浓度的过剩间隙原子 [8]。在界面附近，这些间隙原子会提高硼和磷的扩散系数。因此，可以认为硼和磷主要是通过间隙机制进行扩散的。砷的扩散系数在氧化气氛中会降低。过剩的间隙原子浓度会降低局部的空位浓度，因此，可以认为砷主要是通过空位机制进行扩散的。在热氮化气氛中会造成高浓度的空位被注入衬底中，实验结果表明其表现出与氧化气氛相反的趋势。

在氧化气氛中进行扩散，其扩散系数是位置的函数，由式 (3.2)

$$\frac{\partial C\left(z, t\right)}{\partial t} = \frac{\partial D}{\partial x} \cdot \frac{\partial C}{\partial x} + D\frac{\partial^2 C}{\partial x^2}$$

由于 $\dfrac{\partial D}{\partial x} < \dfrac{\partial C}{\partial x}$，对于一阶近似，可以忽略 $\dfrac{\partial D}{\partial x}$。由于过剩间隙原子的浓度取决于氧化速率和复合速率，因此扩散系数是氧化速率的函数。对于氧化气氛中的扩散有

$$D = D_\mathrm{i} + \Delta D \tag{3.12}$$

其中，

$$\Delta D = \alpha \left(\frac{\mathrm{d}t_\mathrm{ox}}{\mathrm{d}t}\right)^n \tag{3.13}$$

ΔD 是氧化引起的扩散系数的增强或阻滞部分。实验结果表明指数 n 在 0.3 ~ 0.6。对于氧化增强扩散 α 大于零，对于氧化阻滞扩散 α 小于零。

扩散除了从硅晶圆表面向其深度方向进行以外，还会通过掩模边缘向横向进行扩散。横向扩散使特征图形的边缘附近产生杂质的净损耗，从而减小了纵向结深。在很小的空间范围内测量较低的杂质浓度是非常困难的。

3.3 扩 散 工 艺

在 20 世纪 70 年代中期之前，扩散方法是半导体器件和集成电路中的主要掺杂技术。扩散方法用来形成双极晶体管的基极 (Base)、发射极 (Emitter)、集电极 (Collector)，电阻，金属-氧化物-半导体场效应晶体管 (MOSFET) 的源极 (Source)、漏极 (Drain)、互连引线等。

扩散是为了向半导体晶体中掺入一定数量的某种杂质原子，并且使杂质按要求精确分布。扩散工艺按原始杂质源在室温下的相态可分为：固态源扩散、液态源扩散和气态源扩散。

3.3.1 固态源扩散

1. 开管类扩散

一种开管式固态源扩散是将盛放杂质源的坩埚和插放硅晶圆的石英舟分别置于扩散炉管内，两者相距一定距离。炉管通常由石英材料制成。在扩散过程中，在进气口通入氮气，由氮气携带杂质源蒸气并将其输运到放置晶圆的反应区。在扩散温度下，杂质化合物与硅放生反应生成氧化硅，置换出的单质杂质原子向硅体内扩散。对应蒸气压很高的杂质源扩散，可以采用两段炉温法，即将盛放杂质源的坩埚置于低温区，而在高温区完成杂质原子向硅体内的扩散 [9]。

另一种开管式固态源扩散法是将固态杂质源做成与硅晶圆相近的片状 [10]。通常其直径可略大于晶圆，厚度也略厚于晶圆。这种扩散装片所用的石英舟需要专门设计，片状源两面都面向晶圆表面，晶圆可以背对背放置以增大装片密度，如图 3.7 所示。在扩散温度下，杂质源蒸气与其相邻的硅晶圆发生化学反应，置换出的单质杂质原子向硅体内扩散。为了防止污染，扩散过程中需要通入起保护作用的氮气。

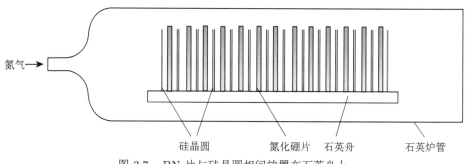

氮气→

硅晶圆　　　氮化硼片　石英舟　　　　　石英炉管

图 3.7　BN 片与硅晶圆相间放置在石英舟上

常用的片状固态扩散源有氮化硼 (BN)，一般要在 900 ℃ 条件下，在氧气 (O_2) 中进行 1 h 的活化处理：

$$4BN + 3O_2 \xrightarrow{900\ ℃} 2B_2O_3 + 2N_2 \tag{3.14}$$

在硅中扩散的化学方程式为

$$2B_2O_3 + 3Si \longrightarrow 3SiO_2 + 4B \tag{3.15}$$

BN 片与硅晶圆大小相当，和硅晶圆相间均匀放置在石英舟上，如图 3.7 所示。不需要携带气体，但需要以氮气或者氩气保护。

2. 箱式扩散

这种反应扩散的腔是密封式的，以保持箱内杂质源蒸气压的稳定。首先将杂质源放置在腔内或是焙烧在箱盖内侧，然后放入要进行扩散的晶圆。在高温下杂质源的蒸气会充满整个腔体，与硅晶圆发生化学反应，置换出的单质杂质原子向硅体内扩散。在扩散温度下，杂质在硅中的固溶度决定着硅晶圆表面浓度。

对于锑扩散，其杂质扩散源是 Sb_2O_3。在氮气保护下将扩散源粉末和晶圆源放置在同一箱内，扩散源粉末的重量配比是 $Sb_2O_3 : SiO_2 = 1 : 4$。在硅中扩散的化学方程式为

$$2Sb_2O_3 + 3Si \Longequal 4Sb + 3SiO_2 \tag{3.16}$$

3. 涂源法扩散[11]

旋转涂源法 (Spin-on Dopant) 扩散的工艺流程是：

(1) 将杂质源溶于溶剂中，制备扩散杂质的溶液。杂质源是杂质的氧化物，溶剂可以是聚乙烯醇。

(2) 把硅晶圆放置在涂敷机的吸盘上，然后将包含扩散杂质的溶液涂在硅晶圆表面上。

(3) 以 $2500 \sim 5000$ r/min 的转速旋转吸盘，在离心力的作用下，扩散杂质溶液可以在硅晶圆表面形成比较均匀的薄层，如图 3.8 所示。薄层厚度与溶液的黏滞系数成正比，与吸盘的旋转速度成反比，一般是几千埃厚。

图 3.8　旋转涂法

(4) 将涂敷扩散杂质薄层的晶圆放置在由惰性气体保护的反应腔内,加高温进行杂质向晶圆内的扩散。

3.3.2 液态源扩散

用一路氮气通过装有液态源的石英瓶,将杂质源蒸气带入扩散炉管内;另一路氮气直接进入扩散炉内,用以稀释杂质浓度,有些扩散工艺还要加一路氧气,扩散系统如图 3.9 所示[8]。扩散时通常将源瓶温度控制在 0 ℃,以保证扩散工艺的稳定性和重复性。扩散工艺需要控制的主要变量是扩散炉的温度、扩散时间、气体流量以及杂质源温度等。这类液态源扩散技术的优点是系统简单、操作方便、成本低、效率高、重复性和均匀性好。

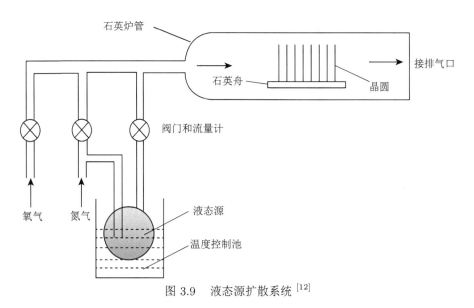

图 3.9   液态源扩散系统[12]

1. 液态源硼 (B) 扩散

扩散源硼酸三甲酯 $B(CH_3O)_3$ 在 500 ℃ 以上发生分解反应:

$$2B(CH_3O)_3 + 9O_2 \xrightarrow{500\ ℃} B_2O_3 + 6CO_2 \uparrow + 9H_2O \tag{3.17}$$

在硅中扩散的化学方程式为

$$2B_2O_3 + 3Si \longrightarrow 4B + 3SiO_2 \tag{3.18}$$

一般情况下,预淀积:950 ℃ 通源 10~20 min,N_2。再分布:1100~1200 ℃。

2. 液态源磷 (P) 扩散

扩散源三氯氧磷 $POCl_3$ 在 600 ℃ 以上发生分解反应:

$$5POCl_3 \xrightarrow{600\ ℃} P_2O_5 + 3PCl_5 \tag{3.19}$$

在硅中扩散的化学方程式为

$$2P_2O_5 + 5Si \longrightarrow 5SiO_2 + 4P \tag{3.20}$$

反应生成的 P 向硅中扩散。由于 PCl_5 难以分解,还会腐蚀硅,故还要通入少量 O_2 增强其分解:

$$4PCl_5 + 5O_2 \longrightarrow 2P_2O_5 + 10Cl_2 \tag{3.21}$$

一般情况下,预淀积:1050 ℃ N_2 和 O_2。再分布:950 ℃ O_2。

3.3.3 气态源扩散

常用的气态杂质源有磷烷 (PH_3)、砷烷 (AsH_3)、氢化锑 (SbH_3)、乙硼烷 (B_2H_6)、三氯化硼 (BCl_3) 等 [13]。气态扩散装置由电炉丝加热控制炉温,用质量流量计控制进入扩散炉管内的气体。扩散炉管气路通常由杂质源气体、稀释气体或者保护气体构成。

这类扩散过程是气态杂质源,一般先在硅晶圆表面发生化学反应形成一层掺杂氧化硅,置换出的杂质原子再由氧化硅层向硅晶圆体内扩散。

3.3.4 快速气相掺杂

为了实现超浅、超陡杂质分布和低电阻 PN 结,开发出快速气相掺杂 (Rapid Vapor-phase Doping,RVD) 技术 [14]。这是利用快速热处理 (RTP) 方法使气体杂质直接扩散到硅晶圆中,以形成超浅结的掺杂工艺。其扩散系统如图 3.10 所示,快速加热的灯阵列分布在晶圆的上下,透过石英窗用高温计测量晶圆的温度,与常规扩散炉管不同的是这种装置腔壁是冷的而不是热的。

RVD 扩散时,灯阵列开启使晶圆均匀地加热至设定的温度,同时通入掺杂气体。掺杂气体反应生成杂质原子,杂质原子吸附在硅晶圆表面,然后向晶圆内部的固相扩散。这种扩散在硅晶圆表面不形成氧化硅层。

Takashi Uchino 等 [15] 采用快速气相掺杂 (RVD) 工艺制备 P 沟 MOSFET,采用固相扩散 (SPD) 工艺制备 N 沟 MOSFET。采用 RVD 技术,实现了 40 nm 深的 P 型延伸,薄层电阻低至 400 Ω/□。这些 RVD 和 SPD 器件与传统的离子注入源/漏 (S/D) 外延器件相比,具有良好的短沟道特性,沟道长度小于 0.1 μm,漏电流高 40%,高速电路性能良好。

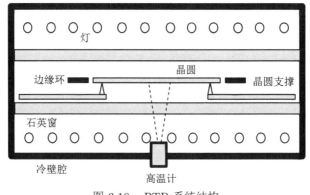

图 3.10 RTP 系统结构

3.3.5 气体浸没激光掺杂

气体浸没激光掺杂 (Gas Immersion Laser Doping，GILD) 技术是采用高能激光使得硅表面层变成一层薄液体层，掺杂剂在激光照射前直接化学吸附在硅晶圆表面，然后进入此薄液体层快速并均匀地扩散到整个薄液体层；一旦激光照射停止，掺有杂质的薄液体层迅速冷却，转变为固态晶体，在熔化-固化循环中杂质原子掺入并激活掺杂剂[16]。

Carey 等[17] 采用多个由 XeCl ($\lambda = 308$ nm) 脉冲准分子激光器启动的熔融/再生长步骤，获得超浅 ($200 \sim 1500$ Å) N^+/P 和 P^+/N 结，N^+ 的浓度大于 4×10^{20} cm^{-3}，P^+ 的浓度大于 5×10^{21} cm^{-3}。此外，GILD 工艺形成的未退火结导致了正向偏压和反向偏压下的低漏电流 (在 -5 V 时，$I_R < 10$ nA/cm^2) 的理想二极管性能。由于在此过程中只有掺杂区域被加热，因此可以限制不需要的扩散，并使晶圆的其余部分保持 "低温" 处理环境。这对未来的超大规模集成电路加工具有明显的潜在优势。

Kramer 等[18] 报道了用气浸式激光掺杂 (GILD) 制备结深小于 60 nm 的 P^+/N 二极管。统计了结深为 39 nm 和 50 nm、表面浓度超过 10^{20} 个原子/cm^3、薄层电阻小于 160 Ω/□ 的二极管。面积、周长和角漏电流的值分别在小于 1.6 nA/cm^2、2.5 fA/μm 和 10 fA/角时，在 3.4 V 反向偏压下测量。这些特性表明激光掺杂工艺在 0.18 μm CMOS 工艺中是可行的。

扩散的一般工艺步骤如图 3.11 所示：(a) 硅晶圆清洗；(b) 硅晶圆氧化，以生成扩散掩蔽层；(c) 光刻，定义出扩散区域；(d) 刻蚀氧化硅层，暴露出需要掺杂扩散的区域；(e) 去除光刻胶，清洗干净晶圆；(f) 进行扩散预淀积，掺杂剂发生化学反应，与硅生成氧化硅薄膜，置换出的杂质原子向硅晶圆体内扩散；(g) 关掉掺杂剂源，通氮气保护进行杂质再扩散；(h) 去除晶圆上氧化层，清洗干净晶圆，以备下一步工艺。

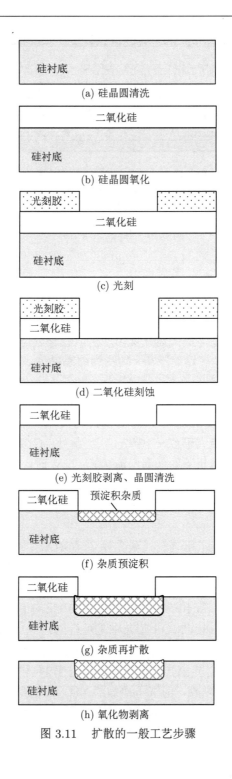

图 3.11　扩散的一般工艺步骤

从集成电路诞生到 20 世纪 70 年代中期，扩散工艺一直是掺杂的主要技术。但是由于扩散工艺是各向同性的，所以横向扩散较大，并且只能是表面杂质浓度最高的分布，后来逐渐被离子注入技术所替代。目前，在 CMOS 技术中扩散工艺主要用于阱注入之后的阱 (Well) 推进、形成超浅结 (USJ) 等某些特殊应用方面。

在阱推进方面，通常阱具有很深的结深，要求高能量离子注入。扩散能够在退火的同时将杂质推进到需要的结深。

在形成超浅结方面，由于硼原子小而轻，离子注入会使硼注入很深。RVD 和 GILD 技术在这方面会有所作为。

3.4　扩散杂质分布

如果要定量计算杂质在硅晶圆中的分布，就必须计算菲克第二定律。假设扩散系数是一个常数，菲克第二定律就是一个微分方程，可以根据不同的边界条件进行求解。实际上，杂质分布非常复杂，扩散系数往往不是一个简单的常数，而与杂质浓度、位置等相关。这时只能用数值法求解。通过两组边界条件，可以对式 (3.4) 进行求解。这些解可以作为实际杂质分布的近似，以便我们理解扩散过程。

3.4.1　恒定表面源扩散

定义：晶圆表面杂质浓度始终保持不变的扩散。

其边界条件为：$C(\infty, t) = 0$，$C(0, t) = C_s$；初始条件为 $C(x, 0) = 0$。

有限表面源扩散的杂质分布为

$$C(x, t) = C_s \left(1 - \mathrm{erf} \frac{x}{2\sqrt{Dt}} \right) = C_s \mathrm{erfc} \left(\frac{x}{2\sqrt{Dt}} \right), \quad t > 0 \tag{3.22}$$

式中，C_s 是固定的表面浓度；erfc 是余误差函数。可以从数学手册中以查表的方式求得不同数值下的余误差函数值。$\sqrt{Dt}$ 称为特征扩散长度。

预扩散杂质剂量随时间变化。可以通过对杂质分布进行积分求出该剂量值

$$Q(t) = \int_0^\infty C(x, t) \mathrm{d}x = \int_0^\infty C_s \mathrm{erfc} \left(\frac{x}{2\sqrt{Dt}} \right) \mathrm{d}x = \frac{2}{\sqrt{\pi}} C_s(0, t) \sqrt{Dt} \tag{3.23}$$

剂量的单位是用单位面积内的杂质数量来表示的。由于现代集成电路中杂质分布深度一般都小于 1 μm，一个 10^{15} cm^{-2} 的剂量对应于大于 10^{19} cm^{-3} 的高掺杂浓度。对于预淀积扩散，由于表面浓度固定，由式 (3.23) 可知总的杂质剂量与时间的平方根成正比。以 $\sqrt{Dt}$ 作为参变量的杂质预淀积扩散分布如图 3.12 所示 [19]。

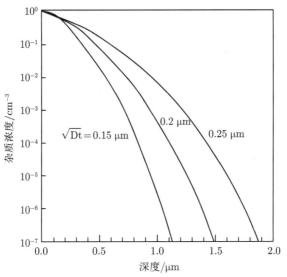

图 3.12   杂质预淀积扩散分布 [19]

3.4.2   有限表面源扩散

在扩散过程中，杂质源只是在晶圆表面预先淀积的一层非常薄的杂质，不再有新的外来杂质补充，这种扩散称为有限表面源扩散。

在这种扩散中，假设初始表面杂质原子总量为 Q_T，也是扩散过程中杂质原子总量。当杂质原子扩散长度远大于初始杂质分布宽度时，初始条件为

$$C(x,0) = 0, \quad x \neq 0$$

其边界条件为

$$\frac{\mathrm{d}C(0,t)}{\mathrm{d}x} = 0$$

$$C(\infty, t) = 0$$

$$\int_0^\infty C(x,t)\,\mathrm{d}x = Q_T$$

由以上条件，菲克第二定律的解是一中心在 $x = 0$ 处的高斯分布：

$$C(x,t) = \frac{Q_T}{\sqrt{\pi Dt}} \mathrm{e}^{-x^2/4Dt}, \quad t > 0 \tag{3.24}$$

表面浓度 C_s 随时间增大而降低，即

$$C_s = C(0,t) = \frac{Q_T}{\sqrt{\pi Dt}}, \quad t > 0 \tag{3.25}$$

容易证明，在 $x = 0$ 处，对于所有 $t \neq 0$ 时刻，$\mathrm{d}C/\mathrm{d}x = 0$。以 $\sqrt{Dt}$ 作为参变量的杂质推进扩散分布如图 3.13 所示。

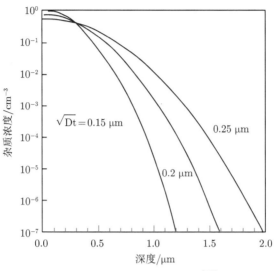

图 3.13　杂质推进扩散分布 [19]

实际上扩散工艺是先进行预淀积，接着再做推进扩散。注意推进扩散的初始条件是除表面以外的任何地方的杂质均为零。实际上，只要满足以下条件：

$$\sqrt{Dt_{\mathrm{predep}}} \ll \sqrt{Dt_{\mathrm{drive\text{-}in}}} \tag{3.26}$$

推进扩散就近似于这种情况。

假设在一个磷浓度均为 C_{B} 的硅晶圆上进行硼扩散，并且 $C_{\mathrm{s}} \gg C_{\mathrm{B}}$。在某一深度硼的杂质浓度正好等于衬底的杂质浓度，这里就是 P 型硼与 N 型磷所形成的 PN 结处。此处的深度称为结深 x_{j}。如果是预淀积扩散，则可以通过式 (3.22) 求出结深：

$$x_{\mathrm{j}} = 2\sqrt{Dt}\ \mathrm{erfc}^{-1}\left(\frac{C_{\mathrm{B}}}{C_{\mathrm{s}}}\right) \tag{3.27}$$

如果是推进扩散，则可以通过式 (3.24) 求出结深：

$$x_{\mathrm{j}} = \sqrt{4Dt \ln\left(\frac{Q_{\mathrm{T}}}{C_{\mathrm{B}}\sqrt{\pi Dt}}\right)} \tag{3.28}$$

假设有一块掺杂浓度为 $1 \times 10^{15}\ \mathrm{cm}^{-3}$ 的 P 型硅晶圆，将其加热到 1100 ℃，并通入 5 min 的高浓度砷源，然后取出该晶圆并将表面做包封处理。再将其在

1200 ℃ 高温退火 6 h。在这种情况下，起始可以认为是杂质砷在硅中的一个预淀积过程。表面杂质浓度近似为砷在硅中的固溶度，根据图 2.4 可得 $C_{\mathrm{s}} \approx 2 \times 10^{21}$ cm^{-3}，假设杂质的扩散为本征扩散，通过表 3.2 可以得到

$$D = D_0 \mathrm{e}^{-E_{\mathrm{a}}/kT} + D_0^- \mathrm{e}^{-E_{\mathrm{a}}^-/kT} = 0.066\mathrm{e}^{-3.44/kT} + 12.0 \times 1 \times \mathrm{e}^{-4.05/kT}$$

在 1100 ℃，$kT = 0.1183$ eV，$D \approx 3.18 \times 10^{-14}$ cm^2/s，$\left(\sqrt{\mathrm{Dt}}\right)_{1100\,℃} \approx 0.03$ μm。

在 1200 ℃，$kT = 0.1269$ eV，$D \approx 2.77 \times 10^{-13}$ cm^2/s，$\left(\sqrt{\mathrm{Dt}}\right)_{1200\,℃} \approx 0.78$ μm。

显然

$$\left(\sqrt{\mathrm{Dt}}\right)_{1100\,℃} \ll \left(\sqrt{\mathrm{Dt}}\right)_{1200\,℃}$$

对于砷在 1100 ℃ 下的预淀积过程由式 (3.23) 可得：$Q_{\mathrm{T}} \approx 6.99 \times 10^{15}$ cm^{-2}。在 1200 ℃ 下，由式 (3.24) 可得杂质经过推进之后形成的分布为

$$C\left(x\right) \approx 5.07 \times 10^{19} \times \mathrm{e}^{-(x/1.56\ \mathrm{μm})^2}\ \mathrm{cm}^{-3}$$

由式 (3.28) 可得杂质推进之后形成的结深为：$x_{\mathrm{j}} \approx 5.12$ μm。

对于各种常见的杂质可以采用空位扩散模型和间隙模型来处理扩散系数。根据 Fair 的空位模型，浓度在 10^{20} cm^{-3} 及以下的测量数据都与扩散系数一致，只有第一个带单个正电荷的空位项起作用。当浓度超过 10^{20} cm^{-3} 后，不是所有的硼原子都能占据晶格的位置，有些硼原子必须处于间隙的位置，或凝结成团。在这个浓度范围内，硼在硅晶体中的扩散系数急剧减小。但是在非晶硅中硼杂质仍然具有很强的可动性。在这个浓度范围内，间隙扩散机制起着关键的作用。典型的高浓度硼扩散分布曲线如图 3.14 所示。

砷在硅晶体中通过中性空位和单个负电荷的空位进行扩散。砷在硅晶体中的扩散系数较低。低浓度和中等浓度砷的扩散系数可以用简单的本征扩散机制来描述。高浓度砷的扩散系数与掺杂浓度相关。砷会与空位结合，也可能是以 VAs$_2$ 聚团的形式存在，这些效应都与时间相关。无论哪一种情况，所形成的扩散分布都与简单的恒定扩散系数模型预测的结果不同。当浓度超过 10^{20} cm^{-3} 后，砷容易形成间隙型聚团，这会阻碍其电性激活。这种效应往往导致高浓度载流子扩散分布的顶部变得平缓。在高温退火过程中，聚团的浓度与替位型砷原子的浓度趋于达到一个热平衡。其载流子浓度的峰值为

$$C_{\max} = 1.9 \times 10^{22}\ \mathrm{cm}^{-3}\mathrm{e}^{-0.453/kT} \tag{3.29}$$

所以相对浓度由退火温度决定。一般认为聚团不会动，砷原子是单个移动。

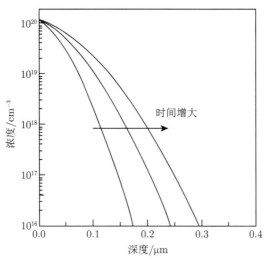

图 3.14 典型的高浓度硼扩散分布曲线[20]

在硅中磷和砷都为施主杂质，但是磷的扩散比砷的快得多。一个高浓度的磷在硅晶体中的扩散分布曲线如图 3.15 所示[21]。可以将其分为三个部分：高浓度区、低浓度区和过渡区。在靠近表面的地方，浓度基本不变；这个区域内的扩散系数可表示为

$$D_{\mathrm{ph}} = D_{\mathrm{i}} + D_{\mathrm{i}}^{2-} \left(\frac{n}{n_{\mathrm{i}}} \right)^2 \tag{3.30}$$

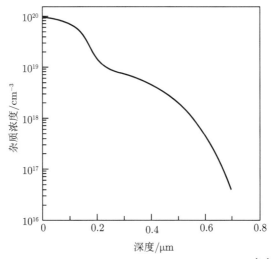

图 3.15 高浓度的磷在硅晶体中的扩散分布曲线[21]

式中，n 为载流子浓度；n_i 为本征载流子浓度；D_i 为中性的磷原子和中性的空位交换的扩散系数；D_i^{2-} 为带一个正电的磷离子和带两个负电荷的空位组成的带一个净负电荷的离子-空位对 $(PV)^-$ 的扩散系数。

在过渡区附近，电子浓度急剧下降。此处大部分的离子空位对发生分解，然后未配对的磷离子继续向衬底扩散。$(PV)^-$ 对的分解造成一个过剩空位浓度，这也提高了尾部的扩散系数。磷间隙扩散机制也对其扩散系数有明显的影响。其中自间隙机制决定了过渡区的扩散特性，而磷的间隙原子则决定了尾部的扩散特性。从空位扩散机制到挤出机制的转换导致了过渡区的转折。

杂质在 GaAs 材料中的扩散比在硅中要复杂得多。它不仅取决于空位和间隙原子的带电状态，还依赖于空位是镓空位 (V_{Ga}) 还是砷空位 (V_{As})。表 3.2 中列出了 GaAs 材料中几种常见杂质由中性空位扩散机制决定的扩散系数。锌和硅是GaAs 中两种主要杂质。

锌是 GaAs 中常用的 P 型杂质。在 600 ℃ 时，锌在 GaAs 中进行不同时间预淀积扩散后的杂质分布曲线如图 3.16 所示[22]。在低浓度区，杂质的扩散与简单的扩散系数模型一致。在高浓度区，这些扩散分布表现出一个宽的平坦区和一个陡直的指数式下降的尾部。平坦区的浓度受锌在 GaAs 中固溶度的制约。

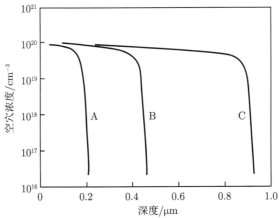

图 3.16　600 ℃ 时，锌在 GaAs 中进行 5 min (A)、20 min (B) 和 80 min (C) 预淀积扩散后的杂质分布曲线[22]

Weisbexg 和 Blanc 提出的锌扩散模型[23] 包括：① 标准的 Fair 空位模型；② Frank-Turnbull 扩散，又称替位-间隙式 (SI) 扩散。在替位-间隙式扩散中，锌或者是以带正电荷的间隙型 Zn^+ 形式快速扩散；或者是以带负电荷的替位型 Zn^- 形式通过中性空位交换进行缓慢的扩散。尽管间隙扩散过程中可能有带多重正电荷的离子参与，但是对扩散起主导作用的是带单电荷的离子。

这个模型中的 Zn^+ 扩散迅速直到其遇到一个镓空位，并被 V_{Ga} 俘获，失去两个空穴，变为 Zn^-，这样使其扩散系数显著减小。在高浓度扩散时，这一过程的结果是扩散系数与杂质浓度有关，扩散系数为

$$D_{Zn} \approx AC_s^2 \tag{3.31}$$

式中，C_s 是替位型锌原子浓度；A 是一个常数[24]。直到浓度开始减小之前，锌扩散系数一直很大。在浓度开始减小时，扩散系数也减小，使杂质分布边缘变得更陡。

这个模型不能解释在锌扩散尾部中常见的转折现象。Kahen 将镓空位的多重带电状态的因素考虑进去修正了该模型[25]。该模型还包括了带负电的替位型锌离子与带正电的间隙型锌离子形成离子对的可能性。修正后的扩散机制显著减小了锌的扩散系数。在很宽的工艺条件范围内，该模型可以很好地拟合锌扩散的转折曲线，如图 3.17 所示。

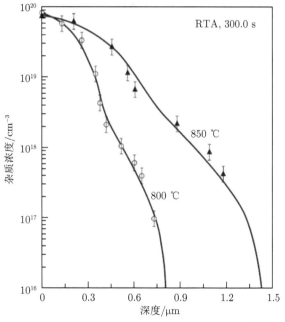

图 3.17 锌扩散多重电荷模型与实验结果对比[25]

硅是 Ⅳ 族元素，它在 GaAs 晶体材料中占据 As 晶格的位置时，是受主杂质，使 GaAs 呈现 P 型；占据 Ga 晶格的位置时，是施主杂质，使 GaAs 呈现 N 型。所以，在两种晶格位置上的硅原子浓度之间的差值就是载流子浓度。当原子

浓度的差值小于每一单个分量时，就称这样的材料为高度补偿半导体。在高浓度下，硅的扩散系数和浓度相关[26]。Greiner 和 Gibbons 提出了一个 Si_{Ga}-Si_{As} 原子对扩散模型[26]。在该模型中，相邻型号相反的晶格位置上的一对原子与一对相邻空位交换位置，这一交换过程分两步进行。在这种扩散过程中，由于两种晶格位置上都被原子占据，半导体是高度补偿的。所以，扩散系数随着杂质浓度呈线性增加。

3.5　扩散杂质的分析表征

上面讲述了杂质扩散分布与杂质类型、温度、时间以及扩散时的气氛等因素的关系。但是，杂质扩散后最终实际杂质浓度分布、激活情况等还要采用各种方法进行测量表征。

3.5.1　薄层电阻

薄层电阻 (R_s) 是对扩散区导电性能的一种最常用的表征，其单位是 $\Omega/\square$。但是这种方法不能得到杂质浓度的分布，只能得到单一的数值：

$$R_s = \left[q \int \mu(C) C_e(z) \, dz \right]^{-1} \tag{3.32}$$

式中，$C_e(z)$ 是载流子浓度；$\mu(C)$ 是与杂质浓度相关的载流子迁移率。

有多种测量薄层电阻的方法。最简单和最常用的方法是四探针测量法和范德堡法。

四探针测量法的四根探针可以排成不同的几何形状，最常见的是排成一条直线，如图 3.18。在这种排列形式下，对于外侧两根探针施加电流，测量内侧两根探针的电压。通过将测得的电压值除以施加的电流值，再乘以一个几何修正因子就得到薄层电阻值。几何修正因子与探针排列的形状以及探针间距与扩散深度之

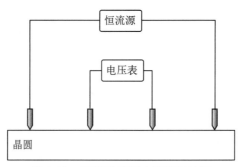

图 3.18　四探针薄层电阻测量法图

间的比值有关。对于排成直线的探针,当探针间距远大于结深时,几何修正因子为 4.532[27]。为了让薄层电阻测量方法用于表征半导体中的扩散分布,扩散区下面的衬底必须是绝缘的或其电阻率必须远大于被测扩散层的电阻率,或者必须在被测扩散层和衬底之间形成一个反偏 PN 结。注意如果探针上施加的压力过大可能会穿透很浅的 PN 结,还要考虑 PN 结附近的耗尽区的影响。

范德堡测量方法是通过接触样品边缘的四个位置,在一对相邻的接触点之间施加电流,测量另一对接触点之间的电压,如图 3.19 所示[28]。为了提高精度,将探针连接方法旋转 90°,并重复测量三次。可用下式计算其平均电阻:

$$R = \frac{1}{4} \left[\frac{V_{12}}{I_{34}} + \frac{V_{23}}{I_{41}} + \frac{V_{34}}{I_{12}} + \frac{V_{41}}{I_{23}} \right] \tag{3.33}$$

则其薄层电阻为

$$R_{\mathrm{s}} = \frac{\pi}{\ln 2} F(Q) R \tag{3.34}$$

式中,$F(Q)$ 是一个与图形形状有关的修正因子。对于一个正方形触点排列,$F(Q) = 1$。通常是提高光刻和刻蚀确定一个范德堡结构的图形,用氧化层隔离或 PN 结隔离两种方式限制扩散区的几何形状。

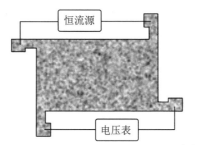

图 3.19 范德堡薄层电阻测量法图[28]

将薄层载流子浓度与结深测量结合可以形成扩散分布的完整表征。对于较深的扩散结,一般是通过在晶圆表面研磨出一个斜面或在晶圆表面滚动研磨出一个凹槽,然后将晶圆浸入一种染色溶液中进行染色。溶液对晶圆的腐蚀速率与载流子类型和浓度相关。例如,在比例为 1:3:10 的氢氟酸 (HF):硝酸 (HNO$_3$):醋酸 (C$_2$H$_4$O$_2$) 混合液中腐蚀,P 型硅会变黑。

根据斜面或凹槽的几何尺寸可以计算出结深。研磨斜面和染色后,通过测量显微镜测得读数 a 和 b,如图 3.20 所示,斜面测量结深的计算如下:

$$x_{\mathrm{j}} = |a - b| \tan\theta \tag{3.35}$$

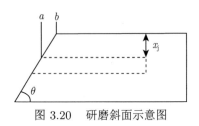

图 3.20　研磨斜面示意图

滚动研磨出凹槽和染色后，通过测量显微镜测得被腐蚀凹槽宽度和已知的圆柱直径，如图 3.21 所示，凹槽测量结深的计算如下：

$$x_j = \frac{xy}{2R} \tag{3.36}$$

其中，R 为磨槽砂轮的半径；用测量显微镜测出 x 和 y 值，就可以得到结深 x_j。

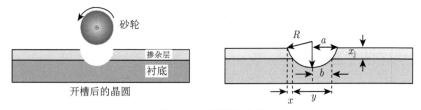

图 3.21　凹槽示意图

由于这两种测量精度和重复性的局限性，这种方法不适用于小于 1 μm 的结深测量。

3.5.2　迁移率

可利用霍尔效应测量总的载流子浓度，如图 3.22 所示。这种方法是让电流从扩散层中流过，在垂直于电流的方向上施加一个磁场，测量与电流方向和磁场方向组成的平面垂直方向上的电压，就可以判断载流子类型和测得迁移率。其原理是，假设扩散层中只存在空穴，在磁场的作用下空穴受到洛伦兹力 ($\boldsymbol{F}$) 就会发生偏转，直到电流方向和磁场方向都垂直的电场分量 (E_y) 与洛伦兹力相对时为止：

$$\boldsymbol{F} = q\boldsymbol{v} \times \boldsymbol{B} \tag{3.37}$$

式中，q 是电子电荷；$\boldsymbol{v}$ 是空穴漂移速度；$\boldsymbol{B}$ 是磁感应强度。

$$E_y = v_x \times B_z \tag{3.38}$$

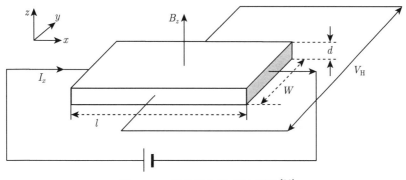

图 3.22 测量霍尔效应示意图 [29]

这个电场的建立现象称为霍尔效应，其对应的电压称为霍尔电压：

$$V_{\mathrm{H}} = v_x \times B_z \times W \tag{3.39}$$

其中，W 是扩散层的宽度。空穴与漂移速度的关系为

$$v_x = \frac{I_x}{qW x_{\mathrm{j}} \overline{C_{\mathrm{e}}}} \tag{3.40}$$

其中，

$$\overline{C_{\mathrm{e}}} = \frac{1}{x_{\mathrm{j}}} \int_0^{x_{\mathrm{j}}} C_{\mathrm{e}} \mathrm{d}x \tag{3.41}$$

则总载流子浓度为

$$\int_0^{x_{\mathrm{j}}} C_{\mathrm{e}} \mathrm{d}x = x_{\mathrm{j}} \overline{C_{\mathrm{e}}} = \frac{I_x B_z}{q V_{\mathrm{H}}} \tag{3.42}$$

对于 P 型半导体，E_y 为正；对于 N 型半导体，E_y 为负；所以根据 E_y 的正负值可以判断半导体的导电类型。

3.5.3 载流子浓度测量

1. 二极管方法

假设二极管满足耗尽近似。对于一个单边突变结或肖特基接触，耗尽层宽度为

$$W = \sqrt{\frac{2\varepsilon (V_{\mathrm{bi}} + V)}{q N_{\mathrm{sub}}}} \tag{3.43}$$

式中，ε 是半导体材料的介电常数；V_{bi} 是二极管的内建电势；N_{sub} 是衬底掺杂浓度；V 是外加电压。二极管的电容为

$$C = \frac{A\varepsilon}{W} = \sqrt{\frac{A^2 q \varepsilon N_{\mathrm{sub}}}{2 (V_{\mathrm{bi}} + V)}} \tag{3.44}$$

将 C 对电压求导可得

$$N_{\text{sub}} = \frac{8}{A^2 q \varepsilon} \left(V_{\text{bi}} + V \right)^3 \left(\frac{\mathrm{d}C}{\mathrm{d}V} \right)^2 \tag{3.45}$$

通过测量外加电压对应的耗尽层电容，并对其求出一阶导数。对于每个数据点，可由式 (3.45) 求出作为电压函数的杂质浓度，该点对应的耗尽层宽度可由式 (3.43) 求出。

电容-电压法的局限性是：①当硅中的杂质浓度超过 10^{18} cm^{-3} 后，半导体发生简并，这种方法就不再适用；②耗尽层边缘不是突变的，它在几个德拜长度内是缓变的，德拜长度为

$$L_{\text{D}} = \sqrt{\frac{\varepsilon k T}{q^2 C_{\text{sub}}}} \tag{3.46}$$

③该法所能分析的深度受限于肖特基二极管的击穿电压或 MOS 电容的反型电压。

2. 扩展电阻方法

扩展电阻分布测量 (Spreading Resistance Profilometry) 是一种常用的通过电学测量载流子浓度分布的方法。采用与测量结深的方法一样，先将待测样片研磨出一个小角度的斜面；然后将两个探针以一定的压力接触制备的斜面，给两个探针间施加电流；测量两个探针间的电阻，并与一个已知浓度的校准值比较，从而得到接触处杂质浓度。随后，沿着斜面依次移动两个探针，重复上述测量步骤。最终获得杂质浓度随扩散深度变化的关系曲线。

这种技术可测量浓度在 $10^{13} \sim 10^{21}$ cm^{-3} 的杂质分布。一个用扩展电阻测量的载流子浓度与深度的关系曲线如图 3.23 所示[30]。

扩展电阻的主要问题是：① 测量结果严格依赖于点接触的重复性，测量精度受操作者的经验水平影响较大，并且经常要用标准样品校准；② 精确制备非常平坦的小角度 ($< 0.5°$) 非常困难，除非表面上方有一层绝缘层，否则难以判断表面从哪里开始；③ 测量样品的材料性质要与标准样品的非常接近，但是这种条件有时难以判断，尤其是对化合物半导体。例如，GaAs 在近表面处有明显的能带弯曲现象，扩展电阻法不适合这种材料的测量。

3. 电化学分布测量法

用电化学腐蚀晶圆后测量电容或电阻率，然后重复上述步骤。通过测量电容或电阻率随腐蚀时间的变化，就可以获得载流子浓度分布。这种方法应用于 III-V 族半导体的分布测量。

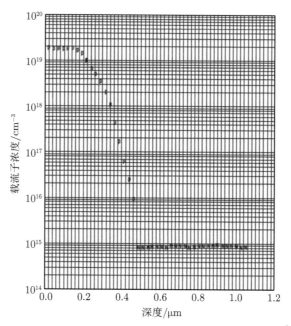

图 3.23　用扩展电阻测量的载流子浓度与深度的关系曲线 [30]

4. 二次离子质谱法

二次离子质谱 (SIMS) 法的测量敏感度可以达到十亿分之一。一个典型的 SIMS 系统如图 3.24 所示。

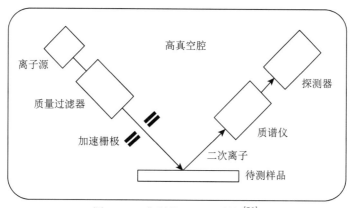

图 3.24　典型的 SIMS 系统 [31]

将待测样品装入测量仪器后, 对测量系统进行抽真空到约 10^{-9} Torr①。然后

---

① 1 Torr $= 1.333 \times 10^2$ Pa。

用一束能量为 $1 \sim 5$ keV 的离子束照射样品，高速离子撞击样品表面，破坏局部的晶格结构并通过溅射过程发射出材料。一部分被溅射出的材料被离化、收集并向着质谱仪加速运动。无论正负离子都可以被质谱仪收集。对被溅射出的材料进行质量分析，以确定样品的组分。这种仪器可以工作在静态模式下，用较慢的溅射速率来测量薄层中不同的元素；也可以用较高的溅射速率来测量各种杂质随深度变化的浓度分布。

如果已知入射离子种类、入射能量和样品的溅射速率，或在溅射后可以测量溅射速率，则可以将溅射计数与溅射时间的数据转换为计数与深度的关系。完成 SIMS 数据收集后，对被溅射的弧形坑的深度进行测量就可以获取这些信息。将溅射数据转换成化学物质的浓度则要困难得多。溅射产额、收集效率、离化效率和探测器的灵敏度等都只能是大概值。由于知道离子注入后杂质浓度的分布和深度，一般使用注入后的样片作为校准样品。SIMS 法能达到的最佳准确度因子是 2 左右。

使用的仪器和技术不同，SIMS 的灵敏度变化非常大。早期 SIMS 系统采用 Ar^+ 离子束。对于微电子应用领域的大多数杂质，Ar^+ 离子束的离化效率低，而反应离子束的诸如铯和氧离子束的灵敏度可以提高几个数量级。用于优化产生正离子的条件一般对产生负离子的杂质不敏感。要获得杂质的完整信息，必须至少进行两次 SIMS 测量。表 3.3 列出了在最佳条件下，预计商用 SIMS 所能达到的灵敏度。

表 3.3　在最佳条件下，预计商用 SIMS 仪器在单晶半导体中所能检测到的浓度极限 [32]

杂质	离子束	导电类型	检测极限/cm^{-3}
Si 中的 B	O_2	+	$1 \times 10^{14} \sim 5 \times 10^{14}$
Si 中的 As	Cs	−	5×10^{14}
Si 中的 P	Cs	−	1×10^{15}
Si 中的 O	Cs	−	1×10^{17}
Si 中的 C	Cs	−	1×10^{16}
GaAs 中的 Si	Cs	−	1×10^{15}
GaAs 中的 Mg	O_2	+	1×10^{14}
GaAs 中的 Be	O_2	+	5×10^{14}
GaAs 中的 O	Cs	−	1×10^{17}
GaAs 中的 C	Cs	−	5×10^{15}

SIMS 分析法的问题是：①获取浓度分布所花费的时间长、成本高。首先，必须将测量腔体抽到高真空状态。其次，在分析过程中，必须将样品中的材料溅射出来，数据采集受限于溅射腐蚀速率。例如，测量超过 1 μm 厚度的样品的杂质分布要花 $4 \sim 8$ h。②突变的界面，特别是其下方是埋层的情况难以测量。在同一时间内被溅射腐蚀的并非样品的同一原子层，而且在溅射腐蚀过程中样品会变得越来越不平坦。入射离子的撞击效应使杂质有再分布的趋势，影响陡峭杂质分布。

尽管如此，SIMS 仍是一种广泛应用的工具。

3.6 杂质在二氧化硅中的扩散

在半导体制造工艺中，二氧化硅 (SiO_2) 通常是作为扩散或离子注入的掩模、栅氧化层或场氧化层等的绝缘介质材料。表 3.4 列出了各种杂质在 SiO_2 中的扩散系数。

表 3.4 各种杂质在 SiO_2 中的扩散系数 [33]

元素	$D_0/(cm^2/s)$	E_a/eV	C_s/cm^{-3}	杂质源
B	3×10^{-4}	3.53	$< 3 \times 10^{20}$	硼硅酸盐
P	0.19	4.03	$8 \times 10^{17} \sim 8 \times 10^{19}$	磷硅酸盐
As	250	4.90	$1 \times 10^{19} \sim 6 \times 10^{19}$	砷硅酸盐
Sb	1.31×10^{16}	8.75	5×10^{19}	Sb_2O_5 蒸气

一般 NMOS 器件的多晶硅栅采用磷掺杂，而 PMOS 器件的多晶硅栅采用硼掺杂。为了提高器件性能，多晶硅栅单晶通常都是重掺杂。而其多晶硅中的晶粒边界会使其中的杂质快速扩散到多晶硅与二氧化硅的界面处。现在 MOS 器件的栅氧化层厚度只有 2 nm，这就意味着二氧化硅栅介质中存在着巨大的杂质梯度。而一旦这些杂质扩散穿透栅氧化层之后就会引起器件阈值电压的漂移，同时也会改变二氧化硅的某些特性，特别是与栅氧化层中电荷俘获以及器件可靠性方面的特性。这种现象称为硼穿透或磷穿透效应。

硼在二氧化硅中是以替代硅原子的位置的形式进行扩散的。当杂质以扩散的形式通过薄的栅氧化层时，其扩散系数比注入厚二氧化硅层的硼离子的扩散系数大得多，这与多晶硅电极中高硼浓度的杂质有关，它会导致实际工艺中硼在栅氧化层中扩散系数增大 10 倍。硼在栅氧化层中扩散系数的前项因子和激活能分别为 0.18 cm^2/s 和 3.82 eV。硼在硅和二氧化硅之间的分凝效应会使硼在氧化层中的浓度提高几个百分点。高浓度硼会导致氧化层软化，使得硼在其中的扩散系数增大。高浓度硼杂质扩散系数增大进一步导致硼在靠近栅电极处的不断流入。

一般认为，磷在二氧化硅中的扩散不像硼在二氧化硅中扩散那么严重。磷以间隙因子 P_2 的形式溶解到二氧化硅中，通过替代硅原子的位置变成替位型杂质，然后再在硅原子格点上进行替位式扩散。

这些杂质在二氧化硅中扩散受到二氧化硅中大于 1% 的高浓度杂质的影响。特别是当二氧化硅中含有氟原子时，无论是硼还是磷在其中的扩散系数都会增大。对于硼这种增大可能会达到一个数量级。氢原子的存在也会增大硼的扩散系数。氮原子对阻止杂质扩散特别有效。硼和磷的替位式扩散是二氧化硅在原子之间的局部化学键结构发生改变，从硅最邻近的四个原子形成的共价键变为硼原子或磷原子与最邻近的三个氧原子形成共价键，并与第四个氧原子形成双键。而氮原子的存在会阻碍这种局部化学键的变化。随着栅氧化层的厚度减薄，阻止杂质扩散所需的氮原子浓度将增大。对于沟道长度小于 100 nm 的超深亚微米器件，其栅氧化层厚度大约为 1.5 nm，可能需要将其中氮原子浓度增大到 10%，并且这些氮原子还应该尽量靠近多晶硅电极，这样才能既阻挡硼原子扩散到栅氧化层中，又尽可能使其远离硅与二氧化硅的界面，否则可能会使硅与二氧化硅界面的电学特性发生退化。

3.7   杂质分布的数值模拟

一般用上述方法很难计算出杂质分布的解析解，计算出杂质分布难以满足实际工艺过程研发所需的精度。有些公司开发出了一些专用的模拟软件，其中在计算杂质分布方面最流行的软件包是斯坦福大学开发的 SUPREM。SUPREM Ⅲ 可以对一维空间的杂质进行分析计算，SUPREM Ⅳ 可以对二维空间的杂质进行分析计算。这些程序的输出结果是化学元素杂质、载流子以及空位的浓度与半导体内深度的函数关系。

这些模拟程序是一些计算工具，工艺工程师可以采用较复杂的、更符合实际的扩散模型，以得到更准确的模拟结果。

所有的扩散工艺模拟程序都是建立在三个基本方程的基础之上的。在一维情况下，这些基本方程如下。

(1) 粒子流密度方程：

$$J_i = -D_i \frac{\mathrm{d}C_i}{\mathrm{d}x} + Z_i \mu_i C_i E \tag{3.47}$$

式中，Z_i 是荷电状态；μ_i 是杂质迁移率。

(2) 连续方程：

$$\frac{\mathrm{d}C_i}{\mathrm{d}t} + \frac{\mathrm{d}J_i}{\mathrm{d}x} = G_i \tag{3.48}$$

其中，G_i 是杂质产生复合率。

(3) 泊松方程：

$$\frac{\mathrm{d}(\varepsilon E)}{\mathrm{d}x} = q\left(p - n + N_D^+ - N_A^-\right) \tag{3.49}$$

式中，ε 是介电常数；n 是电子浓度；p 是空穴浓度；N_D^+ 是离化的施主杂质浓度；N_A^- 是离化的受主杂质浓度。定义好一维的网格，模拟程序就可以同时求解这三个方程。

SUPREM 中使用的扩散系数是建立在 Fair 空位模型基础上的。扩散系数可以用式 (3.7) 计算。对于硅中的硼、锑和砷等杂质，它们的 E_a 和 D^0 值包含在软件的查找表中。模拟程序中也可以加入考虑场辅助扩散、氧化增强扩散和氧化阻滞扩散等效应的经验模型。

Silvaco 公司的 ATHENA 程序包软件部分是建立在斯坦福大学的 SUPREM Ⅳ 软件基础上的；该公司的程序包软件广泛应用于工艺技术计算机自动化设计 (TCAD)。

3.8 小 结

本章介绍了扩散现象及其物理机制。讲述了菲克第一和第二定律，即扩散过程中各物理量之间的关系。着重介绍了预淀积扩散和推进扩散的解析解，扩散的原子模型和重掺杂效应，高掺杂浓度的扩散系数与局部掺杂浓度和浓度梯度相关而不再是常数。简单介绍了扩散的数值模拟工具。

习 题

(1) 分别简述 RVD 和 GILD 的原理，它们的优缺点及应用方向。

(2) 简述几种常见的扩散工艺及其特点。

(3) 简述杂质原子在硅晶体中的扩散方式。

(4) 简述氧化增强扩散和氧化阻滞扩散现象。

(5) 写出菲克第一定律和第二定律的表达式，并解释其含义。

(6) 简述恒定表面源扩散的边界条件、初始条件以及扩散杂质的分布。

(7) 简述有限表面源扩散的边界条件、初始条件以及扩散杂质的分布。

(8) 什么是两步扩散工艺，其两步扩散的目的分别是什么？

(9) 什么是方块电阻？简述其常见的测量方法。

参 考 文 献

[1] Campbell S A. Fabrication Engineering at the Micro and Nanoscale. 3rd ed. Oxford: Oxford University Press, 2008: 44.

[2] Campbell S A. Fabrication Engineering at the Micro and Nanoscale. 3rd ed. Oxford: Oxford University Press, 2008: 46.

[3] Morin F J, Maita J P. Electrical properties of silicon containing arsenic and boron. Phys. Rev., 1954, 96: 28.

[4] Campbell S A. Fabrication Engineering at the Micro and Nanoscale. 3rd ed. Oxford: Oxford University Press, 2008: 47.

[5] Runyan W R, Bean K E. Semiconductor Integrated Circuit Processing Technology. Redding, MA: Addison-Wesley, 1990.

[6] Campbell S A. Fabrication Engineering at the Micro and Nanoscale. 3rd ed. Oxford: Oxford University Press, 2008: 48.

[7] Campbell S A. Fabrication Engineering at the Micro and Nanoscale. 3rd ed. Oxford: Oxford University Press, 2008: 49.

[8] Yan T Y, Gosele U. Oxidation-enhanced or retarded diffusion and the growth or shrinkage of oxidation-induced stacking faults in silicon. Appl. Phys. Lett., 1982, 40: 616.

[9] Nanba M. A new technique for antimony diffusion into silicon. J. Electrochem. Soc., 1981, 128(7): 420-423.

[10] 庄同曾, 张安康, 黄兰芳. 集成电路制造技术——原理与实践. 北京: 电子工业出版社, 1987: 161.

[11] Reindl K. Spun on arsenolica films as sources for shallow arsenic diffusions with high surface concentration. Solid State Electronics, 1973, 16: 181-189.

[12] 庄同曾, 张安康, 黄兰芳. 集成电路制造技术——原理与实践. 北京: 电子工业出版社, 1987: 167-169.

[13] 沈文正, 李荫波, 胡骏鹏. 实用集成电路工艺手册. 北京: 宇航出版社, 1989: 116.

[14] Kiyota Y, Matsushima M, Kaneko Y, et al. Ultrashallow p-type layer formation by rapid vaporphase doping using a lamp annealing apparatus. Appl. Phys. Lett., 1994, 64: 910-911.

[15] Uchino T, Ashburn P, Shiba T, et al. A CMOS-compatible rapid vapor-phase doping process for CMOS scaling. IEEE Transactions on Electron Devices, 2004, 51(1): 14-19.

[16] Sarnet T, Kerrien G, Debarre D, et al. Laser doping for microelectronics and microtechnology. Applied Surface Science, 2005, 247: 538.

[17] Carey P G, Weiner K H, Sigmon T W. Submicrometer CMOS device fabrication using gas immersion laser doping (GILD). IEEE Transactions on Electron Devices, 1988, 35(12): 2429.

[18] Kramer K J, Talwar S, Weiner K H, et al. Characterization of reverse leakage components for ultra shallow p^+/n diodes fabricated using gas immersion laser doping. IEEE Electron Device Letters, 1996, 17(10): 461.

[19] Campbell S A. Fabrication Engineering at the Micro and Nanoscale. 3rd ed. Oxford: Oxford University Press, 2008: 51.

[20] Campbell S A. Fabrication Engineering at the Micro and Nanoscale. 3rd ed. Oxford: Oxford University Press, 2008: 53.

[21] Fair R B, Tsai J C C. A quantitative model for the diffusion of phosphorus in silicon and the emitter dip effect. J. Electrochem. Soc., 1978, 124: 1107.

[22] Field R J, Ghandhi S K. An open tube method for the diffusion of zinc in GaAs. J. Electrochem. Soc., 1982, 129: 1567.

[23] Weisberg L R, Blanc J. Diffusion with interstitial-substitutional equilibrium: Zinc in gallium arsenide. Phys. Rev., 1963, 131: 1548.

[24] Reynolds S, Vook D W, Gibbons J F. Open-tube Zn diffusion in GaAs using diethylzinc and trimethylarsenic: Experiment and model. J. Appl. Phys., 1988, 63: 1052.

[25] Kahen K B. Mechanism for the diffusion of zinc in gallium arsenide. Mater. Res. Soc. Symp. Proc., 1990, 163: 681.

[26] Greiner M E, Gibbons J F. Diffusion of silicon in gallium arsenide using rapid thermal processing: Experiment and model. Appl. Phys. Lett., 1984, 44: 740.

[27] Schroder D K. Semiconductor Material and Device Characterization. 3rd ed. New York: Wiley-Interscience, 1990: 9.

[28] van der Pauw L J. A method for measuring the specific resistivity and Hall effect of discs of arbitrary shape. Phillips Res. Rep., 1958, 13: 1.

[29] 刘恩科, 朱秉升, 罗晋生. 半导体物理学. 6 版. 北京: 电子工业出版社, 2003: 377.

[30] Campbell S A. Fabrication Engineering at the Micro and Nanoscale. 3rd ed. Oxford: Oxford University Press, 2008: 60.

[31] Campbell S A. Fabrication Engineering at the Micro and Nanoscale. 3rd ed. Oxford: Oxford University Press, 2008: 61.

[32] Campbell S A. Fabrication Engineering at the Micro and Nanoscale. 3rd ed. Oxford: Oxford University Press, 2008: 62.

[33] Ghezzo M, Brown D M. Diffusivity summary of B, Ga, P, As, and Sb in SiO_2. J. Electrochem. Soc., 1973, 120: 146.

第 4 章 氧 化

韩郑生 罗 军

4.1 SiO₂ 的结构、性质及应用

硅晶圆上热生长氧化硅膜在硅平面工艺中起着重要的作用，是硅基集成电路制造的关键技术。硅晶圆上形成氧化硅膜的方法有阳极氧化法、热分解淀积、溅射、真空蒸发、化学气相淀积和热生长等，本章重点讲述热生长二氧化硅薄膜技术。

4.1.1 SiO₂ 的结构

热生长的二氧化硅薄膜具有无定形玻璃状结构，这种结构的基本单元是一个由 Si-O 原子组成的正四面体，硅-氧中心之间距离是 0.162 nm，氧-氧中心之间距离是 0.227 nm，如图 4.1 所示[1]。硅原子位于正四面体中心，氧原子位于四个角顶，两个相邻的四面体通过一个桥键氧原子连接起来构成无规则排列的三维网状结构，如图 4.2 所示[2]。熔融 SiO₂ 中，某些氧原子与两个硅原子形成共价键，称为桥键氧 (Bridging Oxygen)；某些氧原子只与一个硅原子形成共价键，称为非桥键氧。网络强度和桥键氧与非桥键氧数目之比相关，该值越大表明网络结合越紧密。在无定形 SiO₂ 中，氧需要断开 1～2 个 Si—O 键就能移动，而 Si 需要断开 4 个 Si—O 键才能移动。所以前者比后者更容易移动，这也解释了氧化过程中为什么主要是 O 扩散而不是 Si 扩散。

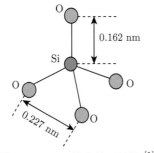

图 4.1 SiO₂ 基本单元结构[1]

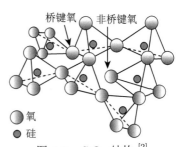

图 4.2 SiO₂ 结构[2]

无定形二氧化硅膜不同于石英晶体，石英晶体实质上可以看成是由 Si-O 正四面体基本单元向三维空间不断延伸、周期性重复排列，其 Si—O—Si 键桥的角

度为 144°。其特点是"长程有序",其二维结构如图 4.3 所示。但是,从整体上看二氧化硅膜的原子排列是混乱、无规则的,是"长程无序"的,Si—O—Si 键桥的角度不固定,在 110° ~ 180°;从局部看原子排列是有一定规则的,是"短程有序"的。因此,二氧化硅膜不是完全杂乱的网络组成,在很短的区域是有序的,该区域是 1 ~ 10 nm。由于二氧化硅网络结构的无序性,网络结构疏松且不均匀,其中存在着无规则的空洞。无定形二氧化硅网络密度为 2.15 ~ 2.25 g/cm³。而石英晶体更致密,其密度为 2.65 g/cm³。

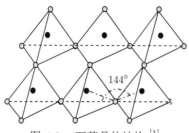

图 4.3　石英晶体结构 [1]

在 1710 ℃ 以下,无定形二氧化硅膜在热动力学方面是不稳定的。其结构如图 4.4 所示,具有玻璃态的转变温度,在该转变温度附近其玻璃态的黏滞性急剧降低。此时,虽然二氧化硅仍保持固体形态,但它在转变温度附近将具有回流特性。在大部分半导体工艺温度范围内,二氧化硅的结晶率小到可以忽略不计。

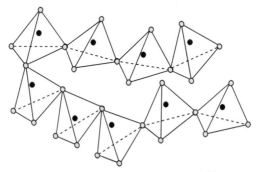

图 4.4　无定形二氧化硅膜结构 [1]

4.1.2　SiO₂ 的性质

SiO₂ 的分子量是 60.08。用 5500 Å 波长的光测量时,其折射率是 1.46。折射率越大表明其材料密度越高。

绝缘介质的介电强度与材料的致密度、均匀性以及所含杂质等因素相关,通常用材料单位厚度所能承受的最小击穿电压来表示。用高温干氧氧化生长的二氧化硅的介电常数是 3.9,击穿电场强度在 $10^6 \sim 10^7$ V/cm。

SiO_2 的热导率是 0.014 W/(cm^2·℃),线膨胀系数是 5.0×10^{-7} ℃$^{-1}$,熔点大约是 1700 ℃,比热是 1.0 J/(g·℃),红外吸收峰值是 9.3 mm。

SiO_2 的化学性质非常稳定,室温下只与氢氟酸发生反应,其分步的化学反应为

$$SiO_2 + 4HF \longrightarrow SiF_4 + 2H_2O$$

$$SiF_4 + 2HF \longrightarrow H_2(SiF_6)$$

综合上面两步的化学反应为

$$SiO_2 + 6HF \longrightarrow H_2(SiF_6) + 2H_2O \qquad (4.1)$$

所以氢氟酸是刻蚀 SiO_2 的首选化学试剂。在室温下用 49% 的氢氟酸缓冲液 (BHF) 刻蚀 SiO_2 的速率大约是 100 nm/min。

杂质在 SiO_2 中的存在形式

SiO_2 中可能存在各种杂质,某些最常见的杂质是与水有关的化合物,其结构如图 4.5 所示 [2]。如果氧化层在生长中有水存在,一种可能发生的反应是一个氧桥还原为两个氢氧基。

$$Si : O : Si + H_2O \longrightarrow Si : O : H + H : O : Si \qquad (4.2)$$

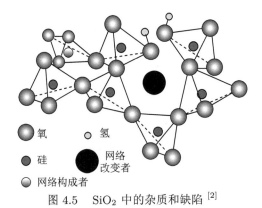

氧　　　氢

硅　　　网络
　　　　改变者

网络构成者

图 4.5　SiO_2 中的杂质和缺陷 [2]

这些氢原子键合力很弱,一旦断开就有可能在氧化硅中产生电荷态,从而影响器件的电学性能。

杂质硼和磷掺入二氧化硅层中会改变其物理性质和电学特性,通常称这类杂质原子为网络构成者 (Network Former)。当三价原子硼替代四面体中的硅时,只能与顶角上的三个氧原子形成共价键,另外一个氧原子就成了非桥键氧,即增加了氧化层的非桥键氧,使氧化层结构强度减弱。若有五价原子磷替代四面体中的硅,除了与顶角上的四个氧原子形成共价键外,还多余一个价电子,这个多余的价电子有可能与近邻的一个非桥键氧形成桥键氧,以增大氧化层结构强度 [3]。

将处于二氧化硅网络间隙的杂质原子称为网络改变者 (Network Modifier)。Na、Ca、K、Pb、Ba 等就属于这一类 [4]。

氧化钠与二氧化硅发生化学反应,氧离子与氧化硅中的硅结合,析出的钠离子处于二氧化硅网络间隙位置,成为网络改变者。其反应方程式为

$$\mathrm{Na_2O} + \equiv \mathrm{Si-O-Si} \equiv \longrightarrow \equiv \mathrm{Si-O^-} + \mathrm{O^-{-}Si} \equiv + 2\mathrm{Na^+} \tag{4.3}$$

这种以金属氧化物进入二氧化硅网络并与之发生化学反应的方式,会增加其非桥键氧的浓度,降低二氧化硅网络的强度。

4.1.3　SiO$_2$ 的应用

在半导体器件工艺中的应用如表 4.1 所示。起隔离作用的工艺包括局部硅氧化物隔离、浅槽隔离 (STI)、层间介质等。

表 4.1　SiO$_2$ 在集成电路中的应用

名称	厚度/Å	用途	应用年代
自然层 (Native)	$14 \sim 20$	无用途	—
屏蔽层 (Screen)	~ 200	离子注入	20 世纪 70 年代中期至今
掩蔽层 (Masking)	~ 500	扩散	20 世纪 60 至 70 年代中期
场区氧化层及硅的局部氧化物	$3000 \sim 5000$	隔离	20 世纪 60 至 90 年代
衬垫层 (Pad)	$100 \sim 200$	避免氮化物的强应力在 Si 中诱发缺陷	20 世纪 60 年代至今
牺牲层 (Sacrificial)	< 1000	消除 Si 表面缺陷	20 世纪 70 年代至今
栅氧化层 (Gate)	~ 200	栅极的介质层	20 世纪 60 年代至今
阻挡层 (Barrier)	~ 200	浅槽隔离 STI	20 世纪 80 年代至今
隔离层 (Isolation)	~ 2000	层间介质隔离	20 世纪 80 年代至今

1. 离子注入屏蔽层

由于离子直接注入硅单晶,会发生一个所谓的"沟道效应",不利于精确控制离子注入的深度。所以在单晶硅表面生长一层无定形的二氧化硅,可以起到退沟道效应的作用。用薄二氧化硅作为离子注入屏蔽层截面如图 4.6 所示。

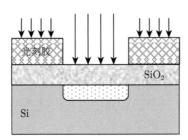

图 4.6　离子注入屏蔽层截面

2. 扩散掩蔽层

在同样条件下,若杂质在二氧化硅中的扩散系数远小于在硅中的扩散系数,就可以用二氧化硅作为选择性扩散的掩蔽层,其截面如图 4.7 所示。表 4.2 中列出了常见杂质在 SiO_2 中的扩散系数。

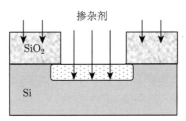

图 4.7　选择性扩散掩蔽层截面

表 4.2　常见杂质在 SiO_2 中的扩散系数 [5]

分子/原子	$D_0/(cm^2/s)$	E_a/eV	$D\ (900\ ^\circ C)/(cm^2/s)$	N_s/cm^{-3}	源
HO_2	1×10^{-6}	0.79	4×10^{-10}	—	—
H_2	6×10^{-6}	0.45	7×10^{-6}	—	—
O	3×10^{-6}	1.16	3×10^{-9}	—	—
He	3×10^{-4}	0.24	3×10^{-5}	—	—
Na	6.9	1.3	2×10^{-5}	—	—
B	$(1 \sim 3) \times 10^{-4}$	3.4	$(2 \sim 3) \times 10^{-19}$	$< 3 \times 10^{20}$	B_2O_3, 玻璃
P	2×10^{-1}	4.0	9×10^{-19}	$< 1 \times 10^{20}$	玻璃
As	67	4.7	5×10^{-19}	$< 5 \times 10^{20}$	注入
Sb	4×10^{-11}	1.32	8×10^{-19}	—	注入
Ga	1×10^5	4.2	1×10^{-13}	$< 1 \times 10^{19}$	Ga_2O_3

硅工艺中常用的硼和磷杂质在二氧化硅中的扩散系数很小,所以二氧化硅可以用作这类杂质扩散的掩模。但是,镓在二氧化硅中的扩散系数很大,所以不适合用二氧化硅作其扩散的掩模。

从表 4.2 中可知钠离子在二氧化硅中的扩散系数很大。在不同的温度和偏置电场作用下，钠离子在二氧化硅中的分布会发生变化，造成栅氧化层和场氧化层的阈值电压发生变化，从而导致集成电路的电特性改变甚至失效。在实际中，由于含磷的二氧化硅玻璃 (PSG) 中的负电中心对 Na 离子具有提取、固定和阻挡的作用，常用 PSG 玻璃作为芯片的最后钝化。为了避免钠等碱金属离子污染，半导体工艺中引入了去离子水清洗、高纯的化学试剂等措施。

保证杂质没有进到受二氧化硅掩蔽区域的硅中，就表明二氧化硅层能起到有效的掩蔽作用。仅从掩蔽作用角度考虑二氧化硅层越厚越好，但是兼顾生产效率和成本，就应该将其厚度限定在一定的范围内。实际上，设计二氧化硅掩蔽层厚度的判据是二氧化硅表面处的杂质浓度比 Si-SiO$_2$ 界面处的杂质浓度高 1000 倍时所对应的二氧化硅层厚度。结合杂质在二氧化硅中的分布规律，所需二氧化硅层的最小厚度为

$$x_{\min} = 4.6\sqrt{D_{ox}t} \tag{4.4}$$

式中，D_{ox} 为杂质在二氧化硅层中的扩散系数；t 为杂质在硅中达到扩散分布的时间。

3. LOCOS 工艺

局部硅氧化 (LOCal Oxidation of Silicon，LOCOS) 是一种用于 MOS 集成电路同类器件之间隔离的工艺。简化的 LOCOS 流程如图 4.8 所示 [6]。(a) 首先生长一次垫氧化层 (Pad Oxide)，然后淀积一层氮化硅，接下来光刻定义出有源区，刻蚀氮化硅和垫氧化层将有源区保护起来，将场区露出来；(b) 用热生长法生长场氧化层，同时在有源区与场氧化层边界处会产生所谓的鸟嘴，这种现象被称为"鸟嘴效应" (Bird's Beak)；(c) 用 HF 去除被氧化的一层 Si$_3$N$_4$，再用热 H$_3$PO$_4$去除 Si$_3$N$_4$。SiO$_2$ 体积为被氧化的 Si 的体积的 2.2 倍。

4. 牺牲层和表面衬垫层

氧化牺牲层是指将晶圆氧化后再采用 HF 剥离，其目的是消除 Si 表面缺陷。氧化表面衬垫层是指在氮化硅淀积前，先生长一层衬垫氧化层，其目的是释放氮化硅张应力，防止造成缺陷 (1:3 左右)。

5. 栅氧化层

栅氧化层是位于硅晶圆 MOS 器件沟道上面和栅电极下面的氧化层，其氧化层本身的质量以及与硅界面的性能决定着 MOS 器件的阈值电压值和可靠性。金属铝栅电极和多晶硅栅电极都是用二氧化硅作为栅氧化层。即使最新的高介电常数栅 (HK) 和金属栅 (MG) 一般也要在 HK 下面先生长一层很薄的氧化硅以缓解HK 介质与硅之间的应力。

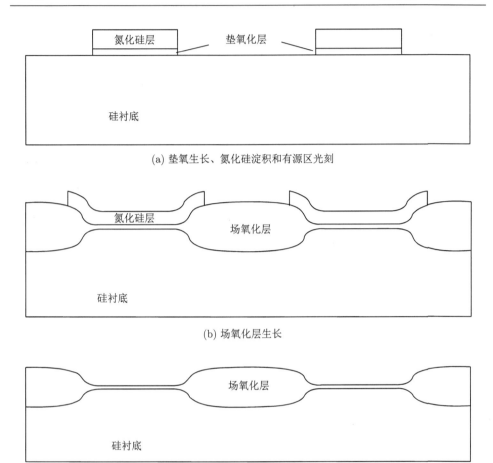

(a) 垫氧生长、氮化硅淀积和有源区光刻

(b) 场氧化层生长

(c) 氮化硅去除

图 4.8 简化的 LOCOS 流程图

6. 浅槽隔离工艺中的应用

由于 LOCOS 的 "鸟嘴效应"，当 MOS 器件到达 0.25 μm 以后便不再适用于氧化隔离，取而代之的是浅槽隔离 (STI)[7]。简化的 STI 流程如图 4.9 所示。(a) 首先生长垫氧化层 (Pad Oxide)，接着淀积氮化硅形成叠层，用光刻胶 (Resist) 定义浅槽区域，刻蚀氮化硅、氧化硅和硅；(b) 去除光刻胶，在边缘对垫氧化层进行稍许钻刻蚀；(c) 生长衬氧化层 (Liner Oxide)；(d) 用化学气相淀积法淀积氧化硅，以填充浅槽；(e) 用化学机械平坦化 (CMP) 法，去掉高于氮化硅层的氧化硅；(f) 剥离掉氮化硅。

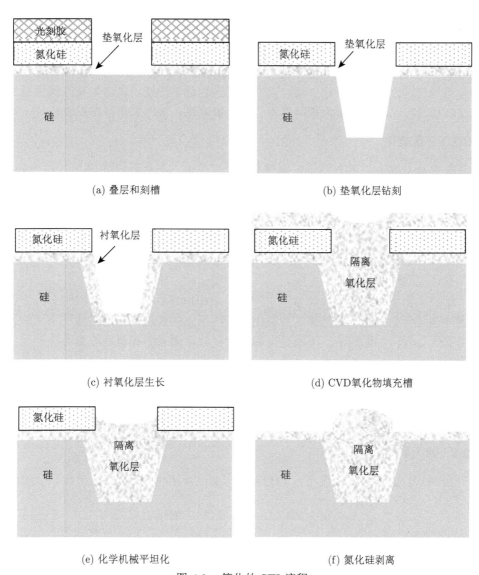

(a) 叠层和刻槽

(b) 垫氧化层钻刻

(c) 衬氧化层生长

(d) CVD氧化物填充槽

(e) 化学机械平坦化

(f) 氮化硅剥离

图 4.9 简化的 STI 流程

7. 层间介质隔离

层间介质隔离分为器件层与金属层之间的介质隔离 (ILD) 以及金属层之间的介质隔离 (IMD)。这些氧化层通常是采用化学气相淀积法。为了减小金属连线之间的寄生电容，期望这些层间介质的介电常数尽量低。

4.2 氧 化 工 艺

本节所介绍的氧化工艺通常称为热氧化工艺。这是一类将 Si 晶圆放置在高温石英炉管内，通入的氧化剂与硅晶圆表面进行化学反应，以自生长方式生成二氧化硅层的技术。根据氧化剂的形态分为干氧氧化、水汽氧化和湿氧氧化。

4.2.1 干氧氧化

在 900~1200 ℃ 的高温下，氧气与硅反应生成二氧化硅 [8]。其化学反应为

$$Si + O_2 \longrightarrow SiO_2 \tag{4.5}$$

一旦生成二氧化硅层后，若要继续进行氧化反应，氧分子就需要以扩散的方式穿过氧化层，到达硅-二氧化硅界面与硅原子反应，生成新的二氧化硅层，继而使二氧化硅膜不断增厚。

这种氧化系统通常与第 3 章所讲的扩散炉相似。所不同的是扩散时石英炉管内通入的是含杂质原子的气体，而氧化炉管内通入的是氧气。通常情况下，炉管内通氮气以保持炉管清洁。可通过电磁阀控制气体的通断和质量流量计控制气体的流量。

干氧氧化制备的氧化层结构致密、一致性好、掩蔽杂质扩散能力强，表面干燥有助于光刻胶的黏附。相对于湿法和水汽氧化，操作方便且重复性好，但是氧化速率慢，生产效率低。生长厚氧化层时，一般与湿法或水汽氧化结合使用。

4.2.2 水汽氧化

在 900~1200 ℃ 的高温下，硅与高纯水蒸气反应生成 SiO_2[8]。其化学反应为

$$Si + 2H_2O \longrightarrow SiO_2 + 2H_2 \tag{4.6}$$

硅-二氧化硅界面产生的氢分子以扩散方式穿过二氧化硅层离开。

杂质在二氧化硅中的扩散系数为 [9]

$$D_{ox} = D_\infty \exp\left(-\Delta E / kT\right) \tag{4.7}$$

式中，D_∞ 为表观扩散系数；ΔE 为扩散激活能。氧气在二氧化硅中的 D_∞=1.5×10^{-2} cm²/s，ΔE=3.09 eV；水汽在二氧化硅中的 D_∞=1.0×10^{-6} cm²/s，ΔE=0.79 eV；由式 (4.7) 可得：在 1000 ℃ 下，氧气在二氧化硅中的扩散系数约为 4.3×10^{-15} cm²/s，水汽在二氧化硅中的扩散系数约为 6.0×10^{-10} cm²/s。显然，在二氧化硅中水分子比氧分子的扩散系数大得多。所以水汽氧化速率要比干氧氧化速率快。

4.2.3 湿氧氧化

卧式湿氧氧化系统如图 4.10 所示,在石英炉管外缠绕有电炉丝,通过控制电炉丝的电流来控制炉温,在 400 ~ 1200 ℃ 范围内炉中部恒温区的误差应在 0.5 ℃。晶圆放置在石英舟上,每炉可放置 100 ~ 200 个晶圆。电磁阀用来控制气路的通和断,质量流量计可以由计算机精确控制气体的流量。通常电磁阀 1 导通,电磁阀 2/3 关闭,氮气通过质量流量计进入石英炉管,保证炉管的清洁。氧化时,电磁阀 1 关闭,通常电磁阀 2/3 导通,氧气通过质量流量计和盛有去离子水的水瓶,携带一部分水蒸气进入炉管。这种既含有氧,又含有水汽的生长二氧化硅的速率介于上述的干氧和水汽氧化之间。水温越高, 水汽含量越大, 氧化速率越快, 一般将水瓶控制在 95 ℃。

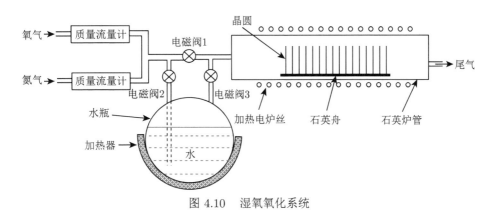

图 4.10 湿氧氧化系统

4.2.4 氢气和氧气合成氧化

这种氧化过程将纯氢和纯氧通入氧化系统,使它们在高温石英炉管内直接反应生成水汽。以生成的水汽作为氧化剂与硅晶圆表面发生反应生成二氧化硅层。氢气和氧气合成外部点火装置如图 4.11 所示。

$$O_2 + 2H_2 \longrightarrow 2H_2O \tag{4.8}$$

$$Si + 2H_2O \longrightarrow SiO_2 + 2H_2 \tag{4.9}$$

为了保证 H_2 完全燃烧,O_2 要过量。这种方法可在很宽的范围内改变 H_2O 的压力。这种方法可以用来制作高质量的栅氧化层。用质量流量计可以准确控制 H_2 和 O_2 流量,以确保准确控制氧化层厚度和工艺的重复性。与采用水瓶的水汽氧化相比,操作简便,更易于实现自动控制。这种炉管系统都配备有对氢气的安全防护装置,例如,对 H_2 燃烧嘴处的温度下限进行控制,H_2 上下限压力控制、

O_2 下限压力控制、N_2 下限压力控制。在这些压力或温度超限时，系统将自动终止氧化过程。

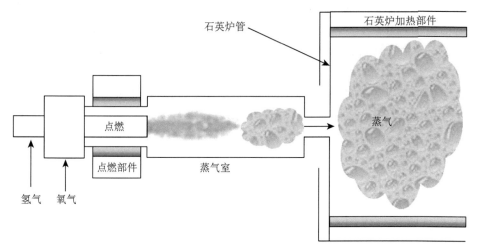

图 4.11   氢气和氧气合成外部点火装置

4.2.5   快速热氧化

快速热氧化 (RTO) 工艺是采用快速升降温制备非常薄的氧化层的方法。它适用于深亚微米器件 < 30 Å 栅氧化层的制备。RTO 系统结构如图 4.12 所示，晶圆放置在石英炉管内的石英托盘上，炉管上下排布灯阵列，高温计用来测量晶圆温度，灯阵列外有水冷和气体系统，炉管可通入氧气进行氧化，或者在不氧化时通入 N_2 保护气体。

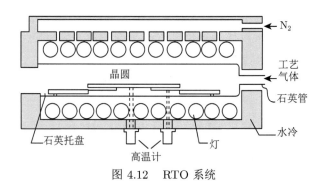

图 4.12   RTO 系统

RTO 升降温曲线如图 4.13 所示，第 1 阶段：起始装片时，系统处于室温，仅通入 N_2，关闭 HCl 和 O_2；第 2 阶段：升温，仍然仅通入 N_2，关闭 HCl 和 O_2；

第 3 阶段：进行 RTO，温度恒定，关闭 N_2，通入 HCl 和 O_2；第 4 阶段：降温到某一特定温度，通入 N_2，关闭 HCl 和 O_2；第 5 阶段：升温至退火温度进行快速退火 (RTA)，仍然仅通入 N_2，关闭 HCl 和 O_2；第 6 阶段：降温，仍然仅通入 N_2，关闭 HCl 和 O_2；第 7 阶段：降至室温取片，仍然仅通入 N_2，关闭 HCl 和 O_2。

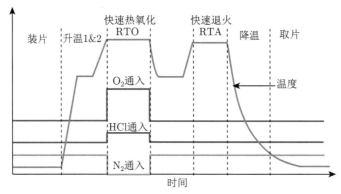

图 4.13　RTO 工艺升降温曲线

实际上，需要生长较厚二氧化硅层时，通常以①干氧 + ②湿氧 + ③干氧结合的方式进行氧化。①干氧可以使最终氧化层上表面干燥，有利于此后的光刻涂胶工艺的黏附性。②湿氧高的氧化速率可以提高生产效率。③干氧可以保证最终 Si-SiO_2 界面质量。

〈100〉晶向硅干法氧化的氧化层厚度与氧化时间、温度的关系曲线如图 4.14 所示。在一定温度下，随着时间增加，氧化层厚度增大。在同样的氧化时间内，随着温度增高，氧化层厚度增大。

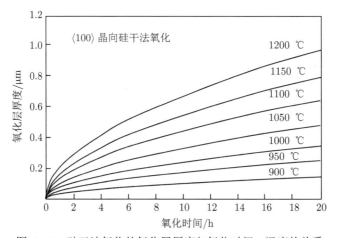

图 4.14　硅干法氧化的氧化层厚度与氧化时间、温度的关系

〈100〉晶向硅湿法氧化的氧化层厚度与氧化时间、温度的关系曲线如图 4.15 所示。与干氧氧化比较，在同样的氧化温度和时间内，随着温度增高，氧化层厚度增加得更大。

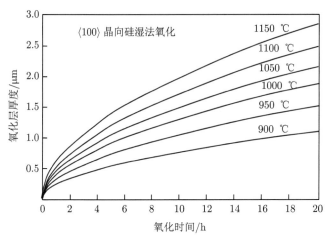

图 4.15　硅湿法氧化的氧化层厚度与氧化时间、温度的关系

热氧化过程中的体积变化情况是，已知 SiO_2 分子密度 $N_{ox} = 2.3 \times 10^{22}$ 分子/cm³，Si 原子密度 $N_{Si} = 5.0 \times 10^{22}$ 原子/cm³。沿此氧化层厚度方向生长 SiO_2 的厚度为 X_{ox} 时，需要消耗硅的厚度为 X_{Si}，满足如下关系式：

$$X_{Si} = X_{ox} \frac{N_{ox}}{N_{Si}} \tag{4.10}$$

$$X_{Si} = X_{ox} \frac{2.3 \times 10^{22}}{5.0 \times 10^{22}} = 0.46 X_{ox} \tag{4.11}$$

式中，N_{ox} 是 SiO_2 分子密度；N_{Si} 是 Si 原子密度。式 (4.11) 意味着每生长 1 个单位厚度的 SiO_2 就要耗用 0.46 厚度的 Si，或者说每耗用 1 个单位厚度的 Si 就能生长 2.17 厚度的 SiO_2。硅热氧化剖面如图 4.16 所示，上面的虚线表示氧化前硅表面的位置，下面的虚线表示氧化后硅与 SiO_2 的界面位置。

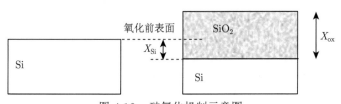

图 4.16　硅氧化机制示意图

4.2.6 高压氧化

高压氧化的特点是:

(1) 在高压氧化气氛中,硅的氧化速率加快,适宜于厚氧化层的生长。

(2) 可在低至 600 ℃ 时进行氧化生长,消除了常压高温氧化时由高温长时间热过程引起的硅晶圆应力和缺陷,可抑制氧化层错的生长,减少对杂质分布的影响。

(3) 通过改变压力可以对任何氧化层厚度在选取最佳温度和时间方面提供选择空间。

(4) 高压氧化速率与晶向有关,⟨111⟩ 晶向的氧化速率大于 ⟨100⟩ 晶向的。

高压干氧氧化使用的压力可高达 70 MPa。高压水汽氧化使用的压力可达 2.5 MPa,一般采用氢气和氧气合成氧化。需要注意的是,高压氧化的温度和压力是有限制的,如果高于一定的压力和温度,SiO_2 会溶解,硅表面被腐蚀而不是被氧化,表 4.3 列出了这一边界条件 [10]。

表 4.3　硅晶圆发生腐蚀水汽压力和温度 [10]

温度/℃	压力/MPa
500	50±5
575	50±5
650	40±5
750	20±5
850	15±5

氢氧合成高压氧化系统如图 4.17 所示,其内部石英炉管、石英舟、加温用的电炉丝及气体管路与常压的基本一致。所不同的是增加了注入器挡板、第四温区,以及外部的压力容器、冷却罩、壳体氮气 [7]。

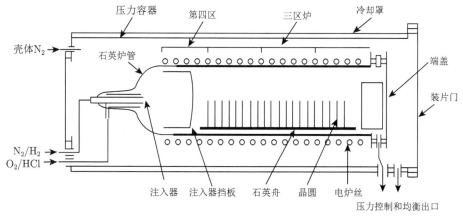

图 4.17　高压氧化系统 [10]

4.2.7 等离子体氧化

等离子体氧化是一种低温氧化技术。等离子体氧化系统如图 4.18 所示[11]。它有一个射频激励的氧等离子体发生器，频率 $0.5 \sim 8$ MHz。在压强低于 1 Pa 时，发生 SiO_2 淀积，这种 SiO_2 的固定电荷密度约为 8×10^{11} cm^{-3}，击穿电场强度为 $(7 \sim 8) \times 10^6$ V/cm。当压强为 $1 \sim 10$ Pa 时，发生硅的等离子阳极氧化反应，生成 SiO_2 的固定电荷密度约为 6×10^{10} cm^{-3}，击穿电场强度约为 4×10^6 V/cm。经过氧-氩气退火可以使固定电荷密度和击穿电场强度得到改善。等离子体氧化属于抛物线速率常数限制型，激活能为 0.1 eV。等离子体氧化的特点是：①生长温度低，在 500 ℃ 左右；②生长速率与硅的电阻率、掺杂类型、晶向无关；③不会引入氧化堆垛层错；④氧化时没有杂质再分布。

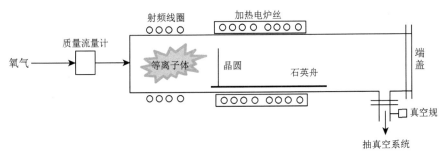

图 4.18   等离子体氧化系统[11]

4.3 热氧化生长动力学

4.3.1 热氧化动力学模型

迪尔-格罗夫氧化 (Deal-Grove) 模型可以很好地预测氧化层厚度，热氧化过程主要分为三个过程，氧化期间氧化剂流动如图 4.19 所示，其流密度用 F_1、F_2 和 F_3 表示[12]。

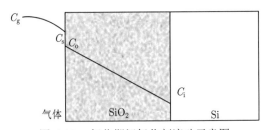

图 4.19   氧化期间氧化剂流动示意图

① 将氧化剂输送到晶圆外表面，在那里发生反应或被吸附；②氧化剂扩散穿过已生成的氧化膜向硅表面传输；③氧化剂在硅表面反应形成一层新的 SiO_2。

C_g 是离硅晶圆片较远处的气流中的氧浓度；C_s 是硅晶圆片表面气体中的氧浓度；C_o 是硅晶圆片表面氧化层中的氧浓度；C_i 是 Si-SiO_2 界面处的氧浓度。

第一个过程：氧化剂扩散穿越气体滞流层的过程。氧化剂从气体到晶圆外表面附近的通量取为

$$F_1 = h_g \left(C_g - C_o \right) \tag{4.12}$$

式中，h_g 为气相质量输运系数。

第二个过程：氧化剂扩散穿过已生长二氧化硅层的过程。由于二氧化硅层外表面上吸附氧化剂浓度与达到硅表面的氧化剂浓度存在浓度梯度。假设氧在 SiO_2 中的浓度梯度为线性，这段的氧化剂通量可表示为

$$F_2 = D_{ox} \frac{C_o - C_i}{t_{ox}} \tag{4.13}$$

式中，D_{ox} 为氧在 SiO_2 中的扩散系数；t_{ox} 为已生长二氧化硅层的厚度。

第三个过程：氧与硅反应生成二氧化硅。反应速率和氧化剂浓度成正比，即

$$F_3 \approx k_s C_i \tag{4.14}$$

式中，k_s 为化学反应常数，$k_s \approx k_{s0} \exp \left(-E_a / kT \right)$。

根据亨利定律，假设氧化剂的平衡浓度与气体中氧化剂的分压有关。固体表面吸附元素的浓度与固体表面外气体中该元素的分气压成正比。

$$C_g = H P_g = H k T C_s \tag{4.15}$$

式中，P_g 为氧化物表面气体滞流层中该元素的分气压；H 为亨利气体常数。

平衡时三个流密度应当相等，进行一定代数运算可得

$$C_i = \frac{H P_g}{1 + \dfrac{k_s}{h} + \dfrac{k_s t}{D_{ox}}} \tag{4.16}$$

式中，$h = h_g / H k T$。

$$C_o = \frac{\left(1 + \dfrac{k_s t_{ox}}{D_{ox}} \right) H P_g}{1 + \dfrac{k_s}{h} + \dfrac{k_s t_{ox}}{D_{ox}}} \tag{4.17}$$

式中，$h = h_g / H k T$。

由式 (4.17) 可知，当氧化剂在 SiO_2 中的扩散系数 D_{ox} 很大时，即 $D_{ox} \gg k_s t_{ox}$，$C_i \approx C_o = HP_g(1 + k_s/h)$。意味着氧化剂可以快速扩散穿过二氧化硅层到达硅表面，而堆积在该处的氧化剂与硅反应生成二氧化硅的速率很慢。这种由 Si 表面的反应速率决定二氧化硅生长速率的过程称为化学反应控制过程。

反之，当 $D_{ox} \ll k_s t_{ox}$ 时，$C_i \to 0$，$C_o \to HP_g$，意味着氧化剂在二氧化硅层中扩散得太慢，不能为硅表面提供充足的氧化剂，而制约了二氧化硅的生长。这种由氧化剂在二氧化硅层中扩散决定二氧化硅生长速率的过程，称为扩散控制过程。

1. SiO_2 的生长速率

界面流量 F 除以单位体积 SiO_2 中嵌入的氧分子数 N_I (对于 O_2，$N_I = 2.2 \times 10^{22}$ cm^{-3}，对于 H_2O，$N_I = 4.4 \times 10^{22}$ cm^{-3})，可以获得生长速率 R

$$R = \frac{F}{N_I} = \frac{dt_{ox}}{dt} = \frac{Hk_s P_g}{N_I \left(1 + \dfrac{k_s}{h} + \dfrac{k_s t_{ox}}{D_{ox}}\right)} \tag{4.18}$$

假设氧化前已经存在的氧化层厚度为 t_0，以上微分方程的解为

$$t_{ox}^2 + At_{ox} = B(t + \tau)$$

$$A = 2D_{ox}\left(\frac{1}{k_s} + \frac{1}{h}\right), \quad B = \frac{2D_{ox}HP_g}{N_I}, \quad \tau = \frac{t_0^2 + At_0}{B} \tag{4.19}$$

式中，τ 是生长厚度为 t_0 的氧化物的时间。

因此，

$$t_{ox} = \frac{A}{2}\left[\sqrt{1 + \left(\frac{t + \tau}{A^2/4B}\right)} - 1\right] \tag{4.20}$$

求导可得

$$\frac{dt_{ox}}{dt} = \frac{B}{2t_{ox} + A} \tag{4.21}$$

生长速率随厚度增加而减小。表 4.4 列出了硅的氧化系数 [12]。

由式 (4.18) 可得

$$R \times t \times A \times N_I = F \times t \times A$$

式中，t 是氧化生长时间，以 s 为单位；F 是氧化剂流量，以个/(cm²·s) 为单位；Rt 等于生长 SiO$_2$ 的厚度 t_{ox}；RtA 等于氧化生长 SiO$_2$ 的体积 V；$RtAN_I$ 等于氧化生长 SiO$_2$ 的体积所需氧化剂的量，参见图 4.20。

表 4.4 硅的氧化系数[12]

温度/℃	干氧			湿氧 (640 Torr)	
	A/μm	B/(μm²/h)	τ/h	A/μm	B/(μm²/h)
800	0.370	0.0011	9	—	—
920	0.235	0.0049	1.4	0.50	0.203
1000	0.165	0.0117	0.37	0.226	0.287
1100	0.090	0.027	0.076	0.11	0.510
1200	0.040	0.045	0.027	0.05	0.720

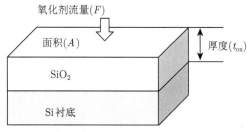

图 4.20 氧化生长 SiO$_2$ 所需氧化剂的量示意图

2. 抛物线和线性速率系数[12]

当氧化时间很长 (厚氧化层)，即 $t \gg \tau$ 和 $t \gg A^2/4B$ 时，二氧化硅生长厚度与时间的关系简称为抛物型氧化规律，B 为抛物型速率系数 (Parabolic Rate Coefficient)。在时间 t 期间生长二氧化硅层的厚度可表示为

$$t_{ox} = \sqrt{B(t + \tau)} \tag{4.22}$$

当氧化时间很短 (薄氧化层)，即 $t + \tau \ll A^2/4B$ 时，二氧化硅生长厚度与时间的关系简称为线性氧化规律，B/A 为线性速率系数 (Linear Rate Coefficient)。在时间 t 期间生长二氧化硅层的厚度可表示为

$$t_{ox} \approx \frac{B}{A}(t + \tau) \tag{4.23}$$

实验结果与理论模型相符合，如图 4.21 所示[9]，点划线表示线性氧化规律

$x_0 = \dfrac{B}{A}(t + \tau)$，虚线表示抛物线氧化规律 $x_0^2 = B(t + \tau)$，拟合线表示 $x_0^2 + Ax_0 = B(t + \tau)$。

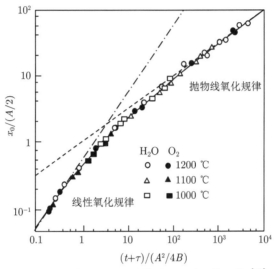

图 4.21　实验结果与理论模型预测结果的比较[12]

　　薄栅氧化层厚度通常小于 300 Å，若用迪尔-格罗夫模型预测小于这一厚度的干氧氧化层会低估其厚度。实际上，在氧化的初始阶段，开始会有一个快速氧化阶段，随后才是线性阶段。

　　前面公式中所出现的 τ 则是用来对迪尔-格罗夫的干氧氧化模型进行校正的，补偿初始阶段发生的过度生长。根据这一校正，模型可以精确预测厚度大于 300 Å 的氧化层厚度，但对于小于 300 Å 的氧化层，目前尚没有简单的模型能够准确地计入快速生长和初始氧化层的影响。

　　初始氧化及薄氧化层快速生长的机理不清楚，没有公认的模型来解决这个问题。SUPREM IV 使用 Massoud 等提出的模型

$$\frac{\mathrm{d}x_o}{\mathrm{d}t} = \frac{B}{2x_o + A} + C \exp\left(-\frac{x_o}{L}\right) \tag{4.24}$$

式中，$C = C^0 \exp(-E_a/kT)$，$C^0 \approx 3.6 \times 10^8$ μm/h，$E_a \approx 2.35$ eV；$L \approx 7$ nm。

　　对于初始氧化及薄氧化层生长的几种模型，现在提出的薄氧化层生长模型各自假设了氧化速率增强的机理。

　　(1) 迪尔和格罗夫提出，氧化层内存在电场，其在氧化的早期阶段增强了氧化剂的扩散[12]。这种模型中来自衬底带电表面态的电子产生了一个横跨氧化层的

电场，扩散的物质应该是 O^{2-}。这个模型的问题是氧化剂必须是离化的。

(2) Revesz 和 Evans 提出，氧化层中存在直径 50 Å 量级的细通孔或微沟道，这些通孔或沟道有利于氧移动到硅表面[13]。这个模型的难点在于它不能解释细通孔或微沟道与表面交点外氧化层厚度为什么也增加。

(3) 另外有人提出，氧化层与硅之间的热膨胀系数不匹配引起了氧化层中的应力，这个应力可能增强氧化剂的扩散能力[14]。

以上模型是基于薄氧层氧化受到表面化学反应速率的限制这一条件，后来又有人利用氧在氧化层中的溶解度增加来解释薄氧层的生长，此外还有理论提出氧化反应在一个有限厚度内进行，即界面不是原子级那样的突变。

图 4.22 显示了几种温度干氧的氧化速率与氧化层厚度的关系曲线，其中曲线 1 对应 800 ℃，曲线 2 对应 850 ℃，曲线 3 对应 900 ℃，曲线 4 对应 950 ℃，曲线 5 对应 1000 ℃[15]。从中可以看出氧化层厚度大于 300 Å 后，用线性-抛物线模型预测的氧化速率与实际拟合得很好，氧化层厚度小于 300 Å 之前，实际氧化速率与线性-抛物线模型预测的误差逐渐增大。

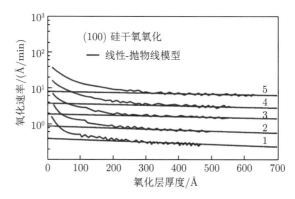

图 4.22   各种温度干氧的氧化速率与氧化层厚度的关系曲线[15]

4.3.2   CMOS 技术中对薄氧化层的要求

为了增强栅对沟道的控制能力，减小短沟道效应，随着器件特征尺寸的不断缩小，其栅氧化层厚度也需要按比例减薄。

对小于 10 nm 的薄栅氧化层，其缺陷密度要非常低，阻止杂质扩散能力要强，硅-二氧化硅结构的界面态密度和固定电荷要低，抗热载流子效应能力要强。用于空间环境时，还要具有抗辐照能力。工艺过程还要兼顾热预算 (Thermal Budget) 的要求。

硅在自然条件下很容易生成薄的氧化层，如在室温空气中或在水中清洗时都会生长薄氧化层，在 42% 相对湿度的室温下自然氧化层厚度与时间的关系曲线如

图 4.23 所示 [16]。但是这样形成的氧化层质量不能满足 MOS 器件的要求，并且会对超薄氧化层生长有明显的影响，需要在氧化前去除。

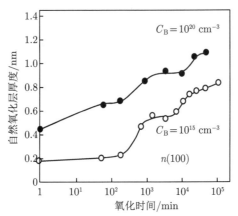

图 4.23   室温下自然氧化层厚度与氧化时间的关系曲线 [16]

当代集成电路制造中需要 < 2 nm 厚度的超薄栅氧层。仅用氧化硅 (SiO$_2$) 或氮氧化硅 (SiON) 会导致非常大的栅泄漏电流 (I_{Gate})。氧化层厚度在片内 (Within Wafer) 及片间 (Wafer-to-Wafer) 存在较大的不一致性 (Variation)。需要采用 Al$_2$O$_3$、HfO$_2$、ZrO$_2$ 这些高 k 介质。对高 k 介质的要求是：①宽带隙 (> 4 eV)；②高击穿电场 (> 10 MV/cm)；③高介电常数 (> 10, 25 $\sim$ 40)；④低界面态密度 (D_{it})；⑤低全局缺陷密度 (非晶)；⑥界面处高迁移率；⑦热处理工艺中的稳定性。

有效氧化层厚度 (EOT) 的计算公式如下：

$$t_{ox,eff} = \frac{\varepsilon_{high-k}}{\varepsilon_{ox}} t_{high-k} \tag{4.25}$$

对于 100 Å 及以下的薄氧层，常用工艺有稀释氧化、低压氧化、快速热氧化和臭氧氧化等。稀释氧化是在氧化过程中通入氮气来稀释氧气浓度，降低混合气体中氧气分压，以放慢氧化速率。可以通过使用化学气相淀积设备来实现低压氧化，现将反应炉管抽至一定的本底真空，然后通入较低气压的氧气完成薄氧化层的生长。快速热氧化 (RTO) 是采用快速热处理 (RTP) 装置来完成薄氧化层的生长，这种方法的特点是快速。强氧化剂臭氧可在室温下氧化实现薄氧化层的生长。

氧化前清洗对生长薄氧化层质量影响很大，尤其是要彻底清除晶圆表面的自然氧化层。清洗完成后应该尽快将晶圆装入氧化系统进行氧化，以免在空气中生长自然氧化层或引入其他污染物。

温度对薄栅氧化层的质量影响很大，高温有助于降低硅-二氧化硅的界面态，减少二氧化硅中的固定电荷。显然，RTO 比较适合薄栅氧化层的生长。

由于硅-二氧化硅界面附近的二氧化硅并非严格按 2:1 的化学配比，存在一个 $10 \sim 40$ Å 厚的二氧化硅应变层。硅-二氧化硅界面晶格失配会引起压应力。在 Si_3N_4-Si 结构中晶格失配会引起张应力。在氧化时掺入少量的氮可以抵消硅-二氧化硅界面的压应力。氮化氧化栅有助于提高 MOS 器件的抗热载流子和抗辐照性能。

用自生长氧化与化学气相淀积氧化结合实现叠层氧化硅层是一种不错的工艺技术。首先，在硅晶圆上自生长一层薄氧化层作为垫层 (Pad Layer)，随后，用化学气相淀积二氧化硅层。这种技术的优点是上层的二氧化硅层几乎不受硅衬底缺陷的影响，因为上下层中缺陷不重合，显著降低了整个氧化叠层中的缺陷密度。

4.4 氧化速率的影响因素

本节讲述氧化剂分压和氧化温度对抛物型速率系数 B 和对线性速率系数 B/A 的影响、晶向对氧化速率的影响及掺杂影响对氧化速率的影响。

4.4.1 氧化剂分压对氧化速率的影响

根据迪尔-格罗夫模型，在平衡条件下，$B = 2D_{ox}C_o/N_I = 2D_{ox}HP_g/N_I$，即 B 与 P_g 成正比。表明气体中的氧化剂分压 P_g 与氧化剂浓度的正比关系影响着二氧化硅的生长速率。

由于 $A = 2D_{ox}\left(\dfrac{1}{k_s} + \dfrac{1}{h}\right)$ 与氧化剂分压 P_g 无关，所以 B/A 也与 P_g 成正比。在一定条件下，可以通过改变氧化剂分压 P_g 来控制二氧化硅的生长速率。

据此，高压氧化工艺是通过增高氧化剂分压 P_g 来提高厚氧化层的氧化速率，而低压氧化技术是通过降低氧化剂分压 P_g 来控制薄氧化层的氧化速率。

4.4.2 氧化温度对氧化速率的影响

由式 (4.7) 可知氧化剂在二氧化硅中的扩散系数与氧化温度呈指数关系，而与抛物线速率系数 B 呈正比关系，即

$$B = 2D_{ox}C_o/N_I = 2D_{\infty}C_o/N_I \exp\left(-\Delta E/kT\right)$$

图 4.24 所示为干氧和湿氧氧化的抛物线速率常数 B 与氧化温度的关系曲线 [17]，其纵坐标抛物线速率常数 B 的对数，以 $\mu m^2/h$ 为单位，下方横坐标是绝对温度的倒数，上方横坐标是摄氏温度。图中标明干氧氧化激活能为 28.5 kcal[①]/mol，

[①] 1 cal = 4.1868 J。

换算后对应值为 1.24 eV，水汽氧化激活能为 16.3 kcal/mol，换算后对应值为
0.71 eV。

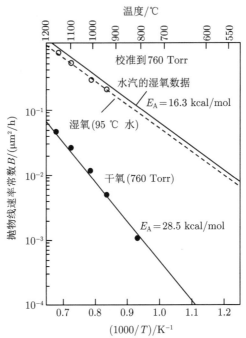

图 4.24 氧化的抛物线速率常数 B 与氧化温度的关系曲线 [17]

由式 B 和 A 定义式可得

$$B/A = \frac{HP_{\mathrm{g}}}{N_{\mathrm{I}}} \cdot \frac{1}{1/k_{\mathrm{s}} + 1/h}$$

h 在一个大气压下非常大，若 $h \gg k_{\mathrm{s}}$，$B/A = \dfrac{HP_{\mathrm{g}}}{N_{\mathrm{I}}}k_{\mathrm{s}}$，即 B/A 与 k_{s} 成正比。表明氧化速率由表面化学反应所决定。化学反应常数 k_{s} 与温度呈指数关系，即

$$k_{\mathrm{s}} = k_{\mathrm{s}0} \exp\left(-E_{\mathrm{a}}/kT\right) \tag{4.26}$$

式中，E_{a} 为化学激活能；$k_{\mathrm{s}0}$ 为常数。所以有

$$B/A = \frac{HP_{\mathrm{g}}}{N_{\mathrm{I}}}k_{\mathrm{s}0} \exp\left(-E_{\mathrm{a}}/kT\right)$$

上式表明线性速率常数与温度呈指数关系。

图 4.25 所示为干氧和湿氧氧化的线性速率常数 B/A 与氧化温度的关系曲线 [18]，其纵坐标是线性速率常数 B/A 的对数，以 μm/h 为单位，下方横坐标是绝对温度的倒数，上方横坐标是摄氏温度。图中标明干氧氧化激活能为 46.0 kcal/mol，换算后对应值为 1.99 eV，水汽氧化激活能为 45.3 kcal/mol，换算后对应值为 1.96 eV。

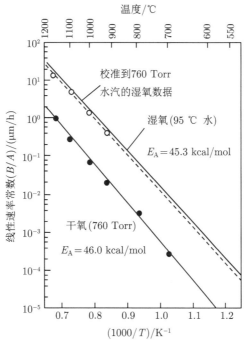

图 4.25 氧化的线性速率常数 B/A 与氧化温度的关系曲线 [18]

4.4.3 晶向对氧化速率的影响

不同的晶向对应的硅表面原子密度不同，所以所对应的化学键密度也不同。氧化剂在不同晶向的硅表面发生化学反应生成二氧化硅层的速率也不同。不难理解硅原子密度越高，生成二氧化硅层的速率也越大。(111) 面上的硅原子密度比 (100) 面上大。因此，(111) 面上的线性氧化速率常数应比 (100) 面上的大 [19]。在一定温度下，$B/A(111)=1.68B/A(100)$，$B/A(110)=1.45B/A(100)$。

线性氧化速率常数 B/A 与化学反应常数 k_s 成正比，所以线性氧化速率常数依赖于晶面取向。当生长一定厚度的二氧化硅层后，受扩散控制的抛物线氧化速率常数与氧化剂在 SiO_2 中的扩散系数相关，基本上与硅衬底晶向无关。

在高温环境下，或者氧化时间很长的条件下晶向对氧化速率的影响减弱。

4.4.4 掺杂影响

(1) 当表面磷掺杂浓度在 $10^{17} \sim 10^{20}$ cm^{-3} 时，抛物线速率系数略有增加，一旦超过 10^{20} cm^{-3}，线性系数显著增大，如图 4.26 所示[20,21]。这是分凝系数引起磷在 SiO$_2$ 下方/Si 表面的聚集所致。高浓度的磷改变了费米势，在 Si 表面产生很多空位缺陷。这些空位使 Si-O 的化学反应增强，即通过增大 k_s 从而使反应速率加快[22]。

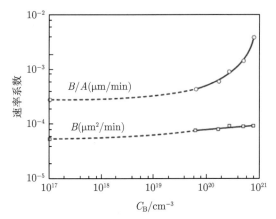

图 4.26   900 ℃ 干氧氧化速率系数与磷表面浓度的关系曲线

(2) 掺硼，SiO$_2$ 内由于分凝效应富集硼，使得 SiO$_2$ 密度降低，增强了氧化剂在其中的扩散。

(3) 在干氧中加入 1% ~ 3% 卤素能够显著改善 SiO$_2$ 特性，最普遍使用的卤元素是氯。

① 掺氯氧化可以通过加速硅-二氧化硅界面化学反应和增强氧化剂在二氧化硅层中的扩散两个方面提高生成二氧化硅层的速率。Si—Cl 键能 0.5 eV 小于 Si—O 键能 4.25 eV，氯气与硅发生化学反应生成 SiCl$_4$。氧气更容易与 SiCl$_4$ 发生化学反应而生成 SiO$_2$[23]。当反应生成物中有水时，氧和水在 HCl 氧化层中的扩散增强。在 1100 ℃，HCl:O$_2$=1:10 的氧化条件下，氧在 HCl 氧化层中的扩散系数比在干氧氧化层中的扩散系数约大 6 倍，而水比在湿氧氧化层中的约大 2.6 倍。

② Cl$^-$ 能够中和积累在表面的正电荷，降低表面态电荷密度。在氧化时，只要加 0.3% 的 HCl，就会使 ⟨111⟩ 晶向硅的表面态密度减少约一个数量级；⟨100⟩ 晶向硅的表面态密度减少约 2/3。

③ 氯气能够与大多数重金属原子反应生成挥发性的金属氯化物，起到清洁作用。

④ Cl$^-$ 能够有效地"钝化"氧化层中的可动正离子。

HCl 一直是最常用的氯源，此外三氯乙烯和三氯乙烷 (TCA) 因腐蚀性较小有时也被使用。在 MOS 工艺中普遍采用干 O$_2$ 加 HCl 生长栅氧化层。在有 HCl 存在时，氧化反应为

$$4HCl + O_2 \longrightarrow 2H_2O + 2Cl_2 \tag{4.27}$$

4.5 热氧化过程中的杂质再分布

对于掺杂的硅，在氧化过程中，硅-二氧化硅附近的杂质会在界面两边重新分布。在平衡条件下，两边重新分布后杂质浓度之比定义为分凝系数 m，即

$$m = \frac{\text{杂质在硅中的平衡浓度}}{\text{杂质在二氧化硅中的平衡浓度}} \tag{4.28}$$

影响杂质在界面两边重新分布的原因有：氧化速率、杂质的分凝作用、杂质在二氧化硅中的扩散速率。假设杂质均匀地分布在硅衬底中，在氧化剂中不含杂质的条件下，杂质的再分布会有以下四种情况[24]。

(1) m 小于 1，杂质在二氧化硅中扩散慢。杂质硼穿过二氧化硅而损失掉的量极少。由于分凝作用，界面处二氧化硅中的硼浓度高于硅中的，表现为界面附近硅中浓度低于硅体内浓度。

(2) m 小于 1，杂质在二氧化硅中扩散快。在 H$_2$ 气氛中，杂质硼穿过二氧化硅而损失严重，在二氧化硅中硼浓度比很低，界面附近硅中浓度较低。

(3) m 大于 1，杂质在二氧化硅中扩散慢。磷、砷和锑这类杂质分凝之后，表现为界面附近硅中浓度高于硅体内浓度。

(4) m 大于 1，杂质在二氧化硅中扩散快。杂质镓穿过二氧化硅而损失严重，硅中镓不断地进入二氧化硅，界面附近硅中浓度低于硅体内浓度。

4.6 Si-SiO$_2$ 界面特性

在 Si-SiO$_2$ 结构中存在的电荷形式有可动离子、氧化层陷阱、氧化层固定、界面陷阱四种，如图 4.27 所示[25]。

(1) 可动离子电荷 (Q_m)：主要为带正电荷的碱金属离子 (如钠离子)，来源于硅晶圆的污染，通入 HCl 等可以减少此类电荷。可动离子电荷可以位于二氧化硅层中的任何地方。Q_m 最初位于栅 (金属/多晶硅)-二氧化硅界面，但是在正向偏压或者高温下，它们会向 Si-SiO$_2$ 界面移动。主要来源于碱性金属离子，比如 K$^+$、Na$^+$ 等网络改变者。它会对 MOS 器件的阈值电压 V_T 和稳定性造成影响。

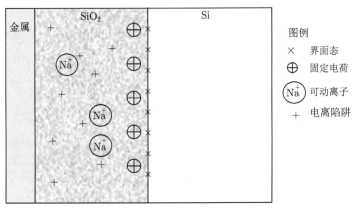

图 4.27　Si-SiO$_2$ 结构中存在的电荷形式 [25]

预防钠离子污染的措施有：①在氧化工艺通入一定量的氯基气体；②定期用含氯气体清洗氧化炉管；③在工艺中使用不含钠离子的高纯化学试剂和气体；④保证气体传输管道清洁。

(2) 氧化层陷阱电荷 (Q_{ot})：界面处氧化层内存在由辐射、注入或光子激发产生的空穴和电子陷阱态，低温退火可以中和。在 X、γ 和电子等射线作用下，会在二氧化硅层中产生电子-空穴对。部分电子和空穴又会复合掉。当二氧化硅层中存在电场时，由于电子在二氧化硅层的迁移率很大，很快被电场扫出二氧化硅层；而空穴在二氧化硅层的迁移率很小，并且可能被氧化层陷阱俘获，使二氧化硅层带正电荷，从而影响器件的阈值电压。氧化层增加的正电荷使 N 型 MOSFET 的阈值电压降低，使 P 型 MOSFET 的阈值电压的绝对值提高。进而使同样条件下 N 型 MOSFET 的导通电流增大，P 型 MOSFET 的导通电流减小。

1000 ℃ 高温干氧氧化工艺和对氧化层在氮气中进行 150 ～ 400 ℃ 的低温退火都可以降低氧化层陷阱电荷。也可采用三氧化二铝、氮化硅等对辐照不敏感的介质层。

(3) 氧化层固定电荷 (Q_f)：位于界面约 25 Å 以内的氧化层，来源于脱离硅晶格的、未与氧完全反应的过剩硅离子 (带正电)，可通过高温惰性气体 (N$_2$ 或 Ar) 退火降低。

氧化层固定电荷 (Q_f) 位于 Si-SiO$_2$ 界面附近 2 ～ 3 nm 处，是一层很薄的正电荷层，电荷密度为 10^9 ～ 10^{11}cm^{-2} (⟨100⟩Si 表面原子密度为 6.8×10^{14} 原子 · cm^{-2})，这一值不随常规的器件操作产生变化，通常有 $Q_f\langle111\rangle : Q_f\langle110\rangle : Q_f\langle100\rangle = 3 : 2 : 1$ 的关系。会使 *C-V* 曲线横向移动，改变 MOSFET 进入导通状态的阈值电压。

固定电荷密度和最后氧化条件有关，这个规律可以用图 4.28 的 "干氧三角形" 来表示，图中 $N_f = Q_f/q$[26]。三角形的斜边表明干氧氧化温度和 Q_f 的关系，即在 $600 \sim 1200\,℃$ 范围内，温度越高，Q_f 越低。三角形的底边近似地平行于横轴，这表示不论氧化时的温度如何，只要经过干氮或氩气退火，就可以得到较低的 Q_f 值。这个值随着退火温度的升高而降低，最后接近在干氧气氛中 $1200\,℃$ 的 N_f 值。

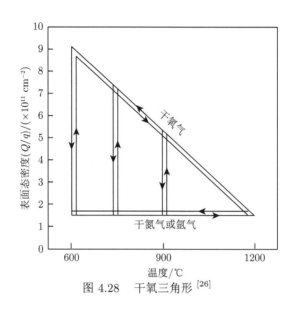

图 4.28　干氧三角形 [26]

(4) 界面陷阱电荷 (Q_{it})：位于硅-二氧化硅界面，来源于氧化过程中 Si 由完整有序的晶体变成无定形 SiO_2 产生的不饱和价键，或称为悬挂键。界面陷阱可以俘获电子和空穴而产生界面陷阱电荷。根据界面陷阱能级与费米能级的相对位置不同，界面陷阱电荷可以为正，也可以为负。界面陷阱电荷使 MOSFET 的阈值电压发生变化，从而影响器件的其他性能和可靠性。界面陷阱电荷会对表面载流子迁移率散射，引起 MOSFET 的沟道电导率减小，从而降低器件的导通电流。

在相同工艺条件下，硅衬底 (111) 晶向的界面陷阱电荷密度高于 (100) 晶向的。可以在 N_2+H_2 气氛中，通过 $450\,℃$ 的低温退火工艺来降低界面陷阱电荷。

4.7　氧化物的分析表征

氧化层的表征主要包括薄膜厚度的测量、薄膜缺陷的检测、薄膜中可动电荷的检测及氧化层下硅表面的耗尽区载流子的产生-复合特性。

4.7.1　薄膜厚度的测量

常用的测量方法有台阶测量法测量膜厚、椭圆偏振光测量法测量膜厚和折射率、干涉法、$C\text{-}V$ 测量法测量氧化层厚度和电荷分布、比色法、比重法。

1. 台阶测量法

利用光刻和刻蚀工艺，在生长有二氧化硅层的硅晶圆上制备出等于二氧化硅层厚度的台阶。然后使用表面轮廓仪或原子力显微镜来测量该台阶高度。

2. 椭圆偏振光测量法

将一束入射的椭圆偏振光，以一定的角度照射到长有二氧化硅的硅晶圆上，经过数次反射和折射后，检测其椭圆率已变化的反射椭圆偏振光，通过计算最终能同时测得薄膜的厚度和折射率。这种方法测量精度高，非破坏性，测量范围为 1 ~ 1000 nm[27]。详细的椭圆偏振光的测量原理将在第 14 章介绍。

3. 干涉法 [28]

图 4.29 所示为干涉法测量原理示意图。用一定波长 (λ) 的入射光照射介质薄膜，在两个不同的平面反射的反射光发生干涉，会产生光强的最大值和最小值。当反射光 1 和反射光 2 的光程差等于 λ 整数倍时，发生相长干涉，光强最强；当反射光 1 和反射光 2 的光程差等于 $\lambda/2$ 的奇数倍时，发生相消干涉，光强最弱。光强最强时，氧化层厚度 t_{ox} 与波长的关系为

$$t_{\mathrm{ox}} = \frac{m\lambda}{2n\cos\phi'} \tag{4.29}$$

式中，n 是氧化膜的折射率；m 是随着 λ 增加而逐渐变小的整数；ϕ' 是下反射面的入射角。

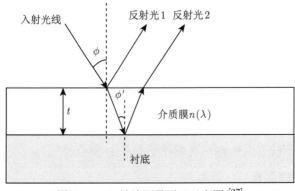

图 4.29　干涉法测量原理示意图 [27]

4. C-V 测量法

使用金属膜作上电极，硅片作下电极，假定衬底掺杂为 P 型，如果加一个负压到栅上，多子空穴会向 Si-SiO$_2$ 界面移动，这种情形称为充电。假定将一个小的交流信号加到直流偏压上，然后测量交流电流。这个电流输出的相位的大小与电容大小成正比。若电容直径与氧化层厚度相比很大，这个器件就可以认为是一个平行板电容器，其电容值为

$$C_{ox} = \frac{\varepsilon_{ox}\varepsilon_0 A}{t_{ox}} \tag{4.30}$$

式中，ε_{ox} 为氧化层介质的相对介电常数；ε_0 为真空的介电常数。根据上式只要知道氧化层上金属膜的有效面积和电容值的大小，即可求得氧化层的厚度。这种方法还可以同时测出其中的电荷密度。

5. 比色法

根据将硅晶圆氧化后的颜色与标准颜色比较，判断氧化层厚度的方法。表 4.5 列出了氧化层厚度与颜色的对应关系，值得注意的是，同一颜色对应几个不同周期的厚度 [29]。例如，紫色对应于 1000 Å、2750 Å、4650 Å、6500 Å 和 8500 Å 的氧化硅的厚度等。这种方法方便迅速，但是只能估计薄膜厚度，精度不高，不能测太厚的 SiO$_2$ 膜，只限于测小于 1 μm 的 SiO$_2$ 膜。由于借助于计算机，用椭圆偏振法等其他方法测量薄膜厚度很快捷，这种比色方法现在已很少使用。

表 4.5　氧化层厚度与颜色的对应关系 [29]

颜色	氧化层厚度/Å				
灰	100				
黄褐	300				
蓝	800				
紫	1000	2750	4650	6500	8500
深蓝	1400	3000	4900	6800	8800
绿	1850	3300	5200	7200	9300
黄	2000	3700	5600	7500	9600
橙	2250	4000	6000	7900	9900
红	2500	4350	6250	8200	10200

6. 比重法

通过已知的薄膜面积 (A) 和薄膜的比重 (ρ)，测量薄膜的重量 (W)，可获得薄膜的厚度 t_{ox}

$$t_{ox} = \frac{W}{\rho A} \tag{4.31}$$

这种方法现在已很少使用。

4.7.2 薄膜缺陷的检测

1. 氧化膜的针孔的检测

氧化膜的针孔会破坏其绝缘特性和对杂质的掩蔽作用，直接影响到半导体器件的特性和成品率。在氧化工艺和光刻工艺过程中，可能产生氧化膜的针孔。晶圆表面的缺陷、损伤、沾污等是氧化工艺中产生氧化膜针孔的原因。掩模版上的缺陷，光刻胶中的杂质颗粒和气泡、晶圆上吸附的颗粒等，会在选择性刻蚀后留下的氧化膜中出现针孔。针孔可能是完全穿通氧化膜的通孔，也可能是不完成穿通的盲孔。通孔可能直接引起器件失效。盲孔由于局部区域氧化膜变薄，加一定的电压后，可以使盲孔变成通孔而使器件失效。

氧化膜针孔的主要检测方式有：邻苯二酚-乙二胺-水腐蚀法 (PAW)、铜缀法、阳极氧化法、液晶法、氯气腐蚀法和介质自愈击穿法等。

PAW 法是在邻苯酚、胺、水的混合液中，通过针孔化学腐蚀到衬底。针孔部分被腐蚀成衬底特有的形状，易于辨认。

铜缀法是将生长有二氧化硅层的硅晶圆放入含铜电解液中，电流通过针孔发生电化学反应，使其在针孔部位析出铜。该方法需要注意选择溶液浓度和电场强度。

阳极氧化法是在氧化膜上加上铝图形，硅衬底作为一个电极，通过针孔，仅把有导电性的铝图形进行氧化。可以清楚地看到含有针孔的铝图形，但是不能确定针孔的位置。

液晶法是在氧化膜上涂以液晶，然后施加电场，针孔部位的液晶晶向被扰乱，从而可以引起光的反射。这种方法易于确定针孔位置，灵敏度高，不破坏薄膜。

氯气腐蚀法是在 900 ℃ 以上的高温中，通氯气对针孔部位的硅进行气体腐蚀。

介质自愈击穿法是在 MOS 结构中，薄铝在 SiO_2 击穿时气化产生自愈合的现象，测出不同耐压的 SiO_2 层中的针孔。这种方法可以直观地确定针孔数，测出介质膜的本征击穿强度。

2. 氧化层错的检测

氧化层错的检测法是将氧化后的晶圆，用稀 HF 泡掉氧化层，然后用 Sirtl 腐蚀液腐蚀 20 s 左右。经腐蚀的硅晶圆放在显微镜下就可以看到直线缺陷。也可以用透射电子显微镜和 X 射线形貌仪观测氧化层错。

4.8 小   结

本章介绍了 SiO_2 的性质与原子结构，常见氧化工艺以及氧化工艺在 CMOS 中的应用。讲述了迪尔-格罗夫氧化模型，影响氧化速率的因素，氧化层及界面处的四种电荷，四种杂质再分布类型，以及几种氧化层表征方法。

习　题

(1) 简述几种常用的氧化方法及其特点。

(2) 在硅晶圆上热氧化生成的 SiO_2 是什么结构？

(3) 简述杂质在 SiO_2 的存在形式及如何调节 SiO_2 的物理性质。

(4) 常用的薄氧层工艺有哪些？主要调整了哪些参数？

(5) 说明影响氧化速率的因素。

(6) 简述在热氧化过程中杂质再分布的四种可能情况。

(7) Si-SiO_2 界面电荷有哪几种？简述其来源及处理办法。

(8) 简述测量氧化层厚度常用的方法。

参 考 文 献

[1] Wolf S, Tauber R N. Silicon Processing for VLSI Era Volum1: Process Integration. California: Lattice Press, 1990: 267.

[2] Campbell S A. Fabrication Engineering at the Micro and Nanoscale. 3rd ed. Oxford: Oxford University Press, 2008: 84.

[3] Revesz A G. The defects structure of grown silicon dioxide films. IEEE Trans. Electron Devi., 1965, 12: 97.

[4] Wolf S, Tauber R N. Silicon Processing for VLSI Era Volum1: Process Integration. California: Lattice Press, 1990: 268.

[5] Wolf S, Tauber R N. Silicon Processing for VLSI Era Volum1: Process Integration. California: Lattice Press, 1999: 262.

[6] Wolf S. Silicon Processing for VLSI Era Volum2: Process Integration. California: Lattice Press, 1990: 28-29.

[7] Wolf S. Silicon Processing for VLSI Era Volum2: Process Integration. California: Lattice Press, 1990: 45.

[8] 庄同曾, 张安康, 黄兰芳. 集成电路制造技术——原理与实践. 北京：电子工业出版社, 1987: 95.

[9] 庄同曾, 张安康, 黄兰芳. 集成电路制造技术——原理与实践. 北京：电子工业出版社, 1987: 93.

[10] 沈文正, 李荫波, 胡骏鹏. 实用集成电路工艺手册. 北京: 宇航出版社, 1989: 70.

[11] Ray A K, Reisman A. Plasma oxide fet devices. Journal of the Electrochemical Society, 1981, 128(11): 2424-2428.

[12] Deal B E, Grove A S. General relationship for the thermal oxidation of silicon. J. Appl. Phys., 1965, 36: 3770.

[13] Revesz A G, Evans R J. Kinetics and mechanism of thermal oxidation of silicon with special emphasis on impurity effects. J. Phys. Chem. Solids, 1969, 30: 551.

[14]　Fargeix A, Ghibaudo G, Kamarinos G. A revised analysis of dry oxidation of silicon. J. Appl. Phys., 1983, 54: 2878.

[15]　Massoud H Z, Plummer J D, Irene E A. Thermal oxidation of silicon in dry oxidation: Growth rate enhancement in the thin region. I. Experimental results. II. Physical mechanisms. J. Electrochem. Soc., 1985, 132: 2685.

[16]　Hori T. Gate Dielectrics and MOS ULSI. Heidelberg: Springer-Verlag, 1997: 155.

[17]　Deal B E, Grove A S. General relationship for the thermal oxidation of silicon. J. Appl. Phys., 1965, 36: 3775.

[18]　Deal B E, Grove A S. General relationship for the thermal oxidation of silicon. J. Appl. Phys., 1965, 36: 3777.

[19]　庄同曾, 张安康, 黄兰芳. 集成电路制造技术——原理与实践. 北京: 电子工业出版社, 1987: 100.

[20]　Katz L E. Oxidation// Sze S M. VLSI Technology. New York: McGraw-Hill, 1988.

[21]　Ho C P, Plummer J D, Deal B E, et al. Thermal oxidation of heavily phosphorus doped silicon. J. Electrochem. Soc., 1978, 125(4): 665-671.

[22]　Ho C P, Plummer J D. Si-SiO$_2$ interface oxidation kinetics: A physical model for the influence of high substrate doping levels. I. Theory. J. Electrochem. Soc., 1979, 126: 1516.

[23]　庄同曾, 张安康, 黄兰芳. 集成电路制造技术——原理与实践. 北京: 电子工业出版社, 1987: 101.

[24]　Grove A S, Leistiko O, Sah C T. Redistribution of acceptor and donor impurities during thermal oxidation of silicon. J. Appl. Phys., 1964, 35: 2695.

[25]　Grove A S. Physics and Technology of Semiconductor Devices. New York: John Wiley and Sons, Inc., 1976: 267-271.

[26]　Deal B E, Sklar M, Grove A S, et al. Characteristics of the surface state charge of thermally oxidized silicon. J. Electrochem Soc., 1967, 114: 266.

[27]　庄同曾, 张安康, 黄兰芳. 集成电路制造技术——原理与实践. 北京: 电子工业出版社, 1987: 122.

[28]　鲁尼安 W R. 半导体测量和仪器. 上海科技大学半导体材料教研室, 译. 上海: 上海科学技术出版社, 1980: 161.

[29]　黄汉尧, 李乃平, 孙青, 等. 半导体器件工艺原理. 北京: 国防工业出版社, 1980: 81.

第 5 章 离子注入

罗 军

离子注入是指将带电离子通过高压电场加速后使之进入到另一固体材料的物理过程。作为一种高精度的掺杂技术，从 20 世纪 70 年代起离子注入就在半导体工艺中获得了广泛的应用，由于它具有掺杂精度高、工艺温度低等特点，因而主要被用来调节半导体材料的导电特性，此外离子注入还可以被用来改变半导体材料的晶体结构及物理和化学特性。本章节介绍了离子注入系统的基本组成、工作原理以及离子注入工艺的一些相关基础知识。

5.1 离子注入系统及工艺

相对于传统的热扩散技术，离子注入是一种更先进的掺杂工艺，它既可以精确控制向衬底中引入的掺杂杂质的数量，同时又可以通过改变注入能量调节杂质的分布情况，因而获得工艺和器件设计人员的青睐。特别是在先进半导体工艺制造中，为了提高器件的集成度，必须严格控制杂质的横向扩散长度，因而在大规模集成电路特别是逻辑电路的制造过程中，热扩散技术逐渐被离子注入技术取代[1-5]。需要注意的是，单独靠离子注入工艺并不能完成整个掺杂过程，注入后一般还需要热退火来修复注入引入的损伤和缺陷并完成杂质的替位激活。除了掺杂应用外，SOI 衬底材料制备过程中的埋氧结构也是通过大剂量氧离子注入实现的[6-9]。

离子注入是通过离子注入机来实现的，最早的离子注入机出现在 20 世纪 50 年代，1954 年，贝尔实验室的威廉肖克利博士提出并主持设计了世界上第一套离子注入系统 (图 5.1)，利用这个系统成功实现了向 Ge 衬底的 B 离子注入，肖克利博士的专利系统地介绍了关于这套离子注入系统的基本设计理念。

早期的离子注入机的设计，特别是加速器设计，都参考了原子核理论中的加速器技术，半导体离子注入系统又针对工艺中离子筛选的要求进行了改进和提升[10]，如图 5.2 所示是目前典型商用离子注入机的示意图，离子注入系统主要由离子源、引出电极、分析磁体、聚焦和加速系统以及终端靶室等组成[11,12]，掺杂杂质的分子被电离后在电场作用下加速进入分析磁体，在分析磁场中，只有被选定的杂质离子能够通过分析磁体，而其他离子则被磁体内壁吸收；接着，分选出的离子会进入加速管加速至最终设定的能量，然后经扫描系统展开后均匀地入射到晶圆当中，为了保证离子束斑的均匀性，在系统中还会设计一系列聚焦透镜组，一般位于分析磁体或加速管的尾部。

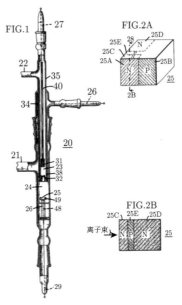

图 5.1　1954 年，肖克利关于离子注入机的设计专利[1]

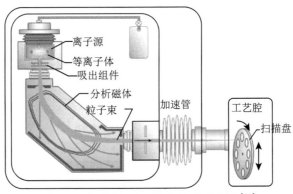

图 5.2　典型商用离子注入机的示意图[11]

1. 离子源

离子源是注入机的离子发生装置，用于产生注入所需的带电离子，以目前主流的间接加热式阴极 (Indirect Hot Cathode, IHC) 离子源为例，如图 5.3 所示，它由起弧室、源体 (Body) 水冷系统及气路系统等组成。离子源中最关键的部分就是起弧室，弧室内一般包含灯丝、阴极和反射板等部件。工作时，在灯丝两端施加电压后电流通过灯丝，灯丝加热后释放出热电子，热电子轰击冷阴极后再从冷阴极表面释放出大量电子，由于起弧室内壁以及反射板与冷阴极之间存在电势差，这些电子会在电场的作用下加速运动，如果此时向起弧室内送入杂质气体，则电子就会与气体分子发生碰撞电离产生带正电的杂质离子，随后这些离子在引出电极的作用下经起弧室顶部的狭缝装置进入分析磁体当中进行下一步的离子筛选。一般来说，电子在电场中都是直线运动的，为了提高起弧室内的电离效率，往往会在起弧室的两端设置一个磁场，这样电子就会在磁场的作用下向着反射板呈螺旋加速运动，从而大大延长了电子在电场内的运动路程，增加了电子与杂质气体分子的碰撞概率，使起弧室内离子的产额进一步提高[13−18]。

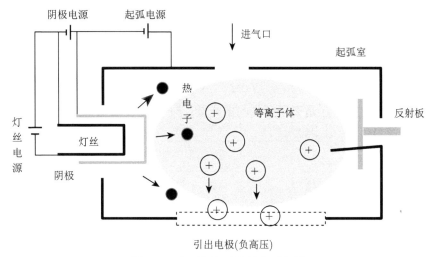

图 5.3　离子源起弧室放电示意图

　　用于电离的杂质气体一般都选用气态化合物，如 B_2H_6、BF_3、PH_3 和 AsH_3 等，而电离后的杂质离子也是多种多样的，以 BF_3 气体为例，电离后可能会产生 $^{11}B^+$、$^{10}B^+$、$^{11}BF_2^+$、$^{10}BF_2^+$、$^{11}BF^+$、$^{10}BF^+$ 和 F^+ 等多种形式的离子，同时还会生成诸如 $^{11}B^{++}$ 和 $^{11}B^{+++}$ 这样的同时带有多个电荷的离子，这些带正电的离子都会在引出电极 (Extraction Electrode) 负高压的作用下被引出，但是由于其具有不同的荷质比，因而可以在分析磁体中被单独筛选出来[13−18]。对于比较重的杂质很难找到气态化合物，如铟 (In) 或锑 (Sb)，可以采用坩埚加热的方法，在离子源内部通过灯管或电阻丝加热的方式使其固态化合物升华进入起弧室，并在氩气等惰性气体的辅助下电离。

　　离子源的维护属于注入机日常维护项目，灯丝消耗到一定程度后会发生折断，同时离子源内的绝缘陶瓷也会由于电离副产物的大量附着而导致绝缘性能下降直至短路，因此也需要定期更换，离子源的维护周期一般在几十至几百小时不等，注入的元素不同，也会导致灯丝或绝缘陶瓷寿命下降，使维护周期变短，变相提高了设备运行成本。

2. 分析磁体 (质量分析器)

相对于传统的加速器设计，离子注入最大的特点就是可以通过分析磁体进行离子的筛选，分析磁体 (质量分析器) 的示意图如图 5.4 所示。为了理解这个过程，需要回忆一个物理概念，即洛伦兹力，这是离子筛选的理论基础，即当带电的离子在磁场中运动时，磁场会对电荷产生力的作用，其偏转的方向遵守左手定则。离子注入的筛选过程恰好就是一个带电离子偏转的过程，偏转时遵循如下公式：

$$\frac{Mv^2}{r} = qvB \tag{5.1}$$

$$v = \sqrt{\frac{2E}{M}} = \sqrt{\frac{2qV_{\text{ext}}}{M}} \tag{5.2}$$

式中，v 是离子速度；q 是离子所带的电荷量；M 是离子质量；B 是磁场强度；r 是曲率半径；V_{ext} 是引出电压。

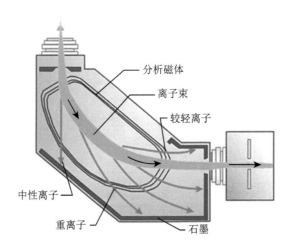

图 5.4   离子在分析磁体中的偏转示意图 [11]

根据式 (5.1) 和式 (5.2) 可以得出

$$r = \frac{Mv}{qB} = \frac{1}{B}\sqrt{2\frac{M}{q}V_{\text{ext}}} \tag{5.3}$$

这个公式可以理解为当离子源中带正电荷的杂质离子在 V_{ext} 的高压作用下进入分析磁体后,由于注入机的分析磁体的半径 R 是固定不变的,所以可以通过调节磁场 B 的强度大小使满足荷质比 (q/M) 的带电离子通过,此时这些带电离子偏转的曲率半径 r 与分析磁体的半径 R 正好相等。其他荷质比的离子或中性粒子在该磁场强度下因为偏转半径不同被磁体内部吸收。

分析磁体的筛选过程不是绝对的,对于质量为 $M + \delta M$ 的离子产生的位移距离为 [20]

$$D = \frac{R}{2}\frac{\delta M}{M}\left(1 - \cos\phi + \frac{L}{R}\sin\phi\right) \tag{5.4}$$

它决定了分析磁体的分辨率,其中 ϕ 是离子偏转角度。

3. 离子加速

被筛选的离子需要经过高压加速才能获得最终期望的注入能量,从而到达指定的深度,离子的加速是通过加速管实现的,如图 5.5 所示,加速管的外侧由一系列电极组成,电极之间由绝缘介质隔离,形成一个线性高压电场 [18],带电离子在高压电场的作用下逐级加速,最终被注入到衬底当中。

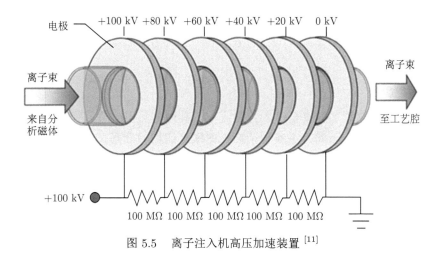

图 5.5 离子注入机高压加速装置 [11]

尽管离子注入机是一个高真空系统,但是仍然无法完全避免系统中存在残余的气体分子,这些残余气体分子在加速管中与杂质离子可能由于碰撞发生能量或电荷交换,使原有的杂质离子被中性化或损失能量,从而影响其在衬底中的分布。此外离子传输过程中与腔体内壁的碰撞会激发出二次电子,与带正电荷的离子接触后会使其中性化,从而影响离子注入的总剂量,因此必须尽可能采取措施避免离子中性化。

4. 中性束闸和中性束阱

中性化的离子一般是离子碰撞过程中电荷交换的产物, 例如

$$^{11}B^+ + e^- \longrightarrow {}^{11}B \tag{5.5}$$

由于中性粒子对外不表现出电性, 因此, 被中性化的杂质粒子除了不能被电场加速以外, 还会影响到离子注入剂量的检测 (下面会提到离子注入系统的剂量检测技术), 在静电扫描系统中, 采用中性束闸和中性束阱, 当离子束从静电偏转系统的两块平行电极板之间通过时, 由于中性粒子表现出电中性, 不受电场作用, 继续沿直线运动, 最终会被中性束阱吸收; 而带电离子因为带有净电荷量, 通过静电偏转板后将偏转一定角度 ($5° \sim 8°$) 继续运动进入靶室, 如图 5.6 所示。

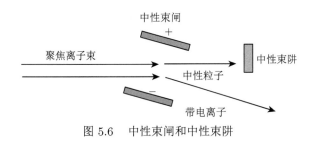

图 5.6　中性束闸和中性束阱

5. 扫描系统

离子束经加速管加速直至注入到衬底前, 其束斑面积一般只有 $1\sim3$ cm^2, 远远小于衬底的尺寸, 因此为了实现杂质在衬底上的均匀分布, 必须扫描束斑或移动衬底本身, 才能使杂质离子均匀地注入到衬底上。依据离子束斑移动的方式和衬底的动作一般可以将扫描系统分为静电扫描系统、机械扫描系统和混合扫描系统三种。

1) 静电扫描系统

静电扫描系统一般是采用单片作业的方式, 最大的特点是衬底固定不动, 离子束在扫描场板的作用下在 x-y 两个方向上同时扫描, 从而获得较为均匀的杂质分布 [20,21], 如图 5.7 所示。在静电扫描系统中, 束流需要经过两套场板, 场板上分别施以不同频率的锯齿电压, 从而建立 x 和 y 方向电场, 保证束流的扫描范围覆盖到整个衬底, 一般来说, 为了避免出现 "李萨如模式" ("李萨如模式" 指静电扫描时 x 和 y 方向的扫描频率呈简单整数比而导致离子注入出现固定条纹, 造成注入剂量分布不均匀), 两个方向的扫描频率并不一致, 一般是 x 方向比 y 方向快很多, 频率相差在 $1\sim2$ 个数量级。

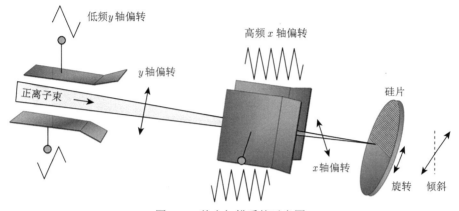

低频 y 轴偏转

高频 x 轴偏转

y 轴偏转

正离子束

硅片

x 轴偏转

旋转　倾斜

图 5.7　静电扫描系统示意图

在实际应用中，长期以来静电扫描技术一直是中低剂量离子注入工艺的首选方案，此时的束流强度相对较小，但是对于有高掺杂要求的大剂量注入来说，需要采用更强的电流，这就可能导致束斑会在衬底表面引入严重的"温升效应"，对表面的掩模或衬底材料造成损伤。另外，在静电扫描中，如前面中性束闸所介绍的，在静电场作用下，由于质量差异，离子束中轻的电子会与重的离子发生偏离，从而破坏离子束空间电荷的中和，这种情况在离子束流较小时并不会带来明显的负面效应 (图 5.8(a))，但是当离子束流急剧增加后，电子的缺失就会导致束流中出现空间电荷效应 (图 5.8(b))，即电荷之间的排斥作用，使束斑被放大，并呈现发散的趋势 [22,23]，从而影响到离子注入的均匀性。另一方面，静电扫描时，离子束进入衬底的角度会随着衬底上位置的不同而发生微小的改变。随着半导体工艺制造中衬底尺寸的增加，这种入射角度的差异也逐渐变大，对纳米器件来说，这种角度的差异可能导致片内注入的不均匀，使器件性能波动甚至造成良率的损失，因此当前最新的注入机都在扫描系统中采取了特殊的手段以保证离子注入角度的一致性。

2) 机械扫描系统

针对重掺杂的大剂量离子注入一般都考虑采用机械扫描的方法 [24-28]，最常见的机械扫描采用了转盘式设计 (图 5.9)，离子束流固定不动，晶圆衬底被固定在转盘的四周，注入时转盘在传动装置带动下高速旋转，同时还进行上下移动。从而实现多个晶圆的同时注入，利用这种方法，离子源到晶圆的离子束运动总路径大幅缩短，从而获得更高的离子束传输效率，降低了能量对离子电流的影响。此外，离子束流受空间电荷效应的影响大大降低。所有入射离子在晶圆上均匀分布，不受电荷状态的影响，由电荷交换引起的掺杂误差一般可以控制在 1% 以下。但是由于机械运动过程较多，因此机械扫描容易发生颗粒沾污的问题。

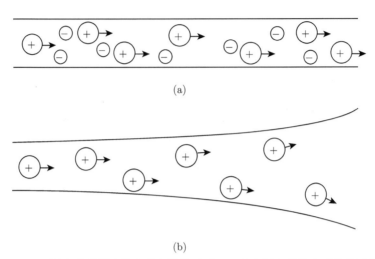

(a)

(b)

图 5.8　(a) 无空间电荷效应的电荷中性化以及 (b) 有空间电荷效应时的离子束发散

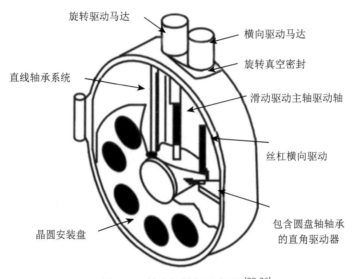

图 5.9　转盘扫描机示意图 [22,28]

3) 混合扫描系统

同时采用静电扫描和机械扫描的方式称为混合扫描。一方面，离子束在静电场作用下发生偏转，在一个轴向上进行扫描；另一方面，晶圆在机械装置的带动下完成正交方向的机械扫描。和静电扫描一样，第一步都是采用周期性电场使离子束偏离其平均方向。该扫描离子束偏移直到扫描范围大到足够覆盖整个晶圆，然后通过静电透镜 [29] (图 5.10(a)) 或锥形偶极磁体 [30] (图 5.10(b)) 使其平行。

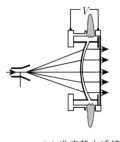

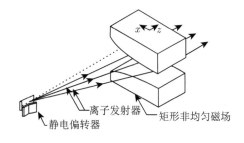

(a) 准直静电透镜[29]　　　　　　　　(b) 锥形偶极磁体[30]

图 5.10　两种常见的混合扫描系统的示意图

6. 法拉第杯

相对其他掺杂技术，离子注入最大的特点之一就是离子注入机可以依靠电路系统测量注入的剂量或剂量率。这个系统可以精确监测到从纳安到安培的大范围电流变化。离子注入工艺中用于束流探测的装置被称为法拉第杯 (法拉第筒)。它由石墨元件及一套精密电路组成。通过收集入射的离子束电流，积分后可计算出注入束流。法拉第杯对收集的离子束流在时间上进行积分，得到总束流的大小。剂量为总束流除以晶圆片面积，如式 (5.6) 所示

$$D = \frac{1}{A} \int \frac{I}{q} \mathrm{d}t \tag{5.6}$$

式中，I 为收集的离子束电流；A 为注入面积；t 为注入时间；q 为离子的电荷。

在测量中，有几种情况可能导致积分得到的总束流失真，包括离子电中性化 (在离子运动到达晶圆的过程中，因捕获电子处于电中性状态)、背散射电子、二次电子逸出、向地面泄漏电流以及收集在法拉第杯附近产生的离子或电子[31]。

保持较高的真空度和减小束流传输距离是避免离子电中性化的主要解决方案。降低背散射电子对束流影响的方法有：第一，对法拉第杯前端的几何结构进行改进，减小背散射的立体角；第二，可以插入永磁体，以防止低能量的背散射电子逸出。最后，由于背散射电子产额会随被撞击材料的原子序数增大而增大，因而可以选用低原子序数的材料 (如碳) 作为法拉第杯的底部材料，从而减少背散射电子，此处为电子第一次发生散射的位置。泄漏电流引起的电荷损失仅仅是法拉第杯和从法拉第杯到校准电容器的导线适当绝缘的问题。在实际应用中，持续施加补偿电压，使得法拉第杯电势接近地电势，可进一步减少可能存在的泄漏电流[32-34]。对于离子束打在晶圆上引起的二次电子逸出的现象，常见的解决方法是在晶圆片上加一个小的正偏压，通常不超过几十伏，用来将电子吸引回晶圆片表面并被再次吸收[18]。

　　在静电扫描系统中，一般不止存在一组法拉第杯测量束流大小，除了主法拉第杯以外，还存在一组辅助法拉第杯，位于 x-y 扫描区的四个角落。除了电流测量外，还可以用这种方法检查离子束扫描的均匀性。而在大电流盘式机械扫描注入机上，法拉第杯位于固定晶圆的圆盘后面 (图 5.11)。每转一圈，离子束就通过转盘上的一个狭缝入射到转盘后方的法拉第杯上，实现离子注入过程的实时监测。

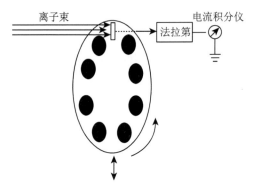

图 5.11　全机械扫描的剂量检测系统示意图 [11]

5.2　离子碰撞及分布

5.2.1　核碰撞与电子碰撞理论

　　运动和静止带电粒子之间的能量转移取决于两个粒子的质量和电荷以及运动粒子的初始速度和方向。当移动的粒子通过时，静止的粒子反冲并吸收能量，移动的粒子发生偏转。从系统的动量守恒和能量守恒可以简单地求出最终的速度和轨迹。具体到离子注入工艺，注入离子在靶内的能量损失可以理解为两个彼此独立的过程 [2,35]：① 注入的杂质离子与靶原子核的相互作用，这个过程也可以理解为注入离子与原子核之间的核碰撞。注入离子与靶原子的质量通常在同一量级，根据经典力学的碰撞理论，每次碰撞之后，注入离子本身的能量会按照质量而重新分配，并且可能发生大角度的散射。靶原子核因为碰撞从注入离子那里得到一定的能量，如果获得的能量大于原本的原子束缚能，就会离开原来所在晶格进入间隙，从而留下一个空位形成缺陷；② 注入离子也会与原子核周围的电子产生相互作用，这种现象称为电子碰撞。发生碰撞的电子可以是自由电子也可以是束缚电子，这种碰撞能瞬间形成电子-空穴对。由于离子和电子的质量差很大 (10^4)，每次碰撞后，注入离子只会损失很少的能量，依然会保持原来的运动状态，散射角度非常小，也就是说每次碰撞都不会改变注入离子的动量。综上所述，注入离子的总能量损失为核碰撞和电子碰撞损失能量的总和。将能量损失分离为两个独立的部分，忽略了硬核碰撞和电子激发等大的非弹性损失之间的可能关联[36]。当多次碰撞被平均时，这种相关性可能不显著，就像离子穿透固体一样，但是对于单次散射研究和超薄的目标来说依然是非常重要的[37,38]。

5.2.2　核阻滞本领和电子阻滞本领

假设一个注入离子在其运动路程上任一点 x 处的能量为 E，根据 LSS 理论[39]，单位距离上，由于核碰撞和电子碰撞，注入离子损失的能量为[35]

$$-\frac{\mathrm{d}E}{\mathrm{d}x} = S_{\mathrm{n}}(E) + S_{\mathrm{e}}(E) \tag{5.7}$$

注入离子在靶内运动的总路程为

$$R = -\int_{E_0}^{0} \frac{1}{S_{\mathrm{n}}(E) + S_{\mathrm{e}}(E)} \mathrm{d}E \tag{5.8}$$

式中，$S_{\mathrm{n}}(E) = \left(\dfrac{\mathrm{d}E}{\mathrm{d}x}\right)_{\mathrm{n}}$ 是核阻滞本领；$S_{\mathrm{e}}(E) = \left(\dfrac{\mathrm{d}E}{\mathrm{d}x}\right)_{\mathrm{e}}$ 是电子阻滞本领；E_0 为注入离子初始能量。

1. 核阻滞

按照经典力学的基本原理，入射离子与靶原子核的碰撞可看作弹性碰撞，遵循能量守恒定律和动量守恒定律，如图 5.12 所示。两者电场相互作用，将入射离子的动能转变为势能，然后势能被入射离子和靶原子按照质量重新分配后，离子改变方向继续前行，靶原子产生反冲。我们可以将能量转移写成[17,40]

$$E_{\mathrm{trans}} = \frac{4M_{\mathrm{i}}M_{\mathrm{t}}}{(M_{\mathrm{i}} + M_{\mathrm{t}})^2} E \sin^2 \frac{\theta_{\mathrm{c}}}{2} \tag{5.9}$$

式中，M_{i} 是入射离子质量；M_{t} 是靶原子质量；E 是入射离子初始能量；θ_{c} 是散射角。根据式 (5.9)，当 $\theta_{\mathrm{c}} = 180°$ 时，即两球正面碰撞传输的能量最大

$$E_{\max} = \frac{4M_{\mathrm{i}}M_{\mathrm{t}}}{(M_{\mathrm{i}} + M_{\mathrm{t}})^2} E \tag{5.10}$$

例如，在正面碰撞中，100 keV 的硼离子转移到硅原子的能量为 81 keV，而 100 keV 的砷离子转移到硅原子的能量则为 79 keV。散射角 θ_{c} 与原子间电势 $V(r)$ 有关：

$$\theta_{\mathrm{c}} = \pi - 2p \int_{R_{\min}}^{\infty} \frac{\mathrm{d}r/r^2}{\sqrt{1 - \dfrac{V(r)}{E_{\mathrm{r}}} - \dfrac{p^2}{r^2}}} \tag{5.11}$$

式中，p 为碰撞参数；$R_{\min}$ 为最小接近距离；E_r 为质量系统中心能量，等于 $M_t E/(M_i + M_t)$。

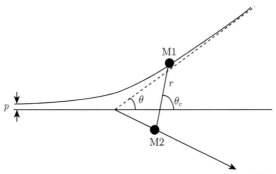

图 5.12　入射离子 (M1) 与靶原子 (M2) 碰撞图 [17]

2. 电子阻滞

能量损失的其他重要组成部分来自电子的作用。电子阻滞的主要组成部分是由于移动离子在电介质中经历的阻力 [41]。当离子静止时周围的电介质会发生极化，以使总电场最小。当离子开始运动并达到一定速度时，极化产生的极化场会滞后于带电离子，阻碍离子的运动，如图 5.13(a) 所示，该阻力与离子运动速率呈正比关系。

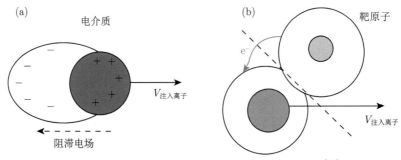

图 5.13　(a) 非局部电子阻滞和 (b) 局部电子阻滞 [41]

一个离子经过离晶格原子很近的地方，离子和晶格原子的电子波函数互相重叠，存在电荷和动量交换，使得离子能量降低，受到力的作用而减速，如图 5.13(b) 所示。这是一个长程的局部电子阻滞过程，并取决于离子速度 [41]。使用局部密度近似计算固体中质子的理论电子能量损失，本质上，该近似假定固体的每个体积元素都是独立的等离子体。带电粒子在局部密度近似下的电子阻滞可以表示为

$$S_e = \int I(v, \rho) Z_j^2 \rho dV \tag{5.12}$$

式中，S_e 是电子阻滞；I 是单位电荷粒子在速度 v 和密度 ρ 下的自由电子气的相互作用下的停滞函数；Z_j 是粒子的电荷；ρ 是靶原子的电子密度；电子阻滞 S_e 在靶原子的每个体积元素 dV 上对带电粒子进行积分。

5.2.3 投影射程

注入离子在靶中运动的过程中与靶原子发生碰撞，导致能量损失，并最终停止在某一深度，那么入射离子在靶中行进的总距离叫做射程 R，但是人们更感兴趣的是在垂直表面的方向上离子行进的距离，我们将射程在垂直轴方向上的投影称为投影射程 R_p[42]。由于离子在靶内的散射，总路径 R 大于投影射程，并且以下关系在低能离子注入的 R 和 R_p 之间近似有效

$$R_p = \int_0^{R_p} dx = \int_{E_0}^0 \frac{dE}{dE/dx} = \int_{E_0}^0 \frac{1}{S_n(E) + S_e(E)} dE \tag{5.13}$$

$$R \approx \left(1 + \frac{M_t}{3M_i}\right) R_p \tag{5.14}$$

如图 5.14 所示，离子在靶内每单位路径长度所经历的碰撞次数和每次碰撞所损失的能量是随机变量，即具有相同入射能量的所有离子不会恰好停在投影射程上，就产生了距离分布，即存在标准偏差 ΔR_p[43]

$$\Delta R_p \approx \frac{2}{3} R_p \frac{\sqrt{M_i M_t}}{(M_i M_t)} \tag{5.15}$$

从式 (5.15) 中可以看出，在能量一定的情况下，轻离子比重离子的标准偏差要大。

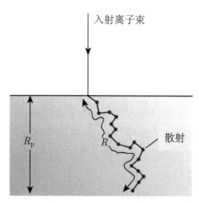

图 5.14 杂质离子的射程和投影射程 [11]

5.2.4　离子分布

虽然入射到靶内的是同一种离子，具有的能量也相同，但是每一个入射离子在靶中的运动过程是随机的，在靶内发生每次碰撞产生的偏转角和损失的能量、相邻两次碰撞之间的距离、离子在靶内运动的总长度，以及注入深度都是不相同的。这会导致注入体积的扩大，原因与每个注入离子最终停止位置的不确定性有关。这是一个复杂的过程，在以单晶靶为衬底的情况下，取决于几个参数，例如离子质量和能量、靶材的性质、温度、入射离子束相对于主轴或衬底表面的方向等。

如果注入的离子数量很少，它们在靶内分布相对分散，没有明显的规律，但是，如果注入离子的数量足够多，那么这些离子在靶中将按一定统计规律分布[44]。

一级近似下，无定形靶中的纵向浓度分布可用高斯分布函数表示[17]

$$N\left(x\right) = N_0 \mathrm{e}^{\frac{-(x-R_\mathrm{p})^2}{2\Delta R_\mathrm{p}^2}} \tag{5.16}$$

式中，峰值浓度 $N_0 = \dfrac{\varPhi}{\sqrt{2\pi}\Delta R_\mathrm{p}}$；$R_\mathrm{p}$ 为投影射程；ΔR_p 为投影射程的标准偏差；剂量 $\varPhi = \displaystyle\int_0^\infty n\left(x\right)\mathrm{d}x = \sqrt{2\pi}N_0\Delta R_\mathrm{p}$。以上函数表示了浓度和注入深度的变化关系。由于离子注入过程的统计特性，离子也存在穿透掩模边缘的横向散射，因此分布应考虑为二维的，不仅在纵向存在标准偏差 ΔR_p，在横向上也存在离子注入的标准偏差[45,46]，如图 5.15 所示。横向的浓度分布函数为

$$N\left(x, y, z\right) = \frac{1}{\left(2\pi\right)^{3/2}\Delta R_\mathrm{p}\Delta y\Delta z}$$
$$\times \exp\left\{-\frac{1}{2}\left[\frac{y^2}{\Delta y^2} + \frac{z^2}{\Delta z^2} + \frac{\left(x-R_\mathrm{p}\right)^2}{\Delta R_\mathrm{p}^2}\right]\right\} \tag{5.17}$$

式中，Δy、Δz 分别为在 y 方向和 z 方向的标准偏差。$\Delta y = \Delta z = \Delta R_\perp$，$\Delta R_\perp$ 称为横向离散。掩模下注入剖面的横向离散分布是限制 VLSI 技术发展的一个重要因素。对于先进的半导体工艺制造而言，当器件特征尺寸逐渐缩小到亚微米乃至数十纳米的过程中，必须考虑横向离散，杂质横向离散可能影响到的工艺不仅限于低能量离子注入，而且还包括高能离子注入，在形成相邻的 P 阱和 N 阱时两个剖面之间的横向重叠限制了集成度的进一步提高。

图 5.16 展示了通过掩模注入的离子分布，假设掩模窗口的宽度为 $2a$，原点选在窗口的中心[47]。由图可知：

(1) 横向离散效应随着注入能量的增大而增大；

(2) 横向离散深度是结深的 30%～50%(扩散掺杂工艺为 65%～70%)；

(3) 窗口边缘的离子浓度大约是中心处浓度的一半。

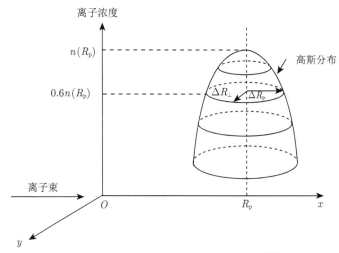

图 5.15 注入离子的二维分布示意图 [45]

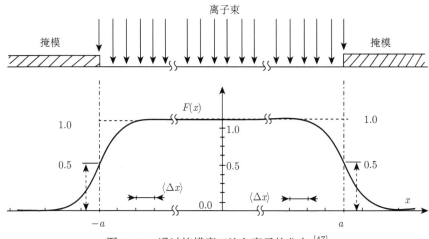

图 5.16 通过掩模窗口注入离子的分布 [47]

源漏注入时，横向离散效应的存在会严重影响 MOS 晶体管的有效沟道长度，这是不希望看到的现象。除此之外，横向离散效应还与注入离子的种类和能量有关，并且取决于 M_t/M_i 的值，对应关系如图 5.17 所示 [47]。同等注入能量时轻离子 (如 B) 的横向效应比重离子 (P 和 As) 大，同种离子注入时能量越高，横向离散效应越大。

对于靶材为硅片的情况，对比理论预测的注入离子分布与实验测量的结果可以发现，除了当 $M_i = M_t$ 时，其他情况下均不能实现理想的高斯分布，不同的注入离子会不同程度地偏离对称的高斯分布 [17]。

$$m_i = \int_0^\infty (x - R_p)^i N(x)\,dx \tag{5.18}$$

式中，m_1 为一次矩，是归一化的剂量；m_2 为二次矩，是剂量和 R_p^2 的乘积；m_3 为三次矩，表示分布的对称性；m_4 为四次矩，与高斯峰值的畸变有关 [48]。

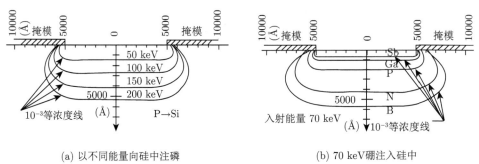

(a) 以不同能量向硅中注磷   (b) 70 keV硼注入硅中

图 5.17   横向效应与注入离子的种类和离子能量关系 [47]

注入离子分布的非对称性常用偏斜度 γ (Skewness) 表示

$$\gamma = \frac{m_3}{\Delta R_p^3} \tag{5.19}$$

γ 为负值表明杂质分布在硅片表面一侧的浓度增加，即 $x < R_p$ 区域浓度增加。

畸变用峭度 β (Kurtosis) 表示

$$\beta = \frac{m_4}{\Delta R_p^4} \tag{5.20}$$

峭度越大，高斯曲线的顶部越平，标准高斯曲线的峭度为 3。

γ 和 β 的值可以用蒙特卡罗 (Monte Carlo) 模型模拟得到 [49]，或更直接地测量实际分布并对结果进行拟合。但是当硼注入硅中时，因为硼原子的质量比硅轻很多，背散射现象尤其严重，使得硼分布在靠近表面那一侧的浓度增加，其偏斜度是一个大的负值，高能量注入时这种现象更加明显。此时用 Pearson IV 型分布 (也称四差动分布，Four-Moment Distribution) 描述更为准确 [46,50]，如图 5.18 所示。

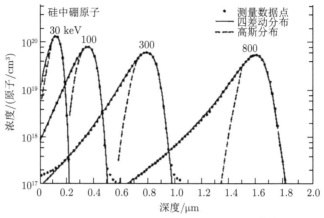

图 5.18 硅中不同能量硼注入离子的分布 [45]

5.3 离子注入常见问题

5.3.1 沟道效应

当离子注入到单晶靶中时，由于靶晶体存在晶向，所以靶对入射离子的阻滞作用将不再像非晶材料那样是各向同性的。如果沿着其中的某些晶向观察硅晶体，可看到一些晶格间存在的通道，如图 5.19 所示。当离子入射方向平行于靶的主晶轴时，部分离子会直接进入通道，很少与晶格原子发生核碰撞，这部分杂质原子主要通过与电子相互作用降低自身能量，因此注入深度很深，这种现象称为离子注入的"沟道效应"。"沟道效应"发生在入射离子与有序排列的靶晶体的相互作用中。多年前，人们通过 Monte Carlo 模拟注入到固体靶材中的重金属离子的分布 [51] 以及千兆电子伏重离子在多晶金属靶中的分布剖面测量 [52]，意外地发现了这一效应。一般而言，对于单晶硅衬底来说，最容易发生沟道效应的晶向是 (110)(图 5.19)，因为它在中间区域具有最低的原子密度。发生"沟道效应"时，注入离子将到达更深的地方，浓度分布也更倾向于较深的位置，表现出来长长的拖尾；对于轻原子注入到重原子靶内时，注入离子的"沟道效应"(拖尾现象) 尤其明显，如图 5.20 所示。

临界角 Ψ 常用来描述离子注入的"沟道效应"，Ψ 的计算公式为 [53]

$$\Psi = 9.73° \sqrt{\frac{Z_i Z_t}{Ed}} \tag{5.21}$$

式中，E 为注入离子的能量，单位为 keV；d 为沿离子运动方向上的原子间距，单位为 Å。如果注入离子的运动方向与主晶轴方向的夹角比临界角 Ψ 要大得多，则

很少发生"沟道效应", 反之则易发生"沟道效应"[54]。当然, 存在这样一种情况,
开始时注入离子的运动方向与主晶轴方向的夹角比临界角 Ψ 大, 没有"沟道效应"
发生, 但注入离子与靶原子的多次碰撞后改变了离子的运动方向, 使得注入离子
转向某一晶轴方向从而又发生"沟道效应"。虽然不能排除这种可能性, 但是这种
事件发生的概率还是比较小的, 因此对注入离子的浓度分布并不会产生实质性的
影响。

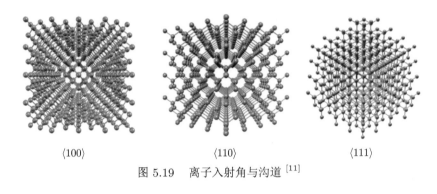

⟨100⟩　　　　　　　　　⟨110⟩　　　　　　　　　⟨111⟩

图 5.19　离子入射角与沟道[11]

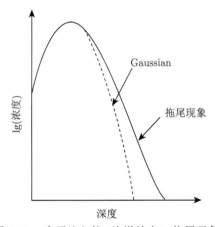

图 5.20　离子注入的"沟道效应"(拖尾现象)

在实际工艺中, 解决"沟道效应"的办法通常有 (图 5.21): ① 使用非晶薄膜
材料作为注入掩模, 比如无定形的二氧化硅 (SiO_2) 薄膜等; ② 将硅片倾斜一定角
度, 使得注入离子的运动方向与硅片主晶轴方向的夹角大于临界角 Ψ, 通常为 7°
倾角; ③ 将硅片表面进行预非晶化处理 (Pre-Amorphization Implantation, PAI),
常用的方法是注入与硅同族且较重的锗离子, 这样采用较低的注入剂量即可使硅
片表面非晶化且没有引入额外的掺杂[55]。

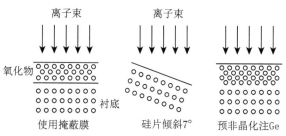

图 5.21 抑制离子注入"沟道效应"的常用解决方案

5.3.2 阴影效应

当注入离子垂直硅片表面注入时，硅片表面任何区域都能受到离子注入 (图 5.22(a))，无阴影区域的存在，但在实际工艺中为了避免离子注入的"沟道效应"，注入离子的运动方向与硅片主晶轴方向之间的夹角要大于临界角 (通常为 7°)，当硅片表面存在具备一定高度的图形时 (比如光刻胶图形或其他材料图形，图 5.22(b))，将有一部分区域处于离子注入的阴影区，无法被离子注入，且随着图形高度的增加，阴影区域逐渐变大，称为离子注入的"阴影效应" (Shadow Effect)。降低或消除离子注入"阴影效应"的办法包括降低图形的高度及自旋转多次注入等。

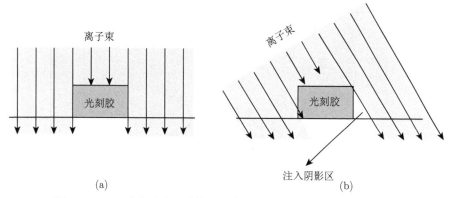

图 5.22 (a) 垂直无注入时的阴影效应；(b) 倾斜注入时的阴影效应

5.3.3 离子注入损伤

离子注入技术的最大优点就是可以精确地控制注入掺杂杂质的数量及结深。但是，离子注入是一个非平衡的过程，大量的碰撞动能被转移到靶原子上，使其从晶格位置转移出去，因此靶材衬底的晶体结构也不可避免地会受到损伤。一个离子在减速过程中，与电子以非弹性方式相互作用，与其他目标靶原子以弹性方式相互作用。如果转移到靶材晶格原子的动能 E 大于其位移阈能 (Si 为 15 eV)[9]，被碰撞的晶格原子将离开其晶格位置，并移动一定的距离。这些被撞原子 (初次碰撞) 会反冲并与其他原子碰撞 (二次碰撞)，从而产生更多次碰撞。下一次碰撞会产生许多低能量的反冲现象，从而在几乎随机的方向上引起小的位移。这通常称为碰撞级联，持续时间 10^{-13} s，即离子范围除以平均离子速度。对于能量为 200 keV 的 As 离子来说，当速度为 10^8 cm/s 时，在硅中传播的离子范围为 $2×10^{-5}$ cm，这种级联反应在不到 10^{-12} s 的时间内完成。这种瞬间状态之后，晶格和电子传导将能量重新分配到周围的材料中，这个过程持续 $10^{-11} \sim 10^{-10}$ s 的额外时间间隔。在接下来的 10^{-9} s 内，不稳定的无序状态发生弛豫。离子注入前后，衬底的晶体结构发生变化，如果注入能量或者剂量过大，单晶衬底会完全变为非晶状态，此结构变化与注入离子和衬底材料均有关系 [56]。

对于轻离子，开始时的能量损失以电子阻滞为主导，质量轻的离子传给靶原子的能量较小，被散射角度较大，只能产生数量较少的位移靶原子，因此，注入离子运动方向的变化大，产生的损伤密度小，不重叠，但区域较大，分布呈锯齿状，如图 5.23(a) 所示。

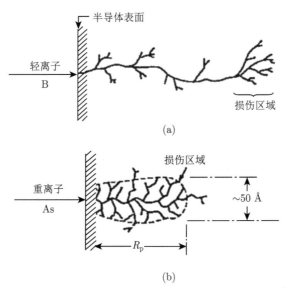

图 5.23　(a) 轻离子和 (b) 重离子注入造成的损伤示意图 [45]

对重离子来说，每次碰撞都会传递给靶原子较大的能量，散射角小，获得大能量的位移靶原子会继续移动，使更多的靶原子离开原来所在的晶格位置。在这种情况下，核阻滞占注入离子能量损失的主导地位，射程较短，但是在小体积内会造成较大损伤。重离子注入所造成的损伤区域小，损伤密度大 [57]，如图 5.23(b) 所示。

在靶内部的碰撞过程中, 核碰撞引起的能量损失通常远大于靶原子的晶格结合能, 因此在离子注入时如果注入离子传递给晶格原子的能量大于使晶格原子发生位移的能量, 晶格原子会离开其原来的晶格位置, 原有的晶格会受到损伤。注入离子在衬底材料中逐步减速的过程中, 核碰撞的能量损失累积起来可能超过使衬底材料非晶化的阈值, 并形成埋层非晶。随着注入剂量的增加, 总累积能量也增加并导致非晶层的扩大。通常, 人们引入阈值剂量 φ_{th} 来量化这个过程, 如果注入剂量超过此阈值则会对晶格原子形成完全损伤[58]。如果靶晶格原子获得的能量大于使晶格原子位移能量的两倍, 被碰晶格原子移位后仍然具有很高的能量, 其在继续运动的过程中还有可能与其他晶格原子发生碰撞, 进而使更多的晶格原子发生位移, 这种连续碰撞的现象称为 "级联碰撞"。

在大剂量离子注入时, 晶圆片在离子束的作用下表面温度会升高 (温升效应), 相当于一个退火过程, 它使得注入离子在硅片内产生的部分缺陷可以移动并得到修复, 这一现象称为 "自退火效应"。在这一过程中, 离子注入导致的缺陷产生与退火修复并存, 并相互竞争。随着衬底温度的逐渐增加, 离子注入的非晶化阈值剂量也会相应提高, 如图 5.24 所示[58]。对于图中的轻离子 (如 B) 注入, 其能量损失大部分是由电子阻滞引起的, 故非晶化阈值剂量比重离子 (P 和 As) 大得多[58,59]。

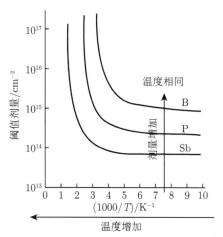

图 5.24　晶圆离子注入时的 "自退火效应"[58]

5.3.4 热退火

本章开始就曾经提到过, 注入离子会导致部分靶原子离开晶格, 造成晶格损伤, 而被注入的杂质往往处于晶格间隙的位置, 对载流子 (电子或空穴) 的输运没有贡献, 必须在热退火配合下才能完成杂质退火过程。热退火的目的主要是消除离子注入造成的晶格损伤，让晶格恢复其原有的完美晶体结构，同时让处于间隙位置的杂质原子进入电活性 (Electrically Active) 位置，即替位 (Substitutional) 位置，恢复电子或空穴在半导体材料中的迁移率 [9,17]。但是，为避免大幅度的杂质再分布，要尽可能降低退火过程的热预算 (退火温度、时间)，这在形成源漏超浅结方面尤为重要。

对于注入离子剂量超过 φ_{th} 的非晶层，其热退火的过程常是一个固相外延再生长 (Solid Phase Epitaxial Regrowth，SPER) 的过程，以底部未损伤的衬底作为外延模板，注入的掺杂杂质与间隙靶材原子一同进入生长的晶格中 [60]。例如，当将经过离子注入的硅片在高于 550 ℃ 的炉管中退火时，非晶层会通过单晶硅与非晶硅界面的移动而重结晶生长，该生长速度取决于温度、衬底方向和掺杂浓度 [61]。在 550 ℃ 下，对于 ⟨100⟩ 取向的硅片，重结晶层的厚度随时间线性增加，生长速度保持在 0.12 nm/s [62]。与注入杂质扩散所需的较长时间相比，硅片中非晶层的固相外延再生长可以在较短的时间内完成。在这一过程中，由于注入的掺杂杂质与间隙靶材原子无区别，有机会在相对较低的固相外延再生长温度下进入晶格的替位位置成为激活杂质，因此其掺杂浓度可能超过该退火温度下的杂质固溶度极限 (Solid Solubility)。

1. 射程末端 (End-Of-Range，EOR) 缺陷

高剂量离子注入导致更多的原子离开原有晶格的位置，使单晶硅变成非晶硅，而退火后在非晶硅/单晶硅界面处存在的稳定的位错环缺陷是高剂量离子注入的一个突出特点。在热退火过程中，离子注入引入的非晶层发生固相外延再生长后，位错环的最大浓度出现在最初非晶硅/晶体硅界面处下方附近，被称为射程末端缺陷 [63-65]。形成射程末端缺陷的原因在于非晶硅/单晶硅界面的一侧存在大量的非晶化阈值损伤，如图 5.25 所示。

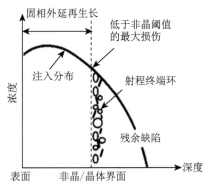

图 5.25　射程末端 (EOR) 缺陷示意图 [41]

若这类缺陷位于半导体 PN 结的耗尽区附近，PN 结的反向漏电流会显著增加。当位错环与金属杂质结合时，漏电流会进一步加剧。因此，离子注入后的热退火过程应当能够让掺杂杂质充分扩散 (时间长和/或温度高)，使位错环处于高掺杂区，同时又被阻挡在 PN 结工作时的最大耗尽区之外。

2. 硼退火特性

作为硅基半导体工艺中最常见的受主杂质 (P 型)，硼离子注入后的退火特性尤为重要 [66-68]。在实际工艺中，常用电学激活比例来表征注入离子的杂质激活程度。对于硼离子注入，自由载流子 (空穴) 数 N_p 和硼离子注入剂量 N_s 的比值称为电学激活比例。在低剂量注入的条件下，随着退火温度上升，掺杂杂质硼的电学激活比例随着温度的增加而单调增加。

如图 5.26 所示，当硼离子注入剂量很高时，随着退火温度的增加，掺杂杂质硼的电学激活比例在三个区域内变化 [67]。

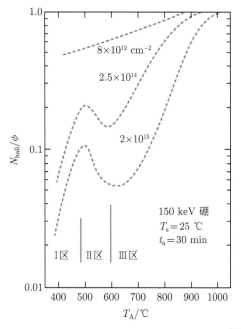

图 5.26　不同注入剂量条件下硼的退火特性 [67]

在区域 I 中，随着退火温度的上升，点缺陷的移动能力也增强了，硼间隙原子与空位的复合概率增加，替位硼的浓度上升，电学激活比例增加，进而提高了自由载流子的浓度。

在区域 II 中，当退火温度升高到 500～600 ℃ 时，点缺陷 (间隙原子、空位等) 易通过重新组合或结团的方式形成扩展缺陷，以降低其能量。由于硼原子较小，与衍生缺陷有很强的相互作用，很容易被衍生缺陷俘获处于非激活位置，因而出现随退火温度的升高而电学激活比例下降的反常现象，也就是自由载流子浓度随温度的升高不升反降，这常被称为逆退火特性 (Deactivation)。

在区域 Ⅲ 中，当退火温度大于 600 ℃ 时，替位硼的浓度以接近于 5 eV 的激活能随温度上升而增加，此激活能与高温下硅自身空位的产生和移动的能量一致，表明高温下硅片中产生的空位与间隙硼结合，使得间隙硼进入空位而处于替位位置，硼的电学激活比例也因此增加，若要完全激活注入的杂质硼 (电学激活比例达到 100%，也即图中 1.0)，需要进行超过 900 ℃ 的高温热退火。

3. 磷退火特性

磷在半导体工艺中作为常用的施主杂质 (N 型)，其退火特性与硼有所不同[69,70]。图 5.27 中用虚线和实线分别表示了低剂量和高剂量磷离子注入情况下，磷的电学激活比例随退火温度的变化情况。当采用低注入剂量 ($3 \times 10^{12} \sim 3 \times 10^{14}$ cm^{-2}) 时，磷的退火特性与低剂量硼注入 (8×10^{12} cm^{-2}) 的退火特性类似，即磷的电学激活比例随退火温度升高而增加。当采用 1×10^{15} cm^{-2} 和 5×10^{15} cm^{-2} 的高注入剂量时，与低注入剂量的退火特性不一样，磷在较低的退火温度 (600 ℃ 左右) 下可以实现较高的电学激活比例，这是由于高剂量和低剂量磷离子注入的退火机理不同。对于高剂量磷离子注入的情况，由于磷原子质量较大，高剂量注入将导致非晶层的出现，而非晶层的退火与低温下固相外延再生长过程紧密相关。如前所述，

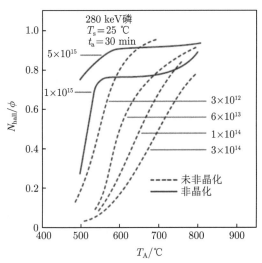

图 5.27　不同注入剂量条件下磷的退火特性[69]

在再生长过程中，注入的磷原子与间隙硅原子具有同样的机会被结合到硅晶格位置上，成为替位杂质原子，磷的电学激活比例提高了。

5.3.5 浅结形成

对于先进的 CMOS 器件而言，源漏超浅结仍然是最关键的工艺之一，其在抑制晶体管的短沟道效应方面具有重要作用。一般而言，在制造极小尺寸的 CMOS 器件时，源漏超浅结的深度不应该超过沟道长度的 30%。

对于注入杂质硼来说，减少它的瞬态增强扩散 (Transient Enhanced Diffusion, TED) 并且实现完全激活是一个挑战，因为高掺杂意味着高注入剂量并因此导致大量的缺陷，这将有利于杂质的扩散。一般而言，注入离子在靶内的分布被近似认为是高斯分布，但是经过热退火后，对于某些注入离子尤其是硼，其偏离了原本的高斯分布，在分布曲线的尾部呈现出明显的展宽现象，也即较长的按指数衰减的拖尾，这就是 "瞬态增强扩散效应"。人们现在普遍认为这种 "瞬态增强扩散效应" 起源于残留的离子注入缺陷 (例如高浓度的空位和自间隙原子等)，退火时，这些残余缺陷中的间隙原子与 B 结合后，表现出远超过 B 的扩散速率，从而导致杂质扩散增强 [18]。表 5.1 列出了常用杂质在硅中进行稳态本征扩散的激活能和进行瞬时扩散的激活能，虽然硼和砷的瞬时扩散激活能一样大，但现在人们普遍认为，砷的 "瞬态增强扩散效应" 比硼要小得多，这种瞬时效应与注入衬底中缺陷湮灭的速率有关。对硼离子注入后的硅片进行快速热退火后，瞬态增强扩散现象很明显，故不容易形成源漏超浅结。进一步降低注入离子的能量并缩短退火的时间，可减小离子注入和退火后形成的源漏超浅结的深度 [71,72]。但是在低能注入的情况下，离子注入的临界角 Ψ 变得很大，若采用常规的倾斜 7° 注入，不仅会出现阴影效应，还会出现强烈的自溅射现象，影响注入的效率和效果。此外，在低能注入时，离子束的稳定性也面临挑战，在空间电荷效应的作用下，低能离子束会逐渐发散，影响最终掺杂的重复性和均匀性 [73]。针对低能注入下出现的这类问题，可以选择采用离化的大分子注入的方法，通过大分子注入，可以在常规能量下获得与超低能注入等效的工艺结果 [74,75]。

表 5.1 杂质在硅中进行稳态本征扩散的激活能和进行瞬时扩散的激活能

	稳态扩散激活能/eV	瞬时扩散激活能/eV
B	3.5	1.8
As	3.4	1.8
P	3.6	2.2

硼离化大分子注入常采用 BF_2^+ 离子束，因为它是典型的气态硼源 BF_3 分子离化分解后的产物之一。BF_2^+ 进入靶材 (硅片等) 后，离化的大分子会立刻分裂为单个原子硼和氟，所有的原子有相同的速率，即硼原子速度 v_B 等于氟原子速

度 v_F。

硼原子的动能：

$$E_B = \frac{1}{2} m_B v_B^2 \tag{5.22}$$

氟原子的动能：

$$E_F = \frac{1}{2} m_F v_F^2 \tag{5.23}$$

$$\frac{E_B}{E_{BF_2^+}} \approx \frac{11}{11 + 19 + 19} \approx 22.45\% \tag{5.24}$$

根据以上计算可知，当加速电压为 5 kV 时，有效的硼注入能量大约为 1 keV，因此可以获得超低能量的注入效果 (有利于形成超浅结) 而无须减小加速电压。除了 BF_3 以外，十硼烷 ($B_{10}H_{14}$) 和十八硼烷 ($B_{18}H_{22}$) 等大分子固体材料也是硼离化大分子注入可以选择的源材料 [76,77]。

另外一种常见的方法是采用前面提到的预非晶化离子注入，在硅片表面形成一层非晶层，以便防止后续离子注入时出现沟道效应，控制注入的结深。但要注意，非晶化层在退火过程中发生固相外延再生长，结晶质量较好，但再结晶后可能残留射程末端缺陷。为了尽可能减少射程末端缺陷，可以使用工艺时间约 1 s/1000 ℃ 或 1 s/1100 ℃ 的快速热退火 (RTA) 或尖峰退火 (Spike Annealing) 来消除缺陷 [64]。一般来说，使用大分子材料作为 N 型或 P 型 MOS 晶体管 (NMOS 或 PMOS) 的注入离子源时，预非晶化和离子注入掺杂的过程往往可以合二为一，使工艺流程更简单，热退火后非晶层会通过固相外延再生长重新结晶恢复成单晶状态，在此过程中还可以获得更高的杂质掺杂浓度。

5.4 离子注入工艺的应用及最新进展

5.4.1 离子注入工艺的应用

1. 阱注入

阱是用于制造有源器件的扩散区，NMOS 或 PMOS 晶体管置于相反掺杂类型的阱中，以形成半导体 PN 结隔离，如图 5.28 所示。阱中的表面浓度同栅极的性质和氧化物厚度一样，会影响晶体管的阈值电压，同时它还会影响到相邻晶体管之间的泄漏电流 [17]。最早的 CMOS 是采用 P 阱技术实现的，在 20 世纪 70 年代早期，因离子注入损伤造成界面态密度增大的问题未得到很好解决，离子注入尚未被工业界完全接受 [5]。随着 CMOS 器件特征尺寸的进一步缩小以及半导体技术的不断发展，阱所需的高掺杂精度使得离子注入成为首选方案。通常，P 和 N 型阱掺杂分别用硼和磷离子注入，能量可以达到几十 keV，这样可以直接注入到所需深度，然后在高温下长时间退火形成一均匀掺杂层。阱的离子注入剂量一般在 10^{12} cm^{-2} 和 10^{13} cm^{-2} 之间，注入杂质退火后的阱浓度较低，一般为 $10^{16} \sim 10^{17}$ cm^{-3}，可以在阱中制备晶体管。

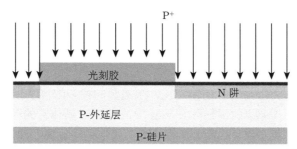

图 5.28　磷注入后退火形成 N 阱 (N 阱中制备 PMOS)[41]

2. 阈值电压 (V_T) 调节注入

MOSFET 是电压器件，导通时栅极的电压称为阈值电压 V_T。V_T 对沟道表面杂质的浓度非常敏感，因此可通过调节杂质的浓度改变相应晶体管的阈值电压 [11]，杂质的掺杂类型与阱的类型正好相反，如图 5.29 所示。

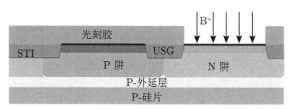

图 5.29　离子注入调整阈值电压 [41]

3. 轻掺杂漏极 (Lightly Doped Drain，LDD)

轻掺杂漏极用于定义 MOS 晶体管的源漏区，这个区域通常称为源漏延伸区，如图 5.30 所示。亚微米晶体管的性能在很大程度上取决于靠近漏极的杂质分布，轻掺杂漏极离子注入在高掺杂浓度源漏区 ($10^{20} \sim 10^{21}$ cm^{-3}) 和低掺杂浓度沟道区 ($10^{16} \sim 10^{17}$ cm^{-3}) 之间形成渐变的横向掺杂浓度梯度，可有效降低该区域中的电场，避免热电子向栅极的注入。除此之外，轻掺杂漏极还可以有效降低源漏区域的寄生串联电阻，增强晶体管的性能。

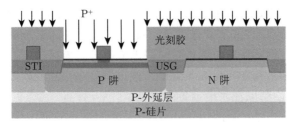

图 5.30   磷注入用于在 NMOS 器件中形成 LDD 区域 [41]

4. 源漏离子注入

源漏区的掺杂类型与所在的阱相反，源漏区的掺杂浓度普遍较高，为 $10^{20} \sim 10^{21}$ cm^{-3}，而阱区一般为 $10^{16} \sim 10^{17}$ cm^{-3}，NMOS 晶体管的源漏区通常采用砷或者磷离子注入，而 PMOS 晶体管的源漏区通常采用硼离子注入，如图 5.31 所示。由于砷、磷和硼在硅中都具有较高的固溶度，所以它们被广泛地应用于 NMOS 和 PMOS 晶体管的源漏注入离子工艺中，以达到所需的高浓度掺杂，实现良好的源漏欧姆接触，降低源漏区电阻，增强晶体管性能。与传统的扩散工艺相比，离子注入工艺能够精确控制源漏区结深以及掺杂杂质的分布，抑制杂质向沟道方向的横向扩散，降低了沟道效应的发生概率。

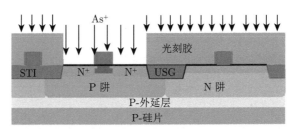

图 5.31   砷注入形成 NMOS 源漏区 [41]

5. 形成 SOI 衬底

绝缘体上硅 (SOI) 是先进微电子制造中一种非常重要的纵向隔离方式，而与之相对应的 SOI 衬底扩展了微电子技术的应用领域，基于 SOI 衬底的器件和芯片已广泛用于恶劣环境，例如汽车、太空和军事应用中的高温和抗辐射电子器件和芯片，也可用于传感器、低功耗和低电压等电子器件 [4]。

在 SOI 技术中，在顶层硅膜中制备的器件彼此之间完全隔离，并且与衬底通过埋氧层完全隔离 [78]。这使得寄生电容减小，可完全消除闩锁效应，对相邻电路之间的相互作用或对辐射效应几乎完全免疫，并且改善了大多数有源器件的性能。

目前业界常用的两种制备 SOI 衬底的方法是注入氧形成 SOI 材料法 (Separation by IMplanted OXygen，SIMOX) 和智能剥离形成 SOI 材料法 (Smart-Cut^{TM})。

SIMOX 技术如图 5.32 所示，在此技术中 [3,79]，先采用离子注入工艺向硅片中注入高剂量的氧 (剂量约为 10^{18} cm^{-2})，然后退火使得注入的氧与附近的硅反应生成二氧化硅，实现顶层硅膜与底层硅衬底的隔离。氧离子注入的能量必须足够高 (150~200 keV) 以形成富氧埋层，同时在其上留下顶层硅膜。为了尽量保持该硅膜的单晶特性，氧离子注入需在高温下 (约 600 ℃) 进行，离子注入导致的非晶化损伤或缺陷会因高温退火而得到修复，但温度不能过高，上限为 700 ℃，因为过高会造成顶层硅膜中出现氧沉淀。随后，进行离子注入后的高温退火，这一工艺步骤是形成高质量 SOI 衬底的关键，此高温退火一方面可消除顶层硅膜中的注入损伤，另一方面可借助于杂质扩散和化学驱动力进一步形成绝缘埋层，消耗小的氧化物沉淀而生成大的氧化物沉淀，同时使顶部硅膜与埋氧层的界面变得更加平滑、清晰。SIMOX 是一种比较昂贵的技术，需要专用的离子注入设备 (非常

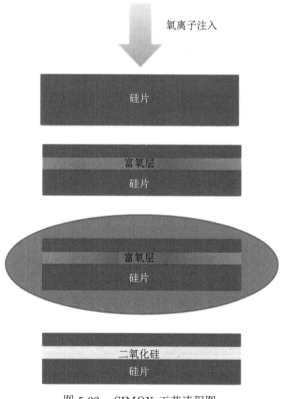

图 5.32 SIMOX 工艺流程图

高的离子束流) 并且热预算很高, 此外, 在离子注入和退火时需特别小心, 可能会有金属杂质污染的风险, 采用 SIMOX 技术制备的 SOI 衬底通常具有较高的位错密度。

　　Smart-Cut[TM] 是另外一种通过离子注入制备 SOI 衬底的方法 [80,81], 如图 5.33 所示。首先, 将剂量约 10^{17} cm^{-2} 的氢离子注入到经过热氧化工艺后表面具有二氧化硅层的硅片 A 中。H 离子的注入能量必须足够大, 以使它们能穿过二氧化硅层并注入硅中。然后, 将硅片 A 清洁、抛光后通过键合的方式与硅片 B 结合。在这一制备阶段, 清洁和抛光是关键的步骤 [82]。随后, 对键合后的硅片进行热处理, 氢离子注入的区域受热易形成气泡, 使得硅片 A 的上层硅膜可在后续工艺中剥离下来, 从而在硅片 B 上形成了 SOI 衬底。硅片 B 的顶层硅膜表面由于剥离的原因比较粗糙, 可以采用 CMP 工艺进行抛光处理。

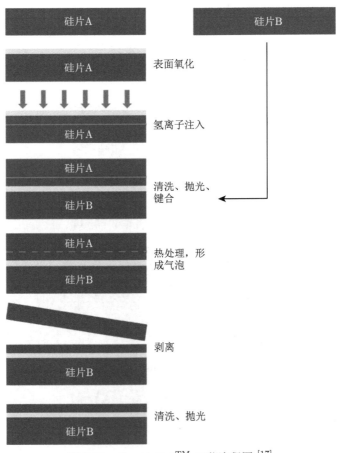

图 5.33　Smart-Cut[TM] 工艺流程图 [17]

这种方法有许多优点，最重要的是低热预算和小的硅片损伤，制备的 SOI 衬底质量很高。而且，这种方法还可以应用于其他类似绝缘层隔离衬底比如绝缘体上锗 (Germanium-On-Insulator，GOI) 等的制备。

5.4.2 离子注入的最新进展

1. 高温离子注入 (Hot Ion Implantation，~400 ℃)

高温离子注入工艺是先进半导体工艺制造中的关键工艺之一，其通过在注入之前将硅片加热并保持在 150~400 ℃，在离子注入造成晶格损伤的同时高温退火进行修复，减少注入损伤或缺陷的积累，有效抑制硅片在离子注入时的非晶化现象，同时减小射程末端缺陷。目前，高温离子注入设备主要有两种不同的加热方式，其中一种采用热辐射加热形式对硅片进行加热后，将加热后的硅片传输到工艺腔中进行离子注入；另一种是直接在工艺腔室中对承片台上的硅片加热升温后再进行离子注入。

对于先进的三维鳍形场效应晶体管 (3D FinFET) 技术，其源漏扩展区 (Source/Drain Extension，SDE) 的掺杂需要通过低损伤、大倾斜角度的离子注入来实现。通常情况下，对于传统的平面器件，离子注入导致的硅晶格损伤或缺陷可以通过后续的热退火来消除 [83]，从而恢复其硅单晶的结构和性质。对于常温离子注入工艺，具有大量注入损伤或缺陷的 Fin 远离单晶硅衬底，很难以单晶硅衬底为模板进行固相外延再生长，同时，由于 Fin 的结构特点，在表面邻近效应下抑制了其固相外延再生长并促进了孪晶界缺陷的形成，因此，在退火过程中无法充分结晶，很容易形成多晶硅 Fin，导致沟道迁移率下降和漏电增加。对于高温离子注入，由于离子注入造成的损伤或缺陷可以在高温下得到修复，使 Fin 非晶化的阈值剂量很高，常规剂量的离子注入很难使之非晶化，这样有利于后续高温退火过程中的 Si 晶格修复。常温和高温离子注入后的 Fin 和对比见图 5.34(a) (左) 和 (右)。高温注入 Fin 晶体结构完好，而常温注入则出现了严重的多晶态，导致 PN 结漏电的显著差异 (图 5.34(b))。此外，在 Fin 导电沟道下的源漏穿通阻止层 (Punch-Through Stop Layer) 同样需要采用高温离子注入来减少对 Fin 造成的损伤。

2. 低温离子注入 (Cold 或 Cryogenic Ion Implantation)

低温离子注入 (或冷离子注入) 与高温离子注入相对应，其离子注入工艺本身基本没有改变，只是额外用一台冷却器通过冷却液或液氮的循环来实现对晶圆温度的控制。在离子注入过程中，一般将硅片温度保持在 0 ℃ 以下，甚至到 −100 ℃ 或更低。

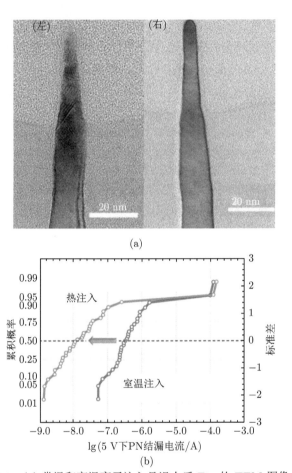

图 5.34　(a) 常温和高温离子注入且退火后 Fin 的 TEM 图像 [83]：
(左) 常温注入下的窄 Fin 退火后形成多晶，(右) 高温离子注入下的窄 Fin 退火后恢复为单晶；
(b) 常温和高温离子注入条件下的 PN 结漏电流 (5 V)[83]

　　在低温离子注入时，硅原子晶格处于较低的能量状态，注入非晶化的阈值剂量更低。在本章 5.3.4 节中已介绍，非晶化的过程其实就是一个损伤或缺陷累积的过程，当损伤累积至超过某一阈值时，晶圆表面就会呈非晶态。非晶层与单晶硅的界面 (Amorphous/Crystal Si，a/c 界面) 以下的区域仍可以被认为处于单晶状态。如图 5.35 所示，在同样的投影射程 R_p 下，这一深度越深，非晶硅层越厚，射程末端缺陷越少。离子注入形成非晶硅的阈值剂量取决于碰撞级联带来的损伤以及动态自退火过程中的损伤修复。相比于常温离子注入，在低温离子注入工艺中，硅片内动态自退火效应很弱，损伤或缺陷的复合和修复速率较慢，导致非晶化阈值剂量降低，单晶与非晶的界面会向深处移动，射程末端缺陷也逐渐减少。同时低温注入后热退火所需的热预算降低，减少了退火过程中应力的释放，有利于应力的保持。注入损伤引入的非晶层 (或者说造成完全损伤, Full Amorphization)[84] 有利于消除注入后热退火中形成的管道缺陷 (Piping Defect), 低缺陷密度的非晶层也有利于源漏硅化物热稳定的提高。此外, 缺陷对硼杂质的俘获会影响杂质的激活浓度, 因此缺陷降低及更平滑的 a/c 界面有利于提高 SPER 固相外延再生长过程中掺杂杂质离子的激活浓度, 进而降低源漏接触电阻率。而对于镍硅化物, 低温离子注入还能降低低阻相 NiSi 的形成温度并延缓其阻相的改变和团聚的发生 [84]。

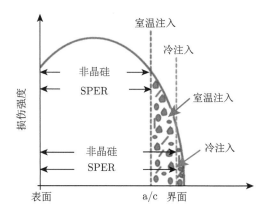

图 5.35　低温离子注入 (冷注入) 与常温 (室温) 注入下射程末端缺陷 (EOR) 示意图 [85]

3. 共同离子注入 (Co-implantation 或 Cocktail-implantation)

共同离子注入是将通常所需注入的 N 型或 P 型离子之外的其他杂质离子 (如碳、氟、氮、锗等) 一起注入到特定区域的工艺, 可以起到调节杂质深度、分布以及改善器件可靠性的作用。共同离子注入在 65 nm 以下技术代以后在业界得到广泛应用。它对制程工艺的改善主要表现在抑制退火过程中注入离子的快速扩散, 形成超浅结。这里以硼离子为例, 介绍共同离子注入工艺抑制离子扩散的原理。对于硼离子, 其在退火过程中的扩散更为迅速, 这是硼的瞬态增强扩散 (Transient Enhanced Diffusion, TED) 效应的结果。为了抑制 TED(主要依靠间隙扩散机制) 效应, 必须减少团簇的形成或降低间隙浓度, 采用 C 或 F 的共同离子注入工艺正是利用其俘获间隙原子的特点降低了杂质与间隙原子结合的概率, 从而起到迟滞杂质快速扩散的效果 [86]。其原理如图 5.36 所示, ① 对于通常的硼离子注入, 其杂质靠近 EOR 区域, EOR 区域中高浓度的自间隙硅原子将替位硼挤出至间隙位置, 使其快速扩散并和间隙原子形成杂质缺陷簇; ② 预非晶化注入 (PAI) 使得硼远离 EOR 区域, 但是退火过程中往回扩散的自间隙硅原子同样会促进硼的扩散; ③ C 或 F 共同离子注入俘获了回扩散的间隙硅原子和其他缺陷, 防止了硼的快速扩散以及形成掺杂离子缺陷团簇而失活。

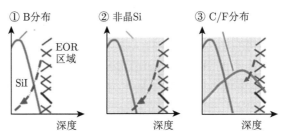

图 5.36   预非晶化结合 C/F 共同离子注入抑制 B 的 TED 示意图

5.5   离子注入的数值模拟

经过多年的研究和积累, 如今, 杂质离子在靶材中的分布已经可以通过算法来模拟, 为工艺设计人员提供数据支持。SRIM (The Stopping and Range of Ions in Matter) 是模拟离子在靶材中能量损失和分布的程序组。它采用 Monte Carlo 方法, 利用计算机模拟跟踪一大批入射离子在靶材中的运动状态。粒子的位置、轨迹、能量损失等与靶材原子相互作用相关的大多数动力学参数都会在整个跟踪过程中存储下来, 最后得到各种所需物理量的期望值以及相应的统计误差。该软件可以选择特定的入射离子和靶材料, 并且可以依据器件需求设置合适的入射能量, 计算出不同元素粒子, 以不同的能量, 各种角度入射到靶材中的情况。SRIM 中包含了一个叫做 TRIM 的模块 (http://www.srim.org/)。

TRIM (Transport of Ions in Matter) 是一个十分复杂的程序, 如图 5.37 所示。

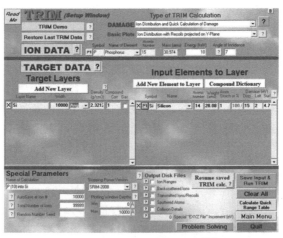

图 5.37   TRIM 输入界面 [87]

TRIM 接受由多达八层的复合材料制成的复杂目标, 每一层可以是不同的材料。它详细描述了目标中所有的目标原子级联。不仅可以获得入射离子在靶中的运行轨迹, 也可以计算出离子对靶材的损伤等信息。

5.6　小　　结

　　本章重点介绍了离子注入机的系统构成、离子碰撞原理及其在工艺上的应用。在离子注入系统中, 杂质在离子源中被电离, 再经过分析磁体的筛选后, 在加速电场的作用下进入衬底材料当中, 可以实现杂质的精确掺杂。在束流的传输过程中, 离子注入机通过静电扫描、机械扫描以及混合扫描等多种束流控制方式, 并结合法拉第杯测量技术, 保证了离子束在晶圆上分布的均匀性和重复性。杂质在靶材内的分布及其行进过程可以用离子碰撞理论来解释, 离子在靶材中的运动主要受电子阻滞和核阻滞的影响, 离子的原子序数越大, 与衬底的碰撞过程越强烈, 造成的损伤越大, 需要后续通过热退火来修复并激活杂质, 在这个过程中, 有可能会形成一些缺陷, 最常见的就是射程末端缺陷, 这种缺陷可能会导致 PN 结的漏电, 因此需要结合 PN 结位置进行特殊退火设计。结合实际工艺分析了离子注入中存在的 "沟道效应" 和 "阴影效应" 及其成因, 常用的解决方案重点阐述了离子注入形成超浅结的过程。本章还介绍了离子注入在 MOSFET 及 SOI 衬底制备技术中的相关应用和最新的研究进展。最后推荐了一种计算离子注入分布和损伤的数值分析软件 SRIM, SRIM 可以帮助我们更好地理解和预测杂质在衬底中的分布和损伤过程, 对指导离子注入相关的实验设计具有重要意义。

习　　题

　　(1) 试叙述离子注入掺杂技术相比于常规热扩散掺杂技术的优势。

　　(2) 试描述离子在靶内运动时能量损失的种类。

　　(3) 什么是沟道效应? 如何避免沟道效应的产生。

　　(4) 写出离子注入系统的组成部分。

　　(5) 请简述质量分析器的工作原理。

　　(6) 扫描系统的分类及各自特点。

　　(7) 注入离子在靶材料中的分布有何特点。

　　(8) 说明射程和投影射程的关系。

　　(9) 实现超浅结注入的方法有哪些。

　　(10) 轻离子注入和重离子注入对硅衬底的损伤有何不同。

　　(11) 什么是射程末端缺陷? 对器件性能有何影响。

(12) 离子注入技术的实施过程中包括注入和快速热退火两个基本工艺过程。试描述快速热退火工艺的目的。

(13) 离子注入并经过快速热退火之后，杂质纵向分布为什么会出现高斯展宽与拖尾现象。

(14) 请简述硼、磷注入后的退火特性。

(15) 请简述离子注入在实际工艺中的应用。

参 考 文 献

[1] William S. Forming semiconductive devices by ionic bombardment: U.S. Patent 2787564. [1957-4-2].

[2] Williams J. Ion implantation of semiconductors. Materials Science and Engineering: A, 1998, 253 (1-2): 8-15.

[3] Diem B, Rey P, Renard S, et al. SOI 'SIMOX' from bulk to surface micromachining, a new age for silicon sensors and actuators. Sensors and Actuators A: Physical, 1995, 46 (1-3): 8-16.

[4] Wang X, Chen M, Chen J, et al. Novel approaches for low cost fabrication of SOI. Current Applied Physics, 2001, 1 (2-3): 225-231.

[5] Seidel T. CMOS process review with implications for ion implantation. Nuclear Instruments and Methods in Physics Research Section B: Beam Interactions with Materials and Atoms, 1987, 21 (1-4): 96-103.

[6] Kelly R. Phase changes in insulators produced by particle bombardment. Nuclear Instruments and Methods, 1981, 182: 351-378.

[7] Svensson B, Jagadish C, Williams J. Generation of point defects in crystalline silicon by MeV heavy ions: Dose rate and temperature dependence. Physical Review Letters, 1993 , 71 (12): 1860.

[8] Williams J S, Poate J M. Ion implantation and beam processing. American: Academic Press, 1984: 6.

[9] Gibbons J F. Ion implantation in semiconductors—Part II: Damage production and annealing. Proceedings of the IEEE, 1972, 60 (9): 1062-1096.

[10] Rose P, Ryding G. Concepts and designs of ion implantation equipment for semiconductor processing. Review of Scientific Instruments, 2006, 77(11): 1-13.

[11] Quirk M, Serda J. Semiconductor Manufacturing Technology. Upper Saddle River: Prentice Hall, 2001: 483.

[12] Sinclair F, Rathmel R, Takahashi N. Novel ion implanters for the semiconductor industry. AIP Conference Proceedings, 1997, 392: 1021-1024.

[13] Alton G D. Aspects of the physics, chemistry, and technology of high intensity heavy ion sources. Nuclear Instruments and Methods in Physics Research, 1981, 189: 15-42.

[14] Brown I. The Physics & Technology of Ion Sources. New York: Wiley, 1989: 31-35.

[15] Bernas R, Nier A. The production of intense ion beams in a mass spectrometer. Review of Scientific Instruments, 1949, 19(12): 895-899.

[16] Freeman J H. A new ion source for electromagnetic isotope separators. Nuclear Instruments and Methods, 1963, 22: 306-316.

[17] Baudrant A. Silicon technologies: Ion implantation and thermal treatment. ISTE and Wiley, 2013: 106.

[18] Campbell S A. Fabrication Engineering at the Micro- and Nanoscale. Oxford: Oxford University Press, 2008: 108-109.

[19] Ciofi I, Contino A, Roussel P J, et al. Handbook of ion implantation technology. IEEE Transactions on Electron Devices, 2016, 63 (6): 2488-2496.

[20] Ray A M, Dykstra J P. Beam incidence variations in spinning disk ion implanters. Nuclear Instruments and Methods in Physics Research Section B: Beam Interactions with Materials and Atoms, 1991, 55(1-4): 488-492.

[21] Turner N. Comparison of Beam Scanning Systems. Berlin Heidelberg: Springer, 1983: 126-142.

[22] Ryding G. Target chambers for ion implantation using mechanical scanning. Nuclear Instruments and Methods in Physics Research, 1981, 189: 239-251.

[23] El-Kareh B, Hutter L N. Fundamentals of Semiconductor Processing Technology. New York: Springer Science & Business Media, 2012.

[24] Freeman J, Gard G, Mazey D, et al. Formation of insulating layers by the use of reactive ion beams. European Conf. on Ion Implantation, 1970: 74.

[25] McCallum J G, Robertson G I, Rodde A F, et al. PR-30 ion-implantation system. Journal of Vacuum Science & Technology, 1978, 15 (3): 1067-1069.

[26] Keller J H, McKenna C M, Winnard J R, et al. Development of a prototype high-current low-energy ion implanter. Radiation Effects and Defects in Solids, 1979, 44 (1-4): 195-200.

[27] Bird H, Flemming J. Development of the ERC cold-cathode ion source for use on the PR-30 ion-implantation system. Journal of Vacuum Science Technology B, 1978, 15 (3): 1070-1075.

[28] Robertson G. Rotating scan for ion implantation. Chemischer Informationsdienst, 1975, 6(35): 796-800.

[29] Campbell O F, Ray A M, Sugitani M, et al. Introducing the MC3 medium current 300 mm implanter. Sealing Technology, 1999, 151: 154-157.

[30] Kaim R, Meulen P. The EXTRION 220 parallel scan magnet. Nuclear Instruments & Methods in Physics Research Section B-beam Interactions With Materials and Atoms, 1991, 55: 453-456.

[31] Brown K, Tautfest G. Faraday—cup monitors for high—energy electron beams. Review of Scientific Instruments, 1956, 27: 696-702.

[32] Prokůpek J, Kaufman J, Margarone D, et al. Development and first experimental tests of Faraday cup array. The Review of Scientific Instruments, 2014, 85: 013302.

[33] Roshani G H, Habibi M, Sohrabi M. An improved design of Faraday cup detector to reduce the escape of secondary electrons in plasma focus device by COMSOL. Vacuum, 2011, 86: 250-253.

[34] Hárs G, Dobos G. Development of analytically capable time-of-flight mass spectrometer with continuous ion introduction. The Review of Scientific Instruments, 2010, 81: 033101.

[35] Gibbons J F. Ion implantation in semiconductors—Part I: Range distribution theory and experiments. Proceedings of the IEEE, 1968, 56 (3): 295-319.

[36] Loftager P, Besenbacher F, Jensen O S, et al. Experimental-study of effective interatomic potentials. Physical Review A, 1979, 20 (4): 1443-1447.

[37] Ziegler J. Charge states and dynamic screening of swift ions in solids. Oak Ridge Conference Report, 1982: 820131.

[38] Lennard W N, Andrews H R, Freeman M, et al. Time-of-flight system for slow heavy-ions. Nuclear Instruments & Methods in Physics Research, 1982, 203 (1-3): 565-570.

[39] Lindhard J, Scharff M, Schiøtt H E. Range concepts and heavy ion ranges. Munksgaard Copenhagen, 1963, 33: 1-41.

[40] Ziegler J F. Ion Implantation Science and Technology. America: Academic Press, 1988: 22.

[41] Plummer J D, Deal M, Griffin P D. Silicon VLSI Technology: Fundamentals, Practice and Modeling. Upper Saddle River: Prentice Hall, 2000: 473-474.

[42] Rimini E. Ion Implantation: Basics to Device Fabrication. New York: Springer, 1994: 79.

[43] Lindhard J, Scharff M. Energy dissipation by ions in the keV region. Physical Review, 1961, 124 (1): 128-130.

[44] Biersack J P, Haggmark L. A Monte Carlo computer program for the transport of energetic ions in amorphous targets. Nuclear Instruments and Methods, 1980, 174 (1-2): 257-269.

[45] Wolf S, Tauber R N. Silicon Processing for the VLSI Era: Process Technology. California: Lattice Press, 1999: 283.

[46] Selberherr S. Analysis and Simulation of Semiconductor Devices. New York: Springer-Verlag Wien, 1984, 27(3): 61-62.

[47] Furukawa S, Matsumura H, Ishiwara H. Theoretical considerations on lateral spread of implanted ions. Japanese Journal of Applied Physics, 1972, 11 (2): 134.

[48] Ashworth D, Oven R, Mundin B. Representation of ion implantation profiles by Pearson frequency distribution curves. Journal of Physics D: Applied Physics, 1990, 23 (7): 870.

[49] Petersen W P, Fichtner W, Grosse E. Vectorized Monte Carlo calculation for the transport of ions in amorphous targets. IEEE Transactions on Electron Devices, 1983 , 30 (9): 1011-1017.

[50] Hofker W K. Implantation of boron in silicon. Philips Res. Rep. Suppl, 1975: 1-121.

[51] Antognetti P, Antoniadis D A, Dutton R W, et al. Process and Device Simulation for MOS-VLSI Circuits. Leiden: Nartinus Nijhoff Publisher, 1983: 125-179.

[52] Piercy G, Brown F, Davies J, et al. Experimental evidence for the increase of heavy ion ranges by channeling in crystalline structure. Physical Review Letters, 1963, 10: 399, 400.

[53] Lindhard J. Influence of crystal lattice on motion of energetic charged particles. Mat. Fys. Medd. Dan. Vid. Selsk., 1965, 34 (14): 13-15.

[54] Gemmell D S. Channeling and related effects in the motion of charged particles through crystals. Reviews of Modern Physics, 1974, 46 (1): 129-227.

[55] Foad M A, Jennings D. Formation of ultra-shallow junctions by ion implantation and RTA. Solid State Technology, 1998, 41 (12) : 43-48.

[56] El-Kareh B. Fundamentals of Semiconductor Processing Technology. New York: Springer, 1995: 416-420.

[57] Crowder B, Title R. The distribution of damage produced by ion implantation of silicon at room temperature. Radiation Effects, 1970, 6 (1): 63-75.

[58] Morehead F F, Crowder B L. A model for the formation of amorphous Si by ion bombardment. Radiation Effects, 2006, 6 (1): 27-32.

[59] Hecking N, Kaat E T. Modelling of lattice damage accumulation during high energy ion implantation. Applied Surface Science, 1989, 43 (1-4): 87-96.

[60] Csepregi L, Kennedy E F, Mayer J W, et al. Substrate-orientation dependence of epitaxial regrowth rate from Si-implanted amorphous Si. Journal of Applied Physics, 1978, 49 (7): 3906-3911.

[61] Csepregi L, Kennedy E, Mayer J, et al. Substrate-orientation dependence of the epitaxial regrowth rate from Si-implanted amorphous Si. Journal of Applied Physics, 1978, 49: 3906-3911.

[62] Olson G L, Roth J A. Kinetics of solid phase crystallization in amorphous silicon. Materials Science Reports, 1988, 3: 1-77.

[63] Bonafos C. Rôle des défauts end-of-range dans la diffusion anormale du bore. Toulouse Insa., 1996.

[64] Claverie A, Laânab L, Bonafos C, et al. On the relation between dopant anomalous diffusion in Si and end-of-range defects. Nuclear Instruments and Methods in Physics Research Section B: Beam Interactions with Materials and Atoms, 1995, 96 (1-2): 202-209.

[65] Giri P, Dhar S, Kulkarni V, et al. Electrically active defects due to end-of-ion-range damage in silicon irradiated with MeV Ar$^+$ ions. Nuclear Instruments and Methods in Physics Research Section B: Beam Interactions with Materials and Atoms, 1996, 111 (3-4): 285-289.

[66] Solmi S, Baruffaldi F, Canteri R. Diffusion of boron in silicon during post-implantation annealing. Journal of Applied Physics, 1991, 69 (4): 2135-2142.

[67] Seidel T E, Macrae A U. The isothermal annealing of boron implanted silicon. Radiation

Effects, 1971, 7 (1-2): 1-6.

[68] Hofker W, Werner H, Oosthoek D, et al. Boron implantations in silicon: A comparison of charge carrier and boron concentration profiles. Applied Physics, 1974, 4 (2): 125-133.

[69] Crowder B, Morehead F Jr. Annealing characteristics of n-type dopants in ion-implanted silicon. Applied Physics Letters, 1969, 14 (10): 313-315.

[70] Skorupa W, Wieser E, Groetzschel R, et al. High energy implantation and annealing of phosphorus in silicon. Nuclear Instruments and Methods in Physics Research Section B: Beam Interactions with Materials and Atoms, 1987, 19: 335-339.

[71] Cristiano F, Cherkashin N, Calvo P, et al. Thermal stability of boron electrical activation in preamorphised ultra-shallow junctions. Materials Science and Engineering B-Solid State Materials for Advanced Technology, 2004, 114: 174-179.

[72] Lallement F, Lenoble D. Investigation on boron transient enhanced diffusion induced by the advanced P^+/N ultra-shallow junction fabrication processes. Nuclear Instruments & Methods in Physics Research Section B-Beam Interactions with Materials and Atoms, 2005, 237 (1-2): 113-120.

[73] Radovanov S, Angel G, Cummings J, et al. Transport of low energy ion beam with space charge compensation. APS Meeting Abstracts, 2001, Poster Session I.

[74] Smith R, Shaw M, Webb R P, et al. Ultra-shallow junctions in Si using decaborane? A molecular dynamics simulation study. Journal of Applied Physics, 1998, 83 (6): 3148-3152.

[75] Matsuo J, Aoki T, Goto K I, et al. Ultra shallow junction formation by cluster ion implantation. MRS Online Proceedings Library Archive, 1998, 532: 17-22.

[76] Kawasaki Y, Kuroi T, Yamashita T, et al. Ultra-shallow junction formation by B18H22 ion implantation. Nuclear Instruments and Methods in Physics Research Section B: Beam Interactions with Materials and Atoms, 2005, 237: 25-29.

[77] Jacobson D C, Bourdelle K, Gossmann H J, et al. Decaborane, an alternative approach to ultra low energy ion implantation. International Conference on Ion Implantation Technology Proceedings, 2000: 300-303.

[78] Colinge J P. Silicon-on-insulator Technology: Materials to VLSI. 3rd ed. New York: Springer, 2004: 9-10.

[79] Izumi K, Doken M, Ariyoshi H. CMOS devices fabricated on buried SiO_2 layers formed by oxygen implantation into silicon. Electronics Letters, 1978, 14 (18): 593-594.

[80] Bruel M. Silicon on insulator material technology. Electronics Letters, 1995, 31 (14): 1201-1202.

[81] Aspar B, Moriceau H, Jalaguier E, et al. The generic nature of the Smart-Cut® process for thin film transfer. Journal of Electronic Materials, 2001, 30 (7): 834-840.

[82] Moriceau H, Maleville C, Cartier A, et al. Cleaning and polishing as key steps for Smart-cut (R) SOI process. IEEE International SOI Conference Proceedings, IEEE: 1996: 152-153.

[83]　Wood B, Khaja F, Colombeau B, et al. Fin doping by hot implant for 14 nm FinFET technology and beyond. ECS Transactions, 2013, 58 (9): 249-256.

[84]　Colombeau B, Guo B, Gossmann H J, et al. Advanced CMOS devices: Challenges and implant solutions. Physica Status Solidi, 2014, 211(1): 101-108.

[85]　Rao K V. Ion implant applications to enable advances in semiconductor technologies. 17th International Workshop on Junction Technology (IWJT), 2017: 98-103.

[86]　Vanderpool A. Importance of the carbon kick-out mechanism in reducing transient enhanced diffusion. Ion Implantation Technology: AIP Conference Proceedings, 2008, 1066(1): 213-216.

[87]　软件 SRIM 网站. http://www.srim.org.

第 6 章　快速热处理

罗　军

快速热退火技术是纳米集成电路制造过程中最重要的技术手段之一，被应用于器件制备的多个关键工艺环节，具有升降温速率快、热预算低等特点。在工艺应用上中除了第 5 章所涉及的杂质激活外，还被用来进行硅化物退火、介质回流等工艺。本章从先进集成工艺应用的需求出发，通过与高温炉管的对比简述了快速热处理工艺的机理、分类、传热机制等特点，并重点介绍了其在纳米集成电路工艺中的典型应用。

6.1　快速热处理工艺机理与特点

一般来说，集成电路制造技术中的快速热处理 (RTP) 工艺多采用单片作业的方式，其核心内容是通过调节热处理的温度和热过程时间来获得最小的热预算 (Thermal Budget)。近年来，半导体工艺制造有两个主要发展趋势：① 缩小器件尺寸以提高性能和集成密度；② 采用更大尺寸的晶圆以承载更多芯片，从而降低制造成本。这两种趋势都要求限制晶圆所承受的热预算。集成度的提高意味着更小的关键尺寸和更浅的杂质分布，特别是在源漏模块，为了同时保证较低的串联电阻并抑制短沟效应，除了激活度以外，还要保证杂质分布尽可能浅，同时维持较高的陡直度。尽管采用超低能离子注入的方法，可以将杂质布置在较浅的位置，但必须通过高温热处理，才能具有电活性，并消除注入损伤。传统的高温炉管工艺，由于采用了从晶圆边缘至中心的传热模式，难以快速升温加热，因而升、降温速度相对较慢且热过程时间长，杂质很容易扩散到衬底深处，难以获得超浅结。如果只是追求结深而降低温度又会导致过多的处理时间，特别是对于杂质激活能较大的退火工艺，难以获得符合设计需求的结果 (低薄层电阻、损伤完全修复等)[1,2]。为了解决这些问题，可以通过提高升降温速率，缩短热处理过程的时间等办法来实现，也即采用快速热处理技术。

为了保证晶圆片内工艺的一致性，需要在晶圆上进行均匀的热处理。当晶圆尺寸变大后，在高温炉退火中存在升/降温时边缘加热或冷却速度超前于硅片中央位置的问题，因而采用这种方式实现快速而均匀的热处理将更加困难。同时，热处理工艺中温度控制的实时反馈对于防止温度过冲导致的工艺偏差也尤为重要。

RTP 工艺被证明可以有效地解决此类问题，在这种工艺环境下，假设将单个晶圆加热到 400~1400 ℃ 的温度 (取决于所需的工艺条件)，持续时间为 1~60 s。在整个过程中，晶圆和加热装置是热隔离的，快速加热主要通过辐射进行，因而可以在晶圆上较好地控制退火温度和时间 [3-5]。

采用快速热处理工艺，可以在一个大气压或低于一个大气压下快速加热单个晶圆。工艺腔室由石英、碳化硅、不锈钢或带石英窗的合金材料制成，晶圆支架通常为石英材料，仅由支架点接触晶圆，以使支架对晶圆升/降温的影响最小化。RTP 系统将温度测量系统置于控制回路中以设定、测量并控制晶圆的热处理温度。同时与气体处理模块以及控制系统连接。这些配置都为 RTP 系统提供了更好的热预算控制能力，使其不仅在注入激活退火，还在薄氧化物、氮化物、金属硅化物的热处理工艺上发挥了重要的作用 [6]。

RTP 工艺的出现是为了适应等比例缩小器件结构对掺杂杂质再分布的需求，最早的 RTP 工艺主要用于离子注入后的退火激活。目前，RTP 已广泛应用于各种热处理工艺，包括硅化物的形成，掺磷或硼的二氧化硅玻璃 (PSG 或 BSG) 的回流，欧姆接触形成，生长薄的氧化物和氮化物以及化学气相淀积等。

1. RTP 的分类

快速退火技术目前有脉冲激光、脉冲电子束与离子束、扫描电子束、连续波激光以及非相干宽带光源 (如卤灯、电弧灯、石墨加热器) 等。它们的共同特点是短时间内使晶片或晶片的某个区域加热到极高的温度，并在较短的时间内 $(10^{-8} \sim 10^2 \text{ s})$ 完成热处理工艺。

RTP 系统中在辐射热源和晶圆之间传输能量的方式是多样的，可利用的辐射方式包括可见光和红外激光、非相干光、电子和离子束，以及来自电阻加热器的黑体辐射。辐射的吸收深度取决于掺杂浓度、加热材料的结晶度以及辐射源的波长等。根据加热类型，快速热处理一般分为以下三类：① 绝热型，采取宽束相干光源，光快速脉冲；② 热流型，采用高强度点光源整片扫描；③ 等温型，采用宽束非相干光辐射 [4]。

在绝热型 RTP 系统中，热源通常是宽束相干光源，如准分子激光器。如图 6.1(a) 显示，对于脉冲激光光源，其脉冲宽度短 (< 100 ns) 且能量仅在表面区域被吸收，与热响应时间相比，系统表现为绝热。这种情况下晶圆的升温速度非常快，晶圆表面会熔化，熔融表面的深度仅取决于能量密度。在激光脉冲照射之后，熔融表面快速冷却并重新结晶固化，其热量通常在亚微秒内扩散到衬底内部而消散，因而纵向温度梯度很大。

在热流型 RTP 系统中，与晶圆厚度相比，光源为直径 (或宽度) 较小的点状 (或线状) 光束，通过在晶圆较大表面区域上进行光栅式扫描加热，如图 6.1(b)所

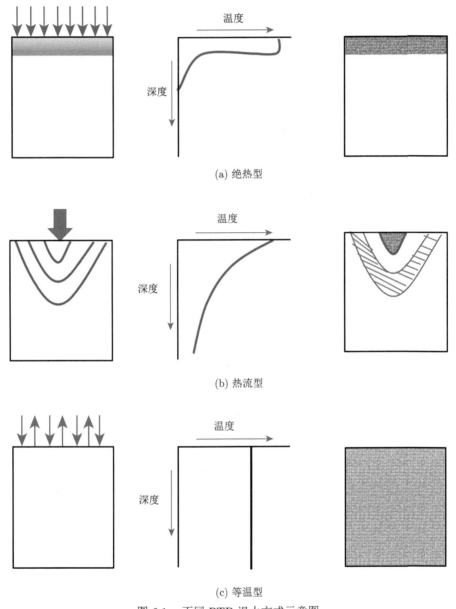

(a) 绝热型

(b) 热流型

(c) 等温型

图 6.1　不同 RTP 退火方式示意图

示。停留时间通常在 $10^{-4} \sim 10^{-2}$ s 的范围内，这相比表面区域的热响应时间更长，故表面也能快速升温；但对于晶圆表面以下 10 μm 深度的区域来说，热从表面传到晶圆深处需要时间，因此热辐射在硅晶圆深约 10 μm 处的区域停留时间基本与热响应时间相当，深处区域升温较慢。在这种情况下，加热区域的温度是光束功率/光束直径比、扫描速率和晶圆背面散热的函数。与绝热型设备类似，在热流型设备中，仅晶圆表面区域被快速加热至高温。原则上，这种加热方式具有避免深掩埋层被加热的优点，同时使用小直径或小面积光束还可以促进局部横向热处理。虽然具有上述优点，但是加热时的局部热应力、光源扫描重叠以及效率低等问题在某种程度上限制了这种技术的发展。

在等温型 RTP 系统中，采用非相关光进行辐射加热，退火时间一般为 1~100 s。非相干光退火既可以对整个晶圆表面均匀辐照快速退火，又可以采用线性束对样品进行扫描退火。因为设备退火时间明显长于硅晶圆内任意位置的热响应时间，所以片内的横向及纵向升温热梯度均可达到最小化，如图 6.1(c) 所示。与热流型设备的扫描光束相比，等温型 RTP 设备处理的速度更快，具有更大的晶圆吞吐量。这些等温系统一般采用宽束非相干光源，如一组钨灯，加热源本身也比脉冲或扫描激光器更节能 [6]。现在大多数的商用快速热处理系统都采用等温型设计。这种退火设备的缺点在于整个晶圆所有区域都会被加热，热预算相对较高，无法实现局部的选择性退火。

2. 传热机制

在半导体加工中，热处理工艺主要有四种传热方式：热传导、热对流、强制热流、热辐射 [2]。

当一个固体或一个静止不动的气体 (或液体) 的横截面积为 A 时，流过它的热流量可以用下式表示：

$$\dot{q}(T) = \kappa_{\mathrm{th}}(T) A \nabla T \tag{6.1}$$

式中，$\kappa_{\mathrm{th}}(T)$ 是材料的热导率；∇ 为梯度算子。将上式两边分别除以面积，就得到用于热传导的菲克第一定律。由于在快速热处理过程中大部分光都能在晶圆表面的数微米深度内被吸收，因此热传导对晶圆的最终温度分布至关重要。当考虑气体中的热传导时，必须考虑气流的影响，由外加的气压梯度造成的气流称为强制流，由温度梯度引起的气流称为自然流。有效传递的热量可以表示为

$$\dot{q}(T) = h(T - T_\infty) \tag{6.2}$$

式中，T_∞ 是远离晶圆的气体温度；h 为一个有效传热系数，与自然流和强制流都有关系。

由于气体能够携带的热能有限，因此大多数 RTP 系统采用辐射传热作为热交换的主要方式。辐射传热的基本参数之一是光谱辐射的出射度 $M_\lambda(\lambda, T)$，定义为单位表面积的辐射体在单位辐射波长内辐射进一个可吸收全部辐射的区域内 (黑体) 的辐射功率。在普朗克辐射定律中，光谱辐射的出射度可以用下式表示：

$$M_\lambda(\lambda, T) = \varepsilon(\lambda) \frac{c_1}{\lambda^5 (e^{c_2/\lambda T} - 1)} \tag{6.3}$$

式中，$\varepsilon(\lambda)$ 为与波长有关的辐射体的辐射率；c_1 为第一辐射常数 3.71×10^{-12} W·cm^2；c_2 为第二辐射常数 1.44 cm·K。当 $\varepsilon=1$ 时，称辐射源为一个黑体。对 $0\sim\infty$ 的所有波长下的 $M_\lambda(\lambda,T)$ 进行积分，并假设辐射率与波长无关，就可以得到总出射度 $M(T)$

$$M(T)=\varepsilon\sigma T^4 \tag{6.4}$$

式中，σ 为斯特藩-玻尔兹曼常量，$\sigma=5.6697\times10^{-12}$ W/(cm^2·K^4)。由上式我们可以看出，一个物体辐射出的能量与其温度的四次方成正比。

综上所述，高温下热辐射是主要的传热机制，而低温下，热传导是主要的传热机制。因此，在快速热处理工艺中，热辐射是主要的热交换机制。

3. RTP 退火特点

为了达到快速升降温的目的，RTP 设备与传统高温炉管的主要区别如下：

(1) 加热元件采用热辐射机制加热。RTP 采用加热灯管，传统炉管采用电阻丝加热。

(2) 温度准确度的控制更复杂。传统炉管利用热对流及热传导原理，使硅片与整个炉管周围环境达到热平衡，温度控制精确；而 RTP 设备通过热辐射选择性加热硅片，较难控制硅片的实际温度及其均匀性。

(3) 升降温速度快。RTP 设备的升、降温速度为 10~200 ℃/s，而传统炉管的升、降温速度为 5~50 ℃/min。

(4) 传统炉管是热壁工艺，炉管内壁容易发生沾污淀积；RTP 设备则是冷壁工艺，减少了硅片沾污。

(5) 从作业方式上，RTP 设备为单片工艺，而传统炉管为批处理工艺。

(6) 传统炉的热预算高，无法适应深亚微米工艺的需要；而 RTP 设备能大幅降低热预算。

RTP 设备的快速加热能力得益于其独特的加热机制。RTP 设备的加热灯管之所以能够让硅片快速升温，是因为辐射光源波长在 0.3~4 µm，石英管壁无法有效吸收这一波段的辐射，而硅晶圆在这一波长范围内则具有较高的吸收效率。因此，可以吸收辐射能量被快速加热，而此时石英管壁仍维持低温，这就是所谓的冷壁工艺。

在 RTP 工艺中，硅片实际升温速度受多个因素影响，包括硅片本身的吸热效率、加热灯管辐射光的波长及强度、RTP 反应腔壁的反射率等。具体地，对于一个表面带有图案的硅片，由于结构和薄膜材料的不同，其吸热效率、对辐射光源的反射率及折射率的不同，都可能造成 RTP 退火过程中硅片表面的温度分布不均匀。

6.2 快速热处理关键问题

作为 RTP 设备的核心部件，光源和反应腔的选择和设计决定了其加热能力。本节从 RTP 光源与反应腔的设计出发，分析了造成硅片受热不均匀的因素及解决方案，并简要列举了 RTP 工艺中常用的温度测量方法。

6.2.1 光源与反应腔设计

大部分 RTP 设备的加热源都是采用钨-卤灯或者是惰性气体长弧放电灯[7]。前者采用普通的交流电压，发光功率较小，但工作条件简单；后者的优点是具有较大的发光功率，但要求工作在稳压直流电源下，且需要配备水冷装置来降温。温度均匀性不仅与加热源的尺寸、形状、位置和光学性质有关，还受到腔室形状和尺寸、光学性质和腔室内晶圆位置的影响。此外，用于腔室构造的材料可以增强或限制其对各种环境和工艺的适应性。RTP 主要有三种不同的腔室设计类型，分别是冷壁、暖壁和热壁设计[8−10]。三种腔室类型的配置示意图如图 6.2 所示。对于早期的 RTP 设备，一般采用反射腔结构，腔壁中的光源为漫反射，能够获得随机化的光路，辐射在整个硅片上的光源能够实现均匀分布。硅片被放置在腔体内的石英支架上，用石英做支架主要是因为其化学性质稳定且具有较低的热导率。

(1) 冷壁腔室由诸如铝、不锈钢或其他合金等金属构成，这些金属通常被电解抛光或涂覆有高反射材料 (如铝)，有时金属表面涂有薄石英层。腔室顶面是一个石英窗板，用于将辐射能量传输到系统中，该窗板通常是采用空气或水冷却的。腔室金属和涂层的选择取决于环境气体的要求。由于金属腔室是水冷外壳，因此它被称为冷壁系统，如图 6.2(a) 所示。冷壁反应腔具有热记忆效应低的优点，因为硅片所在的腔室壁能够保持固定温度，因而没有潜在的二次辐射源干扰温度测量的问题。具有冷却石英窗板的冷壁金属腔室有利于抑制 "热" 点上的寄生淀积，这种淀积会产生颗粒并降低温度均匀性。然而，有些情况下根据工艺的不同，可能需要将腔壁的温度提高到 100 ℃，以防止不必要的冷凝或脱氢现象发生。

(2) 暖壁系统通常是指围绕硅片的石英外壳，由于石英腔室仅靠空气冷却，因此它被称为暖壁反应器，腔室本身封闭在水冷金属腔室中，如图 6.2(b) 所示。在该设计中，硅片置于石英腔室的石英托盘上。在热处理工艺期间，暖壁总是处于比硅片低得多的温度。石英冷却外壳避免了金属腔壁可能带来的污染，并且使光源反射器材料的选择更为灵活。此外，加热的腔壁有助于确保系统中不会发生冷凝现象。然而，这种暖壁设计存在热记忆效应，因此在热处理前，需要通过预热循环来消除。

(3) 为了改善 RTP 设备的热均匀性，并拓展 RTP 工艺在小批量处理系统中的优势，也可以采用具有钟罩结构的热壁系统，如图 6.2(c) 所示。热壁系统尤其适用于采用连续加热光源的 RTP 设备。设备腔壁用碳化硅或石英材料制作，腔壁温度高于硅片温度，因此可以作为硅片热处理的均匀辐射源[11]。

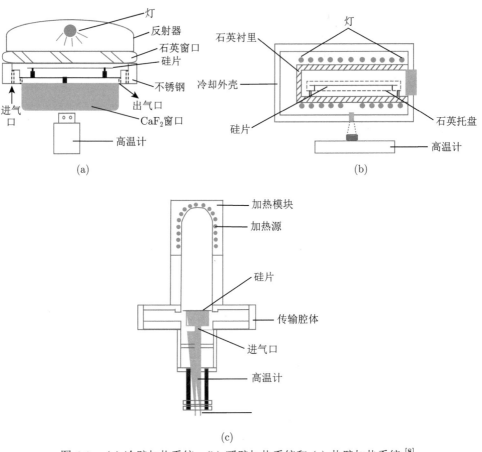

图 6.2　(a) 冷壁加热系统，(b) 暖壁加热系统和 (c) 热壁加热系统[8]

6.2.2　硅片受热不均匀的现象

在快速热处理工艺中，硅片边缘的温度往往低于中心的温度，所以硅片的受热均匀性较差，这与快速热处理的加热机制有关，究其原因主要包括：① 硅片边缘比中心所能接收到的热辐射更少；② 硅片边缘的热量更容易耗散；③ 工艺腔室内的气体流动更有利于对硅片边缘降温。

这种边缘效应造成的温度梯度通常从几十度到上百度不等，这不仅会造成 RTP 工艺的受热不均匀，还有可能造成硅片内部缺陷的滑移、翘曲甚至变形。

为了尽可能改善 RTP 设备中硅片受热不均匀的问题，业内尝试了许多方法。例如，可以通过提高硅片边缘处的热辐射功率，补偿其相对中心不足的热量。早期的方法是将反射腔设计为不同区域反射强度不同的结构，使晶圆边缘较中心受到的热辐射功率更高；或者是通过调整加热灯泡间距的方法来实现不同位置的功率调节。对于不同的工艺温度，硅片边缘所需补偿的辐射量是不相同的，因此这种方法不具有普适性，只能在某一温度下实现较为均匀的功率分布。另外，在 RTP 升温的过程中，为了保证近似均匀的辐射分布，硅片边缘经常会出现温度过热的现象。

改进后的 RTP 设备引入了分区加热的概念，即将灯管分成不同组，形成多个功率不同、可独立控制的加热区，通过控制某几组加热灯管工作，实现功率分布不相同的加热腔体。例如，阵列中的第一组灯管使得硅片边缘的加热量多于中心加热量，第二组灯管使得硅片中心的加热比边缘更有效，第三组灯管为整个硅片提供大致均匀的辐射照度。通过选择合适的功率设定组合，就可以在整个硅片上实现近似均匀的温度分布。目前应用较广泛的装置具有水冷环境且独立抛物面型反射腔体，腔体中呈六角对称的蜂窝状放置有加热灯管阵列。

6.2.3　温度测量

温度测量是热处理工艺必备的环节。在传统高温炉管中，由于硅片温度与其炉内周围环境一致，所以可以通过测量炉内温度来准确获得被处理硅片的温度，一般可以通过采用热电偶来测量。然而，对于 RTP 设备而言，腔体的温度与硅片温度并不相同，所以这种方法并不适用，因此在 RTP 设备中获取准确的硅片温度难度更高。准确可靠的温度测量及反馈直接关系着 RTP 设备中相应加热灯管输出功率的调整[12]。

一般而言，RTP 设备可采用以下两种温度测量方法：① 热电偶与硅片直接接触的方法；② 高温计置于硅片背面但不接触的间接测量方法。早期的 RTP 设备采用热电偶接触式测温，用热电偶与硅片直接接触来测量温度的问题在于来自热电偶的金属沾污，以及温度计与硅片之间的接触热阻会导致一定的温度测量误差。同时硅片会通过接触的引线耗散掉一部分热量，使得局部温度降低从而造成测量温度的偏差。鉴于以上原因，目前先进的 RTP 设备都是通过间接测量的方法来探测硅片温度的，测量效果对高温测量技术有很强的依赖性。常用方法有电热测温计、红外测温仪、光学高温计、光电高温计等。

电热测温计中最常用的是热电堆[1]。它基于泽贝克效应的原理，通过不同材料制备的双金属结感温而产生小的电压差，这个电压差与结之间的温度差成正比。

温度高于绝对零度的物体会以电磁波的形式向外辐射能量，其辐射能包括各种波长，其中波长范围在 0.76~1000 μm 的波段为红外光波，红外线具有很强的温度效应。物体表面温度与物体的辐射能量、波长的大小有着密切的关系。因此，通过物体辐射能量的测量，能准确测定物体表面温度。热辐射投射到物体上会发生反射、吸收和透射现象 [13]。红外测温是通过测量物体自身辐射的红外能量来准确测定物体表面温度的。在实际测温过程中，红外测温仪首先测量出目标在其波段范围内的红外辐射量，然后经过一系列的算法计算出被测目标的温度。当物体的温度升高时，其辐射能量增加，能量峰值向短波长移动。红外高温计收集物体辐射的能量，并以此测算出物体的温度值。红外高温计有其特定的工作频谱，目前 RTP 设备使用较多的为红外测温仪。

光学高温计有灯丝隐灭式和滤波式两类。灯丝隐灭式就是使被测物体成像于高温计灯管的灯丝平面上，通过光学系统在一定波段范围内比较灯丝与被测物体的表面亮度，调节灯丝的亮度与被测物体的亮度相均衡，使灯丝轮廓隐灭于被测物体的影像中。电流表所示读数就为被测物的温度值。滤波式高温计采用的是将灯泡灯丝的电流固定，使之发光强度一定，再用可变的滤光片将被测物的光度强度加以滤光，使被测物的光度与灯泡度相等，此时连在滤光片上的刻度即为被测物的温度。

光电高温计常见的为光电倍增管作为检测器的光电高温计。它是基于光学高温计发展而来的，将光学影像的判断用光电倍增管来替代，具有较高的精度和灵敏度，这种测温方法易于在自动控制领域得到应用。

6.3　快速热处理工艺的应用及发展趋势

本节主要讲述快速热处理工艺在杂质的快速热激活、介质的快速热加工以及硅化物和接触的形成等工艺中的应用。

6.3.1　快速热处理工艺的应用

1. 杂质的快速热激活

离子注入是半导体工艺制造中杂质掺杂的重要工艺。它使掺杂杂质分布更可控，且可用于注入的元素种类多、不存在固溶度极限；然而，超过一定剂量的离子注入可能导致对衬底的损伤，需要通过退火工艺修复并实现掺杂杂质的电激活。对于能够承受掺杂杂质高温退火处理后再分布范围高达 1 μm 的大尺寸 CMOS 器件，可以采用 950~1000 ℃/20~40 min 的高温炉管退火。但是，对于扩散深度小于数十纳米的先进 CMOS 器件，传统高温炉管退火已不再适用。快速热退火工艺可以在高温下通过缩短处理时间降低热预算，保证注入损伤得到有效修复和掺杂杂质激活 [14,15] 的同时还可以抑制掺杂杂质的再分布。

RTP 工艺最大的优势之一是在热处理过程中，硅片无须达到热平衡状态，这也就意味着硅片掺杂杂质的激活浓度可以突破其固溶度限制，实现更高的有效掺杂。以砷元素为例，经过几毫秒的 RTP 退火处理，便可以使其激活浓度达到

3×10^{21} cm^{-3} 左右, 大约是其在硅片中同等温度下热平衡时固溶度的 10 倍。这是因为 RTP 系统所需的退火时间很短, 掺杂的砷原子没有足够的时间来形成团簇并凝聚成无活性的缺陷 [16]。需要注意的是, 如果砷杂质在 RTP 退火后激活不够充分, 过剩的砷原子就会成为深能级杂质, 若这些深能级杂质处于 PN 结附近, 那么就会形成载流子复合中心, 导致 PN 结漏电 [17]。

人们普遍观察到, 离子注入的杂质在低温和较短时间退火后形成的结深要比用扩散理论模型计算出来的大, 这可能是残留在硅片中的注入损伤会产生浓度较高的空位或者自间隙原子, 导致瞬态增强扩散 (TED)[18,19] 的结果, 这部分原理在 5.3.5 节中已作了详细介绍。

2. 介质的快速热加工

在先进 CMOS 器件中, 高质量二氧化硅栅介质薄膜是通过精确控制在高温下干氧氧化的工艺条件获得的 [20-22], 因为高温和干氧氧化有利于降低二氧化硅介质薄膜内电荷和二氧化硅/硅界面态密度。为了生长高质量超薄二氧化硅栅介质薄膜, 除了需要高温外, 干氧氧化的时间也必须缩短, 这可以在通入氧气的快速热退火设备中实现, 也称为快速热氧化 (RTO) 工艺。相比传统氧化工艺, 使用 RTO 工艺获得的二氧化硅介质层由于缺陷较少, 电学性能更加优异 [24,25]。然而, RTO 设备由于存在温度的不均匀分布, 会在硅片内产生热塑应力, 对生长二氧化硅栅介质薄膜的厚度均匀性造成不良影响。除此之外, 还可以在 RTO 设备中通入 NO 或者 N$_2$O 气体以生长氮化的二氧化硅栅介质薄膜 (SiO$_x$N$_y$), 使其具有更高的介电常数、优异的抵抗硼原子和 Al 原子渗透的能力, 以及更强的抗辐射损伤特性和耐压特性 [23]。

3. 硅化物和接触的形成

为了降低 CMOS 器件源漏区域的寄生电阻, 需要在源漏区域的硅表面淀积金属后进行快速热处理以形成金属硅化物, 通常被用来形成硅化物的金属包括 Ni、Co、Ti、Ta、Mo 等。图 6.3 展示了金属硅化物的形成示意图, 要形成合适的金属硅化物, 需精确控制硅化反应的温度以及环境, 一般包括以下工艺步骤:

(a) 形成 MOSFET 的器件结构;

(b) 在 MOSFET 器件上淀积 Ni、Co 或 Ti 金属;

(c) 根据不同淀积金属, 在 300~700 °C 的低温下进行第一次快速热退火处理, 主要目的是控制硅化反应的程度, 在源漏区域表面形成 Ni$_2$Si、CoSi 和 C49 相 TiSi$_2$;

(d) 有选择地腐蚀掉剩余未反应的淀积金属后 (Ni$_2$Si、CoSi 和 C49 相 TiSi$_2$ 被保留下来), 再在 450~900 °C 的高温下进行第二次快速热退火处理, 形成理想的低阻值 NiSi、CoSi$_2$ 和 C54 相 TiSi$_2$。

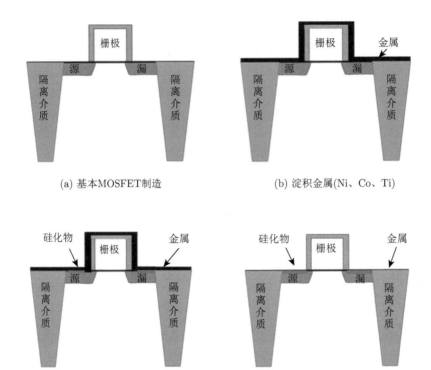

(a) 基本MOSFET制造　　　　　　　　　　　(b) 淀积金属(Ni、Co、Ti)

(c) 在300～700 ℃，N₂中第一次退火　　　　(d) 选择性腐蚀；在450～900 ℃，N₂中第二次退火
　　(Ni₂Si、CoSi、C49 TiSi₂)　　　　　　　　　　(NiSi、CoSi₂、C54 TiSi₂)

图 6.3　采用 RTP 工艺形成硅化物的流程图

快速热处理的另一个重要应用是形成阻挡层金属，如 Ti 与 N₂ 或 NH₃ 在快速热退火处理下，反应生成 TiN (常用的扩散阻挡层材料)。TiN 阻挡层可以有效阻挡互连金属向介质中扩散 [26,27]。快速热处理也可以在 III-V 族工艺中形成低阻欧姆接触，如在 N 型 GaAs 衬底上淀积一层金锗混合物并进行 RTP 热退火以形成金锗化合物 [28,29]。

6.3.2　快速热处理工艺的发展趋势

为了进一步提高热处理设备的加热均匀性，进一步减小掺杂杂质在退火过程中的再分布问题，形成源漏超浅结，快速热处理工艺发展出了一些新型快速热处理设备，升降温速率更快，热处理时间更短。常规炉管热退火 (Furnace Anneal, FA) 的热处理时间单位是 min 或 h，快速热处理 (RTA) 的时间单位一般是 s，闪光灯退火 (Flash Lamp Anneal, FLA) 一般是 ms，激光退火的时间单位是 ms 或 ns。常用的闪光灯退火系统如图 6.4 所示，其退火时间为 0.8～20 ms，对硅和碳化硅进行快速热处理的温度分别可达 1420 ℃ 和 2000 ℃，退火气氛可以选择 N₂、O₂ 和 Ar 等。

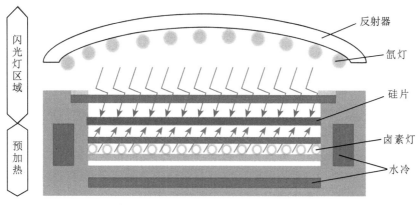

图 6.4 闪光灯退火系统示意图

1. 常用的几种退火方式的特点比较

图 6.5 显示了几种快速热退火的退火时间与温度之间的关系。其中，普通的 RTP (Soak RTP，也称浸没式 RTP) 主要应用于 0.13 μm 及更早 CMOS 技术代，退火时间一般为几十秒到几百秒不等；尖峰式退火 (Spike Anneal) 的升温速率更快，热处理时间更短，它是普通浸没式 RTP 的极致，对加热灯泡的功率和硅片温度实时控制频率的要求更高，采用大流量 N_2 或 He 气实现硅片的快速降温，退火时间可以缩短至几秒，其主要应用于 0.13 μm 以下 CMOS 技术代；在毫秒退火 (Millisecond Anneal，MSA) 设备中，硅片加热温度可瞬间达到 ~1300 ℃ 的高温，其主要应用于 65 nm 及以下 CMOS 技术代。由于 MSA 快速热退火时间极短，往往无法完全修复晶格损伤和缺陷，需和尖峰式退火设备搭配使用；激光退火 (Laser Anneal，LSA 或 LA) 的温度更高，可使得硅片表面处于熔融或亚熔融状态，退火时间在毫秒至纳秒量级，其主要应用于 32 nm 及以下 CMOS 技术代，可有效提高掺杂浓度，如果激光熔融硅的厚度小于离子注入造成损伤的厚度，则表面重结晶后往往会产生缺陷；若激光熔融硅的厚度大于离子注入造成损伤的厚度，则缺陷都在熔融过程中被熔解，重结晶后的膜层缺陷很少。同时，通过控制衬底温度来改变凝固速度也可以减少重结晶后的膜层缺陷 [30,31]。

2. 几种先进的快速热退火工艺

除了上文比较的一些常用快速热退火工艺之外，业界针对不同的需求，发展出了更多的快速热退火工艺。这里简要介绍一些新兴的技术。

动态表面退火 (Dynamic Surface Anneal，DSA)：硅片表面亚熔融毫秒退火技术的一种形式，在先进 CMOS 器件中被广泛应用于形成金属硅化物和源/漏超浅结 [32]。DSA 采用高功率辐射光源扫描硅片实现毫秒退火，其功率密度足以将表面加热到 1300 ℃ 或更高，其降温速率可达 10^6 ℃/s 量级[33]。退火时使用波长为 ~800 nm[34] 的扫描二极管激光器作为加热光源，可以在硅片表面获得极高的功率密度。由于激光束斑点非常小，通常以扫描步进的方式以覆盖整个硅片表面，激光扫描速度比硅片中的热传导更快，因此仅硅片表面少数原子层可以达到很高的退火温度[35,36]。由于极高的峰值温度和毫秒退火时间，DSA 显著降低了退火过程的热预算，这为硅化反应中高低阻相的变化提供了条件，适合与尖峰式退火结合使用。此外，在采用 DSA 工艺形成金属硅化物的过程中，高温有利于形成低阻相的金属硅化物，并且扫描时硅片表面激光停留时间很短，减少了金属与硅原子的相互扩散，可有效抑制过度的硅化反应并改善金属硅化物与硅界面的形貌，从而降低了源漏寄生电阻并提升了器件良率。

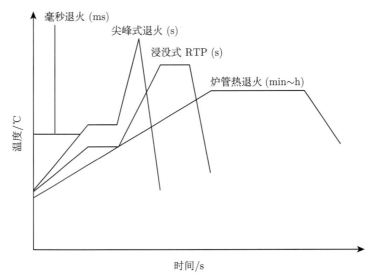

图 6.5　几种快速热退火方式的处理时间与温度的关系示意图

　　微波退火 (Microwave Anneal，MWA)：微波退火是一种低温退火技术，它的热预算更低，并且在退火过程中掺杂杂质的扩散并不显著。不仅微波的能量会影响晶格的修复，长时间退火也可以使得非晶层完全重结晶[37,38]。与以往高温退火方法不同，微波退火可以以分子旋转或极化能量的形式直接在暴露的材料内部产生热量，并且能量可以在整个材料中传递[39]。据报道，两步微波退火工艺可以很好地修复晶格损伤并获得有限的杂质再分布[37,40]。一般第一步退火采用高功率微波和短退火时间以消除非晶层，这是一个固相外延再生长的过程。高能量可以有效地促进非晶层的重结晶并减少射程末端缺陷 (EOR)。第二步退火是采用低功率微波和相对长的退火时间以激活掺杂杂质，使杂质原子有足够的时间到达晶格位置，图 6.6 是两步微波退火工艺的原理示意图。

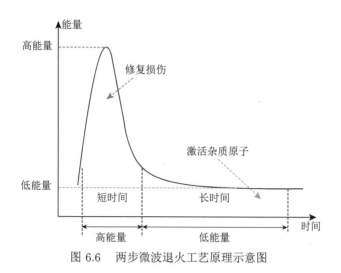

图 6.6 两步微波退火工艺原理示意图

6.4 小 结

本章主要讲述了快速热退火技术，包括它的基本构成、特点、工作原理，分析了 RTP 技术与炉管热处理在 CMOS 制备工艺上的优势。最后，结合纳米器件集成工艺的需求，介绍了包括闪光灯退火、激光退火技术以及微波退火等热处理方法的特点并展望了其应用前景。

习 题

(1) 简述 RTP 设备的工作原理，相对于传统高温炉管它有什么优势？

(2) 简述 RTP 在集成电路制造中的常见应用。

(3) 采用无定形掩膜的情况下进行注入，若掩膜/衬底界面的杂质浓度减少至峰值浓度的 1/10000，掩膜的厚度应为多少？用注入杂质分布的射程和标准偏差写出表达式。

(4) 你觉得关于离子注入与热退火此章节有哪些不明白的部分或有什么感兴趣内容。

参 考 文 献

[1] Campbell S A. Fabrication Engineering at the Micro- and Nanoscale. Oxford: Oxford University Press, 2008: 152-155.

[2] Fair R B. Rapid Thermal Processing. Science and Technology. San Diego: Academic Press, 1993: 1-11.

[3]　Roozeboom F. Rapid thermal processing: Status, problems and options after the first 25 years. MRS Proceedings, 1993, 303: 149-164.

[4]　Hill C, Jones S, Boys D. Reduced Thermal Processing for ULSI. New York: Springer, 1990: 143-180.

[5]　Lord H. Thermal and stress analysis of semiconductor wafers in a rapid thermal processing oven. IEEE Transactions on Semiconductor Manufacturing, 1988, 1 (3): 105-114.

[6]　Sedgwick T. Short time annealing. Journal of the Electrochemical Society, 1983, 130 (2): 484-493.

[7]　Coaton J, Fitzpatrick J. Tungsten-halogen lamps and regenerative mechanisms. IEE Proceedings A, 1980, 127 (3): 142-148.

[8]　Roozeboom F. Rapid thermal processing systems: A review with emphasis on temperature control. Journal of Vacuum Science & Technology B: Microelectronics and Nanometer Structures, 1990, 8 (6): 1249-1259.

[9]　Roozeboom F. Temperature control and system design aspects in rapid thermal processing. MRS Online Proceedings Library Archive, 1991: 224.

[10]　Wilson S, Gregory R, Paulson W. An overview and comparison of rapid thermal processing equipment: A users viewpoint. MRS Online Proceedings Library Archive, 1985, 52: 181-189.

[11]　Singh R. Rapid isothermal processing. Journal of Applied Physics, 1988, 63 (8): R59-R114.

[12]　DeWitt D P, Sorrell F Y, Elliott J K. Temperature measurement issues in rapid thermal processing. MRS Online Proceedings Library Archive, 1997: 470: 3-15.

[13]　谢清俊. 几种辐射测温技术比较. 中国检验检测, 2017, 25(4): 4.

[14]　Seidel T E, Lischner D J, Pai C S, et al. A review of rapid thermal annealing (RTA) of B, BF$_2$ and As ions implanted into silicon. Nuclear Instruments and Methods in Physics Research, 1985, 7: 251-260.

[15]　Narayan J, Holland O W. Rapid thermal annealing of ion-implanted semiconductors. Journal of Applied Physics, 1984, 56 (10): 2913-2921.

[16]　Narayan J, Holland O W, Eby R E, et al. Rapid thermal annealing of arsenic and boron-implanted silicon. Applied Physics Letters, 1983, 43 (10): 957-959.

[17]　Kuzuhara M, Kohzu H, Takayama Y. Infrared rapid thermal annealing of Si-implanted GaAs. Applied Physics Letters, 1982, 41 (8): 755-758.

[18]　Campbell S A, Knutson K L. Transient effects in rapid thermal processing. IEEE Transactions on Semiconductor Manufacturing, 2002, 5 (4): 302-307.

[19]　Cho K, Numan M, Finstad T G, et al. Transient enhanced diffusion during rapid thermal annealing of boron implanted silicon. Applied Physics Letters, 1985, 47 (12): 1321-1323.

[20]　Ito T, Nakamura T, Ishikawa H. Advantages of thermal nitride and nitroxide gate films in VLSI process. IEEE Transactions on Electron Devices, 1982, 29 (4): 498-502.

[21] Ito T, Nakamura T, Ishikawa H. Effect of thermally nitrided SiO$_2$ (nitroxide) on MOS characteristics. Journal of the Electrochemical Society, 1982, 129 (1) : 184-188.

[22] Nulman J, Krusius J, Gat A. Rapid thermal processing of thin gate dielectrics. Oxidation of silicon. IEEE Electron Device Letters, 1985, 6 (5): 205-207.

[23] Joshi A B, Kwong D L, Lee S. Improvement in performance and degradation characteristics of MOSFETs with thin gate oxides grown at high temperature. IEEE Electron Device Letters, 1991, 12 (1) : 28-30.

[24] Hori T, Iwasaki H, Naito Y, et al. Electrical and physical characteristics of thin nitrided oxides prepared by rapid thermal nitridation. IEEE Transactions on Electron Devices, 1987, 34 (11): 2238-2245.

[25] Hori T, Iwasaki H, Tsuji K. Electrical and physical properties of ultrathin reoxidized nitrided oxides prepared by rapid thermal processing. IEEE Transactions on Electron, 1989, 36 (2): 340-350.

[26] Liang H, Xu J, Zhou D, et al. Thickness dependent microstructural and electrical properties of TiN thin films prepared by DC reactive magnetron sputtering. Ceramics International, 2016, 42 (2): 2642-2647.

[27] Perry A J. The relationship between residual stress, X-ray elastic constants and lattice parameters in TiN films made by physical vapor deposition. Thin Solid Films, 1989, 170 (1): 63-70.

[28] Bruce R A, Piercy G R. An improved Au-Ge-Ni ohmic contact to n-type GaAs. Solid State Electronics, 1987, 30(7): 729-737.

[29] Kagadei V, Erofeev E. Low-Resistance Ge/Au/Ni/Ti/Au-Based Ohmic Contact to N-GaAs. Proceedings of SPIE—The International Society for Optical Engineering, 2009.

[30] Narayan J. Interface instability and cell formation in ion-implanted and laser-annealed silicon. Journal of Applied Physics, 1981, 52(3): 1289-1293.

[31] Skorupa W, Schmidt H. Subsecond Annealing of Advanced Materials. Cham, Switzer Land: Springer International Publishing, 2004.

[32] Ferri G, Manzi A, Fornai F, et al. A systematic method for dynamic modeling and identification of a small-sized autonomous surface vehicle using simulated annealing techniques. 2013 MTS/IEEE OCEANS-Bergen, 2013: 1-9.

[33] Jennings D, Mayur A, Parihar V, et al. Dynamic surface anneal: Activation without diffusion. IEEE International Conference on Advanced Thermal Processing of Semiconductors, 2004.

[34] 卢克·范·奥特里维, 颗里斯·D. 本彻, 迪安·詹宁斯, 等. 用于动态表面退火工艺的吸收层: CIV200480028747.2. [2004-10-01].

[35] Wu C J, Chiu P S, Chiang C C. Optimisation of parameters for dynamic surface annealing of silicon wafers. Materials Research Innovations, 2014, 18 (sup2): S2-1059-S2-1062.

[36] Sun S, Muthukrishnan S, Ng B, et al. Enable abrupt junction and advanced salicide formation with dynamic surface annealing. Physica Status Solidi (c), 2012, 9 (12): 2436-2439.

[37] Lee W H, Shih T L, Lin C W, et al. Activation of high concentrations of phosphorus in germanium by two-steps microwave annealing. In 2016 IEEE Silicon Nanoelectronics Workshop (SNW), 2016: 1-2.

[38] Alford T L, Thompson D C, Mayer J W, et al. Dopant activation in ion implanted silicon by microwave annealing. Journal of Applied Physics, 2009, 106 (11): 114902.

[39] Hsueh F K, Lee Y J, Lin K L, et al. Amorphous-layer regrowth and activation of P and As implanted Si by low-temperature microwave annealing. IEEE Transactions on Electron Devices, 2011, 58 (7): 2088-2093.

[40] Tsai M H, Wu C T, Lee W H. Activation of boron and recrystallization in Ge preamorphization implant structure of ultra shallow junctions by microwave annealing. Japanese Journal of Applied Physics, 2014, 53 (4): 041302.

第 7 章 　 光 学 光 刻

韩郑生　罗　军

7.1　光刻工艺概述

集成电路的各部分的物理连接是靠分层的设计版图 (Layout),将这些版图的图形用光学或电子束制版的方法转移到掩模版 (Mask) 上,即制作光掩模版,又称为光刻版。设计者与芯片制造厂之间的接口是掩模版,每一层掩模包含一层工艺的图形。

光刻工艺是将掩模版上的图形转移到硅晶圆上所涂的光致抗蚀剂 (Photoresist) 层,又称为光刻胶。此后以光刻胶覆盖的图形为掩蔽,用刻蚀工艺将硅晶圆表面薄膜的特定部分除去,并最终将掩模版上图形转移到晶圆体内或晶圆上面的薄膜层上。

在版图的设计规则中规定了同一层版上图形的最小尺寸、图形之间的最小间距,不同层版上图形之间的最小覆盖,以及最小间隔等。

光刻胶通常是碳基的有机分子材料,光刻胶可分为正性光刻胶和负性光刻胶。

在集成电路制造过程中需要经过多次光刻工艺,其质量是影响集成电路性能、成品率以及可靠性的关键因素之一。光刻是实现选择性掺杂、选择性刻蚀最关键的图形化工艺。光刻机是集成电路制造中最精密、最昂贵的设备。在整个晶圆制造成本中,光刻成本几乎占到三分之一 [1]。通常,集成电路制造代工厂 (Foundry) 也是以多少次光刻来制定交货价格和进度的。

一个简单的光学曝光系统如图 7.1 所示。它包括光刻机系统、掩模版和涂有光刻胶的晶圆。其光刻机系统由光源、光阑、快门、透镜以及电学、机械等部分组成。其中光源按照不同的波长分为紫外线 (UV)、深紫外线 (DUV) 和极紫外线 (EUV)。

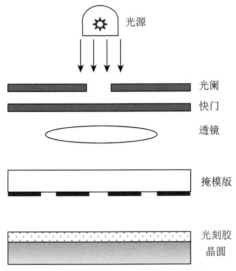

图 7.1　一个简单的光学曝光系统

7.2　光刻工艺流程

光刻工艺流程如图 7.2 所示，(a) 蒸涂增黏剂；(b) 旋转涂胶；(c) 前烘；(d) 对准与曝光；(e) 曝光后烘焙；(f) 显影；(g) 坚膜；(h) 显影后检查。

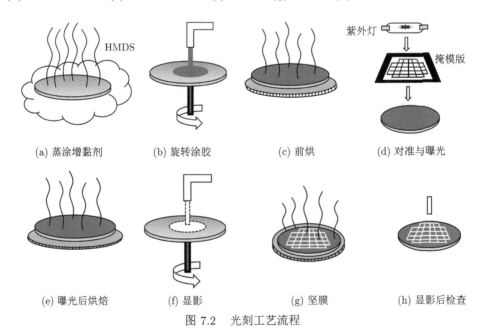

图 7.2　光刻工艺流程

7.2.1 衬底预处理

晶圆表面预处理包括：① 用湿法清洗和去离子水冲洗去除沾污物；用甩干法脱水以去除晶圆表面的水汽；② 用六甲基二硅烷 (HMDS) 气相处理晶圆表面以增强后续光刻胶的黏附性。HMDS 是一种增黏剂，可以将晶圆置于高蒸汽压 HMDS 液体容器之上，使蒸汽涂布在晶圆表面；也可以通过旋转涂敷法，将一定量液态的 HMDS 滴于固定在卡盘上的晶圆表面，然后旋转晶圆使液体均匀地涂覆在晶圆表面。HMDS 的羟基化会使单层的 HMDS 易于与晶圆表面粘合，其分子层的另一侧易于与光刻胶粘合。

7.2.2 旋转涂胶

最常使用的是旋转涂胶法。将晶圆固定在真空吸附的载片盘上，这是一个表面上有很多连接真空泵的小孔金属或聚四氯乙烯盘，将一定量的液态光刻胶滴在晶圆上，然后加速旋转载片盘使得光刻胶均匀地涂布在晶圆的表面。也可以采用动态滴胶法，即在晶圆以低速旋转时将光刻胶滴在晶圆上，这种方法是在晶圆高速旋转之前光刻胶已经在晶圆上铺开。

影响晶圆上光刻胶膜质量的工艺参数有：时间、转速、厚度、均匀性、颗粒沾污、针孔等。

胶膜的厚度与涂胶量关系不大，高速旋转之后滴在晶圆上留下的光刻胶小于 1%，其余的飞离晶圆。为了避免胶的再淀积，旋转器的吸盘周围设有防溅装置。晶圆上最终胶膜的厚度主要由胶的黏度和高速旋转的转速决定。光刻胶的黏度越大，晶圆上最终胶膜越厚；旋转速度越高，晶圆上最终胶膜越薄。胶膜厚度与转速变化的关系为 [2]

$$T_R \propto \frac{1}{\sqrt{\omega}} \tag{7.1}$$

式中，ω 是旋转速度。

典型的滴胶量约 5 ml，先以 500 r/min 转速慢速旋转，然后加速至 3000～5000 r/min。旋转涂敷后，晶圆上的光刻胶的黏度更高，通常只留下不到 1/3 的溶剂。

7.2.3 前烘

将涂有光刻胶的晶圆进行软烘焙 (Soft Bake)，国内业界习惯称为前烘，其目的是去除光刻胶的溶剂以提高其黏附性，改善其均匀性，使此后的刻蚀工艺中更容易控制线宽的尺寸。溶剂能使涂覆的光刻胶更薄，但是吸收热量且影响光刻胶的黏附性。光刻胶在显影液中溶解的速率强烈地依赖于最终光刻胶中溶剂的浓度。前烘时间越短或温度越低会使胶在显影液中的溶解速率增加且感光度增大，但是会降低对比度。高温前烘能使感光化合物开始光化学反应，导致未曝光区的胶在显影液中溶解。过度烘焙可以使光刻胶聚合，感光灵敏度变差。烘焙不足影响黏附性和曝光。典型的前烘工艺是在 90~100 ℃ 的热板上烘焙 30 s，或者在烘箱中烘 30 min。一般前烘之后，光刻胶中留下的溶剂浓度大约是初始浓度的 5%[3]。

7.2.4　对准与曝光

对准 (Alignment) 方式包括预对准、对准。

预对准是对应硅晶圆上的小凹槽 (Notch)，或者平边 (Flat) 进行机械预对准，然后再进行激光自动预对准。通过对准标志，通常位于划片线区，进行层间对准。对准的技术指标是套刻精度，是对保证图形与晶圆上已经存在的图形之间对准的表征。早期光刻机对准由人进行手动操作，套刻精度高度依赖于操作人的是技术水平。现在集成电路制造所用的基本上都是自动对准系统。

曝光 (Exposure) 方式有平行光通过掩模版的接触式和接近式、成像投影扫描式、成像分步重复式 (Stepper and Repeat) 和成像分步扫描式 (Stepper and Scan)。

曝光能量 (Energy) 和焦距 (Focus) 是曝光过程中最重要的两个参数，直接影响到图形的分辨率和尺寸。

7.2.5　曝光后烘焙

早期光刻工艺没有曝光后烘焙 (Post-exposure Bake) 这一步骤。曝光后烘焙可以降低驻波效应，尤其是激发化学增强光刻胶的感光化合物 (Photoactive Compound，PAC) 产生的酸与光刻胶上的保护基团发生反应，并使基团能溶解于显影液。典型的曝光后烘焙工艺是在 100~110 ℃ 的热板上烘焙 30 s。

7.2.6　显影

显影 (Develop) 是通过显影液溶剂溶解掉光刻胶中未交联 (负性光刻胶) 或断链 (正性光刻胶) 部分的过程。使晶圆上光刻胶图形显现出来，是晶圆表面光刻胶产生图形的关键步骤。该道工艺的三个基本步骤是显影、漂洗、干燥。显影的方法有：① 浸没式，将装有晶圆的片架放在盛有显影液的容器中，随着显影批量增加，应该适当增大显影时间或添加新鲜显影液；② 浸没搅拌式，搅拌可以增加显影的均匀性；③ 与涂胶的类似，也是将晶圆固定在真空吸附的载片盘上，将一定量的显影液以喷雾的方式喷在晶圆上，浸润一会儿，然后加速旋转载片盘使得光刻胶显现出图形。随后将晶圆用去离子水冲洗后甩干。采用自动旋转式涂胶显影轨道系统，可以使晶圆片内光刻胶厚度的变化小于 50 Å，片间小于 100 Å。

显影工序所关注的工艺质量是线条分辨率、均匀性、颗粒和缺陷。几乎所有的正性光刻胶都用碱性显影液，例如 KOH 水溶液。由于钠离子和钾离子会影响

MOS 器件的可靠性，现在已经转向使用四甲基氢氧化氨 (TMAH) 之类无碱金属的显影液。显影过程中要保持溶液的 pH 值大于 12.5[4]。

在显影过程中，显影液穿过曝光的胶表面产生出凝胶。凝胶的深度被称为穿透深度，在酚醛树脂中很小，可以忽略不计。对于负胶，其穿透区的膨胀可导致胶的尺寸变形。

显影过程对温度非常敏感。为了精确地控制线宽，要严格控制显影温度。通常显影液的温度变化控制在 1 ℃ 以内。在喷雾式显影中，显影液从喷嘴中被压出来时由于绝热膨胀会产生温度下降。有时会采用加热喷嘴以补偿这一效应。

显影过程可影响光刻胶的对比度，从而影响光刻胶的形貌。

表面活化剂 HMDS 用来保证在光刻胶和晶圆之间更均匀地涂布。也可将表面活化剂加入显影液中。在显影过程中，它将迁移到晶圆表面，利用表面活化剂的疏水部分使自己朝向光刻胶，而亲水端朝向显影液。这样会减小表面张力并改善显影液湿润晶圆表面的能力 [5]。搅拌和表面活化剂一起使用，可获得最佳的对比度 [6,7]。表面活化剂也可用作阻溶剂，阻止显影液进入未曝光区。

7.2.7 坚膜

显影后可以进行高温烘焙称为硬烘焙 (Hard Bake)，业界通常称为坚膜。坚膜是为了使光刻胶中的溶剂完全蒸发掉。可以增强光刻胶与硅晶圆表面之间的黏附性，从而提高光刻胶在离子注入或刻蚀中保护下表面的能力和改善驻波效应。典型的正胶坚膜温度是在 120~140 ℃ 的热板上烘焙 60 s。温度太高会使光刻胶流动从而损坏图形。

7.2.8 显影后检测

图形检测的要点是：① 用显微镜测量对准问题，看其是否存在重叠和错位、掩模旋转、晶圆旋转、x 方向错位、y 方向错位等问题？② 用显微镜测量设置的特征尺寸图形是否满足规范要求？③ 用显微镜观测表面图形是否规则？是否存在划痕、针孔、瑕疵和沾污物？

7.3 曝光光源

曝光光源系统由光源本身以及用于收集、准直、滤波和聚焦的反射/折射光学部件组成。

紫外线 (UV) 的特定波长可与光刻胶发生光反应，最常用的曝光光源是汞灯和准分子激光。决定光刻工艺图形分辨率的最关键参数是曝光光源所用的波长。根据瑞利准则，在同等条件下，曝光光源所用的波长越短，光刻工艺图形的分辨率越高。表 7.1 列出了不同波长的曝光光源。

表 7.1   不同波长的曝光光源 [8]

名称	g 线	i 线	深紫外线 (DUV)			EUV	X 射线	电子束	离子束
波长	436 nm	365 nm	248 nm	193 nm	157 nm	13.5 nm	5 nm	0.62 nm	0.12 nm

7.3.1   汞灯

典型的汞弧光灯的线光谱如图 7.3 所示，其中 436 nm、365 nm 是高压汞灯电弧放电产生的较强的谱线，对应的 g 线、i 线名称源自早期的光谱学 [9]。波长 436 nm (g 线) 对应的特征尺寸 (CD) 分辨率是 0.5 μm，365 nm (i 线) 对应的特征尺寸分辨率是 0.35 μm。248 nm 对应的特征尺寸分辨率是 0.25 μm。生产中，0.25 μm 以后的各代要求有更短的波长或新光源。

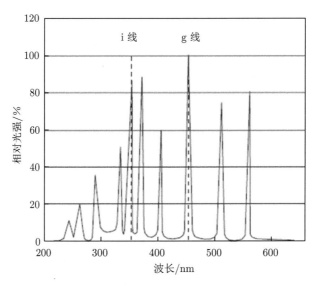

图 7.3   汞弧光灯的线光谱 [9]

曝光时光刻胶与特定紫外线波长的光响应，为了使光刻胶与紫外线波长相适应，可使用一套滤波器阻挡不需要的波长。

光的强度是曝光光源的一个重要指标，光强被定义为单位面积的功率 (mJ/cm^2)，光强的另一种表示是单位面积的亮度。能量是功率和时间的乘积，光强乘以曝光时间表示光刻胶表面获得的曝光能量，或称为曝光剂量，单位是 mJ/cm^2。

7.3.2   准分子激光光源

在准分子激光中有两种元素，一般是一种惰性气体和一种卤化合物，正常情况下它们处于非激发态时不会发生反应，不过当这些组分 (如 Kr 和 NF$_3$) 受激时，发生化学反应生成，比如 KrF。当激发态分子返回基态时发出深紫外的光子，同时分子分解。表 7.2 列出了在半导体光刻中可用的准分子激光光源 [10]。

表 7.2 在半导体光刻中可用的准分子激光光源 [10]

材料	波长/nm	最大输出/(mJ/脉冲)	频率/(脉冲/s)
F_2	157	40	500
ArF	193	10	2000
KrF	248	10	2000

由于汞灯小于 248 nm 波长的深紫外线发射效率很低，人们将准分子激光光源用于光学光刻工艺。由惰性气体原子和卤素构成的准分子处于准稳定激发态 [11]。

现在大多数准分子激光器含有一种高压混合物，混合物由跃进到激发态的两种或更多成分组成。激光辐射发生在激发态衰变，不稳定的分子分解成它的两个组成原子的时候。在两个平板电极间施加 10~20 kV 的脉冲电压，用于激发高压惰性气体和卤素的混合物，使激光器维持着激发态的分子多于基态分子 [12]。

通常用于深紫外光刻胶的准分子激光器是波长 248 nm 的氟化氪 (KrF) 激光器和 193 nm 的氟化氩 (ArF) 激光器。10~20 W 功率和 1 kHz 频率的氟化氪激光器可用于对光刻胶曝光 [13]。因为 157 nm 波长的氟 (F_2) 激光器能量输出低，需要较长的曝光时间，没能在主流工艺技术中得以使用。

实际上，光源灯的辐照量中只有很小一部分能够到达晶圆上，因此光源光学系统的设计有 4 个主要目标：① 收集尽可能多的光辐照；② 使整个曝光场辐照强度均匀；③ 对辐照射线进行整形处理，使用小角度发散光；④ 光源必须选择曝光波长。

7.4 曝 光 系 统

光学曝光中，通常先把图形做在掩模版上，再将掩模版上的图形转移到硅晶圆上。掩模版衬底材料一般为石英，淀积在衬底材料上的一般为铬，也有氧化铁的掩模版。

通常经过电子设计自动化 (EDA) 软件进行版图设计，仿真模拟、版图与电路图一致性检查 (LVS) 和设计规则检查 (DRC) 等步骤后，由制版机将设计版图的信息写到光刻用的掩模版上。

根据曝光方式不同，光学光刻机主要分为三种：接触式、接近式和投影式，如图 7.4 所示。

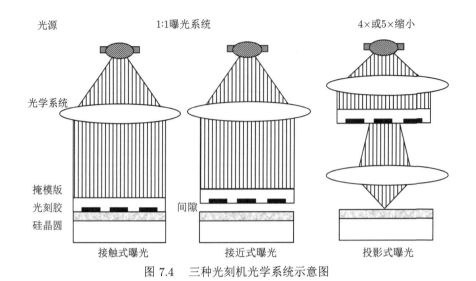

图 7.4　三种光刻机光学系统示意图

7.4.1　接触式

接触式光刻机是最简单的光刻机。曝光时，平行光透过掩模版，掩模版直接压在涂有光刻胶的晶圆上，接触分为真空接触、硬接触和软接触。由于这种方法没有衍射效应，图形的分辨率很高。但是掩模版会与晶圆上的光刻胶接触，晶圆上的一些光刻胶可能会黏附到掩模版上，使晶圆上光刻胶图形产生缺陷，同时黏附到掩模版上的光刻胶成为此后光刻工艺缺陷的隐患。为此，通常规定曝光一定数量的晶圆后要进行掩模版的清洗，掩模版被清洗一定次数后就要报废。

7.4.2　接近式

接近式光刻机是在接近式基础上的改进型，曝光时，仍然是平行光透过掩模版，但是掩模版不与晶圆接触，而是与光刻胶之间有 $10\sim50$ μm 的间隔。由于避免晶圆与掩模直接接触，所以缺陷大大减少，可以大幅度提高良率，延长掩模版的使用寿命。其主要缺点是由于存在衍射效应，最终图形的分辨率影响严重。

例如在暗场中，掩模版上有一个宽度为 W 的线条图形，曝光光源是单色非发散的宽束激光。图 7.5 为接近式光刻机系统中，表面光强度与晶圆位置的函数关系[13]。掩模版与硅晶圆上光刻胶之间的间隙 g 从 $g=0$ 线性增加到 $g=15$ μm。当 g 满足 $\lambda < g < \dfrac{W^2}{\lambda}$ 时，硅晶圆上光刻胶中产生的实像图形潜影很接近理想图形。这种情况属于菲涅耳 (Fresnel) 近场衍射。接近边缘会有小幅振荡。

当间隙增加，达到 $g \geqslant \dfrac{W^2}{\lambda}$ 后，图形达到夫琅禾费 (Fraunhofer) 衍射的远场情况。

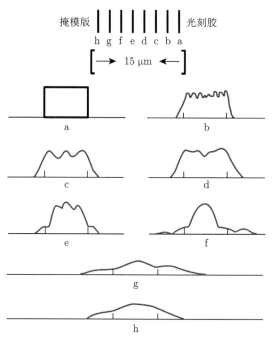

图 7.5 接近式光刻机系统中，表面光强度与晶圆位置的函数关系[14]

由图 7.5 可知[14]，间隙越大，图形退化越严重。当线条图形的特征尺寸 $W_{\min}$ 满足

$$W_{\min} \approx \sqrt{k\lambda g} \tag{7.2}$$

时，就无法使用这种接近式光刻来分辨了。其中，k 是约等于 1 的一个工艺常数。

用 g 线曝光光源，当掩模版与硅晶圆上光刻胶之间的间隙 $g = 20\ \mu m$ 时，由式 (7.2) 可得 $W_{\min} \approx 2.95\ \mu m$。此外，还要注意与光刻胶处理工艺的配合，考虑到工艺容差，通常最小特征尺寸要比理想值大 50%。由式 (7.2) 可知，要想改善分辨率，可以减小光源的波长，或者减小接触间隙。但是，减小间隙需要提高对晶圆和掩模版平整度规范的控制要求。另外，颗粒、光刻胶滴等因素会影响硅晶圆上光刻胶图形的一致性。

7.4.3 投影式

常用投影光刻机系统的类型有投影扫描光刻机、分步重复光刻机和分步扫描光刻机等。投影光刻机的主要优点是由于掩模版与晶圆上的光刻胶不接触，所以不产生缺陷，同时又有接触式的分辨率。

1. 投影扫描式

投影扫描式的掩模版与涂有光刻胶的晶圆是分开一定距离的，光线通过一个弧形狭缝扫描方式投射到整个掩模版上的图像和晶圆的光刻胶上，完成整个晶圆的曝光。这种光刻机所用掩模版上的图像与晶圆上的图像是同样比例的。

20 世纪 70 年代美国的珀金埃尔默 (PerKin-Elmer) 公司开发了 1:1 扫描反射镜投影光刻机。该系统的一个主要优点是其曝光光学系统可以使用反射部件，这就使得整个系统对色差不太敏感。除了光源本身之外，不需要昂贵的大尺寸石英透镜。这种反射镜投影系统的数值孔径 (NA) 约为 0.16。这类系统适用于 2.0 μm 集成电路的量产。此后，1:1 扫描反射镜投影光刻机被分步重复投影光刻机取代。

2. 分步重复式

早期的分步重复投影光刻机用 10:1 的缩小透镜，现在一般光学系统将光刻版上的图像缩小 1/4 或 1/5，聚焦并与晶圆上已有的图形对准后曝光，每次曝光一小部分区域，这个区域成为曝光视场 (Field)，通常曝光视场的面积在 0.5~3 cm^2 范围。曝完一个视场后，光刻机自动按设定的步距值将硅晶圆移动到下一个曝光位置，随后继续对准曝光。这类系统有很高的 NA 值，所以可以实现较高的分辨率。i 线分步重复投影光刻机可以实现小于 0.5 μm 的特征尺寸，曝光视场的边长可以大于 2.5 cm[15]。KrF 光源的分步重复投影光刻机可用于 0.18 μm 技术代的量产 [16]。

3. 分步扫描式

分步扫描式是通过光栅同时对掩模版和晶圆进行扫描，由于任何时间仅对一个很小区域进行曝光，因此可以获得比较大的数值孔径，现在这种分步扫描光刻机的数值孔径可以大于 0.7；另外这种分步扫描光刻机可用于非常大区域的曝光。曝光视场面积已经达到 26 mm×33 mm。

图 7.6 是一个投影式光路系统示意图 [17]。掩模版放置在聚光透镜和投影器之间，投影器也是一组透镜，又称为物镜。投影器的目的是将投射向晶圆的光重新聚焦。在有些情况下，来自聚光透镜的光不是平行准直的，而是聚焦于投影器的平面上，为此引入 NA 的概念。

NA 是描述聚光透镜和投影器的性能参数，反映了物镜收集衍射光的能力。其定义为

$$NA = n \sin \alpha \tag{7.3}$$

式中，α 是投影器接收角的一半；n 是投影器与晶圆之间媒介的折射率。传统光学曝光系统是在空气中，$n = 1$。NA 一般在 0.16~0.8[17]。

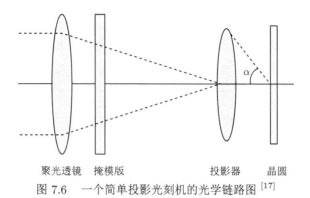

聚光透镜　掩模版　　　　投影器　晶圆

图 7.6　一个简单投影光刻机的光学链路图 [17]

投影系统的分辨率还会受不完整光学链路的约束。影响的因素包括透镜的缺陷、掩模版与物镜的间距偏差。透镜的缺陷可能产生色差或畸变。投影式光刻机的分辨率通常受衍射光线收集和再次成像的光学链路的限制。通常用瑞利 (Rayleigh) 准则来表示曝光系统的分辨率，即

$$W_{\min} = k_1 \frac{\lambda}{\mathrm{NA}} \tag{7.4}$$

式中，$W_{\min}$ 是光刻的最小尺寸；k_1 是一个常数，取决于光刻胶的灵敏度，一般为 0.75 的量级。典型情况下，k_1 取值范围为 0.4~0.8，理论极限为 0.25，这意味着，NA 为 0.6，波长为 365 nm 的光源的光刻机可以形成 0.2 μm 的图形 [17]。

由式 (7.4) 可知，提高透镜组的 NA 可以改善分辨率。但是，增大 NA 会减小光路系统的聚焦深度 (DOF)。

DOF 是在保持图形聚焦的前提下，沿着光路方向晶圆上下移动的距离。对于投影系统，聚焦深度 DOF 为

$$\mathrm{DOF} = \frac{n\lambda}{\mathrm{NA}^2} \tag{7.5}$$

式中，NA 是数值孔径；n 是物镜与晶圆之间每只的折射率；λ 是所用曝光源的波长。意味着通过增大 NA 来增加分辨率会减小聚焦深度，因此分辨率和聚焦深度之间必须做某些折中。

聚焦深度在实际工艺中是非常重要的。在实际工艺处理过程中，晶圆可能发生弯曲、平整度劣化，晶圆表面形貌上存在台阶，另外，光刻胶也具有一定厚度。若聚焦深度太小，在光刻曝光步骤无法实现图形聚焦，以至于无法将掩模版上的图形清晰地转移到晶圆上。例如，用 $\lambda = 365$ nm 的光源，NA = 0.4 时，DOF ≈ 2.3 μm；而当 NA = 0.6 时，DOF ≈ 1.0 μm。在大晶圆上保持 1 μm 的聚焦深度是非常困

难的。若不进行平坦化处理，晶圆表面形貌的高度差可能会大于 2 μm[17]。图 7.7 是晶圆表面形貌高度差的一个实例，从图中可以看出，场氧层上的光刻胶图形与衬底上的光刻胶图形有个很高的台阶。

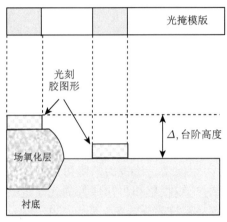

图 7.7   DOF 在实际工艺中的实例

7.4.4 掩模版

根据光刻机曝光方式不同，掩模版也不同。接触式、接近式以及 1:1 投影式的掩模版统称为掩模版 (Mask)，而将掩模版图像大于晶圆上的掩模版称为投影掩模版 (Reticle)。国内业界习惯上将这两种都称为掩模版，图 7.8 是一块铬掩模版照片。

图 7.8   一块铬掩模版照片

掩模版包含了整个晶圆面积内的芯片阵列，一次对整个晶圆面积范围内曝光。对准方式是整个晶圆一次对准和一次聚焦，对晶圆的平整度、图形尺寸的涨缩没有补偿。掩模版上单个缺陷不会在整个晶圆上重复出现。

投影掩模版 (Reticle) 只包括晶圆上一部分图形，例如几个芯片的组合视场 (Field)。然后，以该视场为基本单元通过分步重复的方式，完成整个晶圆面积的覆盖。分步重复光刻机和分步扫描光刻机都是采用 Reticle。Reticle 掩模版上图形与晶圆上图形的比例可能是 10:1、5:1 或 4:1。在曝光过程中，除了全局 (Globe) 对准和聚焦外，可以对每个视场进行局部对准和聚焦。通过全局预对准，可以对图形尺寸的涨缩进行补偿。通过对逐个视场聚焦，可以对晶圆的平整度偏差进行补偿。掩模版上不允许有缺陷，否则会在整个晶圆上重复出现。

1. 掩模版衬底材料

掩模版必须制造得非常完美。如果掩模版上存在缺陷，缺陷就会被复制到晶圆表面的光刻胶上，可能对最终的集成电路产品造成致命的危害。掩模版制造完成后要进行自动测试以检查缺陷和颗粒。掩模版所用材料是硼硅酸玻璃或石英。掩模版材料对曝光用的紫外线要具有高光学透射性。为了温度变化时，掩模版上的图形尺寸保持稳定，掩模版材料还要具有非常低的温度膨胀系数。此外，掩模版材料的表面和内部都不能有缺陷。

(1) 掩模版衬底材料平面度要好，机械强度要高。在白炽灯下观察，不能看到气泡、杂质、霉点和划痕。其不平行度应该小于 1.5 μm/cm。

(2) 掩模版衬底材料的热膨胀系数要小。玻璃可分为 (a) 高膨胀系数的玻璃，热膨胀系数为 $(8\sim10)\times10^{-6}\ ℃^{-1}$；(b) 低膨胀系数的玻璃，热膨胀系数为 $(3\sim5)\times10^{-6}\ ℃^{-1}$；(c) 超低膨胀系数的玻璃，热膨胀系数为 $(0.5\sim1)\times10^{-6}\ ℃^{-1}$。上述系数都是在 $0\sim300\ ℃$ 范围内。远紫外掩模版必须用石英衬底材料[17]。

(3) 透射率要高。在曝光光源波长范围内，玻璃衬底的透射率要达到 90%。

(4) 化学稳定性要好。在掩模版制造过程中，掩模版对所接触的化学品要有很好的抗蚀能力。

2. 掩模版上的铬膜

早期掩模版不透明部分是胶膜，后来通常是采用溅射淀积法产生一层铬膜。有时会在其上面再形成约 20 nm 的氧化铬作为抗反射层，用溅射将铬薄膜淀积在玻璃上。先进的掩模版也有使用铬的氧化物和铬氮化物镀层。这层膜被制成集成电路的基本图形，如接触孔、线条等。根据图形的正反，掩模版又分为暗场和明场，分别如图 7.9 和图 7.10 所示。图形的数据是透明的，而其他部分是不透明的情况，被称为暗场；图形的数据不透明，而其他部分是透明的情况，被称为亮场。

(1) 膜厚要符合规范要求。低反射铬版的铬膜为 $130\sim160$ nm，它是由 110 nm 厚的亮铬层和 40 nm 厚的氧化铬构成。同一块板上的膜厚误差应该小于 5%。不同板上的膜厚误差应该小于 5 nm[18]。

(2) 光密度要符合要求。在白炽灯下，$130\sim160$ nm 膜厚的低反射铬板的光密度应该是 2.5 ± 0.3。

图 7.9　暗场 (Dark Field) 示意图

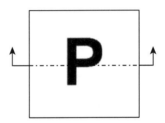

图 7.10　明场 (Light Field) 示意图

(3) 反射率主要与氧化铬层的厚度相关。在相同的波长范围内，测得的反射率越低，表明氧化铬层越厚。在 $400\sim440$ nm 的波长范围内，40 nm 厚的氧化铬层正面的反射率应该小于 5%，背面的反射率为 $22\%\sim42\%$[18]。

(4) 针孔密度要低。在镀铬以后，用超声清洗板面，然后在显微镜下进行检查。

(5) 平面度要好。在镀铬以后，用气动测平仪进行平面度等级分类，分类标准如表 7.3 所示 [17]。

表 7.3　铬板平面度分类标准

级别	版的尺寸	
	50×50 mm^2, 100×100 mm^2	125×125 mm^2
母板级	< 2 μm	< 3 μm
次母板级	$2\sim5$ μm	$3\sim8$ μm
标准板极	$5\sim8$ μm	$8\sim12$ μm
工作板级	> 8 μm	> 12 μm

(6) 腐蚀特性要均匀一致。

3. 掩模版上的光刻胶

制作掩模版需要关注的因素是：① 胶的厚度与均匀性；② 黏附性和抗蚀性；③ 感光性。

投影掩模版的制造是用激光或电子束直接曝光将版图数据转移到掩模版上。现在投影掩模上形成图形的方法通常是使用电子束 (E-beam)。这个过程包含巨大的数据量，并且在投影掩模版上绘图的总时间可能是几个小时。形成版图的基本步骤和晶圆的相似。电子束直写系统将在第 8 章介绍。

为了把电子束光刻胶用于投影掩模版上，掩模版首先要清洗干净，并且旋转涂敷上合适的光刻胶，然后进行软烘。标准的电子束光刻胶是正性的聚丁烯 1 砜 (Poly Butene 1 Sulfone，PBS)。然而，这种光刻胶不适合亚微米线宽。可替换的光刻胶有化学放大光刻胶 [19,20]。

曝光和显影之后，最终的图形表面是通过湿法或干法刻蚀去掉铬薄层，先进的掩模版生产采用干法刻蚀。为了在晶圆上生产合适的关键尺寸，投影掩模版特征尺寸容差要求非常严格。

4. 套准精度

实际光刻过程中需要许多套光刻版，不同层之间会存在一定的位移误差。对准系统将掩模版的后一层图形与硅晶圆上前一层图形匹配的程度称为套准精度。两层图形之间的最大相对位移称为套准容差 (Overlay Budget)[21]。

接触式、接近式以及 1:1 投影式光刻机是由操作人员手动完成对准的。在第一次光刻和刻蚀时，通过硅晶圆的定位边初步定位。将对版标记制造在硅晶圆上，后面的光刻以此为基准进行套准。这类光刻机的对准标记一般是设置在晶圆中部左右两个位置，以定位边为底部。

投影掩模版与分步光刻机或分步扫描光刻机是由机器自动实现对准的。在光刻机上设置有固定的参照标记。第一步：进行 Reticle 与固定参照标记对准。第二步：相对于 Reticle 测量承片台的位置，计算机由此获得基准修正数据，并进行 Reticle 特征图形变化的补偿。第三步：计算机依据补偿数据自动进行 Reticle 上对版标记与硅晶圆上对版标记的对准。硅晶圆上对版标记的包含图形的位置、方向和形变的信息。计算机依据这些信息计算数据补偿值，实现自动对准。考虑生产效率，对准除了要求正确和精准外，还必须快速和重复。

图 7.11 为图形套准示意图，(a) 表示完美套准的情况，$|+X| = |-X|$，$|+Y| = |-Y|$；(b) 表示套准发生了偏移，$|+X| \neq |-X|$，产生了 DX 的偏移，$|+Y| \neq |-Y|$，产生了 DY 的偏移，通常套准偏差大约是关键尺寸的三分之一。对于 0.15 μm 的设计规则，套准偏差预计为 50 nm [22]。

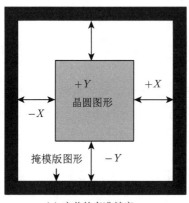
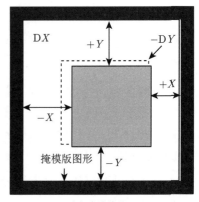

(a) 完美的套准精度   (b) 套准偏移

图 7.11   图形套准示意图 [22]

除了分布在晶圆上、下、左、右全局对准外，对于套准精度要求高的集成电路，在步进扫描过程中还可以进行逐视场对准。在 Reticle 上，每个曝光视场可以是一个芯片，也可以是几个芯片的组合。坐标方格就是曝光装置扫过硅晶圆并曝光单个曝光视场的特定路径，如图 7.12 所示，每小方格代表一个曝光视场，其中的数字表示步进的顺序，即从 "1" 开始，至 "32" 结束。

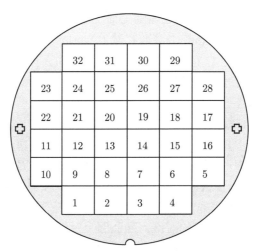

图 7.12   硅圆曝光视场坐标网格

5. 对准标记

对准标记是设置在掩模版和硅晶圆上的，用以定位图形。对准标记可以标定版图的图形位置和方向。不同光刻机、不同集成电路制造商所使用的对准标记图形也不同。有些将对准标记做成等间距的线条，有些将对准标记做成块与框。例如，方与方框，十字块与十字框，或十字块与方框等，如图 7.13 所示。图 7.13(a)中的对准 (RA) 标记位于 Reticle 的左右两侧，标识为 RAL(左) 和 RAR(右) 用于与光刻机机身上的基准标记对准。全局对准 (GA) 标记位于 Reticle 的中间上、下两处，第一次曝光时将其转移到硅晶圆上左右两边，在图 7.13(b) 中标识为 GAL (左) 和 GAR (右)。全局对准标记用于每片硅晶圆的粗对准。精对准 (FA) 标记在 Reticle 和硅晶圆分为左侧精对准 (FAL) 和右侧精对准 (FAR) 标记，如图 7.13 所示。精对准标记用于每个视场的逐场对准调节。逐场调节对准位置和焦距，可以提高套准精度，代价是降低完成整个晶圆曝光的速率。

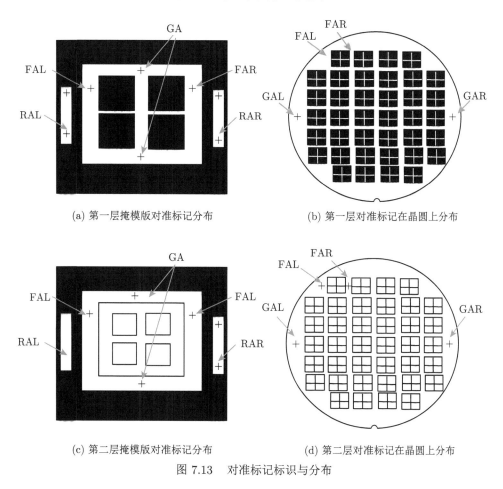

(a) 第一层掩模版对准标记分布　　　　(b) 第一层对准标记在晶圆上分布

(c) 第二层掩模版对准标记分布　　　　(d) 第二层对准标记在晶圆上分布

图 7.13　对准标记标识与分布

计算机控制使对准照明光穿过 Reticle 上的对版标记，照射到硅晶圆表面上。对准照明光可以来自曝光光源，但是要滤除对光刻胶敏感的那部分波长，也可以是另加氢氖激光器发出的 633 nm 波长的光。计算机控制光探测器搜索 Reticle 和硅晶圆上对准标记。若使用光刻机的主投影光学系统照射标记，就称其为同轴透镜照明。若使用另加光学系统照射标记，就称其为离轴照明，如图 7.14 所示[23]。将激光束照射到放置硅晶圆的承片台上，利用激光干涉法实时测量承片台的位置。将测得的位置数据反馈给计算机，由计算机控制机电系统实现硅晶圆与 Reticle 的自动对准。

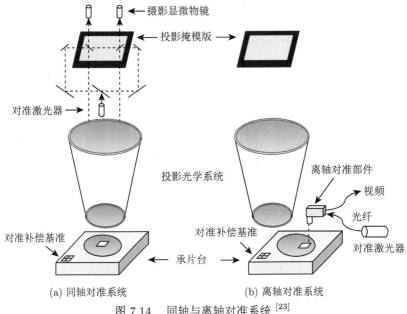

(a) 同轴对准系统   (b) 离轴对准系统

图 7.14　同轴与离轴对准系统[23]

当 Reticle 被装到掩模版台上时，它必须和曝光设备主体对准。Reticle 的对准标记被一束激光照亮后通过一个固定的参考标记。一旦对准以后，就把承片台和 Reticle 对准了。

晶圆预对准是把晶圆送到承片台上的一个卡盘上，并通过定位槽或定位边来实现。晶圆定位边 (Flat) 或定位槽 (Notch) 是第一次光刻唯一可采用的对准标志。第一层掩模版曝光只关注准确的聚焦和恰当的曝光量。随后再进行曝光时，依然先利用 Flat 或 Notch 进行机械预对准，然后利用全局对准标记，进行光学对准，必要时可一步利用精对准标记进行光学精对准。最后进行逐场曝光。

7.4.5　环境条件

在晶圆批量生产中，分步光刻机和分步扫描光刻机的环境条件也非常关键。光刻间的照明、温度、湿度、振动、大气压力和颗粒沾污都必须严格控制。

早期光刻间是用红光照明的。随着光刻线条尺寸不断缩小，曝光用光源波长不断缩小，所使用的光刻胶对黄光不再敏感，现在光刻间通常使用黄光照明。半导体业界习惯将光刻间称为黄房。

在光刻中温度控制是非常关键的。温度对光源、对准系统、光学部件等都会产生影响。通常将光刻间的温度变化控制在 0.1 ℃ 以内。生产线内和光刻间的湿度也要严格控制。

环境湿度过大会降低光刻胶和硅晶圆的黏附性，增大空气密度而降低曝光的光通量，从而对激光干涉仪定位、透镜数值孔径以及聚焦产生干扰。

振动可能造成定位和对准错误、聚集不准以及曝光不均匀等问题。可以用不同的方法来减小振动。有时支撑光刻设备的地板采用减震器与生产线其他区域隔离。可以用气动隔离装置和动量吸收结构来降低成像装置的振动。

大气压力的变化会对光学系统中空气的折射率和用于承片台定位的激光干涉计产生影响。可能使图形尺寸不均匀和套准精度降低。因此，通常通过增加压力传感器来监控微环境的大气压力。将测得的压力数据反馈到计算机用于监测和控制。有时将透镜部件密封在一个内部有固定空气流量和压力的气密箱中。

在净化间中，光刻间的净化级别是最高的，光刻设备内部能够保持优于 1 级的净化环境。在设备制造中要选择极少产生颗粒的材料和硬件。避免使用润滑剂。如果需要润滑剂，那么就规定使用低气体压力的润滑剂使放气最少。晶圆和投影掩模版传送是由设备中自动传送系统的机械手来实现的。空气电磁线圈要向外排气应避免把颗粒散发到设备内部。

7.5 光 刻 胶

光刻胶又称为光致抗蚀剂 (Photoresist)。光刻胶由基体材料、感光化合物 (Photoactive Compound，PAC) 和溶剂组成。基体材料通常是树脂。溶剂是为了使光刻胶保持液体状态，并控制其黏滞性。

7.5.1 光刻胶类型

光刻胶分为正性光刻胶和负性光刻胶两种。曝光后，曝光部分的光刻胶被显影液快速溶解，未曝光部分的光刻胶不能被显影液溶解，这类光刻胶称为正性光刻胶，简称正胶，其示意如图 7.15 所示。与之相反，曝光后，未曝光部分的光刻胶被显影液快速溶解，曝光部分的光刻胶不能被显影液溶解，这类光刻胶称为负性光刻胶，简称负胶，其示意如图 7.16 所示。

在未曝光正性光刻胶中，PAC 作为抑制剂来降低光刻胶在显影液中的溶解速率。在曝光正性光刻胶中，PAC 发生化学反应从抑制剂变成了感光剂，从而加快了光刻胶的溶解速率。

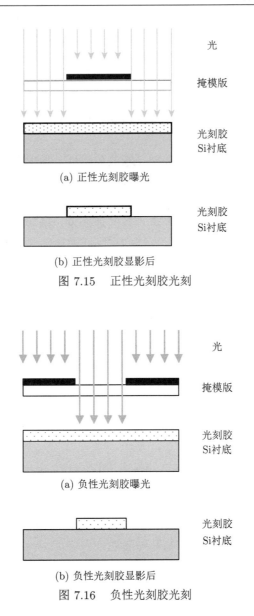

(a) 正性光刻胶曝光

(b) 正性光刻胶显影后

图 7.15   正性光刻胶光刻

(a) 负性光刻胶曝光

(b) 负性光刻胶显影后

图 7.16   负性光刻胶光刻

　　正性光刻胶的 PAC 主要由长链聚合物构成，曝光导致长链断链，更容易在显影剂中溶解。在曝光的负性光刻胶中，PAC 使胶中聚合物间发生交联，曝光的负性光刻胶在显影剂中溶解极慢，而未曝光的光刻胶溶解得很快。

　　光刻工艺对光刻胶的性能要求：① 灵敏度高；② 分辨率高 (对比度大)；③ 与衬底黏附性好；④ 致密性好；⑤ 无针孔；⑥ 图形边缘陡直，无锯齿状；⑦ 抗蚀性好；⑧ 去胶容易不残留。

灵敏度是指能使光刻胶发生光化学反应所需要单位面积的能量，一般以 mJ/cm^2 为单位。曝光时，照射到晶圆上光刻胶中的光能量称为曝光量。光刻胶的灵敏度值越小表示其灵敏度越高，在曝光量相同的条件下，需要的曝光时间越短。

由瑞利准则可知，晶圆上的分辨率依赖于光刻机所用的曝光波长和透镜的数值孔径。

用对比度 (γ) 概念可更直接地表征光刻胶特性。γ 是光刻胶区分来自掩模版上亮区和暗区光强差别的标志性参数。对 γ 测量的方法是：在硅晶圆上涂一层正性光刻胶，并测量其厚度；接着，对光刻胶进行短时间的均匀曝光，曝光剂量等于光强乘以曝光时间，光强的单位是 mW/cm^2。

通过增加曝光剂量，测量曝光、显影前后的光刻胶厚度，归一化处理画出光刻胶厚度随入射剂量变化的对数曲线，就可以得到 γ 曲线。以正胶为例，如图 7.17 所示为理想光刻胶的对比度曲线 [24]

$$\gamma = \frac{1}{\lg(D_{100}/D_0)} \tag{7.6}$$

式中，γ 就是直线的斜率；D_0 是对正胶不产生曝光效果所允许的最大剂量；D_{100} 是完全除去正胶膜所需的最小剂量。

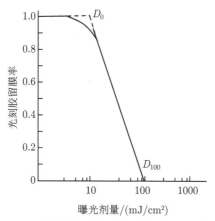

图 7.17　光刻胶留膜率与曝光剂量的关系曲线

将图 7.17 中的数据代入式 (7.6)，可得

$$\gamma = \frac{1}{\lg(100/10)} = 1$$

可以通过对比度来大致推测光刻胶的最终形貌。

光线进入光刻胶后，其光强度将按下式衰减：

$$I = I_0 e^{-\alpha z} \tag{7.7}$$

式中，α 是光刻胶中的光学吸收系数，其为单位长度的倒数。D_0 一般与光刻胶厚度无关，能量密度 D_{100} 反比于吸收率 A，这里

$$A = \frac{\int_0^{T_R} [I_0 - I(z)]\,\mathrm{d}z}{I_0 I_R} = 1 - \frac{I - e^{-\alpha T_R}}{\alpha T_R} \tag{7.8}$$

式中，T_R 是光刻胶的厚度，可以证明

$$\gamma \approx \frac{1}{\beta + \alpha T_R} \tag{7.9}$$

式中，β 是一个无量纲常数。由此可知，对比度会随着光刻胶的厚度降低而增大。但是如果光刻胶太薄，会影响对台阶的覆盖性。因此，在分辨率和光刻胶参数之间必须做一些折中。

实际曝光中，部分区域的光刻胶受到的曝光剂量在 D_0 和 D_{100} 之间，例如曝光区域边缘，在显影过程中只有部分溶解，因此显影后留下的胶层侧面有一定的斜坡。光刻胶对比度越高，侧面越陡。图 7.18 为正、负性光刻胶曝光后尺寸

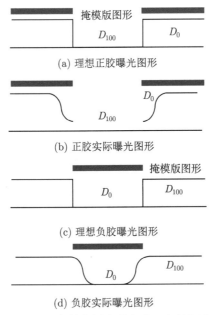

图 7.18　正、负性光刻胶曝光后尺寸变化示意图

变化示意图，其中 (a) 是理想的正性光刻胶曝光后的尺寸，图形边缘光刻胶膜是陡直的，尺寸与掩模版上的一致；(b) 是实际的正性光刻胶曝光后的尺寸，图形边缘光刻胶膜是倾斜的，尺寸大于掩模版上的；(c) 是理想的负性光刻胶曝光后的尺寸，图形边缘光刻胶膜是陡直的，图形色调反转后与掩模版上的尺寸一致；(d) 是实际的负性光刻胶曝光后的尺寸，图形边缘光刻胶膜是倾斜的，图形求反后小于掩模版上的尺寸。

7.5.2 临界调制传输函数

从对比度中得到的光刻胶性能优质因子是临界传输函数 (CMTF)，近似于获得一个图形所必需的最小光调制传输函数，临界传输函数定义为

$$\text{CMTF}_{胶} = \frac{D_{100} - D_0}{D_{100} + D_0} \tag{7.10}$$

利用对比度公式可以求得

$$\text{CMTF}_{胶} = \frac{10^{1/\gamma} - 1}{10^{1/\gamma} + 1} \tag{7.11}$$

CMTF 可以作为表征光刻胶分辨率的参数。其值一般约等于 0.3。

当实像图形的 MTF 值小于其 CMTF 值时，该图形不能被分辨；当实像图形的 MTF 值大于其 CMTF 值时，该图像可能被分辨[25]。

7.5.3 DQN 正胶的典型反应

最常用的正性光刻胶是 DQN，DQ 代表感光化合物，N 代表基体材料。这些光刻胶适用于 i 线和 g 线曝光，但是不适用于极短波长的曝光。其基体材料是一种稠密的酚醛树脂。酚醛树脂是一种聚合物，其基本的环结构如图 7.19 所示，这种基本的环结构可重复 5~200 次。其单体是一个带有两个甲基和一个羟基 (OH) 的芳香族环烃。酚醛树脂本身容易溶解在含水溶液中。添加溶剂可调节其黏度。黏度是涂覆光刻胶工艺的重要参数，主要影响胶膜的厚度。在曝光完成之前，大部分溶剂已经从光刻胶中蒸发出去。在光化学反应中，溶剂几乎不起作用。正胶常用的溶剂是芳香烃化合物的组合，例如二甲苯和各种醋酸。

最常用的感光化合物是重氮醌 (DQ：Diazoquinone)，如图 7.20 所示。SiO₂ 下面包含的芳香族环烃，对于不同光刻胶生产商可能是不一样的。用一个通用符号 R 来表示这部分分子以简化 DQ 分子。感光化合物作为抑制剂，可以将光刻胶在显影剂中的溶解速率降为原来的十分之一。这是由于感光化合物和酚醛树脂

与显影剂接触的光刻胶表面进行化合反应的结果[3]。涂胶之后的软烘可以使抑制机制更有效。

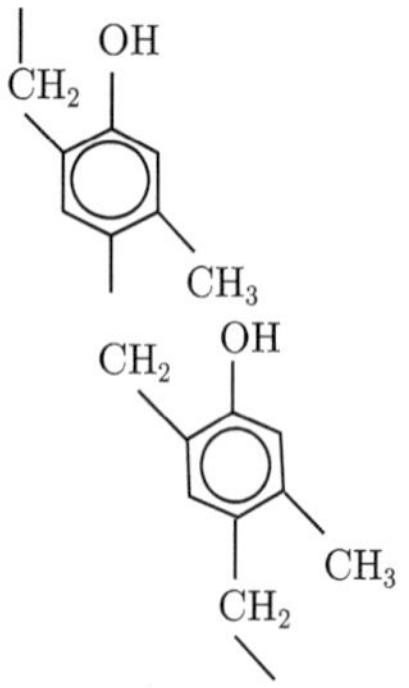

图 7.19　偏甲氧基酚醛树脂化学结构式[25]

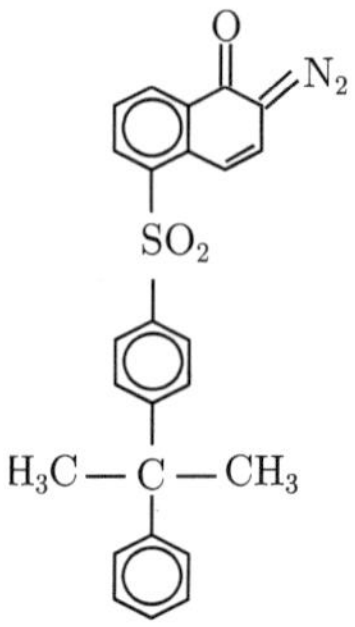

图 7.20　重氮醌化学结构式[26]

　　感光化合物中的氮分子 (N_2) 化合键较弱，如图 7.21 所示，紫外线使氮分子脱离碳环，留下一个高活性的碳位。一种稳定的方法是将环中的一个碳移到环外，氧原子将与这个外部的碳原子形成共价键。这个过程被称为 Wolff 重组。重组后的分子被称为乙烯酮，如图 7.21 所示。在有水的情况下，再发生重组，重组过程中环与外部碳原子之间的双化学键被一个单键和一个 OH 基所替代。最终的产物称为羧酸。

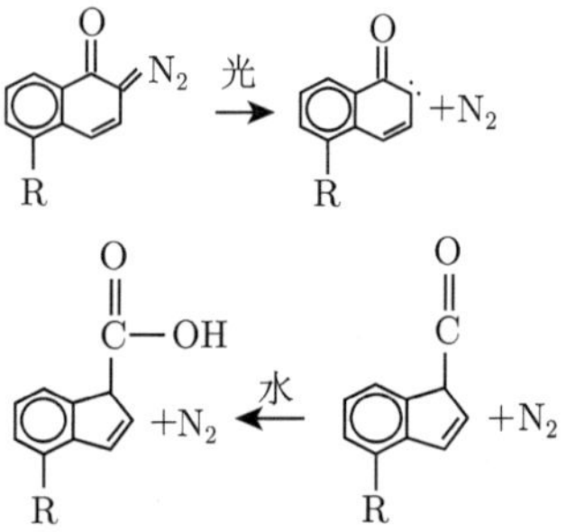

图 7.21　紫外线曝光后 DQ 的光分解作用及其后的反应[27]

　　初始材料不溶于基体溶液，如果在基体溶液中加入感光化合物，混合比例大约为 1:1，则光刻胶在基体溶液中几乎不溶解。羧酸易于与基体溶液反应而溶于其中。这是因为树脂/羧酸混合物将迅速吸收水，反应中放出的氮也使光刻胶起泡沫而进一步促进溶解。在这个溶解过程中发生的化学反应是羧酸分裂为水溶性的胺，如苯胺和钾盐或钠盐。酚醛树脂是水溶性的，易溶于水。这个过程一直持续进行直到所有曝光的光刻胶都被去除。只需要光、水和去除氮气就可以使该过程进行。常用的显影液是用水稀释的 KOH 或 NaOH 溶液。

DQN 光刻胶的主要优点是: ① 在显影剂中未曝光区基本不变, 这是因为显影剂无法渗入光刻胶。因此, 一个成像于正性胶上的亮区细线条图形能够保持其线宽和形状。② 酚醛树脂这种长链芳香烃聚合物可以耐受化学腐蚀。因此, 光刻胶图形对后面的等离子刻蚀工艺是一种很好的掩模材料。

大多数负性光刻胶通过曝光后交联聚合过程, 使大树脂分子相互连接而变得不可溶于显影液。常用的负性光刻胶是叠氮感光橡胶, 如环化聚异戊二烯。负性光刻胶与硅晶圆有良好的黏附性和很高的感光速度。这种负性光刻胶的主要缺点是在显影过程中图形线宽展宽而发生膨胀。展宽发生在有机溶剂中而不是水中。显影之后的烘焙会使线条缩回原来尺寸, 但是这种膨胀和收缩的过程常会使线条变形。在膨胀阶段, 邻近的线条可能会连在一起。负性光刻胶一般不适用小于 2.0 μm 的尺寸。负性光刻胶另一个常见问题是针孔。

7.5.4 二级曝光效应

光吸收谱是光刻胶的一个重要参数。使用特定光源的曝光机, 选择光刻胶时就要知道在该波长下的光刻胶中的吸收系数 α 值。当 α 大于胶厚的倒数时, 则仅有顶部的光刻胶被有效地曝光。显影之后, 会留下下面部分的胶, 表现为显影不足。如果 α 太大, 曝光期间, 光吸收几乎很少, 需要长时间曝光。苯醌可以很好地吸收汞的 g 线和 i 线, 而对中紫外线和可见光吸收少。

树脂吸收的光达不到光敏化合物, 不会发生化学反应。纯酚醛树脂是无色透明的, 在光刻胶加工过程中会变成橙褐色[28]。酚醛化合物对深紫外线吸收率低, 所以酚醛基的光刻胶不适用于深紫外线曝光。

大多数光刻胶在曝光过程中对光的吸收是变化的, 通常是减小。光化学吸收定义为未曝光区与已经曝光区之间吸收的差别, 这种效应又称为脱色。脱色可以提供更均匀的曝光。顶层光刻胶被曝光后变成了半透明的, 可以使下层的曝光更彻底。

在凸凹不平坦面上, 图像会产生表面反射效应, 光刻胶厚度的变化会引起线宽的变化。由于光刻胶是一类黏性的薄膜, 涂胶不能完全保形。它会使表面的凸凹状变平滑, 如图 7.22 所示。光刻胶在台阶顶部厚度比较薄 (小于平面时的胶膜

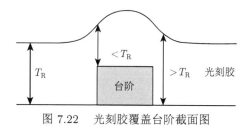

图 7.22 光刻胶覆盖台阶截面图

厚度),台阶边缘处比较厚 (大于平面时的胶膜厚度)。当台阶高度与胶膜厚度相当时, 这种差别就很显著。

7.5.5   先进光刻胶

将一种附加的感光化合物加入化学放大胶 (Chemical Amplified Resist,CAR) 的基体材料中。在曝光时化学放大添加剂显著增强原始化学过程。其过程是单光子能促使许多断键发生。当吸收一个光子后,光酸发生剂 (Photoacid Generator, PAG) 的化学性质就会变得活泼而溶解基体材料。传统的 DQN 胶中使用 CAR 可使曝光剂量低至 10 mJ/cm². 用于深紫外的光刻胶基本都使用化学放大剂作为感光化合物 [29]。典型的 DUV 光刻胶是由以下感光性的基体、PAC、保护剂和改良溶剂组成的。

聚甲基丙烯酸甲酯 (Polymethyl Metacrylate,PMMA) 是一种常用的深紫外光刻胶, 或是更复杂光刻胶中的基体部分。PMMA 是一种常用的电子束光刻胶。PMMA 是一种长链聚合物, 由 H-C-H 和 CH₃-C-COOCH₃ 成分交替组成, 这种链常常是卷曲态。深紫外线可使这种长链断开, 留下一个或多个具有不饱和键的碳原子, 或者是甲基 (CH₃), 或者是改变脂 (COOCH₃) 侧链。如果主链断开, 生成的短分子更容易在显影液中溶解。由溶解的气体产物 (CH₃、CH₃OH 和 HCOOCH₃) 产生的微泡沫可增加溶解速率 [30]。

PMMA 的抗等离子刻蚀能力非常弱, 甚至比许多被刻蚀的薄膜材料还要低。而且当厚宽比大于 4 以后, 其光刻胶图形机械强度退化, 所以用厚光刻胶弥补其抗刻蚀性不太现实。因此, 通常只用作表征光刻机极限分辨率, 作为图形掩蔽层能力有限。

另外,PMMA 的灵敏度较低, 其典型的曝光剂量要大于 200 mJ/cm², 而通常实际要求的灵敏度应该在 5~10 mJ/cm²。

PMMA 的另一个缺陷是存储时间短。

为了改善 PMMA 的性能, 人们将各种 PAG 加入 PMMA 类化合物中, 以增强其抗刻蚀能力 [31]。还有人在高温下曝光, 以增强其灵敏度和图形的对比度 [32]。

使用 CAR, 涂胶后暴露在室内的空气中会使光刻胶表面退化, 表现形式为孤立线条显影时会出现特有的 "T" 形。

使用 CAR, 在曝光与曝光后烘烤之间的时间内, 图形发生退化。其原因是PAC 从曝光区向未曝光区扩散, 导致图形发生退化 [33]。

对比度增强层 (Contrast Enhancement Layer, CEL) 可使光学光刻机用于更小的特征尺寸的图形。其工艺过程是在已经涂有 DQN 光刻胶的晶圆上, 在前烘之后, 再旋涂上某种材料 [34]。对于曝光所用波长, 这种材料是不透明的, 但是在经历了脱色反应之后变成透明的。这样可以有效地将掩模版上的图形转移到与光刻胶硬接触的 CEL 顶层。在曝光之后，显影之前将 CEL 剥离。

无机胶是一类电荷转移的化合物。在这些系统中，由于胶中的极性变化而导致其具有不可溶性。硫系玻璃 (Chalcogenide Glass) 经适当的光照射后，其化学性质剧烈变化，硫系玻璃易溶于碱性溶液。适合作为光刻胶材料。然而，当某些金属，特别是银 (Ag) 存在时，这些玻璃在光照下几乎不溶。因此，这些玻璃膜可用作负性光刻胶。

例如，在 Se-Ge 中掺入 Ag。其工艺过程如图 7.23(a)~(g) 所示：

(a) 用射频溅射或蒸发淀积一层 2000 Å 的 Se-Ge 薄膜，Se-Ge 膜的组成大约是 $Se_{80}Ge_{20}$ (%，原子百分比)。

(b) 在室温下将硒锗薄膜浸入 $AgNO_3$ 水溶液中在 Se-Ge 层上会淀积一层 Ag，根据薄膜厚度的变化而改变浸渍时间。100 Å 银层厚度足以使厚度达 1 μm 的硒-锗薄膜在曝光后不溶于碱性溶液。

(c) 用 200~460 nm 波长的光源进行曝光 [35]。

(d) 在 HNO_3-HCl-H_2O 溶液中去除未暴露区域的残余银。

(e) 在 NH_4OH、KOH 或 NaOH 的碱性水溶液中处理，蚀刻未暴露或 "未经热处理" 的 Se-Ge 膜区域。

(f) 用 CF_4 或其他含氟的等离子体刻蚀诸如 SiO_2、Si_3N_4 等待刻蚀的介质薄膜。

(g) 用热 H_2SO_4 很容易去除含有 Ag 的 Se-Ge 薄膜。

这种方法也可以作为正胶使用 [36]。正胶工艺过程如图 7.23(h)~(k) 所示：

(h) 淀积 Se-Ge 薄膜，然后进行热处理。

(i) 进行曝光。

(j) 用碱溶液刻蚀曝光部分的 Se-Ge 层，未曝光部分也会有所减薄。

(k) 刻蚀未被掩蔽的介质层。

(l) 去掉 Se-Ge 层。

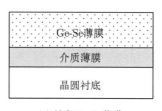

(a) 淀积Ge-Se薄膜

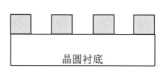

(g) 去掉Se-Ge膜

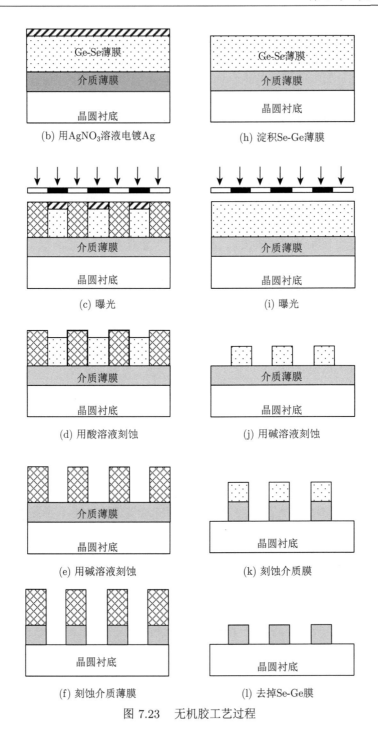

图 7.23　无机胶工艺过程

7.6 小 结

本章首先介绍了典型的涂胶、前烘、曝光、曝光后烘焙、显影、坚膜和检查等光刻工艺步骤。然后讲述了接触式、接近式和投影式等光刻机的类型，以及影响分辨率的关键因素。最后介绍了光刻胶种类及其特性。

习 题

(1) 典型的光刻工艺主要有哪几步？简述各步骤的作用。

(2) 光刻对准标记中 RA、GA、FA 分别是什么，它们有什么作用？

(3) 简述光刻胶的对比度对曝光图形的影响。

(4) 简述光刻中的表面反射和驻波效应。

(5) 接触式光刻机的主要问题是什么？

(6) 接近式光刻机的主要局限性是什么？

(7) 解释分步重复式光刻机的基本功能。

(8) 采用分步扫描式光刻机的主要优势是什么？

(9) 简述 NA 的定义。

(10) 简述焦深的定义，写出计算焦深的公式。

(11) 什么是套准精度？

参 考 文 献

[1] Campbell S A. The Science and Engineering of Micro-electronic Fabrication. Oxford: Oxford University Press, 1996: 152.

[2] Meyerhofer D. Characteristics of resist films produced by spinning. J. Appl. Phys., 1978, 49: 3993-3997.

[3] Campbell S A. Fabrication Engineering at the Micro and Nanoscale. Oxford: Oxford University Press, 2008: 208-209.

[4] Arcus R A. A membrane model for positive photoresist development. Proc. SPIE, 1986, 631: 124.

[5] Flores G E, Loftus J E. Lithographic performance and dissolution behavior of novolac resins for various developer surfactant systems. Proc. SPIE, 1992, 1672: 317.

[6] Shimada H, Toshiyuki I, Shimomura S. High accuracy resist development process with wide margins by quick removal of reaction products. Proc. SPIE, 1994, 2195: 813.

[7] Iwamoto T, Shimada H, Onodera M, et al. High-reliability lithography performed by ultrasonic and surfactant-added developing system. Jpn. J. Appl. Phys., 1994, 33: 491.

[8] Quirk M, Serda J. Semiconductor Manufacturing Technology. Upper Saddle River: Prentice Hall, 2001: 372.

[9] Thompson L F, Willson C G, Bowden M J. Introduction to Microlithography. Washington, DC: American Chemical Society, 1983.

[10] Patel R. Excimer lasers for optical lithography. Vacuum Thin Film, 1999: 30.

[11] Hibbs M. System overview of optical steppers and scanners//Sheats J, Smith B. Microlithography Science and Technology. New York: Marcel Dekker, 1998: 18.

[12] Ei-Kareh B. Fundamental of Semiconductor Processing Technologie. Boston: Kluwer Academic Publishers, 1995: 174.

[13] Quirk M, Serda J. Semiconductor Manufacturing Technology. Upper Saddle River: Prentice Hall, 2001: 375.

[14] Campbell S A. Fabrication Engineering at the Micro and Nanoscale. Oxford: Oxford University Press, 2008: 181.

[15] van den Brink M A, Katz B A, Wittekoek S. New 0.54 aperture i-line wafer stepper with field-by-field leveling combined with global alignment. Proceedings of SPIE—The International Society for Optical Engineering, 1991, 1463: 709.

[16] Unger R, Sparkes C, Disessa P, et al. Design and performance of a production worthy excimer-laser-based stepper// V. Pol. Optical/Laser Microlithography. IV. Proc. SPIE, 1992, 1674: 708.

[17] Campbell S A. Fabrication Engineering at the Micro and Nanoscale. Oxford: Oxford University Press, 2008: 183.

[18] 庄同曾，张安康，黄兰芳. 集成电路制造技术——原理与实践. 北京：电子工业出版社，1987：323-325.

[19] Dejule R. Resists for Next-generation masks. Lithography Technology News, Semiconductor International, 1998: 46.

[20] Ito H, Willson C G. Chemical amplification in the design of dry developing resist materials. Polymer Engineering and Science, 1983, 23(18): 1012-1018.

[21] Gallation G. Alignment and overlay// Sheats J, Smith B. Microlithography: Science and Technology. New York: Marcel Dekker, 1998: 318.

[22] Dejule R. Lithography. Semiconductor International, 1998: 50.

[23] Quirk M, Serda J. Semiconductor Manufacturing Technology. Upper Saddle River: Prentice Hall, 2001: 403.

[24] Campbell S A. Fabrication Engineering at the Micro and Nanoscale. Oxford: Oxford University Press, 2008: 204.

[25] Campbell S A. Fabrication Engineering at the Micro and Nanoscale. Oxford: Oxford University Press, 2008: 207.

[26] Campbell S A. Fabrication Engineering at the Micro and Nanoscale. Oxford: Oxford University Press, 2008: 202.

[27] Campbell S A. Fabrication Engineering at the Micro and Nanoscale. Oxford: Oxford University Press, 2008: 203.

[28] Knop A. Applications of Phenolic Resins. Berlin: Springer-Verlag, 1979.

[29] Burggraaf P. What's available in deep-UV resists. Semiconductor International, 1994: 56.

[30] Van Pelt P. Processing of deep-ultraviolet (UV) resists. Proc. SPIE, 1981, 275: 150.

[31] Pieter V P, Jacob W. Method of applying a resist pattern on a substrate, and resist material mixture: U.S. Patent 4405708. [1982-9-22].

[32] Harada K, Sugawara S. Temperature effects on positive electron resists irradiated with electron beam and deep-UV light. J. Appl. Polym. Sci., 1982, 27: 1441.

[33] Paniez P J, Rosilio C, Vinet F, et al. Origin of delay times in chemically amplified positive DUV resists. Proc. SPIE, 1994, 2195: 14.

[34] Griffing B F, West P R. Contrast enhancement lithography. Solid State Technol., 1985, 152.

[35] Benedikt G. Ring-opened polynorbornene negative photoresist with bisazide: U.S. Patent 4571375. [1986-2-18].

[36] Ong E, Hu E L. Multilayer resists for fine line optical lithography. Solid State Technol., 1984, 27(6): 155-160.

第 8 章 先 进 光 刻

韩郑生 罗 军

光刻技术是实现器件小型化的关键环节，但在发展的过程中光刻的成本与工艺复杂度也在不断攀升。当半导体技术节点推进至 16 nm/14 nm 及以下时，传统的光学光刻技术几乎到达了其物理极限。在传统的光学光刻基础上人们开发了浸没式、离轴照明、光学邻近效应修正和相移掩模等增强技术。在 2013 年国际半导体技术蓝图中提出下一代光刻技术的解决方案可能有极紫外光刻、纳米压印、无掩模光刻和嵌段共聚物 (Block Copolymers) 定向自组装四种 [1]。

8.1 先进光刻机曝光系统

传统光刻机曝光系统是由光源和透镜等部件组成的。先进的光刻机基础曝光系统在此基础上，增加了其他材料或技术，以改善分辨率和聚焦深度 (DOF)。例如，在镜头前增加液体的浸没式技术、离轴照明技术等。

8.1.1 浸没式光刻机

按照分辨率与所用曝光光源波长 (λ) 的比例关系，采用 ArF 材料 193 nm 光源后，应该采用 F_2 材料的 157 nm 光源。然而，浸没式光刻 (Immersion Lithography) 技术再结合其他技术，使得 193 nm 光源延续跨越了好几个技术代，直到 14 nm 技术代。以至于主流 CMOS 集成电路光刻工艺设备跳过了 157 nm 光源。

根据瑞利判据 $W_{\min} = k_1 \dfrac{\lambda}{\mathrm{NA}}$，要提高分辨率，可以通过增大数值孔径 (NA) 来实现。前面提到的传统曝光系统中，物镜与晶圆之间的媒介都是空气，空气的折射率 $n = 1$。由数值孔径的定义 ($\mathrm{NA} = n \sin \alpha$) 可知增大折射率 ($n$) 就可以增大 NA。增大 NA 有助于提高光刻系统的分辨率，减小特征尺寸。浸没式光刻机应运而生。

对于大的 NA 值，DOF 的经典瑞利准则 (Rayleigh's Criterion) 不同于式 (7.2)，表示为

$$\mathrm{DOF} = \frac{\lambda}{4n \times \sin^2 (\theta_\mathrm{p}/2)} \tag{8.1}$$

式中，θ_p 为节距 (P) 的光栅的一阶传播角，其定义为

$$\theta_p = \frac{\lambda}{n \times P} \tag{8.2}$$

式中，节距 P 等于条宽与条间距之和；若条宽 (W) 与条间距相等，光栅的节距等于 $2W$。

定义干式光刻系统与浸没式光刻系统的聚焦深度之比 (Ratio) 为

$$\text{Ratio} = \frac{\text{DOF}_{n \,(液体)}}{\text{DOF}_{n \,(空气)}} = \sqrt{\frac{n^2 - (\lambda/2P)^2}{1 - (\lambda/2P)^2}} \tag{8.3}$$

当光栅的节距较大时，该比值趋于 n。在使用浸没式光刻系统时，通常该值会大于 n，这说明浸没式光刻系统比传统干式光刻系统在聚焦深度方面有明显优势。浸没式光刻系统的原理如图 8.1 所示。图中虚线表示传统干式曝光系统、光束折射路径及对应的图像聚焦平面；实线表示浸没式曝光系统、光束折射路径及对应的图像聚焦平面。显然浸没式曝光系统的聚焦深度要大于干式曝光系统的。增大聚焦深度有助于改善关键尺寸的均匀性[2]。

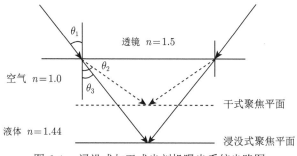

图 8.1 浸没式与干式光刻机曝光系统光路图

液体浸没方法主要有晶圆浸没、工件台浸没和局部浸没三种。其中局部浸没法的工件台与干式的对准系统和调焦调平系统基本相同，注入的液体量少，注满和排空的效率高。所以，局部浸没法是主流的浸没式光刻工艺。

浸没式光刻是通过向将要曝光的承片台局部区域提供适量的液体来实现的，完成一次曝光之后，透镜将移动到下一个曝光位置，而浸润的液体则由于表面张力的作用会继续保留在透镜的下面[3]。如果透镜与晶圆之间的间隙尺寸能够得到保证，由喷嘴形成的气帘可以将这些液体限制在所需的特定区域内。

最常见的结构如图 8.2 所示[4]。将喷嘴设置在晶圆一侧，曝光前将液体注入到镜头下面；吸嘴设置在另一侧，曝光后将液体吸回。这种方法的主要优点是晶圆上每一次曝光所用的液体可以得到不断更新，因而可以获得很好的温度控制。

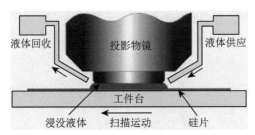

图 8.2　浸没式光刻机浸没系统 [4]

最初使用水作为浸没式光刻系统提高折射率的液体 [5-7]。水对于 193 nm 波长光的吸收率约为 0.01%，有利于使光透过水而进入到光刻胶中。水对 193 nm 波长光的折射率高达 1.436，193 nm 波长光在水中的等效波长是 134 nm。此外，水与硅晶圆的兼容性好。但是，当水与光刻胶接触并可能渗入其内与其中光致产酸剂作用，曝光后产生的酸等物质析出使光刻胶图形受损，甚至可能污染和腐蚀相接触的镜头 [8]。因此，需要在光刻胶表面再涂一层涂料，或者改进光刻胶自身的性能。

在曝光过程中，还要注意消除液体中的微气泡。这些微气泡会引起曝光光束的散射。温度或压力发生改变会使溶在水中的气体释放出来形成气泡 [9]。可以通过优化设计填充液体的喷嘴，防止发生飞溅、阻止气泡带入，以消除液体中的气泡 [5]；也可以使用脱气的液体来解决气泡问题。光刻胶表面的形貌也可能引入一定的空气 [10]。

22 nm 节点光刻解决方案是 193 nm 浸入式加二次曝光。

8.1.2　同轴与离轴照明技术

光刻机照明分为同轴和离轴两种方式，如图 8.3 所示 [11]。

图 8.3(a) 所示为光源同轴照明 (On-Axis Illumination) 光路图，将点光源设置在会聚透镜焦平面的主轴上，光线穿过会聚透镜成为平行光并照射到光掩模版上。参与成像的 −1 级、0 级、+1 级三束衍射光同时照射在投影透镜上，穿过投影透镜最终在晶圆表面成像。

图 8.3(b) 所示为光源离轴照明 (Off-Axis Illumination，OAI)。在采用离轴照明的曝光系统中，掩模版上的照明光线都与投影物镜主光轴有一定的夹角。入射光经光掩模发生衍射，左侧光源的 0 级、−1 级衍射光与右侧光束的 +1 级、0 级衍射光同时照射在投影透镜上参与成像 [11]。投影透镜收集 0 级和 +1 级衍射光在晶圆表面成像。与同轴照明不同的是离轴照明有沿主光轴方向传播的光。

如果要使掩模版上全部图形信息准确地复制到晶圆表面，就应该让投影透镜收集全部衍射光。实际上，由于透镜不可能无限大，无法收集全高级衍射光。掩

模版上的图形尺寸越小，衍射角越大。同轴照明分辨极限对应的条件是

$$P \cdot \sin \beta = \lambda \tag{8.4}$$

式中，P 为掩模版上图形的周期；β 为 +1 级光线的衍射角；λ 为光源波长。这种情况下，±1 级衍射光照射在投影透镜的边缘被收集。注意光线中正负同级别的衍射光包含重复的光学信息。

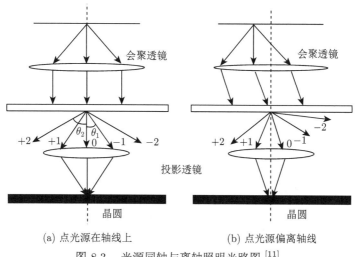

(a) 点光源在轴线上　　　　　　(b) 点光源偏离轴线

图 8.3　光源同轴与离轴照明光路图[11]

对于同样尺寸的投影透镜，离轴照明时可以收集 0、+1 和 +2 级的衍射光线。即利用更多的有效衍射光参与成像，进而改善图形的分辨率。

离轴照明技术可以改善 DOF[11]。离轴照明技术是在 1989 年被提出的，现在已经得到了广泛应用。

同轴照明聚集点与偏离点的光程差为

$$\text{DOF} \cdot \sin \beta = \text{DOF} \cdot \lambda / P \tag{8.5}$$

离轴照明分辨极限对应的条件是

$$P \left(\sin \beta' - \sin \alpha \right) = \lambda \tag{8.6}$$

式中，β' 为 0 级和 +1 级衍射光线的夹角；α 为照射到掩模版上光线的入射角。聚集点与偏离点的光程差为 $\text{DOF} \cdot \sin \left(\beta'/2 \right)$。所以有

$$\text{DOF} \cdot \sin \left(\beta'/2 \right) < \text{DOF} \cdot \lambda / P \tag{8.7}$$

即在偏离同样聚焦点处，离轴照明的相位差小于同轴照明的，这意味着其他条件相同的情况下，离轴照明的聚焦深度大于同轴照明的。

实现离轴照明的光源可以是 (a) 环形照明、(b) 四极照明、(c) 水平二极照明和 (d) 垂直二极照明，如图 8.4 所示 [11]。

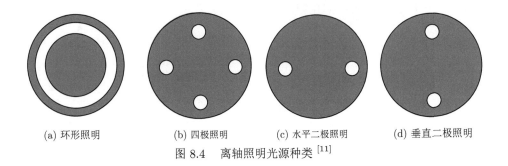

(a) 环形照明　　　　　(b) 四极照明　　　　　(c) 水平二极照明　　　　　(d) 垂直二极照明

图 8.4　离轴照明光源种类 [11]

图 8.5 中比较了常规光源和环形光源的光路。常规光源是入射光的 0 级、−1 级和 +1 级衍射光通过光栅到达透镜，−2 级和 +2 级衍射光被光栅遮挡。而环形光源是 0 级和 +1 级衍射光通过光栅到达透镜，−1 级和 +2 级衍射光被光栅遮

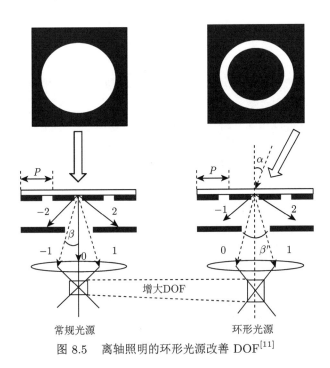

图 8.5　离轴照明的环形光源改善 DOF[11]

挡。图中用虚线标识出环形光源的 DOF 大于常规光源的。离轴照明的问题是所收集的衍射光束是不对称的, 0 级衍射光强远大于 +1 级和 −1 级衍射光 [11]。

8.2 掩模版工程

为了改善缺陷密度和分辨率, 有两种针对光刻掩模版制造的方案: 光学邻近效应修正 (OPC) 和相移掩模 (PSM)。

8.2.1 光学邻近效应修正

投影系统的孔径和镜头的大小和形状均会造成一部分来自掩模版的特征信息损失, 导致方角变圆角、线宽不等、窄线条终端缩短等, 如图 8.6(b) 和图 8.7(a) 所示。原则上, 这些效应可以通过调整光刻版上的特征尺寸和形状进行一定程度的补偿, 如图 8.7(b) 所示。如掩模版上图形是图 8.7(a) 上面的长方形, 实际曝光显影工艺完成后, 晶圆上光刻胶的形状可能会变成图 8.7(a) 下面的椭圆形。

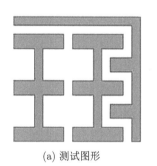 

(a) 测试图形   (b) 在晶圆上未修正的结果

图 8.6 光学邻近效应修正

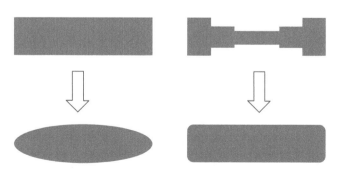

(a) 无修正   (b) 有修正

图 8.7 光学邻近效应修正

8.2.2　相移掩模

一块包含有衍射栅格的掩模被相移材料以两倍的栅周期覆盖，并保持每隔一个孔就以这种方式覆盖这种相移材料，材料的厚度和折射率要保证经过它的光相对于未通过它的光恰好有 180° 的相移 [12]。典型相移材料的厚度为

$$t = \frac{\lambda}{2\,(n-1)} \tag{8.8}$$

式中，$n \approx 1.5$；$t \approx \lambda$。理想的情况应该是相移材料不会衰减，反射或散射入射光。相移的结果是使来自相邻的图形的衍射分布的尾部产生相消干涉，而不是相长干涉，如图 8.8 所示。这样可以改善晶圆表面的传输函数，以提高分辨率。

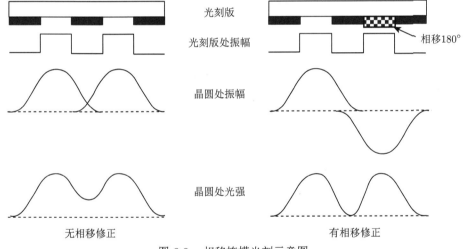

图 8.8　相移掩模光刻示意图

关于相移材料的选择，有人提出在表面加一层薄膜，如图 8.8 所示；也有人采用刻蚀石英掩模本身材料到适当的深度来实现相移 [13]。此外，还有人提出自对准相移器，该技术只有在接近图形边缘处才进行相移曝光 [14]，其优点是优化图形，又称为边缘相移 (Rim Phase Shifting)，其流程如图 8.9 所示。(a) 对铬光刻版涂胶、光刻及显影；(b) 以光刻胶图形做掩蔽，刻蚀铬层和适当厚度的石英材料；(c) 利用光刻胶掩蔽横向刻蚀一定距离；(d) 去除光刻胶，最后形成的铬和石英的截面形貌作为局部相移器。这种方法的优点是可以显著改善图形的反差和特征尺寸条宽的重复性。

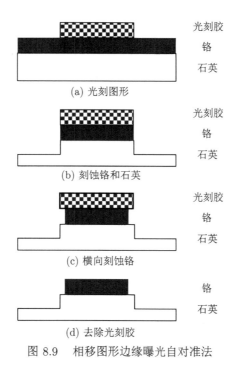

(a) 光刻图形

光刻胶

铬

石英

(b) 刻蚀铬和石英

光刻胶

铬

石英

(c) 横向刻蚀铬

光刻胶

铬

石英

(d) 去除光刻胶

铬

石英

图 8.9　相移图形边缘曝光自对准法

8.3　表面反射和驻波的抑制

曝光的入射光在晶圆和光刻胶表面反射，在晶圆上的光刻胶内入射光与反射光发生干涉，使光强周期地产生相长与相消作用，即驻波效应，其原理如图 8.10 所示[15]。其表现为光刻胶线条的显微照片会显示出光刻胶边缘存在螺纹形状，如图 8.11 所示。光刻时曝光所需要的时间与光刻胶下面各层薄膜的光学性质相关，例如，金属层的反射作用使得对上面光刻胶的曝光时间就要小于反射少的薄膜的曝光时间。

应用抗反射涂层 (ARC) 可以改变反射波的相位，完全消除驻波图形。

曝光的光线穿透光刻胶遇到硅晶圆上不同介质膜表面就会发生反射，入射到光刻胶中的光学能量将会改变。若晶圆片表面存在较大梯度，表面反射会使图形畸变，如图 8.12 所示。这时若金属线条通入一个扩大的接触孔，接触孔的反射光对图形曝光，导致接触孔线条形状畸变。

针对表面反射效应，可以通过优化工艺条件抑制驻波效应。例如，通过改变淀积介质或金属薄膜速率来控制薄膜的反射率；采用 CMP 等表面平坦化处理来避免薄膜表面高度差；涂胶前，先涂敷一层 ARC 来降低光在薄膜表面的反射强度。

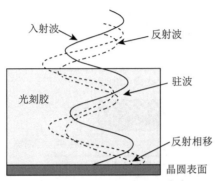

图 8.10 驻波效应原理图 [15]

图 8.11 驻波效应 SEM 图

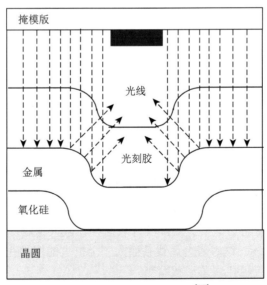

图 8.12 曝光反射示意图 [15]

ARC 主要分为有机 ARC 以及无机 ARC。有机 ARC 可以在底部 ARC

(BARC) 和顶部 ARC (TARC)，采用旋涂法涂敷，生产效率也高，形貌是非共形的 (Non-conformal)。无机 ARC 的介质 ARC (DARC) 包括 SiON、无定形 C 等，采用 CVD 淀积，生产效率低，形貌是共形的 (Conformal)。

图 8.13(a) 为传统工艺，(b) 为涂有抗反射聚合物的工艺。可以看到侧壁的反射完全被消除，尺寸控制得非常好 [16]。

(a) 传统工艺　　　　　　　　　　　　　　(b) 涂有抗反射聚合物的工艺

图 8.13　光刻图形形貌 [16]

8.4　电子束光刻

电子的波长小于 0.1 nm，所以衍射效应及其加在光学光刻系统上的限制对于电子束系统来说都不是问题。电子束系统的电子源要具有强度高、均匀性好、束斑小、稳定性好和寿命长的性能。强度的测量单位是每单位立体角弧度、每单位体积的安培数。在阴极加热时，电子可以通过热电子发射从电子枪的阴极逸出，也可通过施加一个大电场发射，或者将两者结合的热助场发射，或者用光照的光发射。图 8.14 为两种电子枪的结构图，(a) 是热电子发射结构；(b) 是场致发射结构。电子枪的主要参数指标是发射电子电流的密度 J_c[17]

$$J_c = AT^2 e^{-E_W/kT} \tag{8.9}$$

式中，A 是材料的理查森数，其典型值是 $10 \sim 100$ A/(cm$^2 \cdot$ K^2)；E_W 是有效金属功函数；T 是温度；k 是玻尔兹曼常量。

热电子发射的材料有钨、含有钍的钨或六硼化镧 (LaB$_6$)。钨灯丝可以在 0.1 mTorr 下工作，其电流密度约为 0.5 A/cm^2。含有钍的钨阴极需要在 0.01 mTorr 下工作，其电流密度约为 3 A/cm^2。六硼化镧要在 10^{-6} Torr 下工作，阴极电流密度可达 20 A/cm^2。

灯丝的另一个关键指标是灯丝源的截面直径。通常加热金属丝产生很宽的电子束流，其对应的能量分布也很宽，对其聚焦也困难。通常六硼化镧源的直径大约是 10 μm。

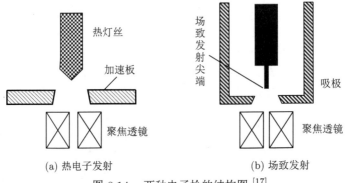

(a) 热电子发射   (b) 场致发射

图 8.14   两种电子枪的结构图 [17]

在真空中产生电子流以后，首先要将其整形成窄束流。这可以通过 2~3 级静电透镜和多种消隐装置和刀刃来实现 [17]。

电子束光刻主要分为直写式电子束光刻 (图 8.15) 和投影式电子束光刻。

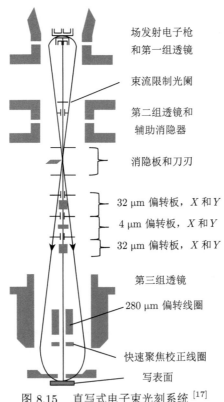

场发射电子枪
和第一组透镜

束流限制光阑

第二组透镜和
辅助消隐器

消隐板和刀刃

32 μm 偏转板，X 和 Y

4 μm 偏转板，X 和 Y

32 μm 偏转板，X 和 Y

第三组透镜

280 μm 偏转线圈

快速聚焦校正线圈

写表面

图 8.15   直写式电子束光刻系统 [17]

8.4.1 直写式电子束光刻

直写式电子束光刻 (Electron Beam Lithography，EBL) 系统多用来制造掩模版，也可用来在晶圆片上直写产生图形。

大部分直写系统使用小电子束斑，相对晶圆片进行移动，一次仅对图形曝光一个像素。

电子束从电子枪发出，经过束流限制光阑、透镜组、偏转器等结构，被整形成窄束流，最终落在晶圆片上。

直写式电子束光刻的主要缺点是产率低。直写式电子束光刻的产率在每小时一片硅片的量级，而光学步进机的产率每小时大于 100 片。

通常电子束直写光刻使用的是高斯束流，束流强度从中心起，沿半径方向的变化接近高斯分布。电子束直写光刻的扫描方式有光栅扫描法和矢量扫描法两种，如图 8.16 所示[18]。

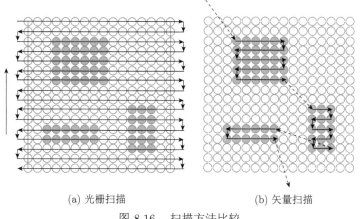

(a) 光栅扫描   (b) 矢量扫描

图 8.16 扫描方法比较

在光栅扫描法中，每一个像素被逐次扫描[19]。图 8.16(a) 中从左到右，然后从上向下的箭头表示电子束扫描的方向和路径，左侧从下向上的箭头表示承片台移动的方向。这样，曝光时间几乎与图形无关，图形就是通过打开快门使电子束到达晶圆表面，关闭快门使电子束被截断，从而实现图形的曝光。同时，通过机械运动使承片台在垂直于电子束扫描的方向上扫描。

矢量扫描方法的操作过程是，控制计算机根据版图数据将需要曝光的位置地址 (x, y) 送入数/模转换器 (DAC)，由数/模转换器控制驱动电子束定位到需要曝光的区域，仅对这些区域曝光[20]。这种扫描方法的好处是不用逐点扫满整个芯片面积，可以节省电子束偏转时间，提高曝光效率。所采用数/模转换器的字长决定着电子束的定位精度；数/模转换器的工作速度决定着曝光效率。

如果我们想获得一个更精细的分辨率，扫描间距必须很小，然而，写入时间之后迅速增加。为了解决这个问题，开发了矢量扫描系统，如图 8.16(b) 所示。在这个系统中，电子束只扫描图形所在的区域。写入时间不取决于图形大小，而取决于图形密度。在矢量扫描系统中，总写入时间 T 由下式给出：

$$T = N \times (D/J + T_{\text{set}}) + T_{\text{oh}} \tag{8.10}$$

式中，T 为总曝光时间；N 为总曝光点数；D 为光刻胶灵敏度；J 为电流密度；T_{set} 为光束偏转的稳定时间；T_{oh} 为晶圆交换时间、抽真空时间、图形对准时间等辅助时间。

由式 (8.10) 可知，减少曝光点数 N 是减少总曝光时间的关键。图 8.17 显示了电子束光刻中光束形状的演变。在这里，曝光点被定义为在一定剂量需要一定时间的静态电子束曝光。首先，我们使用了一个非常精细的聚焦电子束。由于器件图形的最小特征尺寸大于电子束尺寸，我们必须用精细的电子束曝光点填充图形。在这种情况下，需要 96 次曝光来填充图形，如图 8.17(a) 所示。

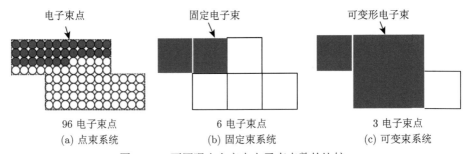

图 8.17   不同曝光方案中电子束点数的比较

一般来说，设备图形中有一个最小的特征尺寸，因此我们可以准备一个根据该特征尺寸定制特定形状的束斑 [21]。这被称为成型束系统。利用该系统，电子束曝光的束斑数急剧减少。在图 8.17(b) 的情况下，填充图形需要六次曝光。成型束系统适合特定的图形应用，但不适合一般应用。随着最小特征尺寸的频繁变化，我们不得不开发一个更灵活的系统。

后来开发了一种可处理各种应用的可变形状电子束系统 [22-24]。有了这个系统，我们可以改变电子束的尺寸，大大缩短写入时间。图 8.18 所示为可变形状电子束系统的机理。在电子柱中，这两个光阑之间有两个方形光阑和一组电子束整形偏转器。改变第二光阑上第一光阑阴影的重叠条件，可以改变电子束的尺寸。

然而，即使采用可变形电子束系统，写入时间也不能充分缩短，因为先进的超大规模集成电路需要非常精细的最小特征尺寸，晶圆上的超大规模集成电路图形数量也变得非常大。可变形电子束梁系统的生产效率仍然很低。为了解决这个问题, 开发了字符/单元投影系统 [25-28]。图 8.19 显示了该字符/单元投影系统的电子光学。甚大规模集成电路芯片上有许多图形, 但是, 有许多图形是周期性排列的。在存储器芯片中, 几乎 90% 以上的阵列是周期性排列的。即使在微处理器芯片中, 超过 70% 的图形是由静态随机存取存储器 (SRAM) 图形组成的。利用这种周期性排列图形, 我们可以减少曝光次数。在字符/单元投影系统中, 这种周期性排列的图形是在第二个光圈上制备的。通过选择这样的周期性排列图形, 可以大大减少曝光量。

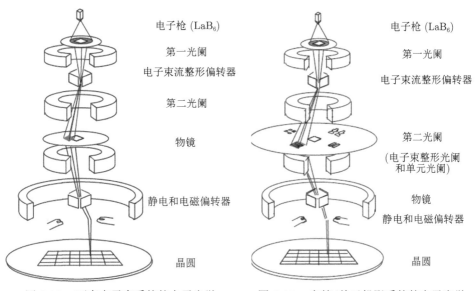

图 8.18　可变电子束系统的电子光学　　　　图 8.19　字符/单元投影系统的电子光学

8.4.2　电子束光刻的邻近效应

入射电子遇到光刻胶后, 其中一些电子发生散射在光刻胶中改变方向运动一段距离, 使邻近不应该曝光的区域曝光, 引起图形畸变的现象称为邻近效应。

图 8.20(a) 显示了设计的图形, 上面孤立图形代表分布稀疏的孔, 下面代表分布密集的孔。图 8.20(b) 显示了电子束光刻中淀积的能量分布, 可以看出上面淀积的电子束能量还没有充满设计的孔; 下面淀积的电子束能量已经超过设计的孔的范围。图 8.20(c) 显示了在光刻胶中电子散射 (上面) 和淀积能量分布图 (下面)。

为了校正邻近效应, 提出了各种邻近效应校正方法, 如剂量校正法和尺寸校正法。

在光刻胶层中淀积的电子能量由与正向散射电子 (Forward Scattering Electron) 相关的能量和与背散射电子 (Backscattering Electron) 相关的能量组成。正向散射的散射范围与加速电压成反比, 即加速电压越高, 散射范围越小。另一方面，背散射的散射范围随加速电压的增大而增大。但是，随着加速电压的增加，淀积的能级降低。因此，邻近效应的特性随加速电压的不同而表现出不同的方面。

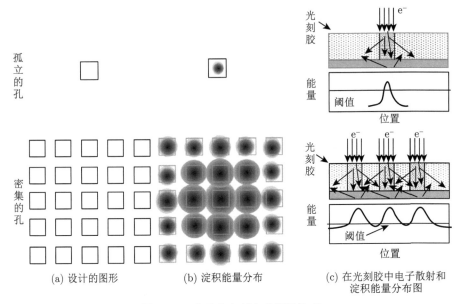

(a) 设计的图形   (b) 淀积能量分布   (c) 在光刻胶中电子散射和淀积能量分布图

图 8.20   电子束光刻中的邻近效应

在 1~10 kV 等低加速电压情况下，电子散射范围主要由正向散射范围决定。可采用简单的邻近校正方法，如剂量控制。在 10~40 kV 的中间加速电压情况下，背散射范围和淀积能级是不可忽略的，需要非常复杂的近似校正程序。为了满足这一要求，提出了各种接近修正程序 [29-33]。这些程序需要精确计算淀积能量分布。计算芯片上的所有图形需要巨大的计算能力。

在 50 kV 及以上的高加速电压情况下，背散射范围变大，但淀积能级变低。可采用相对简单的邻近校正程序。在这个范围内，背散射电子的淀积能级与图形密度本身成正比。通过根据图形密度控制剂量，可以很容易地纠正邻近效应 [34,35]。

加速电压的选择：由于高加速电压入射电子的正向散射范围较小，因此高加速电压提供了更高的分辨率。在电子束曝光的第一阶段，通常使用相对较低的加速电压，例如 10~20 kV 的加速电压。随着小型化进程的推进，加速电压会变得更高。目前，许多电子束系统都采用 50 kV 及以上的加速电压，即使在掩模写入系统中，现在几乎所有掩模写入器都使用 50 kV 加速电压。

高加速电压会降低光刻胶的灵敏度。从生产效率来看，较低的加速电压是有利的。但是，较低的加速电压会降低分辨率。为了克服这个缺点，使用薄成像层是有效的。最先进的多电子束系统之一，多孔径逐像素分辨率增强 (Multiple Aperture Pixelby-Pixel Enhancement of Resolution，MAPPER) 利用 5 kV 的加速电压 [36]。在使用 MAPPER 时，应该使用多层光刻胶方案以获得更高的分辨率。多层光刻胶方案也有助于防止图形坍塌。因此，在大多数前沿图形制作过程中，经常使用多层光刻胶方案。

8.4.3 多电子束光刻

上述主要是介绍如何在单电子束方案中提高生产效率。实际上，也可以同时利用多个电子束方案来有效地提高生产效率。前面介绍的字符/单元投影系统就是利用多个电子束，通过光阑将单电子束彼此分离。一些多电子束系统集中利用这一概念。

实现多电子束有几种方法，但主要的方法是两种。一种方法是用一个电子枪和几个小孔将电子束分开。另一种方法是使用多个电子枪和多个电子柱 (Multiple Column)，如图 8.21 所示。电子束经过盖板、盲板和孔径板到达晶圆上面的光刻胶层。其中盲板是偏转电极，它可以控制是否将其旁边的电子束偏转。若不加电压，电子束可以继续沿着直线前进，直接穿过孔径板，最终到达晶圆上面的光刻胶层。若加电压，电子束发生偏转，向下前进到孔径板处被挡板遮挡，不能到达晶圆上面的光刻胶层。

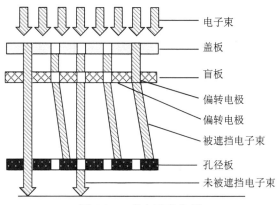

图 8.21　多电子束光刻

近年来，人们提出了多电子束曝光的新思路。第一个是 MAPPER，它使用了一个具有低加速电压 (5 kV) 的消隐孔 (Blanking Aperture) 阵列系统 [36,37]。电子束的数量超过 13000 根，他们计划使用多层光刻胶方案来获得更高的分辨率。第二种方法是 PML2 系统，该系统还利用具有低加速电压的消隐孔阵列系统进行消隐 [38]。在消隐板之后，采用高达 50 kV 的加速度以获得更高的分辨率，其电子束的数量超过 100 万根。首先，PML2 是为直接写入晶圆而开发的，但最近计划将该系统应用于掩模版制作。第三种方法是 REBL,它使用反射电子束方案。使用 CMOS 数字图形发生器,可以同时控制数百万条电子束[39,40]。

多柱系统是获得更大生产效率的另一种方法。通过为字符/单元投影方案开发一个非常薄的电子柱,可以获得比传统单柱系统更大的生产效率[41]。

8.4.4 投影式电子束光刻

除了一些适当的应用以外,直写电子束光刻由于生产效率低以至于不能应用于实际生产。角度限制散射投影电子束光刻 (Scattering with Angular Limitation Projection Electron-beam Lithography,SCALPEL) 是一种最有生产应用前景的技术[42]。SCALPEL 利用散射反差和吸收反差的对比产生图形。光刻机系统发射一束宽准直电子穿过掩模版。掩模版的亮区由低原子序数 (Z) 材料组成,而图形的暗区由高 Z 材料组成。曝光电子可以穿过亮区,经聚焦透镜使图形聚焦到晶圆表面。需要将暗区设计成不吸收电子,而是利用高 Z 材料以足够大的角度散射电子,防止它们穿过光阑进入硅晶圆,其电子束路径如图 8.22 所示。

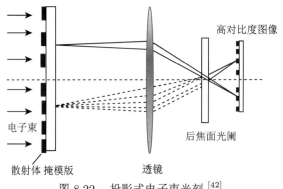

图 8.22 投影式电子束光刻[42]

8.5 X 射线光刻

X 射线光刻有接近式、投影式。最简单的 X 射线源是高能电子束入射到一个金属靶产生 X 射线的源,称为电子碰撞源[43]。当高能电子撞击靶材时,其核心能级电子被激发,伴随这些受激发的电子落回到核心能级,发射出 X 射线。这些 X 射线能谱是分离的,其能量取决于靶材。此外,因为电子的减速,发射出一个连续的韧致辐射谱[44]。在电子碰撞源中,常用的靶材是难熔金属钨或钼。

除电子碰撞源外,还有激光加热等离子源[45-47]、电子放电热等离子源以及同步加速器产生的 X 射线源。

8.5.1 接近式 X 射线光刻

X 射线光刻系统使用能量在 1~10 keV 的 X 射线 (光子)，对应波长在 1 nm 量级，所以衍射效应可以忽略。对 X 射线系统聚焦非常困难，因此许多实验性的 X 射线曝光设备都是 1:1 的接近式曝光机或步进机。图 8.23 是一个接近式 X 射线光刻机曝光部分示意图。在晶圆和铍窗口之间存在一个充氦气或高真空的柱体以免 X 射线在其他气体中被吸收。晶圆和掩模版在图的左侧通过光学对准和压紧。然后将晶圆和掩模版组件推至 X 射线下方，控制快门进行曝光。若是步进式，做完一次曝光后，承晶圆的台在掩模版下移动一步，然后再曝一个视场。

影响 X 射线分辨率的主要因素是 X 射线源的尺寸限制引起的图形畸变。

如图 8.24 所示，d 是光源光阑，D 是光阑到掩模版的距离，G 是掩模版到晶圆的间隙，W_{m} 是掩模版上的线条宽度，W_{w} 是晶圆上的线条宽度，r_{m} 和 r_{w} 分别是掩模版和晶圆上线条的内边沿到曝光系统中心线的距离，通过几何光学分析，图形的畸变可由下式表示：

$$r_{\mathrm{w}} = r_{\mathrm{m}} + G\frac{r_{\mathrm{m}}}{D} \tag{8.11}$$

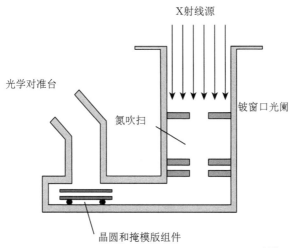

图 8.23　接近式 X 射线光刻机曝光部分示意图 [48]

若间隙 G 是 25 μm，光阑到掩模版的距离 D 是 1 m，掩模版上线条的内边沿到曝光系统中心线的距离 r_{m} 是 2 cm，计算可得线条漂移 $r_{\mathrm{w}} - r_{\mathrm{m}} = 0.5$ μm。

假设 X 射线完全不能透过掩模版暗区，光源的有限尺寸会在晶圆上产生边缘阴影。一般将外部阴影宽度 δ 作为 X 射线曝光机分辨率的一个参数，其值可由下式给出 [48]：

$$\delta = G\frac{d}{D} \tag{8.12}$$

若光源光阑 d 是 4 mm，分辨率为 0.1 μm 量级。

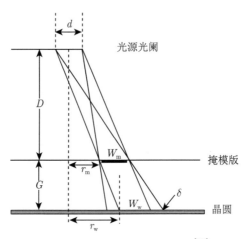

图 8.24　接近式 X 射线光刻 [48]

8.5.2　X 射线光刻用掩模版

对于 X 射线，没有一种材料是高穿透性的，掩模版基底材料必须是低 Z 元素的薄膜 [49]。对于 X 射线的掩蔽层是靠在基底上制作出的吸收层薄膜。吸收层薄膜材料可以是氮化硅、氮化硼、碳化硅、钨和金等。在硅基底上制作氮化硅比较容易，而硬度更高的碳化硅具有更好的耐辐射性 [50]。最常用的制备吸收层薄膜的方法是低压化学气相淀积法，可以通过改变温度和反应气体组分来控制薄膜中的应力 [51]。

在硅薄膜情况下，可以在硅晶圆表面掺入杂质以便后面进行选择性刻蚀 [52]。X 射线光刻用掩模基版制作的工艺流程如图 8.25 所示 [53]。

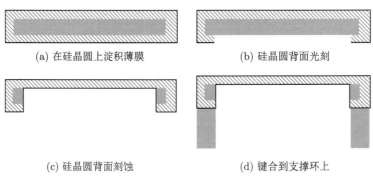

图 8.25　X 射线光刻用掩模基版制作的工艺流程

(a) LPCVD 淀积薄膜；

(b) 硅晶圆背面进行光刻，保护晶圆背面的外圈；

(c) 硅晶圆背面进行刻蚀，用湿法化学刻蚀去掉未受保护的硅；

(d) 用树脂将保留下的环固定在耐热的支撑环上来增加机械强度和稳定性。

X 射线光刻用掩模版制作的工艺流程如图 8.26 所示[53]。

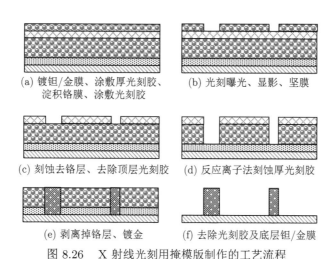

图 8.26　X 射线光刻用掩模版制作的工艺流程

(a) 在制备好的掩模基版上淀积一层钽/金薄膜，在其上涂敷一层厚光刻胶并烘焙，然后再淀积一层铬薄膜，再在其上涂敷一层光刻胶。

(b) 对顶层光刻胶进行光刻曝光、显影、坚膜。

(c) 在铬层上刻蚀出图形，去除顶层光刻胶。

(d) 以铬作为硬掩膜，用反应离子法刻蚀厚光刻胶。

(e) 剥离掉铬层，镀上金层。

(f) 去除光刻胶，电镀在基底上的钽/金薄膜也可以去除。

X 射线光刻用掩模版制作，也可以使用在掩模基版上淀积钨，涂敷光刻胶、光刻、显影、刻蚀钨、去除光刻胶的简单流程。但是，这种流程需要开发出能在掩模基版上停止的垂直钨刻蚀技术。因为通常刻蚀钨和硅都是采用氟，选择性差可能限制钨吸收层的深宽比，所以这种技术难度较大。

X 射线光刻用掩模版的图形畸变是需要关注的一个关键挑战。引起畸变的原因有：① 在掩模版电子束直写相关的定位误差；② 在制版过程中掩模版压紧不均匀；③ 掩模版薄膜中的应力；④ 掩模版薄膜材料之间的热膨胀系数不同。从提高透明度、减少曝光时间和减少吸收导致掩模加热的角度看，应尽量减薄基版层。但是，这需要与机械强度折中考虑。

8.5.3　投影式 X 射线光刻

投影式 X 射线光刻系统中的光学镜片就是各种反射镜。为了避免与薄膜有关的各种问题，掩模版用反射而不是透射表面制造。其光路系统如图 8.27 所示[53]。采用受激准分子激光束产生等离子 X 射线，由聚光镜将 X 射线束投射到掩模版上，将掩模版图形发射，经过四个反射镜球面成像系统，最终反射到涂有光刻胶的晶圆上。投影式 X 射线光刻系统中广泛使用的低 Z 材料是硅，高 Z 材料是钼。在大于 12.4 nm 的波长下，可得到 60% 的反射率[54]。

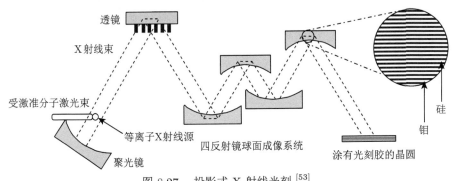

图 8.27　投影式 X 射线光刻[53]

这类系统必须使用软 X 射线 ($\lambda > 5$ nm)，它的反射率大，这种射线有时叫做极紫外线 (EUV)，$\lambda = 13.5$ nm。这类系统使用脉冲式等离子源，具有制备 0.1 μm 特征尺寸的能力[49]。

图中显示出围绕这个原理设计的系统。从左到右对掩模版进行扫描的同时对晶圆片进行从右到左的扫描。

8.6　侧墙转移技术

侧墙转移 (STL) 技术是将常规光刻工艺和标准硅薄膜工艺相结合的一种图形化工艺。

侧墙转移技术流程如图 8.28 所示：

(a) 在第一次生长的介质薄膜的晶圆上，淀积第二次的牺牲层介质，光刻和刻蚀出条形；

(b) 然后淀积第三次的作侧墙的介质层；

(c) 用各向异性的干法刻蚀掉第三次淀积的介质膜厚度，然后再去除前两次淀积的牺牲层介质，留下第三次的侧墙介质；

(d) 以侧墙介质为掩模，再刻蚀下面的第一次的介质薄膜，即将图形转移到第一次生长的介质薄膜上。

STL 技术的特点是：① 节距 (Pitch) 大小取决于常规光刻的分辨率；② 线条尺寸的控制由薄膜厚度决定，淀积的薄膜需要具有良好的均匀性和可控性，通常采用 CVD、原子层淀积 (ALD) 法淀积这些薄膜；③ 常规光刻技术的使用保证了高产率；④ 只能够制作线条或者环状图形，当然，可用一次掩模版 (Mask) 将环状图形切开；⑤ 可采用多次侧墙 (Spacer) 产生高密度图形，如图 8.29 所示[55]。

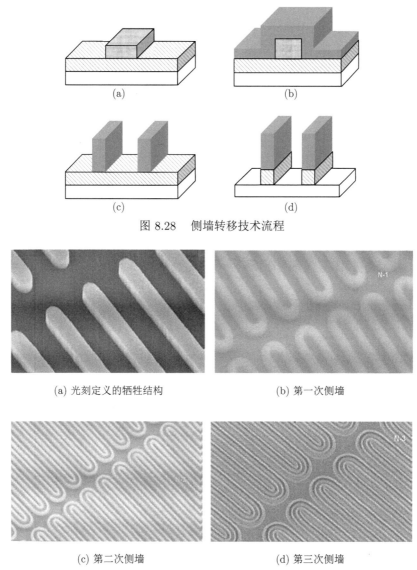

图 8.28 侧墙转移技术流程

(a) 光刻定义的牺牲结构   (b) 第一次侧墙

(c) 第二次侧墙   (d) 第三次侧墙

图 8.29 n 次侧墙光刻迭代后的线条

8.7　多重曝光技术

多重曝光技术 (Double Patterning) 是把原来一次光刻用的掩模图形交替式地分成两块掩模, 分两次曝光的工艺。图 8.30 是二次曝光图形示意图。

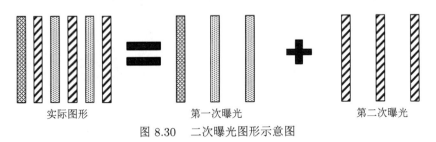

实际图形　　　　　　　　第一次曝光　　　　　　　　第二次曝光

图 8.30　二次曝光图形示意图

这种技术的优点是每块掩模上图形的分辨率可以减少一半, 减少了曝光设备分辨率的需求。可以在现有 193 nm 浸入式光刻技术基础上向下一代节点有效延伸。其缺点是对套刻精度要求很高, 效率降低。

二次曝光一次显影的工艺流程如图 8.31 所示。

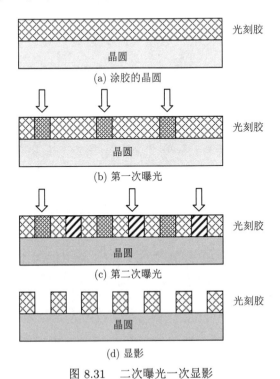

图 8.31　二次曝光一次显影

(a) 在晶圆上涂敷光刻胶和软烘焙；

(b) 用第一块版进行第一次曝光；

(c) 再用第二块版进行第二次曝光；

(d) 曝光后烘焙、显影和坚膜以备后续的刻蚀。

图 8.32 是二次曝光二次刻蚀的工艺流程图：其中左边 (1) 是实现线条工艺的流程；右边 (2) 是实现沟槽工艺的流程。

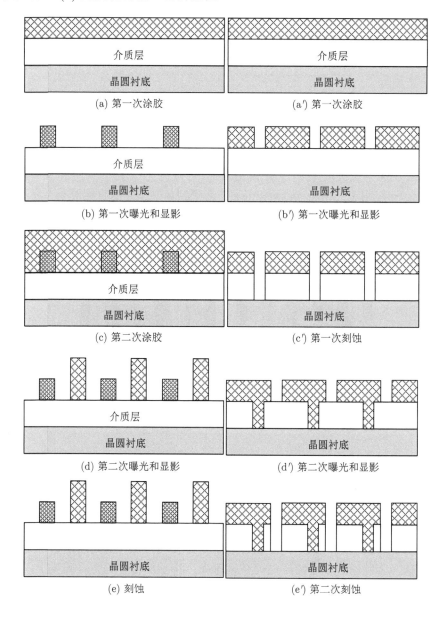

(a) 第一次涂胶	(a′) 第一次涂胶
(b) 第一次曝光和显影	(b′) 第一次曝光和显影
(c) 第二次涂胶	(c′) 第一次刻蚀
(d) 第二次曝光和显影	(d′) 第二次曝光和显影
(e) 刻蚀	(e′) 第二次刻蚀

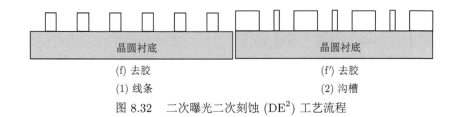

(f) 去胶   (f′) 去胶
(1) 线条   (2) 沟槽

图 8.32   二次曝光二次刻蚀 (DE^2) 工艺流程

1. 实现线条工艺的流程

(a) 第一次涂敷光刻胶和软烘焙；(b) 第一次曝光、曝光后烘焙和显影；(c) 第二次涂敷光刻胶和软烘焙；(d) 第二次曝光、曝光后烘焙、显影和坚膜；(e) 刻蚀；(f) 去除光刻胶。

2. 实现沟槽工艺的流程

(a) 第一次涂敷光刻胶和软烘焙；(b) 第一次曝光、曝光后烘焙、显影和坚膜；(c) 第一次刻蚀；(d) 第二次涂敷光刻胶和软烘焙、第二次曝光、曝光后烘焙、显影和坚膜；(e) 第二次刻蚀；(f) 去除光刻胶。

然而，双图形 (Double-patterning) 工艺受到套刻精度的直接影响，易产生套准误差 (Overlay Error)。图 8.33 是双图形套准示意图，其中 (a) 是正确套准的情况，(b) 标出了套准偏移量。

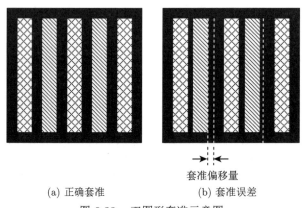

套准偏移量

(a) 正确套准   (b) 套准误差

图 8.33   双图形套准示意图

若采用双图形自对准 (SADP) 技术可以有效地解决上述套准误差问题。其工艺流程如图 8.34 所示：(a) 刻蚀出假图形；(b) 涂敷光刻胶；(c) 纵向去除一定厚度光刻胶，侧壁外露出下面待刻蚀介质的表面；(d) 用刻蚀法去除假图形；(e) 用侧壁光刻胶作掩模刻蚀待刻蚀介质薄膜，将图形转移到介质薄膜上；(f) 去除光刻胶。

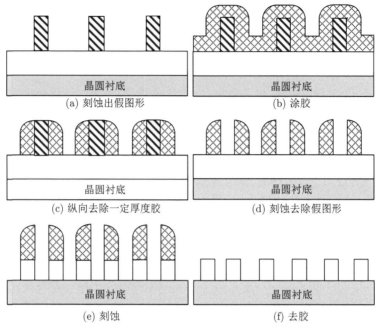

(a) 刻蚀出假图形   (b) 涂胶

(c) 纵向去除一定厚度胶   (d) 刻蚀去除假图形

(e) 刻蚀   (f) 去胶

图 8.34   SADP 流程图

多重图形化 (Multiple Patterning) 工艺流程如图 8.35 所示：(a) 在具有介质

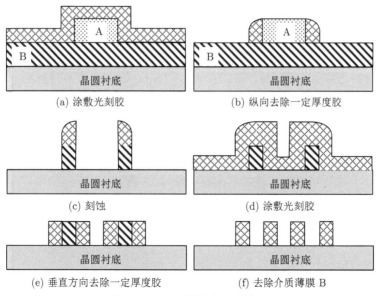

(a) 涂敷光刻胶   (b) 纵向去除一定厚度胶

(c) 刻蚀   (d) 涂敷光刻胶

(e) 垂直方向去除一定厚度胶   (f) 去除介质薄膜 B

图 8.35   多重图像化工艺流程

薄膜 B 晶圆上，制作出牺牲的假图形 A，在其上涂敷光刻胶；(b) 纵向去除一定厚度胶，侧壁外露出下面待刻蚀介质的表面；(c) 去除牺牲的假图形 A，刻蚀介质薄膜 B；(d) 涂敷光刻胶；(e) 垂直方向去除一定厚度的光刻胶；(f) 去除介质薄膜 B，实现将分辨率更高的图形转移到硅衬底的光刻胶上。

最终可以以此光刻胶图形为掩模，用刻蚀的方法将图形转移到晶圆衬底上。

8.8　纳米压印

美国明尼苏达大学纳米结构实验室在 1995 年提出并展示了一种称为 "纳米压印"(Nanoimprint Lithography，NIL) 的新技术 [56]。纳米压印技术是借助光刻胶以机械方式将模板上的微纳结构转移到待加工材料上的技术。它具有高分辨率、高产量和低成本的特点。由于不存在光学曝光中的衍射效应和电子束曝光中的散射效应，纳米压印的最小特征尺寸可以达到 5 nm[57]。因为不需要光学光刻胶那样复杂的光学系统和电子束光刻机那样复杂的电磁聚焦系统，纳米压印可实现低成本、高产能 [58]。

纳米压印技术主要分为图形复制 (Imprint) 和图形转移 (Pattern Transfer) 两个步骤。传统纳米压印技术主要有三种：热塑纳米压印技术 (Hot Embossing Imprint，HEI)、紫外固化压印技术 (Ultra-Violet Nonaimprint Lithography，UV-NIL) 和微接触纳米压印技术 (Microcontact Print，MCP)。

8.8.1　模板加工制作技术

模板是实施纳米图形压印的重要部件。由于图形的重复压印制作会污染模具，需要用强酸和有机溶剂来清洁压模，所以要求制作模具的材料必须是抗腐蚀的惰性材料。模板通常用玻璃、Si、Si_3N_4、SiO_2、SiO_2/Si、金刚石等材料制成。这些材料具有高努普 (Knoop) 硬度、大压缩强度、大抗拉强度等特性，可减少压模的变形和磨损。这些材料的高热导率和低热膨胀系数会使得在加热过程中压模的热变形很小。

模板加工的精细程度是完成凹凸图形转移质量的重要基础。模板的制作通常用高分辨电子束光刻技术，其工艺流程如图 8.36 所示。

(a) 先将做压模的硬质材料制作成平整的模板片材，再在片材上旋涂一层电子束曝光抗蚀剂的树脂膜，例如，聚甲基丙烯酸甲酯 (PMMA) 厚度为 0.3~1.0 μm。

(b) 然后，按预先设计好的图形，通过电子束在该树脂膜上直接扫描出纳米图形，显影和烘焙。

(c) 用干法刻蚀在模板表面刻蚀出相应的凹凸图像；把抗蚀剂树脂的图形转换成硬质材料的图形。

(d) 去除 PMMA 光刻胶和清洗，最终制成所需要的模板。

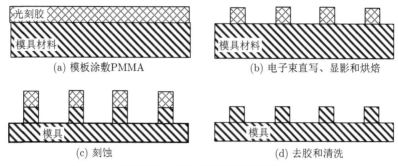

图 8.36 模板的制作工艺流程

8.8.2 热压印技术

热压印技术 (Hot Embossing Lithography) 流程如图 8.37 所示。

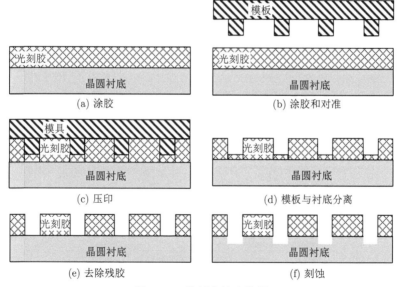

图 8.37 热压印技术流程

(a) 在晶圆上涂敷光刻胶，可选择分子量从 50 kDa[①] 到 980 kDa 的 PMMA，将 PMMA 涂层厚度设置在 50~400 nm[59]。

(b) 将模具与涂敷光刻胶的硅晶圆对准。

---

① 1 Da = 1.66054×10^{-27} kg。

(c) 施加一定的温度和压力 (Embossing)，使模具上图形转移到光刻胶上。将压力设置在 50 bar[①]，温度控制在高于 PMMA 软化温度 (Glass-Transition Temperature) 的 100~200 ℃。使 PMMA 变成一种可流动的黏性液体。PMMA 的黏度越小越容易流动[60]。让压模底部与下面待刻蚀材料之间留下少量 PMMA 以防损坏模板。

(d) 逐渐降低温度到 40 ℃，使 PMMA 材料固化，将模具与硅晶圆上已形成的光刻胶图形分离 (De-moulding)。

(e) 用氧气反应离子刻蚀将图形中残留的薄光刻胶刻蚀掉，露出待加工材料表面。

(f) 以此带有图形的光刻胶膜为掩蔽，使用化学刻蚀的方法进行加工，完成将图形转移到下面的硬质材料上。然后，去除全部光刻胶，最终得到高精度加工的材料。

热压印工艺特点有高宽比大、模板加工周期长、成本高、图形容易受热影响。

8.8.3　紫外纳米压印技术

在热压印技术中，热塑性高分子光刻胶必须经过高温、高压、冷却的相变化过程，在脱模之后压印的图形可能会产生变形，因此热压印技术不适宜多次或三维结构的压印。而在室温、低压环境下，利用紫外线硬化高分子的压印光刻工艺可以解决热压印存在的图形失真问题。紫外纳米压印工艺流程如图 8.38 所示[61]。

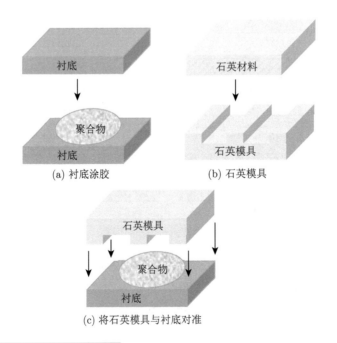

(a) 衬底涂胶　　　　　　　　　(b) 石英模具

(c) 将石英模具与衬底对准

---

① 1 bar = 10^5 Pa。

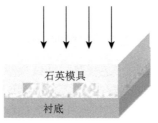

(d) 施加压力和UV曝光

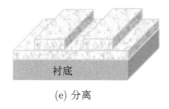

(e) 分离

(f) 刻蚀残留层

图 8.38 紫外纳米压印工艺流程

(a) 在衬底上涂敷一层低黏度、对 UV 感光的液态高分子光刻胶。

(b) 制作石英模具。

(c) 将石英模具与衬底对准。

(d) 在石英模具上施加一定的压力 (一般小于 0.1 MPa),所需压力只是热压印技术所需压力的 1/10~1/5。用紫外线曝光。光源通常是光波长在 300~400 nm 的高压汞灯。石英的透明性非常好,紫外线可以透过石英模具照射使光刻胶固化成形。

(e) 将石英模具与衬底上已经成形的聚合物分离。

(f) 刻蚀去掉残留层。

紫外固化纳米压印工艺是在常温下进行,无须升降温,既节省了时间也消除了涨缩影响。由于掩模版是透明的,层与层之间的套准精度可以达到 50 nm,适宜于半导体器件的制造。

紫外固化纳米压印工艺面临的挑战是因为没有热过程,光刻胶中气泡不易排出来而成为图形缺陷的隐患。改进措施是将紫外固化纳米压印和步进技术相结合,采用小模板分步压印紫外固化的方式,形成步进式快闪纳米压印技术[62]。与采用大掩模版方式相比,该技术可显著降低掩模版制作成本和图形误差,提高图形转移能力。步进式快闪纳米压印技术对位移定位和驱动精度有严苛的要求。

8.8.4　柔性纳米压印技术

采用柔性橡胶作纳米图形压印的模具，通过接触印刷的方法将纳米结构图形转移到晶圆上。还可以将印版安装在滚筒上实施曲面印刷。要实现纳米图形的柔性印刷，首先要制作具有纳米凹凸图形的硅橡胶印版。一种实现纳米图形的微接触 (Micro Contact Printing，μCP) 印刷工艺流程如图 8.39 所示[63]。

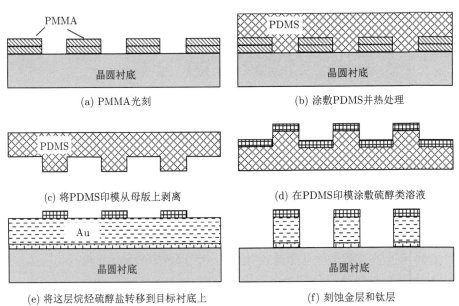

图 8.39　一种使用 PDMS 模具实现金图形转印技术流程[63]

(a) 首先，涂敷 1~2 μm 厚的聚甲基丙烯酸甲酯 (PMMA) 光刻胶。然后，用特定的光或电子束做工具，按设计图形的要求，对带有 PMMA 的基板曝光，并显影出相应的纳米凹凸图形，将它作为临时性的模具。

(b) 并在其上面涂敷制备硅橡胶的原料，聚二甲基硅氧烷 (PDMS) 溶液，待其流平后，再以 70~120 ℃、20 min 热处理，这时的硅橡胶膜便交联固化。

(c) 待温度回到室温后，可从临时模具的一端，用专用工具把已形成图形的硅橡胶膜剥离下来，一块完整的硅橡胶模具便告制成。

(d) 接下来在这个硅橡胶模具上涂敷硫醇类溶液。

(e) 将硅橡胶模具翻过来，使这层涂敷的烷烃硫醇盐转移到目标衬底上。

(f) 用这层 1.2 nm 厚烷烃硫醇盐层作为掩模，在 CN^-/O_2 中刻蚀下面的 50.2 nm 的金层和 10 nm 厚的钛黏附层。

表 8.1 比较了热压印、紫外压印和微接触印刷三种纳米压印技术的特性 [64]。热压印的努力方向是尽量在低温低压条件下进行图形转移；紫外压印是向着步进-闪光压印 (Step-Flash Imprint Lithography，S-FIL) 方向发展；微接触印刷向着一次性的低成本发展。

表 8.1　三种纳米压印技术比较 [64]

	工艺		
	热压印	紫外压印	微接触印刷
温度	高温	室温	室温
压力/kPa	0.002~4.0	0.001~0.1	0.001~0.04
最小尺寸/nm	5	10	60
深宽比	1~6	1~4	无
能否多层压印	能	能	难
套刻精度	较好	好	差

8.8.5　其他纳米压印技术

基于模板压印实现纳米结构制造的技术还有：① 模塑成形 (REplica Molding，REM)[65]；② 微转移成形 (MicroTransfer Molding，μTM)[66]；③ 毛细管微成形 (MIcroMolding In Capillaries，MIMIC)[67]；④ 溶剂辅助微成形 (Solvent-Assisted MIcroMolding，SAMIM)[68]；⑤ 逆压印技术 (Reverse Imprint)[69] 等。

模塑复型技术 REM 是采用有机聚合物固化的方式进行图形转移，该技术的特点是将用于图形转移的有机聚合物浇铸在预先加工好的 PDMS 模板上，经过紫外固化后，在有机物上形成图形。

μTM 是将预聚物当作油墨，施涂于硅橡胶印版的凹陷处，通过转印方式，把预聚物转移到基板表面，再加热固化，便形成纳米凹凸图像。

MIMIC 是将模版置于基板表面，使模版图形凹凸处与基板表面形成极细的缝隙。然后，把液体聚合物滴在硅橡胶模版上。由于毛细管的作用，液体聚合物便自行进入这些缝隙中。如果我们将缝隙中的聚合物固化后并将两者分离开来，即可获得精细的纳米凹凸图形。

8.9　定向自组装光刻技术

定向自组装光刻技术 (Directed Self-Assembly，DSA) 是利用嵌段共聚物 (Block Copolymer，BCP)，通过退火而分相来形成纳米结构。其全称为嵌段共聚物定向自组装光刻 (Directed Self-Assembly of Block Copolymer Lithography)。

8.9.1　BCP 微相分离原理

有二嵌段和多嵌段共聚物。以二嵌段共聚物为例，如图 8.40 所示。两种化学性质不同的两个高分子链段 A 和 B 通过共价键相连，处于图 8.40(a) 所示的无序状态。两个嵌段之间的共价键结构决定了只能发生微观相分离，在微观尺度上形成多种有序相形态 [70,71]。经过涂敷和烘焙后，A 与 A 和 B 与 B 相互接近，A 和 B 分开，变为图 8.40(b) 所示的有序状态，这就是 BCP 的热分相。

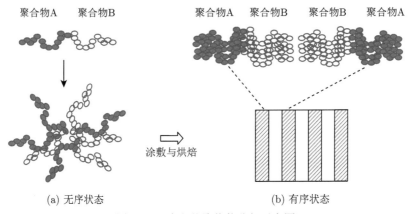

(a) 无序状态　　　　　　　　　　　　　　　(b) 有序状态

图 8.40　嵌段共聚物热分相示意图

两种嵌段间相互排斥作用的强度决定了 BCP DSA 有序相形态的倾向。若 χ 为嵌段 AB 之间的 Flory-Huggins 相互作用参数，N 为 BCP 总聚合度，AB 嵌段间相互排斥作用的强度为 χN。χN 是控制 BCP 微相分离的重要参数。当 $\chi N \leqslant 10$ 时，发生弱相分离；当 $\chi N \geqslant 10$ 时，发生强相分离。AB 型二嵌段共聚物熔体按 A 单体的体积分数 f_A 的不同依次形成不同的有序结构，f_A 为 A 嵌段长度与两嵌段总长度之比。当 f_A 较小时，A 嵌段形成微畴，B 嵌段构成基体；当 f_A 较大时，B 嵌段形成微畴，A 嵌段构成基体 [72]。

目前最常用的材料为 PS-b-PMMA，其结构式如图 8.41 所示。其中分子链上的 b 左边为聚苯乙烯 (PS) 嵌段，右边为聚甲基丙烯酸甲酯 (PMMA) 嵌段，其中 n 和 m 分别代表 PS 和 PMMA 的聚合度。

大多数光刻技术采用掩模定义图形，然而在 DSA 工艺中，图形存在于材料本身。用于 DSA 的原始 BCP 结合了 PS 和 PMMA。这两种聚合物能自然而然地将自身分离成独立相。调整 PS-b-PMMA 材料中的 PS 及 PMMA 的相对比例，可以使形态发生变化。如图 8.42 所示，在稳定分相条件下，随着一个嵌段的体积分数由极少增加到 50%，分相形态发生变化，依次为球状相 (S, S′)、柱状相 (C, C′)、螺旋状相 (G, G′) 和层状相 (L)[70]。Flory 相互作用参数 χ 及片段长度的乘积决定了有序结构的间距。χ 值越大，所得结构的间距越精细。

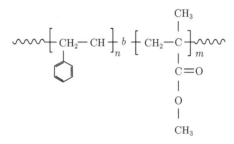

图 8.41　PS-b-PMMA 结构式

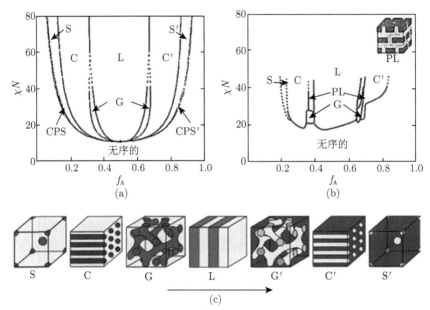

图 8.42　线性 AB 二嵌段共聚物的相图 [70]

(a) 通过自洽平均场理论预测的平衡形态：球形 (S)、圆柱形 (C)、陀螺状 (G) 和层状 (L) 形态；(b) 聚 (苯乙烯-b-异戊二烯) 二嵌段共聚物的实验相图：外加穿孔层 (PL)；(c) 对于固定 χN，平衡相结构表示为 f_A 增加

　　标准 PS-b-PMMA 材料具有相对较低的 χ，将间距限制在 20 nm。一些材料制造商正考虑使用 PS-b-PMMA 以外的化学成分，生产高的 BCP，用聚二甲基硅氧烷或聚羟基苯乙烯代替 PMMA 组分。更改 PS-b-PMMA 亦可增加 χ，亦可能调节 χ、分子量及玻璃化转变温度，在各种退火条件下，实现 14~40 nm 的层片间距。

　　若直接将 PS-b-PMMA 溶液旋涂于硅或二氧化硅衬底表面，因为 PS 和 PMMA 表面自由能以及与衬底之间界面能的不同，分相后形成与衬底平行的层状或是柱状结构，如图 8.43(a) 所示 [73]。

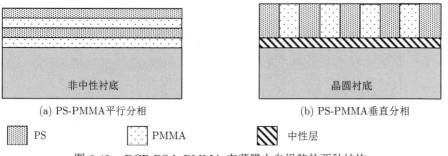

(a) PS-PMMA平行分相   (b) PS-PMMA垂直分相

PS   PMMA   中性层

图 8.43   BCP PS-b-PMMA 在薄膜中自组装的两种结构

若对衬底进行适当处理，使之对于 PS 和 PMMA 与衬底界面能在退火温度下相等，分相后形成衬底是垂直的层状或是柱状结构，如图 8.43(b) 所示 [73]。这种与 PS 和 PMMA 亲和度相同的衬底称为中性衬底。显然只有形成垂直结构才能用作刻蚀衬底的掩蔽膜。也就是说必须根据 PS 和 PMMA 性质对衬底做中性化处理。常用的方法是用与 BCP 同体系无规共聚物 (Random Copolymer) PS-r-PMMA-HEMA 在衬底表面形成一层薄膜。

通常是将 BCP 旋涂在基材上的中性层，可使 BCP 在热退火过程中分离成单个域。中性层不对 BCP 中任一聚合物链具有亲和力，可使域分离。聚合物域分离形成图形。

嵌段共聚物诱导法主要有图形结构外延法 (Graphoepitaxy)[74] 和化学衬底外延法 (Chemoepitaxy)[75-79] 两种。图形结构外延法是通过 BCP 沿着沟槽侧壁进行 DSA 诱导。而化学衬底外延法是通过衬底对 BCP 进行 DSA 诱导。

8.9.2   物理诱导方式

图形外延法是从嵌段共聚物薄膜的侧面进行诱导，而化学外延法是从薄膜下界面进行诱导。相比来说，图形外延法具有工艺简单、工艺容差大、缺陷少、图形定位准确等优点，然而诱导图形需要在晶圆表面占据一定面积，因此需要牺牲一定的空间给诱导结构。

图形结构外延法的原理是在中性化衬底上利用抗高温光刻胶制作出较大尺寸的沟槽，再将 BCP 涂敷于沟槽中；接着加热退火使 BCP 分相，使其沿着沟槽侧壁进行定向自组装，实现纳米结构的长程有序化。该方法是从 PS 和 PMMA 嵌段的侧面进行诱导，故又称为侧壁诱导法，诱导结构一般选用抗高温的光刻胶进行制作，例如 HSQ 电子束光刻胶，因为这些光刻胶会对其中一种嵌段有更强的亲和性，故会形成平行于侧壁而垂直于衬底的自组装结构。

该方法仅在薄膜自组装的工艺流程中加入了一道诱导结构的光刻工艺,对于流程的改动并不大,因此工艺实现较为简便。

石墨外延流程的工艺流程如图 8.44 所示:(a) 涂敷底部抗反射涂层 (Bottom Anti-Reflective Coating,BARC) 中性层;(b) 用图形引导光刻胶;(c) 烘焙光刻胶;(d) 涂敷嵌段共聚物 (Block Copolymer,BCP);(e) 退火;(f) 干法显影 (刻蚀)。

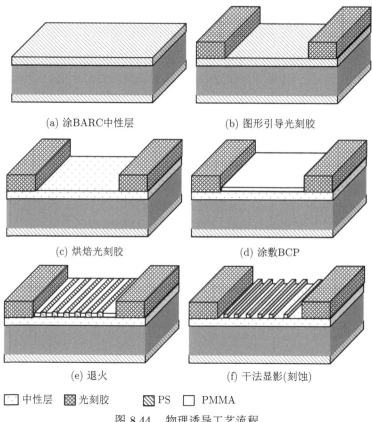

(a) 涂BARC中性层 (b) 图形引导光刻胶

(c) 烘焙光刻胶 (d) 涂敷BCP

(e) 退火 (f) 干法显影(刻蚀)

☐中性层 ▨光刻胶 ▨PS ☐PMMA

图 8.44 物理诱导工艺流程

8.9.3 化学诱导方式

化学外延法是从薄膜下界面进行诱导,可以节省版图面积和形成大规模周期阵列。但是其工艺复杂、工艺容差小、诱导结构制作精度需求高等特点也给研究者们带来了不小的挑战。

该方法是在中性层中采用一定手段制作出非中性的区,如图 8.45 所示,该区域会优先吸引一种嵌段分布于其上,以该嵌段为基础向外扩展延伸组装,最终形成周期性排列的自组装图形。实现中性衬底中部分区域非中性化的手段有很多种，比较常见的有剥离法 (Lift-off Approach) 和刻蚀修饰法 (Trim-etch Approach) 两种 [80,81]。

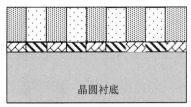

图 8.45   化学衬底外延法原理示意图

1. 剥离化学外延流程 (Lift-off Chemoepitaxy Flow)

剥离化学外延流程如图 8.46 所示。

(a) 先采用正性浸没式光刻胶在底部抗反射涂层 (Bottom Anti-Reflective Coating，BARC) 上制作出大尺寸条形结构；

(b) 用 UV 曝光和烘焙使光刻胶极性反转 (Switch Resist Polarity)，使其在后续剥离中能够溶于四甲基氢氧化铵 (TMAH) 显影液；

(c) 涂敷中性层 (Coat Neutral Layer)；

(d) 使用 TMAH 将光刻胶条形结构及其上方和侧壁的中性层剥离，保留覆盖在衬底上的周期性中性层图形，被洗去部分露出非中性的衬底表面；

(e) 涂敷 BCP；

(f) 退火使 BCP 分相。

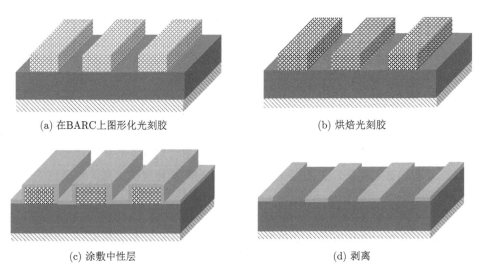

(a) 在BARC上图形化光刻胶   (b) 烘焙光刻胶

(c) 涂敷中性层   (d) 剥离

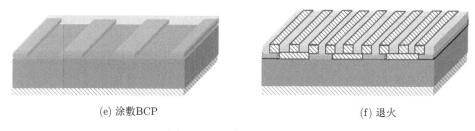

(e) 涂敷BCP　　　　　　　　　　　　　　　　　(f) 退火

图 8.46　剥离化学外延流程

2. 刻蚀修饰法

刻蚀修饰法流程如图 8.47 所示[82]。

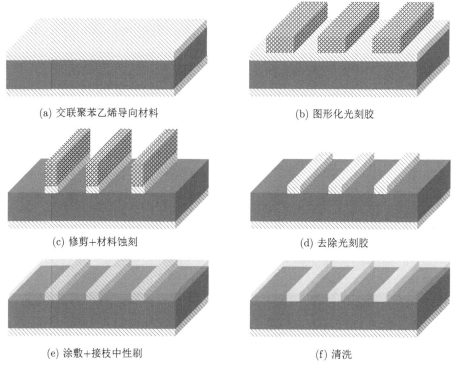

(a) 交联聚苯乙烯导向材料　　　　　　　　　　　(b) 图形化光刻胶

(c) 修剪+材料蚀刻　　　　　　　　　　　　　　(d) 去除光刻胶

(e) 涂敷+接枝中性刷　　　　　　　　　　　　　(f) 清洗

图 8.47　刻蚀修饰法流程

（a）交联聚苯乙烯导向材料 (Cross-linked PS Guide Material)，通过旋涂、退火、清洗制作非中性的 PS 层；

（b）图形化光刻胶 (Pattern Resist)，使用光刻在 PS 层上制作出光刻胶条状结构；

(c) 修剪 + 材料蚀刻 (Trim+Material Etch)；

(d) 去除光刻胶；

(e) 通过涂敷和接枝中性刷 (Graft Neutral Brush)，在 PS 区域外制作中性层；

(f) 清洗掉未接枝的中性层，形成最终化学诱导衬底。

8.9.4 图形转移方式

嵌段共聚物自组装图形的转移技术是将 PS-b-PMMA 自组装图形转移至衬底，形成所需要的纳米结构。图形转移是嵌段共聚物自组装光刻技术中非常重要的一环，因为其直接影响着最终纳米结构的尺寸形貌与缺陷情况。

对于尺度位于纳米级的自组装图形，主要挑战是其选择比低、抗蚀性弱、均匀性差等。

嵌段共聚物 PS-b-PMMA 图形转移方法的工艺流程如图 8.48 所示。

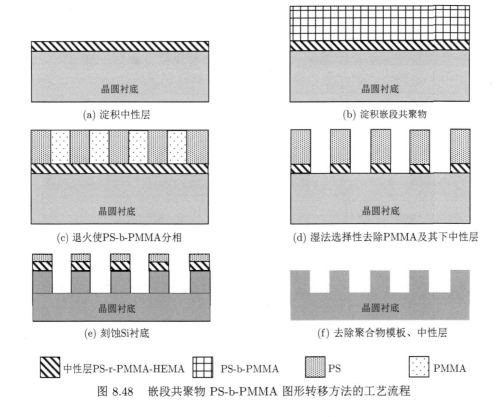

图 8.48   嵌段共聚物 PS-b-PMMA 图形转移方法的工艺流程

(a) 将无规共聚物 PS-r-PMMA-HEMA 溶解于甲苯中，旋涂于硅晶圆表面，获得均匀平整的中性层薄膜；(b) 将嵌段共聚物 PS-b-PMMA 以一定浓度溶解于甲苯溶液，并涂敷在硅晶圆表面，形成均匀平整的 PS-b-PMMA 薄膜；(c) 高温热退火使 PS-b-PMMA 分相；(d) 用紫外线照射使 PS 发生交联而 PMMA 会发生断链，再用冰乙酸浸泡去除 PMMA 嵌段部分，留下 PS 嵌段部分；(e) 以留下的 PS 嵌段部分作为掩蔽膜 (或简称掩膜)，用干法刻蚀晶圆衬底到期望的深度，实现图形转移至衬底；(f) 去除聚合物模板和中性层。

在步骤 (d) 中提到可以用干法刻蚀或湿法刻蚀选择性地去除部分嵌段。由于冰乙酸浸泡会使 PS 部分软化，当深宽比大于 1:1 时，线条图形可能会倒塌。这种湿法刻蚀只适用于柱状相的 PS-b-PMMA。可采用干法刻蚀来防止线条图形倒塌。

由于有机的 PS 和 PMMA 的抗蚀性较弱，可以结合硬掩膜 (Hard Mask) 辅助图形转移技术来增强抗蚀性。这种技术是先将图形转移至一层无机的薄层氧化硅或氮化硅上，然后使用氧化硅或氮化硅作为掩蔽膜，再对硅衬底进行刻蚀。DSA 与硬掩膜辅助图形转移技术结合使用的工艺流程是：① 在淀积中性层前，淀积一层薄层氧化硅或氮化硅；② 在将图形转移至中性层之后，再增加硬掩膜刻蚀以选择性地刻蚀掉薄层氧化硅或氮化硅，将图形转移至氧化硅或氮化硅层上，然后再刻蚀硅进一步将图形转移至硅，如图 8.49 所示。

干法刻蚀 SiO_2 最常用的为 CF_4 气体，在离子源中离化出大量氟离子，氟与 SiO_2 反应生成挥发性的 SiF_4 和 O_2，反应方程式为 $SiO_2 + 4F = SiF_4 \uparrow + O_2 \uparrow$。但是考虑到所用的 PS 模板抗蚀性较弱，因此引入含氢气体如 CH_2F_2 和 HBr，氢离子会与氟离子反应生成 HF，使等离子体中碳的含量显著增加，碳氟化合物的非挥发性使淀积效果得到增强，对 PS 模板起到一定的保护作用。

ALD 辅助图形转移法是一种针对 BCP 的刻蚀增强技术。这种技术在 ALD 过程中发生的反应原理如图 8.50 所示[83]。在 130 ℃，PMMA 中的羰基 (C=O) 基团与化学式为 $Al(CH_3)_3$ 的 TMA 反应，将 $Al(CH_3)$ 或 $Al(CH_3)_2$ 基团接在羰基上，然后再与水蒸气反应，水中羟基 (OH) 替换掉甲基 CH_3。将含有 OH 基的 Al_2O_3 分子接到 PMMA 分子上。重复 5~10 个循环。羟基替代羰基再与 TMA 反应，最终实现符合化学配比的 Al_2O_3。而 PS 中没有羰基或羟基，所以不会发生反应。由此，Al_2O_3 就被选择性地生长到 PMMA 的嵌段中形成 PMMA-Al_2O_3 嵌段[83]。因为无机物 Al_2O_3 的引入，所以 PMMA-Al_2O_3 嵌段与 PS 之间的刻蚀选择比得到增强。

采用 ALD 辅助增强图形转移的工艺流程如图 8.51 所示。

(a) 淀积中性层 PS-r-PMMA-HEMA；(b) 嵌段共聚物淀积；(c) 退火使 PS-b-PMMA 分相；(d) ALD 淀积 Al_2O_3，Al_2O_3 会长入 PMMA 嵌段部分使其硬化；(e) 干法刻蚀去除 PS 嵌段部分；(f) 打通中性层 (Break Through, BT)；(g) 干法刻蚀硅衬底；(h) 去除聚合物模板和中性层。

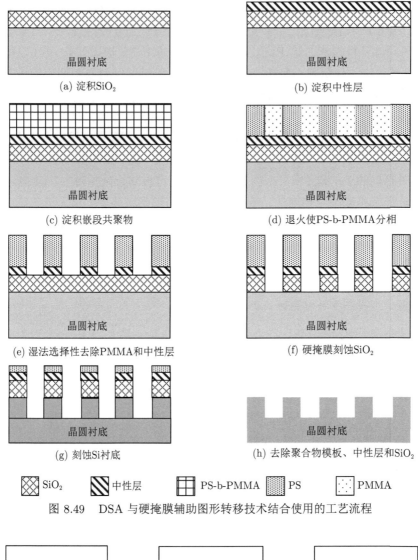

(a) 淀积SiO₂   (b) 淀积中性层

(c) 淀积嵌段共聚物   (d) 退火使PS-b-PMMA分相

(e) 湿法选择性去除PMMA和中性层   (f) 硬掩膜刻蚀SiO₂

(g) 刻蚀Si衬底   (h) 去除聚合物模板、中性层和SiO₂

SiO₂   中性层   PS-b-PMMA   PS   PMMA

图 8.49   DSA 与硬掩膜辅助图形转移技术结合使用的工艺流程

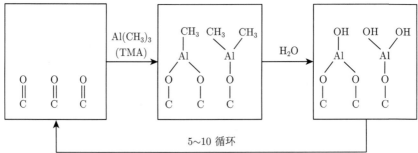

图 8.50   ALD 反应原理 [83]

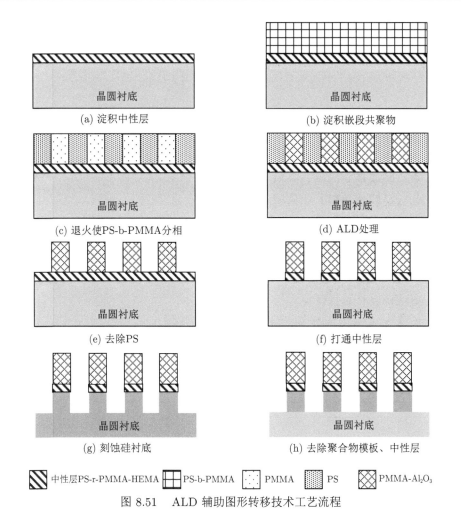

(a) 淀积中性层   (b) 淀积嵌段共聚物

(c) 退火使PS-b-PMMA分相   (d) ALD处理

(e) 去除PS   (f) 打通中性层

(g) 刻蚀硅衬底   (h) 去除聚合物模板、中性层

中性层PS-r-PMMA-HEMA PS-b-PMMA PMMA PS PMMA-Al₂O₃

图 8.51   ALD 辅助图形转移技术工艺流程

需要注意的是，在模板刻蚀完成以后，需要一个中性层打通的工艺，因为中性层中也含有 PMMA 分子，在 ALD 的过程中也会有 Al_2O_3 长入其中，对中性层造成了一定硬化，若是不进行 BT 工艺，硬化的中性层会阻止下一步的刻蚀。这里建议采用氯基气体来进行 BT 工艺，因为氯离子相比其他离子对于 Al_2O_3 有更好的刻蚀效果[84]。

8.10 小 结

介绍了浸入式光刻机原理；光学邻近效应和相移掩模；表面反射与驻波抑制办法；电子束光刻原理；X 射线光刻原理及挑战；借助侧墙的图形转移技术和多

重曝光光刻技术；几种纳米压印技术；以及定向自组装光刻技术。为了提高光刻精度、降低图形转移工艺成本、提高生产效率，这些技术之间还可以互相借鉴和交叉使用。

习　　题

(1) 解释相移掩模技术。

(2) 试讨论光学邻近效应修正。

(3) 离轴照明是怎样提高图形分辨率的？

(4) 什么是驻波效应？如何消除驻波效应？

(5) 简述电子束光刻的光栅扫描方法和矢量扫描方法有何区别。

(6) 什么是电子束光刻胶的邻近效应？如何解决？

(7) 一个投影曝光系统采用 ArF 光源，数值孔径为 0.6，设 $k_1 = 0.6$，$n = 1.5$，计算其理论分辨率和焦深。

(8) 描述极紫外光刻技术。

(9) 简述 X 射线光刻技术，其主要挑战是什么？

(10) 简述纳米压印技术，常见的有哪几种？

(11) 简述定向自组装技术。

(12) 什么是嵌段共聚物？

参 考 文 献

[1] The International Technology Roadmap for Semiconductors, 2013.

[2] Gil D, Brunner T, Fonseca C, et al. Immersion lithography: New opportunities for semiconductor manufacturing. J. Vacuum Sci. Technol. B, 2004, 22(6): 3431-3438.

[3] Smith B, Bourov A, Fan Y, et al. Amphibian XIS: An immersion lithography microstepper platform. Proc. SPIE, 2005: 5754.

[4] Owa S, Nagasaka H. Immersion lithography; its potential performance and issues. Optical Microlithography XVI, 2003, 5040: 724-733.

[5] Geppert L. Chip making's wet new world. IEEE Spectrum, 2004, 41(5): 29-33.

[6] Owa S, Ishii Y, Shiraishi K. Exposure tool for immersion lithography. IEEE/SEMI Advanced Semiconductor Manufacturing Conference, 2005.

[7] Peng S, French R, Qiu W, et al. Second generation fluids for 193 nm immersion lithography. Proc. SPIE, 2005, 5754: 427-434.

[8] Taylor J, Lesuer R J, Chambers C R, et al. Experimental techniques for detection of components extracted from model 193 nm immersion lithography photoresists. Chem. Mater., 2005, 17: 4194.

[9] Smith B, Bourov A, Fan Y, et al. Air bubble-induced light-scattering effect on image quality in 193 nm immersion lithography. Appl. Opti., 2005, 44: 3904.

[10] Wei A, El-Morsi M, Nellis G, et al. Predicting air entrainment due to topography during the filling and scanning process for immersion lithography. Journal of Vacuum Science & Technology B, 2004, 22 (6): 3444-3449.

[11] 韦亚一. 超大规模集成电路先进光刻理论与应用. 北京: 科学出版社，2016: 91-94.

[12] Levenson M D, Viswnathan N S, Simpson R A. Improving resolution in photolithography with a phase shifting mask. IEEE Trans. Electron Dev., 1982, 29 (12): 1828-1836.

[13] Pfau A K, Oldham W G, Neureuther A R. Exploration of fabrication techniques for phase-shifting masks. International Society for Optics and Photonics, 1991, 1463: 124.

[14] Nitayama A, Sato T, Hashimoto K, et al. New phase-shifting mask with self-aligned phase-shifters for a quarter-micron photolithography. International Electron Devices Meeting, 1989.

[15] Campbell S A. Fabrication Engineering at the Micro and Nanoscale. Oxford: Oxford University Press, 2008: 192-193.

[16] Listvan M A, Swanson M, Wall A, et al. Multiple layer techniques in optical lithography: Applications to fine line MOS production//Optical Microlithography Ⅲ: Technology for the Next Decade. Proc. SPIE, 1983, 470: 85.

[17] Campbell S A. Fabrication Engineering at the Micro and Nanoscale. Oxford: Oxford University Press, 2008: 228-229.

[18] Okazaki S. High resolution optical lithography or high throughput electron beam lithography: The technical struggle from the micro to the nano-fabrication evolution. Microelectronic Engineering, 2015, 133: 23-35.

[19] Herriot P, Collier R, Alles D, et al. EBES: A practical electron lithography systems. IEEE Transactions on Electron Devices, 1975, 22: 385.

[20] Chang T H P, Hatzakis M, Wilson A D, et al. Scanning electron beam lithography for fabrication of magnetic bubble circuits. IBM J. Res. Dev., 1976, 20: 376.

[21] Pfeiffer H C. New imaging and deflection concept for probe-forming microfabrication systems. J. Vac. Sci. Technol., 1975, 12: 1170.

[22] Pfeiffer H C. Variable spot shaping for electron-beam lithography. J. Vac. Sci. Technol., 1978, 15: 887.

[23] Goto E. Design of a variable-aperture projection and scanning system for electron beam. J. Vac. Sci. Technol., 1978, 15(3): 883-886.

[24] Saitou N, Yoda H, Ishiga T, et al. Variably shaped electron beam lithography system, EB55: Ⅱ Electron optics. J. Vac. Sci. Technol., 1981, 19(4): 941-945.

[25] Pfeiffer H C. Recent advances in electron-beam lithography for the high-volume production of VLSI devices. IEEE Transactions on Electron Devices, 1979, 26(4): 663-674.

[26] Nakayama Y. Electron-beam cell projection lithography: A new high-throughput electron-beam direct-writing technology using a specially tailored Si aperture. J. Vac. Sci. Technol. B, 1990, 8(6): 1836.

[27] Yasuda H, Kiichi S, Akio Y, et al. Electron beam block exposure. Jpn. J. Appl. Phys., 1991, 30: 3098.

[28]   Sakitani Y, Yoda H, Shibata Y, et al. Electron-beam cell-projection lithography system. J. Vac. Sci. Technol. B, 1992, 10: 2759-2763.

[29]   Greenich J S, Duzer T V. Model for exposure of electron-sensitive resists. J. Vac. Sci. Technol., 1973, 10(6): 1056.

[30]   Muray A, Lozes R L. Proximity effect correction at 10 keV using ghost and sizing for 0.4 μm mask lithography. J. Vac. Sci. Technol. B, 1990, 8: 1775.

[31]   Parikh M. Self-consistent proximity effect correction technique for resist exposure (SPECTRE). J. Vac. Sci. Technol., 1978, 15: 931.

[32]   Groves T R. Efficiency of electron-beam proximity effect correction. J. Vac. Sci. Technol. B, 1993, 11: 2746.

[33]   Owen G, Rissman P. Proximity effect correction for electron beam lithography by equalization of background dose. J. Appl. Phys., 1983, 54(6): 3573.

[34]   Abe T, Yamasaki S, Takigawa T, et al. Representative figure method for proximity effect correction [II]. Jpn. J. Appl. Phys., 1991, 30 : 2965.

[35]   Murai F, Yoda H, Okazaki S, et al. Fast proximity effect correction method using a pattern area density map. J. Vac. Sci. Technol. B, 1992, 10(6): 3072-3076.

[36]   Slot E, Wieland M J, Boer G D, et al. MAPPER: High throughput maskless lithography. Emerging Lithographic Technologies XII, 2008, 6921: 69211P.

[37]   Wieland M J, Boer G D, Berge G F, et al. MAPPER: High throughput maskless lithography. Alternative Lithographic Technologies II, 2010, 7637: 76370F.

[38]   Brandstatter C, Doering H J, Loeschner H, et al. Demonstrators: A vital step forward for projection mask-less lithography (PML2). Proc. SPIE, 2004, 5374: 601.

[39]   Mccord M A, Petric P, Carroll A, et al. REBL: Design progress toward 16 nm half-pitch maskless projection electron beam lithography. Proc. SPIE, 2012, 8323: 832311.

[40]   Gubiotti T, Tong W M, Sun J F, et al. Reflective electron beam lithography: Lithography results using CMOS controlled digital pattern generator chip. Proc. SPIE, 2013, 8680: 295-310.

[41]   Yamada A, Yabe T. Variable cell projection as an advance in electron-beam cell projection system. J. Vac. Sci. Technol. B, 2004, 22(6): 2917-2922.

[42]   Harriott L R, Berger S D, Biddick C, et al. Preliminary results from a prototype projection electron-beam stepper SCALPEL proof-of-concept system. J. Vacuum Sci. Technol. B, 1996, 14: 3825.

[43]   Lepselter M, Alles D S, Smith G E, et al. A systems approach to 1 μm NMOS. Proc. IEEE, 1983, 71: 640.

[44]   Bernacki S E, Smith H I. Characteristic and bremsstrahlung X-ray radiation damage. IEEE Trans. Electron Devi., 1975, 22: 421.

[45]   Fedosejevs R, Bobkowski R, Broughton J N, et al. keV X-ray source based on high repetition rate excimer laser-produced plasmas. Electron-beam, X-ray, and Ion-beam Submicrometer Lithographies II, 1992, 1671: 373-382.

[46] Fujii K, Tanaka Y, Suzuki K, et al. Overlay and critical dimension control in proximity X-ray lithography. NEC Research and Development, 2001, 42(1): 27-31.

[47] Malmqvist L, Bogdanov A L, Montelius L, et al. Nanometer table-top proximity X-ray lithography with liquid-target laser-plasma source. J. Vacuum Sci. Technol. B, 1997, 15(4): 814.

[48] Campbell S A. Fabrication Engineering at the Micro and Nanoscale. 3rd ed. Oxford: Oxford University Press, 2008: 239.

[49] Shikunas A R. Advances in X-ray mask technology. Solid State Technol., 1984, 27: 192.

[50] Seese P A, Cummings K D, Resnick D J, et al. Accelerated radiation-damage testing of X-ray mask membrane materials. Electron-beam, X-ray, and Ion-beam Submicrometer Lithographies for Manufacturing III, 1993, 1924: 457-466.

[51] Nachman R, Chen G, Reilly M T, et al. X-ray-lithography processing at CXrL from beamline to quarter-micron NMOS devices. Electron-beam, X-ray, and Ion-beam Submicrometer Lithographies for Manufacturing IV, 1994, 2194: 106-118.

[52] Spears D L, Smith H I. X-ray lithography: A new high resolution replication process. Solid State Technol., 1972, 15: 21.

[53] Campbell S A. Fabrication Engineering at the Micro and Nanoscale. 3rd ed. Oxford: Oxford University Press, 2008: 241-243.

[54] Stearns D G, Rosen R S, Vernon S P. Fabrication of high-reflectance Mo-Si multilayer mirrors by planar-magnetron sputtering. J. Vacuum Sci. Technol. A, 1991, 9: 2662.

[55] Choi Y K, Lee J S, Zhu J, et al. Sublithographic nanofabrication technology for nanocatalysts and DNA chips. Journal of Vacuum Science & Technology B, 2003, 21(6): 2951-2955.

[56] Chou S Y, Krauss P R, Renstmm P. Imprint of sub-25 nm vias an trenches in polymers. Appl. Phys. Lett., 1995, 67(21): 3114-3116.

[57] Austin M D, Ge H X, Wu W, et al. Fabrication of 5 nm line width and 14 nm pitch features by nanoimprint lithography. J. Applied Physics Letters, 2004, 84(26): 5299-5301.

[58] Chou S Y. Patterned magnetic nanostructures and quantized magnetic disks. Proceedings of the IEEE, 1997, 85(4): 652-671.

[59] Lebib A, Chen Y, Bourneix J, et al. Nanoimprint lithography for a large area pattern replication. Microelectronic Engineering, 1999, 46: 319-322.

[60] Lebib A, Chen Y, Carcenac F, et al. Trilayer system for nanoimprint lithography with an improved process latitude. Microelectronic Engineering, 2000, 53: 175-178.

[61] Stewart M D, Willson C G. Imprint Materials for Nanoscale Devices. MRS Bull., 2005, 30: 947.

[62] Colburn M, Johnson S, Damle S, et al. Step and flash imprint lithography: A new approach to high-resolution patterning. J. Proceeding SPIE, 1999: 379-389.

[63] Chen C S, Mrksich M, Huang S, et al. Geometric control of cell life and death. Science, 1997, 276: 1425.

[64]　林其水. 纳米图像压印技术和操作要点. 印制电路信息，2010, 1: 39.

[65]　Xia Y, Kim E, Zhao X M, et al. Complex optical surfaces formed by replica molding against elastomeric masters. Science, 1996, 273: 347.

[66]　Zhao X M, Xia Y, Whitesides G M. Fabrication of three-dimensional micro-structures: Microtransfer molding. Adv. Mater., 1996, 8: 837.

[67]　Kim E, Xia Y, Whitesides G M. Polymer microstructures formed by moulding in capillaries. Nature, 1995, 376(6541): 581.

[68]　Kim E, Xia Y, Zhao X M, et al. Solvent-assisted microcontact molding: A convenient method for fabricating three-dimensional structures on surfaces of polymers. Adv. Mater., 1997, 9: 651.

[69]　Bao L R, Cheng X, Huang X D, et al. Nanoimprinting over topography and multilayer 3D printing. J. Vac. Sci. Technol. B, 2002, 20(6): 2881-2886.

[70]　Kim H C, Park S M, Hinsberg W D. Block copolymer based nanostructures: Materials, processes, and applications to electronics. Chem. Rev., 2010, 110: 146.

[71]　Chevalier X, Tiron R, Upreti T, et al. Study and optimization of the parameters governing the block copolymer self-assembly: Toward a future integration in lithographic process. Alternative Lithographic Technologies III, 2011, 7970: 79700Q.

[72]　杨荣巧 (Yang R Q). 受限环境下两嵌段共聚物及其与均聚物共混体系自组装行为模拟研究. 南开：南开大学，2012.

[73]　陈文辉. 嵌段共聚物定向自组装光刻技术研究. 北京：中国科学院微电子研究所，2016.

[74]　Segalman R A, Yokoyama H, Kramer E J. Graphoepitaxy of spherical domain block copolymer films. J. Advanced Materials, 2001, 13(15): 1152-1155.

[75]　Kim S O, Solak H H, Stoykovich M P, et al. Epitaxial self-assembly of block copolymers on lithographically defined nanopatterned substrates. Nature, 2003, 424(6947): 411-414.

[76]　Craig G S, Nealey P F. Exploring the manufacturability of using block copolymers as resist materials in conjunction with advanced lithographic tools. Journal of Vacuum Science & Technology B: Microelectronics and Nanometer Structures, 2007, 25(6): 1969-1975.

[77]　Detcheverry F O A, Liu G, Nealey P F, et al. Interpolation in the directed assembly of block copolymers on nanopatterned substrates: Simulation and experiments. J. Macromolecules, 2010, 43(7): 3446-3454.

[78]　Liu C-C, Thode C J, Rincon D P A, et al. Towards an all-track 300 mm process for directed self-assembly. Journal of Vacuum Science & Technology B: Microelectronics and Nanometer Structures, 2011, 29(6): 06F203.

[79]　Delgadillo P A R, Gronheid R, Thode C J, et al. Implementation of a chemo-epitaxy flow for directed self-assembly on 300-mm wafer processing equipment. J. Micro-Nanolith. MEMS, 2012, 11(3): 1302.

[80]　Somervell M, Gronheid R, Hooge J, et al. Comparison of directed self-assembly integrations. Advances in Resist Materials and Processing Technology XXIX, 2012, 8325:

83250G.

[81] Rathsack B, Somervell M, Hooge J, et al. Pattern scaling with directed self assembly through lithography and etch process integration. Pro. SPIE, 2012, 8323: 83230B.

[82] Liu C C, Nealey P F, Raub A K, et al. Integration of block copolymer directed assembly with 193 immersion lithography. J. Vac. Sci. Technol. B, 2010, 28(6): C6b30-C36b34.

[83] Biswas M, Libera J A, Darling S B, et al. New insight into the mechanism of sequential infiltration synthesis from infrared spectroscopy. J. Chemistry of Materials, 2014, 26(21): 6135-6141.

[84] Tegen S, Moll P. Etch characteristics of Al_2O_3 in ICP and MERIE plasma etchers. J. Electrochem. Soc., 2005, 152(4): G271-G276.

第 9 章　真空、等离子体与刻蚀技术

罗　军

在半导体工艺制造中，刻蚀作为其典型工艺技术之一，贯穿其整个过程。如果说光刻是将掩模版上的图形转移到晶圆上，那么刻蚀工艺则是在被刻蚀材料上完成图形转移的最后步骤，形成具体结构。

本章将从刻蚀设备、刻蚀机理、关键参数、影响因素及典型应用等多个方面系统地介绍刻蚀技术。具体地，从刻蚀所需的真空腔室的真空等级出发，介绍了在工艺中采用真空环境的原因、典型的真空泵结构、真空度测量方法、真空等离子体产生的方法等刻蚀条件，分析了物理刻蚀和化学刻蚀的机理及其关键参数，对比了湿法刻蚀与干法刻蚀的机理、设备、不同应用领域以及常见材料的刻蚀工艺，介绍了刻蚀工艺中常用的终点检测方法，最后介绍了一种全局平坦化技术——化学机械抛光 (CMP)。

9.1　真空压力范围与真空泵结构

本节首先介绍真空度、平均自由程等概念，在此基础上，介绍实现反应腔室真空条件的典型真空泵，包括活塞式机械泵、旋片式机械泵、罗茨泵、油扩散泵、涡轮分子泵、低温吸附泵、钛升华泵及溅射离子泵等。对于干法刻蚀设备，泵的选择决定了刻蚀设备的真空度及对沾污的控制能力。

在半导体工艺与制造技术中，除了之前介绍的常压工艺外，部分工艺还需要在具有一定真空度的腔室内 (Chamber) 进行，如干法刻蚀。真空腔室为干法刻蚀提供了适当的环境：便于引入需要的刻蚀气体；也提供了反应所需的适合的能量；保证了反应副产物的抽取；同时也避免了反应中的有害物质污染环境等。因此，合适可控的真空环境对刻蚀具有重要意义。在生产过程中，刻蚀反应腔内的真空度还会影响干法刻蚀的重复性，比如衬底表面残留的水汽和氧等。在 9.1 节和 9.2 节中，将主要介绍一些用于产生、容纳和测量真空的基础设备。

真空度通常可分为初真空、中真空、高真空和超高真空，其定性的划分采用气压来表示，具体数值如表 9.1 所示。作为参考，地球外层空间的真空大约是 10^{-16} Torr。半导体工艺制造中使用的大部分工艺设备工作在初真空或中真空段，刻蚀设备一般工作在中真空等级。下面介绍分子自由程及与真空压力的关系。

表 9.1 真空度等级

真空度	真空压强/Torr	真空压强/Pa
初真空	$0.1 \sim 760$	$10 \sim 10^5$
中真空	$10^{-4} \sim 10^{-1}$	$10^{-2} \sim 10$
高真空	$10^{-8} \sim 10^{-4}$	$10^{-6} \sim 10^{-2}$
超高真空	$< 10^{-8}$	$< 10^{-6}$

引入气体分子碰撞模型。根据气体动力学理论，自由状态下，气体分子热运动的方向是随机的，在没有外力作用的情况下，平均速度为零。在有限温度下，气体速度改变的主要机制之一是气态分子之间的相互碰撞。假设直径为 d 的气体分子随机运动，另外一个分子如处在第一个分子运动路径的距离 d 之内，就会发生碰撞。分子具有 πd^2 的碰撞截面，在距离 L 内的碰撞概率为

$$P = L\pi d^2 n \tag{9.1}$$

式中，n 为每单位体积的气体分子数。若设 $P \approx 1$，则两次碰撞间分子运动的平均距离称为平均自由程 λ

$$\lambda \approx \frac{1}{\pi d^2 n} \tag{9.2}$$

实际根据更严格的统计学应当修正为

$$\lambda \approx \frac{1}{\sqrt{2}\pi d^2 n} = \frac{kT}{\sqrt{2}\pi d^2 p} \tag{9.3}$$

式中，p 为腔体内压力；T 为绝对温度；k 为玻尔兹曼常量。

从公式中可以看到，腔体内压力 p 越小，则气体分子的平均自由程 λ 越大；而平均自由程 λ 越大，越能保持刻蚀工艺中等离子体的定向性，实现期待的刻蚀效果。刻蚀反应腔室的压力通过真空泵抽除腔内的气体来控制，从而实现不同等级的真空。下面将介绍几种典型的真空泵的工作原理。

9.1.1 活塞式机械泵

活塞式机械泵是最早使用的真空泵之一，图 9.1 为活塞式机械泵的结构示意图，主要工作部件包括气缸、活塞、吸气阀、排气阀、与活塞连接的驱动杆、曲轴等。活塞式机械泵通过活塞的往复运动使得泵的工作容积周期性地增大和减小，从而控制气体的吸入、压缩或排出 [1]。

活塞式机械泵的工作过程主要分为吸气阶段、压缩阶段、排气阶段。在吸气阶段打开吸气阀并关闭排气阀，活塞向气缸容积增大的方向行进，此时气体经过吸气阀进入气缸，如图 9.2 所示。压缩阶段则两个阀均关闭，气体处于被压缩状态。在排气阶段打开排气阀并关闭吸气阀，活塞气缸向容积减小的方向行进，此时气体经过排气阀被排出到高压力区，如图 9.3 所示。

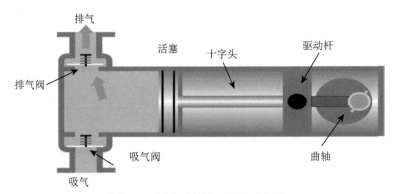

图 9.1　活塞式机械泵结构示意图

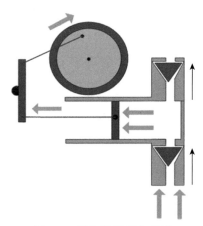

图 9.2　吸气阶段工作原理

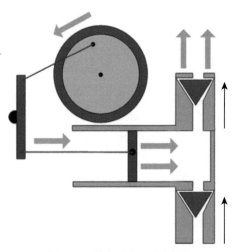

图 9.3　排气阶段工作原理

9.1.2 旋片式机械泵

旋片式机械泵采用旋片代替活塞进行抽气和压缩运动，其具有抽速快、体积小、极限真空度高、可靠性高等特点[2,3]。图 9.4 为旋片式机械泵的结构示意图，旋片式机械泵主要由转子、泵体、旋片等部件组成。如图所示，泵体腔内偏心安装有转子，转子上装有旋片，转子带动旋片在泵体腔内滑动，完成气体的吸入、压缩或排出。泵体腔与转子之间的工作体积取决于旋片位置。旋片式机械泵有单级和双级两种。所谓双级，就是在结构上将两个单级泵串联起来。单级旋片式机械泵的极限真空大约为 20 mTorr，双级泵则能达到 1 mTorr 以下。此类机械泵工作时，水蒸气的凝聚可能导致腐蚀，而且需要泵油，可能会对真空腔室产生污染。通过增加每次抽取的体积或增加泵的转速可以获得高排量。

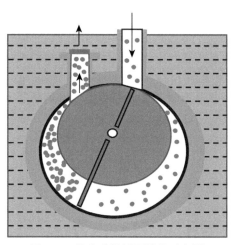

图 9.4　旋片式机械泵结构示意图

9.1.3 增压器——罗茨泵

罗茨泵是基于双转子组合的干式机械旋转泵系统[4]，可被作为常规的旋片式机械泵的预压缩装置使用，用来提高入口压力，从而增加排气量，图 9.5 为其结构示意图。由图可知，罗茨泵的工作原理是基于两个叶形转子在相反方向的同步高速旋转以抽、排气，气体在腔内几乎无压缩。罗茨泵的特点在于启动快，耗功少，运转维护费用低，抽速大、效率高，对被抽气体中所含的少量水蒸气和灰尘不敏感，在 1~100 Pa 压力范围内有较大的抽气速率，能迅速排出气体。这个压力范围恰好处于油封式机械真空泵 (如旋片式机械泵) 与扩散泵 (见 9.1.4 节) 之间。因此，它常被串联在扩散泵与油封式机械真空泵之间，用来提高中间压力范围的抽气量，此时它又被称为机械增压泵。

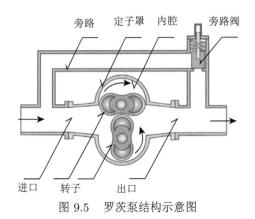

图 9.5   罗茨泵结构示意图

9.1.4   油扩散泵

油扩散泵是利用低压、高速和定向流动的油蒸气射流抽气的真空泵。油扩散泵是获得高真空的主要设备之一，也被广泛用于真空镀膜和对油污染不敏感的一些真空系统中，其结构示意图如图 9.6 所示。在真空油扩散泵中，泵油经过电炉的加热沸腾，产生一定量的油蒸气沿着导流管被传输到泵的上部，经由三级伞形喷口向下喷出，形成一股向出口方向运动的高速蒸气流。油分子在高速运动过程中与气体分子相互碰撞，将动量传递给气体分子，使气体分子迅速向下端运动。在

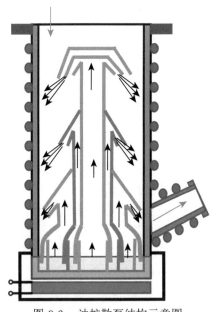

图 9.6   油扩散泵结构示意图

射流的界面内，由于气体分子不可能长时间滞留，导致界面内的气体分子浓度较小。由于这个浓度差，需被抽走的气体分子得以源源不断地扩散进入蒸气流而被逐级输运至出口，并被前一级的真空泵抽走。速度降下来的油蒸气流在向下运动的过程中碰到水冷的泵壁，油分子冷凝，沿着泵壁流回蒸发器继续循环使用。由于油扩散泵可能存在回油污染的问题，其不能与大气直接相连，需与前级泵 (机械泵) 联合，工作压力范围一般为 $10^{-4} \sim 10^{-1}$ Pa。

9.1.5 涡轮分子泵

涡轮分子泵是利用高速旋转的动叶轮将动量传给气体分子，使气体产生定向流动而抽气的真空泵。涡轮分子泵的设计有水平和垂直两种不同的结构，其由转子和定子组成，垂直泵由于重量轻且价格低等优点而被广泛应用。涡轮分子泵由许多级组成，如图 9.7 所示 [1,5]，每个级上都包括转速大于 2000 r/min 的叶片，位于转子上的称为风机叶片，位于定子上的称为静止叶片，定子和转子之间的间隙为毫米量级。涡轮分子泵每一级的压缩比不大，但采用多级同心设计，在较低的总长度下，可实现极高的压缩比，整个泵的压缩比可达 10^9。因此，对于转子和定子之间间隙较小的涡轮分子泵，排气压力可升高至约 1500 Pa。涡轮分子泵的优点是启动快、抗辐射性强、耐大气冲击、无气体存储与解吸效应、几乎没有油蒸气的污染、能实现清洁度良好的超高真空环境。涡轮分子泵必须在分子流状态 (气体分子的平均自由程 λ 远大于导管截面最大尺寸的流态) 下工作才能显示出它的优越性，因此要求配有工作压力为 $1 \sim 10^{-2}$ Pa 的前级真空泵，分子泵也是干法刻蚀设备中使用最为广泛的前级泵，后级一般与罗茨泵搭配使用。

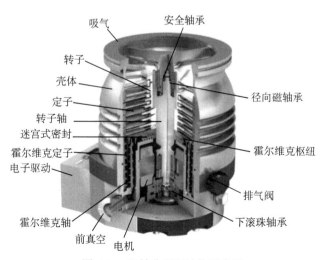

图 9.7 涡轮分子泵结构示意图

9.1.6   低温吸附泵

冬天的玻璃窗上会结霜，这种现象是空气中的水蒸气在低温下被吸附、凝结在玻璃表面的缘故，其可实现空气中部分水蒸气的抽除。低温吸附泵正是利用这种在低温下气体被吸附和冷凝的原理，减少工艺腔体内的残余气体，起到了一种类似"气体捕获器"的作用。如图 9.8 所示，低温吸附泵的低温环境由一个闭合的循环制冷机实现，冷冻机的冷头被密封在泵体中，同时连接至真空系统，温度控制在 20 K 左右，除氦气 (He) 外，整个腔室的气体不断在冷头和具有高比表面和吸附容量的活性炭表面吸附和冷凝，最终吸附和冷凝的气体达到饱和，从而实现超高真空。低温吸附泵需前级泵提供一定的真空环境才可正常工作，其具有极限真空度高、无回油污染等优点，在超低温环境下以吸附和冷凝方式捕获气体的能力更强，吸附在活性炭表面的气体原子释放的概率更低，因此能够捕获更多的气体，提高低温吸附泵的效率。低温吸附泵需再生处理，待其与工艺腔室隔离后，通过加热及快速抽吸的方式释放出被冷头和活性炭吸附和冷凝的气体，再进行制冷后可恢复其正常工作状态。

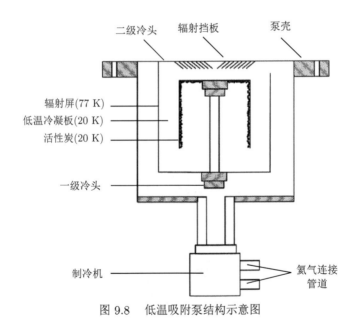

图 9.8   低温吸附泵结构示意图

9.1.7   钛升华泵

许多金属，包括钼、铌、钽、锆、铝和钛等都是活性气体的表面吸附剂，它们以加热升华的方式形成薄膜，成为真空泵的活性表面。相比于其他金属，钛可以在更低的温度下升华且可以吸附大量气体[6]。钛升华泵结构如图 9.9 所示，泵元件由三根或四根可单独加热的钛灯丝制成，交流电加热灯丝，使钛加热到足够高的温度 (1100 °C 左右) 直接升华，升华出来的钛淀积在用水或液氮冷却的泵体壁面上，形成新鲜的钛薄膜，其对氮、氧和一氧化碳等活性气体有比较强烈的吸附作用，并发生化学反应生成氮化钛、碳化钛和氧化钛等稳定的化合物[7]，但对惰性气体和甲烷几乎不吸附。钛薄膜吸附气体只能是单分子层的，在已吸附有气体分子的薄膜位置上不能再吸附气体。因此，钛升华器必须不断地升华，使泵体壁面上不断地淀积新的钛薄膜，才能达到连续抽气的目的。由此可知，钛升华泵的抽气是物理吸附和化学吸附共同作用的结果，以化学吸附为主。钛升华泵具有极其洁净、耐用、易操作等优点。

图 9.9　钛升华泵结构

9.1.8　溅射离子泵

溅射离子泵又称潘宁泵，顾名思义，它是利用潘宁放电进行抽真空的。图 9.10 为溅射离子泵结构示意图，如图所示，当阴阳极板间被施加高压时，在强大的电场和与之平行的磁场作用下，电子以螺旋线方式高速运动以增加电子运动的路程，大大提高了与残余气体分子碰撞的概率，运动的电子与气体分子碰撞产生正离子和电子，产生的电子继续与气体分子碰撞产生新的正离子和电子，此种过程称为潘宁放电，潘宁放电能在很低的压强下进行。带正电荷的气体离子被加速向阴极运动，被阴极材料吸附，同时也可溅射出表面的钛/钽等阴极材料。被溅射出来的钛/钽等原子还可以与气体反应，增大离子泵的抽速。溅射离子泵与钛升华泵原理类似，极其洁净，耐用且易操作。

常用真空泵的工作范围如表 9.2 所示。不同真空泵因其机理的不同，成本具有显著差异。对于真空泵的选择不仅要考虑真空等级等参数需求，还需权衡其经济成本。

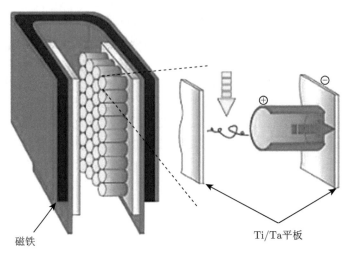

磁铁

Ti/Ta平板

图 9.10　溅射离子泵结构示意图

表 9.2　常用真空泵的工作范围

真空泵种类	工作压强范围/Pa	启动压强/Pa
活塞式真空泵	$1.3\times10^2 \sim 1\times10^5$	1×10^5
旋片式真空泵	$6.7\times10^{-1}\sim 1\times10^5$	1×10^5
罗茨真空泵	$1.3\sim 1.3\times10^3$	1.3×10^3
油扩散泵	$1.3\times10^{-7}\sim 1.3\times10^{-2}$	1.3×10
涡轮分子泵	$1.3\times10^{-5}\sim 1.3$	1.3
低温吸附泵	$1.3\times10^{-11}\sim1.3$	$1.3\times10^{-1}\sim1.3$
钛升华泵	$1.3\times10^{-9}\sim1.3\times10^{-2}$	1.3×10^{-2}
溅射离子泵	$1.3\times10^{-9}\sim 1.3\times10^{-3}$	6.7×10^{-1}

9.2　真空密封与压力测量

不同真空等级需要采用不同的密封方式，本节将介绍两种常见的真空密封方式，同时讲述真空度测量的几种常见方法。

9.2.1　真空密封方式

O 形环密封，即 O 形环 (又称 O 环、O 形圈)，是一种圆环形状的机械垫片，它是环状的弹性体，断面常见为圆形，一般会固定在一凹槽中，安装过程中会被两个或两个以上的组件压缩，因此产生密封的接口。O 形环密封具有优良的密封性能，耐高温、耐腐蚀及气密性好，可作直径大小不同的密封元件，用于一般低、中真空的密封，图 9.11 为两种人造橡胶的 O 形环密封方式。

对于低于 10^{-7} Torr 的高真空和超高真空，则需要使用金属对金属的密封，如图 9.12 所示，称为法兰 (Flange) 密封。法兰的密封原理十分简单：基于螺栓的两个密封面相互挤压法兰垫片并形成密封。法兰在螺栓预紧力的作用下，把处于密封面之间的垫片压紧。施加于密封面单位面积上的压力 (压应力) 必须达到一定的数值才能使垫片变形而被压实，密封面上由机械加工形成的微隙被填满，形成初始密封条件。

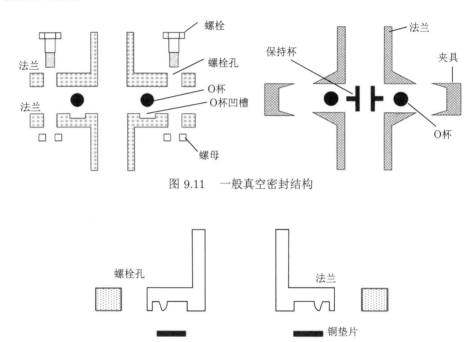

图 9.11　一般真空密封结构

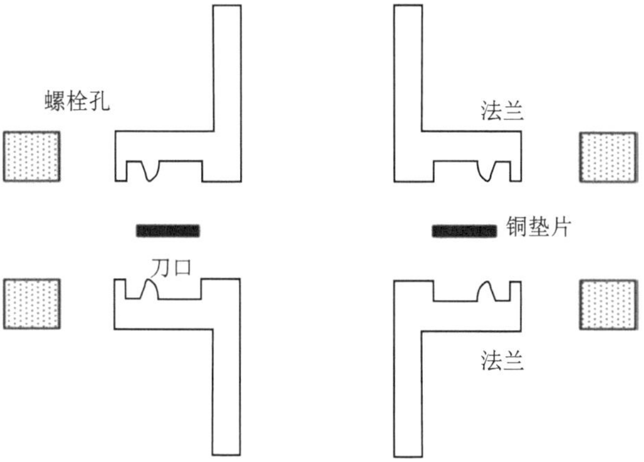

图 9.12　高/超高真空密封结构

9.2.2　真空测量

真空测量就是真空度的测量。真空度的测量是指在低于大气压的条件下，对气体或蒸气全压的测量，常见的真空测量方式有以下四种。

1. 电容薄膜真空计

电容薄膜真空计结构示意图如图 9.13(a) 所示，其属于弹性元件真空计，弹性薄膜将规管真空室分为两个小室，即参考压强室和测量室。测量低压强时，参考室抽至高真空，其压强近似为零。当测量室压强不同时，薄膜变形的程度也不同。在测量室内有一固定电极，它与薄膜形成一个电容器。薄膜变形时电容值相应改变，通过电容电桥 (图 9.13(b)) 可测量电容的变化从而确定相应压强值。电容薄膜真空计可直接测量气体或蒸气的压强，测量值与气体种类无关。此真空计结构牢固，可经受烘烤。

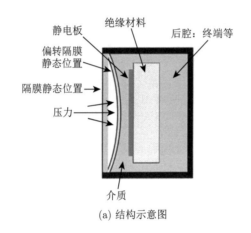

(a) 结构示意图

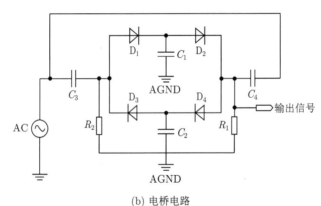

(b) 电桥电路

图 9.13　电容薄膜真空计

2. 热电偶真空计

热电偶由两种不同的金属丝连接而成，当两接点温度不同时就产生热电势，温差越大，热电势越高。热电偶的一个接点与热丝相接触，另一接点处于室温，这样经过校正，即可由热电势的值转换为压强的值。在真空测量过程中，以一定加热电流通过装有热丝的规头，热丝的温度决定于加热和散热之间的平衡。散热能力是气体压强的函数，残余气体越多 (真空度越高) 散热越快，反之亦然。故热丝的温度随压强而变化，如用一附加的热电偶测量热丝的温度则可得到压强值，此类真空计称为热电偶真空计，如图 9.14 所示。

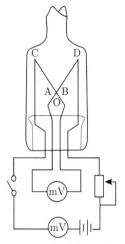

图 9.14 热电偶真空计

3. 皮拉尼真空计

与热电偶真空计类似, 皮拉尼真空计也是一种热传导真空计, 当真空度不同时, 单位体积内的空气分子数就不同, 对于正在发热的电阻丝带走热量的能力 (散热能力) 也不同, 电阻丝温度就不同, 因为电阻丝的电阻率是温度的函数, 所以不同的真空度就引起了电阻率的不同, 则电阻就不同, 电流在电阻丝上的电压降就不同, 因此根据电压降的变化就能换算出压强, 即真空度。实际的皮拉尼真空计一般做成四臂电桥, 同时与一个温度补偿电阻丝串联, 通过检测跨接在电桥电压表上的电压降即可获得真空压力值, 其灵敏度要高于热电偶真空计, 如图 9.15 所示。

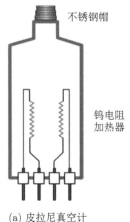

(a) 皮拉尼真空计

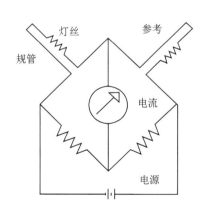

(b) 惠斯通电桥

图 9.15 皮拉尼真空计

4. 电离真空计

电离真空计是利用气体离化原理,通过测量离子浓度间接测量真空度的真空计。采用电流离化进入真空计中的气体,并通过电场收集离子,离子电流大小与腔室中压力具有一定的函数关系,因而可通过测量离子电流以获得真空压力值。如图 9.16 所示的热灯丝的电离真空计测量范围一般为 $1\times10^{-4}\sim1\times10^{-9}$ Torr,冷阴极的电离真空计则可以测到 1×10^{-11} Torr。但是,电离真空计在超高真空环境下的测量精度较差,需要高压电源和配有磁铁的探头,使用时具有一定限制。

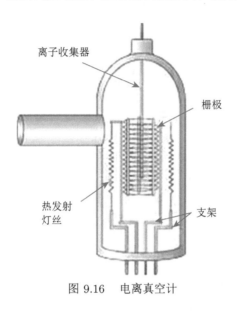

离子收集器

栅极

热发射
灯丝

支架

图 9.16   电离真空计

9.3   等离子体产生

等离子体是不同于固体、液体和气体的第四种物质物态。当不带电的中性物质 (由分子或原子组成) 被加热到足够高的温度或受到其他外界激励时,其外层电子会摆脱原子核的束缚成为自由电子,这个过程就叫做 "电离",电离后就变成了正离子、中性粒子、活性自由基、自由电子等多种不同性质的粒子所组成的电中性物质。等离子体呈现出高度激发的不稳定态,其中存在的众多活性自由基可引发在常规化学反应中不能或难以实现的物理变化和化学反应。获取等离子体的方法有很多种,较为常见的是,对封闭的真空环境施加直流或交流高频电压,产生气体辉光放电从而形成等离子体,根据所加电压频率的不同,可以分为直流放电、低频放电、高频放电、射频放电 (Radio Frequency, RF)、微波放电等多种类型,本节主要介绍直流辉光放电和射频 (辉光) 放电。

9.3.1 直流辉光放电

直流辉光放电因为结构简单、成本低而得到广泛应用。两个平板电极被封装在一个真空系统中,在平板电极两端施加电压,当电压高到足够使反应腔内的气体裂解时,在两电极之间就会产生电弧,制造大量的离子。等离子体产生及维持过程如图 9.17 所示[8],其中数字对应不同的阶段。阶段 "1",高压电弧产生离子和自由电子;阶段 "2",在电场作用下,电子向阳极运动,离子向阴极运动;阶段 "3",离子轰击阴极产生大量二次电子;阶段 "4",二次电子在电场作用下加速向阳极运动,与中性气体分子碰撞产生更多离子。

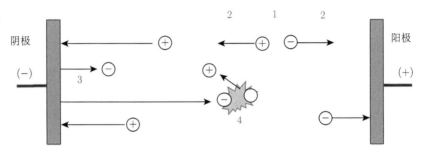

图 9.17 等离子体产生及维持示意图

低压直流辉光放电的电压与电流特性及放电模式如图 9.18 所示,根据不同的电流-电压特性 (*I-V* 曲线),可分为无光放电 ($a \sim b$ 区间),汤生放电 ($b \sim c$ 区间),辉光放电 ($c \sim e$ 区间),反常辉光放电 ($e \sim f$ 区间),以及电弧放电区 ($f \sim g$ 区间)。

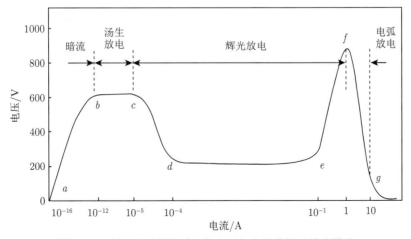

图 9.18 低压直流辉光放电的电压与电流特性及放电模式

1. 无光放电 ($a \sim b$ 区间)

在自然状态下，气体分子或原子基本处于中性状态，只有极少量的分子或原子在受到高能宇宙射线的激发时而发生电离。在外加电场的情况下，电离产生的离子将沿着电场方向运动，同时电离产生的电子沿着电场相反的方向移动，带电粒子运动速度随电场增加而被更快地加速，因此电流也从零逐渐增加。当电压增加至足够大时，带电粒子的运动速度将会达到饱和。即使再增加电压，到达阳极和阴极的电子和离子数目也不会发生改变，电流也不随之增加。由于电离的分子或原子数量占比很少，一般仅产生 $10^{-16} \sim 10^{-12}$ A 的微弱且不稳定的电流，气体处在该放电区间时导电但不发光，如图 9.18 中的 ab 段所示，这一区域称之为无光放电区。

2. 汤生放电 ($b \sim c$ 区间)

当电极间的电压达到一定值时，电子的运动速度饱和且电子与中性气体分子之间的碰撞不再是弹性碰撞，而是会使气体分子发生电离的非弹性碰撞从而产生带正电荷的离子和带负电荷的电子 (α 作用)，同时正离子与阴极碰撞将产生二次电子 (γ 作用)，这些新产生的以及原有的电子继续被电场加速，在碰撞过程中导致大量气体分子或原子被电离，使得离子和电子的数量呈现雪崩式的增加，放电的电流也就迅速增大 ($10^{-12} \sim 10^{-7}$ A)，在电压-电流特性曲线上便出现汤生放电区，如图 9.18 中的 bc 段所示。在汤生放电区，电压受到电源高输出阻抗和限流电阻的限制而呈现出恒定值。无光放电和汤生放电，都是以存在自然电离源或高能宇宙射线的激发为前提，一旦自然电离作用停止，气体放电现象即随之中断，这种放电方式又称为非自持放电。

3. 辉光放电 ($c \sim e$ 区间)

汤生放电完成之后，气体会突然出现放电击穿现象，导致电流迅速增加，同时放电电压显著下降。放电的着火点为图 9.18 中的 c 点，放电区位置集中在阴极边缘与形状不规则处。前期辉光放电区，也就是 cd 段，出现电流增加但是电压下降的负阻现象，这是由于气体被击穿，其内阻将随着电离度的增加而显著下降。对于正常辉光放电区 de 段，电流的增大与电压大小无关，只与阴极上产生辉光的表面积相关。该区域内，电流越大，则阴极的有效放电面积越大，而有效放电区域内的电流密度保持恒定。

在这一放电阶段，电子和正离子的数量急剧增多，互相碰撞的过程中能够转移的能量也足够高，因此会产生明显的辉光，维持辉光放电所需的电压较低，而且两级间的电压不随电流改变。气体被击穿之后，正离子会轰击阴极，产生大量二次电子，而产生的电子撞击气体分子产生电离，因此，即使不存在自然电离源，放电也将持续下去，这种放电方式又称为自持放电。

4. 反常辉光放电 ($e \sim f$ 区间)

反常辉光放电对应图 9.18 的 $e \sim f$ 段，随着电流不断增大，两极板间的电压也会升高，在 e 点时，辉光已遍布整个阴极，导电面积已经没有增加的余地，再继续增加电流时，离子层不断向阴极靠近，达到自饱和状态，无法向四周扩散。此时要想继续增加电流的密度，必须增大阴极压降，以增大正离子轰击阴极的能量，使阴极产生更多的二次电子才能实现，而且阴极压降的大小与电流密度与气体压强有关，即电流密度和气压越高，阴极压降越大。

5. 电弧放电 ($f \sim g$ 区间)

随着电流的继续增加，放电电压会突然大幅度减小，电流快速增加，放电气体呈负阻抗特性，这时的放电现象开始进入电弧放电阶段，如图 9.18 的 $f \sim g$ 所示。

以上就是直流辉光放电产生等离子体所经历的六个阶段。在辉光放电过程中，其离子和电场分布如图 9.19 所示 [9,10]。在等离子体内部，离子和电子的密度是相等的，从而呈现出整体的电中性，由于电子质量远小于离子，因此电子被从阴极加速离开的速度远大于离子，这也导致阴极附近电子的密度比离子密度要小得多，这个区域会产生净的正电荷，在接近正电荷区域的边缘，电子获得了足够的能量来撞击气体分子或原子产生离子，使得在等离子体中，离子的密度随着距离增大而增加，这些正电荷屏蔽了从阴极附近起始的等离子体的其余部分，抑制了电场和离

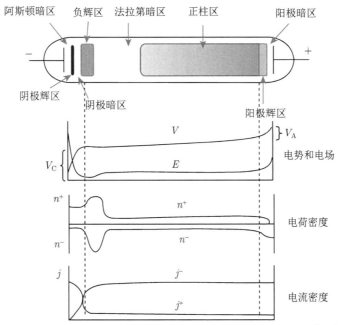

图 9.19 直流等离子体的组成与辉光放电的离子和电场分布 [9,10]

化的速度，如图 9.19 所示，最终，在等离子体的其余部分，离子的密度回落到一个常值。

当一个中等能量的电子以非弹性方式与中性原子碰撞时，将把一个内层原子激发到高能态，这个状态的寿命非常短 (10^{-11} s 的量级)，当电子返回基态时，以可见光辐射的形式释放出能量，这一光学发射过程，产生了辉光放电中的光。而大于 15 eV 能量的电子首先离化气体中的分子而不是激发它们。根据电子的能量和位置，直流辉光放电区可以分成八个区域，如图 9.19 所示：①阿斯顿暗区：此区中电子能量太低，不足以激发中性气体；②阴极辉区：此区中中等能量电子足以激发中性气体；③阴极暗区：进入该区域的电子由于电场的继续加速，能量超过激发函数最大值对应的电子数目越来越多，所以碰撞激发概率降低，导致发光减弱。在阴极暗区，电子能量已超过第一电离能，所以这个区域产生大量的碰撞电离，雪崩放电集中在这一区域。电压降主要发生在这里；④负辉区：在阴极暗区碰撞电离产生大量慢电子，电子与正离子复合产生强辉光，也叫轫致辐射 (Bremsstrahlung Radiation)，该区域的电场趋近于 0；⑤法拉第暗区：比上述各区域都厚，从负辉区进入法拉第暗区的电子能量比较低，不足以产生激发和电离，所以不发光，形成暗区。进入法拉第暗区，电场又开始大于 0，但是电场仍很弱，电子需加速较长一段距离才能激发正柱区气体；⑥正柱区：穿越法拉第暗区的电子被加速后具有中等能量，足以激发中性气体，故可发光；⑦阳极辉区：在靠近正柱区一端，电子被阳极吸引，而正离子被阳极排斥，使得阳极区产生负的空间电荷，电场增加，此区具有更多中等能量电子，因此比正柱区稍微亮些；⑧阳极暗区：此区接近阳极，电子能量太高，此区的中性气体首先被离化而不是激发，故较暗。

9.3.2 射频放电

直流放电中，正离子和电子分别在阴、阳两电极表面的积聚会使电场减小，直到等离子体消失。为了解决这些问题，可以使用交流信号来驱动等离子体，如射频等离子，图 9.20 为一个典型的射频等离子体系统 [11,12]，此时，在射频电压的驱动下，晶圆既可作为阳极接受电子轰击，又可作为阴极接受离子轰击。在一个正半周期中，晶圆将接受大量电子，并使其表面带有负电荷。在后续负半周期中，它又将接受少量运动速度较慢的离子，使其所带负电荷被中和一部分。经过这样几个周期后，晶圆上将带有一定数量的负电荷而对等离子体呈现一定的负电势，晶圆表面过量的负电荷与其附近带正电荷的等离子体之间的区域被称为空间电荷或鞘层。

对拟电离的气体施加射频电场时，因为电场的方向周期性地发生改变，带电粒子 (离子和电子) 难以定向运动到达上下电极而离开放电空间，相对减少了带电粒子的损耗。电子由于质量轻，容易改变运动方向，其在射频电场的作用下，在两极之间不断振荡运动，从电场中获得足够的能量使气体分子电离，只要有较低的电场强度就可以维持放电，阴极产生的二次电子发射不再是气体击穿的必要条件。射频电场可以通过任何一种类型的阻抗耦合 (电容耦合、电感耦合等) 进入工艺室，所以电极既可以是导体，也可以是绝缘体。

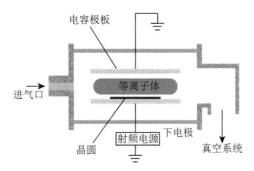

图 9.20　射频等离子体系统

更进一步，在射频等离子体中，电子被迅速地加速，并交替地周期性改变运动方向，电子会分别撞击上下电极，因此每一个电极附近都会有鞘层的存在。当射频信号 (V_0) 附加在直流电平上，而等离子体电势为 V_p，上、下电极的电势和面积分别为 V_1、V_2、A_1、A_2 时，有如下表达式：

$$V_1 = V_p \tag{9.4}$$

$$V_2 = V_p - V_0 \tag{9.5}$$

$$\frac{V_2}{V_1} = \left[\frac{A_1}{A_2}\right]^4 \tag{9.6}$$

由于等离子体可导电，在辉光放电区电压降很小；而由于电子耗尽，等离子体和电极之间，存在很大的鞘层直流电压降。图 9.21 显示了腔室内直流电压与位

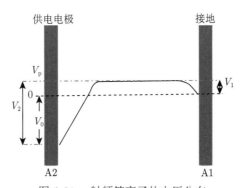

图 9.21　射频等离子体电压分布

置间的关系，对于具有相等面积的两个平行板电极，电极之间的平均电势是对称的，但在大多数反应离子刻蚀系统中，会因接地电极与腔壁相连而增大，导致接地电极的表面积远大于供电电极的表面积。在大部分射频周期中，供电电极是负的，并且仅在相对短的时间内变为正。因此，离子轰击不仅发生的时间更长，而且由于很大的直流电压偏压 V_2，离子会在更高的能量下对其进行轰击 [13,14]。

9.4　刻蚀的基本概念

在半导体工艺制造中，刻蚀是最关键的工艺之一，其是用化学、物理方法或者物理与化学结合的方法有选择地从衬底表面去除不需要的或未被保护材料的过程，基本目标是将光刻工艺形成的光刻胶图形如实转移到衬底或者薄膜上，如图 9.22 所示。常用的刻蚀方法有湿法刻蚀和干法刻蚀。湿法刻蚀使用化学溶液腐蚀无光刻胶保护区域的材料或薄膜，生成溶于水的副产物。因为湿法刻蚀是纯粹的化学反应过程，有着很高的刻蚀选择比，对衬底材料或其他薄膜损伤很低，但是因为其各向同性的反应特点，对图形线宽的控制能力较差。干法刻蚀使用等离子体选择性地刻蚀无光刻胶保护区域的材料或薄膜，因为其各向异性的特点，对关键尺寸及刻蚀形貌的控制相对湿法优势明显，当然干法刻蚀也存在缺点，即对材料或器件存在一定的等离子体损伤等。

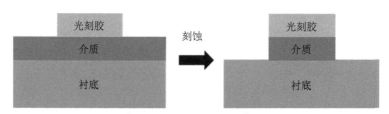

图 9.22　刻蚀目的示意图

因此，刻蚀工艺的选择需对刻蚀速率、刻蚀均匀性、刻蚀选择比等多个因素进行综合考量，下面对刻蚀的关键因素进行介绍。

刻蚀速率是指单位刻蚀时间所刻蚀材料或薄膜的厚度，通常用 Å/min 表示，如图 9.23 所示。刻蚀速率用下式来计算：刻蚀速率 $ER = \Delta T/t$ (Å/min)，其中，ΔT 为被刻蚀掉的材料或薄膜的厚度，单位为 Å、nm 或者 μm，t 为刻蚀所用的时间，单位为 min。

刻蚀速率通常随刻蚀剂的浓度升高而增加，而且受到被刻蚀图形的尺寸、图形密度、图形种类等因素的影响。如果被刻蚀的区域面积占比较大，则刻蚀剂会随着刻蚀进行而浓度逐渐降低，刻蚀速率也随之变慢；相反，如果刻蚀区域的面积占比较小，则刻蚀速率因刻蚀剂浓度变化相对较小而相对稳定，上述这种由于刻蚀过程中刻蚀剂被消耗，使得刻蚀速率减小的现象被称为"负载效应"。综上所述，刻蚀速率将受各种因素的影响，因此需要动态调整刻蚀时间来保证刻蚀结果的重复性，终点检测是一种非常有效的动态调整刻蚀时间的重要手段。

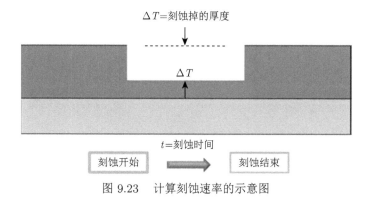

图 9.23　计算刻蚀速率的示意图

刻蚀速率均匀性是半导体工艺制造中一个重要的工艺指标。刻蚀速率均匀性通常用刻蚀速率非均匀性的百分比来度量，可以用来衡量一个晶圆片之内 (片内，Within Wafer，W/W) 或晶圆片与晶圆片之间 (片间，Wafer-to-Wafer，WtW) 的不均匀程度，其值越低代表均匀性越好。

$$刻蚀速率的非均匀性\,(\%) = \frac{最大刻蚀速率 - 最小刻蚀速率}{2\,倍的平均速度} \times 100\% \qquad (9.7)$$

例如，在一批晶圆中，随机选取 3~5 片晶圆，测量每一个晶圆上 5~9 个位置的刻蚀速率，继而对每一个晶圆计算刻蚀均匀性并相互比较。刻蚀均匀性越好，则意味着工艺的重复性越好；反之，不好的重复性可能会严重影响产品的良率。

刻蚀选择比是指在同一刻蚀条件下，某一种被刻蚀的材料相对另一种材料刻蚀速率的比值，即选择比 $S = \dfrac{E_{\mathrm{f}}}{E_{\mathrm{r}}}$，如图 9.24 所示。高选择比意味着刻蚀过程中预期被刻蚀掉的材料与其他材料之间的刻蚀速率差异越大，有利于减少对上层光刻胶等掩膜材料以及下层刻蚀停止层的消耗或损伤。对于刻蚀选择比的评价没有严格的界定标准，它需要根据实际情况进行判定和选择。比如，厚的光刻胶或刻蚀停止层等膜层结构对刻蚀选择比的要求相对较低，相反，薄的光刻胶或刻蚀停止层等膜层结构对刻蚀选择比的要求相对较高。

从刻蚀的剖面形貌控制来说，包括各向同性与各向异性两种状态。如图 9.25(a) 所示，各向同性刻蚀是指在刻蚀过程中，横向与纵向的刻蚀速率相同，各向同性刻蚀会导致被刻蚀材料在掩膜下面产生钻蚀，从而带来不希望的线宽损失。一般来说，湿法化学腐蚀大都是各向同性刻蚀。如图 9.25(b) 所示，各向异性刻蚀指的是只垂直于衬底方向 (纵向) 为主进行刻蚀, 各向异性刻蚀大部分是通过干法等离子体刻蚀来实现的, 实际工艺应用中, 侧壁形貌控制是处在各向同性和各向异性之间的某种状态, 因此, 需要一个参数来表征各向异性的程度。

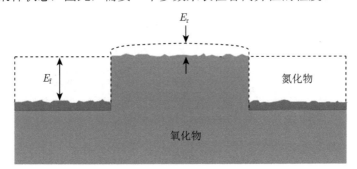

图 9.24　计算刻蚀选择比的示意图

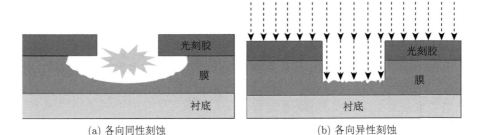

(a) 各向同性刻蚀　　　　　　　　　　　(b) 各向异性刻蚀

图 9.25　刻蚀剖面的形貌控制

评价刻蚀各向异性程度的计算公式如式 (9.8) 所示

$$A = 1 - \frac{R_\mathrm{L}}{R_\mathrm{V}}, \quad 0 \leqslant A \leqslant 1 \tag{9.8}$$

式中, A 表示各向异性度; R_L 和 R_V 分别代表横向和纵向刻蚀速率。A 趋向于 0 表示刻蚀趋向于各向同性, A 趋向于 1 代表刻蚀趋向于各向异性。表 9.3 列出了不同刻蚀工艺后的几种侧壁剖面形貌。

刻蚀偏差是指刻蚀以后的线宽、直径或图形间距等关键尺寸相对光刻定义尺寸的变化量, 横向钻蚀是造成刻蚀偏差的一种因素, 其示意图如图 9.26 所示, 当刻蚀中存在刻蚀停止层时, 刻蚀工艺条件控制不佳就会产生横向钻蚀。刻蚀偏差的表达式为

$$B = d_\mathrm{f} - d_\mathrm{m} \tag{9.9}$$

式中, B 代表刻蚀偏差; d_f 表示实际刻蚀获得的关键尺寸; d_m 表示光刻定义的关键尺寸; 刻蚀偏差 B 由所需要刻蚀的结构决定, 其可能大于 0 或小于 0, 取决于刻蚀间隙或者线宽。

表 9.3 湿法刻蚀和干法刻蚀的侧壁轮廓

刻蚀形式	侧壁轮廓	图例
湿法刻蚀	各向同性	
干法刻蚀	各向同性 (依设备及参数而定)	
	各向异性 (依设备及参数而定)	
	各向异性 (依设备及参数而定)	
	硅沟槽	

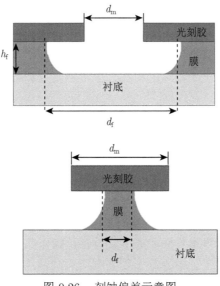

图 9.26 刻蚀偏差示意图

在实际刻蚀工艺应用中，为了让刻蚀结果尽可能接近预先的设计，需要考量上述的刻蚀偏差 B(横向) 和过刻蚀量 (纵向)。如图 9.27 为钻刻和过刻的示意图，钻刻是常见的导致刻蚀偏差的因素，过刻是指超过预期的纵向刻蚀。因此，经验丰富的工程师在设计版图时会把刻蚀偏差量考虑在内，在版图设计中加以补偿和留足余量，防止器件或者电路失效。为了防止刻蚀残留，在刻蚀工艺中需要过刻蚀，过刻蚀量根据具体情况控制在 $5\%\sim100\%$，为了防止纵向失控，通常通过调整刻蚀工艺条件或者膜层设计增加刻蚀停止层来控制实际的过刻蚀深度。因此，刻蚀工艺实际的工艺条件，如刻蚀时间、刻蚀剂配比等，需结合工艺目的、图形密度以及前后工艺步骤的影响等进行综合衡量确定。

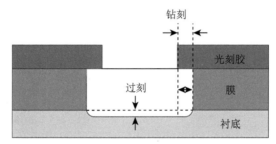

图 9.27   刻蚀工艺中的钻刻、过刻示意图

9.5   湿 法 刻 蚀

作为早期的刻蚀手段，湿法刻蚀工艺几乎伴随着半导体制造业的开始而诞生。随着集成电路在摩尔定律下不断微缩，湿法刻蚀由于对刻蚀的关键尺寸 (Critical Dimension，CD) 控制不佳，逐渐被干法刻蚀所取代。当今，湿法刻蚀技术的应用场景集中在选择性地腐蚀掉特定薄膜，剥离诸如硬掩膜和光刻胶掩膜等特定材料，清洁和制备用于进一步处理的衬底，去除牺牲层和部分衬底，以及大尺寸图形的图形化等。

湿法刻蚀工艺是一个纯粹的化学反应过程，它是利用化学试剂，与被刻蚀材料发生化学反应生成可溶性物质或挥发性物质来实现刻蚀过程的，如图 9.28 所示。从机理上分析，湿法刻蚀工艺通常可以分为三步：第一步，刻蚀剂运动到硅晶圆片表面；第二步，刻蚀剂与暴露的膜发生化学反应；第三步，从衬底表面去除反应副产物。在这三步中，最慢的一步被称为速率限制步骤。湿法刻蚀应该考虑的因素包括刻蚀剂可用性、刻蚀选择性、刻蚀速率、刻蚀各向同性、材料兼容性、工艺兼容性、工艺可重复性、成本、设备及操作安全性等[15]。

首先，在湿法刻蚀工艺中，基于工艺制造对刻蚀选择性、刻蚀速率和侧壁轮廓的要求来评估可行性及方案。工艺设计是否能接受湿法刻蚀相对较大的刻蚀偏差和偏各向同性的形貌控制，如果能接受，需要根据被刻蚀材料的性质及刻蚀选择比的要求选取合适的化学试剂、浓度和温度以及腐蚀时间等工艺条件。

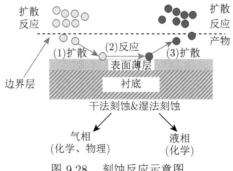

图 9.28　刻蚀反应示意图

其次，湿法刻蚀工艺应具有一定的可重复性、可靠性和稳定性。足够的工艺窗口是保证工艺重复、可靠与稳定的必要条件，比如为了尽可能降低被刻蚀材料因工艺涨落而残留的风险，根据不同的情况要保证 5%～100% 的过刻蚀窗口。同时，需要选择合适的化学试剂以保证刻蚀选择比，在尽可能多地选择性刻蚀目标材料的同时降低其他材料的刻蚀。在实际操作中，湿法刻蚀通常对刻蚀剂温度、浓度、循环使用量、刻蚀剂或稀释剂的蒸发、刻蚀剂负载 (如刻蚀的晶圆数量)、暴露区域 (包括基板背面) 的百分比均十分敏感，特征尺寸、薄膜成分、薄膜形态、热过程、表面污染、表面残留物，以及室内照明等每个因素都可能影响刻蚀过程。

最后，湿法刻蚀工艺需要考虑与半导体工艺集成的兼容性。比如 NaOH 和 KOH 是常用的湿法刻蚀硅的试剂，但在 CMOS 前道工艺集成中选用这两种强碱试剂刻蚀硅会引入碱金属离子 (Na^+ 和 K^+) 沾污，造成器件阈值电压的漂移。所以，其与 CMOS 工艺集成不兼容，故不能采用。目前在 CMOS 工艺集成中通常选用有机的强碱四甲基氢氧化铵 (TMAH) 来腐蚀硅。

综上所述，湿法刻蚀工艺通常是纯粹的化学反应，优点为有着很高的刻蚀选择比，同时生产效率高、设备简单、成本低。但是缺乏各向异性，线宽控制能力较差，工艺重复性一般，因此，当今湿法刻蚀一般只用于非关键刻蚀工艺中，而在关键刻蚀工艺中普遍采用干法工艺。

湿法清洗是湿法刻蚀最常见的应用之一，用于去除硅片上的颗粒、有机物、金属等沾污，该部分内容在 2.5 节已经介绍，这里不再赘述，下面就半导体工艺制造中常见材料的湿法刻蚀工艺进行介绍。

9.5.1　二氧化硅的刻蚀

对二氧化硅 (SiO_2) 而言，最常见的湿法刻蚀工艺是采用稀释的 HF 溶液。常用刻蚀溶液的配比 (水:HF，体积比) 是 6:1，10:1，50:1，意味着 6 份、10 份或

50 份 (体积) 的水与 1 份 HF 混合。HF 刻蚀 SiO_2 时发生的化学反应如下 [16]：

$$SiO_2 + 6HF \longrightarrow H_2SiF_6 + 2H_2O \tag{9.10}$$

实际反应时，是刻蚀溶液中的 HF 发生电离产生氢离子和氟离子

$$HF \rightleftharpoons H^+ + F^- \tag{9.11}$$

6 个 F^- 与 SiO_2 中的 1 个 Si^{4+} 结合生成 -2 价的六氟硅酸根络离子 $[(SiF_6)^{2-}]$，它与两个 H^+ 结合，生成水溶性的六氟硅酸 (H_2SiF_6)。显然化学反应速率与 F^- 和 H^+ 的浓度密切相关，因此在刻蚀过程中通常加入氟化铵 (NH_4F) 作为缓冲剂，NH_4F 能够电离生成 F^-，以补充随着反应进行而逐渐减少的 F^- 数量，并使 HF 电离平衡向左移动，调节溶液的 pH 值，以减轻刻蚀液对光刻胶的腐蚀作用 [17]。加入 NH_4F 的 HF 溶液称为刻蚀氧化层缓冲液 (Buffered Oxide Etchant，BOE) 或 BHF(Buffered HF)。

影响 SiO_2 湿法刻蚀的因素主要有光刻胶黏附情况、SiO_2 的性质、SiO_2 中掺杂杂质、刻蚀温度和刻蚀时间等。

1. 光刻胶黏附情况

光刻胶与 SiO_2 表面黏附良好有利于保证刻蚀质量。如果黏附性差，刻蚀溶液便沿着界面钻蚀，使刻蚀图形边缘参差不齐，图形发生畸变，严重时会使得整个图形遭到破坏。

2. 二氧化硅的性质

不同生长方法形成的 SiO_2 质量密度不尽相同，具有不同的刻蚀特性，例如，湿氧氧化的 SiO_2 刻蚀速率略大于干氧氧化的 SiO_2 刻蚀速率，低温化学气相淀积的 SiO_2 的刻蚀速率比干氧和湿氧生长的 SiO_2 都要高很多。

3. 二氧化硅中的杂质

实验证明，SiO_2 层中的杂质含量会造成刻蚀速率的差异，如硼硅玻璃 (BSG)，在 BOE 刻蚀液中很难溶解，磷硅玻璃 (PSG) 与光刻胶黏附性差，不耐刻蚀，易出现钻蚀和脱胶等现象。

4. 刻蚀温度

刻蚀温度对刻蚀速率影响很大，一般温度越高，刻蚀速率越高，如图 9.29 所示，刻蚀 SiO_2 的温度一般在 $30 \sim 40\,^\circ\text{C}$，不宜过高或过低。温度过高，刻蚀速率过快，不易控制，产生钻蚀现象；温度过低，刻蚀速率过慢，光刻胶浸泡时间过长，易产生浮胶。

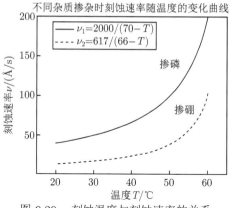

图 9.29 刻蚀温度与刻蚀速率的关系

5. 刻蚀时间

刻蚀时间取决于刻蚀速率和氧化层厚度。刻蚀时间太短,氧化层未刻蚀干净,影响扩散效果 (或电连接接触不良);刻蚀时间太长会造成边缘侧向刻蚀严重,使分辨率降低,图形变坏,尤其是光刻胶膜的边缘存在过渡区时,更易促使侧向刻蚀的进行。

9.5.2 硅的刻蚀

常用的硅的刻蚀工艺通常是先采用强氧化剂对硅进行氧化,然后利用 HF 刻蚀掉 SiO_2。一种常用的刻蚀溶剂是 HF 与 HNO_3 和水的混合物,反应方程式如下 [18]:

$$Si + HNO_3 + 6HF \longrightarrow H_2SiF_6 + HNO_2 + H_2 + H_2O \quad (9.12)$$

通常还会加入乙酸 (CH_3COOH) 作为缓冲剂,来抑制组分解离,控制刻蚀反应的进程。通过 HF、HNO_3 和 CH_3COOH 三者不同的配比可以得到不同的反应速率,如图 9.30 所示 [19]。图中 1 区表示高 HF 浓度,反应速率由 HNO_3 氧化 Si 生成 SiO_2 的过程限制。2 区代表高 HNO_3 浓度,反应速率由 HF 与 SiO_2 反应生成 H_2SiF_6 的过程限制。

对于湿法刻蚀,其本质是各向同性刻蚀;但是,对于某些材料来说,由于材料本身的特性,刻蚀溶液在材料不同晶向上的速率有显著差异,其湿法刻蚀剖面形貌显示各向异性特征。单晶硅材料具有这种特性,特定的刻蚀溶液溶解单晶硅中某些晶面的速率比其他晶面快,造成各向异性的刻蚀,这是因为不同晶面的硅化学键密度不同,通常情况下刻蚀速率有:(110)>(100)>(111)。通常采用氢氧化钾 (KOH) 和异丙醇 ($(CH_3)_2CHOH$) 的混合液进行硅的各向异性刻蚀,发生的反应如下 [20]:

$$KOH = K^+ + OH^- \quad (9.13)$$

$$Si + 2OH^- + 4H_2O \Longrightarrow Si(OH)_6^{2-} + 2H_2 \tag{9.14}$$

$$Si(OH)_6^{2-} + 6(CH_3)_2 CHOH \Longrightarrow \left[Si(OCH_3H_7)_6\right]^{2-} + 6H_2O \tag{9.15}$$

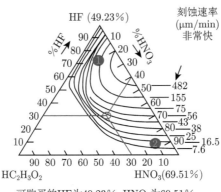

可购买的 HF 为 49.23%，HNO$_3$ 为 69.51%

图 9.30　硅的刻蚀速率 [19]

利用二氧化硅作掩蔽层，对 (100) 晶向的硅进行各向异性刻蚀，会产生清晰的 V 形槽，沟槽边缘为 (111) 晶面，与 (100) 的表面有 54.7° 夹角。若打开图案窗口足够大或是刻蚀时间足够短，会形成一个 U 形槽，如图 9.31 所示。若使用的是 (110) 晶向的硅，会得到侧壁垂直的沟槽，此时侧壁为 (111) 面，这正是 (111) 面比 (100) 和 (110) 面的刻蚀速率慢很多的缘故。

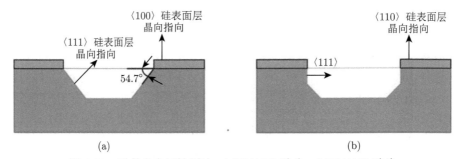

图 9.31　硅的各向异性刻蚀，(a)Si(100) 硅片，(b)Si(110) 硅片

9.5.3　氮化硅的刻蚀

氮化硅 (Si$_3$N$_4$) 是一种不活泼的致密材料，在半导体工艺制造中，其主要被用作场氧化层 (Field Oxide) 进行氧化生长时的遮盖层，使氧化只发生在需要生长厚场氧的区域。此外，其也被用作芯片完成制造后的最终钝化层以及侧墙隔离材料等。氮化硅的腐蚀通常采用 150 ℃ 左右、浓度为 85% 的磷酸 (H$_3$PO$_4$) 溶液进行刻蚀，发生的反应如下 [21]：

$$Si_3N_4 + 4H_3PO_4 + 10H_2O \Longrightarrow Si_3O_2(OH)_8 + 4NH_4H_2PO_4 \qquad (9.16)$$

需要指出的是，磷酸在上述反应中只起催化剂作用。此外，热磷酸对氮化硅和二氧化硅的刻蚀选择比远大于 HF 和 BOE 刻蚀氮化硅时对二氧化硅的选择比，可以有效防止刻蚀中的钻蚀现象。氮化硅的腐蚀速率与其生长方式有关，通过等离子体增强化学气相淀积 (PECVD) 工艺制备的氮化硅会比低压化学气相淀积 (LPCVD) 工艺制备的氮化硅的刻蚀速率快得多。需要注意的是，高温磷酸溶液容易造成光刻胶的剥落，必须使用二氧化硅作为掩盖层。表 9.4 列出了半导体工艺制造中常用材料的湿法刻蚀溶液。

表 9.4 半导体工艺制造中常用材料的湿法刻蚀溶液

材料	刻蚀剂	注释
SiO$_2$	HF(水中含 49%)"纯 HF"	对 Si 有选择性 (即比较而言对硅的腐蚀很慢)。腐蚀速率依赖于膜的密度、掺杂等因素
	NH$_4$F:HF(6:1)"缓冲 HF" 或 "BOE"	是纯 HF 腐蚀速率的 1/20。腐蚀速率依赖于膜的密度、掺杂等因素。不像纯 HF 那样使胶剥离
Si$_3$N$_4$	HF(49%)	腐蚀速率主要依赖于薄膜密度和膜中 O、H 的含量
	H$_3$PO$_4$:H$_2$O(85%)(沸点 130~150 ℃)	对 SiO$_2$ 有选择性，需要氧化物掩模
Al	H$_3$PO$_4$:H$_2$O:HNO$_3$:CH$_3$COOH (16:2:1:1)	对 Si、SiO$_2$ 和光刻胶有选择性
多晶硅	HNO$_3$:H$_2$O:HF(+CH$_3$COOH) (50:20:1)，四甲基氢氧化铵 (TMAH)	腐蚀速率依赖于腐蚀剂组成
单晶硅	HNO$_3$:H$_2$O:HF(+CH$_3$COOH) (50:20:1)，TMAH	腐蚀速率依赖于腐蚀剂组成
	KOH:H$_2$O:IPA(质量分数) (23% KOH，13%IPA)	对于晶向有选择性，相应腐蚀速率 (100):(111)= 100:1
Ti	NH$_4$OH:H$_2$O$_2$:H$_2$O(SC1，0.5~1:1:5，70 ℃) 或者 SPM(H$_2$SO$_4$:H$_2$O$_2$，2~4:1，125 ℃)	对 TiSi$_2$ 有选择性
TiN	NH$_4$OH:H$_2$O$_2$:H$_2$O(SC1，1:1:5) 或者 SPM(H$_2$SO$_4$:H$_2$O$_2$，2~4:1，125 ℃)	对 TiSi$_2$ 有选择性
TiSi$_2$	NH$_4$F:HF(6:1)	
Co	SC1+SPM	SC1 去除 Co 上 TiN，SPM 去除未反应 Co
Ni	HCl 或者 SPM	SPM 对 NiSi 有选择性
NiPt	HCl(37%): HNO$_3$(70%): H$_2$O (3:1:4) 或者 HCl: H$_2$O$_2$(1:3)，或者高温 SPM (200 ℃)	
光刻胶	H$_2$SO$_4$:H$_2$O$_2$，2~4:1，125 ℃	适用于无金属的硅晶圆
	有机剥离液,EKC 含苯系列，NMP 少苯或无苯系列	适用于含金属的硅晶圆

9.5.4 表面预清洗

在半导体工艺制造中，很多材料淀积前需进行晶圆的表面处理。传统的预清洗 (Pre-clean) 工艺主要通过进工艺腔前的湿法漂洗和腔体内处理的方式保证自然氧化层的完全去除。腔体内的常见处理方式是通过氩离子轰击或者氢气气氛下的高温烘焙 (Pre-bake)，但是这两种方式都有其局限性，例如，氩离子轰击对衬底材料表面有损伤，而氢气气氛下的高温烘焙由于其高温工艺会造成诸如顶层硅消耗或杂质再分布。而应用材料公司的 Siconi Pre-clean 界面处理技术，解决了金属淀积前或外延前硅表面自然氧化层去除的难题。Siconi Pre-clean 可提供高选择比清洗 (>20:1 SiO_2:Si, >5:1 SiO_2:Si_3N_4)，也无须如传统 HF 清洗工艺那样需极其严格地控制硅晶圆清洗后进行下一步工艺处理 (比如淀积金属) 的等候时间 (Queue Time)。在 Siconi Pre-clean 界面处理技术中，NF_3/NH_3 远程等离子体刻蚀和原位退火，这两步都在同一腔体内完成。在刻蚀过程中，晶圆被放置在温度被严格控制在 35 ℃ 的底座上，低功率的等离子体将 NF_3 和 NH_3 转变成氟化氨 (NH_4F) 和二氟化氨 ($NH_4F·HF$)。氟化物在晶圆表面冷凝，并优先与氧化物反应，生成六氟硅氨 ((NH_4)$_2$$SiF_6$)，这种硅酸盐可以在 70 ℃ 以上的环境中升华。在原位退火的过程中，晶圆片被移动到靠近加热部件的位置，流动的氢气将热量带到晶圆片上，晶圆片在很短的时间内被加热到 100 ℃ 以上，使表面生成的六氟硅氨分解为气态的 SiF_4、NH_3 和 HF，并被抽走。通过远程等离子体源生成刻蚀剂，可减少对衬底的等离子体损坏，最大程度减少对氮化硅隔离侧墙和多晶硅栅等结构的刻蚀。此外，器件研究结果表明，与传统 HF 溶液法相比，Siconi Pre-clean 技术能减少 NiSi 尖峰缺陷 (NiSi Piping)，改善结漏电 [22]。

9.5.5 湿法刻蚀/清洗后量测与表征

湿法刻蚀/清洗后量测与表征包括颗粒量测和金属离子检测。图 9.32 为晶圆表面颗粒量测和金属离子沾污检测原理示意图。如图 9.32(a) 所示，颗粒量测采用激光束扫描硅片表面，检测颗粒散射的光强及位置以确定颗粒数目和颗粒分布情况。如图 9.32(b) 所示，金属离子检测使用全反射 X 射线荧光 (Total Reflection X-ray Fluorescence，TXRF) 来检测硅片表面残余金属杂质浓度，采用一束单色准直 X 射线束以小于临界角的角度 (大倾角掠射) 照射到硅片表面，即可产生全反射光束，X 射线穿透硅片表面的深度为几纳米，对表面存在的各种元素很敏感，

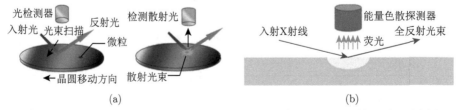

图 9.32 晶圆表面的 (a) 颗粒量测和 (b) 金属离子沾污 (TXRF) 检测原理示意图

可激发其原子产生荧光而被探测器接收，基于接收到的特定元素峰的峰值可以定量计算出元素浓度。

9.6 干 法 刻 蚀

干法刻蚀是基于反应气体在一定真空条件下产生等离子体的材料刻蚀技术，与湿法刻蚀形成鲜明对比的是，干法刻蚀中无需湿的化学溶液参与刻蚀。关于等离子体的特点及其产生的机理在 9.3 节中做了简要介绍。对于反应气体，其电离率较低，仅一小部分气体分子被电离，传统等离子体刻蚀中气体离化率一般为 $0.01\%\sim0.1\%$，高密度等离子体刻蚀中离化率可达 10% 甚至更高，但如此低的电离率却可以产生足够多的局部电荷且具有足够长的寿命。基于等离子体的特点，干法刻蚀相比湿法刻蚀具有以下优势：① 刻蚀剖面各向异性，侧壁形貌控制更精细；② 对关键尺寸 (CD) 具有良好的控制能力；③ 光刻胶脱落或黏附问题较小；④ 良好的片内、片间、批次间的刻蚀均匀性和重复性；⑤ 使用的化学制品较少，废料处理费用更低。然而，干法刻蚀也有一些缺点，最主要的是对待刻蚀材料上、下层材料的选择比控制有挑战，会造成一定的表面等离子体损伤以及所需设备昂贵，这都和其刻蚀原理有关。

如图 9.33 所示，根据刻蚀原理，干法刻蚀可分为溅射与离子铣 (纯物理)、等离子体刻蚀 (纯化学) 以及反应离子刻蚀。纯物理刻蚀 (溅射与离子铣) 通过等离子体中的正离子物理轰击表面去除待刻蚀材料，表现为各向异性刻蚀，无刻蚀选择性，而纯化学刻蚀 (等离子体刻蚀) 通过高活性自由基团与薄膜表面发生化学反应去除待刻蚀材料，表现为各向同性刻蚀，选择性非常好。适当地将两种刻蚀反应类型结合，则可以在各向异性与刻蚀选择性方面进行调整，以匹配实际刻蚀需求。反应离子刻蚀正是由于结合了两者的优点，现已经成为半导体工艺制造中的主流刻蚀技术。

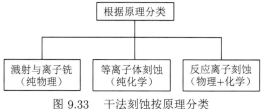

图 9.33　干法刻蚀按原理分类

如图 9.34 所示，在干法刻蚀过程中，主要存在以下几种机制：① 化学刻蚀，主要是中性活性粒子物理吸附在待刻蚀材料表面，其中高活性自由基团与待刻蚀材料发生化学反应，生成易挥发的刻蚀产物，通过解吸附离开表面。表现为各向同性，具有优异的刻蚀选择性；② 物理刻蚀，等离子体中的带电离子在强电场作用下朝硅片表面加速，通过溅射刻蚀作用去除未被保护的硅片表面待刻蚀材料，这种作用具有各向异性但无刻蚀选择性；③ 离子轰击增强的刻蚀，既有离子轰击，又有高活性自由基团与待刻蚀材料的化学反应，是结合了物理轰击和化学反应的刻蚀。离子密度的增加可提高刻蚀速率，故能在不降低刻蚀速率的情况下降低离子轰击的强度，从而提高刻蚀选择比；④ 侧壁和表面的抗蚀层淀积，在刻蚀过程中，在侧壁和表面都会有抗蚀层生成 (含碳的聚合物)，在离子轰击作用下，待刻蚀材料表面的抗蚀层被去除，而侧壁由于很少受到离子轰击，使得抗蚀层逐渐积累，这种"聚合物作用"在侧壁形成的抗蚀层阻止了横向刻蚀的发生。

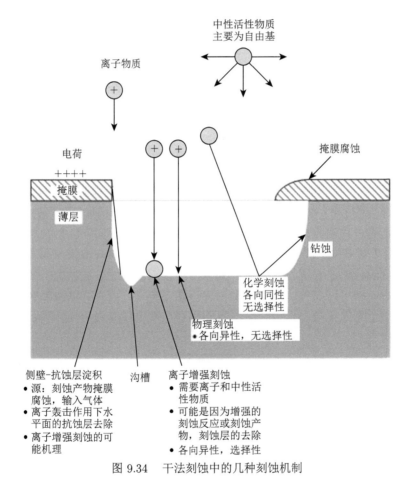

图 9.34　干法刻蚀中的几种刻蚀机制

9.6.1　溅射与离子铣刻蚀 (纯物理刻蚀)

溅射与离子铣刻蚀是一个纯物理刻蚀的工艺，离子铣也称为离子束刻蚀 (Ion Beam Etching，IBE)。等离子体所产生的正离子在强电场作用下向晶圆表面加速，这些离子通过溅射刻蚀去除未被光刻胶或其他掩膜保护下的晶圆表面材料。一般是采用惰性气体离子轰击,如氩 (Ar) 等离子体等。这种物理刻蚀的优点在于它具有很强的各向异性刻蚀能力,可以很好地控制线宽,同时具有普适性,对所有材料都可以刻蚀,但是其刻蚀速率较低,影响刻蚀效率且选择比较低。另一个缺点是被溅射轰击出来的表面材料通常较难挥发,可能会重新淀积到晶圆表面,带来颗粒和化学污染。

如图 9.35 所示,溅射与离子铣刻蚀可能存在图形质量不高,表面损伤较大,刻蚀选择性不高等问题[23],例如 (a) 光刻胶和衬底的侵蚀。这是由待刻蚀材料与上层光刻胶和下层衬底材料的低刻蚀选择比造成的;(b) 光刻胶的再淀积。溅射下来的光刻胶颗粒再淀积后造成颗粒污染;(c) 衬底上形成沟槽。具有一定能量垂直向下运动的离子沿光刻胶斜面反弹至衬底,在衬底上形成沟槽。针对这些问题,如图 9.36 所示,可通过在靠近硅片处引入反应性泄放器的方式改善[23],此时又

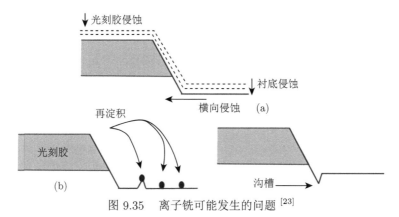

图 9.35　离子铣可能发生的问题[23]

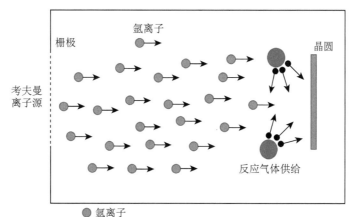

图 9.36　离子辅助化学刻蚀法[23]

被称为 "离子辅助化学刻蚀法"，其中反应主要靠初始反应气体在硅片表面吸附，同时伴随着离子轰击，轰击的离子束促进吸附气体与表面待刻蚀材料的化学反应。这个化学反应的过程在某种程度上依靠离子轰击进行，在工艺上达不到纯化学反应刻蚀能够实现的高选择性。

9.6.2　等离子体刻蚀 (纯化学刻蚀)

等离子体刻蚀 (Plasma Etching) 是利用等离子体产生的高活性自由基团、反应原子与硅晶圆表面材料发生化学反应来进行刻蚀的。反应产生的易挥发性物质可以被真空泵抽走，同时为了获得高的选择比 (即为了与光刻胶或下层材料的化学反应最小)，进入腔体的气体 (一般含氯或氟) 也都经过了慎重选择，对刻蚀腔体污染较小。等离子体化学刻蚀是各向同性的，相比溅射与离子铣刻蚀其线宽控制能力较差。

9.6.3　反应离子刻蚀 (物理 + 化学刻蚀)

反应离子刻蚀结合了物理与化学刻蚀两种刻蚀机理，一方面采用等离子体中的带电离子对衬底进行物理轰击，同时高活性自由基团与衬底发生化学反应，产生双重刻蚀的效果，兼具各向异性和选择性好的优点。目前，反应离子刻蚀已经是主流的刻蚀技术，被广泛应用在大规模集成电路的制造工艺中。在图 9.37 的一个典型刻蚀实例中，可以看到分别采用 XeF_2 气体和 Ar 离子进行纯化学和纯物理刻蚀时，其刻蚀速率都不高，但当两者结合起来时，刻蚀速率大幅提升了约一个数量级，并且刻蚀的各向异性和选择性都较好[24]，表明相比纯化学和纯物理刻蚀，反应离子刻蚀具有明显的优点。

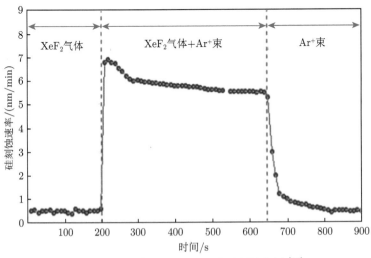

图 9.37　典型 XeF_2 和 Ar 离子刻蚀实例[24]

在反应离子刻蚀工艺中，为了保证被刻蚀材料能够源源不断地被去除，要求反应的副产物具有足够的蒸气压，在反应的过程中这些副产物从衬底表面逸出后被泵抽取排出工艺腔体。表 9.5 展示了一个大气压下常见反应离子刻蚀副产物的沸点，沸点低表明同样温度下该副产物蒸气压大。由表可知，$SiCl_4$ 和 SiF_4 的沸点分别为 57.6 ℃ 和 −86 ℃，这意味着它们具有很高的蒸气压，在进行 Si 刻蚀时易从 Si 衬底逸出，有助于反应离子刻蚀工艺的进行。而 Cu 的两种刻蚀副产物 CuCl 和 CuF_2 的沸点分别高达 1490 ℃ 和 1676 ℃，这说明在对 Cu 进行反应离子刻蚀时，副产物由于蒸气压低，很难挥发，导致这些副产物滞留在衬底表面，不利于反应离子刻蚀工艺的继续进行。正是上述原因导致无法采用反应离子刻蚀工艺对 Cu 进行刻蚀，目前主流的 Cu 金属互连中采用了大马士革 (Damascus)"镶嵌工艺"，即在 SiO_2 等介质上先刻蚀出沟槽，然后将 Cu 填充进沟槽后再进行化学机械抛光 (CMP) 工艺以形成"镶嵌"在沟槽中的 Cu 互连线。对于 Al 金属互连，可以采用反应离子刻蚀工艺进行刻蚀，但注意需采用 Cl 基而非 F 基的反应气体，这是因为反应生成的副产物 $AlCl_3$ 的沸点比 AlF_3 低很多。

表 9.5　一个大气压下常见金属材料反应离子刻蚀副产物的沸点

氯化物		氟化物	
材料	温度	材料	温度
$AlCl_3$	177.8 ℃	AlF_3	1291 ℃
$SiCl_4$	57.6 ℃	SiF_4	−86 ℃
CuCl	1490 ℃	CuF_2	1676 ℃
$TiCl_4$	136.4 ℃	TiF_4	284 ℃
WCl_6	346.7 ℃	WF_6	17.5 ℃

如上可知，反应离子刻蚀工艺具有刻蚀速率高、各向异性好等优点，其主要归因于刻蚀过程中的两种机制，如图 9.38 所示，①等离子体中的离子轰击造成待刻蚀材料表面的缺陷，提高了表面化学反应速率，增强了刻蚀效果；②离子轰击能够除去刻蚀过程中在待刻蚀材料表面产生的抗蚀层 (Inhibitor，例如有刻蚀气

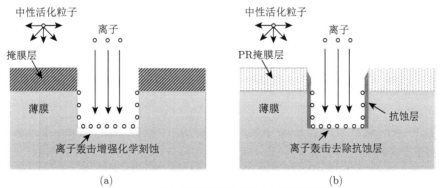

图 9.38　反应离子刻蚀的两种主要刻蚀机制

体和光刻胶产生的聚合物),消除它们对刻蚀的抑制作用。但需注意,此时侧壁由于抗蚀层的存在,横向刻蚀得到了有效抑制,因此反应离子刻蚀具有很好的各向异性。

反应离子刻蚀系统主要分为平板式和六角式两类,分别如图 9.39(a) 和 (b) 所示 [25],不同结构的刻蚀系统适用于不同的刻蚀需求。在平板式反应腔中,接地电极与腔壁相连以扩大其有效面积,而六角式中接地电极就是腔体壁自身。这样可以增大等离子体到功率电极 (Power Electrode) 的电势差,也就增大了离子轰击衬底的能量。

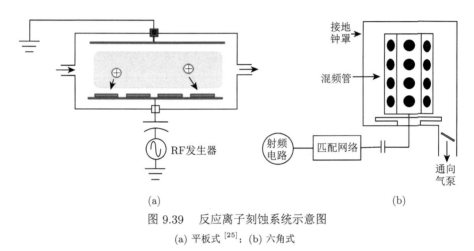

图 9.39   反应离子刻蚀系统示意图

(a) 平板式 [25];(b) 六角式

值得注意的是,在反应离子刻蚀的工艺过程中,如前所述,侧壁因为没有离子轰击而逐渐积累抗蚀层,这些抗蚀层一般为含碳的聚合物 (Polymer),主要来源于含碳的刻蚀气体以及光刻胶。这种 "聚合物作用" 在侧壁形成了一层 "保护膜",有效抑制了横向刻蚀。在实际刻蚀工艺开发中,可以通过调整工艺参数,有意改变聚合物产生的速率和刻蚀速率的比例,获得期望的刻蚀侧壁形貌。如图 9.40 所示,左列为聚合物产生速率大于刻蚀速率所产生的结果,此时刻蚀深度较浅且越向下图形尺寸越小,呈现 V 形的刻蚀侧壁形貌;右列为聚合物产生速率小于刻蚀速率所产生的结果,此时刻蚀深度很深且上下图形尺寸几乎相同,呈现出 U 形的刻蚀侧壁形貌。由此可见,在不影响刻蚀速率的前提下,调节聚合物产生速率是有效控制刻蚀侧壁形貌的方法 [26,27]。

在实际的刻蚀工艺应用中,为了实现预期的刻蚀侧壁形貌,可以充分利用上述的刻蚀机理和现象。在图 9.41 中展示了一种通过 "博世工艺"(Bosch Process) 制备多层硅纳米线的工艺过程 [26,27],这种工艺正是充分利用 "聚合物作用" 的典型案例。在这种工艺中,主要是通过平衡每个循环中的刻蚀和钝化 (Passivation) 步骤来形成周期性侧壁形貌,其工艺步骤主要包括:(a) 在第一次刻蚀循环中,SiO_2

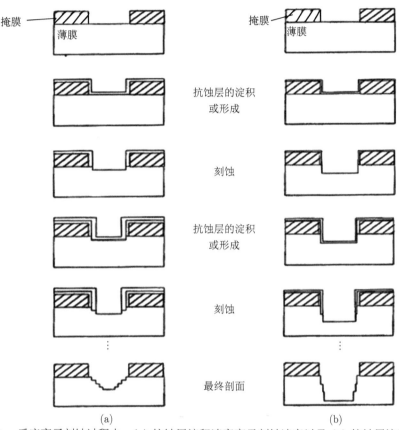

图 9.40　反应离子刻蚀过程中，(a) 抗蚀层淀积速率高于刻蚀速率以及 (b) 抗蚀层淀积速率低于刻蚀速率的刻蚀侧壁形貌

作为硬掩膜 (Hard Mask)，采用 SF_6 各向同性等离子体刻蚀 (纯化学)，将 SiO_2 硬掩膜图形转移至硅衬底上；(b) 采用含碳的高密度 C_xF 等离子体产生聚合物，在前面刻蚀后的硅衬底表面和侧壁同时形成抗蚀钝化层；(c) 采用 SF_6 各向异性反应离子刻蚀，仅去除硅衬底表面抗蚀钝化层；(d) 将 SF_6 各向异性反应离子刻蚀调整为 SF_6 各向同性等离子体刻蚀；(e) 继续完成两次上面 (a) 到 (d) 的刻蚀和钝化循环过程，即可形成如图所示的结构；(f) 对 (e) 中形成的结构进行热氧化处理，由于硅不同的横向线宽，两侧热氧化生长的 SiO_2 会在狭窄处闭合，从而在 SiO_2 硬掩膜下方形成三层硅纳米线。"博世工艺"除了可形成本例中的多层硅纳米线，还可实现大深宽比深孔、深槽的刻蚀。

除了如"博世工艺"那样充分利用"聚合物作用"以刻蚀深孔、深槽外，很多时候在实际刻蚀工艺中，为了更好地将光刻胶图形如实地转移至下层薄膜或硅衬底上，需要尽可能减少"聚合物作用"，在这种情况下通常可采用硬掩膜和两步

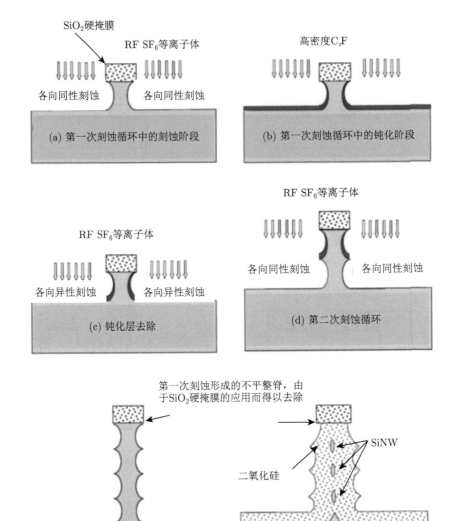

图 9.41　充分利用 "聚合物作用"——"博世工艺" 制备多层 Si 纳米线 [26]

反应离子刻蚀的工艺。举例来说，如图 9.42 所示，为更好地将光刻胶图形转移到多晶硅上，可先在多晶硅上淀积一层二氧化 (SiO$_2$) 作为硬掩膜层，通过光刻工艺形成光刻胶图形后，采用第一次反应离子刻蚀工艺将光刻胶图形转移至硬掩膜层上，随后去除光刻胶后采用第二次反应离子刻蚀工艺将硬掩膜图形转移至多晶硅上 (此时也最好不采用含碳的刻蚀气体)，完成多晶硅线条的制备。因为 SiO$_2$ 硬掩膜抗刻蚀能力强于常规的光刻胶，并且在刻蚀过程中无光刻胶的存在，减少了 "聚合物" 的产生，可在很大程度上减少图形关键尺寸的失真。

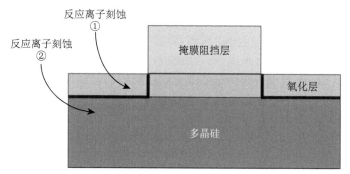

图 9.42 减少 "聚合物作用" 示意图

图 9.43 从气压、能量、选择性、各向异性程度等方面将湿法和干法刻蚀的机理进行了总结。从左到右，从溅射和离子铣刻蚀、高密度等离子体刻蚀、反应离子刻蚀、等离子体刻蚀到湿法化学刻蚀，刻蚀机理逐渐从纯物理刻蚀转变为纯化学刻蚀，刻蚀所需气压逐项升高、所需外部供给的能量逐项降低、对被刻蚀材料的选择性逐项增加、刻蚀的各向异性逐项降低。在实际的半导体刻蚀工艺中，可根据湿法和干法刻蚀的机理和特点，选择不同的刻蚀工艺或者几种刻蚀工艺的组合来达到目标。

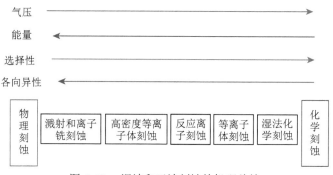

图 9.43 湿法和干法刻蚀的机理总结

9.7 干法刻蚀设备

如前所述，干法刻蚀又分为等离子体刻蚀、反应离子刻蚀、高密度等离子体刻蚀以及溅射和离子铣等，不同的刻蚀工艺对应不同的刻蚀设备，本节将介绍几种常见的干法刻蚀设备。

9.7.1 筒型刻蚀设备

早期的干法刻蚀为等离子体刻蚀，是一种纯化学的各向同性刻蚀工艺，通常使用如图 9.44 所示的筒型刻蚀设备，大部分筒型刻蚀设备设计为成批处理的设备,一次处理一批晶圆,晶圆以垂直、小间距的方式装在载片舟上。筒型刻蚀设备的工作真空为 $10\sim10^3$ Pa,可通过交流感应耦合或者电容耦合产生等离子体,实现各向同性刻蚀。因为没有离子的物理轰击,晶圆表面损伤很小。但也由于各向同性刻蚀的原因,该类设备对刻蚀后线宽的控制较弱,其不适用于对图形关键尺寸要求高精度的工艺。筒型刻蚀设备主要被用于去胶、晶圆背面薄膜去除、介质薄膜去除等工艺应用中 [28]。

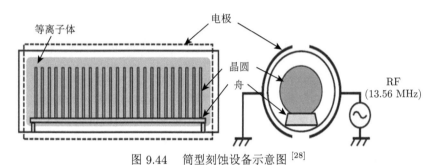

图 9.44 筒型刻蚀设备示意图 [28]

9.7.2 平行板刻蚀设备:反应离子刻蚀模式

平 (行) 板刻蚀设备也是早期的刻蚀设备之一,其主电极为两个大小和位置对称的平行金属板,平 (行) 板刻蚀设备是结合了物理刻蚀和化学刻蚀的刻蚀设备。

早在 1974 年就提出了普通反应离子刻蚀模式的平板刻蚀设备。反应离子刻蚀模式是将射频信号接到放置刻蚀样品的下电极上,带正电的离子在电场的作用下加速,垂直对样品进行物理轰击,以促进高活性自由基团的化学反应,如图 9.45 所示 [29,30]。因此,传统的反应离子刻蚀设备除利用高活性自由基团与待刻蚀薄膜进行化学反应之外,还利用带电离子对待刻蚀材料进行物理轰击,去除再淀积的反应副产物或聚合物。其优点是构造简单,加工成本低廉。但为了提高刻蚀速率,只能通过增加射频功率来增强等离子体密度,与此同时也相应增加了离子轰击的能量,会增加对被刻蚀衬底表面的损伤。

9.7.3 干法刻蚀设备的发展

随着半导体工艺制造技术的不断发展,传统反应离子刻蚀的局限性不断凸显,相应的刻蚀设备也在不断改进和优化,拥有高密度等离子体 (High Density Plasma,HDP) 与低工艺压强的干法刻蚀系统应运而生:如电子回旋共振等离子 (Electron Cyclotron Resonance,ECR)、电感耦合等离子体 (Inductive Coupled Plasma,ICP) 和电容耦合等离子体 (Capacitance Coupled Plasma) 等。图 9.46 展示了三种不同刻蚀设备的工作原理,这些设备都具有等离子体密度高与工艺压强低的优点 [31]。由于被刻蚀衬底有独立的偏压源与激励源,高密度等离子体源对衬底的损伤较小，并且刻蚀时具有很好的各向异性，是目前半导体工艺制造中主流的干法刻蚀设备。

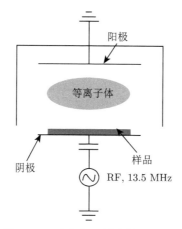

图 9.45 反应离子刻蚀模式示意图

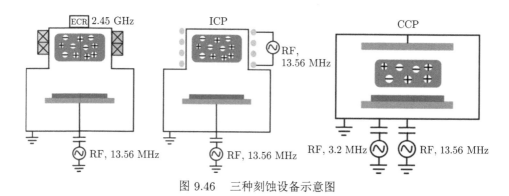

图 9.46 三种刻蚀设备示意图

1. ECR 刻蚀设备

ECR 刻蚀设备是最早商用化的高密度等离子体刻蚀设备之一。图 9.47 为 ECR 刻蚀设备的结构示意图，ECR 代表电子回旋共振，向真空腔室中施加磁场时，会使得电子以磁场中的磁力线为中心做旋转运动，这也被称为电子回旋运动。当电子回旋运动的频率与外加微波频率相等时，电子回旋运动与微波电场发生共振耦合，电场能量被电子吸收使得电子被有效地加速并具有相当高的能量，可在刻蚀气体中产生很高的离化程度，以这种方式获得能量产生的高密度等离子体称为 ECR 等离子体。微波频率为 2.45 GHz，对应的共振磁场为 875 Gs。此设备最大限制为有效面积，与激发等离子体的频率密切相关。由于等离子体在低压微波源下形成，其具有低等离子体电势和离子能量的特点。待刻蚀晶圆放置于微波源的下方，因暴露于强放电区域的面积较少，所以通过离子物理轰击刻蚀所占比例较少。因此，在 ECR 刻蚀工艺中等离子体造成的损伤小于普通反应离子刻蚀工艺。此外，通过在衬底上施加一个射频电源 (一般为 13.56 MHz) 并采用最小化离子散射和横向刻蚀的低压条件，可以实现高度各向异性的刻蚀。

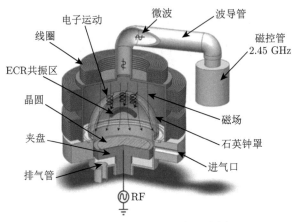

图 9.47　ECR 刻蚀设备示意图

2. ICP 刻蚀设备

ICP 刻蚀是另一种高密度等离子体刻蚀技术。如图 9.48 所示，其中上部工艺腔室被感应线圈包围，给感应线圈施加射频电源 (一般为 13.56 MHz) 后将在腔室内产生交变的射频磁场并感应出射频电场，电子在磁场和电场作用下做螺旋往返运动，增加了运动路径，相应也提高了刻蚀气体的离化率，在腔室内可产生高密度等离子体。与 ECR 刻蚀类似，通过在衬底上施加另一低频射频电源 (一般为 2 MHz)，此射频可独立地控制离子对衬底的轰击能量。由于 ICP 刻蚀可独立控制等离子体密度和离子能量，故可以实现更高的刻蚀速率、更大的工艺灵活性和更好的刻蚀形貌控制能力，并可减少对衬底的损坏。相比 ECR 而言，ICP 刻蚀设备不需要电磁铁或波导技术，并且对射频等离子体的自动调谐技术比 ECR 微波放电要先进得多 [32]。因此，人们普遍认为 ICP 刻蚀设备相比 ECR 刻蚀设备在成本和性价比方面更加优异。

3. CCP(电容耦合) 刻蚀设备

在 CCP 刻蚀设备中，上部电极和反应腔接地，在下电极上接双射频电源：一个高频电源，频率通常为 27 MHz 或 60 MHz，主要作用为离化刻蚀气体产生高密度等离子体的作用；另一个低频电源，频率通常为 2 MHz，主要作用是为离子提供偏置电场，从而为离子提供能量以物理轰击待刻蚀材料，如图 9.49 所示。RF 功率通过射频电场传给等离子体，此过程中电子和离子均在 RF 电场中做直线运动, 其中电子与反应气体的碰撞产生高密度等离子体, 而离子直线运动轰击衬底起到物理刻蚀的作用。由于电子和离子均为直线运动, 其缺点是产生的等离子体密度不如 ECR 和 ICP 高, 一般为 $10^8 \sim 10^9$ cm^{-3}, 而后两者一般为 $10^{11} \sim 10^{13}$ cm^{-3}, 但优点也较显著, 即离子的物理轰击能量较大, 适用于较硬介质材料, 例如 SiO_2 和 Si_3N_4 等的刻蚀。

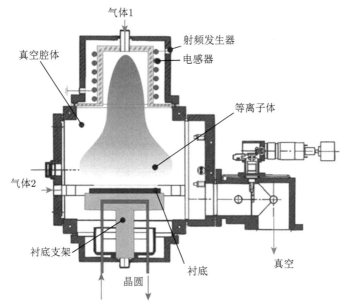

图 9.48 ICP 刻蚀设备示意图

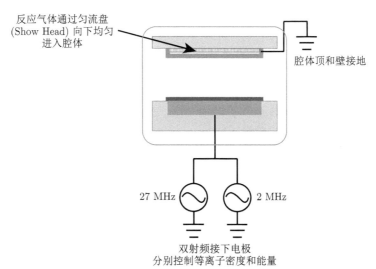

图 9.49 CCP 刻蚀设备示意图

4. 原子层刻蚀 (Atomic Layer Etching, ALE)

在最先进的半导体工艺与制造技术中，对大深宽比结构的刻蚀形貌要求越来越高，原子层刻蚀工艺将逐渐被引入。原子层刻蚀工艺是通过自限制反应以原子级精度逐层去除待刻蚀材料的工艺，其基本反应过程如图 9.50 所示：首先，衬底表面层使用活性自由基或反应分子进行自限制修饰，厚度为原子层级。然后，转化到去除步骤，通过外界提供能量精确去除被修饰层而不损伤下层材料，同样具备自限制特点，通过以上步骤多次循环实现原子级刻蚀精度。

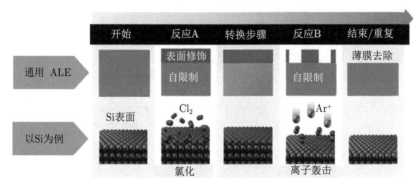

图 9.50　ALE 刻蚀原理示意图 [34]

具体地，以硅的各向异性原子层刻蚀为例：其主要包含 Cl 基活性自由基对硅表面的原子层进行自限制的改性，以及 Ar 离子对 Cl 改性原子层的自限制精确去除而不伤及下层的硅原子，然后重复以上步骤实现对硅的原子精度各向异性刻蚀 [12,33,34]。

9.8　常用材料的干法刻蚀

在半导体工艺制造中，干法刻蚀是关键的工艺技术之一，而对于 CMOS 制造来说，二氧化硅、氮化硅、多晶硅等材料的刻蚀贯穿整个集成工艺。本节对这三种常用材料的干法刻蚀过程进行了详细介绍。同时，在本节最后部分列举并比较了几种常见干法刻蚀的终点检测方法。

9.8.1　二氧化硅

从早期干法刻蚀到现在，大多采用含氟、碳的刻蚀气体进行 SiO_2 的干法刻蚀。所使用刻蚀气体从早期的 CF_4 到现在的 CHF_3，或是 C_4F_6 和 C_4F_8，都可以提供碳和氟原子。下面以 CF_4 为例，讨论 SiO_2 和 Si 之间的刻蚀选择性的实现与调整，刻蚀过程可用下列化学反应式表示：

$$Si + 4F \xlongequal{\hspace{1cm}} SiF_4 \uparrow \tag{9.17}$$

$$\text{SiO}_2 + 4\text{F} =\!=\!= \text{SiF}_4 \uparrow + \text{O}_2 \uparrow \tag{9.18}$$

在一个低能量的 CF_4 等离子体中，室温下，Si 与 SiO_2 的刻蚀选择比为 50:1，在 $-30\,^\circ\text{C}$ 条件下的刻蚀选择比可达到 100:1。若加入少量的氧气能够提高 Si 和 SiO_2 的刻蚀速率，而加入少量的氢气则会降低 Si 和 SiO_2 的刻蚀速率[35]，具体原因后面会详细介绍。

采用 CF_4 气体刻蚀 Si 的机理如图 9.51 所示，在一个含氟等离子体里，首先形成 1 到 5 个原子层的 SiF_x，接着表面的一个 Si 原子和两个 F 原子成键在一起，形成 SiF_2。SiF_2 可直接从表面去除，而更大可能性是 SiF_2 与另外两个 F 原子结合生成易挥发的 SiF_4。

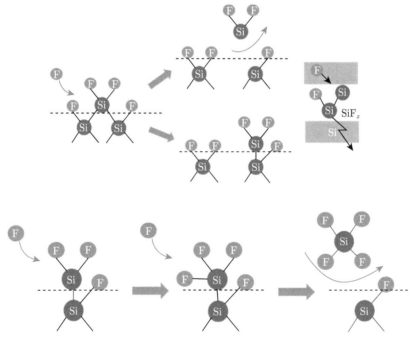

图 9.51　CF_4 刻蚀 Si 机理

在 CF_4 刻蚀气体中加入少量的氧气 ($CF_4\text{-}O_2$) 会提高 Si 和 SiO_2 的刻蚀速率，但是相比 SiO_2 而言，对 Si 的刻蚀速率提高更多[36]。加入氧气后，其会与碳原子发生反应生成 CO 和 CO_2，因此从等离子体中消耗掉部分碳，从而增加了氟的浓度，这种等离子体被称为富氟等离子体。图 9.52 为 Si 与 SiO_2 的刻蚀速率随 O_2 在 $CF_4\text{-}O_2$ 等离子体中所占百分比增加而变化的曲线[37]。由图中可以看出刚开始氧气所占百分比较少时，对 Si 刻蚀速率的提高相比 SiO_2 要多，增大了刻蚀 Si 时对 SiO_2 的选择比。然而，当氧气所占百分比达到一定量后，Si 与 SiO_2 的刻蚀速率均开始下降，这是由于过多的气相氟原子相互结合形成氟分子使得活性氟原子自由基数量减少。同时，刻蚀 Si 时对 SiO_2 的选择比也会急剧降低，这主要是吸附在 Si 表面的氧原子使得 Si 表现得更像 SiO_2。

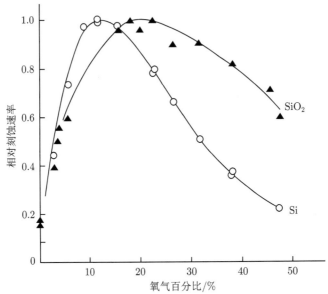

图 9.52   Si 与 SiO_2 在 CF_4-O_2 等离子体中刻蚀速率与 O_2 所占百分比的关系 [37]

在 CF_4 刻蚀气体中加入少量的氢气 (CF_4-H_2) 会降低 Si 和 SiO_2 的刻蚀速率，但是相对 Si 而言，对 SiO_2 的刻蚀速率降低更少 [38]。加入氢气后，氢会与氟发生反应生长 HF，一方面减少了氟原子的浓度，从而降低了 Si 和 SiO_2 的刻蚀速率，另一方面，氟原子的减少使得等离子体成为富碳等离子体，过量碳会形成非挥发性的含碳聚合物积累在侧壁和表面上，阻碍横向/纵向刻蚀的进行。如图 9.53 所示，可以看到向 CF_4 刻蚀气体中加入 H_2 后将导致多晶硅和 SiO_2 的刻蚀速率同时减小 [39]。随着加入 H_2 百分比的增加，H 和 F 反应生成 HF，HF 刻蚀 SiO_2 但并不刻蚀 Si，同时，非挥发富碳聚合物的淀积得到了增强，因此，综合起来 Si 和 SiO_2 的刻蚀速率均降低了，但是 SiO_2 刻蚀速率降低的程度比 Si 要低。此外，刻蚀 SiO_2 时反应生成的 CO 和 CO_2 可以从系统中去除，但是刻蚀 Si 却没有这些反应，因此，随着 H_2 的加入，刻蚀 SiO_2 时对 Si 的选择比会急剧增加。

9.8.2 氮化硅

因为 Si—N 键的共价键强度介于 Si—O 键与 Si—Si 键之间，在刻蚀氮化硅时难以同时实现既对 Si 又对 SiO_2 的高选择比刻蚀，只能根据需要在两者之中选择其一。若要在 SiO_2 上选择性地刻蚀氮化硅，可以选择类似刻蚀 Si 的工艺，即

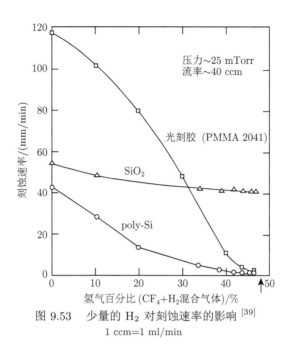

图 9.53 少量的 H_2 对刻蚀速率的影响[39]

1 ccm=1 ml/min

等离子体中需富含氟原子，典型例子是采用 CF_4-O_2 的等离子体，其他可采用的刻蚀气体包括 SF_6/O_2、CHF_3/O_2、CH_3F/O_2 等。若要在 Si 上选择性地刻蚀氮化硅，可以选择类似刻蚀 SiO_2 的工艺，即等离子体中需富含碳原子，典型例子为采用 CF_4-H_2 的等离子体，其他可采用的刻蚀包括 CH_3F、CH_2F_2 等。

9.8.3 多晶硅

在 CMOS 的工艺制造中，栅电极的长度需要严格控制，因为其定义了 MOS 晶体管的沟道长度，与电学特性息息相关，因此必须精准地将光刻掩模版上的图形如实地转移到多晶硅上。此外，刻蚀完成后要求多晶硅栅电极的侧壁必须是陡直的，如果多晶硅栅极侧壁有一定的倾斜，将会遮蔽源漏的离子分布，造成杂质分布不均匀，晶体管的沟道有效长度也会随倾斜程度而改变。因此，多晶硅的刻蚀尤为重要，选择的刻蚀工艺一方面要进行足够的过刻蚀以确保将无光刻胶或硬掩膜保护的多晶硅刻蚀干净，另一方面需满足刻蚀多晶硅时对下面 SiO_2 栅介质薄膜具有很高的刻蚀选择比，以避免 SiO_2 层被刻穿后对源漏区单晶硅造成刻蚀损失。当然，为了获得期望的多晶硅陡直侧壁形貌，还需要控制聚合物在表面和侧壁的淀积。

为了满足以上多晶硅刻蚀的要求，通常采用 Cl_2 气体来刻蚀多晶硅，有时候也采用加入了 CH_2F_2 和 C_4F_8 的 SF_6 等刻蚀气体。此外，溴化氢 (HBr) 也是现在常用的刻蚀气体之一，因为在 0.5 μm 及以下技术代的半导体工艺制造中，SiO_2

栅介质薄膜的厚度小于 100 Å，而采用 HBr 的刻蚀工艺刻蚀多晶硅时对 SiO$_2$ 的选择比高于以 Cl 基刻蚀气体为主的刻蚀工艺。表 9.6 列出了半导体工艺制造中常用的干法刻蚀气体[40]。

表 9.6 半导体工艺制造中常用的干法刻蚀气体

刻蚀材料	刻蚀气体
硅 (Si)	CF$_4$/O$_2$, CF$_2$Cl$_2$, CF$_3$Cl, SF$_6$/O$_2$/Cl$_2$, Cl$_2$/H$_2$/C$_2$F$_6$/CCl$_4$, C$_2$ClF$_5$/O$_2$,Br$_2$, NF$_3$, ClF$_3$, CCl$_4$, CCl$_3$F$_5$, C$_2$ClF$_5$/SF$_6$, C$_2$F$_6$/CF$_3$Cl, CF$_3$Cl/Br$_2$,HBr/O$_2$/He, Cl$_2$/HBr/O$_2$/He
二氧化硅 (SiO$_2$)	CF$_4$/O$_2$, CHF$_3$/O$_2$,C$_4$F$_6$,C$_4$F$_8$,CO,Ar
氮化硅 (Si$_3$N$_4$)	CF$_4$/O$_2$/H$_2$, SF$_6$, CHF$_3$, CH$_2$F$_2$, CH$_3$F, Ar
有机物 (Organics)	O$_2$, CF$_4$/O$_2$, SF$_6$/O$_2$, O$_2$, N$_2$, H$_2$
铝 (Al)	BCl$_3$, BCl$_3$/Cl$_2$,CCl$_4$/Cl$_2$/BCl$_3$, SiCl$_4$/Cl$_2$, BCl$_3$/Cl$_2$/N$_2$,BCl$_3$/Cl$_2$/CH$_4$
硅化物 (Silicides)	CF$_4$/O$_2$, NF$_3$, SF$_6$/Cl$_2$, CF$_4$/Cl$_2$
难熔金属 (Refractories)	CF$_4$/O$_2$, NF$_3$/H$_2$, SF$_6$/O$_2$
砷化镓 (GaAs)	BCl$_3$/Ar, Cl$_2$/O$_2$/H$_2$, CCl$_2$F$_2$/O$_2$/Ar/He, H$_2$, CH$_4$/H$_2$, CClH$_3$/H$_2$
磷化铟 (InP)	CH$_4$/H$_2$, C$_2$H$_6$/H$_2$, Cl$_2$/Ar
金 (Au)	C$_2$Cl$_2$F$_4$, Cl$_2$, CClF$_3$,Ar

9.8.4 干法刻蚀的终点检测

在干法刻蚀工艺中，对待刻蚀薄膜的下层薄膜无法呈现出类似湿法刻蚀无限高的刻蚀选择比，考虑到待刻蚀薄膜的厚度及刻蚀速率的微小波动，需要动态控制刻蚀时间以实现待刻蚀薄膜的完全刻蚀。因此，在实际工艺应用中必须要有一个监控干法刻蚀工艺结束的装置，即刻蚀终点检测系统。常用的三种刻蚀终点检测系统包括激光干涉测量、光学放射频谱分析和质谱分析系统。

1. 激光干涉测量

如图 9.54 所示，在激光干涉测量中，将一束激光入射到被刻蚀衬底表面，检测衬底表面反射光的变化，即反射光随被刻蚀的薄膜厚度变化而产生周期性振荡的现象，振荡停止时就到达了刻蚀终点[41]。周期性振荡发生的原因在于被刻蚀薄膜层上界面与下界面的反射光发生相位干涉，也称为薄膜干涉，振荡周期与膜厚变化的关系为

$$\Delta d = \frac{\lambda}{2N} \tag{9.19}$$

式中，Δd 是所测薄膜厚度；λ 是激光在薄膜中的波长；N 是振荡周期数。这种刻蚀终点检测方法的缺点是需要大面积没有图形的区域用于激光聚焦和对准，对于光刻图像较小的区域难以监测。此外，被激光照射区域温度升高会影响刻蚀速率。被刻蚀薄膜表面粗糙度不同，受到光漫反射、散射等影响会干扰测试结果，更重

要的是该方法只能测试局部的被刻蚀薄膜的剩余厚度，无法反映整个衬底表面的薄膜剩余厚度情况。

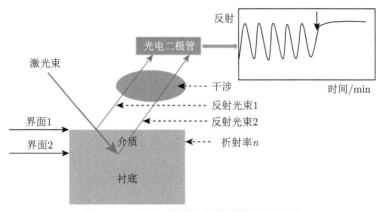

图 9.54　激光干涉法刻蚀终点探测示意图

2. 光学放射频谱分析 (Optical Emission Spectroscopy，OES)

根据不同元素具有不同的特征波长，光学放射频谱分析通过检测等离子体中某些波长的光线强度变化，以达到终点检测的目的。光强的变化反映了等离子体中特种成分浓度的变化，根据刻蚀膜层结构的不同和检测元素的选择，到刻蚀终点时会有光强增加与减弱两种状态[42]。如表 9.7 所示，对于不同的被刻蚀薄膜、被刻蚀薄膜的刻蚀副产物及刻蚀气体，有对应的特征波长。图 9.55 展示了刻蚀过程中所检测到的信号变化，从图中可以看出，刻蚀气体、被刻蚀薄膜的刻蚀副产物、被刻蚀薄膜的下层薄膜或衬底的刻蚀副产物均可成为被检测物，根据实际工艺设计方案，选取易于检测的信号进行监控。该终点检测方法不影响刻蚀过程的进行，且能对微小强度的变化作出反应。但是光强正比于刻蚀速率，光学放射频谱分析对刻蚀速率较慢的过程难以检测。此外，当刻蚀面积过小时，信号强度不足也会导致检测困难，如 SiO_2 接触孔的刻蚀，因此，在光刻版图设计时需要兼顾终点检测需求考虑各个工艺模块的图形密度要求。

3. 质谱分析

质谱分析是在刻蚀工艺腔的腔壁上开一个窗口，对刻蚀过程中产生的物质成分进行取样，获取的中性粒子被电子束电离成离子，经过施加的电磁场后，不同荷质比的离子偏转程度不同，因而可把离子区分开，采用不同强度的电磁场可以收集不同荷质比的离子。当在终点检测时，将电磁场强度固定在一个值上，以获取相应的某种离子成分，观测离子收集端计数的连续变化即可得知刻蚀终点。该种方法和光学放射频谱分析法有类似之处，然而该方法也有一定的局限性，例如部分物质的质量/电荷比一样，如 N_2、CO、Si 等，使得检测同时具有这些成分的刻蚀工艺时无法准确判断刻蚀是否到达终点，此外，从空腔洞取样的结果影响了刻蚀终点检测的准确性且此质谱分析部件不容易安装到所有类型的刻蚀设备上。

表 9.7   刻蚀材料对应的刻蚀气体、刻蚀副产物及波长关系

材料	刻蚀气体	刻蚀副产物	波长/nm
硅	CF_4/O_2	SiF	440, 777
	Cl_2	SiCl	287
二氧化硅	CHF_3	CO	484
铝	Cl_2	Al	391, 394, 396
	BCl_3	AlCl	261
光刻胶	O_2	CO	484
		OH	309
		H	656
氮气 (暗示腔体真空是否存在泄漏)		N_2	337
		NO	248

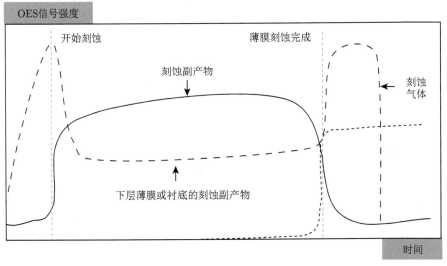

图 9.55   干法刻蚀过程中信号采集波形

9.9   化学机械抛光

20 世纪 70 年代，随着摩尔定律的演进，多层金属互连工艺被引入到集成电路工艺制造中，此技术有效利用了晶圆垂直方向的空间，提高了器件的集成度，但更高的晶体管集成密度加剧了表面起伏的程度，由此引发了工艺制造过程中的一系列问题。图 9.56 展示了 20 世纪 70 年代采用单层金属互连工艺制造的 CMOS

集成电路结构示意图,可以看到硅片表面起伏非常严重。在先进的半导体工艺制造中,高分辨率的光刻技术要求晶圆表面图形起伏较小,以便于光源聚焦;后道集成中多层金属互连会因表面起伏过大而导致器件发生断路或短路;表面起伏在多道工艺后的叠加效果会引起器件性能改变和良率降低等问题。因此引入表面平坦化工艺刻不容缓。

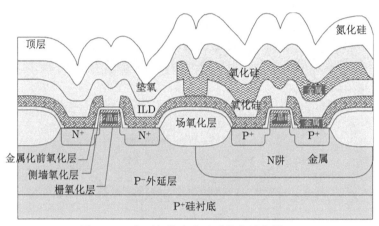

图 9.56　表面起伏十分严重的单层金属 IC

被平坦化后的硅片拥有光滑的上表面,常见的平坦化类型大致可分为四种。① 平滑,即台阶角度圆滑和侧壁倾斜,但高度没有显著减小;② 部分平坦化,平滑且台阶高度局部减小;③ 局部平坦化,完全填充较小孔隙 (1~10 μm) 或芯片内的局部区域,同时相对于平整区域硅片上总的台阶高度没有显著减小;④ 全局平坦化,局部平坦化并且整个硅片表面的台阶高度显著减小,又可称为均匀性提高。

在 CMP 工艺出现之前,半导体工艺制造中常用的传统平坦化技术包括反刻、玻璃回流、旋涂膜层等。

表面图形形成的表面起伏可以用一层厚的介质或者其他材料作为平坦化的牺牲层 (如光刻胶或者旋涂玻璃 SOG) 来进行平坦化。用牺牲层材料填充空洞和表面低处,然后用干法刻蚀进行回刻,利用台阶高的地方刻蚀速率快的特点,以实现平坦化。这一工艺称为反刻平坦化工艺,其不能实现全局平坦化。

玻璃回流工艺是利用在高温下掺杂二氧化硅的流动特性来实现表面平坦化的方法,而硼磷硅玻璃 (BPSG) 和其他掺杂二氧化硅早就作为层间介质被使用,在某些场合适用于局部平坦化。例如,BPSG 在 850 ℃ 氮气环境中退火 30 min 就可以发生流动。BPSG 在台阶覆盖处的流动角度大约 20°。BPSG 覆盖处的回流虽可以获得部分平坦化,但不足以满足深亚微米集成电路制造的需求。

旋涂膜层被普遍应用于 0.35 μm 及以上的半导体工艺制造中,其是在硅片表面上旋涂不同液体材料来实现平坦化和填充缝隙，主要用作层间介质。

CMP 是获得衬底表面全局平坦化的一种重要手段，能够获得既平坦又无划痕和杂质沾污的表面。CMP 工艺已在半导体工艺制造中被广泛用于氧化物介质和金属层的平坦化。CMP 工艺过程是晶圆表面材料不断被化学腐蚀-机械磨削抛光-化学腐蚀的循环过程。具体过程是在研磨液的化学作用下，晶圆表面微观凸起材料被瞬间腐蚀，形成更软的易于磨削抛光的钝化层；同时，晶圆与抛光垫相对做机械运动，在抛光液中的微米/纳米氧化物颗粒以及抛光垫表面的摩擦作用下，将形成的超薄钝化层材料磨掉，露出新的待去除材料。上述化学-机械-化学过程不断循环，最终将晶圆表面凸起材料磨平，达到对晶圆表面进行全局平坦化的目的，如图 9.57 所示 [43]。

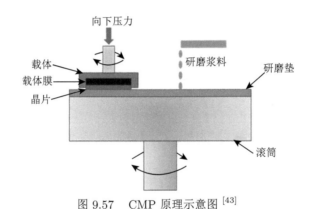

图 9.57 CMP 原理示意图 [43]

CMP 工艺过程中，研磨头与工艺耗材对工艺过程具有重要影响，工艺耗材主要包括抛光垫与研磨液。为了达到不同的 CMP 工艺效果，需根据实际选择不同的工艺耗材组合。

研磨头，也称为抛光头，使晶圆保持在转盘表面抛光垫上方。研磨头的向下压力与相对于转盘的旋转运动影响平坦化的均匀性。研磨头的设计也影响晶圆边缘平坦化的不均匀性程度。晶圆边缘很少受控的一段距离称为边缘废弃量，对于高密度集成电路制造来说，边缘废弃量通常是 3 mm。对于 CMP 工艺，采用定位环增压控制技术，可以改善晶圆边缘抛光速率的不均匀性。随着 CMP 工艺的不断进步，边缘废弃量还可以继续降低。

抛光垫通常由聚亚胺脂 (Polyurethane) 材料制造，其表面具有特殊形状的沟槽，并呈微孔结构，利用这种类似海绵的机械特性和多孔特性，可以有效提高平坦化的均匀性。根据 CMP 工艺的需求，抛光垫表面会开一个微型可视窗，便于终点检测信号的采集。硬的抛光垫一般能使致密图形处的侵蚀减到最小，均匀地抛光硅片表面来提高晶圆的局部平整性；软的抛光垫则可以减少表面擦痕。通常抛光垫是需要定时整修和更换的消耗品，使用寿命仅为 45~75 h。

研磨液是含有微米/纳米氧化物颗粒与不同添加剂的稳定水溶胶，氧化物颗粒通常为氧化硅、氧化铝和氧化铈等，化学添加剂则要根据所需研磨的材料加以选择，要求这些化学添加剂和要被抛光的材料进行反应，弱化其与待去除材料的分子连接，这样可以促进机械抛光效率。根据 CMP 工艺去除材料的不同，通常有氧化物研磨液、金属钨研磨液、金属铜研磨液以及一些特殊应用的研磨液。

在 CMP 工艺过程中，研磨液化学品与晶圆表面待去除材料发生化学反应，晶圆表面被磨料颗粒反复滑动、滚动 [16]、逐渐平坦化。CMP 工艺对晶圆的平坦化程度用平整度 (DP) 来描述，平整度是指晶圆某处 CMP 工艺前后台阶高度之差占 CMP 之前台阶高度的百分比，可通过下式来计算：

$$DP(\%) = \left(1 - \frac{SH_{post}}{SH_{pre}}\right) \times 100\% \tag{9.20}$$

式中，SH_{pre} 是 CMP 工艺之前硅片表面一个选定位置的最高和最低台阶的高度差。SH_{post} 是 CMP 工艺之后晶圆表面同一个选定位置的最高和最低台阶的高度差。例如，晶圆表面在 CMP 工艺前 A 点的台阶高度差为 1000 nm，经过 CMP 工艺后，A 点台阶高度差为 10 nm，那么 DP=99%。DP 越高，意味着 CMP 工艺的平坦化效果越好。

CMP 工艺中另一个重要的工艺参数是抛光速率，即在平坦化过程中待去除材料被去除的速率，单位通常是 nm/min 或 μm/min。抛光速率公式为

$$RR = k_p p v \tag{9.21}$$

式中，k_p 是普雷斯顿系数；p 是抛光头向下的压力；v 是抛光垫和晶圆之间的相对速度。较大的压力和旋转速率将提高抛光速率，但可能以牺牲片内均匀性为代价。在采用硬抛光垫的情况下，较大的压力和速率也意味着更严重的表面损伤和沾污。小的压力可以改善平整性，但是片间非均匀性将会增大。以硅片 CMP 工艺为例，在抛光过程中，磨料的运动速度会影响抛光速率。在做旋转运动的设备中，硅片周边磨料的运动速度要快于硅片中心，并且硅片边沿可能比中心有更多的磨料，导致硅片边沿的抛光速率要快一些。为了保证抛光速率的均匀性，一些设备制造商在磨头中通入氮气在硅片表面施加背压，通过增加压力使硅片中心凸起，加快中间的抛光速率，从而改善中间和边沿抛光速率不一致的问题。

图 9.58[43] 展示了两种常用 CMP 技术的工艺步骤，当图形化的金属互连结构覆盖有介质薄膜时，除了可以通过 CMP 实现保护介质的全局平坦化 (左)，还可以使用大马士革工艺实现金属互连结构 (右)。在大马士革工艺中，先将所需金属图案的反转图形通过光刻和刻蚀转移至介质膜上，然后淀积或电镀金属，再通

过 CMP 去除介质表面多余的金属，留下凹陷在介质中的金属，即完成所需的金属图案，一般为金属 Cu 的互连结构。

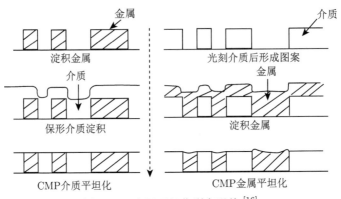

图 9.58 全局平坦化剩余形貌[16]

上述两种 CMP 工艺的机理不同，介质二氧化硅的 CMP 与抛光光学玻璃是同样的机理，在基本磨料中，水和二氧化硅反应生成氢氧键 (这种反应称为表面水合作用) 从而降低了二氧化硅的硬度、机械强度和化学耐久性，抛光摩擦产生的热量也能起到同样的作用，如图 9.59 所示。这层含水的软二氧化硅很容易被研磨液中的颗粒机械地磨掉，而表面高处显然比低处受到更大的压力，因而具有较高的研磨速率。

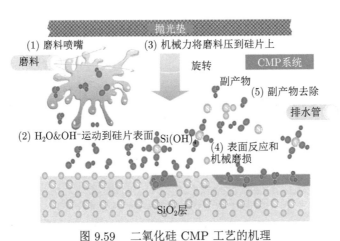

图 9.59 二氧化硅 CMP 工艺的机理

金属 CMP 与二氧化硅 CMP 的机理不同，最简单的是用化学氧化和机械研磨来实现金属的抛光。利用氧化反应将金属层分解，然后通过磨料中的颗粒机械地去除，如图 9.60 所示。现在大部分 CMP 工艺一般分为两步，第一步是主研磨步骤，去除大部分待去除材料，第二步是抛光步骤，只用去离子水或者某种独特的研磨液进行表面精细抛光处理，此步骤可以去除硅片表面的微小擦痕和颗粒。

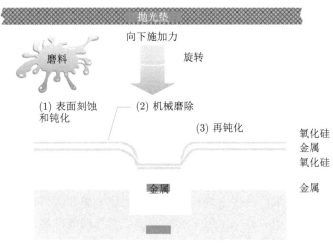

图 9.60　金属 CMP 工艺的机理

CMP 工艺对图形密度极为敏感。以获得浅槽隔离 (STI) 结构为例，在 CMP 工艺过程中，凸起的高密度图形区域通常比凸起的低密度图形区域的抛光速率慢，即小而孤立凸出的图形抛光速率快。在大图形中心位置还会存在凹陷的现象。因此，在版图设计时需合理安排图形密度，对图形稀疏区域采用增加假结构 (Dummy) 的方式尽可能减小图形密度变化对 CMP 工艺的影响。

CMP 工艺的终点检测也是非常重要的一个环节，电机电流终点检测或光学干涉终点测量是两种最常用的终点检测方法。电机电流终点检测是检测磨头电机或转盘电机中的电流量。CMP 工艺过程中，研磨头以不变的速率进行旋转运动，为补偿电机负载的变化，电机的驱动电流会随着材料表面摩擦特性的改变而变化，当研磨到不同材料界面时，通过检测这一改变，可以判断 CMP 工艺是否达到期望的终点。电机电流法具有一定的局限性，它不适用于没有材料界面变化的层间介质 CMP 工艺的终点检测。光学干涉终点检测则利用了不同材料对光的反射特性不同的原理，在 CMP 工艺过程中，当研磨到不同材料表面时，通过检测光学特性的变化，可以判断 CMP 工艺是否达到期望的终点。

由于 CMP 工艺过程中磨料与抛光产物会残留在晶圆表面上，因此 CMP 工艺后的清洗步骤必不可少。CMP 设备通常自带清洗工艺模块，CMP 清洗主要采用滚刷式清洗，在清洗过程中通入不同化学液或辅以兆声波等技术手段，将晶圆表面沾污清洗干净。同时，不同的 CMP 工艺，需要搭配不同酸碱性质的化学清洗液。

在现今的半导体工艺制造中，CMP 工艺主要用于深槽填充的平坦化，接触孔和通孔中的金属接头的平坦化，以及工艺集成中氧化层和金属间电介质层的平坦化，已经是集成电路制造中一道重要的工艺技术。

9.10　小　　结

作为半导体工艺与制造的关键技术之一，刻蚀是采用物理和化学方法有选择地从硅片表面去除材料，与薄膜淀积、光刻等工艺结合将芯片设计转换为实际芯片结构。刻蚀形貌、选择比、速率等对于制备的器件电学性能具有重要影响。刻蚀工艺主要分为湿法和干法刻蚀两大类，同时，CMP 作为一种材料削减技术也归入本章。本章主要介绍了刻蚀腔室的真空环境、典型的真空泵结构、真空度测量方法，详细介绍了等离子体的产生过程和特点，引出了刻蚀的基本概念和分类。作为最早的刻蚀工艺，因其很好的刻蚀选择性，湿法刻蚀仍然在半导体工艺与制造中占有一席之地，被广泛用于湿法清洗、氧化层去除和剥离技术等场合。对于湿法刻蚀工艺，本章主要介绍了常见材料的湿法刻蚀溶液的选择、刻蚀特点、刻蚀过程等内容。作为目前半导体工艺与制造的主流刻蚀工艺，本章重点介绍了干法刻蚀。干法刻蚀主要包括溅射与离子铣刻蚀、等离子体刻蚀、反应离子刻蚀等，不同的干法刻蚀类型采用不同的刻蚀系统，具有不同的刻蚀特点，在实际应用中需根据需求及成本等方面综合考虑确定。本章针对常用的半导体材料，详细介绍了其典型的干法刻蚀工艺，并介绍了干法刻蚀的终点检测手段。最后，介绍了现今常用的全局平坦化技术、CMP。

习　　题

(1) 如果刻蚀的各向异性度为零，那么当刻蚀厚度为 0.5 μm 的膜时产生的钻蚀量 (或刻蚀偏差) 为多少？各向异性度为 0.75 时进行刻蚀，钻蚀量又是多少？假定在每一种情况下不存在过刻。

(2) 根据原理分类，干法刻蚀分成几种？各有什么特点？

(3) 采用氟碳化合物源进行的干法刻蚀中，侧壁上常常会有聚合物的产生，聚合物的淀积速率与刻蚀速率的比例不同会对刻蚀图形产生怎样的影响？

(4) 在一个特定的刻蚀过程中：

①若首先考虑的因素是选择性，应该使用何种刻蚀设备？

②若首先考虑的因素是离子轰击损伤，应该选用何种刻蚀设备？

③若首先考虑的因素是获得垂直侧壁结构，应该选用何种刻蚀设备？

④若首先考虑的因素是选择性和获得垂直侧壁结构，应该选用何种刻蚀设备？

⑤若需要选择性、垂直侧壁结构和损伤，同时还需保持合理的刻蚀速率，应该怎样？

(5) 高密度等离子体刻蚀相比传统的反应离子刻蚀，有何优点？

参 考 文 献

[1] Bello I. Vacuum and Ultravacuum: Physics and Technology. Boca Raton: Taylor & Francis Group, 2018: 1061.

[2] Andrade E N D C. The history of the vacuum pump. Vacuum, 1959, 9(1): 41-47.

[3] Madey T E. History of Vacuum Science and Technology. New York: American Institute of Physics, Inc., 1984: 77.

[4] Jorisch W. Vacuum Technology in the Chemical Industry. Weinheim: Wiley-VCH, 2015:103

[5] Leiter F. Molecular and Turbomolecular Pumps. Weinheim: Wiley-VCH Verlag GmbH & Co. KGaA, 2016: 419-462.

[6] O'Hanlon J F. A user's guide to vacuum technology. IEEE Circuits and Devices Magazine, 2005, 21(3): 54.

[7] Hablanian M H. High vacuum techniques: A practical guide. Marcel Dekker, 1997: 427-429.

[8] Chapman B. Glow Discharge Processes-Sputtering and Plasma Etching. New York: Wiley, 1980: 49-51.

[9] Thornhill W. The Z-pinch morphology of supernova 1987A and electric stars. IEEE Transactions on Plasma Science, 2007, 35(4): 832-844.

[10] Krall N A. The polywell™: A spherically convergent ion focus concept. Fus. Tech., 1992, 22: 42-49.

[11] May P. MSc physics of advanced semiconductor materials: Plasmas and plasma processing. J. Oct., 2004, 25: 9.

[12] Koenig H R, Maissel L I. Application of R. F. discharges to sputtering. IBM J. Res. Dev., 1970, 14: 168.

[13] Horwitz C M. RF sputtering-voltage division between the two electrodes. J. Vacuum Sci. Technol A, 1983, 1(1) : 60-68.

[14] Logan J S. Control of RF sputtered films properties through substrate tuning. IBM J. Res. Dev., 1970, 14:172.

[15] Burns D W. MEMS Wet-etch Processes and Procedures. MEMS Materials and Processes Handbook. Chichester: Springer, 2011: 457-665.

[16] Runyan W R, Bean K E. Semiconductor Integrated Circuit Processing Technology. Hoboken: Addison Wesley, 1990.

[17] Kikyuama H, Miki N, Saka K, et al. Principles of wet chemical processing in ULSI microfabrication. IEEE Transactions on Semiconductor Manufacturing, 1991, 4(1):26-35.

[18] Beck F. Integrated Circuit Failure Analysis: A Guide to Preparation Techniques. Boston, MA: Wiley, 1998.

[19] Schwartz B, Robbins H. Chemical etching of silicon-II: the system HF, HNO$_3$, H$_2$O, and HC$_2$C$_3$O$_2$. Journal of Electrochemical Society, 1960, 107: 108-111.

[20] Bean K E. Anisotropic etching of silicon. IEEE Transactions on Electron Devices, 1978, 25 (10): 1185-1193.

[21] Cotler T J. High quality plasma-enhanced chemical vapor deposited silicon nitride films. Journal of the Electrochemical Society, 1993, 140 (7): 2071-2075.

[22] Wood B S, Lei J, Phan S E, et al. *In situ* dry chemical clean to improve NiSi and Ni(Pt)Si integration. ECS Transactions, 2007, 11(6): 215-222.

[23] Campbell S A. Fabrication Engineering at the Micro- and Nanoscale. Oxford: Oxford University Press, 2008:302.

[24] Coburn J W, Winters H F. Ion-and electron-assisted gas-surface chemistry—An important effect in plasma etching. Journal of Applied physics, 1979, 50(5): 3189-3196.

[25] Quirk M, Serda J. Semiconductor Manufacturing Technology. Upper Saddle River: Prentice Hall, 2001: 449-450.

[26] Chang C, Wang Y-F, Kanamori Y, et al. Etching submicrometer trenches by using the Bosch process and its application to the fabrication of antireflection structures. Journal of Micromechanics and Microengineering, 2005, 15(3): 580-585.

[27] Ng R M, Wang T, Liu F, et al. Vertically stacked silicon nanowire transistors fabricated by inductive plasma etching and stress-limited oxidation. IEEE Electron Device Letters, 2009, 30 (5): 520-522.

[28] Nojiri K. Dry etching equipment. Dry Etching Technology for Semiconductors, 2015: 57-71.

[29] Schaefer S, Ludemann R, Lautenschlager H, et al. In an overview of plasma sources suitable for dry etching of solar cells. Conference Record of the Twenty-Eighth IEEE Photovoltaic Specialists Conference-2000 (Cat. No. 00CH37036), IEEE: 2000: 79-82.

[30] Bondur J A. Dry process technology (reactive ion etching). Journal of Vacuum Science and Technology, 1976, 13 (5): 1023-1029.

[31] Borah D, Shaw M T, Rasappa S, et al. Plasma etch technologies for the development of ultra-small feature size transistor devices. Journal of Physics D: Applied Physics, 2011, 44 (17):174012.

[32] Carter J B, Holland J P, Peltzer E, et al. Transformer coupled plasma etch technology for the fabrication of subhalf micron structures. Journal of Vacuum Science & Technology A: Vacuum, Surfaces, and Films, 1993, 11(4):1301-1306.

[33] Carver C T, Plombon J J, Romero P E, et al. Atomic layer etching: An industry perspective. ECS Journal of Solid State Science and Technology, 2015, 4 (6): N5005-N5009.

[34] Kanarik K J, Lill T, Hudson E A, et al. Overview of atomic layer etching in the semiconductor industry. Journal of Vacuum Science & Technology A: Vacuum, Surfaces, and Films, 2015, 33(2): 020802.

[35] Butler S, McLaughlin K, Edgar T, et al. Development of techniques for real-time

monitoring and control in plasma etching II. Multivariable control system analysis of manipulated, measured, and performance variables. Journal of the Electrochemical Society, 1991, 138(9): 2727-2735.

[36] Coburn J W. *In situ* Auger electron spectroscopy of Si and SiO$_2$ surfaces plasma etched in CF$_4$-H$_2$ glow discharges. Journal of Applied Physics, 1979, 50(8): 5210-5213.

[37] Mogab C J, Adams A C, Flamm D L. Plasma etching of Si and SiO$_2$—the effect of oxygen additions to CF$_4$ plasmas. Journal of Applied Physics, 1978, 49 (7): 3796-3803.

[38] Millard M, Kay E. Difluorocarbene emission spectra from fluorocarbon plasmas and its relationship to fluorocarbon polymer formation. Journal of the Electrochemical Society, 1982, 129(1): 160-165.

[39] Ephrath L, Petrillo E. Parameter and reactor dependence of selective oxide RIE in CF$_4$+H$_2$. Journal of the Electrochemical Society, 1982, 129 (10): 2282-2287.

[40] Cotler T J, Elta M, Magazine D. Plasma-etch technology. IEEE Circuits, 1990, 6 (4): 38-43.

[41] Roland J P, Marcoux P J, Ray G W, et al. Endpoint detection in plasma etching. Journal of Vacuum Science & Technology A: Vacuum, Surfaces, and Films, 1985, 3 (3): 631-636.

[42] Chen R, Huang H, Spanos C J, et al. Plasma etch modeling using optical emission spectroscopy. Journal of Vacuum Science & Technology A: Vacuum, Surfaces, and Films, 1996, 14 (3): 1901-1906.

[43] Luo J, Dornfeld D. Material removal mechanism in chemical mechanical polishing: Theory and modeling. IEEE Transactions on Semiconductor Manufacturing, 2001, 14 (2): 112-133.

第 10 章　物理与化学气相淀积

罗　军

薄膜淀积是半导体工艺制造过程中一个至关重要的工艺步骤,通过薄膜淀积工艺可以在硅片上生长各种金属薄膜、半导体薄膜和介质薄膜,硅表面以上的器件结构层绝大部分是由薄膜淀积工艺形成的。薄膜淀积的过程包括成核、岛生长 (凝聚) 和连续成膜三个阶段。对于薄膜淀积工艺的考量有淀积薄膜的物理、机械、化学及电学等性质,具体包括特定结构的薄膜台阶覆盖能力、不同深宽比的填充能力和薄膜厚度均匀性、纯度和密度、化学组分、应力、黏附性及电学特性等。对于薄膜淀积工艺的选择可从薄膜质量、工艺能力、制造成本等因素综合考虑,因此,对于薄膜材料、淀积原理和设备等方面的系统学习对半导体工艺制造具有重要意义。

从原理上分类,薄膜淀积工艺一般可分为两大类:

(1) 物理气相淀积 (Physical Vapor Deposition,PVD):PVD 是在真空条件下采用物理方法,将固体材料转化为气态原子、分子或离化的气相物质,然后使这些携带能量的气相颗粒淀积到硅片表面形成薄膜的技术。该过程仅利用蒸发或溅射等物理形式,实现原子或分子由固体材料向硅片的转移,不涉及化学反应,所以称为物理气相淀积。PVD 常用于金属薄膜材料的淀积,如 Al、Ti、W、Pt 和 Ni 等。

(2) 化学气相淀积 (Chemical Vapor Deposition,CVD):CVD 是利用等离子体激励、加热等方法,使反应物质在一定温度和气态条件下,发生化学反应并在硅片表面淀积薄膜的工艺技术。在半导体工艺制造中,CVD 常用于各种介质薄膜、半导体薄膜和金属薄膜材料的淀积,如 SiO_2、Si_3N_4、Si 和 W 等。

薄膜淀积工艺具体分类如图 10.1 所示。

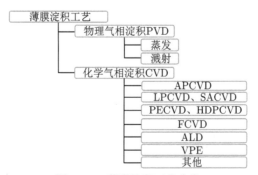

图 10.1　薄膜淀积工艺分类

10.1 物理气相淀积：蒸发和溅射

10.1.1 蒸发概念与机理

在早期半导体工艺中，金属薄膜的淀积方式都是通过蒸发工艺进行的，也叫蒸镀工艺。蒸发工艺是一种物理气相淀积工艺。它是将待淀积材料放入坩埚中，在真空条件下，加热蒸发源，从蒸发源表面逸出的金属原子或分子形成蒸气流到达衬底表面，凝结形成固态薄膜，热蒸发系统示意图如图 10.2 所示，不同的蒸发技术都是在此基础上进行升级和优化的。

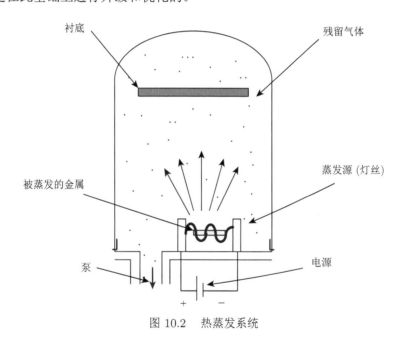

图 10.2　热蒸发系统

蒸发淀积的薄膜具有较高的淀积速率和薄膜质量。然而，蒸发的台阶覆盖能力差，难以实现高深宽比接触孔的填充。当集成电路 (IC) 发展到超大规模水平的时候，金属薄膜要求能够填充高深宽比的接触孔，并且实现均匀的台阶覆盖。蒸发的这一缺点导致它在集成电路生产中逐渐被淘汰。但是，在一些湿法剥离工艺中需要利用蒸发台阶覆盖能力差的特点，这有助于在台阶处自然形成物理断开的薄膜，完成难刻蚀金属的图形化工艺。相比 PVD 工艺的溅射技术，蒸发的另一个不足之处是淀积多元合金薄膜时，组分难以控制。为了淀积多组分材料，需要多个坩埚协同工作，但是由于不同材料的蒸气压不同，最后合金材料的组分难以控制。目前蒸发主要用于研究领域和一些化合物半导体技术中，除此以外，为了在芯片表面淀积焊料凸点，蒸发有时仍被应用于芯片封装工艺。

1. 平衡蒸气压

在一定温度和真空度下，从固体物质表面蒸发出来的金属原子与该原子从空间回到该物质表面的过程达到平衡时的压力称为平衡蒸气压。图 10.3 为不同元素的平衡蒸气压与温度的函数关系 [1]，平衡蒸气压与蒸发淀积速率密切相关。

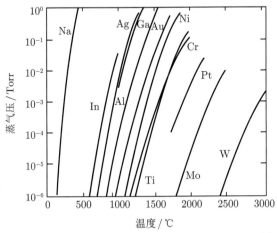

图 10.3　不同元素的平衡蒸气压与温度关系曲线 [1]

液相条件下，蒸气压的计算由下式给出 [2]：

$$P_e = 3 \times 10^{12} \sigma^{3/2} T^{-1/2} e_v^{\Delta H / N_A k T} \tag{10.1}$$

式中，σ 是金属薄膜表面张力；N_A 是阿伏伽德罗常量 (6.022×10^{-23} mol^{-1})；ΔH 是蒸发焓。在计算中，焓值的微小误差会带来较大的蒸气压误差。因此，图 10.3 中数据一般由实验确定。为了保证淀积速率，材料蒸气压至少应为 10 mTorr，由图 10.3 可以看出，某些金属材料要在很高的温度下才能达到此蒸气压，这些材料包括 Ta、W、Mo 和 Ti 等。它们都具有很高的熔点，在中等温度下的蒸气压很低，导致淀积速率很慢，因此，这些高熔点金属的蒸发面临着特殊的工艺和设备难题。

2. 淀积速率

对于超高真空条件下的蒸发工艺，从坩埚蒸发出的材料以一定速率在腔内沿着直线运动并淀积到晶圆片上。假设到达晶圆片上的材料全部会保留下来。建立简单的几何模型，如图 10.4(a) 所示，其中，R 是坩埚/淀积材料到晶圆片的距离，θ 和 ϕ 分别为 R 与晶圆片表面法线/坩埚表面法线之间的夹角。由图可知，当晶圆片位于坩埚正上方时，所淀积的材料最多；同一晶圆片上不同位置，因 R、θ 和

ϕ 的微小变化，淀积速率也略有差异。为了得到更好的薄膜均匀性，可将坩埚和晶圆片放在同一个球表面上，即 $\theta = \phi$，如图 10.4(b) 所示。

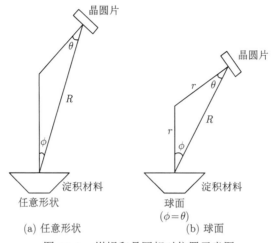

(a) 任意形状   (b) 球面

图 10.4 坩埚和晶圆相对位置示意图

当将坩埚和晶圆片放在同一个球表面上时，推导可得淀积速率

$$R_{\mathrm{d}} = \sqrt{\frac{M}{2\pi k \rho^2}} \frac{P_{\mathrm{e}}}{\sqrt{T}} \frac{A}{4\pi r^2} \tag{10.2}$$

式中，M 是原子质量；ρ 是材料密度；r 是球表面的半径；A 是坩埚开口处面积。公式中，第一项由蒸发材料决定，第二项取决于温度，第三项与腔体几何形状相关，当腔体形状为球面形时，可以获得更好的均匀性。为了实现球形结构，晶圆片往往被放置在一个叫做行星转动机构的半球形罩内。由于所有的晶圆片都放置在该半球形罩表面上，所以保证了各晶圆片上均匀一致的淀积速率，并且淀积速率可以在腔内球面上任意一点进行测量。

一台简单的蒸发淀积设备如图 10.5 所示。把晶圆片放置在一个具有高真空度的腔室中，通过嵌入式电阻加热器和外部电源对坩埚内待淀积的材料加热至高温，使材料释放出蒸气，由于腔室内压力极小，蒸气原子将以直线运动穿过腔室直到撞击在晶圆片表面，最后淀积成膜。若单纯为了追求高的淀积速率采用高的坩埚温度，将会在坩埚上方形成高蒸气压带来的黏滞流动区域，使得材料蒸气凝聚形成小液滴，若小液滴到达晶圆表面将会严重影响薄膜形貌。为了获得较好的均匀性和薄膜形貌，淀积速率须维持在较低的范围内。

3. 淀积速率的测量 (石英晶体振荡仪)

淀积速率通常用石英晶体速率指示仪测量。石英晶体速率指示仪利用一块具有一定谐振频率的谐振板，在淀积过程中测量其振荡频率从而得到淀积速率，其原理图如图 10.6 所示。薄膜材料淀积过程中，石英晶体顶端有材料淀积，从而额外增加了质量，使得谐振板的谐振频率发生偏移，由测得的频率偏移量即可得出淀积速率。淀积足够厚的薄膜后，谐振频率会移动几个百分点，振荡器便会失效，不再出现尖锐谐振。将频率测量系统的输出与机械挡板的控制相连，淀积薄膜层的厚度可以在很宽的淀积速率范围内得到较好的控制。同时，可以将薄膜淀积的速率变化反馈给坩埚的温度控制，以得到恒定的淀积速率。

图 10.5 中各标注：硅片支座、硅片、原子流、源材料、加热器(电阻或电子束)、真空、真空系统、排气

图 10.5　一个典型的蒸发淀积设备 [3]

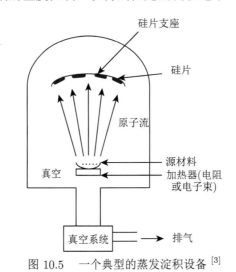

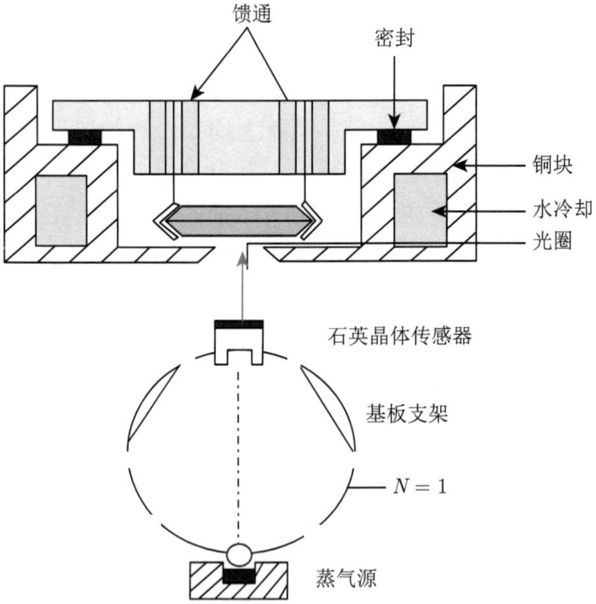

图 10.6 中各标注：馈通、密封、铜块、水冷却、光圈、石英晶体传感器、基板支架、$N = 1$、蒸气源

图 10.6　石英晶体振荡仪示意图 [3]

4. 台阶覆盖性

前面提到蒸发工艺的最大缺点是台阶覆盖特性不好[4]。图 10.7 为接触孔截面蒸发淀积过程的示意图。具有较大深宽比的接触孔中采用蒸发工艺淀积薄膜时，会出现一定的区域没有薄膜淀积的情况。这是由于蒸发出来的吸附原子在表面的迁移率较低，在接触孔某些区域，尤其是侧壁或底部淀积的薄膜通常是不连续、不完整的。台阶覆盖问题对于后道金属化互连来说尤其严重，若不采用 CMP，所累积的台阶形貌高度差会十分严重，不利于后续各种工艺步骤 (薄膜淀积、光刻等) 的进行。蒸发工艺的台阶覆盖性问题可以通过以下方法得到一定的改进。

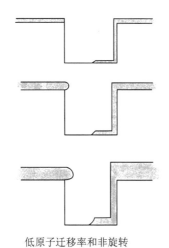

低原子迁移率和非旋转

图 10.7　接触孔截面的蒸发淀积过程

1) 蒸发过程中旋转晶圆片

将用于承载晶圆片的半球形罩夹具设计成能使晶圆片环绕蒸发器顶部转动的结构。虽然此时侧壁上的淀积速率仍低于平坦表面，但已经可以实现轴向均匀。

如图 10.8 所示，接触孔的深宽比 AR(Aspect Ratio) 定义为

$$AR = \frac{接触孔深度}{接触孔宽度} \tag{10.3}$$

标准的蒸发工艺不能在深宽比大于 1.0 的图形上形成连续薄膜，深宽比在 0.5~1.0 时可勉强实现连续薄膜覆盖。为了保证蒸发工艺中良好的台阶覆盖性，接触孔的深宽比最好小于 0.5。

2) 加热晶圆

加热晶圆片使得到达淀积区域的原子在它们形成薄膜之前能够沿表面扩散，这种随机运动导致原子能进入淀积速率较低的区域，类似于之前讲过的体扩散。

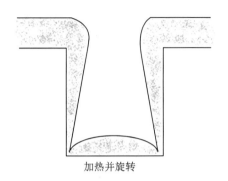

加热并旋转

图 10.8 接触孔的深宽比定义

但在使用加热的方式蒸发淀积合金时，需要面临的问题有：①不同种类的原子在表面的扩散系数不同，这样产生的结果就是接触孔底部的薄膜成分不同于薄膜顶部的组成成分；②增加衬底温度会形成大的晶粒，影响薄膜形貌。

改善台阶覆盖性，可以采用物理气相淀积中的溅射以及化学气相淀积等工艺，在这些工艺中，可以通过物理溅射、加热以及等离子体激励等方式给成膜原子赋予能量，这些具有一定能量的原子能够在表面扩散，改善淀积薄膜的台阶覆盖性。

10.1.2 常用蒸发技术

蒸发系统常采用坩埚加热，而坩埚加热系统中包括电阻加热、电感加热、电子束蒸发和脉冲激光源蒸发等。

1. 电阻加热

电阻加热是最简单的加热系统。将高熔点材料 (W、Mo、Ta、Nb) 制成的加热丝或者舟，在其两侧通上直流电，通过焦耳热加热并蒸发源棒或源材料，如图 10.9 所示。该方法的优点是结构简单、价廉易制、操作方便、蒸发速率快。其缺点是高温下灯丝自身的蒸发和出气会造成污染，另外，坩埚本身材料的污染也是一个严重的问题。而且当蒸发难熔金属时，常常没有合适的加热丝材料。

2. 电感加热

蒸发难熔金属可以采用电感加热的方式。其蒸发系统由水冷高频线圈和石墨或陶瓷坩埚组成，使用高频感应线圈代替电阻丝对装有难熔金属材料的坩埚进行加热，直至金属材料气化蒸发，如图 10.10 所示。它的优点是可采用较大坩埚，增加蒸发表面，所以蒸发速率快；蒸发源的温度均匀、稳定，不易产生飞溅现象；温度控制精度高，操作比较简单。缺点是需要大功率高频电源产生电磁场，增加了设备的成本，为了防止高频电源受到外界电磁场的干扰，在它的外围需要加上屏蔽措施。此外，坩埚材料自身在高温下的沾污仍是一个严重的问题。

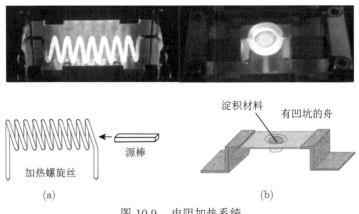

图 10.9 电阻加热系统

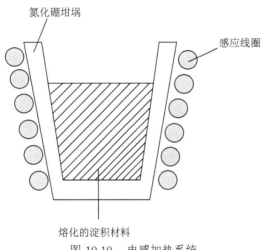

图 10.10 电感加热系统

3. 电子束蒸发

为了避免坩埚对待蒸发材料的污染问题，需要加热材料但保持坩埚冷却，这个需求可以通过电子束蒸发来实现。电子束蒸发使用高能聚焦的电子束熔解并蒸发材料。如图 10.11 所示，蒸发棒相对于钨灯丝线圈具有一个高偏压，从钨丝喷射出的电子轰击蒸发棒，提高其末端温度，可产生蒸发原子束[5]。在图 10.12 中[6]，材料置于冷却的坩埚内，因为电子束的束斑远小于坩埚的面积，所以只有一小块区域被电子束轰击加热，这样就在原本的坩埚内部形成一个虚拟液态"坩埚"，不会与坩埚材料发生交叉污染。因为高速电子束轰击金属材料表面会产生很高的热量，其可以融化熔点在 3000 ℃ 以上的金属，因此可用来蒸发 W、Mo 等超高熔点金属材料。电子束蒸发的优点是蒸发速率高、淀积纯度高、热效率高。对于该方法的使用需要注意辐射损伤，加速电压产生的 X 射线能损伤衬底和电介质，不适用于对辐射损伤灵敏器件的制备。

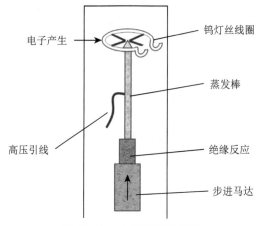

图 10.11　电子束产生装置

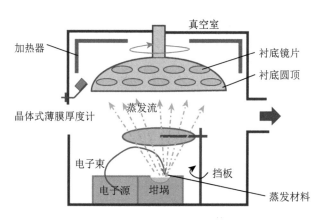

图 10.12　电子束蒸发系统[6]

4. 脉冲激光源蒸发

脉冲激光源蒸发使用高能聚焦激光束轰击靶材，蒸发材料受热气化，直接从固体转化为等离子体。蒸发材料以等离子体的形式在晶圆片表面进行转移，最后淀积成膜，如图 10.13 所示。由于聚焦激光束功率密度高，可蒸发任何高熔点材料，蒸发过程易控制。采用脉冲激光源蒸发，在靶材中不含有钾、钠、铅等易挥发元素时，其所淀积的薄膜与靶材成分一致，这是很多成膜技术难以做到的。由于激光束光源光斑小，只会局部加热材料，可有效防止坩埚材料的污染，进而提高淀积薄膜纯度。激光光束渗透深度小 (~ 100 Å)，蒸发只发生在靶材表面。该淀积法也存在一定的局限性：激光光束易轰击出大尺寸的颗粒，导致成膜质量变差；大功率激光器价格昂贵，影响了设备的广泛使用。

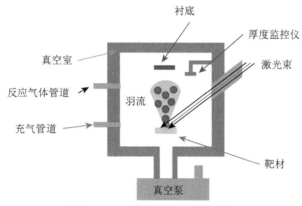

图 10.13　脉冲激光源蒸发系统

5. 多组分薄膜蒸发

由于合金中不同材料的平衡蒸气压不同，所以精确控制合金薄膜的组分是一件很困难的事情。多组分薄膜的淀积可依据不同情况按三种可能的方式进行蒸发，如图 10.14 所示。①单源蒸发法，按组分比例制成合金靶材，要求合金靶中各组分材料的蒸气压比较接近。比如 Al 和 Cu 具有相近的蒸气压，就可以简单地制备一个具有一定组分比例的 Al-Cu 合金靶材。②多源同时蒸发。用多个坩埚，在每个坩埚中放入一种材料，在不同的温度下同时蒸发。虽然相对于单源蒸发法来说是一个重大的进步，但是依然存在平衡蒸气压的问题，不同材料的淀积速率对蒸发温度极为敏感。③多源按次序蒸发。将不同材料放在不同坩埚中，按顺序蒸发，并根据组分控制各层层厚，淀积完成后通过高温退火互扩散形成所需的多组分薄膜。由于存在高温退火，因此要求晶圆能够承受退火带来的高热预算。

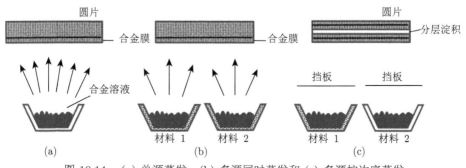

图 10.14　(a) 单源蒸发、(b) 多源同时蒸发和 (c) 多源按次序蒸发

10.1.3　溅射概念与机理

溅射现象在 1852 年首先被发现，到 20 世纪 20 年代被用于薄膜淀积技术。溅射的原理是在真空环境下，利用经过电场加速的离子 (一般为惰性气体离子，常见为氩离子) 轰击靶材料表面，被物理轰击出的粒子淀积在衬底表面并成膜的技术 [7]。

溅射的基本原理如图 10.15 所示，真空腔中有一个平行板等离子体反应器，非常类似于简单的反应离子刻蚀系统。与反应离子刻蚀不同的是，溅射是将靶材而不是衬底置于具有最大离子电流的电极上。在真空腔体中产生的氩离子经过电场加速获得很大的动能轰击靶材，使靶原子从表面逸出并淀积在衬底上。靶与衬底的距离很近 (小于 10 cm)，轰出的原子大部分能被衬底所收集，淀积成所需的薄膜。在溅射金属时，因采用直流电源具有较大的溅射速率，故采用直流溅射；但是对于绝缘材料需选用射频电源来淀积。在溅射化合物材料时，可以控制生成该种化合物的反应气体比例来得到接近理想配比的化合物薄膜。由于溅射可以在较低温度下有效地淀积低污染的薄膜，所以它已经成为淀积 Al 和其他金属的主要工艺方法。

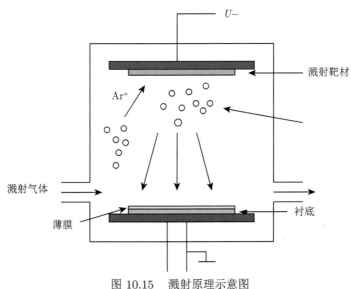

图 10.15　溅射原理示意图

与蒸发工艺相比，在溅射过程中因为入射的氩 (Ar) 离子具有很高的动能，所以当入射离子到达靶材的时候与靶原子之间有很大的能量传递。入射离子将自身具有的动能转移给溅射出的靶原子，因此，溅射出的原子也拥有很大的动能。由于能量的增加，可以提高溅射原子在衬底表面的迁移能力，由此可改善淀积薄膜的台阶覆盖性以及与衬底之间的附着力。

对于溅射工艺，在溅射腔体内通入一定的惰性气体，在靶材的阴阳两极间施加高电压，两电极之间为低压气体，可在两极附近激发产生等离子体，所需击穿电压由 Paschen 定律给出

$$V_{\mathrm{bd}} \propto \frac{P \times L}{\ln P \times L + b} \tag{10.4}$$

式中，P 为腔内压力；L 为电极间距；b 为一个常数。如图 10.16 所示，等离子体形成以后，等离子体内的离子在电场的作用下加速向带负电的阴极运动，轰击表面释放出二次电子，这些电子及其他电子被加速，从阴极向阳极加速运动，与腔体中的气体继续碰撞产生离子和电子，等离子体由此可得到有效维持。

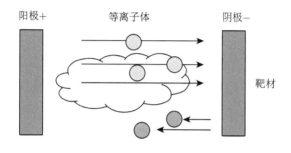

图 10.16　溅射工艺中等离子体产生和维持示意图

若碰撞传递能量小于气体原子的离化能，原子不会被离化，得到能量的原子将被激发至高能态，之后通过发射光子跃迁回基态，产生辉光现象，如图 10.17 所示。

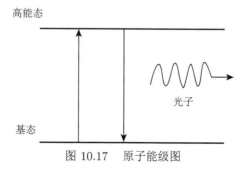

图 10.17　原子能级图

若传递能量足够高，气体原子将被离化，产生的离子加速向阴极移动，离子对阴极靶材的轰击产生脱离靶材的原子。实际上，具有一定能量的正离子轰击靶材，会发生四种情况，如图 10.18 所示。很低能量的离子不能进入靶材内，其会以离子和中性粒子的形式被反弹出来，或者将衬底内的二次电子轰击出来；

能量小于 10 eV 的离子会吸附于表面，并以声子或热形式释放能量；能量介于 10 eV 和 10 keV 之间时，入射离子的能量转移给靶材，发生溅射过程，出射的靶材原子一般具有 10~50 eV 的能量，远大于蒸发出来的原子 (蒸发一般只有 0.1~0.2 eV)；能量大于 10 keV 的离子将被注入到靶材内，部分能量以热形式释放，部分传递给靶材，改变靶材物理结构，在这之中，可分为小角度 (与表面法线间角度) 入射和大角度入射，前者较多地留在靶材内部，诸如离子注入工艺，后者若在靶材内发生若干大角度的碰撞，则会因具有很大的平行于靶材表面的速度分量而溅射出原子或小的原子团。溅射仅是离子对物体表面轰击时可能发生的物理过程之一，其中每种物理过程的发生或相对重要性取决于入射离子的能量。

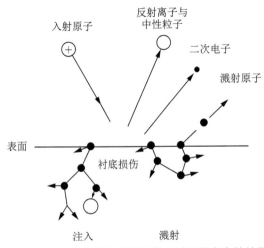

图 10.18　一个离子入射到衬底上时可能产生的结果

与蒸发相比，溅射具有较高的淀积速率。由图 10.18 可知，在入射离子作用下，溅射并不是唯一的物理过程，因此，淀积速率由射向靶的离子流量、单位入射离子能够轰击出靶原子的概率和溅射出的靶材原子通过等离子体的效率等共同决定。通常淀积速率的大小可以用溅射产额表示，所谓溅射产额，即单位入射离子轰击靶材溅射出原子的数目与入射离子数目的比值，它的大小与入射离子能量、入射离子种类、被溅射物质种类和靶材的结晶性等方面有关。

溅射产额 S 的计算公式为

$$S = \frac{\text{平均出射靶材原子数}}{\text{入射正离子数}} \tag{10.5}$$

溅射产额与入射离子能量密切相关，图 10.19 为不同种类的靶材料，以氩作为入射离子，溅射产额与离子能量的函数关系。由图可知，每种靶材都存在一定的溅射能量阈值，只有当入射的氩离子的能量超过材料的溅射能量阈值时，才能发生溅射。每种靶材的溅射阈值是不一样的，与被溅射靶材的升华热有一定的比例关系。随着入射离子能量的增加，溅射产额先是增加，其后是一个平缓区，当离子能量继续增加时，溅射产额反而下降，这是因为入射离子进入到靶材内发生了离子注入现象。

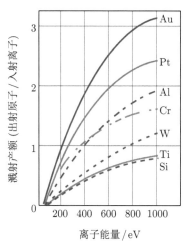

图 10.19　溅射产额与入射离子能量的关系图 [8]

　　溅射产额也依赖于入射离子的种类。溅射产额与入射离子种类的关系如图 10.20 所示 [9]，由图可知，溅射产额 S 与入射离子的原子量成正比，原子量越大，溅射产额越高 [10]；溅射产额也与入射离子的原子序数有密切的关系，呈现出随离子的原子序数周期性变化关系，选用电子壳层填满的元素作为入射离子，溅射产额最大，因此，惰性气体作为溅射气体能获得最高的溅射产额，这也是氩气通常被选为工艺气体的原因，氩被选为工艺气体的另一个原因是成本低且为惰性气体，可以避免与靶材起化学反应生成不希望的化合物。

　　如图 10.21 所示 [11]，溅射产额对角度的依赖性与靶材料及入射离子的能量密切相关。金、铂、铜等高溅射产额材料一般与角度几乎无关。对于银、钽、钛等低溅射产额材料，在低离子能量情况下与入射角度有明显的关系，溅射产额在入射角度为 60° 左右时最大。

　　低能量时，溅射产额呈现出不完整的余弦分布，最小值存在于接近垂直入射处；高能量溅射产额近似为 [12]

$$S \propto \frac{M_{\mathrm{gas}}}{M_{\mathrm{tar}}} \frac{\ln E}{E} \frac{1}{\cos\theta} \tag{10.6}$$

式中，θ 为靶材的法线与入射离子速度矢量的夹角。

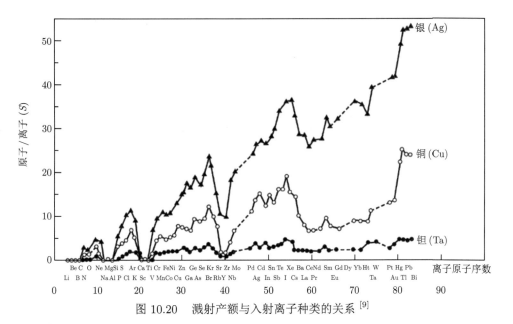

图 10.20　溅射产额与入射离子种类的关系 [9]

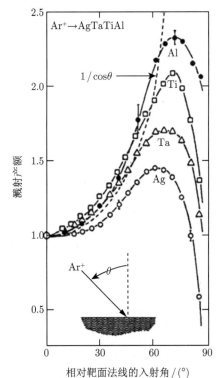

图 10.21　几种材料溅射产额与入射角的关系 [11]

对于蒸发和溅射工艺，从薄膜淀积的过程来说，可分为成核、聚集成束 (岛生长) 和连续成膜三个阶段。对于聚集成束到连续成膜的过程，衬底表面反应物的迁移速率以及成核密度起到关键性的作用。高迁移速率或低成核密度会促进相对大的岛束形成，也即多晶薄膜的生长；低迁移速率或高成核密度会导致无定形薄膜的生长。在这一基础上，为了便于分析薄膜淀积技术，Movchan 和 Demchishin 首先提出描述淀积薄膜形貌的区域模型，该模型后来由 Thornton 进行修改完善，如图 10.22 所示 [13]。

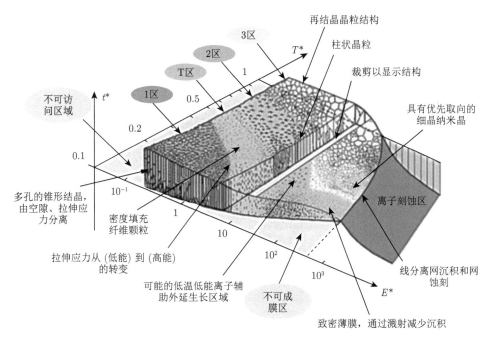

图 10.22　淀积薄膜的形貌与区域模型 [13]

在这一模型中，淀积薄膜大致分为四个区域。

1 区：最低温度和离子能量条件下，由于低的迁移速率，形成无定型薄膜，具有多孔的结构，质量密度很低。

T 区：腔内压力降低或衬底温度升高，淀积原子在表面的迁移率因此增加，生成的薄膜晶粒较小，表面高反射且平整，对于许多微电子应用此为最佳的工作区。

2 区：高的能量和温度使迁移速率和成核密度同时增加，此时易形成具有高而窄的粒状晶粒的多晶薄膜，晶粒终结于许多小平面。

3 区：随着温度的进一步增加，过高的表面迁移速率促进了更大岛束的形成，形成的多晶薄膜具有更大的三维晶粒。

在 2 区和 3 区内，薄膜粗糙不平，呈现乳白色或雾状。

在半导体工艺制造中，溅射工艺最常见的应用是淀积金属互连层，如图 10.23 所示，通常在 SiO_2 等介质材料上形成接触孔，然后在接触孔中淀积金属薄膜。淀积工艺的关键要求是在大深宽比的结构中依然能够保持均匀的厚度分布，即较好的台阶覆盖性 [14]。为了获得好的台阶覆盖性，可从薄膜成膜的三个阶段入手，常用的改善办法主要有加热衬底，晶圆片上加偏压 [15](离子轰击再淀积)，强迫填充技术 (加热，加压到几个大气压)，准直溅射，离化溅射，或采用先进的薄膜生长技术，比如原子层淀积 (Atomic Layer Deposition，ALD) 等。

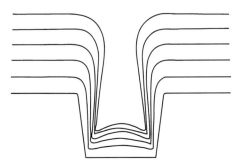

图 10.23　在大深宽比的接触孔处，不加热溅射时，典型台阶覆盖随时间增加而变化的截面图 [14]

与蒸发工艺类似，在溅射工艺中也可以通过加热衬底的方式来进一步增强表面原子的扩散作用，进而有效地改善薄膜的台阶覆盖性。受热的金属可以完全填充深宽比大于 1 的接触孔，但在高密度金属互连中，高温会使得金属薄膜晶粒尺寸增加。改善台阶覆盖性的第二种方法是在晶圆上加一定的偏压，离子受到电场的加速获得能量变成高能离子，这些高能离子轰击晶圆片，有助于已淀积薄膜材料的再分布，可以在一定程度上改善溅射工艺的台阶覆盖性。改善台阶覆盖性的另一种方法就是准直溅射，如图 10.24 所示，在晶圆正上方放置一块带有大深宽比孔的平板，只有速度方向接近于垂直晶圆片表面的靶材出射原子才能通过这些孔，在晶圆表面具有窄的到达角分布，可有效改善淀积薄膜的台阶覆盖性，但由于大部分靶材出射原子被准直器阻挡，薄膜淀积速率显著降低了。此外，对于更大深宽比的接触孔需要更高深宽比的准直器，因而相应的淀积速率也会进一步降低。因此，在实际生产中，对于深宽比大于 3:1 的接触孔而言，由于过低的淀积速率通常不宜采用准直溅射。为了在不影响淀积速率的前提下改善台阶覆盖性，可以采用离化溅射工艺，图 10.25 所示离化溅射淀积 (Ionized Metal Plasma Deposition，IMP) 系统，又称为离化 PVD (IPVD)，图中显示出射原子的流线。溅射出的金属原子经过第二个等离子体并被离化，可以得到如同准直溅射的垂直表面的窄到达角分布，其角度分布由加在晶圆上的射频 (RF) 偏置和出射原子的离化 RF 控制。在离化溅射系统中，大部分溅射材料会达到晶圆片，淀积速率优于准直溅射。

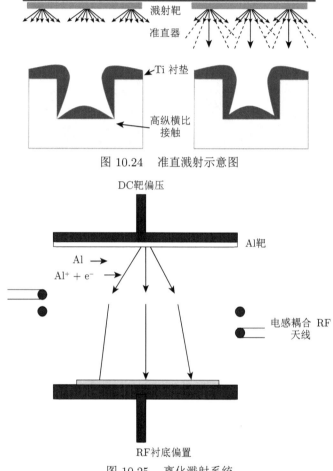

图 10.24　准直溅射示意图

图 10.25　离化溅射系统

10.1.4　常用溅射技术

在实际的溅射工艺中，因其靶材的导电性、实际工艺的目的等，溅射技术的选用也略有差异。本节将介绍半导体工艺制造中常用的溅射技术。

1. 直流溅射

如图 10.26 所示，将惰性气体氩气送入低压溅射腔体，在电极上施加电压使得气体离化。在顶电极施加负偏压，放置待淀积材料作为靶材，晶圆片则放置于底电极上，经过离化后的高能氩离子轰击靶材，溅射出靶原子，这些原子以蒸气形式自由穿过等离子体淀积到晶圆片表面，凝聚并形成薄膜[16]。

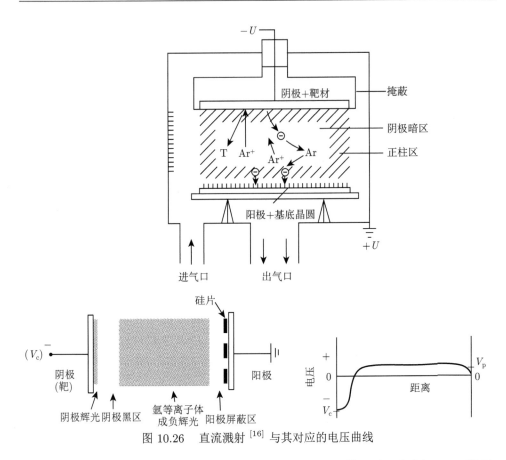

图 10.26　直流溅射 [16] 与其对应的电压曲线

对于直流溅射,其溅射速率主要受腔体内气体压强的影响。如图 10.27 所示,在较低的气压条件下,气体发生电离碰撞的概率比较低,因此溅射速率也较低;随着气体压力的升高,电子的平均自由程减少,碰撞电离发生的概率大大增加,使得溅射电流增加,进而提高了溅射速率;但当气体压力过高时,溅射出来的靶材原子在飞向衬底的过程中会与气体发生碰撞,改变其原有的运动方向,因而其淀积到衬底上的速率不升反降。由此可知,随着气压的变化,溅射淀积的速率会出现一个极大值,溅射一般选择在溅射速率出现极大值的工艺条件附近。此外,淀积速率与溅射功率 (或溅射电流的平方) 成正比,与靶材和衬底之间的间距成反比。

2. 射频溅射

利用直流溅射方法溅射的前提之一是靶材应具有较好的导电性,遇到半导体材料或者绝缘介质材料,直流溅射就难以发挥它的作用,人们需要找到一种能够代替直流溅射的方法,因此射频溅射应运而生。射频溅射是一种能适用于各种金属和非金属材料的薄膜淀积工艺。射频溅射的原理如图 10.28 所示,在顶电极和底电极之间接上高频电场时，高频电场可以通过其他阻抗形式 (电容、电感等) 耦合进入淀积室，不必要求电极一定是导电材料，而且在射频溅射中，由于等离子体中电子和正离子质量大小的差异，靠近靶材侧的等离子体中具有净的正电荷，在靶材上将产生自偏压效应，即在射频电场起作用的同时，靶材会自动地处于一个负电势，这将导致气体离子对其产生自发的轰击和溅射。在实际应用中，射频溅射的交流辉光放电一般是在 13.56 MHz 下进行的。

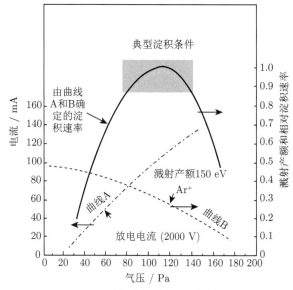

图 10.27　直流溅射速率随气压变化的趋势

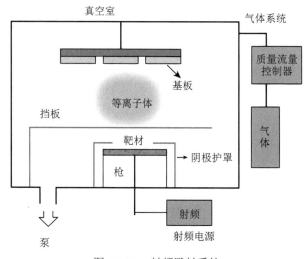

图 10.28　射频溅射系统

3. 反应磁控溅射

反应磁控溅射 (图 10.29) 主要用来淀积化合物薄膜，依然采用纯金属材料作为靶材，但在腔体中通入适量的活性气体，使其在溅射淀积的同时发生化学反应生成特定的化合物。同时，在靶材上加上磁场，使得等离子体中的电子进行螺旋式运动，增加了电子与气体的碰撞概率，从而提高了等离子体密度。这种在淀积的同时形成化合物的溅射技术被称为反应磁控溅射。但是，随着活性气体压力和溅射功率的增加，在衬底淀积化合物薄膜的同时，一部分活性气体也会到达靶材表面，在靶材表面也会形成一层化合物，这会阻碍后续离子对靶材的轰击，进而降低靶材的溅射和淀积速率。

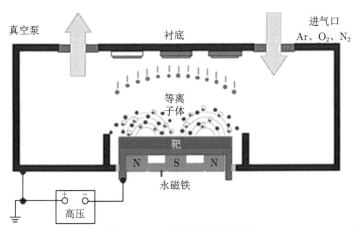

图 10.29   反应磁控溅射系统

4. 偏压溅射: 溅射刻蚀和偏压溅射淀积

在实际的溅射工艺中，衬底上的部分电压降在促进薄膜淀积的同时也会造成对衬底淀积薄膜材料的离子轰击，轰击的效果可通过控制电极偏压大小来调节。在半导体工艺制造中，它可用于溅射刻蚀和偏压溅射淀积。所谓溅射刻蚀是指，在淀积前的一个短时间内，将衬底和靶材所在的电极相互颠倒电学连接，即衬底在阴极，靶材在阳极，这时入射离子将轰击衬底，发生溅射的不是靶材而是衬底，如图 10.30(a) 所示，目前，它的主要应用是在金属薄膜淀积前去除衬底表面的自然氧化物和残留的沾污。偏压溅射淀积如图 10.30(b) 所示，对于简单的磁控溅射系统，如果衬底和靶材都是导体，可以调节加于衬底上的相对于等离子体的偏压，使得离子轰击已淀积在衬底上的薄膜，溅射出的材料将重新淀积于衬底上，因而可改善淀积薄膜的台阶覆盖性。

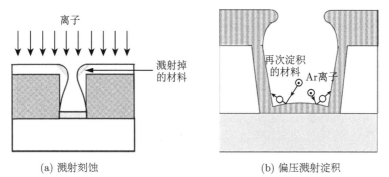

(a) 溅射刻蚀   (b) 偏压溅射淀积

图 10.30 偏压溅射应用示意图

10.2 化学气相淀积

10.2.1 简单的化学气相淀积系统

化学气相淀积 (CVD) 是将含有构成薄膜材料的一种或多种气体引入反应室，在一定条件下，气体之间发生化学反应，在衬底表面生成薄膜的过程。CVD 工艺所淀积的薄膜具有良好的台阶覆盖性和填充大深宽比孔隙的能力，可控的化学组分，高度的结构完整性和可控的薄膜应力，良好的电学特性以及对衬底材料或下层薄膜有良好的黏附性，均匀性好且高纯度、高密度等优点。

对于 CVD 的工艺过程，从气体中释放原子或原子团的位置尤其重要。如果这种反应发生在晶圆片上方气体中，称为同质反应，如果反应在晶圆片表面处发生，则称为异质反应。一般来说，同质反应产生的固体颗粒会使薄膜质量变差同时增加腔体内污染。因此，当同质反应的产物为气体和异质反应的产物为固体时，更有利于形成高质量的薄膜。

CVD 工艺适用于多种薄膜的淀积，已成为半导体工艺制造中主要的薄膜淀积手段，常见应用及前驱体 (Precursor，即反应气体) 如表 10.1 所示。

为了说明 CVD 工艺的过程，选用硅烷 (SiH_4) 分解生成多晶硅的反应作为示例 (图 10.31)。

采用硅烷作为前驱体，反应分解淀积多晶硅薄膜的过程可简单描述为以下几个步骤：①SiH_4 及 SiH_4 经同质反应生成的次生分子亚甲硅基 (SiH_2) 扩散到衬底表面，这里的同质反应不会影响薄膜质量，因为亚甲硅基为气体；②亚甲硅基 (SiH_2) 被衬底表面吸附；③表面扩散和化学反应释放出 Si 原子；④气体副产物 H_2 解吸附/穿越滞流层离开衬底表面；⑤气体副产物 H_2 离开反应腔体。其他薄膜的 CVD 工艺过程基本与硅烷反应分解淀积多晶硅薄膜类似。

表 10.1　CVD 常见应用

	薄膜	前驱体
半导体	Si(多晶)	SiH$_4$(Silane)
		SiCl$_2$H$_2$(DCS)
	Si(外延)	SiCl$_3$H(TCS)
		SiCl$_4$(Silter)
介质	SiO$_2$(玻璃)	LPCVD SiH$_4$、O$_2$
		PECVD SiH$_4$、N$_2$O
		PECVD Si(OC$_2$H$_5$)$_4$(TEOS)、O$_2$
		LPCVD TEOS
		APCVD&SACVD TEOS、O$_3$(Ozone)
	SiON(Oxynitride)	SiH$_4$、N$_2$O、N$_2$、NH$_3$
	Si$_3$N$_4$	PECVD SiH$_4$、N$_2$、NH$_3$
		LPCVD SiH$_4$、N$_2$、NH$_3$
		LPCVD C$_8$H$_{22}$N$_2$Si(BTBAS)
导体	W(钨)	WF$_6$(Tungsten Hexafluoride)、SiH$_4$、H$_2$
	WSi$_2$	WF$_6$(Tungsten Hexafluoride)、SiH$_4$、H$_2$
	TiN	Ti[N(CH$_3$)$_2$]$_4$ (TDMAT)
	Ti	TiCl$_4$

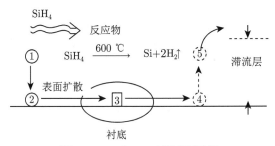

图 10.31　CVD 工艺过程示例

因此，对于 CVD 淀积系统，有以下基本要求：①在淀积温度下，反应剂必须具备足够高的蒸气压，保证其以气态的形式扩散到衬底表面；②反应生成的副产物必须是易挥发的，在淀积的同时可以顺利离开衬底表面，保证其不会黏附在衬底表面，影响后续反应的进行；③淀积的薄膜材料本身必须具有足够低的蒸气压，以保证淀积薄膜能够保持在衬底表面；④化学反应的气态副产物不能进入薄膜中，因为会在薄膜中引入杂质，改变薄膜的电学以及机械特性 (尽管在一些情况下是不可避免的)；⑤淀积温度必须尽量低以避免对前序工艺产生影响，比如过高的淀积温度会引起杂质再扩散等；⑥淀积时间应当尽量短；⑦化学反应必须发生在衬底表面 (异质反应) 而非气体内部 (同质反应)。

常见的 CVD 系统如图 10.32 所示 [17]，包括以下几个部分：①反应剂源，可以是气态或液态；②气体输入管道；③气体流量控制 (MFC) 系统；④反应室，可以是热壁 (电阻丝加热) 或冷壁 (射频加热、辐照加热等)；⑤基座加热及控制；⑥温度测量装置。

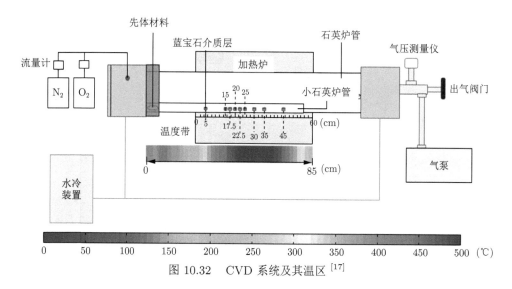

图 10.32 CVD 系统及其温区 [17]

反应剂源可采用气态源或液态源。气态源是 CVD 工艺中常用的反应剂，因为用作气态源的特殊气体往往都是有毒、易燃易爆气体，对淀积设备的安全性要求很高，在部分薄膜淀积工艺中已经被液态源所取代。相对于有毒、易燃、腐蚀性强的气体，液态源的安全性更好 (但氯化物除外)，液体的气压比气体的气压要小得多，如果发生泄漏事故，液体产生的致命危险也比气态源小得多。除了安全考虑之外，许多薄膜采用液态源淀积时有较好的特性。液态源的输送方式有冒泡法、加热液态源法以及液态源直接注入法，如图 10.33 所示 [18]。使用 N_2、H_2、He 或者 Ar 气作为携带气体，让它们通过温度控制准确的液态源，冒泡后将反应剂携带到反应室中，该方法称为冒泡法。该方法的缺点是反应剂的浓度不容易控制，反应剂在低气压下容易凝聚。可以采用直接汽化系统或者液态源直接注入以改进该缺点。

反应室类型分为热壁和冷壁。顾名思义，热壁就是反应室腔壁与硅片及支撑件同时加热。如图 10.34(a) 所示，腔体一般使用电阻丝作为加热源，可精确控制反应腔温度和均匀性，因为温度分布均匀所以降低了腔体中的气体对流，适用于对温度控制要求苛刻的表面化学反应控制的 CVD 薄膜生长工艺，腔内各处都发生薄膜淀积。因而这也存在 "贮存效应"，即先前 CVD 薄膜生长工艺中的材料淀积并保留在腔壁，至一定厚度后易剥离并落到晶圆上，造成颗粒污染。因此，热壁系统适合于特定薄膜的淀积。冷壁系统则刚好与热壁相反，如图 10.34(b) 所示，它仅对硅片和支撑件进行加热，一般采用辐照加热和射频加热，升降温速度快，但温度均匀性较差，在腔体中会存在气体的对流现象，适合对温度控制要求不高、由气相质量输运控制的 CVD 薄膜生长工艺。冷壁系统能够降低在腔体侧壁上的淀积，减小了反应剂的损耗，也减小了壁上颗粒脱落对后续淀积薄膜质量的影响。

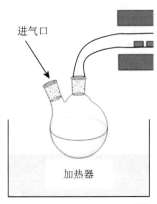

进气口

加热器

图 10.33　液态源装置[18]

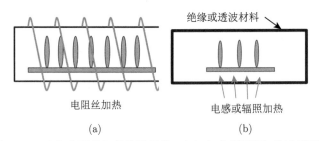

绝缘或透波材料

电阻丝加热　　　　　　　　　电感或辐照加热

(a)　　　　　　　　　　　　(b)

图 10.34　(a) 电阻丝加热热壁系统；(b) 电感或辐照加热冷壁系统

10.2.2　化学气相淀积中的气体动力学

在 CVD 腔体内气体流动是重要的，因为它决定了反应腔内各种反应气体的输运，并且它对许多反应腔中气体的温度分布起着非常重要的作用。图 10.35 为 CVD 反应腔内气体流动的示意图[19]，反应气体以速度 v_0 从左向右流动，靠近硅片表面的气流速度由于受到扰动并按抛物线型变化，因发生化学反应，硅片表面的反应气体浓度降低，沿垂直气流方向存在反应气体浓度梯度的薄层 (图中虚线至硅片表面)，这一薄层称为边界层，有时也叫附面层、滞流层，反应气体从主气流中以扩散形式通过边界层到达硅片表面。

由上图可知，边界层厚度 δ 为硅片在基座上的位置 x 的函数，$\delta(x)$ 为

$$\delta(x) = \left(\frac{\mu x}{\rho v_0}\right)^{1/2} \tag{10.7}$$

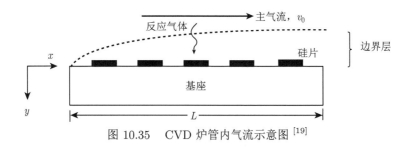

图 10.35 CVD 炉管内气流示意图 [19]

式中，μ 为反应气体的动黏度系数；ρ 为气流密度；v_0 为主气流速度。前面所述的边界层定义为从气流速度为零的硅片表面到气流速度为 $0.99v_0$ 的区域厚度，边界层在长度为 L 的基座上的平均厚度 $\bar{\delta}$ 表示为

$$\bar{\delta} = \frac{1}{L}\int_0^L \delta(x)\mathrm{d}x = \frac{2}{3}L\left(\frac{\mu}{\rho v_0 L}\right)^{1/2} \tag{10.8}$$

1966 年，Grove 建立了一个简单的 CVD 薄膜生长的工艺模型，如图 10.36 所示。在这一模型中，其将 CVD 工艺过程简单地分为两个部分：反应气体在边界层中的扩散输运和反应气体在衬底表面的化学反应。其中，流密度 F 定义为单位时间内通过单位面积的原子或分子数，对于反应气体的气相质量输运

$$F_1 = h_\mathrm{g}\left(C_\mathrm{g} - C_\mathrm{s}\right) \tag{10.9}$$

对于反应气体在衬底表面的化学反应

$$F_2 = k_\mathrm{s}C_\mathrm{s} \tag{10.10}$$

式中，h_g 为气相质量输运系数；C_g 为反应气体在气相区的浓度；C_s 为衬底表面反应气体的浓度；k_s 为表面化学反应速率常数。在平衡状态下，两个流密度应当相等，即 $F_1 = F_2$，有

$$C_\mathrm{s} = \frac{C_\mathrm{g}}{1 + k_\mathrm{s}/h_\mathrm{g}} \tag{10.11}$$

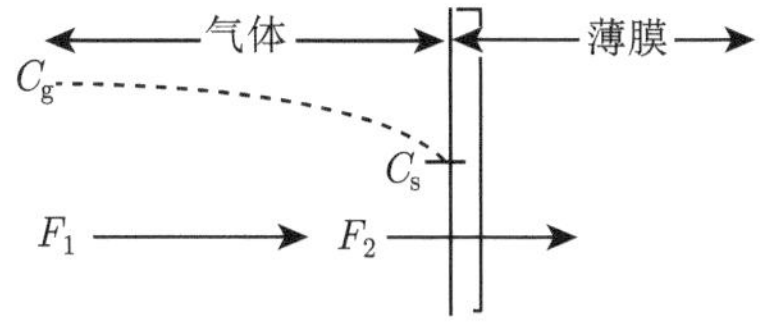

图 10.36 CVD 薄膜生长的 Grove 模型示意图

在公式 (10.11) 中存在两种极限情况：① $h_\mathrm{g} \gg k_\mathrm{s}$，$C_\mathrm{s}$ 趋于 C_g，此时薄膜的生长淀积速率受表面化学反应速率控制，称为表面化学反应限制。此时，从主气

流中输运到硅片表面的反应剂数量远远大于表面化学反应能消耗的反应剂数量。② $h_g \ll k_s$, C_s 趋于 0, 薄膜的生长淀积速率受气相质量输运速率控制, 称为气相质量输运控制。此时, 表面化学反应所需要的反应剂数量远远大于从主气流中通过气相扩散输运到硅片表面的反应剂数量。

为了描述 CVD 工艺的淀积速率, 设 N_1 为形成一个单位体积薄膜所需要的原子数量 (atom/cm³), 在稳态情况下, $F = F_1 = F_2$, 薄膜淀积速率 G 可表示为

$$G = \frac{F}{N_1} = \frac{k_s h_g}{k_s + h_g} \times \frac{C_g}{N_1} \quad \text{(没有惰性气体稀释时)} \tag{10.12}$$

$$G = \frac{k_s h_g}{k_s + h_g} \times \frac{C_T}{N_1} \times Y \quad \text{(有惰性气体稀释时)} \tag{10.13}$$

式中, Y 为反应气体的摩尔百分比; C_T 为单位体积中气体分子数。淀积速率与 C_g(没有使用稀释气体时适用) 或 Y(使用稀释气体) 成正比。在低浓度区域时, 薄膜生长速率随 C_g 增加而加快。当 C_g 或 Y 为常数时, 薄膜淀积速率由 h_g 和 k_s 中较小的一个决定。

10.2.3　淀积速率影响因素

1. 温度

在低温情况下, 淀积速率受表面化学反应速率控制, 如式 (10.14) 所示, 淀积速率随温度的升高而呈指数增加。在此区域, 工艺受限于某一步化学反应的速率, 该反应可能发生在气相中, 也可能在表面, 称为表面化学反应速率控制, 以这种方式工作的 CVD 系统必须有良好的温度控制稳定性和温度均匀性。

$$k_s = k_0 e^{-E_A/kT} \tag{10.14}$$

在高温情况下, 淀积速率受气相质量输运控制。由于表面化学反应速率的加快, 输运到表面的反应剂数量少于该温度下表面化学反应消耗的反应剂数量, 这时的淀积速率将转为由气相质量输运控制, 基本上不再随温度变化而变化, 如图 10.37 所示 [20], 以这种方式工作的 CVD 系统必须有良好的气体流量控制以及合适的腔体几何形状设计, 以确保反应气体能被均匀地输运到每个硅片以及每个硅片的不同位置。

2. 气流速率 (v_0)

气相质量输运系数 h_g 依赖于气体流速和气体成分等气相参数。实际输运过程通过气相扩散完成, 扩散速率与反应剂的扩散系数 D_g 以及边界层内的浓度梯度成正比, 根据菲克第一定律

$$F_1 = D_g \frac{C_g - C_s}{\delta_s} \tag{10.15}$$

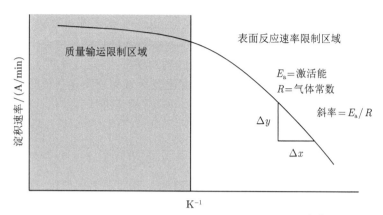

图 10.37 CVD 工艺的淀积速率与温度的关系 [20]

式中，D_g 是气态反应剂的扩散系数；$(C_g - C_s)/\delta_s$ 是气态反应剂在边界层内的浓度梯度。用平均边界层厚度 $\bar{\delta}$ 来代替 δ_s，气相质量输运系数 h_g 可以表示为

$$h_g = \frac{F_1}{C_g - C_s} = \frac{D_g}{\bar{\delta}} = \frac{3D_g}{2L}\sqrt{Re} \tag{10.16}$$

式中，$Re = \dfrac{\rho v_0 L}{\mu}$ 为气体流动的雷诺数。可以看出，CVD 工艺中由气相质量输运速率控制的薄膜淀积速率与主气流速率 v_0 的平方根成正比。增加淀积速率的方法之一就是增加气体流动速度，随着气流速率持续上升，薄膜淀积速率最终会达到一个极大值，之后与气流速率无关 (图 10.38)。这是因为气流速率达到一定程度时，边界层变得很薄，通过气相扩散通过边界层的质量输运速率变大，此时薄膜淀积速率不再受限于气相质量输运速率，而转为受表面化学反应速率控制。

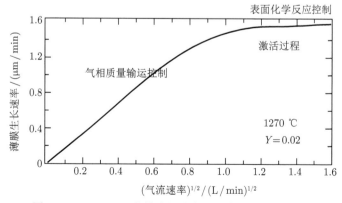

图 10.38 CVD 工艺的淀积速率与气流速率 v_0 的关系

总地来说，Grove 模型是一个简化的模型，忽略了很多细节问题，比如反应产物的流速和温度梯度对气相质量输运的影响，认为表面化学反应速率线性依赖于反应剂的表面浓度等。但是，它仍然是一个成功的模型，因为其成功地预测了 CVD 薄膜淀积中的两个区域 (气相质量输运速率限制区域和表面化学反应速率控制区域)，同时也提供了一种通过淀积速率对 h_g 和 k_s 的值进行有效估计的方法。

10.2.4　化学气相淀积系统分类

1. 常压化学气相淀积 (APCVD)

一些最早的 CVD 工艺是在大气压下进行的，由于淀积速率快，系统简单，适于较厚的介质薄膜淀积，一个简单的 APCVD 系统如图 10.39 所示。

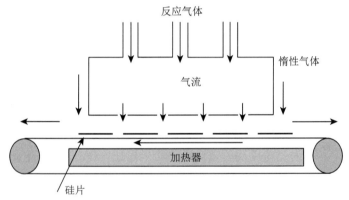

图 10.39　APCVD 系统示意图

APCVD 的缺点是台阶覆盖性差、膜厚均匀性差。在常压下，反应气体分子平均自由程小，扩散系数 D_g 小，使得 $h_g \ll k_s$，故而 APCVD 一般是由气相质量输运控制薄膜的淀积速率。因此，均匀控制单位时间内到达每个硅片及同一硅片不同位置的反应剂数量，对所淀积薄膜的均匀性起着重要的作用。另外，在 APCVD 系统中，气体注入器处而非晶圆片表面可能会发生异质淀积，在淀积了若干硅片后，这些异质淀积的颗粒变大剥落并落在硅片表面，造成颗粒污染。为避免这一问题，可采用多通道的喷头设计，以便保持各反应气体在引入硅片表面之前被分开以至于不能发生反应，如图 10.40 所示。

2. 低压化学气相淀积 (LPCVD)

图 10.41 为普通 LPCVD 水平反应腔示意图[20]，包括采用电阻加热方式的炉管、控制系统以及真空维持系统等。采用 LPCVD 工艺淀积的某些薄膜，在均匀性和台阶覆盖性等方面比 APCVD 系统的要好。LPCVD 工艺的缺点是淀积速率慢，生长温度高，并且存在"气缺"现象。此外，因为反应气体的气压低，分子

具有大的平均自由程，发生碰撞散射的概率比 APCVD 小很多，颗粒污染相对来说也少。在 LPCVD 系统中，反应气体分子平均自由程大，扩散系数 D_g 增大，使得 $h_g \gg k_s$，LPCVD 中的淀积速率主要受表面化学反应控制，与气流的均匀性无关，硅片可以竖直紧密排列，容量大，可以实现同一批次多片生长。

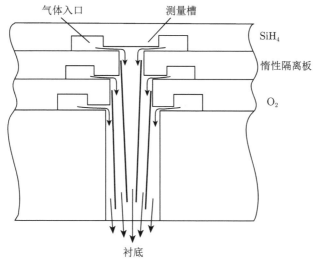

图 10.40 多通道的喷头设计

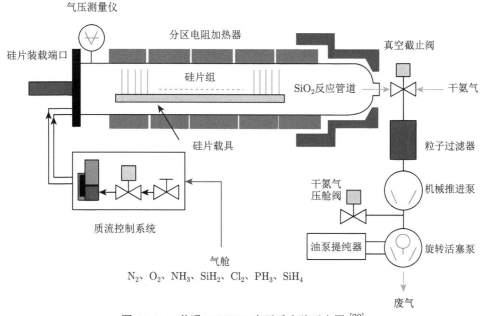

图 10.41 普通 LPCVD 水平反应腔示意图 [20]

在 LPCVD 系统中，因为表面化学反应速率控制了薄膜淀积速率，而表面化学反应速率又与硅片表面上的反应剂浓度成正比，如果想要从不同硅片上得到相同厚度的薄膜，就应该保证到达每个硅片表面上的反应剂浓度是相同的。然而对于传统 LPCVD 系统来说往往只有一个进气口，沿着气流方向，反应剂不断被炉管前端的硅片消耗，反应剂到达炉管远端的硅片时已经很少了。如图 10.42 所示，LPCVD 系统中，靠近进气口处 (A) 淀积的膜较厚，远离入气口处 (B) 淀积的膜较薄，这种现象称为 "气缺" 现象。解决 "气缺" 现象的方法有：① 沿着气体流动方向逐渐增加炉管温度，因为 LPCVD 工艺是表面化学反应控制，当温度升高时，化学反应速率加快 (k_s 变大)，从而提高淀积速率，补偿 "气缺" 带来的影响，减小炉管中不同位置硅片表面淀积薄膜厚度的差异。②采用分布式的气体入口，用多个进气口代替传统的单一进气口，这样反应剂就可以通过不同的进气口进入炉管中，从而保证薄膜淀积的均匀性。针对这种多进气口的结构需要特殊设计的炉管或腔室来限制气流交叉效应。③增加炉管中的气流速率。当气流速率增加的时候，在单位时间内，更多的反应剂气体能够被输运到炉管远端的硅片，这样在各个硅片表面淀积的薄膜厚度也变得更均匀一些。

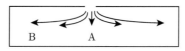

图 10.42　LPCVD 系统中 "气缺" 现象示意图

LPCVD 领域中最近的革新是引入立式反应腔，如图 10.43 所示[21]。类似于立式氧化/扩散炉管，与标准炉管相比，这种立式 LPCVD 反应腔有若干优点，例如硅片全靠重力保持在硅片载具的特定位置，硅片间的间距比水平反应腔更加均匀，横跨过硅片的气体对流效应更加均匀一致。由于硅片不必翻转到竖直方向，所以更容易用机械手处理硅片，更方便被集成到自动化制造工厂。此外，在立式 LPCVD 系统中，颗粒污染能够得到有效控制。然而，立式 LPCVD 反应腔的成本要比传统的水平反应腔高很多。

3. 等离子体增强化学气相淀积 (PECVD)

PECVD 是当前化学气相淀积系统的主力军。与 APCVD 和 LPCVD 不同，PECVD 不需要用高温来激活和维持化学反应，它通过射频等离子体来激活和维持化学反应，受激发的粒子 (分子、活性自由基等) 往往在低温下就可以发生化学反应，所以淀积温度比 APCVD 和 LPCVD 低很多 (200～350 ℃)，淀积速率也更快，淀积的薄膜具有 APCVD 和 LPCVD 工艺淀积薄膜所不具有的性质，比如良好的黏附性、低针孔密度、良好的台阶覆盖性及电学特性等。反应气体分子与等离子体中的电子碰撞时，会产生多种成分的粒子：离子、原子以及活性基团 (激

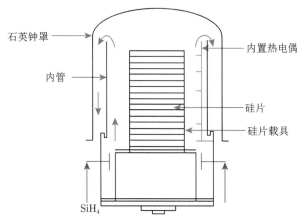

石英钟罩

内置热电偶

内管

硅片

硅片载具

SiH_4

图 10.43　LPCVD 立式反应腔示意图 [21]

发态)。这些具有高度反应活性的活性基团不断吸附在衬底表面上, 相互之间发生化学反应形成薄膜。在薄膜淀积的同时, 活性基团受到等离子体中大量离子和电子的不断轰击, 很容易进行表面迁移, 发生重新排列。正是 PECVD 工艺的这些特性保证了所淀积薄膜具有良好的均匀性, 以及填充大深宽比结构的能力。值得注意的是, 由于 PECVD 与非等离子体 CVD 工艺相比, 其淀积过程具有更多的非平衡特点, 故可以更容易地根据特定的用途, 调控淀积薄膜的电学性质和机械特性 (组分、密度、应力等)。然而, 这种非平衡特点也会使淀积的薄膜具备不希望有的组分或者性质, 如薄膜中会含有副产品或气体分子。

由于气相质量输运很快而表面化学反应速率较慢 (低温工艺), 所以 $h_g \gg k_s$, PECVD 工艺是典型的表面化学反应速率控制型。要想保证淀积薄膜的均匀性, 就需要准确控制衬底温度。PECVD 系统有冷壁平行板系统 (图 10.44) 和热壁平行板系统 (图 10.45)。在冷壁平行板系统中, 气体可以从周边喷入, 也可以从上电极的喷头进入。但是较低的产能以及均匀性问题阻碍了其在半导体工艺制造, 尤其是集成电路制造中的应用。然而, 由于小的衬底直径和每批有限的作业片数, 这种形式的反应腔对 GaAs 技术而言是优选的。为了满足采用大直径硅片的集成电路制造工艺的需求, 热壁平行板系统往往更具优势。热壁平行板系统是热壁系统的一种, 类似于水平 LPCVD 炉管, 硅片被垂直地放置在电学极性交变的石墨电极上进行薄膜淀积。与标准 LPCVD 系统相比, 其温度要低很多。与其他热壁系统类似, 同样存在着 "气缺" 现象导致的膜厚均匀性问题以及颗粒问题。

4. 高密度等离子体化学气相淀积 (HDP-CVD)

HDP-CVD 自 20 世纪 90 年代中期开始被先进的集成电路制造厂采用, 相比之前的工艺, 其具有优异的填孔能力、稳定的薄膜质量以及可靠的器件电学特性等优点, 是 0.25 μm 技术节点以下集成电路制造的主流工艺。高密度等离子体主

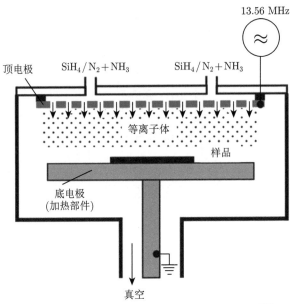

图 10.44　PECVD 工艺中的冷壁平行板系统 [22]

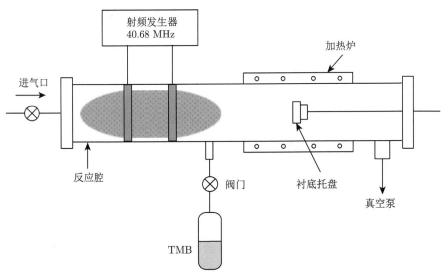

图 10.45　PECVD 工艺中的热壁平行板系统 [23]

要由电感耦合 (ICP) 或者电子回旋共振 (ECR) 来产生和维持, 其原理在第 9 章中已有阐述。在 HDP-CVD 工艺中, 为了在具有大深宽比的孔/槽中进行无孔隙或空洞的介质薄膜填充, 采用了淀积-刻蚀交替进行的方法。图 10.46 为普通 PECVD 工艺与 HDP-CVD 工艺的对比示意图, 由图可知, 在填充大深宽比的孔/槽时, 普通 PECVD 采用了连续薄膜淀积的方式, 孔/槽顶部由于淀积薄膜较厚, 易导致在孔/槽还未完全填充前就封口, 无法实现完全的填充。对于 HDP-CVD 工艺, 其先在孔/槽表面淀积一定厚度的薄膜, 随后给衬底施加射频偏压, 驱使反应腔中的高密度等离子体直接接触衬底表面, 其中的高能离子将刻蚀淀积的薄膜, 刻蚀能量由射频偏压控制, 孔/槽的开口处将被扩大, 以便后续薄膜的淀积。如此反复进行淀积-刻蚀-淀积-刻蚀, 即可实现大深宽比孔/槽的完全填充, 有效改善了淀积薄膜的台阶覆盖性。

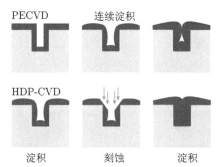

图 10.46 普通 PECVD 工艺与 HDP-CVD 工艺对比示意图

5. 亚常压化学气相淀积 (SACVD)

对于 65 nm 技术节点以下, 深宽比大于 8 的结构来说, HDP-CVD 工艺 (淀积-刻蚀-淀积) 变得非常复杂, 淀积速率变慢, 且高密度等离子体对衬底的损伤变得更加严重, 所以热反应温度在 400~550 ℃ 的 SACVD 再次被提出并用于深宽比大于 10 的孔/槽填充。而且随着半导体器件尺寸的减小, 其对等离子体损伤也越来越敏感, SACVD 是一种纯粹依靠加热提供热能以促使表面化学反应成膜的工艺, 在 45 nm 技术节点以后的半导体工艺制造中比 HDP-CVD 更有优势。但是传统的 SACVD 生长速率比较慢, 美国应用材料公司的高深宽比工艺 (High Aspect Ratio Process, HARP) 采用 TEOS-O$_3$ 技术, 可以获得较快的生长速率, 同时也能保证良好的孔/槽填充能力, 这使得 SACVD 代替 HDP-CVD 工艺成为主流的 SiO$_2$ 介质薄膜淀积工艺。SACVD 工艺形成的 SiO$_2$ 薄膜质量较差, 淀积完成后要在水蒸气和 N$_2$ 或者 N$_2$ 气氛中干法退火以进一步改善薄膜质量, 退火后薄膜厚度会变薄。目前 SACVD 工艺主要用于浅槽隔离 (Shallow Trench Isolation, STI) 和金属前介质 (Pre-Metal Dielectric, PMD) 的填充。

6. 流体化学气相淀积 (Flowable CVD, FCVD)

流体化学气相淀积是一种新兴的 CVD 工艺。HDP-CVD 和 SACVD 中的 HARP 工艺对于深宽比大于 8 的 STI 填充没有太大问题, 但是不能满足 22 nm

及以下技术节点更大深宽比 STI 填充的需求。此外，HARP 工艺对 STI 沟槽轮廓和侧壁角度的独特要求也限制了其在更先进技术节点中的应用 [24,25]。基于此方面考虑，工业界引入了 FCVD 工艺，其具有更好的间隙填充能力，能完成深宽比为 30 的孔/槽的填充，可以替代传统的 STI 填充工艺 [26]。如图 10.47 所示，与 HARP 工艺相比，FCVD 工艺显示出更好的自下而上的填充特性。如图 10.48 所示，一般而言，FCVD 工艺淀积 SiO$_2$ 薄膜包括两个主要步骤，即淀积和氧化物转化，在第一步中，淀积是指使用可流动的聚合物通过前驱体 (三甲硅烷基胺，TSA) 与 NH$_3^*$ 之间的反应填充间隙。除远程等离子体系统外，淀积温度保持足够低 (65 ℃)。在第二步中，采用 100~200 ℃ 的温度，填充薄膜在 O$_3$ 环境下退火固化并形成致密的 SiO$_2$ 薄膜。

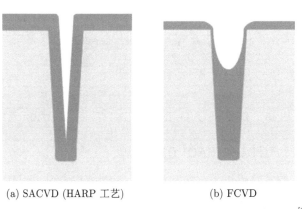

(a) SACVD (HARP 工艺)　　　　　　　　(b) FCVD

图 10.47　(a)HARP 和 (b)FCVD 工艺淀积薄膜的轮廓比较 [25]

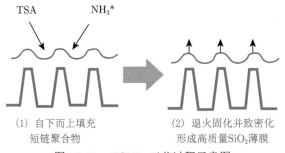

(1) 自下而上填充　　　　　　　(2) 退火固化并致密化
　短链聚合物　　　　　　　　　　形成高质量SiO$_2$薄膜

图 10.48　FCVD 工艺过程示意图

7. 原子层淀积 (ALD)

原子层淀积技术是由化学气相淀积 (CVD) 技术衍生而来的一种新的工艺技术，是通过将气相前驱体脉冲交替地通入反应室并在衬底上发生表面化学反应形成薄膜的一种方法。不同于传统的 CVD 工艺，ALD 工艺通常是由 A、B 的半反应序列组成的，具有表面自限制的特点，这种特点只允许在每次反应中淀积一个原子层。

采用 ALD 工艺淀积薄膜材料，通常包括以下四个步骤的循环，如图 10.49 所示。

(1) A 前驱体通入反应室，与衬底发生化学反应，反应只会发生在表面有活性基团的位置，全部活性基团反应完毕后，即使有再多的 A 前驱体通入反应室，也不会再反应，因此 ALD 反应过程具有自限制性。

(2) 惰性气体吹扫腔室，用于去除多余的未发生反应的 A 前驱体与反应产生的可挥发性副产物。

(3) B 前驱体通入反应室，与衬底发生自限制化学反应；或对衬底进行特殊处理来重新激活衬底表面，为再次通入的 A 前驱体提供可供反应的活性基团。

(4) 惰性气体吹扫腔室。

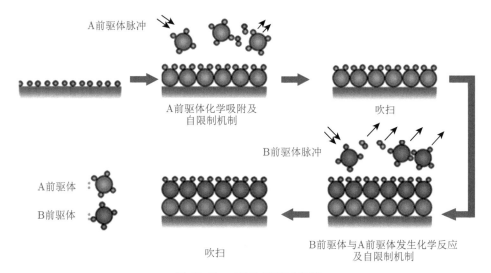

图 10.49 ALD 工艺示意图

以上 (1)~(4) 四个步骤组成一个反应循环，生长速率可用 Grow-Per-Cycle (GPC) 来描述，即厚度/cycle。

ALD 工艺的表面反应具有自限制性，这种自限制性使得 ALD 工艺是一个表面化学反应控制的过程，因此气体流量、衬底或工艺温度等工艺参数对淀积速率的影响不大，使得 ALD 具有较大的工艺窗口。可通过控制 ALD 的反应循环次数精确地控制薄膜厚度，实现超薄薄膜的淀积，薄膜厚度生长范围可延伸至纳米级甚至几个原子层。表面化学反应控制过程使得采用 ALD 工艺淀积的薄膜具有优异的均匀性、台阶覆盖性及保型性，可填充大深宽比及更复杂的图形结构。当然 ALD 工艺也有一些缺点，如淀积速率低，理想状态下经过一个反应循环只生长出单原子层的薄膜；多余前驱体排空产生的经济性问题，运行成本高；会产生一些不希望获得的副产物，使得薄膜的材料特性严重退化等。

上述工艺都有其优点和缺点，取决于材料和工艺步骤。常见 CVD 工艺的特点及应用综述如表 10.2 所示。

表 10.2 常见 CVD 工艺对比

工艺	优点	缺点	应用
APCVD (气相质量输运控制)	反应简单，淀积速率快，低温	台阶覆盖能力差，有颗粒沾污	低温 SiO_2(掺杂或不掺杂) 等
LPCVD (表面化学反应控制)	高纯度和均匀性，一致的台阶覆盖性能，装载硅片容量大	高温、低的淀积速率，需要更多的维护，要求真空系统支持	高温 SiO_2(掺杂或不掺杂)、Si_3N_4、poly-Si 等
PECVD (表面化学反应控制)	低温，快速淀积，台阶覆盖性和间隙填充能力好	需要 RF 系统配合，成本高，存在副产物和颗粒沾污	大深宽比间隙的填充，金属上低温氧化硅绝缘层，钝化氮化硅等
HDP-CVD (淀积-刻蚀-淀积)	淀积温度低、薄膜致密、台阶覆盖性好，可填充大深宽比结构	对衬底的等离子体损伤较大	浅槽隔离、金属前介质填充、大深宽比间隙填充
SACVD (加热提供热能促使化学反应)	纯热过程，生长速率较快，填充能力好，衬底损伤小	淀积后薄膜质量较差，需进行退火处理	主要用于大深宽比浅槽隔离和金属前介质填充
FCVD	具有自下而上的填充特性、淀积温度低	应用范围小，前驱体为液体；由于其流体特性，仅适用于填充，难以在突起表面淀积	更大深宽比孔/槽填充

10.2.5 常用薄膜的化学气相淀积

各种 CVD 工艺具有其独特的优势，不同薄膜材料可采用的 CVD 工艺也不相同，所生长的薄膜也具有不同的特点。本节将介绍和比较半导体工艺制造中常见薄膜的 CVD 工艺及特点。

1. 多晶硅

图 10.50 给出了单晶硅和多晶硅的晶体结构示意图，单晶硅是短程和长程均有序，具有固定的晶向，而多晶硅中存在多种晶向的晶粒，其为长程无序、短程有序并且存在大量晶粒间界 (俗称 "晶界")。多晶硅常用于 CMOS 制造中的栅电极材料、深槽填充、互连等，以及双极型器件的发射极扩散源和高阻负载等。多晶硅的晶向和晶粒大小与生长温度密切相关，随着生长温度升高，晶粒逐渐变大，在 580 ℃ 以下为非晶，退火可形成大晶粒，且多晶薄膜生长越厚，晶粒越大。同时在晶界处存在大量缺陷和悬挂键，使得杂质在多晶硅中的扩散速率显著加快。

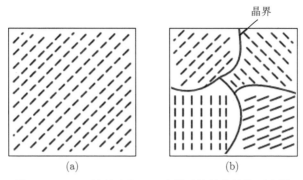

图 10.50 (a) 单晶硅和 (b) 多晶硅的晶体结构示意图

多晶硅常见的生长方式是 LPCVD 工艺，淀积获得的薄膜具有均匀性好、纯度高和保形覆盖好的特点。在 LPCVD 工艺中，多晶硅生长温度在 580~650 ℃，在 580 ℃ 时偏向非晶，而在 650 ℃ 时倾向于多晶，其化学反应方程式可以写为

$$SiH_4(吸附) \longrightarrow SiH_2(吸附) + H_2(气体) \tag{10.17}$$

$$SiH_2(吸附) \longrightarrow Si(固体) + H_2(气体) \tag{10.18}$$

总反应式为

$$SiH_4(吸附) \longrightarrow Si(固体) + 2H_2(气体) \tag{10.19}$$

从 Si—H 化学键的角度来看，Si—H 分子可视为部分地具有 Si^+—H^- 离子键的形式。具有这种极性的分子可以被具有正电势的表面所吸附，而被具有负电势的表面所排斥，因此凡是一种掺杂杂质能够造成硅衬底表面电势为正且正值更大的 (Ⅲ 族元素，如硼，掺杂后释放空穴)，将有助于 SiH_4 分子的吸附，产生更多的 Si—H*，从而提高淀积速率；反之降低淀积速率 (Ⅴ 族元素，如磷、砷，掺杂后释放电子)。

图 10.51 为多晶硅淀积速率与淀积压力和温度的关系 [27]，影响多晶硅淀积速率的方式有很多，压力、生长温度、掺杂类型、浓度及随后的热处理过程都会对其产生影响，总体而言，当淀积压力控制在合理区间时，压力越大、温度越高，淀积速率也就越大。当生长温度小于 580 ℃ 时，淀积的薄膜表现出非晶的形态，只有当温度大于 580 ℃ 时，才开始形成多晶硅薄膜。生长温度在 580 ℃ 以上时，还可以根据晶向进一步细分：在 580~600 ℃，⟨311⟩ 晶向的晶粒占主导；625 ℃ 左右，⟨110⟩ 晶向的晶粒占主导；675 ℃ 左右，⟨100⟩ 晶向的晶粒占主导；675 ℃ 以上时，⟨110⟩ 晶向的晶粒占主导。低温下淀积的非晶硅薄膜在 900~1000 ℃ 退火时将重新结晶化，其更倾向于 ⟨111⟩ 晶向。

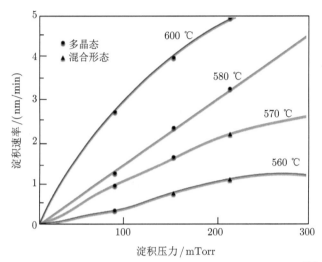

图 10.51　多晶硅淀积速率与淀积压力和温度的关系曲线 [27]

多晶硅的掺杂同样也有多种方式：①扩散掺杂。通常在 900∼1000 ℃ 的高温下进行，这样的高温会导致薄膜表面粗糙度增加。采用的 N 型掺杂剂一般是 POCl$_3$、PH$_3$ 等含磷气体。为了获得更低的电阻率，在多晶硅薄膜中要掺入浓度很高的杂质。②离子注入掺杂。可精确控制掺入杂质的数量并且具有较低的热预算，但注入后需高温退火激活掺杂杂质。③原位掺杂 (In-situ Doping)。原位掺杂是指在多晶硅薄膜淀积的同时进行掺杂。其优点是掺杂均匀、界面处浓度高、可以抑制多晶硅耗尽效应 (Poly-silicon Depletion Effect, PDE)。但是由于同时存在淀积和掺杂两个过程，所以薄膜厚度的均匀性、掺杂的均匀性以及薄膜淀积速率控制等方面变得更加复杂，此外原位掺杂也会影响到薄膜的物理特性。

2. 二氧化硅 (SiO$_2$)

SiO$_2$ 薄膜是一种很好的绝缘介质材料，而且具有非常稳定的物理和化学性质，在集成电路制造中具有极其广泛的应用。SiO$_2$ 的生长方法有很多种，除了前面章节中提到的热氧化工艺以外，还可以通过 CVD 工艺进行淀积。但是通过 CVD 工艺生长的 SiO$_2$ 薄膜质量没有热氧化工艺那么好，体现在 CVD 淀积的 SiO$_2$ 密度较低，硅与氧数量之比也与热氧化工艺生长的 SiO$_2$ 存在差别，因而薄膜的力学和电学特性也有所不同。通过比较 CVD 工艺淀积 SiO$_2$ 薄膜的折射率 (n) 与热氧化工艺生长 SiO$_2$ 薄膜的折射率 1.46，可以衡量 CVD 工艺淀积 SiO$_2$ 薄膜的质量。当 CVD 工艺淀积 SiO$_2$ 薄膜的折射率 $n > 1.46$ 时，表明该薄膜是富硅的 (SRO)，当 $n < 1.46$ 时，表明其为低密度多孔 SiO$_2$ 薄膜。

APCVD、LPCVD、PECVD 工艺都可以淀积 SiO$_2$ 薄膜。在 APCVD 工

艺中，常用的反应剂源有 SiH$_4$ 和正硅酸四乙酯 (TEOS)，化学式为 Si(OC$_2$H$_5$)$_4$ (图 10.52)。SiH$_4$ 反应温度比较低，因此又被称为低温氧化物 (Low Temperature Oxide，LTO)，常被用作层间介质 (Interlayer Dielectric, ILD)，其化学反应式为

$$\text{SiH}_4 + \text{O}_2 \longrightarrow \text{SiO}_2 + 2\text{H}_2 (250 \sim 450 \text{ °C}) \tag{10.20}$$

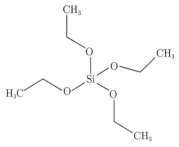

图 10.52　TEOS 分子式 [28]

但 SiH$_4$ 是易燃气体，遇到空气会燃烧，存在安全隐患。工业上一般采用 TEOS 替代 SiH$_4$，其在室温下是液体，化学性质不活泼，使用 N$_2$ 携带 (鼓泡瓶)，在一定的温度下可直接分解形成 SiO$_2$。为了增加淀积速率，往往在反应腔中通入一定量的氧气或臭氧 (O$_3$)，化学反应式为

$$\text{Si(OC}_2\text{H}_5)_4 + \text{O}_2(\text{O}_3) \longrightarrow \text{SiO}_2 + 副产物(300 \sim 500 \text{ °C}) \tag{10.21}$$

采用 TEOS 和 O$_3$ 作为反应剂淀积 SiO$_2$ 速率快，保形性好，可以很好地填充深宽比大于 6:1 的沟槽，以及间距为 0.35 μm 金属线之间的间隙，而不形成空隙。

使用 LPCVD 工艺淀积 SiO$_2$ 薄膜时也使用 TEOS 作为反应剂源，只是生长温度从 300~500 °C 升高到 680~730 °C，化学反应式为

$$\text{Si(OC}_2\text{H}_5)_4(\text{l}) \longrightarrow \text{SiO}_2(\text{s}) + 4\text{C}_2\text{H}_4(\text{g}) + 2\text{H}_2\text{O}(\text{g}) \tag{10.22}$$

$$\text{Si(OC}_2\text{H}_5)_4(\text{l}) + \text{O}_2 \longrightarrow \text{SiO}_2(\text{s}) + 副产物(\text{g}) \tag{10.23}$$

使用 LPCVD 工艺淀积的 SiO$_2$ 具有质量好、保形性好的特点。另外，为了得到更好的薄膜质量，要保证在淀积过程中拥有充足的氧气。TEOS 中有 4 个氧原子，在一定温度下通过分解也能淀积 SiO$_2$ 薄膜。但是在反应过程中，TEOS 中的氧原子还会与碳原子和氢原子发生氧化反应，其中的一部分氧被消耗掉，因此在用 TEOS 为反应剂时，应额外通入足够的氧气或臭氧，才能保证较好的薄膜质量。

为了进一步降低反应温度，PECVD 的方式逐渐进入人们的视野。SiH$_4$ 和 TEOS 依然是 PECVD 的首选反应剂源材料。在低于 450 °C 的温度下，SiH$_4$ 可以和 N$_2$O 反应生成 SiO$_2$，化学反应式如下：

$$\text{SiH}_4 + 2\text{N}_2\text{O} \longrightarrow \text{SiO}_2 + 2\text{N}_2 + 2\text{H}_2 \tag{10.24}$$

对于采用 SiH_4 作为反应剂源的 PECVD 工艺，所制备的 SiO_2 薄膜的特点是生长温度低，针孔少，与金属黏附性好，含氮和氢量较高，适用于金属层间隔离。在填充大深宽比的沟槽时，采用常规直流或 RF 的 PECVD 工艺淀积的 SiO_2 薄膜保形性差，一种解决方法是采用 HDP-CVD，可明显改善薄膜质量和保形性，甚至在 120 ℃ 下也能淀积。

当采用 TEOS 作为反应剂源时，TEOS 在 250~425 ℃ 的温度下与氧气反应，生成 SiO_2，其化学反应式为

$$Si(OC_2H_5)_4 + O_2 \longrightarrow SiO_2 + 副产物 \tag{10.25}$$

与采用 SiH_4 反应剂源的 APCVD 工艺相比，PECVD 工艺淀积 SiO_2 薄膜的台阶覆盖性和间隙填充能力更好，但仍不能满足小尺寸间隙 ($<0.5\ \mu m$) 的保形覆盖 (Conformality)。保形覆盖是指无论衬底表面有什么样的复杂结构，在所有结构上淀积的薄膜厚度都一样。到达衬底表面任意位置反应剂的数量决定了该位置上淀积的薄膜厚度，如果衬底表面吸附的反应剂在衬底表面迁移很快 (LPCVD 和 PECVD 可以实现)，那么不管表面具有什么样的结构图形，反应剂到达衬底表面上任何一点的概率都是相同的，这种情况就可以实现良好的保形覆盖，如图 10.53 所示。

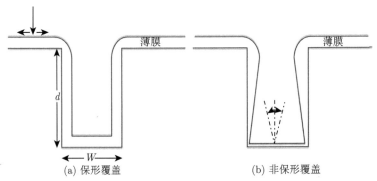

图 10.53   (a) 保形覆盖与 (b) 非保形覆盖示意图[29]

3. 氮化硅 (Si_3N_4 或 $Si_xN_yH_z$)

Si_3N_4 薄膜经常用作最终钝化层和保护层，用来抑制杂质、潮气向器件区扩散，还可用作选择性氧化的掩模，动态随机存储器 (DRAM) 电容中的绝缘材料，CMOS 或双极器件中的侧墙等。从应用场景可以看出，Si_3N_4 具有非常强的掩蔽能力，尤其是钠和水汽在 Si_3N_4 中扩散速率非常慢，可以对底层金属实现保形覆盖且薄膜中针孔很少。

LPCVD、PECVD 均可以淀积 Si_3N_4 薄膜。LPCVD 工艺中采用 SiH_2Cl_2 和 NH_3 共同作为反应剂源，反应温度为 700~800 ℃，其化学方程式为

$$3\text{SiH}_2\text{Cl}_2 + 4\text{NH}_3 \longrightarrow \text{Si}_3\text{N}_4 + 6\text{HCl} + 6\text{H}_2 \tag{10.26}$$

采用 LPCVD 工艺可以淀积标准化学计量配比的 Si_3N_4 薄膜,其耐氧化硅缓冲腐蚀液 (BOE、NH_4F 和 HF 混合溶液) 的腐蚀,台阶覆盖性较好。

在 PECVD 工艺中,则采用 SiH_4 和 NH_3(或 N_2) 作为反应剂源[30],反应温度为 200~400 ℃,其化学方程式

$$3\text{SiH}_4 + \text{NH}_3(\text{N}_2) \longrightarrow \text{Si}_x\text{N}_y\text{H}_z + \text{H}_2 \tag{10.27}$$

PECVD 工艺淀积的 $\text{Si}_x\text{N}_y\text{H}_z$ 薄膜往往是化学配比失配的 (即非 Si_3N_4),但是应力较小,含大量氢 (10%~30%),不耐 BOE 腐蚀,其腐蚀速率远远大于 LPCVD 工艺淀积的 Si_3N_4 薄膜,台阶覆盖性较差,特别是采用 N_2 作为反应剂源的情况下。另外,采用 PECVD 工艺淀积的 $\text{Si}_x\text{N}_y\text{H}_z$ 淀积速率、薄膜及氮含量与淀积温度和 NH_3 的含量均密切相关。如图 10.54(a) 所示,随着淀积温度的逐步增加,淀积速率也增加,淀积的 $\text{Si}_x\text{N}_y\text{H}_z$ 密度变大,表明其更致密,耐 BOE 腐蚀的能力也增强。图 10.54(b) 为 PECVD 工艺中,NH_3 的分压对氮化硅的淀积速率、密度和氮含量的影响。可以看出,当 NH_3 的分压占总气压的 15%~20% 时,PECVD 工艺可以获得较快的淀积速率、很高的 $\text{Si}_x\text{N}_y\text{H}_z$ 薄膜密度以及较佳的化学计量配比。

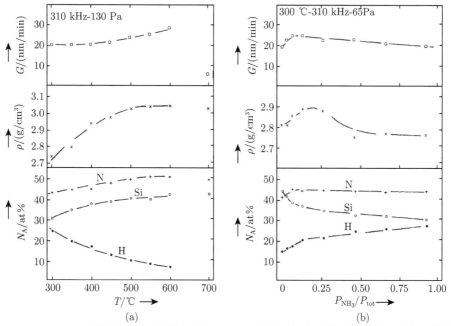

图 10.54 PECVD 工艺中,(a) 淀积温度和 (b)NH_3 分压对氮化硅的淀积速率、密度及化学配比的影响[30]

4. 金属钨 (W)

对于 1 μm 及以下技术节点以下的器件，由于存在大深宽比的孔/槽，采用 PVD 工艺溅射 Al 已经不能满足某些填充需求。而金属钨 (W) 的体电阻率比 Ti 和 Ta 小，和 Mo 的电阻率差不多，且熔点高达 3410 ℃，有较高的热稳定性。同时，采用 CVD 工艺淀积的 W 具有较低的应力，台阶覆盖性好，具有很强的抗电迁移和抗腐蚀的能力。因此，采用 CVD 工艺淀积的 W 可替代溅射的 Al 金属，常被用作接触孔或通孔材料，称为"钨塞"。在某些情况下，也可用作第一层互连金属 (M1)。在高 κ/金属栅 (High κ/Metal Gate, HKMG) 技术中，作为金属栅填充材料。但是，采用 CVD 工艺淀积的 W 金属薄膜在隔离介质层 (一般为 SiO_2) 上的黏附性比较差，因此需在它们之间淀积 TiN 薄膜以增强黏附性。此外，当温度超过 400 ℃ 时 W 会氧化，故需在其上淀积 TiN 薄膜阻止 W 氧化。另外，如果 W 与 Si 直接接触，在温度高于 600 ℃ 时，会形成钨的硅化物。

W 金属薄膜通常采用冷壁 LPCVD 的方法生长，采用 WF_6、WCl_6 或 $W(CO)_6$ 作为反应源。三种反应源中，WF_6 在室温下为液态，并在 25 ℃ 下沸腾，而其余两种源均为高蒸气压固体，因此，多选用 WF_6 为反应源淀积 W 薄膜，常用的生长温度为 300 ℃。WF_6 可以与硅、氢、硅烷 (SiH_4)、硼烷 (B_2H_6) 发生还原反应淀积 W，化学反应式为

$$2WF_6+3Si \longrightarrow 2W+3SiF_4 \tag{10.28}$$

$$WF_6 + 3H_2 \longrightarrow W + 6HF \tag{10.29}$$

$$2WF_6 + 3SiH_4 \longrightarrow 2W+12HF+3Si \tag{10.30}$$

$$WF_6 + B_2H_6 \longrightarrow W+6HF+2B \tag{10.31}$$

式中，在与 Si(硅片) 发生还原反应的过程中，随着淀积的 W 薄膜厚度不断增加，WF_6 很难以扩散的方式通过 W 薄膜与 Si 继续反应。当淀积的 W 薄膜厚度达到 10～15 nm 时，反应会自动停下来。因此，在选择性淀积时，若要淀积较厚的 W 薄膜，可先由 Ar 气携带 WF_6 与表面 Si 发生还原反应，达到自停止厚度时，将 Ar 换成 H_2，这时候的反应变成 H_2 与 WF_6 之间的还原反应，W 薄膜可以继续淀积。而对于 H_2 与 WF_6 的反应，副产物 HF 的存在会抑制 W 的成核，进而限制了 W 薄膜的淀积速率，但其淀积的 W 薄膜具有很好的台阶覆盖性。由于 W 薄膜的淀积优先在导电衬底而非绝缘体上进行，因此可利用这一特点，在 Si 上选择性淀积 W 薄膜。要想在绝缘体上淀积 W，可选取气相的 SiH_4 和 WF_6 为反应源，两者发生反应后在多种材料表面提供 W 成核点并最终生成 W 薄膜。但是，由于 W 薄膜在 SiO_2 等材料上黏附性较差，需要淀积一 TiN 薄层增强黏附性。

因此，W 薄膜填充的接触孔和通孔工艺通常由以下步骤组成：①接触孔或通孔形成；②淀积 TiN 黏附层/阻挡层，改善 W 薄膜在 SiO_2 介质层上的黏附性；

③采用 CVD 工艺淀积 W 薄膜填充接触孔或通孔，典型两步工艺包括 SiH_4 还原 WF_6 形成 W 成核点以及 H_2 还原 WF_6 淀积 W 薄膜；④CMP 平坦化。

5. 氮化钛 (TiN)

在集成电路制造的后道金属互连工艺中，常采用 Al、W 等金属作为互连线或者填充接触孔和通孔，在这些金属下面要先淀积一层 TiN 薄膜。对于 Al 金属互连来说，TiN 作为扩散阻挡层防止 Al 扩散进入 Si 衬底生成尖刺，导致源漏 PN 结漏电的发生；对于 W 薄膜填充接触孔和通孔而言，它既作为扩散阻挡层又作为黏附层，称为衬垫层。

采用 LPCVD 工艺淀积 TiN 时，$TiCl_4$ 和 NH_3 作为反应源，生长温度大于 $600\,℃$，淀积温度超过了 Al 能承受的范围，故只能用于接触孔中。另外，由于反应气体中有 Cl 的存在，所以在 TiN 薄膜中会不可避免地掺入 Cl，对与 TiN 接触的 Al 有腐蚀作用，应该将其含量限制在 1% 以内。化学反应式为

$$6TiCl_4 + 8NH_3 \longrightarrow 6TiN + 24HCl + N_2 \tag{10.32}$$

另一种方式就是金属有机物化学气相淀积 (MOCVD) 工艺，采用四二乙基氨基钛 $Ti[N(CH_2CH_3)_2]_4$ 或四二甲基氨基钛 $Ti[N(CH_3)_2]_4$ 作为反应源，生长温度小于 $400\,℃$，在接触孔和通孔中都能使用，并且没有 Cl^- 的混入。化学反应式为

$$6Ti[N(CH_2CH_3)_2]_4 + 8NH_3 \longrightarrow 6TiN + 24HN(CH_3)_2 + N_2 \tag{10.33}$$

如图 10.55 所示，在集成电路制造中，采用各种 PVD 和 CVD 工艺淀积的介质与金属薄膜在 CMOS 制造中得到了广泛应用，可以说，薄膜淀积工艺贯穿了 CMOS 制造的始终。

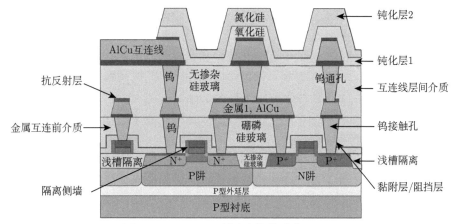

图 10.55　CMOS 制造中的薄膜淀积工艺

10.3　外延生长

10.3.1　外延的基本概念

前面章节已经介绍了很多种薄膜淀积工艺，但是只有极少数工艺展现出了生长高质量薄膜材料的能力。随着 CMOS 器件特征尺寸的不断微缩，高质量薄膜材料的生长对于提升器件性能的作用越来越重要，本节主要集中讨论一种在半导体工艺制造中常用的单晶薄膜生长方法——外延技术。外延的定义为在单晶衬底上，按衬底晶向生长一层新的单晶薄膜的工艺。生长的单晶层称为外延层，生长了单晶层的衬底称为外延片。

按照外延生长材料的类型划分，外延层与衬底材料是同一种物质的外延工艺称为同质外延，例如在 Si 衬底上外延 Si，在 GaAs 衬底上外延 GaAs 等；而外延层与衬底材料不是同一种物质的外延工艺称为异质外延，例如 Si 上外延 SiGe，GaAs 上外延 GaAlAs 等。

按照工艺划分，可分为气相外延 (Vapor-Phase Epitaxy，VPE)、液相外延 (Liquid-Phase Epitaxy，LPE)、固相外延 (Solid-Phase Epitaxy，SPE) 和分子束外延 (Molecular Beam Epitaxy，MBE)。

硅气相外延是集成电路制造中最常用的外延工艺，为含硅前驱体 (Precursor) 以气相形式输运至硅衬底，在高温下分解或发生化学反应，在硅单晶衬底上生长出与其晶向一致的硅单晶外延层，与 CVD 类似，是广义上的 CVD 工艺。硅气相外延采用高温，为硅片表面发生的化学反应提供了能量。GaAs 气相外延通常有氯化物法和氢化物法两种，该技术工艺设备简单、生长的 GaAs 纯度高、电学特性好，已广泛应用于霍尔器件、耿氏二极管、场效应晶体管等器件中。

液相外延是以低熔点的金属 (如 Ga、In 等) 为溶剂，以待生长材料 (如 Ga、As、Al 等) 和掺杂剂 (如 Zn、Te、Sn 等) 为溶质，形成饱和或过饱和溶液。当溶液与衬底接触时，因为溶液处于过饱和或饱和状态，溶质就会从溶液中析出，施加一定的生长条件，在单晶衬底上即可定向生长一层晶向与单晶衬底相似的晶体材料，实现外延生长。这种技术可以生长 Si、GaAs、GaAlAs、GaP 等半导体材料以及石榴石等磁性材料的单晶层，用以做成各种光电子器件、微波器件、磁泡器件和半导体激光器等。

固相外延是指单晶衬底上的非晶层在低于该材料的熔点或共晶点温度以下外延再结晶的过程。例如，离子注入造成单晶衬底表面非晶化后的退火过程就属于固相外延。

分子束外延是指在超高真空下，利用源材料受热蒸发所形成的原子或分子蒸气流到达单晶衬底表面形成外延层的工艺。分子束外延是用来在 GaAs 等化合物衬底上，异质外延生长 GaAlAs 等材料并可达到原子分辨率的一种主要工艺，由于其能严格控制外延层厚度和掺杂的均匀性也常被用来在 Si 衬底上外延生长 Si。

按照电阻率高低划分，外延可分为在低阻衬底上外延高阻层 (重掺杂衬底上外延生长轻掺杂层) 的正向外延，以及在高阻衬底上外延低阻层 (轻掺杂衬底上外延生长重掺杂层) 的反向外延。

按照压力划分，可分为常压外延 (100 kPa) 和低压 (减压) 外延 (5~20 kPa)。

按照温度划分，可分为反应温度在 1000 ℃ 以上的高温外延和 1000 ℃ 以下的低温外延。

外延广泛应用于双极型器件、CMOS 器件以及其他各种光电子器件、微波器件等的工艺制造中。

1. 双极型晶体管

在早期半导体工艺制造中，外延被用于改善双极型晶体管的高频性能。为了获得高频大功率，必须做到集电极击穿电压要高，串联电阻要小，即饱和压降要小。前者要求集电极材料电阻率要高，而后者要求集电极材料电阻率要低，两者互相矛盾。如果采用集电极材料厚度减薄的方式来减少串联电阻，会使硅片太薄易碎，无法加工，若降低材料的电阻率，又与第一个要求相矛盾，而外延技术的发展则成功地解决了这一困难。在电阻极低的衬底上生长一层高电阻率外延层 (正向外延)，双极型晶体管制作在外延层上，这样高电阻率的外延层保证了晶体管有高的击穿电压，而低电阻的衬底又降低了串联电阻，从而解决了高频双极型器件的击穿电压与集电极串联电阻对集电区电阻率要求之间的矛盾。

2. CMOS 晶体管

在 CMOS 器件中，电源和地之间由于寄生 PNP 和 NPN 双极型晶体管相互影响产生了低阻抗通路，会使得 V_{DD} 和接地 (GND) 之间产生大电流，造成器件损坏，即发生了 "闩锁效应"(Latch-Up)。通过在 CMOS 器件中增加低电阻率的外延层，可以避开双极型晶体管的发射极而使其不能 "开启"，从而有效地解决了 "闩锁效应"。此外，在先进 CMOS 工艺制造中，广泛采用 SiGe 源漏选择性外延工艺给 PMOS 器件沟道施加压应力以提高器件性能。

10.3.2 硅气相外延基本原理

典型的外延设备由气体分布系统、反应腔、支撑并加热硅片的基座、控制系统、尾气系统这几部分构成。在气体分布系统中为了严格控制气体流动到反应腔，要用到气体质量流量控制器 (MFC) 和真空阀。基座一般用石墨或者覆盖着碳化硅或氮化硅的多晶硅组成，它必须足够结实，且不与反应物和反应产物发生反应。

硅气相外延常用四氯化硅 (SiCl$_4$)、三氯硅烷 (SiHCl$_3$，TCS)、二氯硅烷 (SiH$_2$Cl$_2$，DCS)、硅烷 (SiH$_4$) 以及其他硅烷作为反应源。

早期的集成电路制造一般采用四氯化硅 (SiCl$_4$) 作为反应源，但使用 SiCl$_4$ 外延生长 Si 的热预算很高，会带来额外的不利影响，现今集成电路制造工艺要求热预算尽可能得低，目前 SiCl$_4$ 主要应用在传统的外延工艺中。三氯硅烷与 SiCl$_4$ 特性相似，但 SiHCl$_3$ 源所需的热预算与 SiCl$_4$ 相比低很多，且生长速率较高，可用于生长厚的外延层。二氯硅烷广泛应用在更低温度下生长高质量的薄外延层，外延层的缺陷密度低，是选择性外延常用的一种反应源。

硅外延生长最简单的化学反应是硅烷的热分解，其化学方程式为

$$SiH_4 \longrightarrow Si(s) + 2H_2(g) \tag{10.34}$$

这种工艺多用于多晶硅的淀积，也可在低于 900 ℃ 的温度下外延生长很薄的外延层，并且淀积速率很快。

除此之外，其他硅烷，如乙硅烷 (Si$_2$H$_6$) 或者丙硅烷 (Si$_3$H$_8$)，因其外延生长温度更低，适合淀积很薄的外延层，淀积速率快。

为了更好地理解外延的生长过程，建立了比较详细的外延生长模型。在这一模型中，如图 10.56 所示，将外延生长划分为六个具体的步骤，每一个步骤都有可能决定外延层的生长速率。

(1) 传输：反应物气体经过气相质量输运转移到 Si 表面；

(2) 吸附：反应物吸附在 Si 表面；

(3) 化学反应：反应物在 Si 表面进行化学反应，生长 Si 外延层及副产物；

(4) 脱吸：副产物脱离衬底；

(5) 逸出：脱吸的副产物逸出反应室；

(6) 加接：生成的 Si 原子加接到 Si 衬底晶格点阵上，延续 Si 衬底晶向。

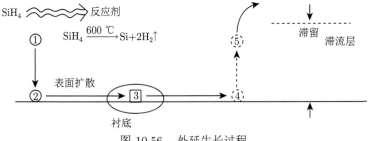

图 10.56　外延生长过程

在这一过程中，外延层呈现横向二维层层生长的生长特征。因此，晶面的构造可用平台、台阶和扭转位置这三个密切联系的特征表示，如图 10.57 所示。

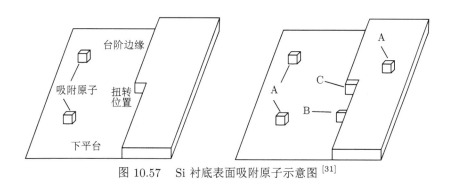

图 10.57 Si 衬底表面吸附原子示意图 [31]

如果吸附原子 A 保持不动，其他位置上的原子会逐渐吸附过来，形成一个硅串或硅岛。大量的硅串连接在一起时，会引入大量的缺陷。如果吸附原子具有比较高的能量，那么这个原子会在表面发生迁移运动，迁移到能量更低更稳定的位置，如图 B 位置，由于该位置位于台阶的边缘，存在 Si—Si 键的相互作用，位置 B 比位置 A 更稳定，吸附原子更倾向于待在这个位置上。比 B 更稳定的要数扭转位置了，即图中的位置 C。当吸附原子到达扭转位置时，有一半的 Si—Si 键已经形成了，不太可能发生进一步迁移。随着薄膜继续外延生长，会有越来越多的原子迁移到扭转位置，从而加入到外延生长的薄膜中。如果原子在迁移的过程中受到其他因素的抑制，就有可能生成多晶薄膜，与淀积速率和温度有关，如图 10.58 所示。在特定的淀积温度下，淀积速率存在一个极值，超过这个极值，倾向于生成多晶薄膜，因为生长速率过快，吸附原子来不及迁移到扭转点；低于这个极值，则生成单晶外延层。在特定的淀积速率下，温度越高越容易生长单晶，随着温度的升高，硅原子表面迁移率增强，会让其更快、更确定地到达扭转位置，易形成单晶；温度越低，吸附原子越不容易发生表面迁移，会形成硅串或硅岛，进而生成多晶薄膜。

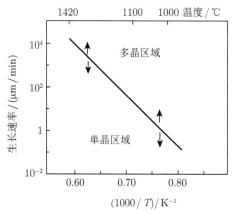

图 10.58 单晶或多晶硅薄膜生长速率与温度的关系 [32]

　　在外延生长过程中，生长速率受多种因素的影响，首先便是依赖于所选用的反应源，在其他参数不变的条件下，生长速率大小依次为

$$SiH_4 > SiH_2Cl_2 > SiHCl_3 > SiCl_4$$

　　如图 10.59 所示，在高温区 B 区，表面化学反应很容易进行，此时生长速率主要由气相质量输运控制，对温度的微小变化不敏感，但对腔体的几何形状和气流有很大的依赖性。在低温区 A 区，表面化学反应受限，生长速率由表面化学反应控制，在这一区域对温度的变化非常敏感，升高温度会显著加快化学反应速率。一般情况下，外延温度应选在高温区，因为此时生长速率处于气相质量输运控制范围，温度的微小波动不会对生长速率造成显著影响，易于外延生长稳定、均匀的薄膜，另外，高温下淀积在表面的硅原子也具有足够的能量和迁移能力，易于迁移到最稳定的扭转位置生长单晶。虽然外延温度高有利于单晶生长，但太高也会带来不利的影响，最显著的缺点就是会使自掺杂效应和扩散效应加重，后面会详细介绍这两种效应。

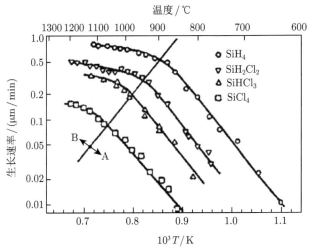

图 10.59　采用各种反应源的外延生长速率与温度的关系 [33]

　　除了温度，外延生长速率也依赖于反应剂浓度。以 SiCl₄ 为例，外延工艺主要分成两个过程，第一过程为氢气还原 SiCl₄，第二过程是 Si 外延层的生长。硅外延生长速率由这两个过程中较慢的一个决定。图 10.60 为外延生长速率与 SiCl₄ 浓度的关系，当 SiCl₄ 浓度较小时，氢气还原 SiCl₄ 受限，氧化-还原反应释放硅原子的速率远远小于硅原子在衬底上有序排列生长单晶硅的速率，表面的氧化-还原反应速率控制了外延层的生长速率，此时属于表面化学反应控制类型的生长。随着 SiCl₄ 浓度的增加，氧化-还原反应速率加快，外延生长速率也相应增加，当浓

度大到一定程度时，氧化-还原反应释放出硅原子的速率会超过硅原子在衬底上有序排列生长单晶硅的速率，此时由氧化-还原反应速率控制转变为由硅原子有序排列生长单晶的速率控制，在这种情况下易生成多晶硅。当增大 $SiCl_4$ 浓度 $Y > 0.1$ 时，外延生长速率会逐渐减小，这是因为生长的硅膜在高温下被副产物 HCl 刻蚀，发生了"逆向反应"。当 $SiCl_4$ 浓度 $Y > 0.27$ 时，只存在 HCl 对硅膜的腐蚀反应。

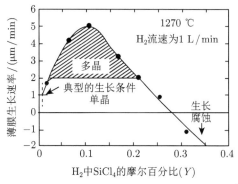

图 10.60　硅外延生长速率与 $SiCl_4$ 浓度的关系[34]

　　与 CVD 工艺类似，在外延腔体中的气流速率对淀积速率也有影响。气体流速越大，边界层越薄，腔体中反应剂更容易扩散穿过边界层到达衬底表面，外延生长速率也越快。但当气流大到一定程度时，边界层变得很薄，气相质量输运到衬底表面的反应剂数量超过外延温度下的表面化学反应需要的数量，此时外延生长转由表面化学反应速率控制，外延层的生长速率基本不随气体流量增大而加快。

　　不同晶面的共价键密度不同，所以它们的成键结合能力存在差别，也会对生长速率产生一定影响。在共价键密度小的晶面，比如 (111) 晶面，其成键结合能力差，外延生长速率较慢；反过来，在共价键密度大的晶面，比如 (100) 晶面，其成键结合能力强，外延生长速率则快。

10.3.3　外延层中杂质分布

　　半导体器件的高频、高效率、高可靠性往往需要具有突变结的高质量外延层来实现[35]。硅气相外延能够在重掺杂的衬底上精确生长轻掺杂的外延层，实现突变结，故得到了广泛应用。下面介绍外延层掺杂的方法，外延层中杂质的分布主要由两个因素决定，即外延层的生长方法以及杂质的扩散[36]。

　　外延层掺杂一般采用原位掺杂的方法，即掺杂和外延生长是同时进行的，常用的掺杂源有 B_2H_6、PH_3、AsH_3 等，原位掺杂的优点是可以精确控制杂质的浓度，但外延生长过程复杂。

　　图 10.61 为硅外延生长时掺杂浓度与生长温度的关系[37]，当硅外延层以恒

定速率生长时，硼的掺入浓度与生长温度成正比，而磷和砷却表现出相反的趋势。实际工艺制造中掺杂效果与掺杂源的类型和浓度、外延层的生长速率、衬底的晶向等因素都有关系。

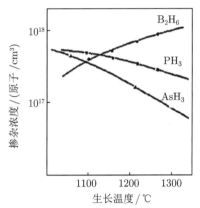

图 10.61　掺杂源分压为 0.1 Pa 时，硅外延层掺杂浓度与外延生长温度及掺杂源的关系 [37]

在外延生长过程中，杂质主要通过扩散效应和自掺杂效应进入外延层。如图 10.62 所示，扩散效应是指衬底与外延层中的杂质，在高温外延生长时发生互扩散，导致衬底与外延层界面附近杂质浓度的缓慢变化。淀积温度、衬底和外延层的掺杂情况、杂质类型及扩散系数、外延层的生长速率和缺陷等因素均会影响扩散效应。

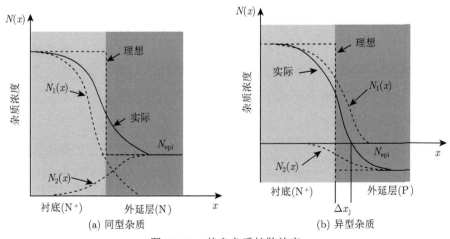

图 10.62　掺杂杂质扩散效应

在外延生长过程中，因为受热蒸发，或因化学反应的副产物对衬底或外延层的腐蚀，衬底和外延层中的杂质会进入边界层，进而改变了边界层中的掺杂成分和浓度，从而导致外延层中杂质的实际分布偏离理想情况，是一种非故意掺杂，也称为自掺杂效应。自掺杂效应可能会使外延层或重掺杂衬底的掺杂特性发生变化[38]。图 10.63 中分别展示了 (a) 在重掺杂衬底上生长同型杂质的轻掺杂外延层时，以及 (b) 在轻掺杂衬底上生长异型杂质的重掺杂外延层时的杂质分布情况，可以看出由于自掺杂效应的影响，PN 结的位置发生了移动，难以实现从衬底到外延层的突变的杂质分布。

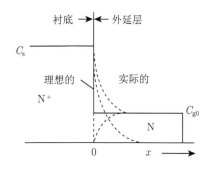 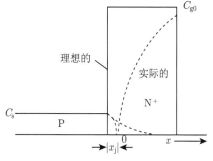

(a) 重掺杂衬底/同型杂质的轻掺杂外延层　　　　　　(b)轻掺杂衬底/异型杂质的重掺杂外延层

图 10.63　自掺杂效应对外延层杂质浓度分布的影响

为了减小自掺杂效应对外延层杂质浓度分布的影响，常用的措施有：① 降低外延生长温度，但同时要保证外延层的质量和生长速率；② 对 N 型衬底，使用蒸气压和扩散速率都低的杂质作为埋层杂质；③ 对重掺杂的衬底，需要对其底面和侧面进行密封保护，减少杂质向外逸出，理想的密封材料是轻掺杂的硅；④ 在低压条件进行外延，因为气态的杂质原子在低压下的平均自由程大，扩散速率相对来说较高，从衬底逸出的大部分杂质就可以被主气流带出反应腔；⑤ 通过离子注入在衬底内部形成重掺杂埋层，降低衬底表面的杂质浓度；⑥ 可以在重掺杂埋层或衬底上先生长一层不掺杂的薄膜以避免衬底中的杂质逸出，之后再进行原位掺杂；⑦ 尽量避免在高温下生成 HCl 副产物，因为 HCl 对衬底有腐蚀作用，或在 HCl 腐蚀后用低温气流带走因腐蚀逸出的杂质。

扩散效应和自掺杂效应对外延层掺杂的综合效果如图 10.64 所示。在外延层内靠近衬底的一侧，来自衬底杂质向外延层的固相扩散起主要作用，导致杂质更宽的过渡分布剖面 (A 区)。相对于扩散运动，外延层的快速生长限制了这种效应。当从衬底蒸发的杂质超过有意引入的杂质时，过渡区通过加入来自气相的掺杂剂来控制，形成了气相自掺杂尾部的分布剖面 (B 区)。由于高浓度的衬底表面很快被掺量较轻的外延层覆盖，气相自掺杂到一定程度后停止，达到了预期的掺杂效果。如果整个衬底被重掺杂，硅片边缘和背面的杂质逸出将导致气相自掺杂在正面密封后继续进行。

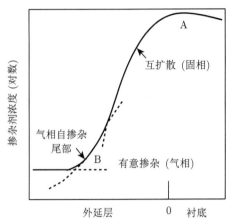

图 10.64　硅外延中扩散效应和自掺杂效应的综合效果 [39]

10.3.4　常用外延技术

1. 减压 (低压) 化学气相淀积 (Reduced Pressure Chemical Vapor Deposition, RPCVD)

虽然常压外延是相对成熟的外延工艺, 但随着半导体工艺制造水平的提高, 对外延的要求也越来越高, 如果继续使用常压外延, 在实际工艺制造中就可能会出现诸如外延图形漂移过大, 掩埋层中杂质向外延层扩散等问题。而 RPCVD 作为一种低压外延技术 ($1 \times 10^3 \sim 2 \times 10^4$ Pa) 可以很好地解决上述问题。如前面所说, 采用低压外延技术可减小自掺杂效应, 这是由于在低压情况下, 分子平均自由程增大, 加快了杂质的扩散速率, 使衬底逸出的杂质能快速地穿过边界层被排出反应腔, 重新进入外延层的机会减小, 有效降低了自掺杂效应对外延层中杂质浓度和分布的影响, 可以实现陡峭的杂质分布。另外, 还可改善外延层电阻率的均匀性, 减小埋层图形的漂移和畸变。与常压外延相比, 低压外延的生长速率只下降了 15%~17%, 但是其外延生长温度可以降低 100~150 ℃, 显著提高了图形转移和掩埋层的质量 [40]。

2. 选择性外延 (Selective Epitaxial Growth, SEG)

图 10.65 为硅选择性外延的示意图, 其中, (a) 和 (b) 分别为优化和未优化的选择性外延工艺。因为硅在绝缘体上很难成核并继续生长成薄膜, 利用此特性可以选择性地在硅表面特定区域生长外延层而其他区域不生长。使用该工艺可以制造新型半导体器件和结构 [41], 例如, 硅在 SiO_2 上成核的可能性最小, 而在 Si 上的可能性最大, 这是因为 Si 晶核/SiO_2 界面会产生较大的晶格失配, 与 Si 晶核/Si 衬底的同质成核相比, 在 SiO_2 上生成晶核的能量增加。此外, 要进行外延生长的地方是窗口内或者硅表面的凹陷处, 这些地方成核能较低, 因此, 落在

SiO_2 上的原子因不易成核而迁移到更易成核的硅表面凹陷处。在先进 CMOS 制造中,选择性外延可用于导电沟道的应变工程,通过在器件源漏区域外延生长锗硅 (SiGe) 以增加导电沟道的压应力来提高 PMOS 的空穴迁移率,或者在沟槽中选择性外延生长高迁移率沟道材料,比如 Ge、InGaAs 等。

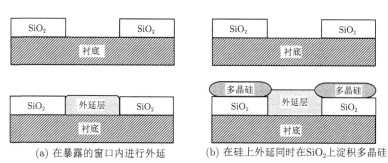

(a) 在暴露的窗口内进行外延   (b) 在硅上外延同时在SiO_2上淀积多晶硅

图 10.65   硅选择性外延示意图

3. 横向超速外延 (Extended Lateral Overgrowth, ELO)

图 10.66 为横向超速外延的工艺流程图,当硅选择外延生长的外延层厚度超过 SiO_2 岛的台阶高度时,除了沿着垂直硅衬底表面的纵向层生长以外,也会沿横向生长,这种基于选择性外延工艺而扩展的外延技术称为横向超速外延 (ELO)。横向与纵向生长速率之比受到窗口或台阶的高度以及衬底晶向等因素的影响。

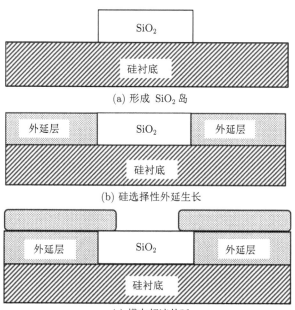

(a) 形成 SiO_2 岛

(b) 硅选择性外延生长

(c) 横向超速外延

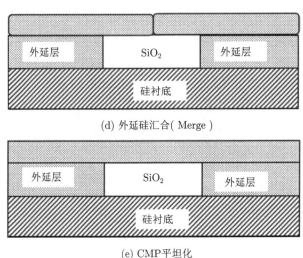

(d) 外延硅汇合(Merge)

(e) CMP平坦化

图 10.66　横向超速外延工艺流程图

4. 分子束外延 (Molecular Beam Epitaxy，MBE)

　　分子束外延是指在超高真空下，外延层组分元素受热蒸发 (电阻加热或电子束加热) 所形成的原子或分子蒸气流，到达加热的衬底表面，形成外延层。分子数外延可以生长元素半导体单晶，如 Si 和 Ge，以及化合物半导体 SiGe、GaAs 和 GaN 单晶等。一个典型的分子束外延系统由超高真空系统、生长系统、测量、分析、监控系统等组成，如图 10.67 所示。与其他外延技术相比，其特点是生长速率较慢且可控，表面及界面平整，外延温度相对低一些，减少了系统的放气，降低了扩散效应和自掺杂效应的影响，降低了来自衬底杂质的再分布以及热缺陷的产生。

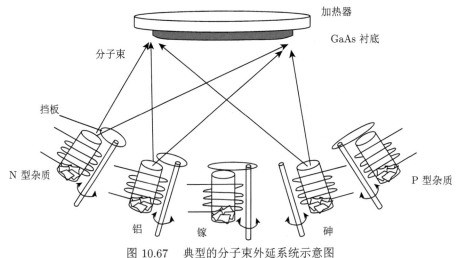

图 10.67　典型的分子束外延系统示意图

分子束外延的生长速率很低,从而让分子或原子有了充分的时间到达成核点,因而制备的薄膜质量很高。其中固态分子束外延采用固态源超高真空蒸发技术,与普通热蒸发技术相比,对薄膜的化学组成及掺杂浓度精确可控,并且可实现厚度原子级的精确控制。基于这些优点,分子束被广泛用来生长组分及掺杂分布陡峭的突变异质结和复杂的多层结构,包括量子阱器件、超晶格、激光器等,所有这些都得益于外延生长过程中对成分的精确控制。例如,利用分子数外延技术可以产生许多由 GaAs 和 $Al_xGa_{1-x}As$ 交替组成的超晶格外延层结构,其厚度低至 10 Å[42]。

5. 金属有机化学气相淀积 (Metal-Organic Chemical Vapor Deposition, MOCVD)

金属有机化学气相淀积是以 III 族、II 族元素的有机化合物和 V、VI 族元素的氢化物等作为外延层生长的反应源,以热分解反应方式在衬底上进行气相外延,生长各种 III-V 族、II-VI 族化合物半导体以及它们的多元固溶体的外延层,其组分和掺杂可通过反应源的流量进行控制。通常 MOCVD 系统中的晶体生长都是在常压或低压 (10~100 Torr) 下通 H_2 的冷壁石英 (或不锈钢) 反应腔中进行,衬底温度为 500~1200 °C,用直流加热石墨基座 (衬底基片在石墨基座上方),H_2 通过温度可控的液体源鼓泡携带金属有机物到外延生长区。金属有机化学气相淀积能实现外延层生长界面成分的突变,实现陡峭的界面,适用于各种异质结外延层的生长。MOCVD 技术已广泛应用于光学器件、超导薄膜材料、半导体器件、高介电材料等薄膜材料的制备中。

10.3.5 外延层缺陷与检测

晶体缺陷 (Crystal Defect) 是指晶体内部结构完整性受到破坏的位置。在硅中主要存在三种主要的缺陷形式:点缺陷、位错、层错 [43]。

在外延生长中可能会产生多种缺陷,这些缺陷的主要来源有三个部分:由衬底的表面清洁度造成;由衬底本身的表面缺陷造成;由外延生长工艺造成,其不仅包括生长参数,而且包括反应腔内部和周围的清洁度和颗粒污染 [44]。如果这些缺陷处于器件区域,可能会导致器件乃至芯片的失效 [45]。外延层中的缺陷按其所在的位置可分为表面缺陷和体内缺陷两种。表面缺陷顾名思义就是显露在外延层表面的缺陷,用肉眼或金相显微镜可以观察到,其主要分为云雾状表面、角锥体、划痕、星状体、麻坑等。体内缺陷则是位于外延层内部的晶体结构缺陷,主要包括位错和层错等。有的缺陷虽然起源于外延层内部,甚至衬底内部,但是随着外延层的生长会一直延伸到外延层表面。

1. 层错

层错也称堆积层错，是外延生长过程中的一种特征性缺陷。它主要是由原子排列次序发生错乱引起的，然后随着外延生长一直延伸到外延层表面，如图 10.68 所示。层错的产生原因有多种，比如：① 衬底表面的损伤和沾污。由于外延是以衬底单晶为模板进行生长的，衬底上的缺陷自然也会引入到外延层中。② 外延温度过低。原子迁移速率慢，无法运动到台阶或扭转位置就结合成岛或串，生成层错缺陷。③ 衬底表面上残留的氧化层阻碍了原子穿过其到达单晶衬底表面。④ 外延工艺中的掺杂源不纯，引入了额外的杂质。⑤ 空位或间隙原子的凝聚[46]。⑥ 外延生长时晶格点阵失配，会引入应力并导致在外延层中产生缺陷。⑦ 衬底上的微观表面台阶。⑧ 生长速率过高，原子来不及运动到较稳定的台阶或扭转位置等。层错本身并不会改变外延层的电学性质，但可以产生其他影响，例如，可引起扩散杂质的非均匀分布以及成为金属杂质的聚集中心等。一般来说，可以通过消除衬底表面的损伤和缺陷以及优化外延工艺来减少层错[47]。

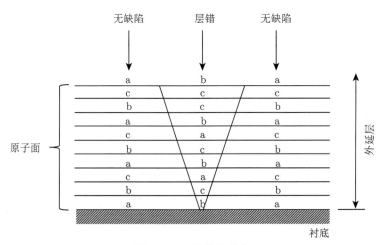

图 10.68　层错的形成

层错虽然会对材料和器件产生很多不利的影响，但是也可以利用其来测量外延层的厚度。利用层错界面处的原子排列不规则，界面两边的原子结合力较弱的特点，对它进行适当的化学腐蚀，因为交界处结合力较弱，化学腐蚀速率快，会在层错与表面交界处出现腐蚀沟，形成一个层错四面体，如图 10.69 所示，通过显微镜量测外延层表面三角形的边长，可以计算外延层的厚度。

$$T = \sqrt{\frac{2}{3}}l \approx 0.816l \tag{10.35}$$

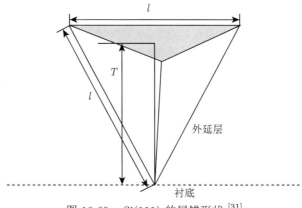

图 10.69 Si(111) 的层错形状 [31]

2. 图形漂移和畸变

图形漂移和畸变是硅的外延生长和腐蚀速率的各向异性导致的，其示意图如图 10.70 所示。图形漂移、畸变、消失依赖于衬底晶向、淀积速率、压强、反应腔的类型、温度和硅反应源的种类等。漂移的大小与温度成反比，与淀积速率成正比。不同衬底晶向对图形漂移有影响，⟨100⟩ 晶向的图形漂移小于 ⟨111⟩ 晶向的。

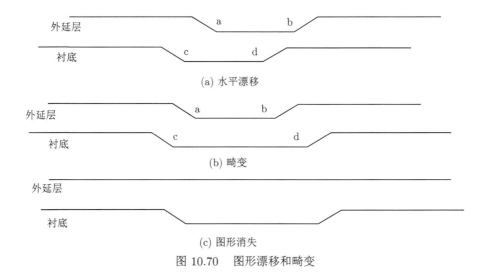

图 10.70 图形漂移和畸变

3. 外延层电阻率测量

常用的测量外延层电阻的方法有三探针法、四探针法、电容-电压法和扩展电阻法 [48]。

　　三探针法是一种传统的测量方法，它是靠测量外延层表面与探针形成的肖特基结的击穿电压来测量电阻率的。三探针法测量误差受探针压力、针尖状态、外延层厚度、电阻率纵向分布及表面状态影响很大。一旦表面漏电流大或者外延层厚度小于耗尽层宽度，将无法获得测量结果或者结果不准确。

　　四探针法由于测量精度高、样品制备容易，广泛用来测量带 PN 结结构的外延片。四探针法常用的是直线型直流四探针法，四个探针排成一排，且等间距 (一般为 1 mm)，其中最外侧两个探针施加点电流源，中间两根探针测电压，由此根据半无穷大样品上的公式可计算出薄层电阻。四探针法测量误差除受探针压力、针尖曲率半径、仪器恒流源稳定性等因素影响外，还受外延层厚度和电阻率纵向分布的影响。

　　电容-电压 (C-V) 法主要用于检测 N/N$^+$、P/P$^+$ 结构硅外延层的净杂质浓度，通过净杂质浓度与电阻率的关系曲线，求得电阻率。常用的外延材料是均匀掺杂的，当金属探针与其轻掺杂表面接触后形成金属-半导体接触，产生一定宽度的势垒区 (空间电荷区)，势垒区中有一定的电场分布。根据耗尽层假设，势垒区的宽度和电场强度都取决于外延层的掺杂浓度 (或电阻率)。

　　扩展电阻法 (Spread Resistance Probe，SRP) 是一种重要的测量外延层电阻及掺杂浓度的方法，其可以测量外延层微区 (10^{-10} cm^3 体内) 的电阻率或电阻率分布，采用的探针结构可分为单探针、两探针和三探针，如图 10.71 所示。利用半导体材料电阻率比金属材料的电阻率高好几个数量级的特点，当金属探针与半导体呈欧姆接触时 (图 10.72)，接触电阻主要集中在接触点附近的半导体中，呈辐射状向半导体内扩展，测量电阻公式为

$$R = K \frac{\rho}{4a} \tag{10.36}$$

式中，K 是经验修正因子；ρ 是材料电阻率。如果外延层很薄，还需引入边界修正因子。

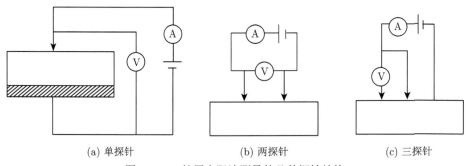

(a) 单探针　　　　　　　　(b) 两探针　　　　　　　　(c) 三探针

图 10.71　扩展电阻法测量的几种探针结构

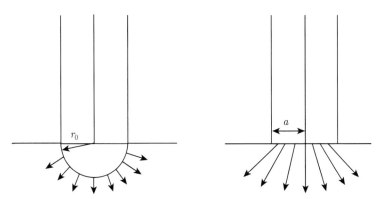

图 10.72　金属探针与半导体材料接触的电流分布

四种测试方法的优缺点及测量误差如表 10.3 所示。

表 **10.3**　四种测试方法的优缺点及测量误差对比[48]

方法	优点	缺点	测量误差
三探针	(1) 装置简单; (2) 测试方便、快速	(1) 破坏性检测; (2) 误差大; (3) 测量范围 0.1~0.5 Ω·cm; (4) 测量受外延层厚度限制	≥ 20%
四探针	(1) 装置简单; (2) 测量方便、快速; (3) 测量精确度高; (4) 测量范围大	(1) 破坏性测量; (2) 外延层厚度 <3 μm 时,测量较困难; (3) 外延层与衬底之间必须是 PN 结; (4) 测量值精度受厚度影响	5%~10%
电容-电压法	(1) 非破坏性测量; (2) 不受结构影响; (3) 易获得纵向分布曲线	(1) 要求样品尺寸较大; (2) 受表面态影响大; (3) 受杂散电容影响大	10%
扩展电阻法	(1) 测量精确度高; (2) 可获得纵向分布曲线; (3) 可获得电阻率值、浓度分布和外延层厚度	(1) 设备复杂; (2) 测量分析较难; (3) 样品制备困难	5%

10.4　小　　结

在半导体工艺制造中,会有许多不同种类的薄膜应用于半导体器件的制备,其中大多数淀积的薄膜作为基本结构的构成,成为器件的一部分,另外一些则充当了制造工艺过程中的掩蔽层、牺牲层,在后续的工艺过程中被刻蚀掉。淀积高可靠、高质量的薄膜材料对于半导体工艺制造至关重要。在衬底上淀积薄膜的方法有很多种,但归纳起来主要分为物理气相淀积和化学气相淀积。本章主要介绍这两大类薄膜淀积技术，包括物理气相淀积中的蒸发和溅射，蒸发的概念和机理、台阶覆盖性及其改善方法，同时，还介绍了几种常见的蒸发技术，包括电阻 (电感) 加热蒸发、电子束蒸发以及脉冲激光源蒸发淀积以及多组分薄膜蒸发。作为另外一种物理气相淀积技术，溅射相比蒸发具有很多优点，本章介绍了溅射的概念和机理、淀积速率 (包括溅射产额等)、台阶覆盖性以及常用的溅射技术等内容。在化学气相淀积方面，本章讲述了简单 CVD 系统的构成、Grove 模型、CVD 系统分类与对比以及常见薄膜 (多晶硅、二氧化硅和氮化硅) 的 CVD 工艺。作为一种特殊的 CVD 工艺，外延技术对于先进的半导体工艺制造至关重要，通过外延可以生长不同厚度和不同要求的多层单晶，从而大大提高器件设计的灵活性和器件性能。本章介绍了外延的基本概念、硅气相外延的基本原理、外延层中杂质分布以及常用的外延工艺等。最后，介绍了常见的外延层缺陷与外延层薄膜特性的常用检测方法。

习　题

(1) 根据原理，薄膜生长方式分为几类？各有什么特点？

(2) 描述 APCVD、LPCVD 和 PECVD 的区别。

(3) 详细说明外延薄膜生长模型。

(4) 写出四氯化硅生成硅的反应式。

(5) 造成外延层缺陷的原因是什么？会产生什么缺陷？

(6) 描述 MBE、VPE 与 MOCVD 系统的区别。

(7) 减小自掺杂效应的措施有什么？

(8) 用什么对淀积的二氧化硅进行掺杂？为什么？

(9) 与 APCVD 相比，描述等离子辅助淀积的优点。

参 考 文 献

[1] Alcock C B, Itkin V P, Horrigan M K. Vapour pressure equations for the metallic elements: 298~2500 K. Canadian Metallurgical Quarterly, 1984, 23 (3): 309-313.

[2] Iida T, Kita Y, Okano H, et al. An equation for the vapor pressure of liquid metals and calculation of their enthalpies of evaporation. High Temperature Materials and Processes, 1992, 10:199.

[3] Ciacchi M, Eder H, Hirscher H. Evaporation vs. sputtering of metal layers on the backside of silicon wafers. The 17th Annual SEMI/IEEE ASMC 2006 Conference, 2006: 99-103.

[4] Blech I A, Fraser D B, Haszko S E. Optimization of Al step coverage through computer simulation and scanning electron microscopy. Journal of Vacuum Science and Technology, 1978, 15 (1):13-19.

[5]   Jonker B T. A compact flange-mounted electron beam source. Journal of Vacuum Science & Technology A, 1990, 8 (5): 3883-3886.

[6]   Azibi A. High aspect ratio polystyrene structure and nano-gap electrode fabrication using electron beam lithography. UW Space, 2017: 11-13.

[7]   Wang Y, Chen W, Wang B, et al. Ultrathin ferroelectric films: growth, characterization, physics and applications. Materials, 2014, 7 (9): 6377-6485.

[8]   Behrisch R, Eckstein W. Sputtering by Particle Bombardment: Experiments and Computer Calculations from Threshold to MeV Energies. Berlin Heidelberg: Springer, 2007: 33-186.

[9]   Wehner G K, Rosenberg D. Mercury ion beam sputtering of metals at energies 4∼15 keV. Journal of Applied Physics, 1961, 32 (5): 887-890.

[10] Olson R R, King M E, Wehner G K. Mass effects on angular distribution of sputtered atoms. Journal of Applied Physics, 1979, 50 (5):3677-3683.

[11] Oechsner H. A review of some recent experimental and theoretical aspects. Applied Physics, 1975, 8: 185-198.

[12] Almén O, Bruce G. Collection and sputtering experiments with noble gas ions. Nuclear Instruments and Methods, 1961, 11: 257-278.

[13] Anders A. A structure zone diagram including plasma-based deposition and ion etching. Thin Solid Films, 2010, 518 (15): 4087-4090.

[14] Blech I A, Vander H A. Step coverage simulation and measurement in a dc planar magnetron sputtering system. Journal of Applied Physics, 1983, 54 (6): 3489-3496.

[15] Park Y H, Zold F T, Smith J F. Influences of D.C. bias on aluminum films prepared with a high rate magnetron sputtering cathode. Thin Solid Films, 1985, 129 (3): 309-314.

[16] Frey H, Khan H R. Handbook of Thin Film Technology. Berlin Heidelberg: Springer, 2015:143-145.

[17] Hu P S, Wu C E, Chen G L. Micro/Nanostructures grown on sapphire substrates using low-temperature vapor-trapped thermal chemical vapor deposition: Structural and optical properties. Materials, 2018, 11 (1): 3.

[18] Saeed S, Khan N, Butcher R, et al. Nanostructured thin film of iron tin oxide by aerosol assisted chemical vapour deposition using a new ferrocene containing heterobimetallic complex as single-source precursor. European Journal of Chemistry, 2017, 8 (3):224-228.

[19] Kolahdouz M, Salemi A, Moeen M, et al. Kinetic modeling of low temperature epitaxy growth of SiGe using disilane and digermane. Journal of the Electrochemical Society, 2012, 159 (5):H478-H481.

[20] Sharma N, Hooda M, Sharma S. Synthesis and characterization of LPCVD polysilicon and silicon nitride thin films for MEMS applications. Journal of Materials, 2014: 954618.

[21] Cocheteau V, Mur P, Billon T, et al. Development of an original model for the synthesis of silicon nanodots by low pressure chemical vapor deposition. Chemical Engineering Journal, 2008, 140 (1-3):600-608.

[22] Schmidt J, Kerr M, Cuevas A. Surface passivation of silicon solar cells using plasma-enhanced chemical-vapour-deposited SiN films and thin thermal SiO_2/plasma SiN stacks. Semiconductor Science and Technology, 2001, 16 (3):164.

[23] Sulyaeva V S, Kosinova M L, Rumyantsev Y M, et al. Optical and electrical characteristics of plasma enhanced chemical vapor deposition boron carbonitride thin films derived from N-trimethylborazine precursor. Thin Solid Films, 2014, 558:112-117.

[24] Yan Y, Zhang B, Deng H, et al. Flowable CVD process application for gap fill at advanced technology. Thin Film Transistor Technologies 14, 2014, 60:503-506.

[25] Kim H, Lee S, Lee J-W, et al. Novel flowable CVD process technology for sub-20 nm interlayer dielectrics. 2012 IEEE International Interconnect Technology Conference, 2012:1-3.

[26] Chung S W, Ahn S T, Sohn H C, et al. Novel shallow trench isolation process using flowable oxide CVD for sub-100 nm DRAM. Electron Devices Meeting, 2002. IEDM'02. International, IEEE, 2002.

[27] Voutsas A T, Hatalis M K. Structure of as-deposited LPCVD silicon films at low deposition temperatures and pressure. Journal of the Electrochemical Society, 1992, 139 (9):2659-2665.

[28] Vasiljević J, Zorko M, Štular D, et al. Influence of crosslinker structure on performance of functionalised organic-inorganic hybrid sol-gel coating. IOP Conference Series: Materials Science and Engineering, IOP Publishing, 2017, 254(12): 122013.

[29] Adams A, Capio C. The deposition of silicon dioxide films at reduced pressure. Journal of the Electrochemical Society, 1979, 126 (6):1042-1046.

[30] Claassen W A P, Valkenburg W G J N, Willemsen M F C, et al. Influence of deposition temperature, gas pressure, gas phase composition, and RF frequency on composition and mechanical stress of plasma silicon nitride layers. Journal of the Electrochemical Society, 1985, 132 (4):893-898.

[31] Wolf S, Tauber R N. Silicon Processing for the VLSI Era: Process Technology. Sunset Beach, California: Springer Lattice Press, 1999: 133.

[32] Bloem J. High chemical vapour deposition rates of epitaxial silicon layers. Journal of Crystal Growth, 1973, 18 (1):70-76.

[33] Eversteyn F. Chemical-reaction engineering in the semiconductor industry. Philips Research Rep., 1974, 29 (1):45-66.

[34] Theuerer H. Epitaxial silicon films by the hydrogen reduction of $SiCl_4$. Journal of the Electrochemical Society, 1961, 108 (7):649-653.

[35] Chang H R. Auto doping in silicon epitaxy. Journal of the Electrochemical Society, 1985, 132 (1):219-224.

[36] Thomas C, Kahng D, Manz R. Impurity distribution in epitaxial silicon films. Journal of the Electrochemical Society, 1962, 109 (11):1055-1061.

[37] Pogge H B. Vapor Phase Epitaxy//Keller S P. Handbook of Semiconductors Vol. 3. Amsterdam, New York: North-Holland Publishing Company, 1980.

[38] Graef M, Leunissen B, De Moor H. Antimony, arsenic, phosphorus, and boron autodop-
      ing in silicon epitaxy. Journal of the Electrochemical Society, 1985, 132 (8):1942-1954.

[39] Srinivasan G. Autodoping effects in silicon epitaxy. Journal of the Electrochemical
      Society, 1980, 127 (6):1334-1342.

[40] Krullmann E, Engl W. Low-pressure silicon epitaxy. IEEE Transactions on Electron
      Devices, 1982, 29 (4):491-497.

[41] Ginsberg B, Burghartz J, Bronner G, et al. Selective epitaxial growth of silicon and
      some potential applications. IBM Journal of Research and Development, 1990, 34
      (6):816-827.

[42] Cho A Y, Arthur J. Molecular beam epitaxy. Progress in Solid State Chemistry, 1975,
      10:157-191.

[43] Quirk M, Serda J. Semiconductor Manufacturing Technology. Upper Saddle River:
      Prentice Hall, 2001: 21-42.

[44] Rossi J, Dyson W, Hellwig L, et al. Defect density reduction in epitaxial silicon. Journal
      of Applied Physics, 1985, 58 (5):1798-1802.

[45] Hu S. Defects in silicon substrates. Journal of Vacuum Science and Technology, 1977,
      14 (1): 17-31.

[46] Queisser H, Finch R, Washburn J. Stacking faults in epitaxial silicon. Journal of Applied
      Physics, 1962, 33 (4): 1536-1537.

[47] Finch R, Queisser H, Thomas G, et al. Structure and origin of stacking faults in epitaxial
      silicon. Journal of Applied Physics, 1963, 34 (2): 406-415.

[48] 刘学如. 硅外延层电阻率测量值一致性研究. 微电子学, 1996, 26(3): 198-200.

第 11 章　CMOS 集成技术: 前道工艺

殷华湘

本章首先介绍大规模 CMOS 集成电路制造技术的发展过程，随后详细讨论集成工艺中关键工艺模块 (Process Module) 的基本原理与技术方法，接下来以一个 65 nm 低功耗集成电路为例子具体介绍 CMOS 集成技术 (Integration Technology) 中前道工艺集成的主要流程，最后介绍现代先进 CMOS 集成工艺中的新技术。

11.1　CMOS 集成技术介绍

大规模 CMOS 集成电路是当前集成电路的主流产品，其集成制造技术涉及一系列的半导体制造工艺与集成步骤，是物理实现集成电路相关功能的关键技术 [1-5]。

集成电路的完整制造过程如图 11.1 所示。该图概要介绍了 CMOS 集成电路从基础衬底材料制造到大规模晶体管集成，再到芯片成形的完整过程。整个过程主要分为三个基本阶段：① 衬底材料 (晶圆) 制造；② CMOS 集成；③ 芯片封装与测试。一个晶圆上往往通过复杂的 CMOS 集成工艺将所设计的电路平面图

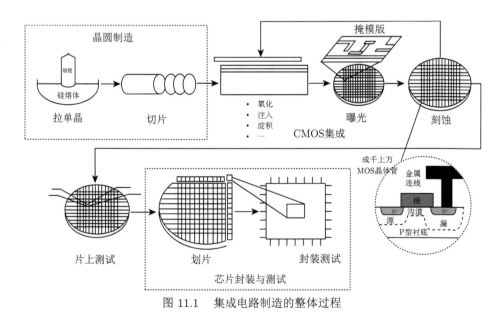

图 11.1　集成电路制造的整体过程

形通过一系列光刻掩模版转移到不同的膜层上形成所需的物理结构，由此形成巨量的晶体管与互连结构，在划片封装后构成不同功能的集成电路[5]。

　　其中，CMOS 集成指的是综合利用一系列半导体工艺 (氧化、淀积、光刻、刻蚀、掺杂等) 并按一定的集成顺序制备出 CMOS 集成电路的全部器件 (主要为 CMOS 晶体管) 与互连结构，是集成电路制造 (IC 制造) 的主要过程。集成过程中在硅基衬底材料 (晶圆) 上连续形成绝缘、导电或者其他半导体材料，并通过图形制造方法制作出具有一定功能的特定器件或互连结构。这些结构需要按照合理的制造步骤与技术方法才能构成具有正常功能的集成电路。实现 CMOS 集成电路正常工作的集成顺序与方法被称为 CMOS 集成工艺。由于集成电路的集成制造工艺是在整个硅晶圆平面上多次顺序生长不同膜层并进行图形加工而成，也称为平面工艺，由美国 Intel 公司的创始人 Noyce 在 1960 年首先提出。

　　在晶圆上首先形成 CMOS 晶体管和其他功能器件的集成技术被称为前道工艺 (FEOL)，随后将各个晶体管与功能器件连接在一起形成复杂电路功能的集成技术被称为后道工艺 (BEOL)。

11.1.1　CMOS 集成电路中晶体管的基本结构和工艺参数

　　MOS 晶体管是构成集成电路的基本器件结构。如图 11.1 所示，形成一个 CMOS 集成电路往往包含了从几个到数十亿个 MOS 晶体管。如图 11.2 所示，一个 MOS 晶体管在硅片衬底 (Bulk，B) 上由栅 (Gate，G)、源 (Source，S)、漏 (Drain，D) 与沟道 (Channel) 等基本结构组成，同时不同晶体管之间通过隔离区进行隔离，并通过金属/层间介质隔离层形成后道的金属互连结构。其电学符号结构如图所示，通过栅极电场作用控制源漏沟道电流形成开关或放大功能。由器件栅、源、漏构成的工作区被称为有源区 (Active Area，AA)，是晶体管的核心结构；而实现有源区之间有效隔离的区域被称为隔离区 (Isolation Area，IA)。

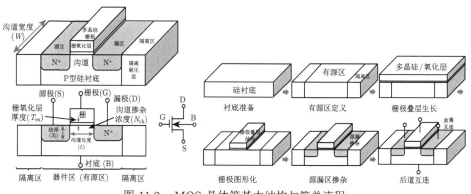

图 11.2　MOS 晶体管基本结构与简单流程

　　形成一个 MOS 晶体管的简单集成工艺如图 11.2 所示。首先在硅衬底上进行器件有源区定义, 通过隔离区结构与相邻晶体管形成电学隔离; 接着在整个硅片上生长栅极叠层结构, 通常为多晶硅和栅氧化层; 然后通过光刻与刻蚀形成栅极叠层的图形结构; 接下来以栅极与隔离区为掩蔽层进行离子注入掺杂并热退火激活形成源漏区; 最后通过层间介质隔离与金属接触和互连形成后道互连结构[2]。

MOS 晶体管集成过程中不同工艺方法与参数对器件工作的电学性能有重要影响[6]。集成电路集成过程中形成 MOS 器件的关键工艺参数包括沟道长度 (L) 与宽度 (W)、栅氧化层厚度 (T_{ox})、沟道载流子迁移率 (μ)、源漏区掺杂结深 (X_j)、沟道区衬底掺杂浓度 (N_b, 或者 N_A、N_D) 等。这些参数对器件电学性能以及电路设计参数具有重要影响, 是决定一个器件或者电路功能优劣的重要因素。MOS 器件中驱动电路开关能力大小的重要参数是其源漏电流 (I_{DS}, 或 I_d、I_{ds}), 也被称为器件驱动电流。以 NMOS 晶体管为例, I_{ds} 在线性区与各种偏压和工艺参数的关系如公式 (11.1) 所示

$$I_{ds} = K_n \left(\frac{W}{L}\right) \left(V_{gs} - V_{TN} - \frac{V_{ds}}{2}\right) V_{ds} \tag{11.1}$$

$$K_n = \mu_n C_{ox} = \mu_n \frac{\varepsilon_{ox}}{T_{ox}} \tag{11.2}$$

式中, K_n 为晶体管的工艺因子; V_{TN} 是器件阈值; V_{gs} 和 V_{ds} 是分别施加的栅极与漏极偏压; V_{TN} 和各种关键工艺参数有着密切关系。

集成电路现在主要以同一硅衬底上 NMOS 与 PMOS 互补的形式构成。集成电路中, 一个典型的 CMOS 平面结构与截面结构如图 11.3 所示。通过金属互连, NMOS 与 PMOS 构成基本的 CMOS 反相器, 由此构成基本的电路单元, 从而

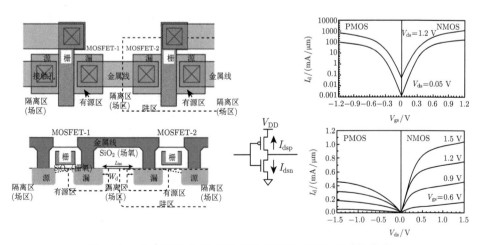

图 11.3　集成电路中 CMOS 器件结构与主要电学特性曲线

形成形式不一、功能各样的 CMOS 集成电路。CMOS 晶体管的电学特性主要有 I_{ds}-V_{gs} 和 I_{ds}-V_{ds} 之间的转移和输出特性，它们的典型特性曲线如图 11.3 所示。通过工艺参数设计或优化来实现晶体管正常的电学特性，并不断提升器件性能是集成电路工艺发展的主要内容。

11.1.2　集成度提升与摩尔定律

在同一芯片上集成更多晶体管可增强芯片性能，并扩展芯片的应用范围，同时可缩减单位晶体管的制造成本与功耗。自 20 世纪 60 年代起的 50 多年中，发展集成电路技术以提升集成度，即以增加 MOS 晶体管集成数目为主要内容。如图 11.4 所示，集成电路中单个芯片的晶体管集成数量按照对数长期线性增加，从 20 世纪的数千个晶体管已逐步提升到目前的近百亿个量级。这个过程基本遵循著名的"摩尔定律"发展预测，即每 18 ~ 24 个月集成电路的集成度、性能提升一倍，特征尺寸微缩 70%。

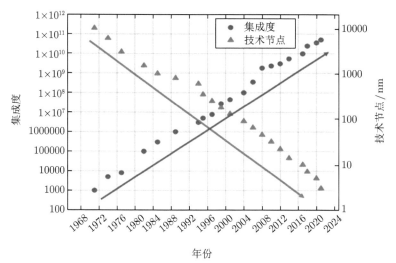

图 11.4　集成电路沿"摩尔定律"发展基本趋势

"特征尺寸"是集成电路制造过程的关键尺寸 (CD)，需要不断微缩来提升集成度。这个微缩过程不是连续的，往往是按照"摩尔定律"的指引每隔 18 ~ 24 个月进行逐代微缩。早期主要为 MOS 晶体管的最小栅长尺寸，代表着集成工艺中最具挑战性的制造参数指标，往往被用来定义一代工艺技术的代表名称。例如，20 世纪 90 年代美国 Intel 公司用 0.8 μm 工艺来制造 486 CPU，表示其所制造的最小晶体管栅长尺寸为 0.8 μm[7]。

随着实际制造工艺技术日趋复杂，"特征尺寸"逐渐转变为晶体管栅接触电极之间的半节距 (Half Pitch)，后来又转变成晶体管持续微缩过程中最小制作图形尺寸的综合参数。现在往往用"技术节点工艺"或者"尺寸工艺"来代表一代集成工艺。例如"14 nm 技术节点工艺"或者"14 nm 工艺"，其中 14 nm 代表的是晶体管特征尺寸的综合参数。

　　早期集成电路性能提升往往伴随着工作频率的线性提升，例如，CPU 工艺从初始的 1 MHz 发展到 3 GHz。后来随着集成度的增加，受制于单颗芯片的功耗限制，芯片工作频率不能持续线性增加，逐步放缓，此时芯片性能提升通过集成更多的晶体管、增加内部核数来维持性能持续增加的趋势。

11.1.3　晶体管特征尺寸微缩与关键工艺模块

　　集成电路集成度提升依赖于 MOS 晶体管特征尺寸的持续微缩。每一代集成工艺都需要实现晶体管与互连结构的尺寸不断微缩。实现微缩的技术方法有多种方式。为了实现微缩过程中原有电路设计内容可以连续继承，晶体管的器件电学特性需要保持基本不变，因此晶体管的特征尺寸在微缩过程中需遵循等比例缩小原则，即维持内部沟道电场基本不变。如图 11.5 所示，等比例缩小原则和基本方法包括栅长 (L)、栅宽 (W)、栅氧化层厚度 (T_{ox}) 和工作电压 (V_{DD}) 在每一代工艺中按比例因子 (k) 缩减，沟道衬底掺杂浓度 (N_b，NMOS 中为 N_A) 按比例增加，因此器件单位驱动电流基本维持不变，从而实现单元电路本征延迟和功耗等比例缩小，由此不仅可实现集成电路在新一代工艺支撑下顺利工作，并获得成本和功耗减少、速度提升上的等比优势。由于工艺限制与短沟下器件二级效应增加，例如，沟道掺杂浓度无法持续增加、栅氧化层厚度不能无限减少，以及器件阈值不能等比例缩减，沟道电场二维效应增加等，晶体管等比例缩小的方法需要进行一定程度的修正[6]。

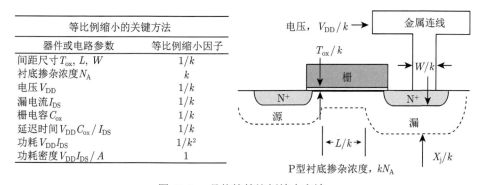

等比例缩小的关键方法	
器件或电路参数	等比例缩小因子
间距尺寸 T_{ox}, L, W	$1/k$
衬底掺杂浓度 N_A	k
电压 V_{DD}	$1/k$
漏电流 I_{DS}	$1/k$
栅电容 C_{ox}	$1/k$
延迟时间 $V_{DD}C_{ox}/I_{DS}$	$1/k$
功耗 $V_{DD}I_{DS}$	$1/k^2$
功耗密度 $V_{DD}I_{DS}/A$	1

图 11.5　晶体管等比例缩小方法

　　随着晶体管尺寸不断微缩，传统集成电路制造方法面临较大挑战，需要集成工艺在集成方法与工艺技术上不断发展变化。早期集成工艺可以通过单步工艺与简单方法完成一个晶体管基本结构,包括有源区、栅极、源漏区等,后来随着尺寸微缩,集成工艺要保持晶体管特性需要引入更多的工艺步骤、新的结构与工艺方法,往往需要集中前后几步或者十几步工艺来完成一个基本结构的制造,从而实现晶体管特征尺寸微缩所带来的成本、性能与功耗优势。这种在集成工艺中为实现某个特定基本结构或者功能而采用的相对独立的工艺集合被称为工艺模块 (Process Module)。工艺模块是实现一代集成工艺的微观单元,在不同集成工艺之间具有继承性,是现代实现集成电路制造的关键技术内容。

现在集成电路集成制造中一般包括沟道、隔离、阱、栅叠层 (Gate Stack)、源漏、接触、层间隔离、金属互连等关键工艺模块。随着工艺技术持续发展变化,又衍生出侧墙、源漏轻掺杂 (LDD)、硅化物、应变、取代栅等新型关键模块 [1−7]。

现代集成电路中由于工艺因素限制,等比例缩小原则需要进行一定程度的修正。

11.2 关键工艺模块

工艺集成的主要目标是设计与发展满足集成电路和器件功能与特性需求的制造技术。由于集成电路集成工艺按照 “摩尔定律” 一代代发展具有继承性,因此工艺集成的主要任务是解决集成电路尺寸微缩带来的工艺挑战,设计与发展新的结构与工艺方法,优化现有的集成顺序,建立针对新器件和新电路的集成方法,并设置一系列的工艺参数与质量标准,严格要求各个单项工艺满足集成工艺的需求。依据集成电路中实现不同晶体管结构与器件功能的需求,本节将依次介绍集成工艺中关键工艺模块的相关技术原理与工艺方法,这是学习 11.3 节 CMOS 集成工艺的基础。

本节主要介绍器件参数与沟道注入、器件隔离、CMOS 阱隔离工艺、器件中金属–半导体接触技术、自对准源漏掺杂、MOS 器件源漏寄生电阻与自对准硅化物工艺、器件微缩和短沟道效应工艺抑制、器件沟道热载流子效应 (HCE) 及 LDD 结构、CMOS 集成电路闩锁效应与工艺抑制等关键模块。

11.2.1 器件参数与沟道注入

MOS 晶体管是当前集成电路的基本器件结构,构成了电路功能的基本单元。MOS 晶体管的关键电学参数包括漏端驱动电流 (I_{DS})、关态沟道漏电流 (I_{off}) 和器件阈值 (V_{th},NMOS 为 V_{TN}),这些参数决定了所构成电路的功能,例如反相器、寄存器、与非门等单元电路的特性行为及性能优劣。以 NMOS 器件为例,如公式 (11.1) 所示,驱动电流主要决定于工作电压与器件阈值,同时与晶体管的沟道尺寸 (L、W) 和关键工艺因子 (K_n) 有重要关系。

集成电路中器件阈值是一个很重要的指标参数，不仅对电路噪容等参数有重要影响，同时对器件不同电学特性有着关键影响。一个 MOS 晶体管的实际器件阈值主要取决于集成工艺中的工艺方法和工艺参数。如公式 (11.3) 所示，以 NMOS 的 V_{TN} 为例，

$$V_{TN} = \varPhi_M - \chi - \frac{E_g}{2q} + |\phi_b| + \frac{\sqrt{2\varepsilon_{Si}\varepsilon_0 q N_b \left(2|\phi_b| + V_{sb}\right)}}{C_{ox}} - \frac{Q_{tot}}{C_{ox}} \tag{11.3}$$

$$\phi_b = \frac{kT}{q} \ln\left(\frac{N_b}{n_i}\right) \tag{11.4}$$

式中，V_{TN} 为器件阈值电压；C_{ox} 为栅氧化层电容，$C_{ox} = \varepsilon_{sio_2}\varepsilon_o/T_{ox}$，$T_{ox}$ 为栅氧化层厚度；N_b(或 N_A) 为衬底掺杂浓度；$\varPhi_M$ 为栅极功函数；Q_{tot} 为氧化层全部电荷；V_{sb} 为体偏置电压；E_g 为硅衬底材料禁带宽度；χ 为电子亲和势；ϕ_b 为衬底费米势；T 为热力学温度。器件阈值和 T_{ox}、N_b、$\varPhi_M$、Q_{tot}、V_{sb} 等参数有着直接关系。

调控这些工艺参数可以改变器件阈值电压并影响器件和电路特性。集成电路制造中需要通过不断优化工艺参数和集成工艺确定或者调整器件阈值电压以满足所设计器件和电路在工作时的功能需求。其中，氧化层厚度越大、衬底浓度越大、栅极功函数越接近带边、氧化层电荷越小，器件阈值电压数值上将变得更小，更有利于器件与电路的低压操作。通常 NMOS 晶体管要匹配 N 型功函数的栅电极材料，例如，N 型重掺杂的多晶硅栅等[4,5]。

集成电路常常需要特定的器件阈值电压，更进一步，同一芯片上由于不同功能电路需要不同的器件阈值电压。从上面分析可知，器件阈值电压取决于关键工艺参数，而一代集成工艺中这些关键参数又比较固定，因此器件阈值电压往往达不到电路设计的目标需求，因此需要进行沟道注入掺杂来改变沟道浓度，从而调整器件阈值达到设计目标。沟道掺杂是集成电路集成工艺中调整器件阈值电压的主要方法，其基本原理如公式 (11.5) 所示。通过离子注入工艺往沟道注入的剂量 (Q_i) 来直接调节 V_{TN}。其原理主要是在沟道表面形成一定浓度的表面掺杂，在掺杂深度远小于沟道耗尽层宽度的近似条件下，所注入的总剂量和器件阈值电压呈线性关系，由于离子注入可以精确调整注入剂量，因此通过离子注入可以精确调整器件阈值电压，并结合光刻工艺可在同一芯片上形成多个不同的器件阈值电压。

$$V_{TN} = V_{TN0} + \Delta V_{TN} \approx \varPhi_M - \chi - \frac{E_g}{2q} + |\phi_b|$$

$$+ \frac{\sqrt{2\varepsilon_{Si}\varepsilon_0 q N_b \left(2|\phi_b| + V_{sb}\right)}}{C_{ox}} - \frac{Q_{tot}}{C_{ox}} + \frac{Q_i}{C_{ox}} \tag{11.5}$$

式中, ΔV_{TN} 为器件阈值电压调节幅值; Q_i 为沟道注入剂量。

器件阈值沟道注入调整工艺常在有源区形成后通过离子注入与杂质退火激活来完成。如图 11.6 所示, 早期是表面高浓度的正常掺杂, 后来发展到沟道内部均匀高掺杂。在 0.25 μm 工艺以下为了兼顾抑制短沟道效应、防止沟道表面迁移率退化需求, 发展成表面低浓度、次表面高浓度的倒掺杂 (Retrograde Doping)。在 0.1 μm 工艺引入超陡倒掺杂 (SSR) 以及沟道晕环掺杂 (Halo), 进一步抑制短沟道效应并共同调控器件阈值。在 22 nm 以下鳍形场效应晶体管 (FinFET) 工艺中, 受器件工作机理限制, 沟道已变化成均匀低浓度掺杂, 器件阈值通常不再由沟道注入来调控[6]。

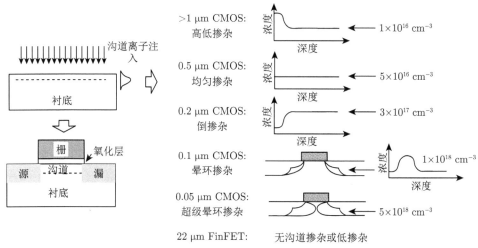

图 11.6　MOS 器件沟道注入掺杂与工艺变化

11.2.2　器件隔离

大规模集成电路所集成的 MOS 晶体管之间须进行器件隔离, 避免相互电学影响。器件工作区域称为有源区, 隔离区域称为隔离区。有源区工作在一定工作电压下, 当驱动电压大于器件阈值时, 有源区产生电流由此形成一定的电路功能。隔离区理想状态是不产生电流, 但是相邻晶体管之间的隔离区上存在金属连线时, 可以形成一个寄生导电沟道, 从而产生寄生晶体管, 导致正常晶体管工作时产生大量漏电甚至出现电路功能紊乱。这些寄生晶体管可称为场晶体管 (Field Transistor)。防止场晶体管开启工作的基本条件是, 相邻晶体管的耗尽层最大宽度之和要小于场区 (隔离区) 物理宽度。若用场晶体管阈值 ($V_{TN\text{-field}}$) 来表征器件的开关特性, 在集成电路制造工艺中 $V_{TN\text{-field}}$ 须远大于正常晶体管的 V_{TN}, 以保证有源区器件正常工作时, 寄生的场晶体管不被开启, 从而实现器件间有效隔离。

$$V_{\text{TN-field}} \gg V_{\text{TN}} \tag{11.6}$$

$$V_{\text{TN-field}} = V_{\text{fb}} + 2\phi_{\text{b}} + \frac{\sqrt{2\varepsilon_{\text{Si}}\varepsilon_0 q N_{\text{b}}\left(2\left|\phi_{\text{b}}\right| + V_{\text{sb}}\right)}}{C_{\text{ox-field}}} \tag{11.7}$$

式中, V_{fb} 为平带电压; $V_{\text{TN-field}}$ 为场晶体管阈值。

由公式 (11.7) 可知, $V_{\text{TN-field}}$ 主要由隔离区场氧化层厚度、衬底掺杂浓度决定。因此提升场晶体管器件阈值的方法主要有大幅增大隔离区氧化层厚度, 并提升内部半导体的掺杂浓度。因而需要在隔离区形成厚氧化层与表面重掺杂的复杂结构[5-7]。

集成工艺中实现器件隔离的主要工艺指标包括: 集成密度、工艺复杂度、成品率、平坦化程度、寄生效应抑制能力等。由于隔离区是保证各个晶体管之间有效工作的保护结构, 隔离区面积大小对集成电路的集成度有重要影响, 芯片中单位面积的有源区集成密度是衡量一种隔离工艺优劣的关键参数指标, 需要隔离区所占面积尽可能得小, 同时需要形成隔离结构的工艺复杂度越简单越好, 并且成品率越高越好。此外隔离区结构需要通过金属连线, 其平坦化程度与抑制寄生晶体管能力也是重要指标。

形成器件隔离的工艺方法主要有 PN 结隔离、局域氧化隔离 (LOCOS) 和浅槽隔离 (STI)。PN 结隔离是早期技术, 主要用于双极晶体管之间的电学隔离, 由于 PN 结横向扩散, 一般有源区集成密度较低。LOCOS 是一种平面工艺中自对准选择形成厚隔离氧化层的隔离工艺, 曾在 CMOS 集成工艺中广泛应用。具体的集成工艺流程如图 11.7 所示, 首先生长一层较薄的垫氧化层与 LPCVD 淀积一层致密的掩蔽氮化硅, 然后光刻与刻蚀定义隔离区, 并进行表面掺杂, 再利用氮化硅在氧气范围中氧化速率极慢的特性保护相邻有源区, 在打开的隔离区域自对准生长较厚的氧化层实现良好的隔离效果, 随后去除氮化硅和缓冲氧化层, 在整个硅晶圆上形成高度不一的有源区/隔离区相间结构。LOCOS 不仅可大幅提升有源区集成密度, 还可实现厚氧化层的半内嵌, 有效增强隔离效果并降低金属线台阶覆盖困难。但是 LOCOS 结构中在有源区和隔离区过渡区域存在较严重的鸟嘴效应, 影响了集成密度与隔离效果, 可通过多种方法进行抑制和改善。

STI 是一种在 20 世纪 90 年代发展起来的先进隔离工艺。在 CMOS 集成工艺中 STI 隔离具有最高的集成密度和平坦化程度, 在 0.18 μm 以下的现代集成电路制造工艺中占据主导地位。如图 11.8 所示, STI 隔离工艺中首先在硅衬底上与 LOCOS 类似生长垫氧化层和氮化硅保护层, 然后定义隔离区并利用各向异性刻蚀在硅衬底上形成陡直沟槽, 沟槽深度一般为 0.3 ~ 0.8 μm; 接下来同样利用氮

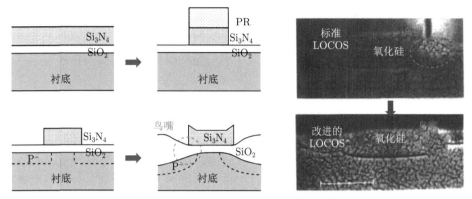

图 11.7　集成电路中 LOCOS 隔离工艺

化硅掩蔽选择氧化沟槽表面，再通过 CVD 淀积的低温氧化物填充整个沟槽与晶圆表面，接着利用 CMP 平坦化整个晶圆表面，最后选择去除氮化硅保护层，由此形成表面基本平整的有源区/隔离区相间结构。由于避免了高温氧化过程，消除了 LOCOS 工艺中的鸟嘴效应。同时在相邻晶体管之间通过全内嵌的厚氧化层可以物理隔离相邻耗尽层的相互影响，并可通过沟槽深度调节隔离氧化层厚度，因此突破了隔离宽度须小于相邻耗尽层宽度之和的限制，实现了隔离区宽度远小于其他工艺方法，因此 STI 工艺具有最高的有源区集成密度，并实现了金属线高密度的平坦布局。

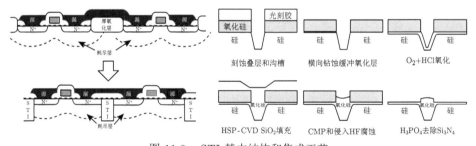

图 11.8　STI 基本结构和集成工艺

11.2.3　CMOS 阱隔离工艺

阱 (Well) 用于同一衬底上隔离不同类型的 MOS 器件，并提供特定衬底浓度，是器件隔离技术中一种特殊类型。CMOS 集成电路中由于须集成 NMOS 与 PMOS 两类不同电势的场效应晶体管，必须发展 CMOS 阱隔离技术。CMOS 阱隔离本质上是一种 PN 结隔离技术，通过衬底上大面积离子注入掺杂形成衬底 PN 结以获得不同类型晶体管的电学隔离。早期是在 P 型衬底通过离子注入形成 N 阱，然后分别在衬底与 N 阱中形成 NMOS 与 PMOS 晶体管。

由于阱是大面积的 PN 结，必须预留一定宽度与深度以防止阱中或者相邻阱中的有源区耗尽区横向与纵向扩展穿通。阱隔离工艺传统方法是通过光刻胶或者氧化层掩蔽在阱区进行离子注入或扩散掺杂，然后通过高温长时间推进形成大面积较深结深的阱结构。

如图 11.9 所示，现代深亚微米集成电路中常采用双阱工艺，即同时在硅衬底上形成 N 阱和 P 阱结构，可以分别针对相应器件进行阱工艺优化以此避免相互关联影响。双阱工艺通常为倒装阱结构，即从表面到一定深度都是低浓度掺杂，在内部深处是较高掺杂以防止 CMOS 闩锁效应。双阱隔离制造方法一般是在图形选择定义之后通过超高能量 (最高可到 MeV) 离子注入形成深注入，然后高温快速退火，可大幅减少横向扩散宽度，提高集成密度 [4,5]。

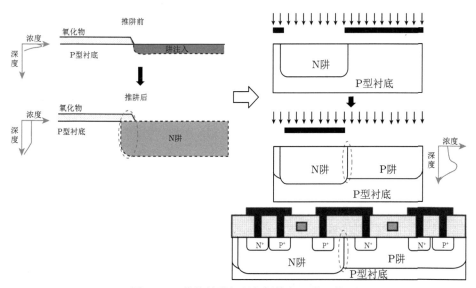

图 11.9   传统单阱与现代倒掺杂双阱工艺

11.2.4   器件中金属–半导体接触技术

集成电路中各个晶体管之间为了进行电路信号通信往往存在多种电学通道。这些通道主要由覆盖在绝缘层上的低阻导电体材料构成，主要导电膜层类型有金属层 (Al、Cu 等)、半导体重掺杂层 (N⁺、P⁺) 和多晶硅重掺杂层。这些膜层与晶体管有源区以及内部之间形成多种接触结构。如图 11.10 所示，主要包括金属/源漏重掺杂区、金属/衬底低掺杂区及金属/栅极多晶硅层等三类接触结构。接触结构是不同导电膜层之间的电学通道，其电阻阻值对电路和器件性能有着重要影响。金属和半导体接触之间依据电学特性的不同，划分为 (a) 理想欧姆接触、(b) 整流接触 (肖特基接触) 和 (c) 非线性欧姆接触等类型。

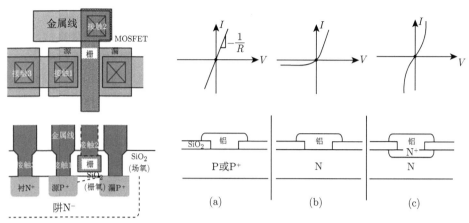

图 11.10 集成电路中 MOS 晶体管主要接触结构与类型

金属之间常为欧姆接触，而金属–半导体接触则较为复杂。肖特基金属–半导体接触的原理如图 11.11(a) 所示，不同功函数的金属与半导体接触之后在半导体表面通过电子扩散形成不同的能带弯曲状态。对于 N 型半导体来说，若金属功函数 (W_m) 大于半导体功函数 (W_n)，则在半导体表面形成一个带正电荷的表面势垒，即阻挡区；若 W_m 小于 W_n，则在表面形成一个高浓度的导电区，称为反阻挡区。理论上表面势垒高度 (ϕ_{ns}) 是金属功函数与半导体电子亲和势之差 $(\Phi_M - \chi)$，但是半导体表面存在不连续晶格的表面态，这些表面态可以影响电子的扩散与分布，从而改变了 ϕ_{ns} 的实际数值，一般需要通过实验来测定，常用 ϕ_b 来表示实际接触势垒。例如，金属 Al 与 N-Si 的理论 ϕ_{ns} 约为 0.10 eV，而实际有效 ϕ_b 约为 0.6 eV，而由于 Al 可以作为 P 型掺杂半导体表面，与 P-Si 的实际有效 ϕ_b 在 0.4 eV 左右[1-6]。

金属与半导体若形成阻挡层，并且电子平均自由层小于势垒宽度，可以用 PN 结扩散模型来描述金属–半导体接触之间的电流整流现象。然而一般接触势垒宽度较薄，电子越过势垒主要由势垒高度决定，需要用越过接触势垒的热载流子导电理论来描述，称为热电子发射理论。如公式 (11.8) 和 (11.9) 所示，通过金属–半导体接触结的电流 (I) 与偏压 (V) 呈指数关系

$$I = I_0 \left(\exp \frac{qV}{nkT} - 1 \right) \tag{11.8}$$

$$I_0 = RT^2 A \exp \left(-\frac{\phi_b}{kT} \right) \tag{11.9}$$

式中，实际接触势垒高度 (ϕ_b)、工作温度 (T) 和接触材料类型 $(R$，理查森数)、面积 (A) 等参数决定了基础热电子电流 (I_0) 的大小。理论中的势垒高度一般为实际有效 ϕ_b，不由真空电子逸出功函数差决定。

由于表面态的存在，金属–低掺杂半导体接触常为肖特基整流接触，因此常带来较大的接触电阻，对晶体管与电路导电特性产生严重影响。CMOS 集成工艺中常采用半导体表面重掺杂形成隧道导电效应来降低固有的接触电阻。

如图 11.11 所示，当半导体衬底通过注入提升掺杂浓度时可改变半导体费米能级让金属–半导体接触势垒宽度变得极薄，大量电子利用量子隧道效应穿过极薄的接触势垒形成低阻导电通道，因此大幅降低接触电阻，形成类似欧姆接触的非线性欧姆接触。通常半导体衬底掺杂浓度需要超过 1×10^{19} cm^{-3} 才能使得耗尽层宽度减到足够小，隧穿电子超过热电子成为主要导电机制，可降低接触电阻几个数量级以上。

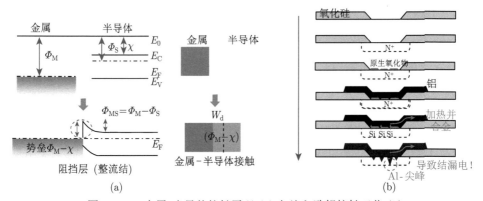

图 11.11　金属–半导体接触原理 (a) 与注入欧姆接触工艺 (b)

注入欧姆接触是集成工艺实现金属–半导体接触的主要方法，其制作工艺流程如图 11.11(b) 所示。首先淀积隔离绝缘介质，光刻腐蚀形成接触孔，然后在接触孔表面形成重掺杂，再通过界面处理后淀积金属，进行低温加热合金化后形成注入欧姆接触。

常用的欧姆接触的金属为 Al，具有较低电阻率，并且 Al 原子在合金时可萃取界面超薄原氧化层，快速扩散到硅中形成低阻 Al-Si 合金，大幅降低了接触电阻。Al-Si 注入欧姆接触需避免 Si 向 Al 内部快速扩散，留下空洞使得 Al 向下流动形成尖峰，在重掺杂 PN 结中产生严重的结漏电导致器件失效。抑制上述现象的工艺方法一般有重掺杂深注入增加结深、溅射 Al-Si 合金金属减少硅扩散、沉积 TiN 或 TiW 形成扩散阻挡层等。

11.2.5　自对准源漏掺杂

在形成有源区后，需要针对晶体管源漏区进行重掺杂。形成源漏重掺杂区的工艺分为非自对准掺杂和自对准掺杂两种 (图 11.12)。非自对准掺杂是在源漏注入掺杂后再形成栅极叠层结构，额外需要 2 次光刻工艺，源漏与栅极之间存在重叠与远离的现象，严重影响器件特性与工艺的一致性。自对准源漏是在有源区上首先生长/淀积氧化层/多晶硅叠层，然后光刻和刻蚀形成栅极结构，之后利用栅极和隔离氧化层作离子注入的掩膜层，在有源区非栅极区域自对准形成源漏重掺杂区。这种工艺方法中，源漏掺杂区紧密邻接栅极和隔离区，避免了额外光刻以及源漏与栅极之间的重叠与远离现象，对器件和电路的正常与一致工作具有重要作用。

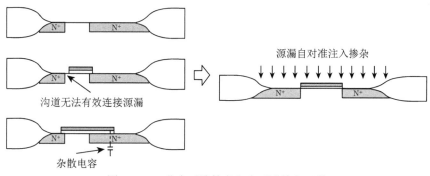

图 11.12 非自对准掺杂和自对准掺杂工艺

11.2.6 CMOS 器件源漏寄生电阻与自对准硅化物工艺

实际 CMOS 晶体管从源漏接触电极到沟道的导电通道包含几部分寄生电阻，如图 11.13 所示，分别是接触电阻 (R_{co})、源漏区方块电阻 (R_{sh})、分布电阻 (R_{sp}) 和积累区电阻 (R_{ac})。这些寄生电阻对晶体管电学性能有着重要影响。这些寄生电阻中，源漏区的金属–半导体接触电阻和方块电阻占主要部分。接触电阻主要由金属和半导体的接触电阻率、接触面积及半导体掺杂浓度决定，而方块电阻则由源漏区掺杂浓度、宽度和结深决定。对源漏区进行重掺杂可以有效降低上述电阻。

通常金属与重掺杂有源区是通过接触孔来进行的，因而金属–半导体接触面与源漏区宽度可以影响源漏接触与方块寄生电阻大小。在整个源漏有源区上形成自对准金属接触，可有效减少这两类寄生电阻的影响。实现上述目标的一种重要工艺技术是自对准硅化物 (Self-Aligned Silicide, Salicide) 工艺，其制造流程如图 11.13 所示。首先在形成栅极和源漏掺杂后，在硅衬底表面 CVD 淀积一层氧化物或者氮化物的绝缘层，然后利用各向异性的干法刻蚀在栅极两侧形成类似 1/4 圆柱体的绝缘层侧墙。接下来，在整个晶圆上淀积一层金属，再通过热处理使金属与源漏区域的硅及栅极中的多晶硅合金反应形成二元化合物。这些化合物一般为硬度较高电阻率极低的稳定晶体，被称为硅化物。其后，通过湿法刻蚀去掉剩余未反应的金属，留下难溶的硅化物。

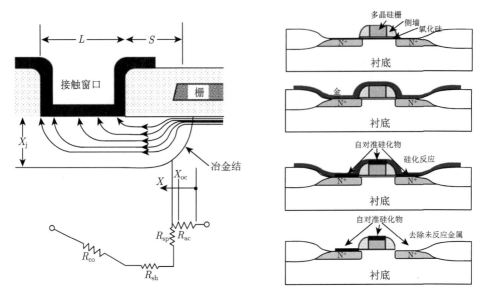

图 11.13　实际 MOS 晶体管源漏寄生电阻与自对准硅化物工艺

由于金属在隔离区和侧墙等绝缘层上不发生硅化反应, 并且多余金属被完全去除, 所有硅化反应中仅在源漏区和多晶硅栅极表面选择性自对准形成硅化物, 自动避免了源漏与栅极形成金属互连, 因而该工艺被称为自对准硅化物工艺。

自对准硅化物通过调整接触金属势垒和延伸金属化层尽量接近沟道, 同时减少了源漏区接触电阻和方块电阻的数值, 对提升器件性能有重要的作用。源漏重掺杂区方块电阻一般在 $50\sim150$ $\Omega/\square$, 而硅化物的方块电阻一般降到 $1\sim5$ $\Omega/\square$ 范围内。常见的硅化物有钛硅化物、钴硅化物和镍硅化物。随着晶体管特征尺寸减小, 硅化物技术在不断变化发展中。早期为钛硅化物和钴硅化物, 在 65 nm 及以下的集成电路集成工艺中常用镍硅化物, 该硅化物在小尺寸下表现出最低的电阻率及低阻硅化反应温度。然而在最新的 FinFET 工艺中为减少硅化物漏电, 一般应用钛硅化物。

11.2.7　器件微缩和短沟道效应工艺抑制

集成电路的发展以 CMOS 晶体管的尺寸微缩为主要内容。前面已经介绍, 晶体管微缩的常用方法是等比例微缩。如图 11.14 所示, 在等比例微缩中, 若设微缩因子为 K(一般为 0.7), 晶体管的沟道尺寸、工作电压按 K 因子缩减, 而沟道掺杂浓度需要按 $1/K$ 增加。由此可以基本保持沟道内部漏端的最大耗尽层宽度按同样比例微缩, 从而不会与源区产生接触, 使得器件出现沟道穿通和严重漏电现象, 并导致晶体管无法正常工作。此过程中可维持沟道内部电场基本不变, 可维持器件的电流–电压特性基本不变, 顺利实现特征尺寸不断微缩。

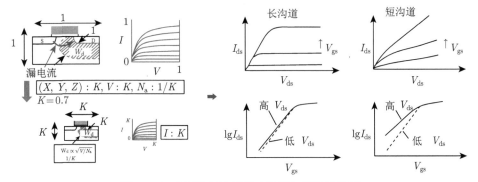

图 11.14 MOS 晶体管尺寸微缩与短沟道效应

然而, 当晶体管沟道长度微缩到一定尺寸以后, 漏端耗尽层宽度在沟道中的占比越来越大, 从而使得器件沟道不再完全受栅极控制, 导致晶体管电学特性表现出短沟道效应。如图所示, 器件工作时的漏电流–栅电压 (I_{ds}-V_{gs}) 转移曲线晶体管尺寸微缩后, 受到短沟道效应的影响表现出如下现象: 器件阈值电压滚降 (V_{th} Roll-Off), 漏诱生势垒降低 (DIBL) 与沟道穿通 (Punch Through) 效应等, 导致沟道漏电明显增加, 甚至出现无法关断的局面等。

$$L_{\min} = 0.4 \left[X_j T_{ox} (W_s + W_d)^2 \right]^{1/3} \tag{11.10}$$

式中, 栅长微缩的理论极限为 $L_{\min}$; 邻近沟道的源漏延伸区结深为 X_j; 源漏结的耗尽层宽度分别是 W_s 与 W_d。

CMOS 集成电路的微缩发展必须通过改变工艺条件、参数与方法来控制器件的短沟道效应。MOS 晶体管中栅长微缩的理论极限 ($L_{\min}$) 和主要工艺参数的关系如公式 (11.10) 所示。由此可见, 克服器件微缩限制和抑制短沟道效应的常见工艺方法包括: 采用薄氧化工艺缩减栅氧化层厚度, 通过低能注入减少 X_j, 通过沟道掺杂减少源漏结的耗尽层宽度等。如表 11.1 所示, 在 2001 年所预测的常规 CMOS 集成工艺在各技术代上的关键参数变化。

表 11.1 2001 年预测的常规 CMOS 集成电路工艺参数的微缩发展变化

参数	1999 年	2001 年	2003 年	2005 年	2007 年
技术节点	180 nm	130 nm	100 nm	80 nm	65 nm
DRAM 1/2 间距	180 nm	130 nm	100 nm	80 nm	65 nm
处理器光刻栅长 L	150 nm	90 nm	65 nm	45 nm	35 nm
工作电压 V_{DD}	1.4 V	1.2 V	1.1 V	1.0 V	0.9 V
栅介质厚度 T_{ox}	1.8 nm	1.6 nm	1.5 nm	1.3 nm	1.1 nm
SDE 结深 X_j	75 nm	45 nm	31 nm	22 nm	17 nm
沟道掺杂峰值浓度	1×10^{18} cm^{-3}	4×10^{18} cm^{-3}	4×10^{18} cm^{-3}	1.4×10^{19} cm^{-3}	2.3×10^{19} cm^{-3}

11.2.8　器件沟道热载流子效应及源漏轻掺杂结构

器件尺寸微缩过程中，受其他因素限制，沟道掺杂和工作电压不能持续按比例微缩，因此晶体管沟道中的横向电场在漏端结界面处达到最大，导致沟道热载流子效应 (HCE) 的产生。热载流子是电场加速下获得多余动能分布在比热平衡态更高能级的载流子。沟道热载流子可导致漏端 PN 结雪崩击穿，或者注入到栅氧化层中影响器件可靠性和输运性能 [5-7]。

HCE 的数量与程度由沟道最大电场决定，在 0.8 μm 以下的亚微米集成电路中经常出现。集成工艺中常采用源漏轻掺杂 (LDD) 结构来降低漏端最大电场以抑制器件的沟道热载流子效应，是现在集成电路制造中的重要技术。

LDD 集成工艺如图 11.15 所示，在栅极工艺之后首先在有源区自对准注入掺杂形成一层较浅的源漏轻掺杂区，然后形成侧墙，接着利用侧墙、栅极和隔离区做掩蔽，在其余的有源区部分再注入形成一层较深的源漏重掺杂区。按照此工艺，可在源漏重掺杂区和晶体管沟道区之间自对准形成一层轻掺杂区。该轻掺杂区可以缓冲沟道与漏端的最大电场来抑制沟道热载流子效应。

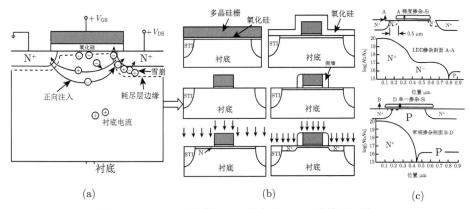

图 11.15　MOS 器件 HCE 效应与 LDD 结构及工艺

随着晶体管尺寸的持续缩减，LDD 结构不仅可以缓解 HCE，并且紧邻沟道区，可以独立调节结深，能够更有效地抑制器件的短沟道效应而不影响源漏重掺杂区的接触效果，此时 LDD 发展为源漏延伸区 (S/D Extension)。

11.2.9　CMOS 集成电路闩锁效应与工艺抑制

CMOS 集成电路中一类重要的内部自我失效的机制是闩锁效应。如图 11.16 所示 CMOS 器件中，PMOS 源漏端和衬底与相邻的 P 阱与 NMOS 源漏端形成一对相互耦合的寄生 PNPN 双极晶体管，该晶体管通常是处于反偏截止状态的。在一些特殊触发条件下，某些结出现正偏现象，通过寄生晶体管放大产生电流并由耦合晶体管形成正反馈放大这种正偏程度, 由此在 CMOS 电路电源端和接地点之间产生强大电流, 瞬间烧毁电路。

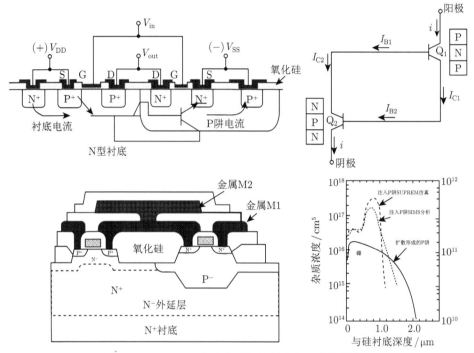

图 11.16 CMOS 集成电路闩锁效应与工艺抑制方法

除了电路上专门设计保护结构, 还可利用一些集成工艺, 例如双阱或多阱工艺、倒装阱工艺、外延衬底、STI 隔离等来抑制 CMOS 闩锁效应。双阱或多阱工艺可稳定设定工作偏压, 防止寄生的正偏; 倒装阱、外延衬底可在内部形成低阻泄放通道降低寄生晶体管反馈放大概率; STI 隔离可物理隔离相邻 P/N 晶体管防止寄生双极晶体管产生。

11.3 CMOS 主要集成工艺流程

本节首先总结集成电路集成工艺的发展与演变过程,并简要介绍传统 0.18 μm 通用集成工艺的基本特点, 然后以 65 nm 低功耗 (LP) 集成电路集成工艺为例子详细介绍 CMOS 集成工艺的具体流程 [1-7]。

11.3.1 集成电路集成工艺演化

如图 11.17 所示, 集成电路在长期的发展过程中除了集成度和性能长期攀升、晶体管尺寸持续微缩、芯片成本与功耗不断下降, 其制造工艺也在持续发展变化中。早期集成电路的集成工艺是基于单 PMOS 晶体管的金属 Al 栅工艺,制造流程极为简单,在 20 世纪 70 年代被更为复杂的 NMOS 集成工艺取代。在 NMOS 集成工艺中实现了沟道掺杂的阈值调控,也应用了氧化物隔离和多晶硅栅、自对准源漏掺杂等高级技术,但整个芯片的晶体管集成度仍然较低。

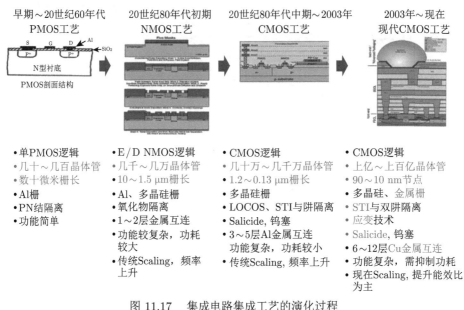

早期~20世纪60年代 PMOS工艺	20世纪80年代初期 NMOS工艺	20世纪80年代中期~2003年 CMOS工艺	2003年~现在 现代CMOS工艺
• 单PMOS逻辑 • 几十~几百晶体管 • 数十微米栅长 • Al栅 • PN结隔离 • 功能简单	• E/D NMOS逻辑 • 几千~几万晶体管 • 10~1.5 μm栅长 • Al、多晶硅栅 • 氧化物隔离 • 1~2层金属互连 • 功能较复杂,功耗较大 • 传统Scaling,频率上升	• CMOS逻辑 • 几十万~几千万晶体管 • 1.2~0.13 μm栅长 • 多晶硅栅 • LOCOS、STI与阱隔离 • Salicide, 钨塞 • 3~5层Al金属互连 功能复杂,功耗较小 • 传统Scaling, 频率上升	• CMOS逻辑 • 上亿~上百亿晶体管 • 90~10 nm节点 • 多晶硅、金属栅 • STI与双阱隔离 • 应变技术 • Salicide, 钨塞 • 6~12层Cu金属互连 • 功能复杂,需抑制功耗 • 现在Scaling,提升能效比为主

图 11.17　集成电路集成工艺的演化过程

从 20 世纪 80 年代中期开始被广泛应用的是复杂的 CMOS 集成工艺。由于 CMOS 器件与电路具有功耗极低、驱动能力强、抗噪性能好等优势,即使集成制造工艺更为复杂,该类技术与集成工艺也一直沿用至今,已成为集成电路制造技术的代名词,即 CMOS 技术与 CMOS 工艺。

早期 CMOS 集成工艺严格按照摩尔定律和等比例微缩原则发展,晶体管栅长从微米级缩减到深亚微米阶段,常采用多晶硅栅,可集成数十万到几千万晶体管,著名的产品是 Intel 的 386、486 与奔腾 CPU 芯片。采用的隔离结构首先是 LOCOS,后来改进到 STI,引入了 Salicide 和金属钨塞 (W Plug) 工艺,集成了 3~5 层 Al/氧化层的多层互连结构。

在 100 nm 技术节点前后,由于晶体管尺寸日益微缩、集成度不断增加,集成电路变得更为复杂,依赖传统尺寸微缩,难以再持续提升单位晶体管的器件性能。集成电路的发展进入到现代微缩发展阶段,其电路集成发展不再是追求单纯的性能和工作频率提升,而朝着规模增加和注重性能/功耗平衡的方向发展。在此阶段,CMOS 集成工艺中不仅仍持续晶体管的尺寸微缩,还引入了一系列的新材料、新工艺和新结构来保证晶体管能抑制日趋严重的短沟道效应和工艺可制造性挑战，从而支撑电路集成度和功能的大幅提升。

此阶段，特征尺寸发展到纳米级别，目前已经达到了小于 10 nm 的技术节点阶段，所集成的晶体管数目在单芯片上已接近百亿量级，未来还会继续深入发展。关键工艺模块上，从多晶硅栅逐步转变到多层金属栅结构，采用 STI 和双阱或者多阱隔离工艺，引入沟道应变技术，后道互连采用 8 层以上的 Cu 与低 k 绝缘材料的多层互连工艺等。著名的产品有 Intel 的 Core 系列的 CPU。

11.3.2 传统 CMOS 工艺——0.18 μm 通用集成工艺

图 11.18 所示的是一个典型的传统 CMOS 集成工艺——0.18 μm 通用集成工艺的结构图。图中包含了衬底外延、双阱、STI 隔离、多晶硅栅、自对准源漏注入、侧墙、LDD、硅化物、局域互连、多层 Al/层间氧化介质互连等关键工艺模块。

1. 双阱掺杂
2. 浅槽隔离
3. 栅极
4. LDD注入
5. 侧墙形成
6. 源漏注入
7. 接触
8. 局域互连
9. 层间介质1
10. 第一层金属
11. 层间介质2
12 ....
13. 引出电极形成
14. 参数测试

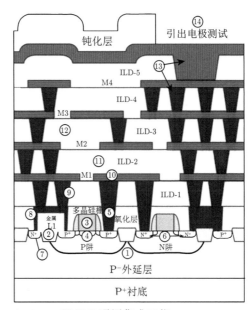

图 11.18　0.18 μm CMOS 通用集成工艺

11.3.3 现代 CMOS 集成工艺——65 nm LP 集成工艺

图 11.19 所示的是一个典型的现代 CMOS 集成工艺——65 nm 低功耗 (LP) 集成电路的集成工艺结构，包含了衬底外延、双阱/沟道注入、STI 隔离、多晶硅栅、自对准源漏注入、双重侧墙、LDD/Halo、硅化物、W Plug、局域互连、多层 Cu/低 k 绝缘层互连等关键工艺模块。

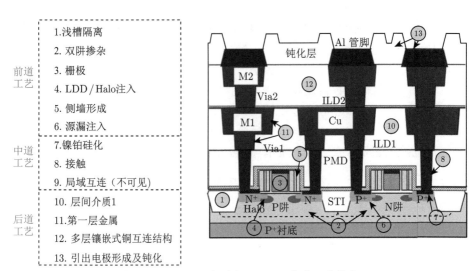

图 11.19　65 nm 低功耗 CMOS 集成工艺特点

　　基本结构与集成顺序和传统 CMOS 工艺类似，只在部分关键工艺模块上作了重要的变化。该集成工艺反映了现代 CMOS 工艺的主要特点与关键顺序，下面以此工艺为例子逐步介绍集成工艺流程。

　　如图 11.20 所示，首先是硅衬底准备，可生长一层低阻外延层以调整芯片的体电势并抑制闩锁效应。然后生长与淀积一层垫氧化层和氮化硅薄膜，在此基础上通过光刻、刻蚀沟槽与底部掺杂、沟槽填充氧化物及 CMP 平坦化等步骤定义有源区和形成 STI 隔离。

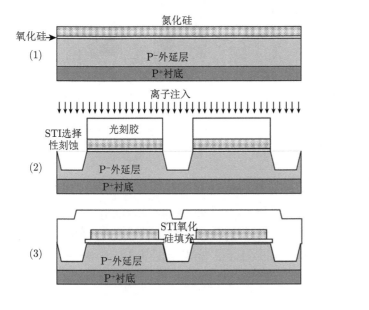

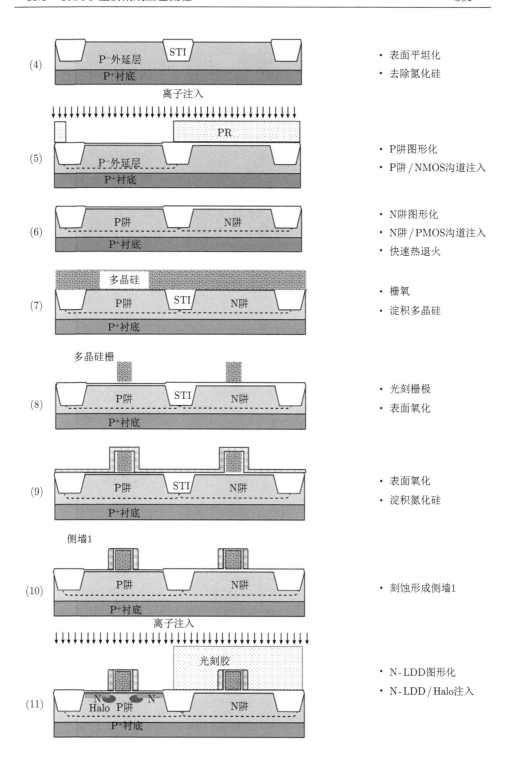

(4)　• 表面平坦化
　　　• 去除氮化硅

离子注入

(5)　• P阱图形化
　　　• P阱 / NMOS沟道注入

(6)　• N阱图形化
　　　• N阱 / PMOS沟道注入
　　　• 快速热退火

(7)　• 栅氧
　　　• 淀积多晶硅

(8)　• 光刻栅极
　　　• 表面氧化

(9)　• 表面氧化
　　　• 淀积氮化硅

(10)　• 刻蚀形成侧墙1

离子注入

(11)　• N-LDD图形化
　　　• N-LDD / Halo注入

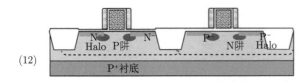

(12)

- P-LDD图形化
- P-LDD / Halo注入

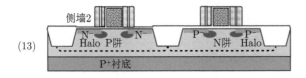

(13)

- 氮化硅 / 氧化硅淀积
- 刻蚀形成侧墙2

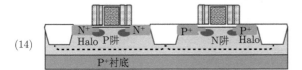

(14)

- N+图形化
- N+源漏注入
- P+图形化
- P+源漏注入
- 源漏退火

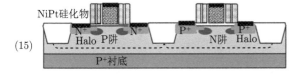

(15)

- 淀积镍铂
- 形成镍铂自对准硅化物

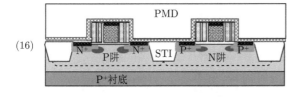

(16)

- 淀积刻蚀阻挡层
- 形成金属前介电质层

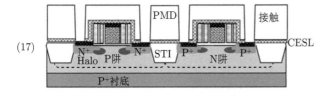

(17)

- 接触图形化
- 接触刻蚀

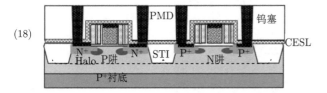

(18)

- 钨阻挡层淀积
- 钨塞形成
- 钨表面平坦化

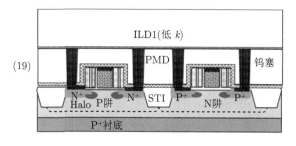

(19)

- 淀积低k层间介质ILD1
- 表面平坦化

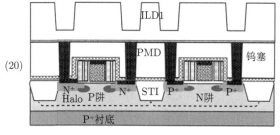

(20)

- 互连1图形化
- 互连1部分刻蚀

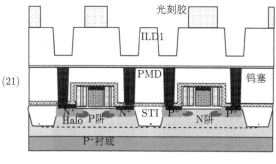

(21)

- M1图形化

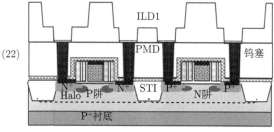

(22)

- M1 / V1刻蚀

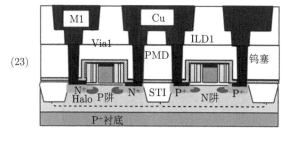

(23)

- 淀积铜扩散阻挡层
- 淀积铜
- 铜表面平坦化

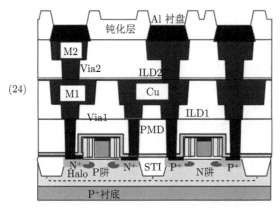

- 多层互连
- 电极引出并形成表面钝化层

图 11.20　65 nm 低功耗 CMOS 集成工艺流程

接下来在有源区/STI 相间的结构上生长一层缓冲氧化层并通过不同的离子注入掺杂形成阱隔离与沟道掺杂结构。通常首先光刻定义某一类型的阱区 (如 P 阱区),通过光刻胶掩蔽先后进行高能和低能 P 型离子注入,分别形成倒装 P 阱与 NMOS 晶体管的沟道掺杂区;接下来去掉光刻胶,与上面类似,定义 N 阱区,并进行 N 阱与 PMOS 沟道掺杂;随后去掉光刻胶并进行阱与沟道掺杂的快速热退火激活。

去掉缓冲氧化层,生长较薄的栅氧化层并淀积多晶硅栅极材料,再通过光刻与各向异性刻蚀形成陡直的栅极堆叠结构。多晶硅栅在随后的源漏掺杂中进行同步掺杂,针对 PMOS 需要掺杂成高浓度的 P 型多晶硅,而 NMOS 需要掺杂成 N 型多晶硅。双多晶硅工艺是现代 CMOS 集成的重要特点之一。栅长是集成工艺中的关键参数之一,一般是晶体管中的最小尺寸,这步需要高分辨率的光刻工艺与高精度的刻蚀工艺。除了高分辨的光刻技术,还可应用硬掩膜层与灰化 (Ashing) 工艺缩小特征尺寸并保持良好的工艺结构。

对刻蚀形成的栅极进行较薄的再氧化,并淀积一层氮化物和进行各向异性刻蚀,形成栅极侧墙。这步通常为第一层侧墙 (Spacer-I)。Spacer-I 可提升器件抑制短沟道效应的能力,降低后继 LDD 工艺对结深的要求。

接下来进行 LDD 轻掺杂注入,通过超低能量注入控制结深。在 100 nm 技术节点以下,由于 LDD 的方块寄生电阻对器件性能影响较大,需要进化到中掺杂或者高掺杂,LDD 结构演变成 SDE 结构。由于掺杂浓度上升,SDE 的结深难以控制,需要在其靠近沟道的侧面与靠近底部的拐角处引入一种叫 Halo 的掺杂结构以控制结深并同时抑制源漏结耗尽区的横向扩展,防止沟道穿通现象。Halo 工艺是以栅极做掩蔽层,通过大角度低能离子注入掺杂形成,掺杂类型与衬底/阱的掺杂类型相同。同样的,以光刻胶掩蔽,先形成 N 型 SDE 与 P 型 Halo,然后去掉光刻胶,再次光刻,形成 P 型 SDE 与 N 型 Halo。

运用同样的工艺制造出第二层侧墙 (Spacer-2)。该侧墙是分隔源漏重掺杂区与栅极的真正侧墙。之后进行源漏接触区的重掺杂，该结掺杂浓度极高并且结深较深，可有效降低电阻和防止硅化物金属–半导体接触漏电。随后进行快速热退火激活所有源漏掺杂杂质。

在这步之前的集成工艺称为前道工艺 (FEOL)，特点是完成晶体管基本结构的制造，此过程中没有任何金属层所带来的离子沾污，洁净程度要求极高。

其后形成自对准镍硅化物降低源漏与接触寄生电阻，再淀积材料为保形性氧化层的前金属化绝缘层 (PMD) 并平坦化，接着定义器件源漏区和栅极的接触孔 (Contact Hole)，在接触孔中淀积金属钨并 CMP 形成 W Plug 的接触结构。PMD工艺中淀积氧化层之前可以 CVD 淀积一层氮化硅刻蚀阻挡层 (CESL)，以防止接触孔刻蚀过程中对其下硅化物或者硅衬底的影响。在部分工艺中还可以通过 W形成源漏区域和多晶硅栅极或电阻之间的局域互连 (LI)。这一段定义为中段工艺(MEOL)，主要完成晶体管的金属化接触与局域互连，所引入的金属一般活性较低，难以被溶液腐蚀，离子沾污等级要高于 FEOL。

下面在器件接触结构上形成以 Cu 作为导线、低 k 材料作为层间绝缘层、通孔作为层间通道的多层金属互连，其金属互连层数可达 8 层以上。最后是整个硅片的钝化层保护和与外界电学通信的接触 Pad 定义。这段工艺由于 Cu 金属的存在，被称为后道工艺 (BEOL)。BEOL 具有最高的离子污染等级，其制造完成的硅片严格禁止进入到 FEOL 与 MEOL 的工艺中。在实际的生产制造中通常分区进行。

11.4 现代先进集成技术

随着集成电路微缩到 32 nm/28 nm 技术节点以下，晶体管开关特性与驱动性能面临着巨大的技术挑战。本节简要介绍一系列创新性先进工艺，例如沟道应变工程 (Strain Engineering)、高 k 金属栅 (HKMG) 和三维鳍形场效应晶体管 (3D FinFET)。通过系统介绍这些先进工艺的基本原理和技术方法，来了解它们如何延续和发展现代 CMOS 工艺、维持集成电路持续微缩趋势的。

11.4.1 先进集成电路工艺发展特点

2000 年初发展到 100 nm 技术节点后，现代集成电路的发展虽然仍遵循摩尔定律，在集成度上不断提升、特征尺寸持续微缩，但相比传统的等比例微缩方式表现出一些新的特点：取代传统的单纯性能提升为目标，发展变化到以抑制芯片整体功耗和提升综合能效为主。此过程中，晶体管栅长和工作电压不再简单地等比例微缩，难以以栅长微缩来提升单个晶体管的性能，需要采用一系列的新材料、新工艺和新结构来抑制短沟道效应的挑战并实现单位性能的继续提升。同时，电路设计与工艺发展需要紧密结合、综合优化等。

这些新技术中主要包括沟道应变工程、高 k 金属栅和 3D FinFET 三种技术。已成为现代先进集成电路制造前道工艺中最为重要的关键技术。这三种新技术都是由国际著名的美国 Intel 公司分别于 2003 年、2007 年和 2011 年在 90nm、45 nm 和 22 nm 技术节点首先实现集成电路应用与大规模量产，后来逐步发展成为工业标准，被包括台积电、三星等国际著名公司在内的多数集成电路制造公司广泛采用。结合这些新技术，世界先进制造工艺于 2019 年发展到 10 nm(Intel)与 7 nm(台积电) 技术节点，Strain 技术已经发展到第七代，高 k 金属栅发展到第五代，FinFET 发展到第三代，并持续向更小节点的集成工艺演变和发展 [7-9]。

当前，国内最先进的集成电路集成工艺水平尚停留在 28 nm 技术节点上，高 k 金属栅初步量产，FinFET 工艺接近量产，距离世界先进水平仍处于相当落后的状态。

11.4.2   沟道应变工程

晶体管沟道中有效载流子迁移率对器件的性能至关重要，是决定单位驱动电流的关键参数之一。随着沟道长度的大幅缩小，为抑制严重的短沟道效应，需要在沟道中进行重掺杂并大幅缩减栅氧化层厚度，导致沟道中的耗尽电场和栅控电场随之大幅增强，产生较为严重的电离杂质散射与表面电场散射，使得载流子迁移率产生明显的下降现象，从而引起器件与电路性能的显著退化。

如图 11.21 所示，通过外部应力改变沟道中硅单晶材料的硅原子排列产生机械形变，即应变，可增强电子和空穴的有效迁移率。从理论公式上可以看出，迁移率与载流子平均自由时间和有效质量有密切关系。考虑硅的简并能带结构，在导带处存在六个均等亚带能谷。这些各向异性的最小亚带能谷在 k 空间上沿相应水平方向形成四个有效纵向质量以及垂直于水平面的两个有效横向质量，综合形成电子的平均有效质量。当外在应力造成硅原子晶格形变时，电子在六个亚带能谷上的量子分布不再均匀，往往从平面空间亚带进入到垂直方向的亚带分布，导致平均有效质量的变化；同时由于亚带能谷间分布更为集中，所以电子带间散射概率减少，平均自由程时间增加。载流子定义式如公式 (11.11) 所示

$$\mu = \frac{q\langle\tau\rangle}{m_c^*} \tag{11.11}$$

式中，μ 为载流子迁移率；m_c^* 为载流子有效质量；$\langle\tau\rangle$ 是沟道中载流子散射的平均自由时间；q 为真空单位电荷。由此可知载流子迁移率与载流子的有效质量成反比，和平均自由程时间成正比。因此应变可以基于上述原理通过有效质量减少和增加平均自由程时间来提升电子迁移率 [7,8]。

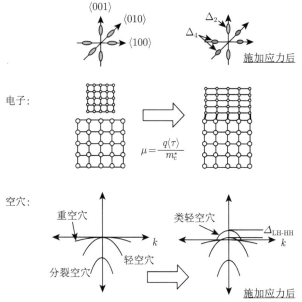

图 11.21 沟道应变作用电子、空穴迁移率的原理

与此类似的,空穴在 $k=0$ 的空间上分裂成两个不同的价带亚带分布,分别形成重空穴与轻空穴两种类型。通过应变同样可以改变载流子分布,提升空穴迁移率。

如图 11.22 所示,不同轴向的压应力和张应力类型对电子和空穴迁移率的增加和降低有不同效果,某些条件下出现了迁移率变化不确定的情况。因此,需要精心选择合适的应变技术来提升 PMOS 或者 NMOS 晶体管的性能。

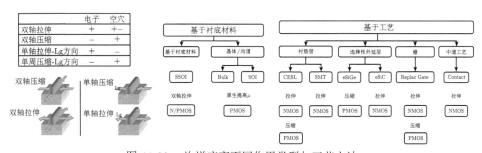

图 11.22 沟道应变不同作用类型与工艺方法

在晶体管中通过集成工艺实现沟道应变的技术有多种方法,主要分为基于衬底材料的全局应变和基于特殊工艺的局域应变。全局应变由于硅基衬底上异质材料生长困难,并且难以应对 CMOS 中不同载流子不同应变类型的需求,在实际

制造工艺中应用较少。

局域应变可针对性提升特定载流子的迁移率，是现代集成电路中广泛应用的先进工艺技术。通过工艺诱导产生局域应变的主要技术方法包括选择外延生长源漏锗硅、引入高应变 CESL 覆盖层、应变记忆术、金属栅和 W 接触应变等多种工艺。由于锗具有较大的晶格，在 PMOS 中常在源漏有源区选择生长锗硅混晶，由此增大源漏区晶格，在沟道导电方向上对沟道内部产生单轴压应力来提升空穴迁移率；NMOS 中常利用 PMD 中张应力刻蚀阻挡层对沟道内部产生单轴张应力来提升电子迁移率。在现代集成电路集成工艺中，越来越多的单轴应变工艺被集成进去，以应对日趋严重的沟道载流子在短沟中的退化现象，抑制器件性能的退化有重要作用。

在 LP 65 nm CMOS 集成工艺流程中实现 PMOS 与 NMOS 沟道应变的集成工艺流程如图 11.23 所示：在一次侧墙及 LDD/SDE 工艺之后，首先淀积一层外延阻挡层，然后在 PMOS 区域选择开口，接着在 PMOS 源漏有源区选择生长较大晶格的锗硅混晶，可以实现对空穴载流子的单轴亚应变，提升 PMOS 器件性能并不影响到 NMOS 沟道中的电子导电性能；其后在硅化物工艺之后淀积一层大张应力的 CESL，覆盖 NMOS 整个栅极结构，对 NMOS 沟道载流子产生促进影响。进一步的工艺改进包括将 CESL 变成分别具有张应力和压应力的双应变刻蚀阻挡层 (DSL) 技术、利用高 k 金属栅工艺产生应变等。

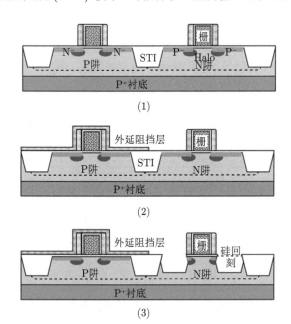

（1）

· P-LDD图形化
· P-LDD / Halo注入

（2）

· 外延阻挡层
· 光刻PMOS外延区域
· 外延阻挡层刻蚀

（3）

· 源漏回刻

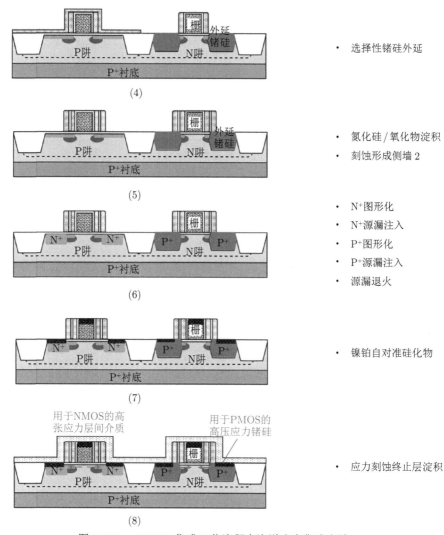

- 选择性锗硅外延

(4)

- 氮化硅 / 氧化物淀积
- 刻蚀形成侧墙 2

(5)

- N⁺图形化
- N⁺源漏注入
- P⁺图形化
- P⁺源漏注入
- 源漏退火

(6)

- 镍铂自对准硅化物

(7)

用于NMOS的高张应力层间介质   用于PMOS的高压应力锗硅

- 应力刻蚀终止层淀积

(8)

图 11.23   CMOS 集成工艺流程中沟道应变集成方法

11.4.3   高 k 金属栅

高 k 金属栅是先进 CMOS 制造工艺中关键性的技术之一。新型的高 k 金属栅的栅极叠层结构取代传统的氧化物/多晶硅的栅极叠层结构后，可抑制后者由生长极薄氧化物而产生的严重漏电现象，并延续晶体管等效氧化物厚度 (T_{ox}) 的持续微缩，对集成电路集成工艺的发展具有重要意义。由于是在晶体管核心材料上作出重大改变，对 CMOS 集成工艺带来一系列挑战，包括材料筛选、器件阈值调控和集成顺序等。

集成电路中晶体管尺寸微缩依赖于 T_{ox} 或者 C_{ox} 的缩减。然而，当传统氧化层在 17 Å 左右时，在常规工作电压 1 V 下，电子大概率从栅极直接隧穿到沟道，由此产生严重的漏电，导致 T_{ox} 缩减的停止，从而限制了晶体管凭借 C_{ox} 不断增大来持续微缩。

如图 11.24 所示，当引入介电常数较大的高 k 材料 (k 或者 $\varepsilon_{HK} \gg \varepsilon_{ox} = 3.9$) 时，一方面可增大栅极与沟道之间绝缘介质的物理厚度 ($T_{ox} \to T_{HK}$)，显著降低直接隧穿产生漏电流的概率。同时，从公式 (11.12) 可以看出，通过介电常数 (k 或者 ε) 的提升 ($\varepsilon_{ox} \to \varepsilon_{HK}$)，可以使得等效栅控电容 C_{ox} 继续提升，增加晶体管栅极对沟道的控制能力，从而维持了等效氧化层厚度 (EOT，Effective T_{ox}) 与晶体管尺寸的持续微缩。具体原理如公式 (11.12) 所示 [7-8]

$$\text{EOT} = \frac{\varepsilon_{ox}}{\varepsilon_{HK}} \cdot T_{HK} \tag{11.12}$$

式中，等效氧化层厚度为 EOT，高 k 介质厚度为 T_{HK}，氧化层和高 k 介质介电常数分别为 ε_{ox} 和 ε_{HK}。

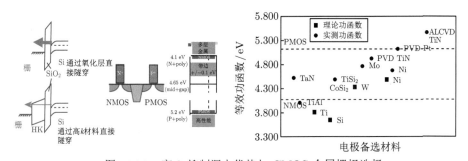

图 11.24　高 k 抑制漏电优势与 CMOS 金属栅极选择

有多种大于氧化硅的高 k 值绝缘介质材料 (Si_3N_4、HfO_2、ZrO_2、Al_2O_3、Hf-SiO 等) 被开发研究，其中最后被筛选应用于实际生产的是金属氧化物的二氧化铪 (HfO_2) 材料。HfO_2 具有适中的 k 值，避免了过低 k 值的氮化硅无法有效实现 EOT 持续微缩，也防止了过高 k 值的铁电材料所产生的极化漏电影响；同时，其能带带边到硅导带和价带带边的距离基本对称，可同时抑制电子和空穴的热力学扩散影响；此外，在较薄物理厚度下，HfO_2 材料生长表现出均匀的无定形特性，对大规模集成电路制造有着重要意义。HfO_2 一般采用原子层淀积方法来生长，但与硅表面不能像二氧化硅一样直接形成稳定的共价键，需要采用一层极薄的界面氧化层 (IL Oxide，约 7 Å) 进行缓冲过渡。

在 HfO_2 之上集成多晶硅栅往往导致费米能级钉扎现象，使得器件阈值无法像传统氧化硅/多晶硅组合一样进行灵活调节，难以满足电路对多种器件阈值的需求。因此需要在 HfO$_2$ 之上针对 PMOS 和 NMOS 的不同阈值范围集成不同金属栅进行阈值调控。如图 11.24 和图 11.25 所示，有多种金属可用于高 k 金属栅的栅极叠层结构，NMOS 通常选用接近导带的 TiAl 作为金属栅，而 PMOS 常选用接近价带的 TiN 作为金属栅。一般采用多层结构来实现器件阈值调控与 CMOS 工艺集成。从硅衬底表面到栅极顶部的膜层结构依次为 IL 氧化层、高 k 层、势垒阻挡层 I、功函数金属层 (WFM)、势垒阻挡层 II、金属导电或者填充层。

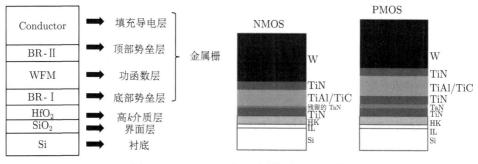

图 11.25　CMOS 高 k 金属栅极主要结构

高 k 金属栅有多种集成工艺，主要分为先栅工艺 (Gate-first) 和后栅工艺 (Gate-last) 两种。先栅工艺集成工艺流程与传统氧化物/多晶硅栅工艺类似，在有源区上分别形成 NMOS 与 PMOS 的高 k 金属栅结构后再完成源漏掺杂工艺，由于后继源漏掺杂退火应用到高温工艺，对高 k 金属栅特性和可靠性以及 CMOS 阈值调控有严重影响，难以进行大规模量产。

后栅工艺首先使用传统的氧化物/多晶硅栅工艺，然后完成高温源漏掺杂激活，其后形成 PMD 层，接着在 CMP 后去除暴露的多晶硅栅和栅氧化层，再形成高 k 金属栅。原来的多晶硅栅被称为假栅。由于真正的高 k 金属栅是在 MEOL 之后形成的，所以被称为后栅工艺。后栅工艺避免了源漏高温工艺对高 k 金属栅的影响，具有明显的性能优势，是 28 nm 技术节点以下的主要技术方法。后栅工艺中又分为先高 k 和后高 k 两种。后高 k、后金属栅集成工艺又称为全后栅工艺 (All-last)。

在 LP 65 nm CMOS 集成工艺流程中实现 PMOS 与 NMOS 高 k 金属栅全后栅集成的工艺流程如图 11.26 所示：在完成源漏高温激活后，在进行自对准硅化物工艺中需要在多晶硅假栅上叠加硬掩膜防止多晶硅表面被硅化，然后淀积 PMD 膜层，该膜层也称为 ILD0 层。接下来运用 CMP 平坦化隔离介质层并露出未硅化的多晶硅假栅，采用干法或者湿法高选择比的腐蚀方法选择性腐蚀氧化层/多晶硅假栅叠层，形成栅极沟槽并在其中 ALD 生长多层高 k 金属栅薄膜，此工艺也被称为取代栅工艺。

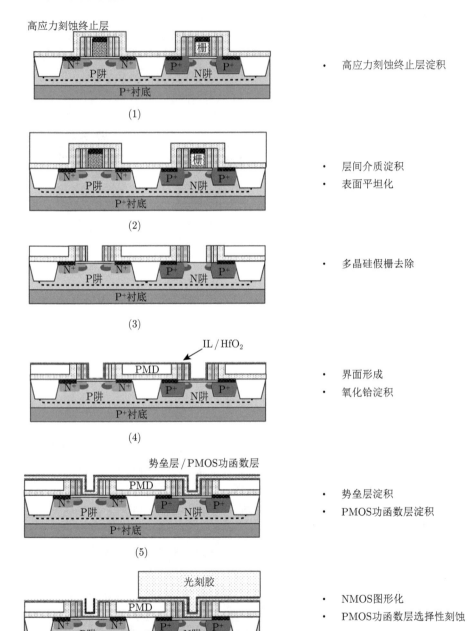

高应力刻蚀终止层

(1)

* 高应力刻蚀终止层淀积

(2)

* 层间介质淀积
* 表面平坦化

(3)

* 多晶硅假栅去除

IL / HfO$_2$

PMD

(4)

* 界面形成
* 氧化铪淀积

势垒层 / PMOS功函数层

PMD

(5)

* 势垒层淀积
* PMOS功函数层淀积

光刻胶

PMD

(6)

* NMOS图形化
* PMOS功函数层选择性刻蚀

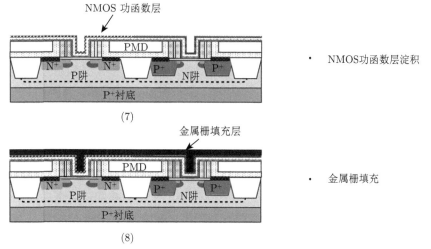

图 11.26 CMOS 集成工艺中高 k 金属栅集成方法

实现高 k 金属栅 CMOS 集成的主要工艺方法是：首先在整个晶圆的栅极沟槽中依次生长/沉积 IL/HfO$_2$/TiN/TaN/TiN 多层薄膜，然后通过光刻保护 PMOS 并露出 NMOS 区域，选择腐蚀上面一层 TiN，以 TaN 作为选择腐蚀的阻挡层，接着去掉光刻胶，在整个晶圆上依次沉积 TiAl/TiN/W 等膜层，由此形成 NMOS 与 PMOS 对应导带和价带带边功函数金属的不同膜层结构。此工艺中，NMOS 的 HKMG 为 IL/HfO$_2$/TiN/TaN(残留)/TiAl/TiN/W 的多层结构，而 PMOS 的为 IL/HfO$_2$/TiN/TaN/TiN/TiAl/TiN/W 的多层结构。由此可见，为了实现 CMOS 集成，PMOS 栅极中除了正常的 TiN 功函数金属层还叠加了 NMOS 的 TiAl 功函数层，因而具有更复杂的多层结构。

11.4.4 FinFET

当 CMOS 集成电路进一步微缩、进入到 20 nm 技术节点以下时，传统的平面 MOS 晶体管结构由于仅有单个栅极控制导电沟道，仅仅依赖结构的等比例缩减以及高 k 金属栅、超浅结等先进工艺已难以抑制极端严重的短沟道效应 (SCE) 和 DIBL 效应，在沟道中会出现严重漏电从而导致晶体管尺寸微缩停止，并出现电路失效的严重后果，因此需要改变传统器件结构增强栅极对沟道的控制能力。

MOS 晶体管器件理论中常常应用沟道静电势完整因子 (EI) 来表示器件的微缩能力，因为它代表了栅极静电势在沟道中的有效控制程度，和短沟道效应中的阈值漂移滚降、DIBL 电压等参数有着直接的关系。数值上越小越好，和各种参数有密切关系。对于平面、全耗尽绝缘体上硅 (FD-SOI)、FinFET 的三种类型晶体管的 EI 理想因子决定式如公式 (11.13)~(11.15) 所示。

$$平面晶体管 : \mathrm{EI} = \left(1 + \frac{X_{\mathrm{j}}^2}{L^2}\right) \cdot \frac{T_{\mathrm{ox}} \cdot T_{\mathrm{dep}}}{L^2} \tag{11.13}$$

$$\mathrm{FD\text{-}SOI{:}EI} = \left(1 + \frac{T_{\mathrm{Si}}^2}{L^2}\right) \cdot \frac{T_{\mathrm{ox}} \cdot (T_{\mathrm{Si}} + \lambda T_{\mathrm{Box}})}{L^2} \tag{11.14}$$

$$\mathrm{FinFET} : \mathrm{EI} = \left(1 + \frac{T_{\mathrm{Si}}^2}{L^2}\right) \cdot \frac{T_{\mathrm{ox}} \cdot T_{\mathrm{Si}}}{L^2} \tag{11.15}$$

式中, EI 是各种器件的沟道静电势完整因子; X_{j} 和 T_{ox} 是邻近沟道源漏结深和栅氧化层等效厚度; T_{Si} 是导电沟道的硅膜厚度; L 是有效栅长; T_{dep} 是常规沟道的耗尽层厚度; T_{Box} 是 SOI 器件的背氧化层 (埋氧化层) 厚度。式中, T_{Si} 是 FD-SOI 或者 FinFET 器件中的半导体沟道的厚度, 一般在几十到几个纳米之间, 而平面器件中的 X_{j} 常常在数百到数十纳米之间。因此 FinFET 具有最小的 EI 因子, 因而具有最好的短沟道效应抑制和可微缩能力 [6]。

早期, 在集成工艺中利用超薄 SOI 减薄导电沟道厚度 (T_{Si}) 可在一定程度上抑制上述效应, 扩展器件的微缩能力。后继, 通过引入双栅、多栅电极结构可进一步大幅提升栅电极对短沟道的有效控制能力, 从而减少沟道静电势完整因子 (EI), 并降低 SCE 和 DIBL 效应对器件参数的影响, 扩展最小栅长的微缩限制范围。因此集成多栅结构成为 CMOS 工艺发展的重要创新方向。

由美国伯克利大学于 1999 年提出的 3D FinFET 是一类双栅或多栅器件。该结构的特点是在硅衬底上通过光刻刻蚀形成超薄的三维立体沟道, 厚度 (T_{Si}) 一般在 10 nm 以下, 外形极似鱼的背鳍 (Fin), 因此被称为鳍形场效应晶体管 (FinFET)。结构中栅电极半包裹 Fin 沟道上形成沟道静电势完好控制的全耗尽沟道, 有效扩展了晶体管的微缩能力, 目前在 22 nm 节点 (Intel) 和 16 nm/ 14 nm 节点 (台积电、三星等) 及以下 (10 nm/7 nm/5 nm 节点) 的 CMOS 集成工艺中被广泛应用。

如图 11.27 所示, FinFET 通过三维多栅全耗尽沟道不仅显著降低了关态电流 (I_{off}), 同时提升了沟道迁移率, 增大了导电沟道有效宽度, 因而也明显增大了驱动能力。在提供同样驱动电流的条件下, 器件的工作电压可显著减少, 对现代集成电路抑制功耗并强调能效比具有关键性的作用。

另一方面, FinFET 集成工艺与传统 CMOS 平面工艺兼容, 极易导入主流量产工艺中, 是该技术相比其他多栅器件的主要优势。

典型的 FinFET 集成工艺如图 11.28 所示: 首先在硅衬底上形成硅 Fin, 然后完成 STI 隔离, 随后形成氧化物多晶硅假栅电极和源漏及应变工程, 再形成全

后栅高 k 金属栅结构，最后完成后道多层金属互连工艺。整个集成工艺流程与现代 CMOS 集成工艺基本类似[9]。

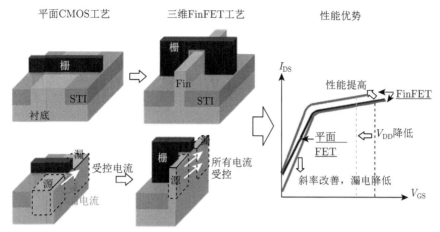

图 11.27 三维多栅 FinFET 结构与集成优势

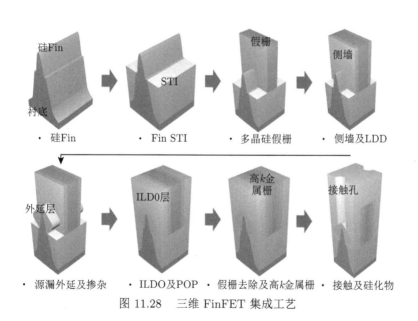

图 11.28 三维 FinFET 集成工艺

上述流程中制造三维硅 Fin 是一项比较复杂和特殊的关键工艺模块，一般采用侧墙转移工艺来制备出超过常规光刻分辨率的纳米级结构，具体的工艺方法如图 11.29 所示：首先在硅衬底上依次 CVD 淀积氧化硅/多晶硅 (或非晶硅) 多层薄膜，然后采用常规光刻和刻蚀工艺图形化多层薄膜结构，该结构被称为核心层

(Core) 结构。去掉光刻胶后再淀积一层氮化硅薄膜并各向异性刻蚀，在核心层结构侧壁形成氮化硅侧墙，同时漏出核心层结构中的多晶硅材料，再用高选择比的方法去掉多晶硅，留下两侧的氮化硅侧墙，以该侧墙作为硬掩膜层各向异性刻蚀下面的氧化硅与硅，形成极薄的硅 Fin 结构。此过程由于硅 Fin 成对出现，并且关键尺寸不由光刻工艺决定，可实现远小于光刻极限能力的线宽，也称为双图形自对准 (SADP) 技术。通过 SADP 制造的硅 Fin 尺寸可以达到 5~8 nm 范围，在先进 CMOS 集成工艺中被广泛应用。

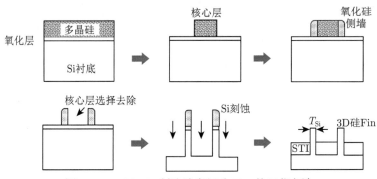

图 11.29　SADP 制造纳米级硅 Fin 的工艺方法

后继去除氮化硅/氧化硅掩膜层，然后表面氧化薄层并 CVD 淀积保形性好的氧化物，再通过 CMP 平坦化该氯化物并利用选择腐蚀回刻且停留在硅 Fin 中部，形成完整的硅 Fin 结构。这些分布在各个硅 Fin 之间的氧化层就是分隔各个硅 Fin 有源区的 STI 隔离结构。

11.5　小　　结

介绍 CMOS 前道集成技术中沟道工程、器件与阱隔离、自对准源漏与硅化物工艺、注入欧姆接触等关键工艺模块的基本原理与工艺方法，解释晶体管尺寸微缩中短沟道效应、热载流子效应及 CMOS 集成过程中闩锁效应的基本原理和工艺抑制方法。

全面介绍 65 nm LP CMOS 集成电路工艺中的基本流程与关键技术特点。

阐述 45 nm 以下现代 CMOS 先进集成工艺中沟道应变、高 k 金属栅、FinFET 等关键工艺技术方法。

习　　题

(1) 现代集成电路技术中晶体管特征尺寸缩减是指物理栅长的缩减吗？物理栅长为什么不再大幅减少？

(2) 调节 CMOS 器件阈值的工艺方法一般有哪些？分别对器件阈值产生了怎样的影响？

(3) 深亚微米 MOS 器件中侧墙有哪些作用？

(4) CMOS IC 缩减过程中，为什么闩锁效应会增强？

(5) 65 nm LP CMOS 集成工艺中为什么能将阱注入工艺放到 STI 工艺之后？为什么采用 Ni Salicide 工艺？

(6) 现代集成电路工艺为什么采用局域应变而不是全局应变工艺？有哪些考虑？

(7) 高 k 金属栅工艺中为什么不采用过高 k 值的材料？为什么后高 k 金属栅工艺更具优势？

(8) FinFET 的微缩优势是什么？相比传统平面工艺，集成工艺有哪些主要改变？

参 考 文 献

[1] 斯蒂芬 A. 坎贝尔. 微纳尺度制造工程. 3 版. 严利人, 等译. 北京: 电子工业出版社, 2011.

[2] Quirk M, Serda J. 半导体制造技术. 韩郑生, 等译. 北京: 电子工业出版社, 2009.

[3] Plummer J D, Deal M D, Griffin P B, et al. 硅超大规模集成电路工艺技术——理论、实践与模型. 英文影印版. 北京: 电子工业出版社, 2003.

[4] Chang C Y, Sze S M. ULSI Technology. New York: McGraw-Hill, 1996.

[5] Wolf S. Silicon Processing for the VLSI Era. Sunset Beach: Lattice Press, 1998.

[6] 胡正明. 现代集成电路半导体器件. 王燕, 等译. 北京: 电子工业出版社, 2012.

[7] Xiao H. Introduction to Semiconductor Technology. Washington: SPIE Press, 2012.

[8] Thompson S, Shahidi G, Hoffmann T, et al. Scaling Challenges: Device Architectures, New Materials, and Process Technologies. IEDM 2009 Short Course.

[9] Bohr M. 22 nm Tri-gate Transistors for Industry-leading Low Power Capability. Intel IDF, 2011.

第 12 章 CMOS 集成技术：后道工艺

赵　超

12.1　引　言

本章讲述大规模 CMOS 集成电路制造技术中后道工艺的主要工艺技术和集成方法。重点讲述铜互连和低介电常数 (低 k) 介质的基本概念、引入铜互连和低 k 的必要性和对应的技术节点，铜互连需要解决的关键技术问题、铜互连的关键工艺解决方案、铜互连的工艺集成和低 k 介质的制备等基本原理，对互连金属的电导率、电迁移、金属间介质的介电常数、铜扩散阻挡层技术、大马士革工艺、铜籽晶层技术、电镀和晶粒控制、铜和阻挡层的 CMP 等问题做了系统深入的介绍。

12.1.1　CMOS 集成电路的互连结构

CMOS 集成电路由成千上亿个 MOS 晶体管组成，晶体管之间通过金属互连形成电路。互连结构是集成电路的重要组成部分，其在集成电路制造技术中的重要性不言而喻。互连结构的制造过程通常被习惯性地称为后道制程，英文记为 Back end of line, 简写为 BEOL。互连结构从材料上来说，分为互相连通的导电材料和把导电材料隔离开的绝缘材料。前者为金属材料，后者为电介质材料。因此，互连结构的形成过程又被称为金属化 (Metallization)。所谓后道制程的定义，为接触工艺之后的所有制程，有时因接触塞工艺与金属化制程的相似性，也把接触工艺划入后道工艺范畴。图 12.1 给出了一个集成电路截面示意图。从图中可以看到，整个电路基本结构中，只有最下面的一层是晶体管，其余全部为互连结构。

集成电路互连结构由很多相似的互连层结构组成，自下而上，分别称为第一层金属、第二层金属 …… 其中，第一层为金属线 (Line) 结构，直接与晶体管的接触塞连通，如图 12.2 所示。从第二层金属开始，每层将包括两部分，即金属线和该线与下面一层金属线之间的通孔 (Via)。通孔一般为圆柱形，可以根据需要设计多个通孔以降低通孔电阻。各层金属线的宽度各不相同。第一层金属线的宽度最小，通常与该技术代工艺的最小线宽接近。也就是说，第一层金属线的线宽加上线与线之间的间距构成一个节距 (Pitch)，半节距跟晶体管的栅长接近。这就是通常都采用多条间距与线宽相同的平行线条作为一个技术代光刻能力标志的原因。

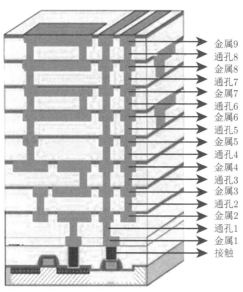

图 12.1　CMOS 集成电路 (22 nm 之前) 的基本结构示意图

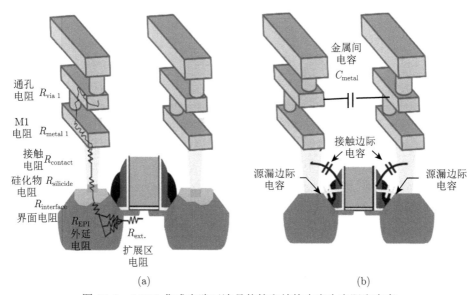

图 12.2　MOS 集成电路互连晶体管和结构中寄生电阻和电容

12.1.2　摩尔定律和铜/低 k 互连

集成电路的发展以 MOS 晶体管的集成数目提升为主要内容。自 20 世纪 60 年代以来的 50 年中,集成电路的集成度从数千个晶体管提升到数十亿个。这个过

程基本遵循 "摩尔定律"，即早期每年 (后来调整为每两年) 集成度、性能提升一倍和特征尺寸微缩 70%。摩尔定律最初是一个对于技术发展速度的经验总结。后来，世界半导体技术协会等组织根据摩尔定律预言的速度来制定技术发展的路线图 (International Technology Roadmap of Semiconductor, ITRS)。对于互连技术发展进程，ITRS 有过清晰的描述。图 12.3 给出了 2002 年 ITRS 路线图对于互连结构小型化进程的建议。从图中可以看到，在 130 nm 技术代之前的互连结构采用铝作为金属、SiO_2 作为介质，从 90 nm 技术代之后则采用铜作为金属，低 k 材料作为介质。所谓低 k，就是介电常数低于 SiO_2 的介质材料。采用铜/低 k 互连替代 Al/SiO_2 互连是集成电路后道技术的一次革命，其原因将在后面的章节中详细介绍。

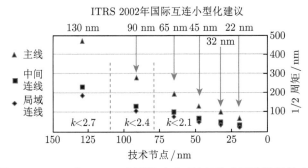

图 12.3　2002 年 ITRS 路线图对于互连结构小型化进程的建议

12.1.3　对后道工艺的技术要求

集成电路对后道工艺的基本要求包括尽可能低的金属互连结构的电阻，尽可能低的金属间介质的介电常数，尽可能少的金属结构层和保证十年以上使用寿命的可靠性。对于层数要求，需要考虑第一金属层 (M1)、中间层和总线层各自的几何尺寸，以保证电路设计者能有足够的空间完成器件间的互连。通常 M1 的尺寸最小，中间层有 4 到 5 层，尺寸比 M1 略大，但各层尺寸基本一致。5 层以上为总线层，各层的尺寸为下面一层尺寸的 1.5 倍。其他考虑因素还包括通孔的尺寸和高宽比，铜扩散阻挡层的厚度，在选择材料时要优先考虑实现平坦化的可行性，比如金属与介质之间的黏附性等。在下面的章节中将根据这些要求系统地讨论互连技术需要面对的问题和解决方案。

12.2　器件小型化对互连材料的要求

介绍金属互连结构的寄生电阻，金属互连结构的可靠性问题，金属间寄生电容以及铜/低 k 互连取代 Al/SiO_2 互连的必要性。

12.2.1 金属互连结构的寄生电阻

CMOS 集成电路的关键电学参数包括电路的延迟 τ、漏电流 (I_{off}) 和器件阈值 (V_{th})。$\tau = RC$, 其中 R 为整个电流回路的电阻值, C 为整个电路的电容值。因此, 如何减小器件沟道电阻以最大限度地提升驱动电流从而减小电路延迟是前道工艺最重要的奋斗目标之一。互连结构的电阻值是整个回路阻值的组成部分, 它对驱动电流也有直接影响, 其影响大小取决于互连阻值在整个回路阻值中的比例。在器件尺寸较大时, 电路的驱动电流主要取决于器件沟道的电阻, 其他部分的贡献很小。图 12.2(a) 中给出了各个寄生电阻示意图。如上所述, 在 0.25 μm 技术代之前, 集成电路技术采用 Al/SiO$_2$ 作为互连金属和介质。由于当时技术代的器件尺寸和金属互连结构的尺寸较大, 互连寄生电阻对驱动电流的影响很小。随着器件尺寸的不断缩小, 互连寄生电阻值不断增大, 而沟道电阻由于栅长降低和新工艺的引入而不断降低, 使得互连寄生电阻在整个阻值中间的比例不断增加。图 12.4 给出了电路延迟时间随器件尺寸缩小而发生改变的模拟结果, 显示随尺寸缩小, 栅延迟 (Gate Delay) 不断减小, 而互连对延迟时间的贡献不断增强。在 250 nm 技术代之后, 互连寄生电阻值与沟道电阻值处在相似水平。这意味着无论前道工艺的进展多么成功, 如果不解决互连寄生电阻问题, 就无法实现通过器件小型化实现电路性能提升 (τ 减小) 的目标。除了寄生电阻, 电路的寄生电容对 RC 延迟也有直接影响。另一个与电容直接相关的性能参数是电路的功率损耗

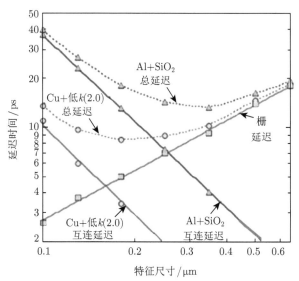

图 12.4 电路延迟时间随器件尺寸缩小而发生改变的模拟结果, 显示随尺寸缩小栅延迟 (Gate Delay) 不断减小, 而互连对延迟时间的贡献不断增强

(Power)，简称功耗。功耗 Power $= CV^2F$，其中 F 是频率。可见减小电路的寄生电容不仅有助于提升频率，对于减小电路的功耗也有重要作用。

12.2.2　金属互连结构的可靠性问题

集成电路另一个重要的性能指标是可靠性，即电路失效时间指标。一般要求电路产品在其使用条件下的寿命大于十年。对于后道互连结构来说，影响其可靠性的主要问题是电迁移 (Electro-Migration，EM) 和应力致空腔化 (Stress Induced Voiding，SIV)。20 世纪 90 年代，电迁移现象在铝互连中被发现，并被确认为铝互连失效的一个重要机理。随着器件小型化的不断发展，互连结构中的电流密度不断增加，使得电迁移造成的可靠性问题越来越严重。

电迁移背后的物理机理是电子流动驱动金属离子的扩散 [1]：

$$J = -\frac{DC}{kT} \left(Z \cdot eE - \Omega \frac{\partial \sigma}{\partial x} \right) \tag{12.1}$$

式中，J 是原子流；D 是扩散系数；C 是原子密度；k 是玻尔兹曼常量；T 是绝对温度；Z 为原子有效电荷数；e 为电子电荷；E 为电场强度；x 为原子体积；$\frac{\partial \sigma}{\partial x}$ 是沿着热线方向的应力梯度；Ω 是常数。

应力随时间的变化可以用 Korhonen 模型描述 [2]

$$\frac{\partial \sigma}{\partial t} = \frac{\partial}{\partial x} \left[\frac{DB\Omega}{kT} \left(\frac{\partial \sigma}{\partial x} + \frac{Z \cdot eE}{\Omega} \right) \right] \tag{12.2}$$

式中，B 是金属和介质组合体的有效模量。

如图 12.5 所示，在电子流动的轰击下，金属离子会缓慢地迁移，造成了空位的聚集。大量空位的聚集，会形成较小的空腔。随着迁移的不断深化，体积较小的空腔会逐渐团聚，生成大的空腔，甚至断路，造成互连结构失效 (图 12.6)。

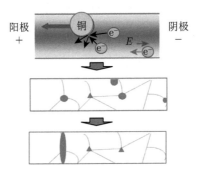

图 12.5　电迁移诱发小空腔，并最终团聚为大空腔，导致断路的过程

图 12.6 电迁移诱发的空腔

常采用称为布莱克定律 (Black's Law) 的半经验公式[3] 来分析在加速条件下的电迁移数据，并对实际平均寿命 (Median Time To Failure，MTTF) 做出预测

$$\mathrm{MTTF} = A\left(\frac{1}{j}\right)^n \exp\left(\frac{E_\mathrm{a}}{kT}\right) \tag{12.3}$$

式中，A 是一个经验常数；j 是电流密度；n 是电流密度幂指数；E_a 是电迁移失效的激活能。由该经验公式可见，金属离子的扩散激活能越高，寿命越高。

应力致空腔化 (SIV) 或应力迁移是指金属结构中离子在由工艺造成的张应力的作用下产生的迁移，并最终产生空腔的现象。该张应力的产生起因于金属层与硅衬底之间，以及金属线与钝化层和金属层与金属间介质之间的热膨胀系数的差异。应力致空腔化会造成一系列可靠性问题，包括电阻值改变、空腔导致的断路和不同线之间因起包或晶须而导致的短路等。

12.2.3 金属间寄生电容

如上所述，影响集成电路延迟的另一个重要因素是电容值。一个电路的电容值包括如图 12.2(b) 所示的多个电容，包括栅极与源漏之间的边际电容，栅极与接触塞之间的电容和互连结构中导线之间的电容，其构成如图 12.7 所示。

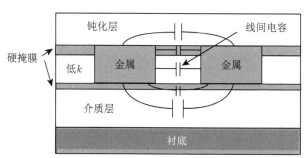

图 12.7 两条互连线之间的寄生电阻[4]

最重要的电容是图中的线间电容 C_s1，可以简单地表述为

$$C_\mathrm{s1} \sim kA/d = kL \tag{12.4}$$

式中，k 为线间的介电常数；A 为两线相向的面积；d 为两线之间的间距。

减少线间电容对于芯片互连结构不断地小型化至关重要。随着器件尺寸缩小，金属互连结构的层数不断增加，造成公式 (12.4) 中的 A 增大，同时，d 则不断减小，使得寄生电容造成的延迟不断增大。在大尺寸器件中，寄生电容的影响可以忽略不计，但随着器件尺寸的不断缩小，沟道电阻对延迟的影响在不断减小，另一方面，寄生电阻和电容的影响在不断增大。在特征尺寸缩小到 130 nm 附近时，两者的影响已很接近。此后，如果不能有效地控制寄生电阻和电容，对沟道电阻的一切优化努力将变得毫无意义。在传统的互连结构中，金属线间的介质为 CVD 的二氧化硅，其介电常数约为 4.2。如果能够采用介电常数低于 4.2 的材料，将能够降低寄生电容，从而有效地提升电路性能。

12.2.4　铜/低 k 互连取代 Al/SiO$_2$ 互连的必要性

传统的互连结构是 Al/SiO$_2$ 互连，如图 12.4 所示，在特征尺寸大于 0.5 μm 时，Al/SiO$_2$ 互连对延迟时间的贡献度远小于沟道电阻。随着特征尺寸的减小，两者的贡献度趋于接近。继续缩小尺寸，互连寄生效应的影响就超过了沟道的影响。为了实现通过小型化减小延迟的目的，就不得不考虑新的互连结构替代 Al/SiO$_2$ 结构。此外，尺寸缩小带来的电流密度的增大，极大地增加了电迁移的驱动力，从而缩短了电路的寿命。要解决可靠性问题，就更需要寻找替代材料，降低电迁移效应。铜/低 k 互连的概念就是基于上述考虑产生的。

表 12.1 列出了 5 种导电金属的体电阻率，其中可见铜的电阻率比铝低很多。采用这样的体电阻率材料做互连金属，可以有效地降低互连寄生电阻。图 12.8 给出了采用不同材料组合，在满足延迟时间要求的前提下需要的金属层数。对应图中的 0.13 μm 技术代，如果采用 Al/SiO$_2$ 组合，需要 12 层，而采用 Cu/SiO$_2$ 组合，则只需要 8 层。

表 12.1　几种导电金属的体电阻率

金属	电阻率 / (μΩ·cm)
Ag	1.63
Cu	1.67
Au	2.35
Al	2.67
W	5.65

铜金属与铝金属比较，一个更重要的优点在于其优越的可靠性。对于金属中的电迁移过程，其激活能跟空穴扩散过程的激活能相同。无论是空穴透过自身晶格扩散，还是沿着晶界扩散，其难易程度都可以用下式描述：

$$D^{\circ} = D_0^{\circ} e^{-E_a/kT} \tag{12.5}$$

式中，D° 为空穴扩散系数；D_0° 为温度在绝对零度时的空穴扩散系数；E_a 为扩散激活能；即扩散时需要克服的势垒高度；k 为玻尔兹曼常量；T 为绝对温度。表 12.2 给出了铝和铜金属的熔点、体扩散激活能和晶界扩散激活能。

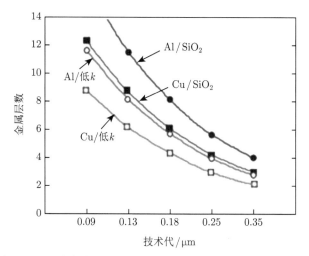

图 12.8   对应各个技术代要求的不同材料组合需要的金属层数

表 12.2   铜和铝金属的熔点、体扩散激活能和晶界扩散激活能

	铝	铜
熔点/°C	660	1083
晶格扩散活化能 E_a/eV	1.4	2.2
晶粒边界扩散活化能 E_a/eV	0.4 ~ 0.8	0.7 ~ 1.2

此处的扩散活化能也就是布莱克定律中的电迁移失效活化能。比较可知，不论是体扩散还是晶界扩散，铜的激活能都远高于铝。这意味着采用铜互连材料替代铝，在其他条件不变的情况下，互连寿命可以大幅提升。图 12.9 给出了采用铜互连和铝互连的可靠性比较，可以看出，铜互连的寿命是铝互连的几十到上百倍。

与铜金属一同引入互连结构的还有低 k 材料，用以替代 Al/SiO₂ 互连中的二氧化硅介质层。如前所述，二氧化硅介质层的介电常数为 4.2。如果用介电常数低于二氧化硅的材料替代二氧化硅，由于金属间电容的降低，整个器件回路的延迟也会显著降低。如图 12.8 所示，采用 Al/低 k，单就延迟来说，与采用 Cu/SiO₂ 的效果相近。当我们把铜互连与低 k 结合，就可以使器件回路的延迟特性大幅降低。这样，对于 130 nm 技术代，只需要 6 层金属布线就可以满足延迟特性要求。

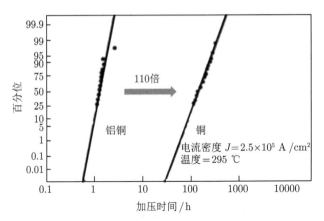

图 12.9　采用铜互连和铝互连的可靠性比较

　　材料的介电常数与材料的极化性质有关。所谓极化，是指材料中极性分子在电场作用下改变状态，产生了电偶极矩。可以有三种极化现象，即电子极化 (Electronic Polarization)、扭曲极化 (Distortion Polarization) 和取向极化 (Orientation Polarization)。三种极化与相对介电常数的定量关系可用德拜公式 (Debye Equation)[4] 表述：

$$\frac{\epsilon_r - 1}{\epsilon_r + 2} = \frac{N}{3\epsilon_0}\left(\alpha_e + \alpha_d + \frac{\mu^2}{3kT}\right) \tag{12.6}$$

式中，ϵ_0 是真空介电常数；N 是分子密度；k 是玻尔兹曼常量；T 绝对温度。如果分子极化可以减小，介电常数即可以相应减少。对于二氧化硅基的低 k 介质，减小介电常数的主要方法是用极性小的分子键替代材料网络中的 Si—O 键。表 12.3 给出了几种典型键合的极化率和键合能。

　　从表中的数据可以看出，C—C 键和 C—F 键的键合能离子极化率最低。它们使得含氟和不含氟的碳氢化合物成为低 k 的潜在候选材料。氟离子如果不能形成强健的键合，对金属是非常糟糕的沾污离子，而且含氟薄膜常常与金属的黏附性很差。因此，如今的低 k 材料实际使用碳掺杂制备。最极端的掺杂例子中，碳含量可以高达 90%，但这样的材料通常非常软，而且在很低的温度下就会分解。

　　形成低 k 材料的另一个，也是更有效的途径是在介质中引入空隙。因为空气或真空的介电常数最低，可以通过形成多孔的骨架材料来减小材料介电常数。这时，材料的 k 值就变成 [4]

$$\frac{\epsilon_r - 1}{\epsilon_r + 2} = P \cdot \frac{\epsilon_1 - 1}{\epsilon_1 + 2} + (1 - P) \cdot \frac{\epsilon_2 - 1}{\epsilon_2 + 2} \tag{12.7}$$

式中，ϵ_1 是孔中介质的介电常数；ϵ_2 是骨架的介电常数；P 是薄膜的空隙率。对

于空气而言, ϵ_1 等于 1, 上式简化为

$$\frac{\epsilon_r - 1}{\epsilon_r + 2} = (1 - P) \cdot \frac{\epsilon_2 - 1}{\epsilon_2 + 2} \tag{12.8}$$

对于大多数低 k 材料, 骨架仍是二氧化硅, 尽管可以通过不断增加孔隙率降低 k 值, 但孔隙率的增加不可避免地损害了材料的力学强度, 给互连集成工艺带来严重挑战。因此, 材料的力学强度方面的限制使增大空隙率来降低 k 值的空间十分有限。以著名的应用材料公司的 BD-II 为例, 空隙率在 24%, k 值在 2.52。

表 12.3 几种典型键合的极化率和键合能 [5,6]

键	极化率 /Å³	平均键合能 /(kcal/mole)
C—C	0.531	347.27
C—F	0.555	485.34
C—O	0.584	351.46
C—H	0.652	414.22
O—H	0.706	426.77
C=O	1.020	736.38
C=C	1.643	610.86
C≡C	2.036	836.8
C≡N	2.239	891.19
Si—C		451.5
Si—H		⩽ 299.2
Si—Si		326.8±10.0
Si—N		470±15
Si—O		799.6±13.4
Si—F		552.7±21
Si—Cl		406
Si—Br		367.8±10.0

12.3 铜互连技术需要解决的关键问题

本节介绍扩散阻挡层 (Diffusion Barrier)、大马士革工艺 (Damascene) 和低 k 材料图形化。

12.3.1 扩散阻挡层

引入铜互连可以提升电导率, 同时, 有效地抑制互连线中的电迁移效应, 从而改善互连结构的可靠性。但是, 引入铜互连也面临着巨大的工艺挑战。一个首先需要解决的问题是铜离子可能造成的可靠性问题。首先, 铜离子在硅材料中有很高的迁移率, 即使是在室温甚至低于室温的温度下, 它都能够迅速扩散 [6], 从而形成各种缺陷。其次, 铜原子在与硅材料接触时, 极易发生化学反应, 形成铜的硅化物 [7]。当铜离子进入硅晶格后, 会被晶格空穴俘获, 成为替代型离子缺陷, 从

而形成固定陷阱去俘获其他像氢离子这样的杂质，也可能成为间隙铜离子 [8−12]。而且，铜及其硅化物还会影响肖特基势垒高度及其随温度变化的特性 [13]。

铜不仅对硅材料是有害杂质，同时对 MOS 器件的栅介电层和金属线间介电层的可靠性也有严重的危害。当铜离子扩散进入 SiO$_2$ 基的介电层时，会引起漏电增加，击穿电压降低，从而大幅缩短器件寿命。实验表明 [14] 铜沾污对栅介质有两大危害：在超饱和条件下，富铜硅化物造成铜向氧化硅介电层的渗透；还有在相对低的温度下即形成透镜状铜硅化物。Shacham-Diamand 等 [15] 发现当铜扩散到 Si/SiO$_2$ 界面时，MOS 电容的漏电急剧增加。Gupta 等 [16] 发现铜在非晶态磷硅酸盐玻璃和含氢的氮化硅中都很容易扩散，在这两类常用的金属间介质材料中扩散的激活能分别只有 0.5 eV 和 1.1 eV。其他研究工作还包括铜在各类介质材料中扩散引起的漏电 [17]，铜在有机低 k 材料 [18−19] 和无机多孔低 k 材料 [20−22] 中的扩散行为，所有结果无一例外地表明铜对上述材料的危害性。如果不能有效地解决铜扩散对器件的破坏性影响，铜互连将不可能进入生产应用。

因此，需要分别找到一种不导电和导电的铜扩散阻挡层，对铜互连结构形成如图 12.10 所示的完全包裹。图中，上下两部分为由浅灰色的介电扩散阻挡层和深灰色的导电扩散阻挡层包裹的铜线，由圆柱形的铜通孔连接起来。如图 12.10(b) 所示，上下部分和通孔之间可以残存部分导电扩散阻挡层。铜结构的上面，是不导电的介电扩散阻挡层，也称帽层 (Cap Layer)。整个铜互连结构都由这两种扩散阻挡层包裹，使铜原子无法透过阻挡层扩散。

图例：
- 铜
- 介电扩散阻挡层
- 导电扩散阻挡层

(a)外观　　　　　　　　　　　　　　　　(b)截面

图 12.10　扩散阻挡层对铜互连结构形成的完全包裹

早期的铜互连研究的重要内容之一是寻找合适的扩散阻挡层。对介电扩散阻挡层的要求是材料要有好的绝缘性能，同时，铜原子在该材料中的扩散系数极低。Loke 等 [23] 比较了铜在各类介电材料中的扩散速率 (参见图 12.11)。从图 12.11 给出的扩散激活能的数值可见，等离子体增强化学气相淀积 (PECVD) 产生的氮氧化硅材料具有较高的扩散激活能 (∼1.39 eV)。这意味着铜在该材料中扩散的难度很大。此外，采用 CVD 技术生长的碳化硅 (SiC) 材料也是很好的具有铜扩散阻挡层特性的介电材料，可以用作铜互连的帽层。

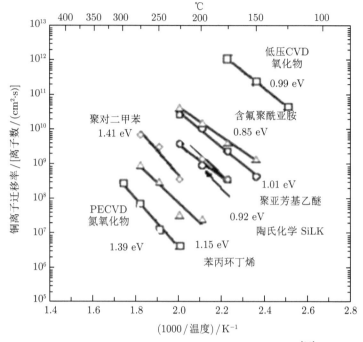

图 12.11 铜在各种介质材料中的扩散速率比较 [23]

与介电扩散阻挡层相比，导电扩散阻挡层的材料选择更为有限。研究发现 [24,25]，金属钛 (Ti)、钽 (Ta)、钨 (W) 及其氮化物具有较低的铜扩散系数。以钽和铜的系统为例，如图 12.12 中的 Ta-Cu 系相图所示，在该系统的熔点 (1083 ℃) 以下，铜和钽完全分相，铜在钽中的扩散系数极低 [26]。图 12.13 总结了文献 [27-31] 中给出的铜在 Ta 和 TaN 中的体扩散，和沿着表面与晶界扩散的激活能。从中可见，铜在 Ta 和 TaN 中的体扩散激活能相近，都在 2.2 eV 上下。这样的性质对用于扩散阻挡层来说是十分理想的。如果阻挡层不完整，比如存在孔洞，铜离子可以沿孔洞表面扩散，其激活能只有 0.83 eV。这样的孔洞将直接导致阻挡层失效和铜的渗漏。

除了对铜离子的扩散要有抑制特性之外，扩散阻挡层还要有好的氧离子扩散阻挡效应。铜金属很容易被氧化，如果扩散阻挡层没有抑制氧离子穿透的能力，介电材料中的氧就会扩散，并与铜互连结构接触，反应生成氧化铜，从而造成电阻上升和断路。Ta 和 TaN 对氧离子扩散有很好的抑制作用，满足作为导电扩散阻挡层在这方面的要求。PECVD 生成的氮化硅薄膜也有很好的抑制氧扩散的能力。

铜表面与金属间介电层的黏附性是铜互连需要面对的另外一项困难。如果铜互连结构与金属间介电材料之间的黏附性很差，界面剥离也会引起工艺和可靠性问题。因此，在选择铜扩散阻挡层的材料和工艺时，黏附性是必须考虑的重要问题。

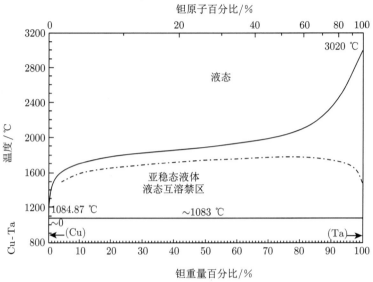

图 12.12　Ta-Cu 系相图[26]

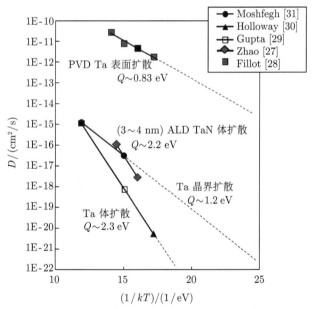

图 12.13　Ta 和 TaN 材料的铜离子扩散特性

　　基于上述考虑，最终工业界确定的铜互连技术中使用的铜扩散阻挡层是一个双层结构 Ta/TaN。从介电层到铜的材料排序依次为低 k/TaN/Ta/Cu(图 12.14)。这里需要指出，TaN 通常不是一比一配比的氮化钽，而是含有少量 N 的金属 Ta。

在 Ta 中加入 N 的目的是改善与低 k 材料的黏附性，而采用金属 Ta 与铜接触的考虑是基于这样的事实，即 Ta 与 Cu 有比 TaN 与 Cu 接触更好的黏附性，同时，由物理气相淀积 (PVD) 生长的铜籽晶层 (Cu Seed) 在金属 Ta 表面可形成更好的织构，有利于获得电阻率低的铜互连结构。这部分内容会在后面详细讨论。

图 12.14　金属间介电层与铜互连层之间的 TaN/Ta 扩散阻挡层结构

12.3.2　大马士革工艺

铜互连技术面临的另一个挑战在于传统的基于反应离子刻蚀的干法刻蚀技术无法对铜薄膜材料实现有效的刻蚀。事实上，硅基集成电路常用的干法刻蚀技术是基于反应气体产生的等离子体与薄膜材料反应，生成可挥发的反应产物后由真空泵抽出真空腔室而完成的。但是，绝大多数金属材料都缺少可以与之反应生成可挥发产物的气体。如果反应产物不可挥发，或挥发性不够好，将会在被刻蚀结构侧壁和底部生成难以去除的残留物。

为了解决这个核心问题，开发了一种称为 "大马士革工艺" 的方法来实现铜金属化。所谓大马士革工艺，是一种镶嵌工艺。它采用的工艺流程包括：先把金属间介电材料薄膜淀积到下层结构上；再采用光刻技术，定义出所需要的图案；然后在介电层上挖出铜互连结构 (比如沟槽)；把铜填充到沟槽之中；之后再采用平坦化技术，去除多余的铜；最后形成所需的互连结构。图 12.15 比较了采用铝互连时的工艺流程和铜大马士革工艺，可以清楚地看出传统的 "金属膜淀积/光刻/刻蚀/填充金属间介电层/平坦化" 的铝互连工艺与大马士革工艺的不同。

铜金属化中常使用两种大马士革工艺，单大马士革 (Single Damascene) 工艺和双大马士革 (Dual Damascene) 工艺。图 12.16 描述了一种为 180 nm 技术代开发的单大马士革工艺流程中 7 个步骤的器件剖面图，以给出对大马士革工艺的基本概念。图 12.16(a) 描述的是完成了前道晶体管制备流程和钨接触填充及其平坦化后的剖面。图中深黑色竖直结构是采用钨金属化制备的一深一浅两个钨接触塞，包含了一个 TiN/Ti 黏附层和金属钨。钨金属化的最后一步是 CMP。该步骤去除了在 CVD 淀积钨时溢出的钨和在 PVD 淀积 TiN/Ti 时在介电层表面形成的连续的导电黏附层，实现了表面平坦化。在该表面淀积一个很薄的 SiC 层和氧化物介质层，到达步骤 (b)。

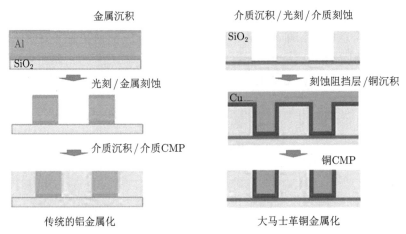

图 12.15　铝金属化与铜金属化的比较

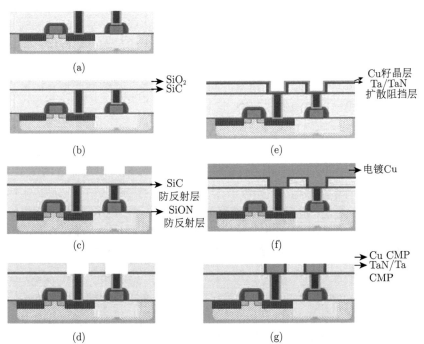

图 12.16　单大马士革工艺流程：(a) 完成钨 (W) 接触塞 CMP 后的剖面图；(b) 淀积 SiC 刻蚀阻挡层和氧化物介电层；(c) 光刻产生图形；(d) 通过干法刻蚀，将光刻图形转移到介电层中；(e) 淀积 TaN/Ta 扩散阻挡层和铜籽晶层；(f) 电镀铜金属层；(g) CMP 去除多余的铜和扩散阻挡层，完成单大马士革工艺

在氧化物薄膜涂覆光刻胶，进行曝光，显影后，到达 (c)。光刻胶层中由显影去除的部分可以是沟槽 (延伸方向垂直纸面)，或通孔 (竖直圆柱形)。干法刻蚀将光刻胶中的图形转移到介电层中，再去除光刻胶，到达 (d)。刻蚀采用两步刻蚀工艺，先采用能够刻蚀介电层而对 SiC 不敏感的刻蚀气体，去除介电层后，停止在 SiC 表面，再选用能够刻蚀 SiC 的气体，刻去 SiC，从而露出钨塞。之后，采用物理气相淀积 (PVD) 淀积 TaN/Ta 扩散阻挡层，和 Cu 籽晶层，到达 (e)。以 Cu 籽晶层作为电极，采用电镀填充铜，到达 (f)。采用铜 CMP 技术去除溢出的铜和介电层表面连通的导电扩散阻挡层，到达 (g)，即完成了一个单大马士革短流程。与接触塞相连的第一层铜线，简称 Metal-1 或 M1，就是用单大马士革工艺制造的。

在 M1 完成之后，为了简化工艺，节约成本，可以采用双大马士革工艺，将 M1 和 M2 之间的通孔和 M2 层的铜线，一次制造出来。图 12.17 描述了一种双大马士革工艺流程。从 M1 的最后一步 (图 12.16(g)) 出发，依次淀积 SiC、介电层、SiC、介电层，到达图 12.17 (a)。第一个介电层为通孔 (Via) 层，第二个介电层为沟槽层 (Trench)。之后，涂覆光刻胶，曝光，显影，实现通孔图形化，到达 (b)。干法刻蚀，将光刻图形转移到沟槽层中。到达 (c)。这步刻蚀为对沟槽层的选择性刻蚀，不刻蚀 SiC。去除光刻胶，到达 (d)。选两种光刻胶，其中一种没有光敏剂，作为底层 (Under Layer) 胶，另一种为含光敏剂的正常光刻胶，作为图形层 (Image Layer) 胶。先涂覆底层胶，同时将通孔填满。再在底层胶上涂覆图形层胶。而后，曝光，显影，在图形层形成沟槽图形，到达 (e)。选择性刻蚀底层胶，将之前形成的通孔图形和沟槽图形中的底层胶全部去除，到达 (f)。干法刻蚀，将沟槽层中的通孔图形转移到通孔层，同时，将光刻胶层中的沟槽图形转移到沟槽层。这一步刻蚀工艺比较复杂，首先，要选择性刻蚀去掉上层 SiC(沟槽层中已形成的通孔图形的底部的 SiC)，使通孔层的介电材料暴露出来；再选择性刻蚀介电层。这样，通孔层中形成通孔，沟槽层中形成了沟槽。由于两层下面都有 SiC 作为刻蚀阻挡层，保证了两层的刻蚀都有自限制 (Self-limited) 的特征。之后，再进行一步 SiC 的选择性刻蚀，就到达了 (g)。去除光刻胶，到达 (h)。PVD 淀积 TaN/Ta 扩散阻挡层和铜籽晶层，到达 (i)。电镀铜，到达 (j)。铜 CMP，到达 (k)，完成双大马士革短流程。双大马士革工艺通过巧妙的设计流程，大幅简化了工艺，只需要一步刻蚀工艺，即完成两层图形刻蚀。同时，整个金属化过程，包括刻蚀阻挡层、电镀和 CMP 也都实现一步完成。

在上述大马士革工艺中使用的 SiC 有两个作用，其一是作为制造过程中的刻蚀停止层 (Etch Stop Layer, ESL)，使得介电层的刻蚀，特别是双大马士革工艺中介电层的刻蚀具有了自限制的特性，保证工艺在整个晶圆上的一致性。此外，该薄膜材料还起到介电铜刻蚀阻挡层的作用，成为铜线的帽层，阻止铜的扩散。

需要指出的是，双大马士革工艺有很多种变异，但其基本概念均与上述流程

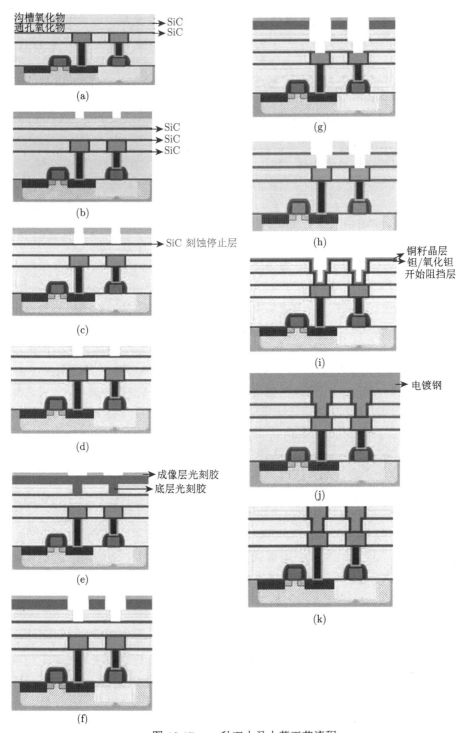

图 12.17　一种双大马士革工艺流程

相似，只是在先做通孔还是先做沟槽，是采用两个刻蚀停止层还是采用刻蚀时间控制刻蚀深度等细节上有所不同。上面给出的例子就是一种先沟槽工艺流程。

12.3.3 低 k 材料

如前所述，低 k 与铜互连结合，可以使互连寄生电阻和电容造成的延迟大幅降低。如 12.2 节中所述，要获得介电常数低于二氧化硅的介电材料，可以采用在二氧化硅中掺杂碳原子和氟原子的方法，通过形成 C—C 键和 C—F 键来改变材料的极化性质，获得低介电常数。更有效的方法是在介电材料中生成空隙，改变材料整体的极化性质，降低平均介电常数。目前市场上提供的低 k 材料有很多不同的种类，在化学组成、空隙尺寸分布和淀积方法上各有特点。下面列出了主要低 k 材料的种类 [32]。

SiO 衍生物

- F-掺杂氧化硅 (FSG)：$k = 3.3 \sim 3.9$；
- C-掺杂氧化物 (SiCOH)：$k = 2.8 \sim 3.5$；
- 多孔碳掺杂氧化物 (SiCOH)：$k = 1.8 \sim 2.8$.

有机物

- 聚酰亚胺 (Polyimide)：$k = 3.0 \sim 4.0$；
- 芳烃类聚合物 (Aromatic Polymer)：$k = 2.6 \sim 3.2$；
- 聚四氟乙烯 CFx (teflon) $k = 1.9 \sim 2.1$；

多孔氧化物

- 干凝胶 (Xerogel)/气凝胶 (Aerogel) $k = 1.8 \sim 2.5$；
- 空气 $k = 1.0$.

目前市场上广泛使用的低 k 材料以碳掺杂氧化物为主。表 12.4 给出了美国应用材料公司 (AMAT) 的产品特性和对应的应用技术代。

表 12.4 美国应用材料公司的低 k 产品特性

品名	化学组成	k 值	应用的技术代
FSG	掺氟氧化硅	3.6	130 nm/90 nm
Blackdiamond I	掺碳氧化硅	3.0	90 nm/65 nm/45 nm
Blackdiamond II	掺碳氧化硅 + 空隙	2.5	28 nm/22 nm
Blackdiamond III	掺碳氧化硅 + 优化空隙	2.4	14 nm/10 nm

对于掺杂 F 和 C 的氧化物，直接采用含 F 或 C 的前驱体由等离子体增强化学气相淀积 (PECVD) 技术淀积而成。图 12.18 给出了常见的掺碳致密氧化硅基低 k 的结构示意图。多孔材料的制备，采用两种前驱体由 PECVD 淀积，其一为基体前驱体，其二为发泡剂前驱体。在淀积薄膜中，发泡剂均匀地分布在基体中，形成一个连续的第二相。在一定温度下，用紫外线 (UV) 照射处理，使第二相由固态转变成气态，挥发，留下一个含有空隙的基体相。图 12.19 给出了掺碳

多孔氧化硅基低 k 的结构示意图。这个薄膜的 k 值，取决于基体的介电常数和空隙率。以应用材料公司的 BD-Ⅲ 材料为例，介电常数可低达 2.4。采用介电常数更低的金属间介质，可以有效减小 RC 延迟。图 12.20[33] 给出了一个采用 BD-Ⅲ 替代 BD-I，在 45 nm 技术代器件中将延迟减小 20% 的实例。

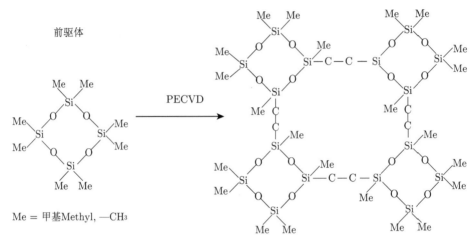

图 12.18　掺碳致密氧化硅基低 k 的结构示意图

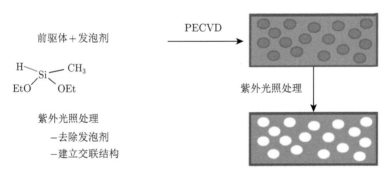

图 12.19　掺碳多孔氧化硅基低 k 的结构示意图

低 k 技术最大的挑战是如何在增加空隙率以降低介电常数和保持足够大的力学强度之间保持平衡。随着空隙率的增加，力学强度不可避免地降低。表 12.5 给出了不同 k 值的低 k 材料的力学强度范围。可以看出，通过增加空隙率降低 k 值的能力是有限度的。

表 12.5　低 k 材料的介电常数与杨氏模量范围

介电常数	2.7~2.89	2.9~3.1	3.2~3.4
杨氏模量 E/GPa	8~10	13~16	23~26

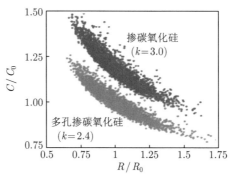

图 12.20 采用不同种类低 k 材料的器件电学表现 [33]

为了获得尽可能低的金属间介电常数, 气隙 (Air Gap) 的概念近年已引入实际生产。通过特殊的工艺控制, 制造出在金属连线之间只存在空气的互连结构。Intel 公司网站给出了如图 12.21 所示的互连结构, 其中在 M4 和 M6 中使用了气隙结构 (图中白色的结构)。采用气隙, 可以使金属间介电常数降低到接近 1 的水平, 大大减小了电路的寄生电容。

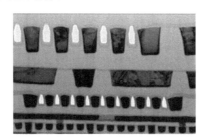

图 12.21 Intel 14 nm 技术代中在 M4 和 M6 层中的气隙 (引自 Intel 网页)

采用低 k 材料还需要解决在工艺过程中产生等离子体损伤的问题 [34,35]。在对低 k 材料进行等离子体刻蚀时, 等离子体使刻蚀气体离化、激发和分解, 产生有一定动能的离子、电子、紫外和红外线及有高度反应活性的基团。为了规避带电粒子和光子的影响, 可以采用远区等离子体 (Remote Plasma)。为了防止带电离子轰击被刻蚀材料表面, 会在等离子体和衬底之间设置网格以阻挡带电离子。理想状态下, 只有反应基团、分离的分子和原子能够到达衬底表面。但在实际的刻蚀工艺中, 总会有少量的离子和光子 (紫外和红外) 到达衬底。对于低 k 材料, 由于力学强度极弱, 很容易造成损伤, 使 k 值增大, 造成薄膜收缩和表面层致密化。在如图 12.17 所示的双大马士革工艺流程的大部分刻蚀工艺中, 在低 k 上表面都有刻蚀阻挡层, 可以对低 k 材料起到遮蔽作用, 使之免于等离子体损伤。但在从 (e) 到 (f) 的工艺步骤中, 对底层光刻胶作等离子体去除时, 低 k 会暴露在等离子体中。图 12.22 中氧等离子体刻蚀条件对 k 值影响的实验数据清楚地展示了等离子体损伤。低 k 的 k 值增大的原因主要是含氧的等离子体消耗了低 k 材料中 OH 基，从而改变了材料的表面特性，使之由厌水表面变成亲水表面，迅速吸附 k 值高的水，造成材料 k 值增大。水吸附不仅造成 k 值增大，更会造成电路可靠性的下降。为避免上述损伤，可采用远区 H_2—基等离子体去胶。远区等离子可以最大限度地避免带电粒子和光子的轰击，而氢基的反应气体不会产生亲水表面，从而有效避免损伤。还可以采用在低 k 表面增加 TiN 等硬掩膜的办法，使低 k 的上表面与等离子体隔离。这样，即使使用了氧基的等离子体，也可以避免发生损伤 [36]。

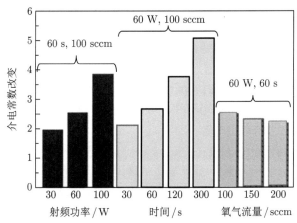

图 12.22   氧等离子去胶造成的低 k 损伤 (根据 [34] 数据重新制图)

1sccm= 每分钟标准毫升

在大马士革工艺的各步刻蚀中，即使有刻蚀阻挡层遮挡，在横向也会造成较薄的损伤层。在尺寸持续微缩时，该横向损伤也会造成一定的问题。目前，开发出无侧面损伤的刻蚀工艺依然处于研发之中。

12.4   铜/低 k 互连工艺

本节介绍扩散阻挡层和铜籽晶层的淀积 (Deposition of Barrier/Seed)、铜电镀 (Cu Plating) 和化学机械平坦化。

12.4.1   扩散阻挡层和铜籽晶层的淀积

铜金属化的核心任务之一是在介质中生成的沟槽或 (和) 通孔内填充扩散阻挡层和铜。首先需要在暴露的介质表面淀积一层 TaN/Ta 作为扩散阻挡层，再在阻挡层表面淀积一层铜薄膜作为铜籽晶层。铜籽晶层在后续的电镀工艺中首先起到阴极的作用，在电场的作用下，带正电荷的铜离子向阴极运动，淀积在阴极表面。在此淀积过程中，淀积层的晶粒尺寸和生长取向都受到籽晶层表面形态的影响。

在目前的铜金属化阻挡层/籽晶层 (简称 B/S) 短流程中,采用群簇式 PVD 机台,在同一真空系统内依次完成 TaN-Ta-Cu 三层薄膜的淀积。一个典型的铜金属化 PVD 机台包括一系列不同的腔室,如图 12.23 所示。工艺腔室通常包括脱气腔室 (Degas Chamber)、预清洗腔室 (Preclean Chamber)、TaN/Ta 溅射腔室和 Cu 籽晶层溅射腔室。在一个典型的 B/S 短流程中,晶圆由机械手载入中央传输模块后,首先进入脱气腔室,在一定的温度和真空度下,进行脱气处理,使表面吸附的气体从表面脱离;之后,进入预清洗腔室,在含氢的等离子体的作用下,将晶圆上的铜结构表面的自生氧化物 (Native Oxide) 中的氧去除,获得清洁的铜表面;之后,进入 TaN/Ta 溅射腔室,淀积 TaN/Ta 扩散阻挡层;最后,进入铜籽晶层腔室,淀积一层铜金属薄膜。淀积扩散阻挡层的工艺包括至少两个不同的步骤。首先,在进行 TaN 淀积时,以 Ta 为靶材,同时,通入一定量氮气,使淀积的 Ta 薄膜含有少量 N。TaN 膜层为掺入少量 N 的 Ta 金属膜层,因此也记为 Ta(N),以区别于满足化学配比 (1:1) 的 TaN。Ta(N) 与金属间介质的黏附性好,但仍保持与金属 Ta 相近的电学特性。之后,不再通入氮气,淀积纯 Ta 薄膜。

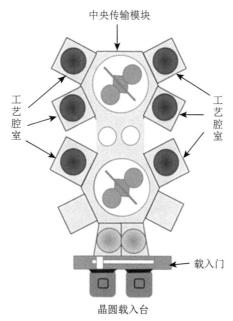

图 12.23　群簇式 PVD 机台俯视示意图

PVD 淀积扩散阻挡层的难点在于如何实现对沟槽和通孔侧壁的完整覆盖。因为 PVD 淀积是有方向性的,从上到下的淀积速率要比横向的淀积速率大得多。如果无法对侧壁形成完整覆盖,就无法达到阻挡铜扩散的功能。图 12.24(a) 给出了单步 PVD 可能造成的上部狭窄 (锁颈) 和侧壁覆盖不完整性示意图。为了减小锁颈，改善侧壁覆盖，在 PVD 淀积菜单中，有意插入 "再溅射" 步骤，即给等离子体加偏压，如图 12.24(b) 所示，使之从上向下轰击。跟 PVD 过程中用离子轰击 PVD 靶材，使靶材表面原子从表面剥离的所谓溅射过程相似。这种由偏压驱动的离子会把图 12.24(a) 中淀积的原子当成靶子，进行所谓的 "再溅射"(Re-Sputtering)。其结果是，锁颈在一定程度上被轰平，沟槽底部的原子被重新溅射成蒸气，淀积到沟槽侧壁上，大幅改善了侧壁覆盖率。

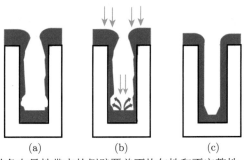

(a)　　　　　　(b)　　　　　　(c)

图 12.24　(a) PVD 的各向异性带来的侧壁覆盖不均匀性和不完整性；(b) 再溅射；(c) 再溅射对阻挡层轮廓线的修正效果

在阻挡层 PVD 完成之后，晶圆被送入铜 PVD 腔室，用相似的工艺做铜 PVD。其原理和过程与阻挡层相似。

12.4.2　铜电镀

在完成 PVD 铜籽晶层淀积之后，晶圆可以送入电镀设备做铜膜生长。此时，PVD 铜籽晶层将作为电镀的阴极。电镀设备工作原理如图 12.25 所示。在电镀设备中，阳极的金属铜在硫酸中被氧化，形成铜离子 Cu^{2+}。铜离子 Cu^{2+} 在电场的作用下，向阴极移动，以 PVD 籽晶层作为铜生长的成核层，与两个电子结合，被

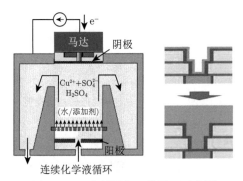

图 12.25　电镀设备工作原理示意图

还原成金属铜，实现在阴极表面的生长。在电镀过程中，晶圆在不断旋转，电镀液在连续循环使用。电镀反应方程如下：

$$\text{溶解：} \quad CuSO_4 \Longrightarrow Cu^{2+} + SO_4^{2-}$$

$$\text{还原：} \quad Cu^{2+} + 2e^- \Longrightarrow Cu \qquad \text{(阴极)} \qquad (12.9)$$

$$\text{氧化：} \quad Cu \Longrightarrow Cu^{2+} + 2e^- \qquad \text{(阳极)}$$

在铜互连电镀液中，除了 $CuSiO_4$ 外还有各种添加剂。添加剂包含有机分子和氯化物离子。它们会吸附于铜表面，改善电镀均匀性，使电镀铜在沟槽和通孔中实现自下而上的填充，同时控制铜的晶粒尺寸。添加剂包括加速剂、抑制剂、氯化物离子和平整剂等。其中加速剂吸附于铜表面，参与电荷交换反应，加速电镀层生长；表面平整剂可抑制表面前凸体的生长；抑制剂吸附于铜表面，隔离铜籽晶层表面和电镀液，抑制电镀发生；氯化物则吸附于阳极表面，可起到促进阳极溶解的作用。图 12.26 给出了一个通过底部加速剂集中，实现对大马士革沟槽或通孔由下到上的电镀填充的例子 [37,38]。

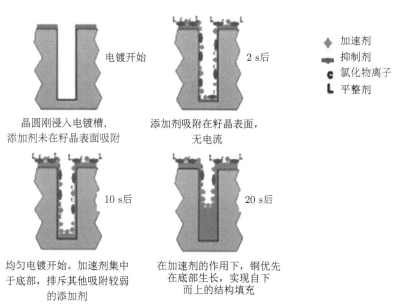

图 12.26　电镀液中添加剂工作原理 [37,38]

采用以铜籽晶层作为电极的电镀工艺实现大马士革铜填充是从 90 nm 到目前的 14 nm 技术代的主流工艺。其优点在于电镀可实现自下而上的完美填充，与低 k 介质有很好的工艺兼容性，易形成 (111) 方向的织构，因此有利于获得好的电导率，而且，电镀铜有所谓的"自退火 (Self-annealing) 效应"[39]，可形成大的铜晶体颗粒，有利于降低材料电阻率。图 12.27 给出了一个自退火样品的实例。在室温下，经过不同时间静置后，样品中晶粒明显增大。

(a) $t=2$ h　　　　　　(b) $t=1$ 天　　　　　　(c) $t=60$ 天

图 12.27　电镀铜薄膜中的自退火效应：室温下放置，晶粒尺寸随时间增大 [39]

采用 PVD 铜籽晶层作为电极的电镀工艺，对籽晶层的厚度均匀性有较高要求。如果籽晶层不连续，就可能造成电镀填充失败。在大马士革结构尺寸不断缩小的情况下，PVD 形成连续籽晶层的工艺困难不断增加。由于 PVD 是目前唯一成熟的淀积铜籽晶层的方法，业界也在考虑直接在 Ta 阻挡层上电镀铜 [40,41]，或采用其他电阻率更低的金属，特别是可以用化学气相淀积 (CVD) 或原子层淀积 (ALD) 制备的金属，如钴 (Co)[42]、钌 (Ru)[43] 等，替代 Ta 作为阻挡层，并以此为电极直接电镀铜。这类电镀工艺称为无籽晶层铜电镀 (Seedless Cu Plating)。尽管很多实验给出了无籽晶电镀填充大马士革结构的实例，实验表明 [39] 无籽晶电镀铜的晶粒尺寸与普通电镀铜有很大差异。如图 12.28 所示，无籽晶电镀的铜晶粒尺寸比电镀工艺获得的铜小很多。这种晶粒尺寸上的差异不仅降低了铜大马士革互连的电导率，而且，在电迁移特性上，前者也要差很多。出于上述电镀铜质量的考虑，无籽晶铜电镀并未真正进入实际生产。

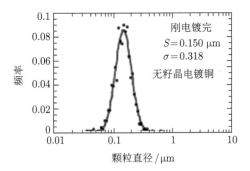

刚电镀完
$S=0.150$ μm
$\sigma=0.318$
无籽晶电镀铜

频率

颗粒直径/μm

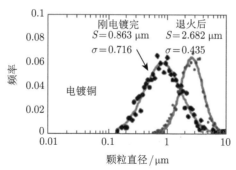

图 12.28　无籽晶电镀与铜籽晶电镀晶粒尺寸上的差异 [39]

12.4.3　化学机械平坦化

在完成电镀步骤之后，需要去除溢出的电镀铜和两个大马士革结构之间连续的铜和导电的扩散阻挡层 (图 12.16 中从 (f) 到 (g); 图 12.17 中从 (j) 到 (k))。这个步骤需要采用 CMP 工艺完成。图 12.29 给出了一个 CMP 设备的工作原理示意图。在 CMP 设备中，晶圆背面附着在载盘上，表面向下，倒扣在覆盖着研磨垫的研磨盘上。研磨垫上表面有凹凸不平的显微结构。图 12.30 给出了一种研磨垫表面结构设计的实例。在 CMP 工作时，如图 12.29 右图所示，抛光液由滴管滴在研磨垫表面。通常，抛光液是由固体研磨颗粒和氧化剂 (Oxidizer)，抑制剂 (Inhibitor) 和螯合剂 (Chelating Agent) 等化学添加剂组成的胶体 [44]。

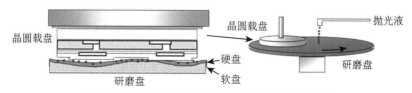

图 12.29　化学机械平坦化设备工作原理示意图

CMP 简单地说包括机械抛光和化学腐蚀两种机理。机械抛光是由固体颗粒对晶圆表面材料做研磨去除。研磨液中的固体颗粒滴到研磨垫上，在研磨盘旋转产生的离心力作用下，均匀地涂覆在研磨垫表面。由于研磨垫表面有凹凸不平的结构 (图 12.30)，固体颗粒会填充在表面凹陷区。工作时，晶圆和研磨盘都在不断转动，因此，晶圆表面与研磨垫表面始终有相对运动。为了保证材料去除速率的均匀性，需要尽可能保证载盘各个部位受力均匀。

铜 CMP 抛光液中最常用的研磨颗粒为 Al_2O_3。它在 Cu 与 Ta/TaN 之间有很好的选择性，在完成 Cu 研磨之后，会停在阻挡层上。SiO_2 也是常用的铜研磨颗粒，特别是在后期开发的两步 CMP 工艺中，作为第二步的主磨颗粒。其缺点是对阻挡层的选择性不如 Al_2O_3，需要添加辅助化学品阻止对阻挡层的侵蚀。

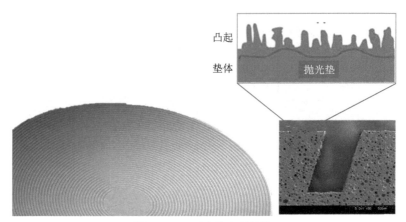

凸起

垫体　　　　　　　　　　抛光垫

图 12.30　研磨垫表面结构

铜 CMP 中常用的氧化剂有 H_2O_2、$K_2S_2O_8$ 和 $Fe(NO_3)_3$，它们的水溶液对铜有很强的化学腐蚀作用。抑制剂使用苯并三唑 (BTA，Benzotriazole，$C_6H_5N_3$)。它是著名的铜金属抗氧化剂，会吸附在铜表面，形成防止铜进一步腐蚀的钝化层。钝化层的作用是防止材料腐蚀去除速率过高，避免由去除速率不均匀造成的局部凹陷等缺陷。早期的铜 CMP 研磨液为酸性研磨液，对铜的去除效率很高，不需要使用螯合剂来增加去除效率。因此，铜 CMP 工艺过程可以简单地描述为化学腐蚀一层铜后，在抑制剂的作用下，在表面迅速形成钝化层，阻止铜进一步氧化；之后，固体颗粒研磨去除钝化层，开始下一轮的腐蚀、钝化、研磨过程。酸性研磨液的铜去除效率很高，但在工艺过程中，容易造成缺陷。为了克服上述困难，又开发了中性和碱性研磨液。在这些 pH 大于 6 的研磨液中，铜的腐蚀效率很低，开始需要使用螯合剂来增加去除效率。同时，在这些非酸性研磨液中，腐蚀过程中会形成氢氧化铜，在 CMP 表面形成沉淀，甘氨酸 (Glycine) 抑制剂有在铜表面形成钝化保护层的能力，而螯合剂则有提高铜去除速率的作用。

CMP 是非常复杂和困难的工艺步骤，处理不当，会造成各种各样的工艺缺陷，影响产品良率。图 12.31 给出了常见的 CMP 缺陷和产生的原因。划痕和凹陷可能与磨料中的不良颗粒有关，通孔塞中空可能与电镀工艺不当有关，而金属的连通和塞凹陷 (Plug Recess) 则与 CMP 的工艺终点设置不当有关。前者停止过早，后者停止过晚。剩余磨料和表面颗粒显然是磨后清洗能力不足造成的。

在铜 CMP 工艺过程中，还可能产生如图 12.32 所示的凹陷缺陷。由于介质和金属的硬度和在磨料中的腐蚀速率不同，会有不同的去除速率，造成铜结构的凹陷。软性研磨垫造成的凹陷比硬性研磨垫大。可以用增加研磨垫硬度的办法，减少凹陷。但由于大尺寸的晶圆会存在弯曲现象，过硬的研磨垫会造成整个晶圆在径向方向上的非均匀性。因此，研磨垫既不宜过软，也不宜过硬。

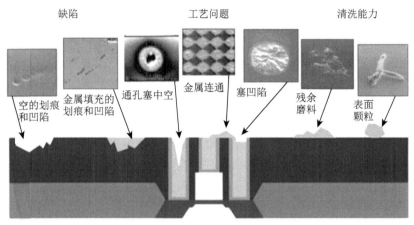

图 12.31　常见的 CMP 缺陷

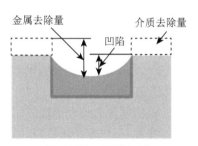

图 12.32　凹陷问题

CMP 的平坦化效果还有所谓的"载荷效应"(Loading Effect)。由于铜结构和金属间介质的硬度有较大差异，单位面积上两者的比例不同，所以材料的去除速率不同。为了避免载荷效应，在设计图形时，可以在铜结构过少的区域有意增加一些假 (Dummy) 的铜结构，以平衡不同区域的铜/介质的比率，提升 CMP 的一致性。目前，已有商用的 EDA 工具指导掩模设计者通过增加假结构来优化 CMP 工艺。

12.5　小结和展望

基于大马士革工艺的铜/低 k 互连技术从 90 nm 技术代开始进入量产，已经历了 6 个技术代。随着前道工艺中晶体管特征尺寸的不断微缩，需要有更多的金属互连层来满足微缩后布线的要求，因此，互连工艺在整个晶圆制造中的比例还在不断上升。从生产的稳定性上考虑，本章介绍的内容作为主流工艺满足了长期的生产需求。即使未来有新的互连技术引入实际生产，从生产成本上考虑，也只会在关键层工艺中替代铜/低 k 互连。在绝大部分的后道工艺中，铜/低 k 互连仍然占据着不可替代的地位。

随着 CMOS(无论是 14 nm 技术代之前的平面 MOSFET 还是其后的 Fin-FET) 尺寸的持续微缩，基于铜/低 k 的集成电路后道工艺应对新技术代关键层的能力也趋于物理极限。要使摩尔定律得以延续，就必须找到新的替代性解决方案，满足新技术代关键互连层的需求。这是集成电路技术研发领域中重要的内容之一。这些正在进行中的研发包括采用新型铜扩散阻挡层替代传统的 Ta/TaN 以减少阻挡层厚度、提高扩散阻挡层效率的工艺方案；优化铜的 PVD 技术或添加第二种金属层以改善籽晶层的台阶覆盖率和晶圆内均匀性的努力；采用 PVD 或 CVD 技术直接填充大马士革结构以取代电镀的方案；采用 Co 或 Ru 在关键层替代铜的全新的互连技术；采用气隙取代低 k 金属间介质的方案；等等。这些创新性成果将在未来解决现有 Cu/低 k 互连技术在应对器件尺寸持续微缩时存在的困难，同时，丰富我们对于后端工艺中科学问题的认识。这些内容将在未来教材的版本更新时得到体现。

习　题

(1) 图 12.17 给出了一种双大马士革铜互连工艺流程，先沟槽工艺 (Trench First)。还可以采用先通孔工艺 (Via First)，即先做通孔光刻，再做沟槽光刻的双大马士革工艺。试画出先通孔工艺的流程。

(2) 在一项关于 TaN 刻蚀阻挡层失效机理的研究工作中，实验工作者把足够厚的铜淀积到 TaN/Si 晶圆上，形成 Cu/TaN/Si 结构。已知 TaN 厚度为 4 nm，检测在不同热处理温度下出现 CuSi 的时间，即恒源扩散条件下，Cu 穿透该 TaN 膜层的时间。在 450℃ 得到的 $t = 12$ min。根据恒源扩散公式 $C/C_0 = 1 - \mathrm{erf}(x/2\sqrt{Dt})$，式中，$C$ 为膜层中深度为 x 处的铜的浓度，C_0 为表面处铜的浓度，D 为扩散系数。

① 求出该温度下的 D；

② 求出该膜层的扩散活化能 E_a。

(3) 以开放性思维，为下面的工艺困难设计解决方案：

① 有一排利用单大马士革工艺形成的平行铜线 (图 12.33)，线宽为 20 nm，设计一个工艺，形成如图 12.33 所示的气隙工艺。

图 12.33　平行铜线

② 在传统的铜互连工艺中，采用 Barrier/Seed 加电镀的方案填充大马士革结构。但未来需要解决空隙高宽比太小带来的困难 (图 12.34)。如果采用 ALD 直接填充，可以很好地实现小尺寸结构的填充，但电路中还存在许多大尺寸结构，如果也采用 ALD，则耗时太长，如何解决？

图 12.34   不同高宽比空隙截面

③ CMP 工艺的一个大的困难是不知道研磨过程中剩余膜层的厚度，设想一个方案，对剩余膜层的终点做出检测。

④ 用铜替代铝互连，有助于抑制电迁移和应变迁移从而实现提升互连结构可靠性的目的。表 12.2 给出了铜和铝金属的一系列与原子迁移有关的物理性质。如果铜互连结构未来也无法满足可靠性要求，是否可以找到更好的金属替代铜互连？应该沿着什么思路对材料做筛选？

参 考 文 献

[1] Blech I A, Herring C. Stress generation by electromigration. Applied Physics Letter, 1976, 29: 131-133.

[2] Korhonen M A, Brgesen P, Tu K N, et al. Stress evolution due to electromigration in confined metal lines. Journal of Applied Physics, 1993, 73: 3790-3799.

[3] Black J R. Mass transport of aluminum by momentum exchange with conducting electrons. Proceedings of IRPS, Los Angeles, CA, 1967: 148-159.

[4] Maex K, Baklanov M R, Shamiryan D, et al. Low dielectric constant materials for microelectronics. Journal of Applied Physics, 2003, 93(11): 8793-8841.

[5] Morgen M, Ryan E T, Zhao J H, et al. Low dielectric constant materials for ULSI interconnects. Annual Review of Material Science, 2000, 30: 645-680.

[6] Lide D R. CRC Handbook of Chemistry and Physics. 81st ed. Boca Raton, FL: CRC Press, 2000: Chapter 1.

[7] Weber E R. Transition metals in silicon. Appl. Phys. A Solids Surfaces, 1983, 30(1): 1-22.

[8] Keller R, Deicher M, Pfeiffer W, et al. Copper in silicon. Phys. Rev. Lett., 1990, 65(16): 2023-2026.

[9] Istratov A A, Weber E R. Physics of copper in silicon. J. Electrochem. Soc., 2002, 149(1):G21-G30.

[10] Estreicher S K. First-principles theory of copper in silicon. Mater. Sci. Semicond. Process., 2004, 7(3): 101-111.

[11] Bracht H. Copper related diffusion phenomena in germanium and silicon. Mater. Sci. Semicond. Process., 2004, 7(3): 113-124.

[12] Knack S. Copper-related defects in silicon. Mater. Sci. Semicond. Process., 2004, 7(3): 125-141.

[13] Aboelfotoh M O, Cros A, Svensson B G, et al. Schottky-barrier behavior of copper and copper silicide on N-type and P-type silicon. Phys. Rev. B, 1990, 41(14): 9819-9827.

[14] Wendt H, Cerva H, Lehmann V, et al. Impact of copper contamination on the quality of silicon oxides. J. Appl. Phys., 1989, 65(6): 2402-2405.

[15] Shacham-D Y, Dedhia A, Hoffstetter D, et al. Reliability of copper metallization on silicon-dioxide. Proceedings Eighth International IEEE VLSI Multilevel Interconnection Conference, IEEE, 1991: 109-115.

[16] Gupta D, Vieregge K, Srikrishnan K V. Copper diffusion in amorphous thin films of 4% phosphorus-silcate glass and hydrogenated silicon nitride. Appl. Phys. Lett., 1992, 61(18): 2178-2180.

[17] Raghavan G, Chiang C, Anders P, et al. Diffusion of copper through dielectric films under bias temperature stress. Thin Solid Films，1995, 262(1-2): 168-176.

[18] Loke A L S, Wetzel J T, Townsend P H, et al. Kinetics of copper drift in low-k polymer interlevel dielectrics. IEEE Trans. Electron Devices, 1999, 46(11): 2178-2187.

[19] Du M, Opila R L, Donnelly V M, et al. The interface formation of copper and low dielectric constant fluoro-polymer: Plasma surface modification and its effect on copper diffusion. Journal of Applied Physics, 1999, (85): 1496.

[20] Rogojevic S, Jain A, Gill W N, et al. Interactions between nanoporous silica and copper. J. Electrochem. Soc., 2002, 149(9): F122.

[21] Lanckmans F, Maex K. Use of a capacitance voltage technique to study copper drift diffusion in (Porous) inorganic low-k materials. Microelectron. Eng., 2002, 60(1-2): 125-132.

[22] Chen C, Liu P T, Chang T C, et al. Cu-penetration induced breakdown mechanism for a-SiCN. Thin Solid Films，2004, (469-470): 388-392.

[23] Loke A L S, Wetzel J T, Ryu C, et al. Copper drift in low-k polymer dielectrics for ULSI metallization. 1998 Symposium on VLSI Technology Digest of Technical Papers, 1998: 26-27.

[24] Loh S W, Zhang D H, Li C Y, et al. Study of copper diffusion into Ta and TaN barrier materials for MOS devices. Thin Solid Films, 2004, 462-463: 240-244.

[25] Zeng Y, Russell S W, McKerrow A J, et al. Effectiveness of Ti, TiN, Ta, TaN, and W_2N as barriers for the integration of low-k dielectric hydrogen silsesquioxane. J. Vac. Sci. Technol. B: Microelectron. Nanom. Struct., 2000, 18(1): 221.

[26] Subramanlan P R, Laughlin D E. The Cu-Ta (copper-tantalum) system. Bulletin of Alloy Phase Diagrams, 1989, 10(6): 652.

[27] Zhao C, Tokei Zs, Haider A, et al. Failure mechanisms of PVD Ta and ALD TaN barrier layers for Cu contact applications. Microelectronic Engineering, 2007, 84: 2669-2674.

[28] Fillot F, Tokei Z, Beyer G P. Surface diffusion of copper on tantalum substrates by Ostwald ripening. Surf. Sci., 2007, 601(4): 986.

[29] Gupta D. Diffusion in several materials relevant to Cu interconnection technology. Materials Chemistry and Physics, 1995, (41): 199.

[30] Holloway K, Fryer P M, Cabral C, et al. Tantalum as a diffusion barrier between copper and silicon: Failure mechanism and effect of nitrogen additions. J. Appl. Phys., 1992(71): 5433.

[31] Moshfegh A Z, Akhavan O. Bias sputtered Ta modified diffusion barrier in Cu/Ta(Vb)/Si(111) structures. Thin Solid Films, 2000, 370: 10-17.

[32] Kang S Y. Black Diamond Low-k to Ultralow-k and Beyond. ADMETA 2018, Tutorial, Beijing, 2018.

[33] Narasimha S, Onishi K, Nayfeh H M, et al. High performance 45 nm SOI technology with enhanced strain, porous low-k BEOL, and immersion lithography. IEDM Tech. Dig., 2006: 689.

[34] Cheng Y-L, Lee C-Y, Haung C-W. Plasma damage on low-k dielectric materials// Jelassi H, Benredjem D. Plasma Science and Technology — Basic Fundamentals and Modern Applications. London: IntechOpen Limited, 2018.

[35] Baklanov M R, Marneffe D J-F, Shamiryan D, et al. Plasma processing of low-k dielectrics. J. Appl. Phys., 2013, 113(4): 4-344.

[36] Annapragada R, Bothra S. Low-k integration issue for 0.18 μm devices. ECS Proceeding, 1998, (6): 178.

[37] Reid J, Mayer S, Broadbent E, et al. Factors influencing damascene feature fill using copper PVD and electroplating. Solid-State Technol., 2000, 43: 86-94.

[38] Josell D, Wheeler D, Huber W H, et al. A simple equation for predicting superconformal electrodeposition in submicrometer trenches. Electrochem. Soc., 2001, 148: C767.

[39] Lee H. Microstructure Study of Electroplated Copper Films for ULSI Metal Interconnections. Ph.D Thesis, Stanford University, 2001.

[40] Starosvetsky D, Sezin N, Ein-Eli Y. Seedless copper electroplating on Ta from a "single" electrolytic bath. Electrochimica Acta, 2010, 55: 1656-1663.

[41] Starosvetsky D, Sezin N, Ein-Eli Y. Seedless copper electroplating on Ta from an alkaline activated bath. Electrochimica Acta, 2012, 82: 367-371.

[42] Croes K, Adelmann C, Wilson C J, et al. Interconnect metals beyond copper: Reliability challenges and opportunities. Conference: 2018 IEEE International Electron Devices Meeting (IEDM), in IEDM Tech. Dig., 2018, 18-111: 5.3.1.

[43] Moffat T P, Walker M, Chen P J, et al. Electrodeposition of Cu on Ru barrier layers for damascene processing. Journal of Electrochemical Society, 2006, 153(1): C37-C50.

[44] Krishnan M, Nalaskowski J W，Cook L M. Chemical mechanical planarization: Slurry chemistry, materials and mechanisms. Chem. Rev., 2010, 110(1):178-204.

第 13 章　特殊器件集成技术

殷华湘

本章介绍多种特殊半导体器件和集成电路的工作原理、关键技术与集成工艺，包括绝缘体上硅 (SOI) 集成电路、双极和 BiCMOS 集成电路、硅基存储器、化合物半导体器件与电路以及薄膜晶体管等。

13.1　SOI 集成电路技术

本节针对特殊的 SOI 集成电路从器件类型与工作原理、器件与电路特性优势、衬底材料生长方法和集成制造工艺等方面开展全面介绍。

13.1.1　SOI 器件类型和工作原理

绝缘体上硅 (SOI) 是一类特殊的硅基 CMOS 集成电路。SOI 器件的基本特点是硅基沟道与衬底存在一层绝缘介质层，为 MOS 场效应晶体管带来许多特殊的电学特性。不同器件的结构与工作原理如图 13.1 所示。SOI 器件可分为部分耗尽 (PD) 和全耗尽 (FD) 两种器件。部分耗尽 SOI 器件沟道硅膜厚度较大，工作机理接近常规的体硅 MOS 晶体管；全耗尽 SOI 器件沟道硅膜厚度较小，工作时整个沟道处于全耗尽状态，相比体硅和部分耗尽 SOI 器件具有较多的性能优势 [1-4]。

如图 13.1 所示，SOI 器件沟道由于背部绝缘介质隔离，存在背栅控制影响。反型工作时，如沟道电势分布图，SOI 器件存在前后两个耗尽区。PD SOI 沟道中硅膜厚度大于两个最大耗尽区宽度 ($T_{\mathrm{Si}} > 2X_{\mathrm{dmax}}$)，所以背沟道对前沟道影响较小；FD SOI 沟道中硅膜小于两个最大耗尽区宽度 ($T_{\mathrm{Si}} < 2X_{\mathrm{dmax}}$)，所以形成全耗尽沟道，前后栅对器件工作都有影响。

因而，PD SOI 晶体管阈值 (V_{TN}，NMOS 为例) 定义和体硅器件接近，可用体硅的表达式。而 FD SOI 晶体管的阈值定义则复杂许多，器件工作在耗尽型和积累型的不同模式下存在不同的阈值定义，如公式 (13.1) 和 (13.2) 所示。

$$V_{\mathrm{TN\text{-}inv}} = V_{\mathrm{fb}} + 2\phi_{\mathrm{b}} - \frac{Q_{\mathrm{dep}}}{C_{\mathrm{ox}}} \tag{13.1}$$

$$V_{\text{TN-acc}} = V_{\text{fb}} + \left(1 + \frac{C_{\text{Si}}}{C_{\text{ox}}}\right) \cdot 2\phi_{\text{b}} - \frac{Q_{\text{dep}}}{C_{\text{ox}}} \tag{13.2}$$

$$Q_{\text{dep}} = qN_AT_{\text{Si}} \tag{13.3}$$

式中，$V_{\text{TN-inv}}$ 为耗尽型 FD SOI 晶体管的阈值；$V_{\text{TN-acc}}$ 为积累型 FD SOI 晶体管的阈值；V_{fb} 是平带电压；ϕ_{b} 为费米势；C_{Si} 是 FD SOI 器件中导电沟道的耗尽电容；C_{ox} 是栅氧化层电容；Q_{dep} 是沟道中耗尽电荷；N_A 是沟道衬底掺杂浓度。这些定义中 V_{TN} 都和整个硅膜中的耗尽电荷有关，受硅膜厚度控制。一般来说，T_{Si} 越小，阈值越大，但是影响范围有限，需要通过其他方法来调节阈值。

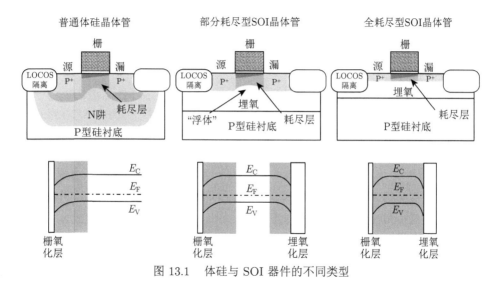

图 13.1 体硅与 SOI 器件的不同类型

13.1.2 SOI 器件与电路特性优势

SOI 由于特殊的器件结构和工作模式具有一系列的特殊电学特性。

SOI 晶体管由于沟道被埋氧层限制与衬底隔离，一方面限制了源漏结的结深与面积，可以减少短沟道效应和源漏寄生电容，提升电路工作速度，另一方面可利用背栅动态调控器件阈值，提升了低功耗电路的设计灵活度。因此 SOI 常用于低功耗集成电路的制造中。美国 AMD 公司的 CPU 采用的就是 SOI 集成电路制造工艺。

特别是 FD SOI 器件具有超薄沟道，工作在全耗尽工作模式，如图 13.2 所示，其沟道电荷受漏端耗尽电场的影响更小，有效抑制了晶体管微缩过程中的短沟道效应。FD SOI 的沟道静电势完整因子 (EI) 相比普通体硅器件具有明显优势，表现出更小的短沟道阈值滚降 (Roll-off) 和 DIBL 漂移现象 [3]。

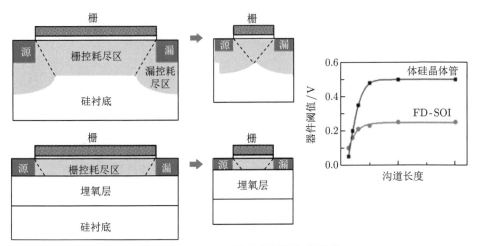

图 13.2   FD SOI 器件抑制短沟道效应

PD SOI 器件由于沟道介质隔离缺少衬底电极，产生多子在沟道内部的累加，导致沟道电势抬升，出现"浮体效应"，在晶体管输出特性中产生电流跃增的 Kink 现象，需要加以抑制。FD SOI 由于全耗尽沟道难以出现多子的积累，不会出现电流 Kink 现象。

如图 13.3 所示，在 CMOS 集成中，由于 SOI 器件中的埋氧层阻隔了寄生 PNPN 晶体管的耦合反馈放大通道，从根本上抑制了体硅电路中常见的闩锁效应，对提高 SOI 集成电路可靠性具有重要作用。这也是 SOI 集成电路对比常规体硅电路的一个重要优势。

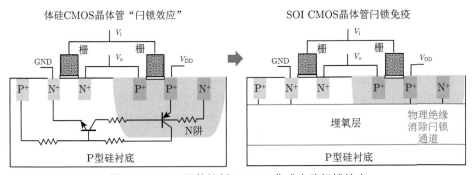

图 13.3   SOI 器件抑制 CMOS 集成电路闩锁效应

在宇航与军用等特殊环境中存在大量的高能粒子(包括光子、重离子、质子、中子、电子等)辐射，在半导体材料与器件中产生大量辐射损伤，导致集成电路无法正常工作，需要发展特殊的抗辐射集成电路。如图 13.4 所示，当高能离子射入或透射过体硅 MOS 晶体管时，在衬底材料内部产生大量的辐射损伤电荷，这些辐射损伤电荷对表面沟道导电和器件阈值产生严重影响。而对于 SOI 晶体管来说，由于存在埋氧层，可有效隔离衬底材料损伤电荷对表面沟道的影响，因此大幅提升了器件和电路的抗辐照能力。如图 13.4 所示，SOI 集成电路中单粒子翻转 (SEU) 导致电路失效所需的能量传输密度远小于普通体硅集成电路，优越的抗辐照加固能力，在宇航与军工集成电路中被广泛应用。

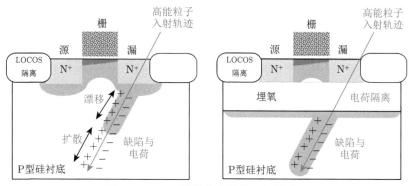

图 13.4 SOI 器件抗高能粒子辐射效应

13.1.3 SOI 衬底材料制备技术

不同于常规的硅晶圆，SOI 具有特殊的衬底材料结构，需要用特殊工艺来制造。主要的工艺技术包括外延生长、区熔重结晶、注入埋氧、键合与转移等几类方法。无论哪种方法，相比常规硅片在技术复杂度和成本上都有了较大提高。通常一片 SOI 晶圆的成本是相同尺寸普通晶圆的 5~8 倍。

注入埋氧 (SIMOX) 和智能键合与转移 (Smart-cut) 是制造 SOI 硅片材料的主要方法。SIMOX 由日本东芝公司于 20 世纪 80 年代提出，是首个规模量产的 SOI 衬底材料制备技术。其主要工艺流程如图 13.5(a) 所示：在普通硅衬底内部大量注入氧原子，剂量需要达到 5×10^{17} cm^{-2} 以上，然后在高温下退火，形成分布均匀的埋氧层。由于注入的曲线分布，表面硅和埋氧层间存在较大过渡区，难以制造出高质量的超薄 FD SOI 晶圆。

Smart-cut 由法国的 SOITEC 公司发明，其主要制造工艺如图 13.5(b) 所示。首先在衬底硅片 A 上氧化形成隔离层，然后穿过氧化层在下层硅内部大量注入氢原子形成断裂层，接下来将衬底硅片 A 倒置在支撑硅片 B 上，再加热受力在断裂层分割硅片，之后将留下的硅膜进行平坦化，就形成了 SOI 硅片。分割后的衬底硅片 A 可重复使用从而大幅降低工艺成本。该方法避免了高剂量注入的缺陷产生，并能形成界面陡峭的过渡层，可制造出超薄的 FD SOI 晶圆。该技术已应用到大规模 SOI 集成电路实际生产中。

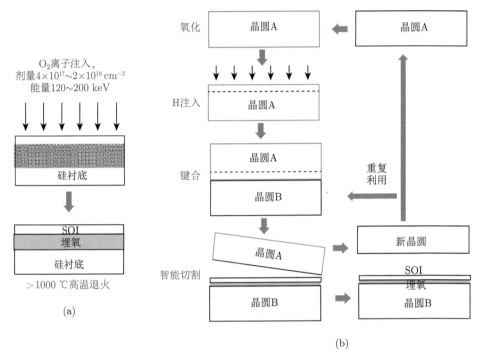

图 13.5　SOI 硅片生长工艺

13.1.4　SOI 集成电路制造工艺

SOI 集成电路制造工艺如表 13.1 所示，相比常规体硅集成工艺，大部分工艺步骤是相同的。由于特殊的器件结构，在器件隔离上有很大的不同，常采用台式而不是阱隔离不同类型的晶体管，并省略了阱隔离工艺。FD SOI 集成电路由于阈值定义上不同在阈值调控上做了进一步的简化。虽然衬底成本提升，但 SOI 集成电路的整个集成工艺相比常规体硅工艺有了简化，在特殊应用场景中具有一定的优势。

表 13.1　SOI 集成电路制造工艺

体硅 CMOS 集成工艺	PD SOI 集成工艺	FD SOI 集成工艺
P 型 (100) 体硅硅片	P 型 (100) SOI 硅片	P 型 (100) SOI 硅片
	SOI 顶硅减薄 (如果需要)	SOI 顶硅减薄 (如果需要)
预阱氧		
阱光刻		
阱注入和推阱		
氧化层去除		

续表

体硅 CMOS 集成工艺	PD SOI 集成工艺	FD SOI 集成工艺
氮化硅淀积	氮化硅淀积	氮化硅淀积
有源区光刻	有源区光刻	有源区光刻
氮化硅刻蚀	氮化硅刻蚀	氮化硅刻蚀
场注入	场注入	场注入
场氧化层生长	场氧化层生长	场氧化层生长
氮化硅去除	氮化硅去除	氮化硅去除
P 沟道光刻	P 沟道光刻	
P 沟道 N 型注入	P 沟道 N 型注入	
栅氧	栅氧	栅氧
P 沟道注入	P 沟道注入	P 沟道注入
N 沟道光刻	N 沟道光刻	N 沟道光刻
N 沟道防源漏穿通注入	N 沟道防源漏穿通注入	
N 沟道注入	N 沟道注入	N 沟道注入
多晶硅淀积并掺杂	多晶硅淀积并掺杂	多晶硅淀积并掺杂
栅极光刻	栅极光刻	栅极光刻
P 沟道源漏光刻	P 沟道源漏光刻	P 沟道源漏光刻
P 沟道源漏注入	P 沟道源漏注入	P 沟道源漏注入
N 沟道光刻	N 沟道光刻	N 沟道光刻
N 沟道源漏注入	N 沟道源漏注入	N 沟道源漏注入
源漏退火	源漏退火	源漏退火
氧化硅淀积	氧化硅淀积	氧化硅淀积
接触孔光刻	接触孔光刻	接触孔光刻
接触孔刻蚀	接触孔刻蚀	接触孔刻蚀
金属层淀积	金属层淀积	金属层淀积
金属层光刻	金属层光刻	金属层光刻
金属层刻蚀	金属层刻蚀	金属层刻蚀
烧结退火	烧结退火	烧结退火

13.2 双极和 BiCMOS 集成电路技术

本节介绍双极和 BiCMOS 集成电路技术，包括双极晶体管和电学特性、双极集成电路和基本流程、常规双极集成电路的集成工艺和特殊工艺、BiCMOS 集成技术等方面。

13.2.1 双极晶体管和电学特性

双极 (Bipolar) 晶体管是一类重要的半导体器件，于 1948 年发明于美国的贝尔实验室，与 MOS 场效应晶体管从工作机理与集成工艺上有着重要的区别。双极晶体管一般由发射区 (Emitter)、基区 (Base) 和集电区 (收集区，Collector) 构成，通常为 NPN 型。当 BE 结正偏时，由 N 型发射区提供电子注入到 P 型基区，经过基区后到达 CB 结边缘，由反偏的 CB 结电场收入集电区。

如图 13.6 所示，其重要的直流电学参数包括收集区电流 (I_C)、基区电流 (I_B)、共基电流放大系数 (α)、共射电流放大系数 (β) 等。I_C 是晶体管的输出电流，主要由发射区注入到基区并渡越基区的电子数量与速率决定。β 是 I_C 与 I_B 的比值，表示晶体管工作时的电流放大能力，其定义式和关键工艺参数的关系式如公式 (13.5) 和 (13.6) 所示[5,6]。

$$I_C = I_E - I_B \tag{13.4}$$

$$\beta = \frac{I_C}{I_B} \tag{13.5}$$

$$\beta = \frac{N_E D_B L_E}{N_B D_E W} \tag{13.6}$$

式中，收集区电流为 I_C；基区电流为 I_B；共基电流放大系数为 α；共射电流放大系数为 β；N_E 与 N_B 分别是发射区与基区的少子掺杂浓度；而 D_E 与 D_B 是发射区与基区的少子扩散系数；W 是未耗尽的基区宽度；L_E 是发射区少子特征扩散长度。由公式可见，β 与发射区和基区掺杂浓度、少子扩散系数、未耗尽基区宽度等工艺参数有密切的关系。可以通过减少基区宽度和掺杂浓度、提升发射区掺杂浓度显著增加电流放大系数。

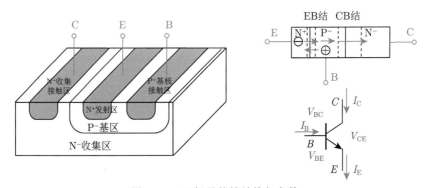

图 13.6　双极晶体管结构与参数

双极晶体管具有一系列的二级效应，如图 13.7 所示，包括基区宽度调制效应、基区横向压降效应和基区扩展效应等，对器件的理想电学特性有重要影响，需要从器件设计与工艺技术上进行改进和优化。基区宽度调制效应是 CB 结耗尽区宽度在 V_{CB} 偏压下改变了中性基区宽度，需要降低 C 区浓度以抑制耗尽电场数值，或者提升 B 区浓度以减少调制幅度。基区横向压降效应是低掺杂的基区存在横向分布压降，改变了内部中性基区的有效宽度，影响了放大系数，需要适当增加基区掺杂。基区扩展效应是集电区电流达到一定条件 (柯克起始电流) 下，空穴少子反注入到基区导致有效基区宽度向 C 区扩展。可适当增加 C 区掺杂浓度来抑制。

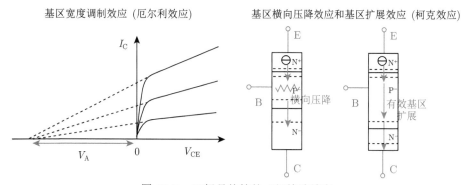

图 13.7 双极晶体管的二级特殊效应

双极晶体管常用作高频电路中，其输入电阻和电流放大系数与集电区电流有密切关系；截止频率和基区宽度、寄生结电容和寄生串联电阻等工艺参数密切相关。提升双极晶体管频率特性的常见方法是，在尽量抑制晶体管二级效应的前提下尽量增大电流放大系数、减少寄生电容电阻、减少基区宽度、提高柯克起始电流等。

13.2.2 双极集成电路和集成工艺

双极晶体管可制造成集成电路，被称为双极集成电路。双极集成电路是 MOS 集成电路发明以前的主流技术，具有高速、低噪声、高输出功率及集成工艺简单的特点。由于集成度低、高功耗和逻辑扇出有限，双极集成电路的集成规模一般较小，在大规模逻辑和存储集成电路中应用较少。目前常用于高频和模拟集成电路中。主要的电路类型有 TTL，快速 TTL 和 ECL 或 CML 等。

基本双极集成电路集成工艺如图 13.8 所示。首先在硅衬底上进行初始氧化和隔离区图形化，然后进行注入掺杂形成 PN 结隔离；接着去掉初始氧化层进行收集区氧化和图形化，并进行收集区注入掺杂和推进；接下来进行基区氧化和掺杂及推进；再进行发射区氧化和掺杂；最后进行基区接触氧化和接触掺杂。该集成电路中发射区、基区和集电区形成如图所示的 $N^+PN^-N^+$ 结构。发射区采用高浓度掺杂 (大于 10^{20} cm^{-3}) 提高注入效率并降低串联电阻；基区较窄并采用合适的掺杂浓度 (一般为 10^{18} cm^{-3})，以提高放大系数和频率特性，并抑制二级寄生效应；集电区和基区接触之处采用低掺杂以提高载流子扩散效率，以及提升电流放大系数，同时抑制基区宽度调制效应，而内部采用高浓度掺杂以降低串联寄生电阻来提升频率特性。

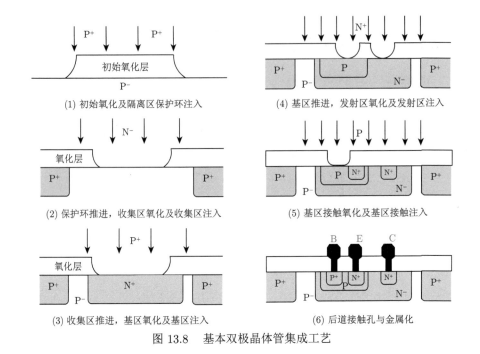

图 13.8   基本双极晶体管集成工艺

在基本双极集成电路集成技术之上改进一些特殊工艺就构成了通用的常规双极集成电路制造工艺。如图 13.9 所示，在集电区进行掺杂之前通过注入重掺杂形

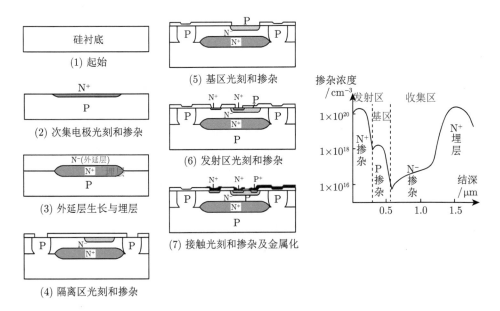

图 13.9   常规双极晶体管集成工艺和器件掺杂结构

成低阻的埋层可显著降低集电区横向串联寄生电阻以提升器件的频率特性。另外采用重掺杂衬底上进行外延的方法可实现同样的效果；还可以将集电区的接触直接接到重掺杂埋层上以进一步降低寄生电阻，这些方法是双极集成电路集成工艺中常用的方法。接下来按照双极集成电路的基本集成工艺方法完成后继双极器件工艺，构成完整 PN 结隔离的埋层 NPN 工艺。

如图 13.10 所示，在隔离上可运用类似 MOS 集成电路的方法形成氧化层隔离以提高集成度并获得更好的隔离效果。采用上述特殊改进工艺的一种氧化层隔离常规双极集成电路制造工艺流程包括：首先定义埋层并掺杂，然后外延生长出低掺杂集电区，接着按 MOS 集成电路的方法进行 LOCOS 隔离，再依次形成基区和收集区，最后形成基区接触掺杂和金属化。另外，还可以采用高能量的离子注入形成深集电极，使得深集电极与埋层接触，直接降低收集区串联电阻，提升器件的直流与频率特性。

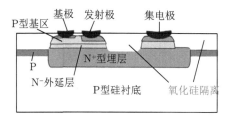
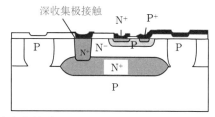

图 13.10　双极集成电路中的特殊工艺

13.2.3　高级双极集成电路制造工艺

现代双极晶体管和集成电路中采用了一系列的新技术以进一步提升器件和电路性能。如图 13.11 所示，在金属与重掺杂发射区之间插入一层 N 型重掺杂多晶硅，让重掺杂的多晶硅不仅做接触电极同时可提供部分发射区功能，有效延展了发射区宽度，提升了晶体管的电流放大系数，被称为多晶硅发射区工艺。多晶硅发射区技术可大幅提升 β，其原理存在多种解释。一种理论解释如图 13.11 所示，

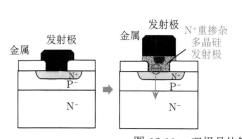
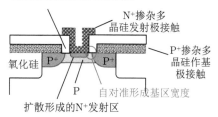

图 13.11　双极晶体管多晶硅发射区工艺

在重掺杂多晶硅和硅衬底发射区之间形成一层超薄的隧穿氧化层，该氧化层不影响发射区的多子输运，但可抑制基区少子在发射区的快速复合从而减少基区电流以及显著提升器件的电流放大系数。此外从重掺杂多晶硅重向下扩散形成发射区可降低工艺缺陷并形成自对准工艺。

在基区引入新材料，例如较小禁带宽度的 SiGe 材料，在 PN 结之间形成能级差以提升发射区到基区的少子注入效率，同样可大幅提升器件的电流放大系数。该晶体管被称为异质结双极晶体管 (HBT)。另外一种改进工艺是在发射区和基区形成自对准掺杂工艺，减少寄生电容，并减少器件尺寸，提高微缩能力。

13.2.4 BiCMOS 集成技术

如图 13.12 所示，在同一硅衬底上，同时集成双极和 CMOS 器件就是 BiC-MOS 工艺。相比普通 CMOS 集成电路，BiCMOS 集成电路具有较快的速度与较大的驱动能力，但是集成工艺较为复杂，功耗较大，在尺寸微缩上也不占优势，在深亚微米的通用集成电路阶段已经逐步被淘汰，但是在一些高频、高功率的数字和模拟混合集成电路中仍然得到重视，在持续发展中，例如某些高速 ADC 就是用 BiCMOS 工艺制造而成。BiCMOS 集成工艺如表 13.2 所示，以常规 CMOS 集成工艺为基础，面向双极器件集成在合适的步骤上引入若干特殊工艺。例如，在做阱之前形成埋层工艺；在沟道注入时插入深 N 注入；在 LDD 之后插入基区注入等。有些工艺，如源漏重掺杂和发射区重掺杂、金属接触和互连，可以共用相同工艺步骤，简化一些工艺步骤并节省成本。

表 13.2　BiCMOS 集成工艺及对比

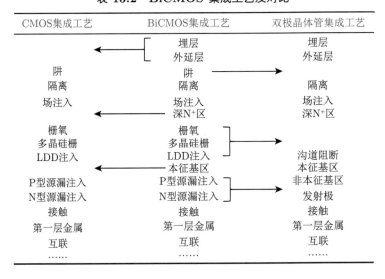

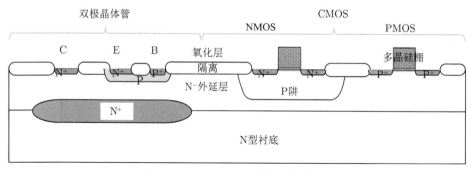

图 13.12 BiCMOS 结构与集成工艺

13.3 存储器技术

本节介绍存储器集成电路的基本原理和集成工艺,包括 DRAM、SRAM 和闪存等主要存储器类型。

13.3.1 存储器主要种类

集成电路可分为逻辑集成电路和存储集成电路两大类。逻辑集成电路主要完成信息处理、计算功能,包括 CPU、GPU、控制器等;存储集成电路,简称存储器,主要完成信息缓存、存储功能,包括内存、闪存 (Flash) 等。存储器制造工艺的基本原理和方法与 CMOS 逻辑电路类似,但是存储器有大量重复单元电路,制造工艺相对简单,有一些特殊的技术。

如图 13.13 所示,存储器分为非易失存储器和易失存储器两大类,主要的种类

非易失存储器 (NVM)		易失存储器 (Volatile Memory)	
只读存储器 (ROM)	可读写存储器 (RWM)	可读写存储器 (RWM)	
		随机存储器	非随机存储器
掩模编程ROM 编程ROM	电可擦存储器(EPROM) 电擦写存储器(E2PROM) 闪存(Flash)	静态存储器 (SRAM) 动态存储器 (DRAM)	堆栈缓存 (FIFO) 移位寄存器

图 13.13 存储器分类

包括闪存 (Flash)、动态随机存储器 (DRAM) 和静态随机存储器 (SRAM)。Flash 存储器是非易失存储器的一种重要类型；DRAM 与 SRAM 是易失存储器的重要类型。SRAM 性能、成本最高，而 Flash 性能、成本较低，但可长期存储信息[7]。

13.3.2   DRAM 及制造工艺

DRAM 是一类易失存储器，如图 13.14 所示，存储单元主要由一个寻址开关晶体管和一个存储电容组成。大量重复存储单元构成存储阵列。存储信号首先通过外围电路对存储单元进行正确寻址，然后利用字线打开存储单元的开关晶体管，再通过位线写入存储电容。所存储的信号通过敏感放大电路进行读取。由于电容存在漏电，读出时有电荷泄漏，DRAM 的存储信号需要定时刷新。DRAM 成本较低，适合较大规模内存存储数据使用，但由于存储结构特点不能长期保存数据，需要电路动态刷新。

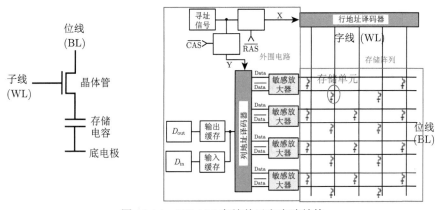

图 13.14   DRAM 存储单元和电路结构

DRAM 依据存储电容制造工艺不同分为堆叠电容 DRAM 和沟槽电容 DRAM 两种类型。堆叠电容 DRAM 在读出电路 CMOS 前道集成工艺之后，在晶体管漏极上形成堆叠存储电容，该电容为多层冠状堆叠电容，通过增大电极面积和提升电极间介质 k 值来大幅提升存储电容数值。一种制造多层冠状堆叠电容的集成工艺如图 13.15(a) 所示，首先在接触孔中淀积一层多晶硅，然后形成氧化物侧墙，并反复多晶硅/侧墙工艺，最后通过 CMP 平坦化膜层结构，接下来去除隔离氧化物，填入绝缘介质和上电极多晶硅，形成大数值存储电容。

沟槽存储电容制造方法如图 13.15(b) 所示，需要进行 CMOS 集成工艺之前在硅衬底上先挖较深的沟槽，然后注入扩散形成下电极，接着各向同性刻蚀，增加存储面积，再淀积绝缘介质和上电极，形成较大数值的存储电容。

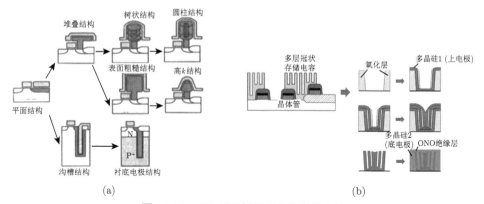

图 13.15 DRAM 制造工艺分类和方法

　　随着尺寸不断微缩来提升存储密度，DRAM 在读出晶体管和存储电容上面临越来越大的集成工艺挑战。需要设计立体结构和引入更复杂的材料来维持 DRAM 的微缩发展趋势，当前 DRAM 制造工艺已进入到小于 20 nm 节点的 $1X$ 和 $1Y$ nm 阶段。

13.3.3 SRAM 及制造工艺

　　SRAM 存储单元一般由信号锁存器和传输门组成，最典型结构如图 13.16 所示为 6T SRAM 结构。SRAM 存储电路和 DRAM 类似，由外围电路寻址，然后

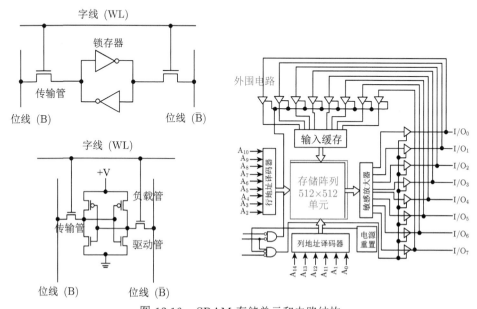

图 13.16 SRAM 存储单元和电路结构

向存储单元写入和读出信号。SRAM 读取和写入速度最快, 但由六个晶体管构成, 所以制造成本最高, 另外由于是信号锁存的, SRAM 不断电可长期保存数据。

SRAM 由于电路结构全部由 MOS 晶体管构成, 所以制造工艺和逻辑 CMOS 集成电路制造工艺完全相同, 常用于 CPU 的二级和三级高速缓存中, 并与数字逻辑电路同时制造而成。随着集成电路特征尺寸不断微缩, SRAM 的单元尺寸也要不断缩减, 同时 SRAM 电路在 CPU 等电路内部的面积也越来越大, 往往需要更高的集成度, 对 CMOS 集成工艺提出了更高的挑战。SRAM 的制造技术和集成密度已成为衡量 CMOS 集成工艺水平的重要参数之一。最新的 Intel 10 nm 技术节点工艺中, SRAM 集成密度已经达到了每平方毫米 1 亿个晶体管以上。

13.3.4　Flash 存储器及制造工艺

Flash 存储器的存储单元一般由特殊栅结构的 MOS 晶体管构成。如图 13.17 所示, Flash 存储晶体管的栅结构包含控制栅 (CG)、层间绝缘介质、浮栅 (FG)、隧穿氧化层等多层结构。其基本工作原理是控制栅施加一定的正偏或反偏电压, 使得沟道中的电子通过隧穿氧化物写入浮栅或从中擦除, 由此改变晶体管的阈值, 形成不同的存储信息。由于断电时, 浮栅中存入的电荷不会轻易丢失, 所以可以长期掉电存储数据。如图 13.18 所示, 信号写入的方式有两种, 一种是利用高压 (一般大于 15 V) 电场下的电荷直接隧穿, 称为 F-N 编程; 一种是利用沟道热载流子注入写入, 称为 HCI 编程, 该模式下晶体管漏端需要施加电压, 栅极所施加的电压要明显小于 F-N 编程电压。信号擦除一般利用高压 (一般大于 18 V) 反向电场直接隧穿消除, 称为 F-N 擦除。

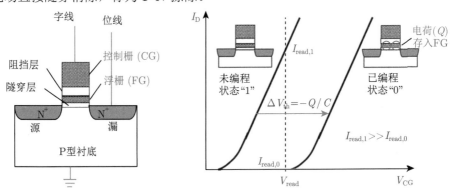

图 13.17　Flash 存储器结构和工作原理

Flash 存储器分为 NAND Flash 和 NOR Flash 两种类型。两种 Flash 在单个存储单元的编程/擦除工作机理是一样的, 主要区别是存储单元的阵列排列和一定数量数据写入与读取的方式不同。如图 13.19 所示, NAND Flash 各存储单元之间是串联的, 而 NOR Flash 各单元之间是并联的。NAND 的存储单元阵列分

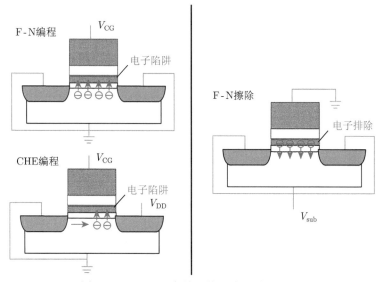

图 13.18 Flash 存储器信号编程/擦除方式

为若干块，每个块又分为若干页，每个页包含不同数量的位线和存储单元。NAND 写入擦除数据可按块进行，同时写入和擦除海量数据，速度相对较快。读出时需要对块进行选择，并寻址相邻单元进行导通，所以速度较慢。NOR Flash 的每个存储单元以并联的方式连接到位线，方便对每一位进行随机存取和读出，速度较快，灵活性较高 [8]。

　　基于上述特点，NAND Flash 具有容量大、速度慢、成本低的特性，常用于数据存储 (SSD 硬盘、存储卡等)；而 NOR Flash 具有容量小、速度快、成本较高的特性，常用于执行代码存储 (BIOS、消费电子等)。NAND 与 NOR Flash 的制作工艺与常规 CMOS 工艺基本相同。只有栅电极、高压器件若干工艺有所区别。

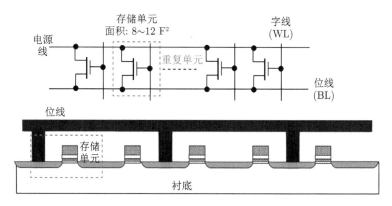

• NAND闪存

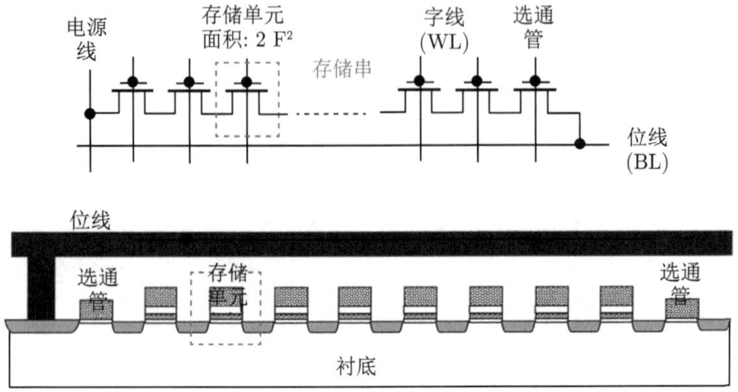

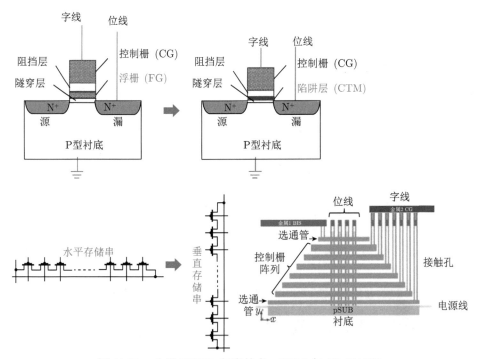

图 13.19　NOR 闪存与 NAND 闪存

Flash 同样需要进行尺寸微缩以不断提升存储密度，降低单位存储成本。微缩过程中浮栅结构由于膜层复杂结构较高，在小尺寸下相邻单元存在较大的电荷耦合效应，限制了晶体管尺寸的进一步微缩。

　　NAND 为了进一步提升存储密度和器件性能，逐步发展了一些新的工艺，如图 13.20 所示，包括电荷陷阱存储 (CTM)、多值存储以及 3D NAND 等。CTM

图 13.20　先进 NAND 闪存技术：CTM 与 3D NAND

是存储器件结构中将浮栅用高陷阱态的绝缘材料代替，可有效减少存储单元高度，有利于晶体管尺寸的继续微缩，并减少编程电压提高可靠性。多值存储在器件中引入不同阈值来表示不同信息状态，可以实现单个器件的多位存储，目前已经从单 bit 的 SLC 存储发展到 4 bit 的 QLC 存储。3D NAND 将 NAND 阵列中的沟道从平面竖立起来，可大幅提升单个芯片的存储容量，并通过多层堆叠的膜层定义栅长，可减少存储单元之间的电荷串扰，提高可靠性，已成为闪存的主流技术。3D NAND 闪存技术首先由韩国三星公司于 2013 年投入规模量产，从初期的 24 层单元堆叠发展到现在的 96 层堆叠，未来将在垂直沟道上集成更多层的存储单元。

13.4　化合物半导体器件与集成技术

本节介绍化合物半导体器件基本原理与集成技术，包括化合物半导体和生长方法、化合物半导体器件中的一些特殊概念、化合物 MESFET 及集成工艺、HEMT 及制造工艺、化合物半导体 HBT 及制造工艺等。

13.4.1　化合物半导体和生长方法

硅是元素半导体，周期表中为 IV 族元素，而 II-VI 族、III-V 族元素之间通过共价键可形成不同材料特性的化合物半导体。以砷化镓 (GaAs) 为代表的化合物半导体具有很高的电子迁移率和电子漂移速度。同时，GaAs 与金属接触的肖特基势垒为 0.7~ 0.8 eV，高于硅的 0.6 eV，因此可用于栅控作用的金属–半导体 (MES) 结构。未掺杂 GaAs 的本征电阻率可达 10^9 $\Omega\cdot$cm，比硅高四个数量级，为半绝缘衬底，适合制作高速高抗干扰的高频电路。同时 GaAs 为直接带隙半导体，发光效率更高，可作照明器件。此外，由于化合物半导体禁带宽度一般较大，可工作在高功耗高温领域，抗辐射能力强，适合航天航空及军事应用[9]。

化合物半导体由于材料丰富、成分构成良好可以通过材料生长与调控的方法获得许多特殊的电学特性，因此对化合物半导体进行成分调控与掺杂是集成工艺的主要内容，如图 13.21 所示，不同化合物半导体之间表现出不同的带隙宽度和晶格常数。同时在二元化合物半导体之间掺入不同成分元素可形成不同能带宽度和晶格常数大小的三元化合物半导体，并可通过成分摩尔比连续调节。例如 GaAs 中插入 In 变成 $Ga_xIn_{1-x}As$，不断增加 In 的成分比，可以持续降低带隙宽度和增加晶格常数，最终变成 InAs，由此可以获得显著不同的材料特性。

化合物半导体材料生长的主要工艺方法有液相外延 (LPE)、气相外延 (VPE)、金属有机物化学气相淀积 (MOCVD)、分子束外延 (MBE) 四种。MOCVD 和 MBE 是最主要的两种方法。MOCVD 通过金属有机物化学气相淀积反应生长出高质量的化合物半导体薄膜，具有生长速率快、产量高、气源有毒等特点，在工业生产中被大规模应用；MBE 利用超高真空下加热固体或者气体源进行分子级的化合生长，具有成分与膜厚精确控制、产量低、成本高的特点，主要应用于科研实验中。

　　化合物半导体器件主要有金属半导体场效应晶体管 (MESFET)、高电子迁移率晶体管 (HEMT)、异质结双极晶体管 (HBT)、发光二极管 (LED) 等四类。各自的特点如图所示。

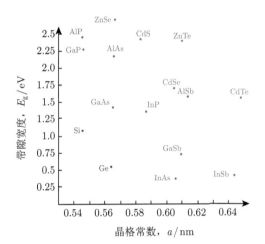

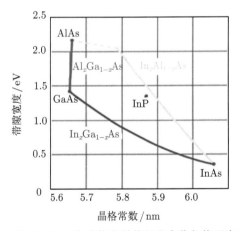

图 13.21　化合物半导体组分变化与物理参数

13.4.2　化合物半导体器件中一些特殊概念

　　化合物半导体材料能带可随材料成分不同而轻易变化，因此不同材料之间容易形成不同能带的异质 PN 结。如图 13.22 所示，两种不同禁带宽度的材料接触后，在耗尽区形成能带势垒或者势阱，对载流子输运及导电有重要影响。异质结中的载流子输运类似于金属–半导体接触二极管中的载流子输运模式，存在热输运和量子隧穿输运两种方式。在一定偏压下直接隧穿能带势垒的量子输运方式占据主导地位。

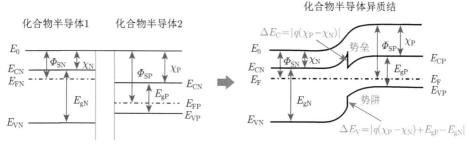

图 13.22 化合物半导体接触后能带势阱和势垒的形成

由于异质结中两种材料的禁带宽度不同，如图 13.23 所示，接触后可形成三种不同的势垒类型，包括方形、三角形、梯形，所对应的载流子量子隧穿效率也不一样。利用不同能带的材料搭配可形成势阱，以致载流子在小偏压下自动流向势阱。利用势阱/势垒重复结构形成多层异质结；若势阱宽度较小，则流入势阱中的电子积累形成二维电子气 (2DTEG)。继续减少势垒宽度，形成超薄势垒，则电子在其中自由隧穿形成回旋振荡，产生量子回旋隧穿 (Resonant Tunneling) 效应，形成超晶格量子阱。

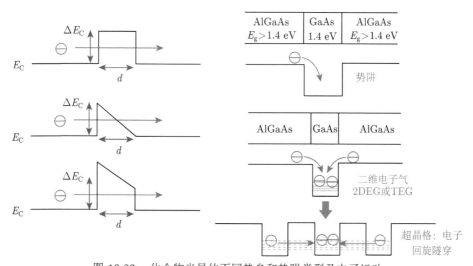

图 13.23 化合物半导体不同势垒和势阱类型及电子运动

13.4.3　化合物 MESFET 及集成工艺

如图 13.24 所示,结型场效应晶体管 (JFET) 与常见的 MOSFET 具有很多的不同之处。MOSFET 通过栅绝缘电场控制沟道少数载流子耗尽或积累;JFET 通过栅 PN 结控制沟道多数载流子耗尽或导通;MOSFET 栅极不产生漏电,JFET 栅极会产生漏电;MOSFET 可形成自对准结构,JFET 不容易形成,通常采用 T 型栅。JFET 沟道中最重要的参数是夹断电压 (V_p),即沟道电流出现夹断时的栅压。栅压大于夹断电压且漏端电压较低时,沟道多数载流子正常导电,处于线性区;当漏压超过栅压与夹断电压之差时,栅极 PN 结在漏端完全耗尽,沟道被夹断,横向导电电流进入饱和状态;当栅压小于夹断电压时,器件完全耗尽,处于截止区。虽然导电机理不同,但 JFET 的电流–电压特性与 MOSFET 的类似。

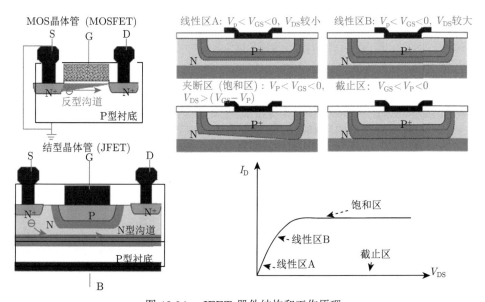

图 13.24　JFET 器件结构和工作原理

Ⅲ-Ⅴ 族化合物半导体的金属–半导体场效应晶体管 (MESFET) 是 JFET 器件的一种,通过金属在沟道表面和高阻化合物半导体形成肖特基结起到控制沟道内部载流子耗尽和导通的作用。如图 13.25 所示,其电流–电压输出曲线和常规 MOSFET 类似,表现出良好的输出饱和与电流放大作用。GaAs MESFET 的电流–电流特性关系如公式 (13.7)~(13.9) 所示:

$$V_{TN} = \phi_b - V_p \tag{13.7}$$

$$V_p = \frac{qN_D T_{GaAs}^2}{2\varepsilon_{GaAs}\varepsilon_0} \tag{13.8}$$

$$I_{\mathrm{ds}} = \frac{q\mu_0 N_{\mathrm{D}} T_{\mathrm{GaAs}}^2 W}{L}\left[\frac{V_{\mathrm{p}}}{3} + \frac{2}{3}\cdot\frac{(\phi_{\mathrm{b}} - V_{\mathrm{p}})^{3/2}}{V_{\mathrm{p}}^{1/2}} + V_{\mathrm{gs}} - \phi_{\mathrm{b}}\right] \tag{13.9}$$

式中，I_{ds} 为器件源漏饱和电流；V_{gs} 为栅源电压；V_{TN} 为器件阈值；V_{p} 为沟道夹断电压；N_{D} 为沟道掺杂浓度；T_{GaAs} 为沟道厚度；$\varepsilon_{\mathrm{GaAs}}$ 为砷化镓族沟道材料介电常数；W/L 是沟道宽长比；ϕ_{b} 为费米势。

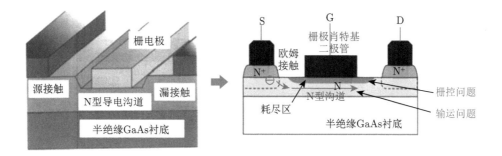

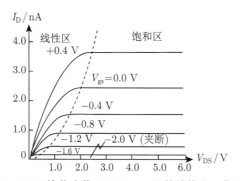

图 13.25　Ⅲ-Ⅴ 族化合物 MESFET 器件结构和工作原理

　　从公式 (13.7)~(13.9) 可以看出，其阈值电压由沟道费米势和夹断电压决定，而夹断电压由沟道掺杂浓度、沟道厚度与材料介电常数决定。其线性区和饱和区驱动电流同样由各种关键工艺参数和夹断电压决定，具有不同于 MOSFET 的电流–电压理论公式。在不同工艺参数的调控下，若 MSEFET 的 $V_{\mathrm{p}}>0$，称为增强型 MESFET，特性接近 MOSFET；若 $V_{\mathrm{p}}<0$，称为耗尽型 MESFET，特性更接近 JFET。

　　GaAs MESFET 的集成工艺如图 13.26 所示，在半绝缘衬底上先 MOCVD 或者 MBE 生长沟道，通过生长工艺控制沟道浓度，然后利用正胶剥离工艺制作源漏金属并形成合金接触，接着采用湿法氧化还原反应腐蚀沟道形成槽栅结构，控制沟道剩余厚度 (夹断电压)，再完成有源区台面隔离，最后 Ti/Pt/Au 栅金属蒸发、剥离，形成肖特基接触。

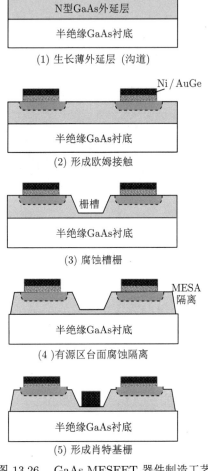

(1) 生长薄外延层 (沟道)

(2) 形成欧姆接触

(3) 腐蚀槽栅

(4)有源区台面腐蚀隔离

(5) 形成肖特基栅

图 13.26　GaAs MESFET 器件制造工艺

　　如图 13.27 所示，GaAs MESFET 的集成电路制造工艺与其晶体管的制造工艺基本类似，主要特征是形成槽栅时需要进行不同剩余厚度的沟道选择腐蚀，以控制夹断电压来分别形成增强型和耗尽型的器件。MESFET 集成电路的高级工艺包括 T 形栅、LDD、自对准结构等。图 13.28 所示是一种结合了 T 形栅及自对准源漏掺杂的高级 MESFET 器件结构。MESFET 集成电路的主要电路形式包括缓冲场效应晶体管逻辑 (BFL) 型电路，肖特基二极管场效应晶体管逻辑 (SDFL) 型电路，直接耦合场效应晶体管逻辑 (DCFL) 型电路等。基于 GaAs MESFET 可制作单片微波集成电路，集成有微波信号线、叉指电容、电感等，具有增益高、截止频率大、抗干扰能力强等优点。

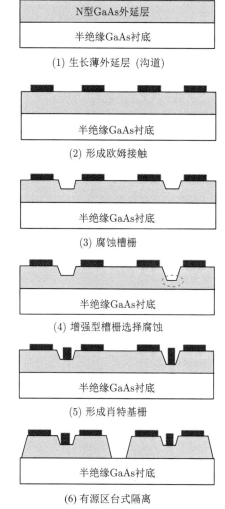

(1) 生长薄外延层 (沟道)

(2) 形成欧姆接触

(3) 腐蚀槽栅

(4) 增强型槽栅选择腐蚀

(5) 形成肖特基栅

(6) 有源区台式隔离

图 13.27 GaAs MESFET 集成电路制造工艺

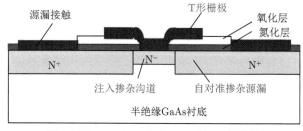

图 13.28 GaAs MESFET 高级器件结构

13.4.4　HEMT 及制造工艺

GaAs MESFET 由于结构简单具有一系列的缺点，主要包括肖特基栅存在漏电、沟道载流子浓度和迁移率相对较低、衬底是半绝缘影响沟道载流子注入效率。利用化合物半导体灵活生长和能带调控的工艺，实现从单一衬底向异质结场效应晶体管 (HJFET) 的变化可有效改善上述缺点 [9,10]。

如图 13.29 所示，首先在 GaAs 沟道底部通过材料生长工艺调控，生长一层较宽禁带的绝缘材料，可更有效隔离衬底影响。在肖特基栅与沟道之间生长一层较宽禁带的化合物半导体材料，可显著降低漏电影响。由于多层化合物半导体势阱/势垒结构可分离掺杂杂质和自由电子，并在势阱中形成高密度的二维电子气，而将宽禁带衬底缓冲材料与栅隔离材料和窄带的沟道相结合，可构成薄层势阱由此形成二维电子气分布，所以该结构晶体管被称为掺杂沟道 HJFET。

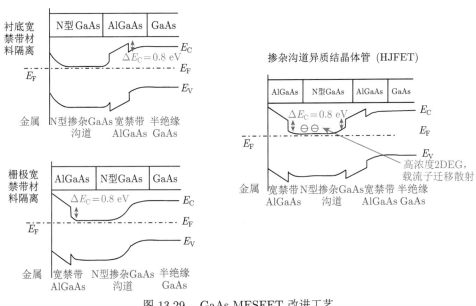

图 13.29　GaAs MESFET 改进工艺

由于沟道掺杂散射作用，此结构中二维电子气浓度较低。通过引入失配晶格材料限制沟道和赝晶材料产生应力可增加沟道中的二维电子气密度。非掺杂沟道 HJFET 不对沟道材料进行掺杂，可降低散射，但自由电子来源减少，高密度的二维电子气不容易形成。

如图 13.30 所示，在非掺杂的窄禁带沟道材料上的宽禁带隔离材料中进行掺杂，掺杂产生的自由电子被相邻的沟道势阱吸收，由此产生大量的二维电子气。此结构被称为调制掺杂场效应晶体管 (MODFET)，也称为高电子迁移率晶体管

(HEMT)。HEMT 由于具有方便的自由电子来源以及沟道中低掺杂散射作用，因而具有非常高的迁移率，低温下可超过 100000 cm^2/(V·s)。HEMT 在栅极低偏压下，宽禁带材料全耗尽，自由电子大量注入沟道，可正常工作。但在栅极大偏压下，宽禁带材料内部电子积累易形成平行的寄生沟道。通过在宽禁带材料进行 Delta 掺杂，可有效抑制寄生沟道；引入赝晶材料产生应力可进一步增强沟道中 TEG 的密度，提高器件性能，被称为赝晶 HEMT(pHEMT)。

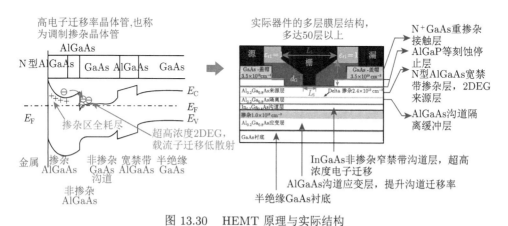

图 13.30　HEMT 原理与实际结构

　　实际的 pHEMT 具有相当复杂的结构，其集成工艺如图 13.31 所示。首先 MBE 生长多层材料，精确控制各层材料的成分和厚度，然后进行台式隔离和源漏金属接触，再沟道选择腐蚀和定义槽栅结构，接下来栅极金属化，最后器件钝化和开口接触。

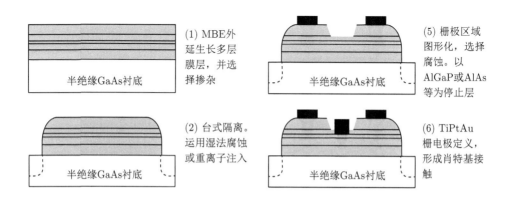

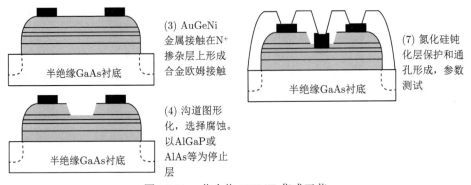

(3) AuGeNi 金属接触在N+ 掺杂层上形成合金欧姆接触

(4) 沟道图形化，选择腐蚀。以AlGaP或 AlAs等为停止层

(7) 氮化硅钝化层保护和通孔形成，参数测试

图 13.31　化合物 HEMT 集成工艺

13.4.5　化合物半导体 HBT 及制造工艺

如图 13.32 所示，化合物半导体 HBT 通过材料生长可形成宽带隙发射区与窄带隙基区的非对称能带结构。该结构可单边提升电子注入效率，同时抑制空穴反向扩散，从而可提升基区掺杂，降低双极晶体管的二级效应限制。该器件的电流放大系数如公式 (13.10) 所示，

$$\beta = \frac{N_{\mathrm{E}}}{N_{\mathrm{B}}} \cdot \frac{V_{\mathrm{nb}}}{V_{\mathrm{pe}}} \cdot \exp\left(\frac{\Delta E_{\mathrm{g}}}{kT}\right) \tag{13.10}$$

式中，β 是共射电流放大系数；N_{E} 和 N_{B} 分别是发射区和基区的掺杂浓度；EB 结的导带势垒高度和价带势阱深度分别是 V_{nb} 和 V_{pe}；EB 结的不同材料的带隙宽度差为 ΔE_{g}；T 为热力学温度。

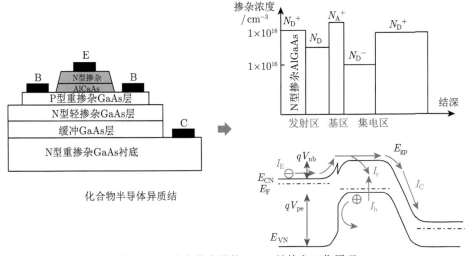

图 13.32　化合物半导体 HBT 结构和工作原理

从公式 (13.10) 可以看出，不同于常规双极器件，β 不仅和浓度有关，还与 EB 结的势垒高度 (V_{nb}) 和势阱深度 (V_{pe})，以及带隙宽度差 (ΔE_{g}) 有着直接的关系。通过设计合适的能带结构，可以使得化合物 HBT 中基区掺杂达到 10^{20} cm^{-3}，远大于同质的硅基双极晶体管，显著降低基区寄生的串联电阻，从而大幅增加晶体管的最大频率。因此，HBT 具有功率密度高、相位噪声低、线性度好等特点，在微波高效率、高频大功率应用方面比 MESFET、HEMT 更有优势。

实际化合物半导体 HBT 器件结构相当复杂，其集成工艺如图 13.33 所示。首先生长复杂的多层化合物半导体材料，精确控制材料成分和厚度，然后形成发射区接触和台式隔离，再形成基区隔离和接触，接下来形成钝化层和接触孔，再定义收集区，最后合金化。

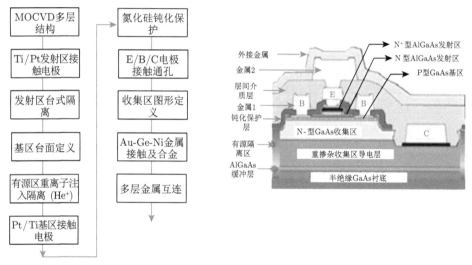

图 13.33　化合物半导体 HBT 集成工艺

13.5　薄膜晶体管制造技术

本节介绍薄膜晶体管的基本原理和集成技术，包括薄膜晶体管结构和特点、薄膜晶体管种类和制造工艺、高级薄膜晶体管技术等。

13.5.1　薄膜晶体管结构和特点

薄膜场效应晶体管 (TFT) 具有和 MOSFET 类似的结构，工作原理基本相同，即通过压控电场控制沟道产生反型载流子导电。如图 13.34 所示，TFT 结构和工艺具有一些特点：衬底是玻璃、塑料、氧化物等绝缘材料；沟道是在制造工艺中通过淀积非晶硅、多晶硅等半导体材料而形成的；集成工艺通常是低温工艺

(一般小于 550 ℃)；TFT 器件是大面积、低成本的半导体制造工艺，常用于大尺寸的平板显示阵列中，可控制像素的显示开关 [11]。

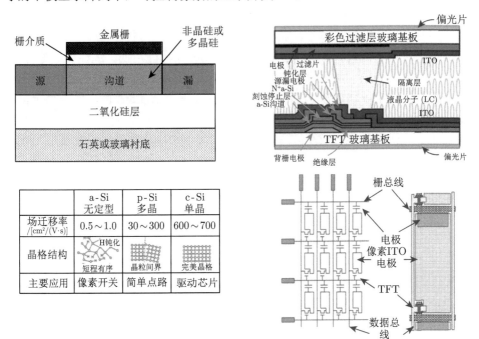

图 13.34　TFT 器件基本结构和平板显示中的应用

TFT 常见沟道材料包括非晶硅和多晶硅两种。非晶硅是短程有序的一种半导体材料，原子间存在大量悬挂键，需要用氢原子进行钝化，迁移率很低，常用于像素开关电路中；多晶硅是短程无序的半导体材料，存在单晶晶格的晶粒，晶粒内部接近单晶硅，而晶粒之间存在大量悬挂键，因此迁移率在非晶硅和单晶硅之间，常用于平板显示中的驱动电路上。多晶硅中载流子输运可用能级图来表示，如图 13.35 所示，载流子大多数分布在晶粒边界的能级中，晶粒内部大多耗尽很少

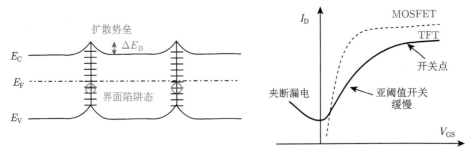

图 13.35　多晶硅 TFT 沟道材料和器件特性

的可动载流子，晶粒间载流子输运具有能量势垒 (EB)，对迁移率具有较大影响。多晶硅 TFT 的电流–电压曲线与 MOSFET 的相似，由于载流子输运机理不完全相同，在亚阈值区和截断区具有不同的行为，亚阈值斜率较小以及反向沟道漏电较大。

13.5.2 薄膜晶体管种类和制造工艺

由于 TFT 中沟道材料由集成工艺制造而成，因而在器件具体结构上有多种类型。如图 13.36 所示，依据栅电极和源漏的相对位置分为顶栅平面、顶栅错位式、倒栅平面和倒栅错位式四种类型。在平面型器件中，栅极和源漏电极在导电沟道薄膜的同一侧，而在错位式器件中，栅极和源漏电极分别在导电沟道薄膜的两侧。

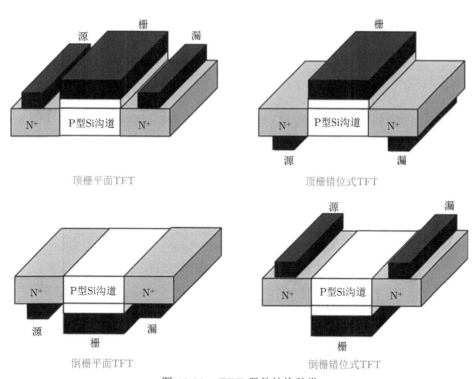

图 13.36   TFT 器件结构种类

倒栅错位式非晶硅 TFT 是大面积平板显示像素开关中常用的器件结构，其集成工艺如图 13.37 所示，首先在绝缘衬底上形成栅电极，然后依次淀积栅氧化层、非晶硅沟道和钝化层，接着定义有源区和源漏区，最后形成互连金属。整个集成工艺最为简单，成本最低，但性能最差，适用于大面积器件阵列制造应用。

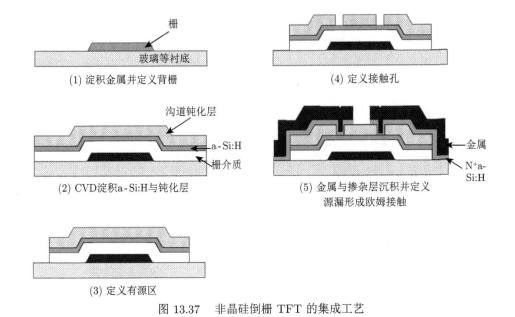

图 13.37　非晶硅倒栅 TFT 的集成工艺

顶栅共平面式多晶硅 TFT 是中小面积平板显示驱动电路和像素开关中常用的器件结构，其集成工艺如图 13.38 所示，首先在绝缘衬底上形成高质量多晶硅，接着进行器件间台式隔离，然后与 MOSFET 集成工艺类似，依次形成栅极、源漏和金属互连。该集成工艺较为复杂、成本较高、性能较好，适用高质量的智能平板显示中。有机发光二极管 (OLED) 平板显示常用顶栅共平面式多晶硅 TFT 驱动。

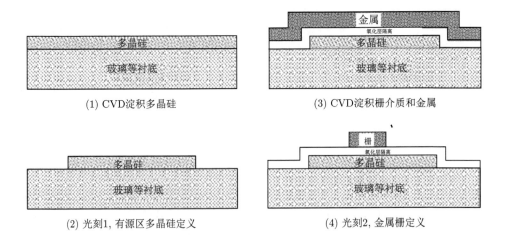

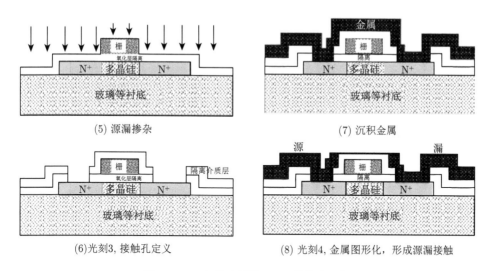

图 13.38　多晶硅顶栅 TFT 的集成工艺

13.5.3　高级薄膜晶体管技术

由于非晶硅迁移率较低，多晶硅工艺复杂且均匀性不好，一种新的沟道材料即非晶态离子性氧化物半导体 IGZO(Indium Gallium Zinc Oxide) 被研发出来。该材料利用外围电子云轨道共享导电，具有非晶态材料的短程有序的特点，并且迁移率较高，大幅改进了倒栅非晶硅 TFT 的器件性能，并且保持了较低的成本。IGZO 禁带宽度较大，有利于可见光波通过，可用于透明显示。

TFT 制造工艺温度较低，可用于弯曲玻璃、塑料等柔性基底上，制作成极具效果的柔性显示或者其他电子系统。沟道材料还可以引入具有半导体性质的有机半导体进行导电，被称为有机半导体 TFT 技术。

13.6　小　　　结

全面介绍 SOI 集成电路、双极和 BiCMOS 集成电路、存储器、化合物半导体器件与集成电路以及薄膜晶体管等特殊半导体器件与电路的基本原理和集成技术，阐述相关特殊器件的不同特性与集成工艺。

习　　题

(1) FD SOI 器件阈值相比类似工艺条件的 PD 器件是更大还是更小？为什么？

(2) SOI 工艺一度大规模引入 AMD CPU 的制作中，但为什么没有被 Intel、台积电等其他集成电路制造公司广泛采用？

(3) 当前半导体市场中，为什么 NAND 存储器比 NOR 型等非挥发存储器更流行？NAND 存储器器件尺寸缩减后会带来哪些后果？

(4) 科技前沿的 ReRAM、MRAM、PRAM 各属于何种类型的存储器？各自的工作原理是什么？能大规模生产吗？

(5) Intel 486 CPU 采用 0.8 μm BiCMOS 制造，为什么从 Pentium 开始采用 CMOS 工艺制造？

(6) Ⅲ-V 半导体器件性能很高，为什么不能被大规模集成电路广泛应用？

(7) TFT 为什么多采用倒栅结构？石墨烯、二维电子材料的半导体器件工艺是否类似 TFT 工艺？

参 考 文 献

[1] 斯蒂芬 A. 坎贝尔. 微纳尺度制造工程. 3 版. 严利人, 等译. 北京: 电子工业出版社, 2011.

[2] Quirk M, Serda J. 半导体制造技术. 韩郑生, 等译. 北京: 电子工业出版社, 2009.

[3] Wolf S. Silicon Processing for the VLSI Era. Sunset Beach, CA 90742 USA: Lattice Press, 1986.

[4] Sakurai T, Matsuzawa A, Dousek T. Fully-Depleted SOI CMOS Circuits and Technology for Ultralow-Power Applications. Switzerland AG: Springer, 2006.

[5] 胡正明. 现代集成电路半导体器件. 王燕, 等译. 北京: 电子工业出版社, 2012.

[6] Cressler J D. Silicon-Germanium Heterojunction Bipolar Transistors. Boston: MA Artech House, 2003.

[7] Haraszti T P. CMOS Memory Circuits. Boston: Kluwer Academic Publishers, 2000.

[8] Micheloni R. 3D Flash Memories. Berlin, New York: Springer Publishing Company, Inc., 2016.

[9] 谢永贵. 超高速化合物半导体器件. 北京: 宇航出版社, 1998.

[10] Vasilevskii I S. Galiev G B, Klimov E A, et al. Electrical and structural properties of PHEMT Heterostructures based on AlGaAs/InGaAs/AlGaAs and δ-doped on two sides. Semiconductors, 2008, 42(9): 1084-1091.

[11] Kagan C R, Andry P. Thin-Film Transistors. Cleveland, Ohio 44106 USA: CRC Press, 2003.

第 14 章 半导体测量、检测与测试技术

韩郑生　殷华湘

现在集成电路的制造工艺有几百道工序,要想获得参数均匀、成品率高、成本低、可靠性高的产品,必须保证每道工序都处于受控状态,使之达到一定的参数规范要求。所以半导体制造工艺是尺寸、物理和化学参数严格控制的技术,必须通过各种方法精确监控制造过程中各类工艺、电学参数。

测量技术通过各类技术来收集和分析数据,监控工艺质量,发现缺陷的产生原因,并提高产品的成品率 (Yield),有时也称为良率。

半导体测量技术包括测量、检测和分析等几种方法。从人工测量到设备自动测量。

大规模集成电路测量技术通常是将测试设备以集成的方式进行数据的自动收集和统计。

14.1　工艺参数与测量方法

测量的样品包括没有图形的监控晶圆 (Monitor Wafer) 和具有图形的晶圆 (Patterned Wafer),如图 14.1 所示。监控晶圆常被称为陪片。晶圆上的图形可能为工艺开发初期的全部测试图形,也可以是有正式电路芯片加测试图形。测试图形可以分布在晶圆上,占据一些芯片的位置;也可以放置在划片线内,以节省占据电路芯片的面积。

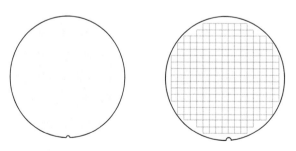

图 14.1　无图形监控晶圆和有图形的晶圆

测量设备分为独立式测量设备和集成式测量设备,独立式测量设备包括:

① 离线式 (Line-off)，即仅在制造净化间外使用，通常是破坏性的或是有玷污；② 在线式 (At-line)，即在制造室外使用，测量监控晶圆，这些是破坏性的、有玷污或者无图形的；③ 内嵌式 (In-line)，即在生产过程中使用的设备，可以测量有图形的晶圆。集成式测量设备包括：① 线上 (On-line)，即可用于工作机台测量有图形的晶圆，但是不能在工艺加工过程中测量；② 原位式 (In-situ)，即在工艺加工过程中实时测量晶圆、工艺或设备的设备。

在集成电路制造中用于质量监控的关键工艺参数列于表 14.1 中 [1]。掺杂类的离子注入和扩散都要涉及薄层电阻、掺杂浓度、表面缺陷这些参数。此外，扩散过程中会同时产生氧化层，氧化层的膜厚、反射率可以反映工艺的情况；由于扩散的加热过程会使晶圆产生应力，通过测量薄膜应力可以评估工艺情况。薄膜无论是金属还是介质都要关注其厚度、薄膜应力以及表面缺陷；不同的是金属还要关注其薄层电阻值，而绝缘介质通常是透明的，所要关注的是薄膜的折射率。化学机械抛光要检测的是去除薄膜的厚度和该工艺后在晶圆表面产生的缺陷情况。刻蚀和光刻都要检测的是膜厚、图形缺陷，关键尺寸，所不同的是刻蚀工艺后测量的是金属膜或介质膜的厚度、图形和关键尺寸；而光刻工艺后测量的是有机的光刻胶膜的厚度、图形和关键尺寸。对于刻蚀工艺，还要关注刻蚀以后台阶覆盖情况。光刻还要测量的是光刻胶和晶圆上已经形成的图形的套准精度，以及光刻胶与下面晶圆表面的黏附性，其衡量参数就是接触角。在整个集成电路制造工艺中，光刻是唯一可以返工的步骤，即光刻检测不合格的晶圆，可以去除光刻胶后，重新清洗、重新进行光刻工艺。

表 14.1 集成电路中的关键工艺参数

| 序号 | 工艺测量参数 | 注入 | 扩散 | 薄膜 | | 化学机械抛光 | 刻蚀 | 光刻 |
				金属	介质			
1	薄膜厚度		√	√	√	√	√	√
2	薄层电阻	√	√	√				
3	薄膜应力		√	√	√			
4	薄膜折射率		√		√			
5	掺杂浓度	√	√					
6	表面缺陷	√	√	√	√	√	√	
7	图形缺陷						√	√
8	关键尺寸 (CD)						√	√
9	台阶覆盖性						√	
10	套刻对准精度							√
11	电容-电压		√					
12	接触角 (Contact Angle)							√

14.1.1 薄膜测量方法

薄膜测量方法有：① 四探针法测量电阻率和薄层电阻，② 范德堡法测量薄层电阻，③ 等值线图测量薄层电阻，④ 椭圆偏振仪测膜厚和折射率，⑤ 反射谱仪测膜厚，⑥ X 射线膜厚仪测膜厚，⑦ 薄膜应力，⑧ 光声技术等。

1. 四探针法测量电阻率和薄层电阻

四探针法早在 1916 年用于测量地球的电阻率，在地球物理教科书中称为温纳 (Wenner) 法 [2]。电阻率与半导体中的载流子浓度直接相关，是材料的一个重要电学参数。电阻率可以反映补偿后的杂质浓度，例如 N 型材料的室温电阻率为 [3]

$$\rho = \frac{1}{q\mu_{\mathrm{n}}(N_{\mathrm{D}} - N_{\mathrm{A}})} \tag{14.1}$$

式中，q 为电子电荷量；μ_{n} 为电子迁移率；N_{D} 为施主杂质浓度；N_{A} 为受主杂质浓度。

硅单晶的电阻率与半导体器件密切相关，例如，晶体管的击穿电压与电阻率直接相关。根据电阻定律，一块长方体的电阻 R 为

$$R = \frac{\rho \cdot l}{W \cdot t}(\Omega) \tag{14.2}$$

式中，ρ 为材料的电阻率；l 为长方体的长度；W 为长方体的宽度；t 为长方体的厚度。尺寸如图 14.2 所示。

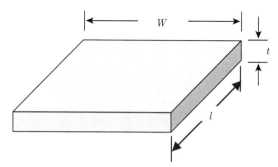

图 14.2　长方体电阻示意图

四探针法测量电阻率和薄层电阻的原理如图 14.3 所示。S 是探针之间的间距，在外侧两根针上施加一个恒流源，其电流为 I；在内侧两根针上接一个电压表测得电压为 V。

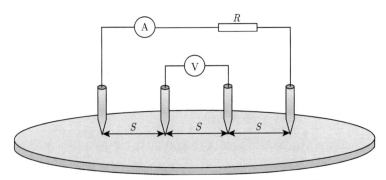

图 14.3　四探针法测量电阻率和薄层电阻的原理图

对于一块均匀掺杂的半导体样片，样片尺寸远大于测量探针的间距，用电流源对探针施加的电流强度为 I，如图 14.4 所示。在 A 点注入电流，在 P 点产生的电势为 [4]

$$\phi(r) = \frac{\rho I}{2\pi r} \tag{14.3}$$

式中，r 是 A 到 P 的距离。

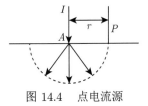

图 14.4　点电流源

若将四个探针位于硅晶圆样品中部，让电流从探针 1 流入，从探针 4 流出，如图 14.5 所示，则可以得到探针 2 和探针 3 处的电势为

$$\phi_2 = \frac{\rho I}{2\pi} \left(\frac{1}{r_{12}} - \frac{1}{r_{24}} \right) \tag{14.4}$$

$$\phi_3 = \frac{\rho I}{2\pi} \left(\frac{1}{r_{13}} - \frac{1}{r_{34}} \right) \tag{14.5}$$

由此可得探针 2 和探针 3 间的电势差为

$$V_{23} = \phi_2 - \phi_3 = \frac{\rho I}{2\pi} \left(\frac{1}{r_{12}} - \frac{1}{r_{24}} - \frac{1}{r_{13}} + \frac{1}{r_{34}} \right) \tag{14.6}$$

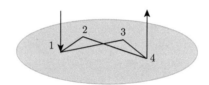

图 14.5 探针 1 和探针 4 间注入电流在探针 2 和探针 3 间产生电势

该样片的电阻率为

$$\rho = \frac{2\pi V_{23}}{I} \left(\frac{1}{r_{12}} - \frac{1}{r_{24}} - \frac{1}{r_{13}} + \frac{1}{r_{34}} \right)^{-1} \tag{14.7}$$

如图 14.6 所示，若将四根探针置于一条直线上，探针之间距离分别为 S_1、S_2、S_3 时，则有

$$\rho = \frac{2\pi V_{23}}{I} \left(\frac{1}{S_1} - \frac{1}{S_2 + S_3} - \frac{1}{S_1 + S_3} + \frac{1}{S_3} \right)^{-1} \tag{14.8}$$

若 $S = S_1 = S_2 = S_3$，则有

$$\rho = \frac{2\pi V_{23} S}{I} \tag{14.9}$$

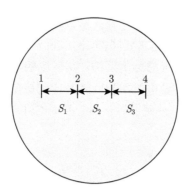

图 14.6 直线排列四探针示意图

这就是常见的直流四探针法 (等间距) 测电阻率的公式。

在半导体制造技术中，引入了一个方形薄层电阻 (Sheet Resistance) 的概念，俗称方块电阻或方阻，其定义如下。

薄层电阻定义：

$$R_{\mathrm{s}} = \frac{\rho}{t} \, (\Omega/\square) \tag{14.10}$$

仍以图 14.6 的直线排列四探针为例，薄层电阻为

$$R_s = c \frac{V}{I} \ (\Omega/\square) \tag{14.11}$$

式中，c 为几何修正因子，可以证明 c 为 [5]

$$c = \frac{\pi}{\ln 2} K \tag{14.12}$$

K 反映了探针间不等距和边界影响的因素。若探测无限大薄层和探针间距相等，$K=1$，则有

$$c = \frac{\pi}{\ln 2} \approx 4.5324 \tag{14.13}$$

引入薄层电阻这个物理量的好处是，在工艺线上测得薄层电阻值，集成电路版图设计人员就可以通过用长度除以宽度，再乘以薄层电阻值得到对应的长方体的电阻，如式 (14.14) 所示。

$$R = R_s \frac{l}{W} \ (\Omega) \tag{14.14}$$

式中，l 是长方体的长度；W 是长方体的宽度。

在用四探针测量薄层电阻时，还要注意以下因素：扩散区下衬底必须为绝缘体；或者其电阻率远大于被测扩散层电阻率；或者在被测扩散层和衬底之间必须形成一个反偏二极管；需要考虑结附近的耗尽区影响。

例如，当外延层和衬底导电类型相同时，特别是在一般的 N^+ 衬底上生长 N 型或在 P^+ 衬底上生长 P 型外延层时，由于衬底的并联电导的作用，就不能使用这种测试方法。

2. 范德堡法测量薄层电阻率

范德堡 (van der Pauw) 在 1958 年提出一种接触点位于晶体边缘的电阻率测量方法 [6]。对于一个任意形状的厚度均匀薄样片，在其边缘制作四个接触点，A、B、C、D。四个接触点应该满足 $\overline{AB} \perp \overline{CD}$ 条件，如图 14.7 所示。在任意相邻两个接触点间施加电流，测出另一对接触点的电势差。例如，在 A、C 之间通电流 I_{AC}，测出 D、B 之间电势差 V_{DB}，则有

$$R_1 = \frac{V_{DB}}{I_{AC}} \tag{14.15}$$

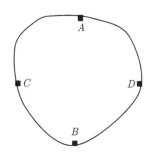

图 14.7 范德堡法测量电阻率的示意图

然后在 A、D 点间通电流，而测出 C、B 点间电势差 V_{CB}，则有

$$R_2 = \frac{V_{CB}}{I_{AD}} \tag{14.16}$$

可推出材料的电阻率与 R_1、R_2 的关系为

$$\rho = \frac{\pi t}{\ln 2} \cdot \frac{R_1 + R_2}{2} f\left(\frac{R_1}{R_2}\right) \tag{14.17}$$

式中，t 是样品厚度；$f\left(\dfrac{R_1}{R_2}\right)$ 为一修正函数，该函数由下式确定：

$$\cosh\left[\frac{(R_1/R_2) - 1}{(R_1/R_2) + 1} \cdot \frac{\ln 2}{f}\right] = \frac{1}{2} \exp\left(\frac{\ln 2}{f}\right) \tag{14.18}$$

若四个接触点安排在对称的位置上，即 $R_1 \approx R_2 = R$，修正函数 $f \approx 1$，则

$$\rho = \frac{\pi W}{\ln 2} R = \frac{\pi W}{\ln 2} \times \frac{V}{I} \tag{14.19}$$

对应的薄层电阻为

$$R_s = \frac{\rho}{t} = \frac{\pi}{\ln 2} \times \frac{V}{I} \tag{14.20}$$

为了适应于器件结构不断缩小的要求，人们开发了各种形状的薄层电阻测试结构，包括偏移方形十字结构、大正十字结构和小正十字结构，分别如图 14.8、图 14.9 和图 14.10 所示 [7]。图中灰色部分是扩散电阻区，黑框带图案填充区为接触孔，接触孔外所套的黑框是金属区。图 14.8 中细条部分宽度为 6 μm，中心宽度为 36 μm。图 14.9 中十字条部分宽度 (臂宽) 为 36 μm，十字边到边扩散边距离 (臂长) 为 72 μm。图 14.10 中十字条部分宽度 (臂宽) 为 8 μm，十字边到边扩散边距离 (臂长) 为 10 μm。计算可知，设计正十字形测试结构时，只要臂长大于臂

宽，其误差即可小于 0.1%。这种范德堡结构可以测量很小区域的薄层电阻，其宽度仅受制造工艺的限制。

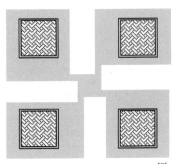

图 14.8　偏移方形十字结构[7]

图 14.9　大正十字结构[7]

图 14.10　小正十字结构[7]

3. 金属-半导体接触电阻测试结构

半导体与金属在接触孔处的接触电阻值反映了接触孔刻蚀的质量和金属与硅的合金质量，它直接影响器件的性能和可靠性。随着器件特征尺寸不断缩小，工艺的最小图形通常是接触孔和多晶硅栅条的宽度。监控金属-半导体接触的测试结构有单孔结构和三孔结构。单孔结构如图 14.11 所示 [7]，上面是顶视图，下面是 AA' 切开的截面图，图中灰色部分是扩散电阻区，黑方块为接触孔，无填充的图形是金属区。单孔结构是一个四端电阻器，通过电极 I_1 和 I_2 输入电流 I，I 流经结构中心的接触孔，孔两端的电势差可以从 V_1 和 V_2 两个电极测得。单孔结构的比接触电阻 R_c 为

$$R_c \approx \frac{V}{I} \times A_c \tag{14.21}$$

式中，A_c 为接触面积。接触孔的接触电阻值等于比接触电阻 R_c 除以接触面积 A_c。单孔结构简单，测量方便，但是不能消除体电阻及探针接触电阻的影响，只能反映接触电阻的相对大小。该结构只适用于工艺监控，或用于比较不同工艺条件下接触电阻的相对变化。

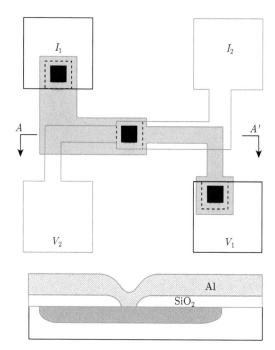

图 14.11　金属–半导体接触测试的单孔结构 [7]

三孔测试结构如图 14.12 所示 [7]，图中灰色部分是扩散电阻区，黑方块为接触孔，无填充的图形是金属区。三孔测试结构可以消除体电阻和接触电阻的影响。三孔结构的比电阻 R_c 为

$$R_c \approx \frac{R_1 l_2 - R_2 l_1}{2\left(l_2 - l_1\right)} \times A_c \tag{14.22}$$

式中，R_1、R_2 分别对应于 l_1、l_2 的测量值。为了消除仪表和外界因素影响，需要用恒流源与数字电压表测量，并使电流换向，取两次测量的平均值。

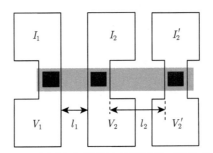

图 14.12　金属-半导体接触测试的三孔结构 [7]

4. 等值线图测量薄层电阻

可以通过等值线图测量薄层电阻分布图 (Mapping) 来监控工艺质量，如图 14.13 所示。中间曲折线位置对应的是工艺设定的标称值，加号区表示相对标称值正偏差，减号区表示相对标称值负偏差，薄层电阻的单位是 $\Omega/\square$。

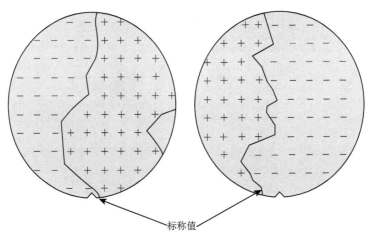

标称值

图 14.13　薄层电阻等值线分布图 [8]

5. 薄层电阻与线宽电学测试

采用十字桥测试结构可以测量薄层电阻和检测线条的宽度，其结构如图 14.14 所示 [7]。它是由上部的十字形范德堡测试结构和下部的桥式电阻器组成的。由范德堡测试结构得到的薄层电阻 R_s 为

$$R_s = \frac{\pi}{\ln 2} R(\pm I) \tag{14.23}$$

由桥式电阻器结构得到线条宽度为

$$W = R_{\mathrm{s}}L_{\mathrm{m}}\frac{I^*}{V^*} \tag{14.24}$$

式中，I^* 为 I_1^* 和 I_2^* 之间施加的电流；V^* 为 V_1^* 和 V_2^* 之间测得的电压。

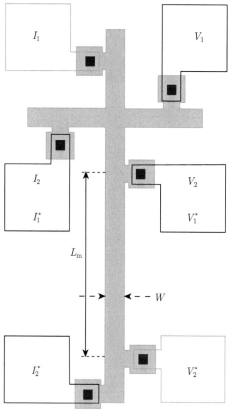

图 14.14　十字桥测试结构 [7]

6. 椭圆偏振仪

椭圆偏振仪可用来测量透明薄膜的膜厚和折射率，其光学系统如图 14.15 所示 [9]。氦氖激光器发射出激光通过滤光器、起偏器及 1/4 波片变成椭圆偏振光，在待测晶圆上的薄膜反射，再经过分析器到达探测器。

偏振光的偏振态通过材料反射发生变化，通过测量反射光的幅值与相位变化可以计算薄膜材料的性质。用椭圆偏振仪测量薄膜性质具有以下优点：① 非破坏性，② 可测多层薄膜，③ 精度可达到 nm 级，④ 可集成进行在线测量，⑤ 应用广泛。

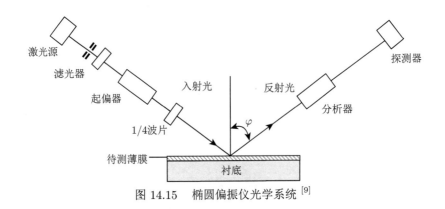

图 14.15　椭圆偏振仪光学系统[9]

1) 椭圆偏振仪测量透明薄膜原理

光是电磁波，光可以看成是其电场分量和磁场分量以平面波的形式在空间传播，电场和磁场相互垂直。自然光是复合光。

光在穿过不同介质时，在各个界面会发生反射与折射。根据折射定律：

$$n_1 \sin \varphi_1 = n_2 \sin \varphi_2 = n_3 \sin \varphi_3 \tag{14.25}$$

式中，n_1 是空气的折射率；n_2 是待测薄膜的折射率；n_3 是待测薄膜下面材料的折射率；φ_1 是入射角；φ_2 是空气到待测薄膜的折射角；φ_3 是光从待测薄膜到其下面材料的折射角。

可以将光波的电矢量分解为在入射面内振动的 p 分量和垂直于入射面振动的 s 分量。则薄膜对两个分量的总反射系数和定义为

$$R_{\mathrm{p}} = R_{\mathrm{rp}}/E_{\mathrm{ip}} \tag{14.26}$$

$$R_{\mathrm{s}} = R_{\mathrm{rs}}/E_{\mathrm{is}} \tag{14.27}$$

计算可得

$$E_{\mathrm{rp}} = \frac{r_{1\mathrm{p}} + r_{2\mathrm{p}}\mathrm{e}^{-\mathrm{i}2\delta}}{1 + r_{1\mathrm{p}}r_{2\mathrm{p}}\mathrm{e}^{-\mathrm{i}2\delta}} E_{\mathrm{ip}} \tag{14.28}$$

$$E_{\mathrm{rs}} = \frac{r_{1\mathrm{s}} + r_{2\mathrm{s}}\mathrm{e}^{-\mathrm{i}2\delta}}{1 + r_{1\mathrm{s}}r_{2\mathrm{s}}\mathrm{e}^{-\mathrm{i}2\delta}} E_{\mathrm{ip}} \tag{14.29}$$

式中，2δ 为任意相邻两束反射光之间的相位差。

由麦克斯韦方程结合边界条件，可得菲涅耳 (Fresnel) 反射系数公式：

$$r_{1\mathrm{p}} = \tan(\varphi_1 - \varphi_2)/\tan(\varphi_1 + \varphi_2) \tag{14.30}$$

$$r_{1\mathrm{s}} = \sin(\varphi_1 - \varphi_2)/\sin(\varphi_1 + \varphi_2) \tag{14.31}$$

$$r_{2p} = \tan\left(\varphi_2 - \varphi_3\right) / \tan\left(\varphi_2 + \varphi_3\right) \tag{14.32}$$

$$r_{2s} = \sin\left(\varphi_2 - \varphi_3\right) / \sin\left(\varphi_2 + \varphi_3\right) \tag{14.33}$$

由相邻两反射光束间的光程差, 可得出

$$\delta = \frac{2\pi d}{\lambda} n_2 \cos\varphi_2 = \frac{2\pi d}{\lambda} \sqrt{n_2^2 - n_1^2 \sin^2\varphi_1} \tag{14.34}$$

式中, λ 为真空中光的波长; n_2 为介质膜的折射率; d 为介质膜的厚度。

椭圆偏振方程为

$$\tan\psi \cdot \mathrm{e}^{\mathrm{i}\varDelta} = \frac{R_p}{R_s} = \frac{\left(r_{1p} + r_{2p}\mathrm{e}^{-\mathrm{i}2\delta}\right)\left(1 + r_{1s}r_{2s}\mathrm{e}^{-\mathrm{i}2\delta}\right)}{\left(1 + r_{1p}r_{2p}\mathrm{e}^{-\mathrm{i}2\delta}\right)\left(r_{1s} + r_{2s}\mathrm{e}^{-\mathrm{i}2\delta}\right)} \tag{14.35}$$

式中, ψ 和 $\varDelta$ 是描述反射光偏振态变化的两个物理量, 称为椭偏参数, 其具有角度的量纲, 又称为椭偏角, 反映了其与总反射系数的关系。

2) ψ 和 $\varDelta$ 的物理意义

由上述一系列公式可得

$$\tan\psi \cdot \mathrm{e}^{\mathrm{i}\varDelta} = \frac{|E_{rp}|\,|E_{is}|}{|E_{rs}|\,|E_{ip}|} \exp\left\{\mathrm{i}\left[(\theta_{rp} - \theta_{rs}) - (\theta_{ip} - \theta_{is})\right]\right\} \tag{14.36}$$

比较等式两端可得

$$\tan\psi = \frac{|E_{rp}|\,|E_{is}|}{|E_{rs}|\,|E_{ip}|} \tag{14.37}$$

$$\varDelta = (\theta_{rp} - \theta_{rs}) - (\theta_{ip} - \theta_{is}) \tag{14.38}$$

图 14.16 所示为作为 $\varDelta$ 和 ψ 函数的折射率和厚度的曲线。实线对应的是待测薄膜的折射率, 虚线对应的是待测薄膜的厚度。

ψ 与反射前后 p 和 s 分量的振幅比有关, 取值范围为

$$0 \leqslant \psi < \pi/2$$

$\varDelta$ 与反射前后 p 和 s 分量的相位差有关, 取值范围为

$$0 \leqslant \varDelta \leqslant 2\pi$$

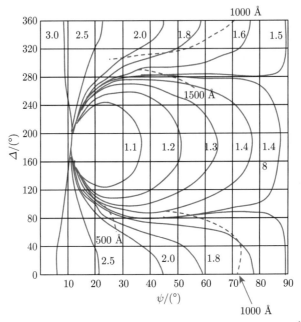

图 14.16 所示为作为 Δ 和 ψ 函数的折射率和厚度的曲线 [9]

7. 反射谱仪测膜厚

光学反射测量薄膜厚度的原理如图 14.17 所示。入射光在不同材料表面产生反射，由此出现不同的干涉光源，通过测量干涉光的特性来计算材料的特性及厚度信息 [10]。

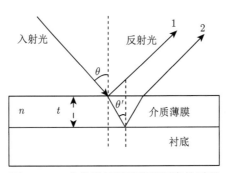

图 14.17 光学反射测量薄膜厚度的原理

通过样品的光程长度相当于波长整数倍时，发生相长干涉；如果光程是半波长的奇数倍，则产生干涉强度的最小值。最大值为

$$t = \frac{m\lambda_0}{2n\cos\theta'} \tag{14.39}$$

最小值为

$$t = \frac{(m + 1/2)\,\lambda_0}{2n\cos\theta'} \tag{14.40}$$

式中，m 为随着 λ 增加而逐渐变小的整数；θ' 为射入较低反射面的入射角。

当第一个最小值记录下来时，$m = 0$ 可得

$$t = \frac{\lambda_0}{4n\cos\theta'} \tag{14.41}$$

在硅基集成电路中，介质薄膜可以是 SiO_2，衬底是硅。用 5500 Å 波长的光，硅的折射率约为 1.46，由式 (14.41) 就可以得到介质薄膜 SiO_2 的厚度。

8. X 射线膜厚仪

X 射线和紫外线与红外线一样是一种电磁波。X 射线是由原子内部电子跃迁而产生的，其波长范围在 0.001～10 nm，能量范围在 100～10000 eV。

X 射线荧光是一个原子或分子吸收了特征能量的光子后释放出的较低能量的光子。X 射线荧光技术 (XRF) 测量薄膜厚度的原理如图 14.18 所示 [11]。通过测量 X 射线射入产生的激发光子数量来测量薄膜厚度 (一般非透明的超薄金属膜)。

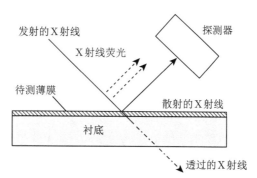

图 14.18　X 射线荧光技术测量薄膜厚度的原理图

X 射线的能量穿过金属镀层的同时，金属元素其电子会反射其稳定的能量波谱。通过这样的原理，设计出的膜厚测试仪也可称为膜厚量仪，又称金属涂镀层厚度测量仪，其不同之处为其既是薄膜厚度测试仪，也是薄膜表层金属元素分析仪。

对某物质进行 X 射线照射时，可以观测到荧光 X 射线、散射 X 射线、透过 X 射线三种。

发射法是指根据薄试样中元素的谱线荧光强度来确定厚度或质量厚度 (面密度)。对于波长为 λ 的单色光激发厚度为 T 的试样时计算 X 射线荧光理论强度的

微分式从 t 等于 0 到 T 积分, 即

$$P_{i,\lambda} = \int_0^T I_\lambda C_i \rho \mu_{i,\lambda} \exp\left(-\mu_s^* \rho t\right) \mathrm{d}t = I_\lambda C_i G_i \mu_{i,\lambda} \frac{1 - \exp\left(-\mu_s^* \rho T\right)}{\mu_s^*} \tag{14.42}$$

式中, μ_s^* 为镀层对于初级线束和镀层谱线的平均质量吸收系数; ρ 为镀层的密度; T 为镀层的厚度。

如果只考虑一次荧光, 并将无限厚试样的荧光强度记为 I_∞, 厚度为 T 的试样的荧光强度为 I_T, 再结合式

$$P_{i,\lambda} = I_\lambda C_i E_i \cos\varphi_1 \frac{\mu_{i,\lambda}\mathrm{d}\Omega}{4\pi\mu_s^*} \tag{14.43}$$

$$\frac{I_T}{I_\infty} = 1 - \exp\left(-\mu_s^* \rho T\right) \tag{14.44}$$

令 $k = \mu_s^* \rho T$, 则

$$\frac{I_T}{I_\infty} = 1 - \exp\left(-k\right) \tag{14.45}$$

$$-\mu_s^* \rho T = \ln\left(1 - \frac{I_T}{I_\infty}\right) \tag{14.46}$$

则厚度为

$$T = \frac{1}{-\mu_s^* \rho} \ln\left(1 - \frac{I_T}{I_\infty}\right) \tag{14.47}$$

全反射 X 射线荧光 (Total-reflection X-Ray Fluorescence, TXRF) 分析技术是一种在 X 射线荧光分析技术基础上发展起来的, 其主要特征是通过反射技术去掉在通常 X 射线荧光分析中高能散射本底的影响, 如图 14.19 所示 [12]。由此提高了分析灵敏度, 分析刻度简单, 分析样品量少至 μg 量级。

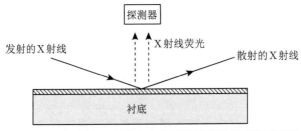

图 14.19　全反射 X 射线荧光分析测量薄膜厚度的原理图

在 TXRF 分析技术中，由于在载体表面上和近表面层的 nm 级范围内产生了驻波，提高了表面分析的灵敏度，所以 TXRF 荧光分析技术适用于表面和表层分析，不但可以用来分析载体薄层样品的成分、深度、密度和空间分布，而且可以测量表面的污染和表层的杂质，以及得到杂质的位置。

9. 薄膜应力测试

薄膜应力测试原理：测量光学反射角变化来确定薄膜曲率变化，再计算表面应力 (Stress)，如图 14.20 所示。

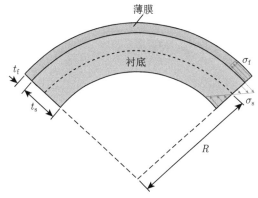

图 14.20   薄膜应力示意图

薄膜应力通常用晶圆在淀积前后的弯曲变化来测量。薄膜应力定义[13]：

$$\sigma = \frac{E_s t_s^2}{6\left(1 - \nu_s\right) t_f} \left(\frac{1}{R} - \frac{1}{R_0}\right) \tag{14.48}$$

式中，ν_s 是衬底的泊松比；E_s 是衬底的杨氏模量；t_s 是衬底的厚度；t_f 是薄膜厚度；R_0 是淀积薄膜前的衬底的曲率半径；R 是淀积薄膜后的衬底的曲率半径。式 (14.48) 被称为斯通尼 (Stoney) 公式，该公式已被广泛应用于薄膜应力的测量。泊松比定义为 $\nu_s = -\varepsilon_x/\varepsilon_y$，在弹性范围内加载，$\varepsilon_x$ 是弹性体的横向应变，ε_y 是弹性体的纵向应变。在一般情况下，可假设 R_0 为无限大，R 值一般通过牛顿环干涉法求出。

10. 薄膜材料的折射率

材料的折射率 (n) 定义为

$$n = \frac{\sin \theta_i}{\sin \theta_r} \tag{14.49}$$

式中，θ_i 是入射角；θ_r 是折射角。在不同材料中光学折射率不同。常见的几种材料的折射率如下：空气的为 1.00，SiO_2 的为 1.46，SiN_x 的为 $1.9 \sim 2.1$，金刚石的为 2.12。折射率发生改变表明薄膜中可能有沾污或者材料结构的致密度发生了变化。可以采用干涉法或椭圆偏振法测量透明薄膜的折射率。

14.1.2　掺杂浓度测量方法

材料中掺杂浓度测量法除了已经在第 3 章介绍过的扩展电阻法、SIMS 法外，这里再补充介绍热波系统和电容-电压法。

1. 热波系统

热波系统是通过材料注入离子产生的晶格缺陷量来计算掺杂浓度的，其原理如图 14.21 所示 [14]。

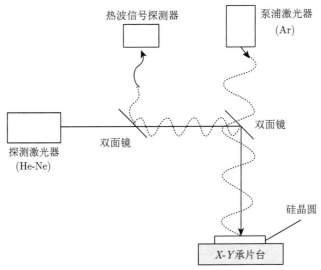

图 14.21　热波系统

热波系统由氩泵浦激光穿过一个双面镜到达待测晶圆表面，激光产生的热波使晶圆加热。氦氖激光器发出激光通过两个双面镜在晶圆表面反射，再经过这两个双面镜到达热波信号探测器。氩泵浦激光的热波可以导致氦氖激光的反射系数改变，其变化量正比于晶圆中缺陷点的数目。将晶格缺陷的数目与掺杂浓度联系起来就可以用来评估掺杂工艺效果。这种方法即可用于无图形的晶圆，也可用于有图形的晶圆。

2. 电容-电压法测硅外延层纵向杂质分布

在第 10 章中介绍了三探针法测量外延层电阻率，该方法虽然具有设备简单、操作方便、测量迅速且属于非破坏性方法，但是这种方法不能测量厚度较薄、电阻率较高的外延层，另外其电阻率测量精度不高。而电容-电压法 [15] 可以弥补三探针法的这些缺陷，即可以测量较薄的外延层的电阻率，并且测量精度也优于三探针法。

其测试方法是先制备一个金属-半导体接触的肖特基二极管，将其近似为单边突变结。单位面积上的总电荷为

$$Q = \sqrt{2q\varepsilon_r\varepsilon_0 N_D\left(V_0 \pm V\right)} \tag{14.50}$$

式中，V_0 为自建电势；V 为外加电压；正号表示反向偏置；负号表示正向偏置。

单位面积的势垒电容 C_T 为

$$C_T = \frac{dQ}{dV} = \sqrt{\frac{q\varepsilon_r\varepsilon_0 N_D}{2\left(V_0 \pm V\right)}} \tag{14.51}$$

式 (14.51) 可改写为

$$V_0 \pm V = \frac{q\varepsilon_r\varepsilon_0 N_D}{2} C_T^{-2} \tag{14.52}$$

对式 (14.52) 进行微分可得

$$\frac{dV}{dC_T} = -q\varepsilon_r\varepsilon_0 N_D C_T^{-3} \tag{14.53}$$

整理可得

$$N_D = \frac{C_T^3}{q\varepsilon_r\varepsilon_0}\left(-\frac{dC_T}{dV}\right)^{-1} \tag{14.54}$$

将 $C_T = C/A = 4C/\pi d^2$ 代入式 (14.54) 可得

$$N_D = \frac{16C^3}{\pi^2 q\varepsilon_r\varepsilon_0 d^4}\left(-\frac{dC}{dV}\right)^{-1} \tag{14.55}$$

式中，C 是电容；q 是电子电荷；ε_r 是介质相对介电常数；ε_0 是真空电容率；d 是结的直径。测得不同偏压下的 C 和 dC/dV，就可以得到 N_D 值。

肖特基结的耗尽层宽度为

$$X_D = \frac{\varepsilon_r\varepsilon_0\pi d^2}{4C} \tag{14.56}$$

通过测得不同偏压下的 C，就可以算出对应的耗尽层宽度。将上述得到的 N_D 和 X_D 联系起来，就可以做出外延层中杂质浓度随深度变化的曲线。这里耗尽层宽度即对应其深度。

14.1.3　图形测量及检查

1. 表面缺陷检测

表面缺陷的检测方法有两大类，一类是对于无图形晶圆的表面缺陷，一类是对于有图形晶圆的表面缺陷。

对于无图形晶圆的表面缺陷，(a) 光学显微镜；(b) 光散射缺陷检测仪。在工艺线上，通常采用 "每个晶圆通过每步骤后的颗粒数"(Particles Per Wafer Per Pass) 来表征和监控生产机台的质量。即在正式晶圆通过某个机台前，先用无图形晶圆通过该机台，然后用光散射缺陷检测仪检测，看其晶圆表面增加的颗粒数。检测仪可将不同尺寸的颗粒分类统计，例如，粒径小于 0.1 μm 的有多少，0.1~0.2 μm 的有多少，大于 0.2 μm 的有多少。还可以给出不同粒径颗粒在晶圆表面的分布图，为清洁机台提供依据。

对于有图形晶圆的表面缺陷，可以采用光散射法来测量。典型的光学显微镜检测系统结构如图 14.22 所示[16]。

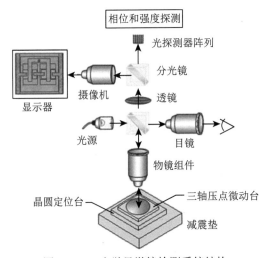

图 14.22　光学显微镜检测系统结构

扫描式共焦显微镜原理：共焦显微镜 (Confocal Microcopy) 通过点光源扫描在物体表面产生反射形成点虚像，避免了不同焦平面光的衍射、散射等干扰，极大地提高了清晰度，如图 14.23 所示[16]。

光学散射检测表面颗粒原理如图 14.24 所示[16]。激光光束扫描晶圆表面，对应平坦的表面，光线全部被反射，探测不到散射光；当遇到颗粒和凸凹不平的图形时，除了反射光外，散射光探测器就可以收集到尺寸、外形、表面粗糙度等信息。

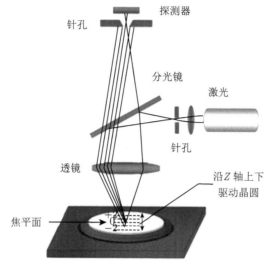

图 14.23 扫描式共焦显微镜

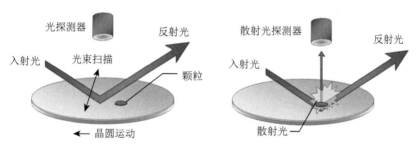

图 14.24 光学散射检测表面颗粒原理图

2. 关键尺寸

关键尺寸 (Critical Dimension，CD) 主要是针对光刻胶图形和刻蚀图形最小尺寸进行的测量。早期集成电路 CD 较大时，是采用光学测量显微镜进行测量的。随着集成电路技术节点不断前进，CD 值不断减小，光学测量显微镜无法满足测量的要求。20 世纪 60 年代诞生了第一台商用的扫描电子显微镜 (Scanning Electron Microscope，SEM)。SEM 的放大倍数在 10 万 ~30 万。SEM 图形分辨率为 40~50 Å 的数量级，SEM 已经广泛使用。关键尺寸扫描电子显微镜 (CD-SEM) 的优点是非破坏性，精度高，达亚纳米级，可自动处理，速度快。

由瑞利准则 (Rayleigh Criterion) 可知，图形的分辨率为

$$\delta = k\frac{\lambda}{\text{NA}} \tag{14.57}$$

式中，λ 是照射源的波长；NA 是透镜的数值孔径；k 是个系数。即光波波长越短，分辨率越高。光学显微镜的放大倍数的上限约为 1200 倍，在这样的放大倍数下，其物镜的景深非常短。

根据量子力学理论，电子的德布罗意波长可由下式近似地给出：

$$\lambda = \frac{h}{mv} = -\frac{h}{\sqrt{2meV}} = \sqrt{\frac{150}{V(\mathrm{V})}} \times 10^{-10}\,(\mathrm{m}) = \sqrt{\frac{150}{V(\mathrm{V})}}\,\text{Å} \qquad (14.58)$$

电子的波长比光波波长要短得多，所以电子显微镜比光学显微镜具有更高的分辨率，或者更大的放大倍数。

CD-SEM 的基本结构如图 14.25 所示[16]。SEM 由电子枪发射电子，经过电子吸极将电子束引出，经过聚焦磁透镜实现电子束聚焦。然后，用静电-磁聚焦系统使电子束实现对下面样品的扫描，打到样品表面的电子束斑直径为 2~6 nm。用探测器收集二次电子，与 X-Y 扫描联系起来送到显示器，就可以在显示器上得到样品表面的电子图像。与可见光显微镜不同的是，SEM 的电子束必须在真空腔内，真空度要求大约 10^{-6} Torr。为了实现非破坏在线 CD 测量，要用小于 2 keV 的低能电子束。$100 \sim 200$ keV 的高能电子束可用于深层结构的成像。

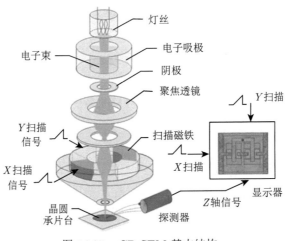

图 14.25　CD-SEM 基本结构

3. 台阶覆盖性

薄膜台阶覆盖性如图 14.26 所示。(a) 所示是共形覆盖或称为保角覆盖，是符合工艺要求的；(b) 所示是非共形覆盖，有空洞产生，这是应该避免发生的情况。

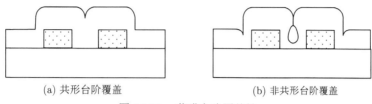

(a) 共形台阶覆盖 (b) 非共形台阶覆盖

图 14.26 薄膜台阶覆盖性

表面形貌仪如图 14.27 所示[16]。其优点是：非破坏性、微压力接触表面、电磁放大信号。

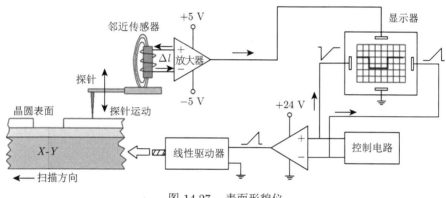

图 14.27 表面形貌仪

4. 套准 (Overlay Registration)

套刻精度检查图形如图 14.28 所示，(a) 理想的套准情况，$X_1 = X_2$，$Y_1 = Y_2$；(b) 套偏的情况，$X_1 > X_2$，$Y_1 > Y_2$。

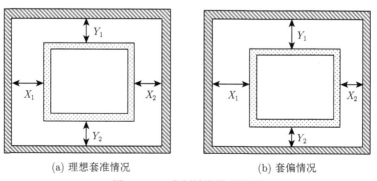

(a) 理想套准情况 (b) 套偏情况

图 14.28 套刻精度检查图形

5. 电容–电压测试法 (*C-V* Test)

MOS 器件中的电容模型如图 14.29 所示，(a) 是其等效电路图，(b) 是 MOS 器件的截面图。MOS 器件中的电容与 MOS 平板电容有区别，在阈值开启前等效于栅电容，在阈值开启后等效于两个电容串联。

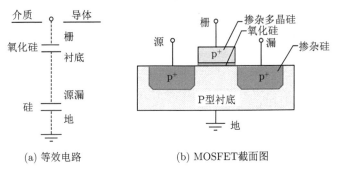

(a) 等效电路　　　　　　　　　(b) MOSFET截面图

图 14.29　MOS 器件中的电容模型

MOS 电容的 *C-V* 特性可串联栅氧化层的完整信息，包括介质厚度、介电常数、硅衬底电阻率以及平带电压等。

MOS 电容测试系统如图 14.30 所示。

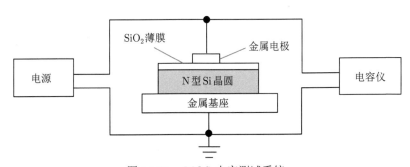

图 14.30　MOS 电容测试系统

MOS 电容测试步骤：N 型硅 *C-V* 测试第一步，对于 N 型硅从负压扫向正压，得到如图 14.31 所示的 *C-V* 曲线的实线，由此可得出介质厚度，硅浓度等；N 型硅 *C-V* 测试第二步，在 200 ～ 300 ℃ 高温同时加 15 V 偏压下，将栅氧化层中可动离子扫向 Si/SiO$_2$ 栅界面；N 型硅 *C-V* 测试第三步，再扫描绘制出 *C-V* 曲线，如图 14.31 *C-V* 曲线虚线所示，计算出平带电压，由温偏 (BT) 实验前后平带电压的差值可以计算出氧化层缺陷电荷量，以此监控工艺质量。

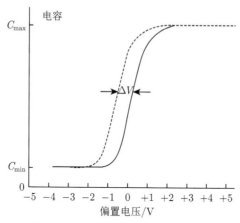

图 14.31 N 型硅 MOS 结构正温度-偏压实验前后 C-V 曲线

6. 接触角 (Contact Angle)

引入接触角的概念是为了表征液体与晶圆表面的黏附性。图 14.32 所示是液体在晶圆表面接触角的示意图, 液滴在晶圆之间形成角度。如果液滴是水, 这个角度可以反映晶圆的疏水性、清洁度、光洁度和黏附性。

图 14.32 接触角示意图

14.2 工艺分析方法与途径

常见的工艺分析仪器有: ① 二次离子质谱分析仪 (SIMS), SIMS 是工艺研究、开发和制造阶段的关键设备; ② 原子力显微镜 (AFM), AFM 主要用于工艺研究和开发阶段; ③ 俄歇电子能谱分析仪 (AES), AES 用于开发和制造阶段; ④ X 射线光电能谱分析仪 (XPS), 用于工艺开发阶段; ⑤ 透射电镜 (TEM), TEM 是工艺研究、开发和制造阶段的关键设备; ⑥ 波长和能量色散谱仪 (WDX & EDX) 用于工艺开发阶段; ⑦ 聚焦离子束 (FIB), FIB 是工艺研究、开发和制造阶段的关键设备。

14.2.1 二次离子质谱分析仪

材料表面受到离子束轰击, 一次入射的离子主要为: Cs^+、O^{2-}、O^{2+} 或 Ar^+, 会溅射出原子、分子和部分二次离子。

二次离子质谱分析仪 (SIMS) 的工作原理如图 14.33 所示，将离子源产生的一次离子入射到样品表面，使样品溅射出二次离子，用能量分析器分析溅射出二次离子的能量，再用质量分析器分析其质量，再进行离子检测，然后可绘出质谱图、深度截面分析图和二次离子的像。

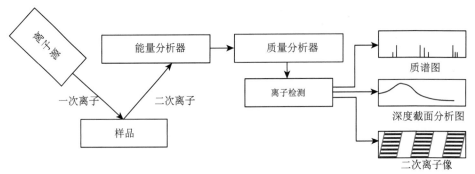

图 14.33　二次离子质谱分析仪系统

其离子源结构如图 14.34 所示，包括双离子管。气体分子在真空室中先加热电离，电磁铁的磁场可以是离子发生旋转运动，结合阴极向下加速，回旋加速被吸极吸取射出。

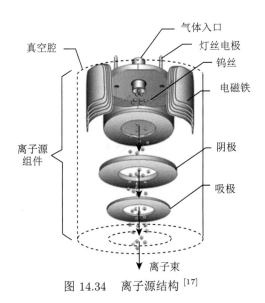

图 14.34　离子源结构 [17]

图 14.35 所示为用 SIMS 两种不同晶圆样品在不同温度下经氧化退火后的磷掺杂浓度及其高斯近似曲线。

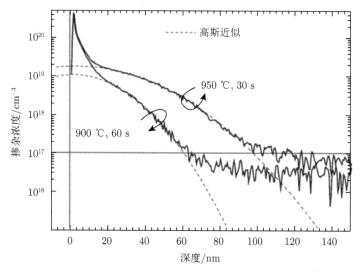

图 14.35　用 SIMS 分析磷在硅晶圆中掺杂浓度的分布[18]

　　这种仪器可以分析材料表面的元素成分、浓度，并做剖面深度分析；分析的极限很高，到 ppm 或者 ppb 级别；可分析分子结构，以及样品表层信息；是破坏性检测。

　　飞行时间 SIMS(TOF-SIMS) 是改变末端二次离子的检测方式，通过带电离子固定距离的飞行时间来检测材料的元素成分，其原理如图 14.36 所示。只能检测表面极薄层的信息，属于非破坏性检测实验。

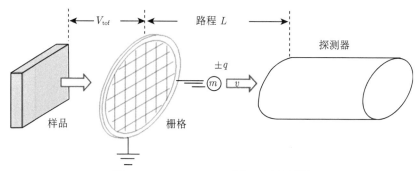

图 14.36　TOF-SIMS 原理示意图[17]

14.2.2 原子力显微镜

　　原子力显微镜通过原子间微弱力的变化来检测材料表面的形貌、成分等信息，精度较高，可达原子级，但检测速度较慢。原子力显微镜其原理如图 14.37 所示，连接压电驱动部件的一个悬臂梁头部安装一个探针，通过一束激光入射到悬臂梁的表面,随着探针在样品表面上下起伏运动,用偏转传感器测量悬臂梁上反射光的偏转量来表征样品表面的平整度。图 14.38 是一个样品表面的实例。

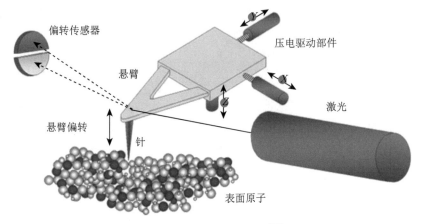

图 14.37   原子力显微镜[17]

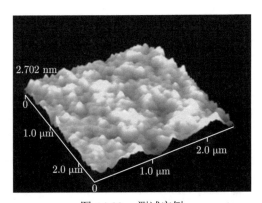

图 14.38   测试实例

14.2.3 俄歇电子能谱分析仪

俄歇电子能谱分析仪 (AES) 是用入射电子照射样品,测量样品表面激发的俄歇电子的能量,从而获取样品材料元素的信息。AES 对 $10\sim 50$ Å 深度的表面非常敏感。俄歇电子占样品产生的二次电子总数的不到 0.1%。这种技术适合于分析 2 nm 厚的材料的表面。

俄歇电子的产生过程如图 14.39 所示 [19],原子核外电子按一定规律分布在 K、L、M 等壳层上。当具有一定能量的一次电子撞击到 K 层电子,使其受激离开固体表面时，在 K 层留下一个空位，L 层的一个电子又来填充这个空位，同时释放出的 $E_K - E_L$ 的能量。若释放的能量使另一个壳层的一个电子激发离开固体表面，即为产生的特征俄歇电子。特征俄歇电子的能量为 $E_K - E_L - E_M$。

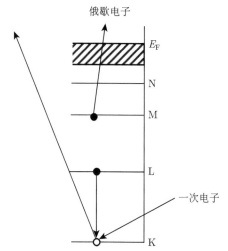

图 14.39　K、L、M 跃迁俄歇电子的产生过程[19]

　　电子能谱能量分布如图 14.40 所示[19]。E_p 是由一次电子与原子发生弹性碰撞所产生的尖峰；靠近 $E = 0$ 处的 S 是由二次电子所产生的宽峰；A 是俄歇电子发射产生的小峰，B、C、P 是由等离子激发和离化损失产生的小峰。

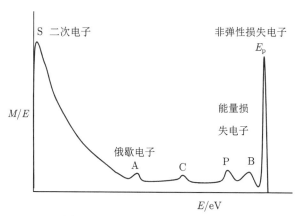

图 14.40　电子能谱能量分布曲线

14.2.4 XPS 仪的工作原理

通过测定 X 射线入射产生的光电子信号来分析材料表面的化学成分、化学键等信息。XPS 系统示意图如图 14.41 所示。在 XPS 中，X 射线直接照射到晶圆样品表面，使其电离放出光电子，通过能量分析器和电子检测器获取不同能量的电子数，再将不同能量的电子数绘制出图谱。XPS 是非破坏性检测技术，只能检测表面极大约 2 nm 厚度薄层的信息。

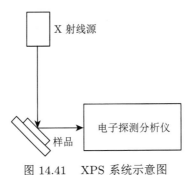

图 14.41　XPS 系统示意图

被检测样品材料的能级结构如图 14.42 所示。XPS 发射的光电子动能 E_k 为

$$E_k = h\nu - E_b - \varphi \tag{14.59}$$

式中，$h\nu$ 是入射光子能量；E_b 是电子结合能；φ 是功函数 (电子反冲能)。

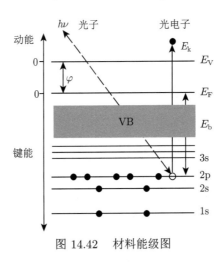

图 14.42　材料能级图

图 14.43 是一个 SiC 样品的 XPS 扫描图谱。图中描绘出不同入射角 (TOA) 光子强度与结合能的谱线。在 1839 eV 至 1840 eV 之间出现 Si 的峰值，在 1842 eV 附近，TOA 为 80° 出现 SiC 的一个峰。

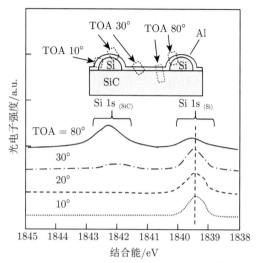

图 14.43　SiC 样品的 XPS 扫描谱[20]

14.2.5　透射电子显微镜

透射电子显微镜 (Transmission Electron Microscope，TEM) 结构如图 14.44 所示[17]。其包括：产生电子的电子枪、将电子吸出的阳极 (Anode)、聚焦透镜、

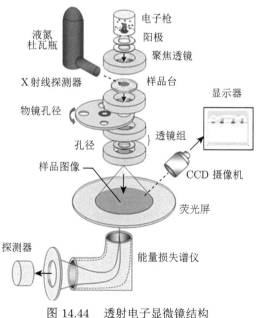

图 14.44　透射电子显微镜结构

样品台、X 射线探测器、物镜孔径、透镜组及光圈、显示样品图像、荧光屏、CCD 摄像机、显示器、能量损失谱仪和探测器。

电子枪发射高能电子经过聚焦后射入被处理的样品产生透射电子，经过电子透镜系统在荧光屏上成像并放大形成图像。成像放大倍数极高，可达百万倍；分辨率极高，可到亚原子级。这种属于破坏性测试。

TEM 在半导体中的应用主要包括：① 硅材料的缺陷，例如，在硅浅结中位错和层错缺陷密度；② 器件结构剖面，例如，在多晶硅和金属结构中的侧墙；③ 金属化，金属化物与合金的性质；④ 离子注入，例如，表面与埋层晶格的注入损伤；⑤ 颗粒沾污等的分析。

TEM 样品的制备比较困难，需要使用 CMP、化学腐蚀和离子铣等技术。样品制备过程如图 14.45 所示，(a) 将晶圆切割成小片直径 3 mm，厚度 500 μm；(b) 进行平面研磨，使其厚度小于 70 μm；(c) 做出凹坑，使厚度小于 5 μm；(d) 采用离子束进行局部进一步减薄到 10 ~ 100 nm 的数量级。

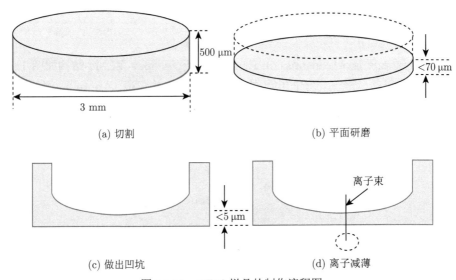

(a) 切割　　　　　　　　　　　　　　　(b) 平面研磨

(c) 做出凹坑　　　　　　　　　　　　　(d) 离子减薄

图 14.45　TEM 样品的制作流程图

14.3　晶圆电学参数测试

硅晶圆电学测试是整个集成电路制造技术中重要的一环。硅晶圆电学测试的主要目的是检验电路的性能、监控工艺和检视可能的缺陷，为提供合乎指标的产品奠定基础。硅晶圆测试包括对 MOS 器件、互连线及电路等不同层次测试，包含功能测试和电学参数测试两类主要内容。随着电路集成度不断提升，硅片测试日趋复杂，需要特定的方法与技术。集成电路电学测试分类如表 14.2 所示 [21]。

表 14.2 集成电路电学测试分类

测试分类	制造阶段	晶圆级或芯片级测试	测试描述
1. 集成电路设计验证	制造前	晶圆级	功能检验新芯片设计以确保其满足规范
2. 在线参数测试	晶圆制造中	晶圆级	生产工艺监控
3. 硅晶圆拣选测试	晶圆制造中	晶圆级	产品功能测试以验证每个芯片满足规范
4. 老炼可靠性试验	集成电路封装后	封装芯片级	老炼可靠性试验以筛选出早期失效的产品
5. 产品终测	集成电路封装后	封装芯片级	使用产品规范测试产品功能

硅晶圆电学测试包括：在线参数测试 (In-line Parametric Test)，又称为晶圆电参数测试 (Wafer Electrical Test) 或者简称 WET；晶圆拣选测试 (Wafer Sort)，又称为晶圆探针测试 (Wafer Probe)，或者简称 WAT。

在线参数测试的目的是：① 鉴别工艺问题；② 判定硅片合格与否？③ 数据收集；④ 特殊测试；⑤ 硅片级可靠性测定。

制造过程中硅晶圆测试的阶段的测试流程如图 14.46 所示 [21]。

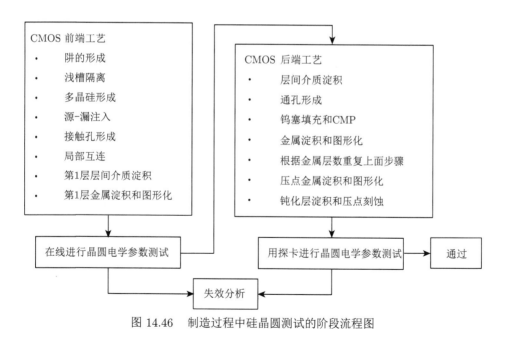

图 14.46 制造过程中硅晶圆测试的阶段流程图

图 14.47 所示为在线参数测试的系统，系统由探针台、测试设备和计算机组成。探针台包括承片台、装有探针卡的测试头。其中承片台可以在 X、Y、Z 和 θ

角度方向进行调节。硅晶圆上需要不同测试结构检测不同的电学参数，如图 14.48 所示。

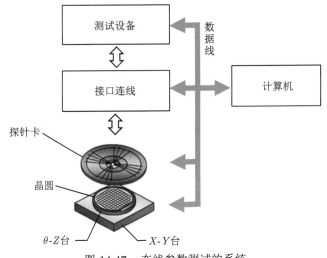

图 14.47 在线参数测试的系统

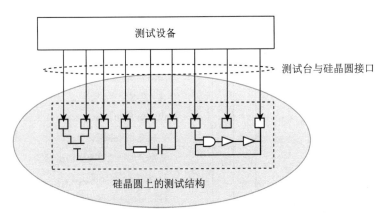

图 14.48 在线参数测试中探针接触硅晶圆上的测试结构

1. 硅晶圆测试结构位置及分类

在硅晶圆上，进行工艺监控 (PCM) 的测试结构通常是设置在划片道 (Scrib Line) 中，如图 14.49 所示。不同研发制造阶段在线参数测试结构的内容也有所不同，如图 14.50 所示。在新工艺最初开发阶段，整套版全是各种测试结构；到考核验证阶段会让出一定的面积，放入一些电路模块；而到了产品制造阶段，大部分面积用于产品电路，会均匀插入一些 PCM 图形，例如，上、中、下、左、右处，或插入 9 个位置；有时为了尽快了解器件性能，会用仅有一层金属的短流程测试版流片。在线参数测试结构的主要内容包括各层的关键尺寸 (CD)、各种电阻结构、电容结构、MOSFET 结构等，列于表 14.3 中 [21]。

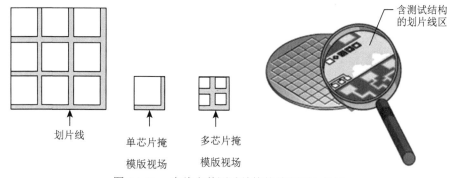

图 14.49　在线参数测试结构的硅晶圆上位置

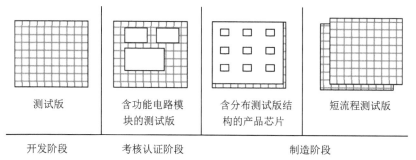

图 14.50　不同研发制造阶段在线参数测试结构的内容变化

表 14.3　集成电路电学测试分类

测试结构	故障测量
分立 MOS 晶体管	漏电流、击穿电压、阈值电压和有效沟道长度
各种线宽图形	关键尺寸
光刻套框	关键尺寸和套准标记
氧化物台阶上的蜿蜒结构	连续性和桥接
电阻率结构	薄膜厚度
电容阵列结构	绝缘材料及氧化层完整性
接触链或通孔链	接触电阻和连接
或非门 (NOR)、与非门 (NAND)、异或门 (XOR)及环形振荡器等	简易电路功能与速度

2. 电阻测试结构

1) 薄层电阻和工艺尺寸偏差测量

条形电阻器测试结构如图 14.51 所示 [21]。W_W 和 W_N 分别为掩模版上宽、窄部分线条宽度，L_N 为压点 B 和压点 C 之间掩模版上的线条长度，L_W 为压点 D 和压点 E 之间掩模版上的线条长度，线条的薄层电阻为 R_s，R_N 为 BC 段的电阻，R_W 为 DE 段的电阻，V_N 为 BC 段的电压，V_W 为 DE 段的电压。若光刻和刻蚀工艺后线条宽度的偏缩小量为 ΔW，则

$$R_N = \frac{V_N}{I} = R_s \frac{L_N}{W_N - \Delta W} \tag{14.60}$$

$$R_W = \frac{V_W}{I} = R_s \frac{L_W}{W_W - \Delta W} \tag{14.61}$$

式中，I 是施加压点 A 和压点 F 之间的电流。整理可得

$$\Delta W = \frac{W_N - kW_W}{1 - k} \tag{14.62}$$

和

$$R_s = R_N \frac{W_N - \Delta W}{L_N} = R_W \frac{W_W - \Delta W}{L_W} \tag{14.63}$$

式中，$k = \dfrac{R_W L_N}{R_N L_W}$。一般设计原则是，$W_W/W_N = 3\sim5$；$W_N$ 是 ΔW 的 $3\sim5$ 倍。

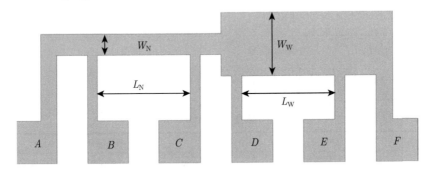

图 14.51　条形电阻器测试结构

2) 长链接触电阻条测试接触电阻

可以用图 14.52 所示的长链接触电阻条来测试接触电阻及可靠性。图中深色填充图形表示金属，浅色填充表示扩散区，黑色方块表示接触孔。测量 A、B 两端的电阻，若电阻值偏离规范值，反应扩散电阻、金属-半导体接触工艺出现异常。电阻值极大，可能是有的接触孔上的介质层未刻蚀干净。

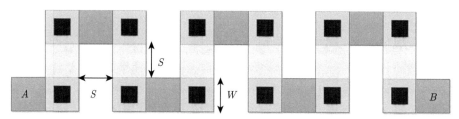

图 14.52　长链接触电阻条测试接触电阻及可靠性

3) 金属跨台阶电阻结构

图 14.53 所示为测量金属跨台阶电阻结构，它是一个蛇形金属电阻条组成的两端电阻器[22]。金属在跨场区和有源区，甚至场区加多晶硅与有源区的台阶情况下，由于金属化工艺和图形化工艺出现偏差，金属在台阶处可能造成连铝、断铝现象。台阶数与金属条的长度要根据监控器件工艺的需要来设计。平均每一对台阶引起的金属条电阻值的变化量 ΔR 为

$$\Delta R = \frac{R - R_0}{N} \tag{14.64}$$

式中，N 为金属所跨台阶对数；R_0 为无台阶时的金属条电阻值；R 为有台阶时的金属条电阻值。ΔR 的大小可以用来表征金属条的过台阶能力。

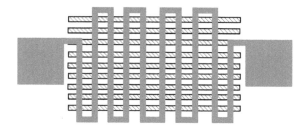

(a) 跨台阶的蛇形铝条

(b) 未跨台阶的蛇形铝条

图 14.53　长链电阻条测试方阻

3. 电容测试原理

在集成电路中有金属与衬底、多晶硅与衬底、多晶硅之间、金属之间的平板电容，如图 14.54 所示；也有同层多晶硅之间、同层金属之间寄生边缘电容，如图 14.55 所示，包括第二层金属 M2 与第一层金属 M1 之间的电容 C_{down}，第二层金属 M2 与第三层金属 M3 之间的电容 C_{up}，第二层金属之间的 C_{left} 和 C_{right}；另外还有 MOS 结构的电容，如图 14.56 所示。

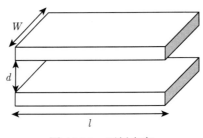

图 14.54 平板电容

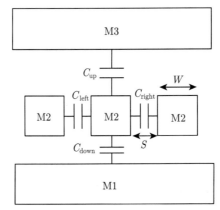

图 14.55 金属连线电容

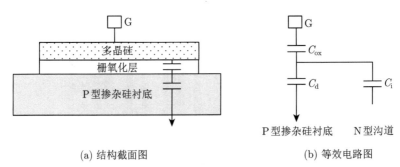

(a) 结构截面图　　　　　　(b) 等效电路图

图 14.56 MOS 电容

1) 平板电容

平板电容值为

$$C = \varepsilon_0 \varepsilon_r \frac{W \times l}{d} \tag{14.65}$$

式中，ε_0 是真空的介电系数 (约为 8.85×10^{-12} F/m)；ε_r 是绝缘层的相对介电系数；W 是平板电极宽度；l 是平板电极长度；d 是电极之间绝缘层厚度；电容的单位是法拉 (F)。绝缘层通常是氧化硅，氧化硅的相对介电系数是 3.9。

2) 金属连线电容

金属连线电容值也可以用式 (14.62) 估算，但是由于其尺寸很小，边缘部分需要修正。在集成电路设计规则中，通常是对应不同尺寸、结构采取实测数据列表的方法。图 14.54 是第二层金属 M2 本层之间的电容 C_{left} 和 C_{right}，与第一层金属 M1 之间的电容 C_{down}，以及与第三层金属 M3 之间的电容 C_{up} 的结构示意图。

3) 金属-氧化物-半导体 (MOS) 电容

MOS 电容如图 15.56 所示，(a) 是 MOS 结构的截面图；(b) 是对应的等效电路图。其中 C_{ox} 是氧化层作为绝缘介质的固定电容；C_d 是半导体的势垒电容，其电容值与所施加的电压偏置有关，是一个可变电容；C_i 是当栅 G 上施加一定的正电压，半导体表面形成反型沟道的电容。MOS 电容的 C-V 曲线如图 14.57 所示，该曲线可以分为 4 段：① 多子堆积；② 平带；③ 耗尽；④ 反型。

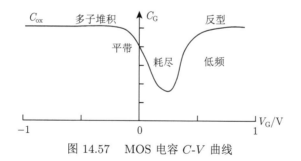

图 14.57   MOS 电容 C-V 曲线

4) 器件电容测试

MOS 场效应晶体管电容的寄生电容如图 14.58 所示，包括栅与体之间的电容 C_{gb}、源与栅氧化层之间的电容 C_{so}、漏与栅氧化层之间的电容 C_{do}、源与栅之间外部的电容 C_{of}、漏与栅之间外部的电容 C_{of}、源与栅之间内部的电容 C_{if}、漏与栅之间内部的电容 C_{if}、源与体之间的电容 C_{sb}、漏与体之间的电容 C_{db}。

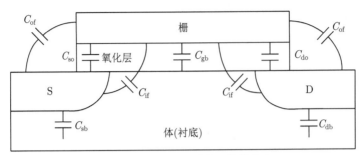

图 14.58　MOS 场效应晶体管电容

图 14.59 所示 MOS 场效应晶体管不同偏置的栅电容 (a) 多子堆积状态和 (b) 反型状态、等效测试电路 (c) 及其 C-V 曲线 (d)。(a) 器件的源和漏短接，P 型衬底接地，在栅上施加负电压，衬底中的多数载流子空穴堆积在半导体的表面。(b) 器件的源和漏短接，P 型衬底接地，在栅上施加正电压，在半导体的表面形成过剩的少数载流子电子。

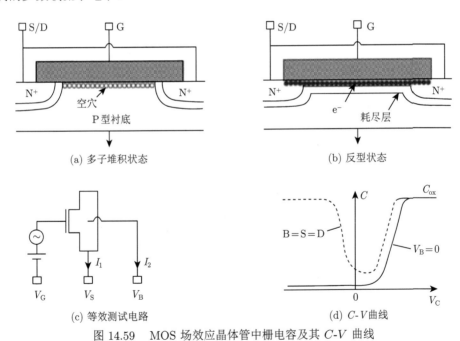

(a) 多子堆积状态　　　　　　　　(b) 反型状态

(c) 等效测试电路　　　　　　　　(d) C-V曲线

图 14.59　MOS 场效应晶体管中栅电容及其 C-V 曲线

4. MOS 场效应晶体管测试

图 14.60 是不同尺寸的 MOS 场效应晶体管测试结构。图中未绘出金属层，W 为 MOSFET 的沟道宽度，L 为其沟道长度。多晶硅线条宽度在有源区内部对应的是 MOSFET 的沟道长度。

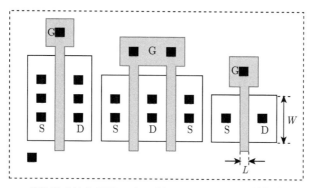

图 14.60　MOSFET 测试结构示意图

图 14.61 是 MOSFET 测试所施加偏置图。MOSFET 的源极和体 (衬底) 接地,分别在栅极和漏极施加不同的偏置电压,测量其漏源电流 I_D。可以获得图 14.62 所示的 MOSFET 的输入特性曲线和图 14.63 所示的转移特性曲线。图 14.62(a) 为 N 沟 MOSFET 的输出特性曲线,图 14.62(b) 为 P 沟 MOSFET 的输出特性曲线。由输出特性曲线可以求出 MOSFET 的跨导。图 14.63(a) 为 N 沟 MOSFET 转

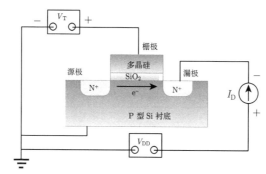

图 14.61　MOSFET 测试偏置图

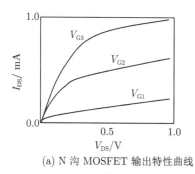

(a) N 沟 MOSFET 输出特性曲线

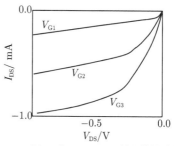

(b) P 沟 MOSFET 输出特性曲线

图 14.62　MOSFET 的 I_{DS}-V_{DS} 曲线

移特性曲线, 图 14.63(b) 为 P 沟 MOSFET 转移特性曲线。由转移特性曲线可以求出 MOSFET 的阈值电压 V_T。

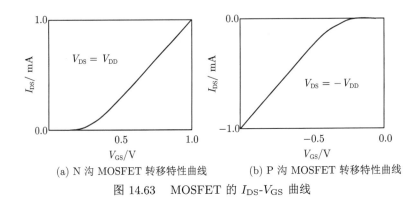

(a) N 沟 MOSFET 转移特性曲线　　　　(b) P 沟 MOSFET 转移特性曲线

图 14.63　　MOSFET 的 I_{DS}-V_{GS} 曲线

表 14.4 列出了 MOSFET 的主要测试参数。

表 14.4　　MOSFET 的主要测试参数 [23]

测量参数	描述	在测试程序中的分类号	测量范围
开路/短路	测试开路或短路电路以检查信号通路的完整性。因为它们是快速测试出坏晶圆的快速测试, 开路和短路测试通常是首先进行的	2	通过/不通过
栅短路	栅结构短路试验	1	通过/不通过
栅漏电	测量栅氧化层漏电流。漏电流是由少数载流子构成的反向电流。小器件的几何形状使漏电流成为一个严重的问题	1	1 pA
栅氧击穿电压 BV_{ox}	栅氧化层击穿电压。这是对栅氧化层强度和质量的快速检查	2	10 V
饱和电流 I_{Dsat}	饱和电流从漏端流向源端。施加已知栅极、漏极和衬底电压。因为晶体管提供的电流比电路速度快得多, 这是衡量电路性能的一个重要指标	饱和电流 I_{Dsat}	20 mA
阈值 V_T	测量晶体管开始从漏端到源端有电流时的栅阈值电压	22	$0.2 \sim 1$ V
饱和阈值 V_{Tsat}	饱和时的阈值电压	16	$0.4 \sim 1$ V
器件漏电流 I_{Doff}	在关闭模式, 器件由漏端到源端的漏电流	20	$5 \sim 100$ pA
源漏电阻 R_{DS}	在规定的漏极电流和漏极电压 (V_{GS}) 下的 V_{DS}/I_D	20	$25 \sim 1000$
衬底峰值电流 $I_{Peaksub}$	衬底峰值电流	6	5 μA
源漏穿通电压 BV_{dss}	从漏端击穿电压 (穿通电压), 在接地栅源的最小沟道长度晶体管的测量。其值必须大于器件工作时所看到的最小工作电压	10	10 V
P 场开启电压 $P_{fieldvt}$	具有场氧化物作为电介质的器件的阈值电压	2	12 V
N 场开启电压 $N_{fieldvt}$	具有场氧化物作为电介质的器件的阈值电压	2	12 V
两端电阻 R_{es2t}	确定使用 2 端连接的电阻值	21	$1 \sim 2$ kΩ
隔离漏电 $I_{isolation}$	测量隔离漏电流	11	100 nA
二极管特性 I_D	通过施加电压和测量电流来表征的二极管特性	2	10 nA
二极管击穿电压 BV_D	测量二极管反向击穿电压	2	$3 \sim 10$ V
四端电阻 R_{es4t}	用四探针连接检测电阻值	11	$1 \sim 2$ kΩ

5. 测试电路

1) 环形振荡器

环形振荡器是测量门延迟常用的电路，其电路结构如图 14.64(a) 所示，它是由奇数个反相器串联起来形成的一个回路，该图用的是 5 个反相器，即 inv1 到 inv5。inv6 和 inv7 两个反相器是为方便测量而加的二级缓冲。上电后，电路会自动振荡，其振荡波形如图 14.64(b) 所示，测得振荡的频率 f，就可以得到环形振荡器电路的门延迟

$$\tau_{\mathrm{p}} = \frac{\tau_{\mathrm{pu}} + \tau_{\mathrm{pd}}}{2} = \frac{T_{\mathrm{p}}}{2\,(2\alpha + 1)} = \frac{1}{2\,(2\alpha + 1)\,f} \tag{14.66}$$

式中，τ_{pu} 是 V_{o} 的上升时间；τ_{pd} 是 V_{o} 的下降时间；T_{p} 是振荡周期；α 是环形振荡器的级数。

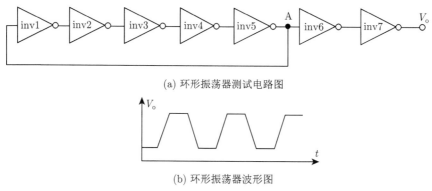

(a) 环形振荡器测试电路图

(b) 环形振荡器波形图

图 14.64 环形振荡器电路图与波形图

2) 分频器

有时为了检测时序电路的性能，会在 PCM 中加上几级分频器。分频器通常由 D 触发器组成，图 14.65(a) 所示是两级 D 触发器组成的 4 倍分频器电路图。图 14.65(b) 所示是该分频器的波形图，Q1 的频率是 V_{i} 的 $1/2$，V_{o} 的频率是 V_{i} 的

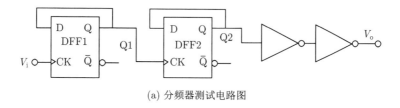

(a) 分频器测试电路图

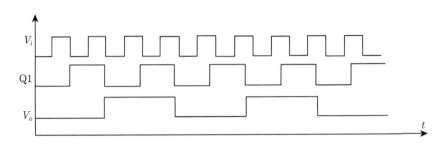

(b) 分频器波形图

图 14.65　分频器电路图与波形图

1/4。可以用信号发生器给分频器输入周期性信号，也可以与上述的环形振荡器配合使用。用上述的环形振荡器的输出端与分频器直接相连。

14.4　晶圆拣选测试

在完成晶圆制造后，每个晶圆上的每个芯片都要经过拣选 (Wafer Sort)，即用探针卡对芯片进行电学测试，测试的目的是检验晶圆上哪些芯片工作正常，哪些是失效的。这些测试按照直流 (DC)、交流 (AC) 及功能的产品规范进行。

14.4.1　测试目标

(1) 验证芯片功能：验证所有芯片功能的运行，确保只有良好的芯片被发送到下一个集成电路制造阶段的组装和包装。

(2) 进行芯片分类：根据芯片的工作速度性能对好的芯片进行分类，这是通过在不同电压和不同时间条件下进行测试来完成的。

(3) 反馈制造成品率：为评估和提高整个制造过程的性能提供重要的制造信息。

(4) 提高测试覆盖率：以最低的成本实现器件内部节点的最高测试覆盖率。

硅晶圆上失效芯片将被标记和剔除。早期集成电路测试是用墨水在不合格的芯片上打个点，然后烘焙一下，划片后将带墨水点的芯片剔除，用真空镊子将合格的芯片移到分居盒中以备后续的封装。现在晶圆中测完成后，将晶圆粘贴在薄膜上。划片工艺后，每个芯片还保持在原来的位置，这样就可以根据自动测试，记录下合格与不合格芯片的位置图 (Mapping) 来区分，图 14.66 中灰色方块标示出不合格芯片的位置。

芯片拣选测试会将失效的类别进行测试编码，以便进行统计分析，为后续的工艺改进提供依据。如图 14.67 所示，电源短路分类编码为 Bin10，开路/短路失效为 Bin8、Bin9，上电时序问题为 Bin10 等 [24]。

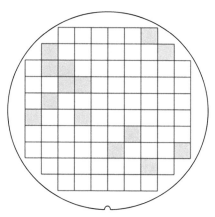

图 14.66 晶圆测试位置图

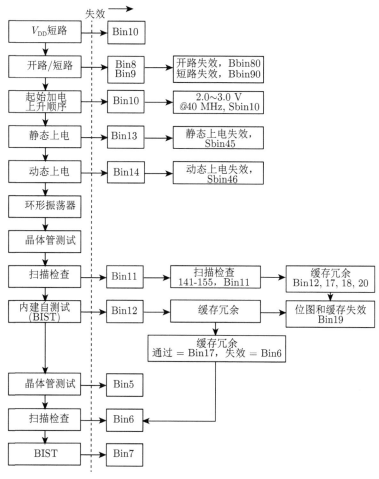

图 14.67 晶圆中测分类

　　失效芯片的失效类型标定：可以将图 14.66 中测得的数据标示在晶圆对应的位置上，如图 14.68 所示，以便进一步分析，确认哪类失效和工艺相关，哪类失效与机台相关，哪类失效与材料缺陷相关？

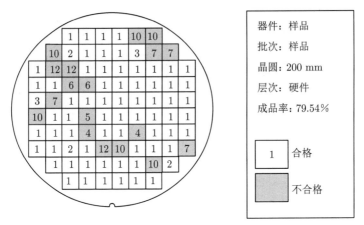

图 14.68　失效芯片分类在晶圆上的分布

14.4.2　晶圆拣选测试类型

　　硅晶圆拣选测试包括：直流测试 (DC Test)、输出检查 (Output Check) 和功能测试 (Functional Test)。

1. 直流测试

　　直流测试的内容有连续性、开路/短路和泄漏电流量。测试前，首先要检查探针卡与芯片上压点的连接性，以确保每根探针与对应压点电学接触良好。

　　通过对待测两个端口施加电压，测量其电阻来检测两端口之间是短路还是开路。端口之间测得低阻值表明是短路，端口之间测得高阻值表明是开路。

　　随着器件几何尺寸不断缩小，可能存在寄生的漏电通路，所以要对截止态器件或 CMOS 集成电路的静态漏电流进行检测。

2. 输出检查

　　输出检查属于对集成电路性能的检验。通过输入端的激励将对应的输出端口置为逻辑高电平 ("1") 或逻辑低电平 ("0")。通过在输出端灌入一定电流值，测其对应的低电势值；或者通过在输出端拉出一定电流值，测其对应的高电势值；这样就可以确定输出端口的驱动能力，这种能力又称为带负载能力。

3. 功能测试

将不同 0 和 1 字符串组成的二进制测试向量依次施加到电路的输入端，检测电路中每个器件输出信号的逻辑正确性。如果测试输出信号与预期的不一致，则表明电路中存在故障。

测试向量应该使电路中所有器件动作，尽量遍历所有节点及功能。对于 VLSI 需要特殊算法提高故障覆盖率及测试速度，需要模拟正常的工作环境，包括一定的电压、速度等。

1) 数字电路

动态功能测试的过程如图 14.69 所示，首先要有测试图形，再经过时钟脉冲信号 ϕ_n 控制而形成一定格式的输入测试信号，这些信号通过管脚驱动器送到被测器件的输入端。与此同时，被测器件的输出信号受高、低电平 (V_{OH}、V_{OL}) 比较器的检验，判断是否满足产品规范的要求；然后受选通脉冲 ϕ_s 的控制而与预期输出图形比较，判断逻辑关系是否正确。最后，决定被测器件是否合格。

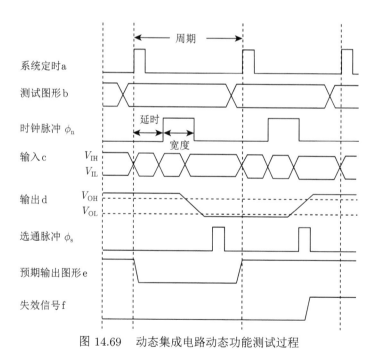

图 14.69 动态集成电路动态功能测试过程

如果功能测试完全按照参数规范设置的定时信号 (时钟脉冲和选通脉冲) 和电平基准，而且在最高极限频率下进行，则被测器件通过动态测试时它的动态参数必然符合规范要求。

2) 存储器

存储器由地址译码器、存储阵列、输入缓冲级、输出驱动级和读出放大器等模块组成。常见的故障有：① 地址多重选择：一个地址选中多个单元。② 地址不能选择：存在一些不能访问的存储单元。③ 存储内容固定：不管写入何种信息，读出数据均不变。④ 串扰：一个存储单元的内容变化影响到相邻存储单元的内容。⑤ 读后恢复时间过长：读出放大器在读完一长串相同数据后，不能立刻读出与前相反的数据。⑥ 写后恢复时间过长：当读周期前有写周期时，取数时间会加长；而在读和写使用同一数据线时，写后恢复时间会更长。

这些故障可分为软故障和硬故障两大类。硬故障的出现不受环境温度、电源电压和输入信号时间关系的影响，一些固定故障就属于硬故障。软故障是在温度变化、电源电压和输入信号时间关系临界时才出现的，而一般情况下存储器能够工作。

常用的测试图形 (Pattern) 有：① N 型测试图形；② N^2 型测试图形；③ $N^{3/2}$ 型测试图形。

A. N 型测试图形

这类测试图形读、写存储单元的次数与存储单元数 N 的 1 次方成正比。主要用于检测存储单元、读放等数据方面的故障。

a. 全 "0"/全 "1" 图形

这种测试图形，是按二进制码的地址顺序向所有存储单元写入 "0"("1")，然后以同样的顺序读出各存储单元的内容，并与 "0"("1") 比较。这种测试图形能检查出输入缓冲器、输出驱动器以及存储单元等相关故障，但是几乎不能检测出地址方面的故障。这种测试图形测试序列长度为 $(2N) \times 2$。

b. 棋盘图形

这种测试图形是按二进制码的地址顺序向所有存储单元交替写入 "0" 和 "1"，然后读出各单元内容进行检查，如图 14.70 所示。由于相邻单元写入数据相反，可以检测它们之间的干扰性。这种测试图形地址故障检测也是不充分的。这种测试图形测试序列长度为 $(2N) \times 2$。

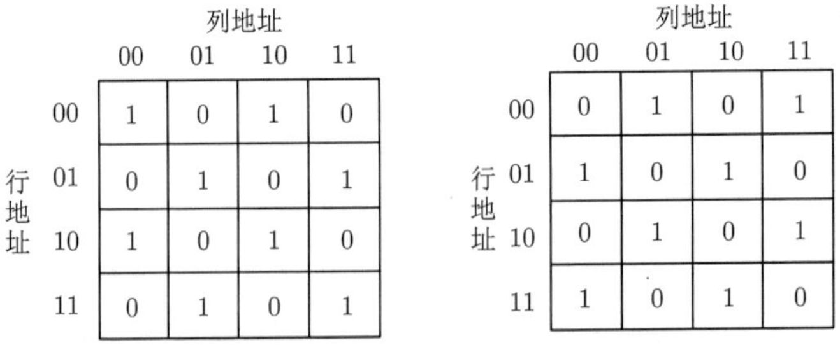

图 14.70　棋盘图形

c. 齐步图形 (Marching Pattern)

齐步图形如图 14.71 所示，在写入全 "0"("1") 背景以后，顺序地读并改写每个存储单元，直至所有单元被改写完为止，图中 W0 表示写 "0"，W1 表示写 "1"，R0 表示读 "0"，R1 表示读 "1"。然后，同样再按相反的顺序重复一遍。这是检测地址故障所需最小限度的测试图形。这种图形测试序列长度为 $(N + 2N + 2N) \times 2 = (5N) \times 2$。

图 14.71 齐步图形

B. N^2 型测试图形

这类测试图形的长度与存储单元数 N 的 2 次方成正比。这类图形能同时检测地址和数据两方面的故障，主要用于检测存储单元之间的干扰。

a. 走步图形

这种图形首先对所有存储单元写入全 "0" 背景，然后向最初的存储单元写反码，接着读其他单元以检测其是否受到影响；此后读基准单元并向它写入原码。基准单元每前进一位，就重复一次上述过程，直到最后一位为止。走步图形比齐步图形更有效。走步图形测试序列长度为 $[N + (1 + N + 1)N] \times 2 = (N^2 + 3N) \times 2$。

b. 跳步图形

这种图形与走步图形的差别是：在顺序检测存储单元 Ci 的内容变化对其他单元 Cj 的影响时，每读一次 Cj 以后要读一次 Ci 和再读一次 Cj。跳步图形是为包括所有可能的地址变化和数据变化而设计的，其图形测试序列长度为 $\{N + [3(N-1) + 2]N\} \times 2 = 3N^2 \times 2$。

若将跳步图形中再读 Cj 这步省略，就是乒乓图形。乒乓图形测试序列长度为 $(2N^2 + N) \times 2$。

c. 跳步写恢复图形

跳步写恢复图形不是检测读操作的，而是检测写操作的。在逐步把与背景相反的数据写入基准单元以外的单元时，不断读出基准单元的内容以检验其是否受到影响。跳步写恢复图形测试序列长度为 $[N + 6(N-1)N] \times 2 = (6N^2 - 5N) \times 2$。

C. $N^{3/2}$ 型测试图形

随着存储器容量的不断增大, N^2 型测试图形的测试时间太长。为了减少测试时间, 人们又开发了测试序列长度与存储单元 N 的 3/2 次方成正比的 $N^{3/2}$ 型测试图形。

a. 正交走步图形

这种图形是走步图形简化而来的, 基准单元在全部地址上移动, 而其他单元的读出检测仅在基准单元所在的位线和字线方向上以走步的方式进行。这种图形测试序列长度为 $\{3N + [(2\sqrt{N} - 1) + 2]N\} \times 2 = (2N^{3/2} + 4N) \times 2$。

b. 对角线走步图形

这种图形是另一种走步图形的简化, 其基准单元的移动限制在存储矩阵的主对角线上, 而其他单元的读出检测仍全面进行。这种图形测试序列长度为 $[N + (N + 2)\sqrt{N}] \times 2 = (N^{3/2} + N + 2\sqrt{N}) \times 2$。

c. 移动对角线图形

这种图形是由对角线走步图形扩展而来的, 每换一个对角线图形, 便重新写、读一遍所存储单元。这种图形测试序列长度为 $4N \times \sqrt{N} = 4N^{3/2}$。

14.4.3　晶圆拣选测试要点

硅圆拣选测试既要检出不合格的产品, 又要尽量缩短测试所消耗时间。随着集成电路规模的不断增大, 其功能更加复杂, 高效的测试方法更加令人期待。内建自测试 (Built-In-Self-Test, BIST) 和并行测试概念应运而生。硅圆拣选测试需要关注的要点有: 测试消耗时间 (Total Test Time)、失效模式 (Fault Model)、静态漏电流测试 (I_{DDQ} Testing) 和正常工作保障范围测试 (Guard Banding)。

1. 测试消耗时间

通常一块超大规模集成电路具有许多种功能。为了提高测试效率, 在电路设计阶段应该加入可测性设计 (Design For Test, DFT) 方案。在集成电路中设计专门的 BIST 电路结构, 让其绕过正常的数据通道, 直接对专门的电路结构进行扫描测试, 进而缩短测试时间。

对于混合集成电路, 可以数字部分和模拟部分进行并行测试, 以缩短总的测试时间 [25]。

2. 失效模式

集成电路测试故障包括: 固定故障、桥接故障, 以及延迟故障等模式。常用的一种是单个固定故障 (Single Stuck-At-Fault, SSAF)[26]。这种故障表现为无论怎么变换输入的测试矢量, 电路中某个节点永久保持在逻辑 "1" 或 "0"。集成电路中两个非连线的节点之间发生了意外电连接的现象属于桥接故障。由于集成电路中信号传输不匹配或者信号延时不能满足产品的规范要求而产生的功能错误属于延迟故障。

3. 静态漏电流测试

通过测量集成电路静态电源到地之间的漏电流,可以增加集成电路测试的缺陷覆盖率[27]。

MOSFET 在关断状态下源-漏之间的漏电流是纳安培量级,与其导通时的毫安培量级相比较可以忽略。正常的 CMOS 数字集成电路在静态时,组成逻辑门的 PMOSFET 和 NMOSFET 总是处于互补的状态,即一个导通,另一个关断,电源到地之间的漏电流很小。但是,如果集成电路工艺波动造成器件、互连线等出现缺陷,可能使集成电路电源到地之间的漏电流增大几个数量级。所以测量 I_{DDQ} 可以减小 CMOS 集成电路缺陷的遗漏,提高产品的可靠性。该测试方法的局限性是难以找到缺陷的根源。

4. 正常工作保障范围测试

电路正常工作保障范围测试指进行比产品规格指标更严格的安全范围测试[28]。工作保障范围测试一般采用更多的测试类型和参数指标。例如,更高的漏电要求、更多的测试故障模式。图 14.72 是对某个产品各个阶段的漏电流参数的控制限值。报给用户的参数规范值是 8 pA 漏电流,在终测阶段用 6 pA 的限值测量,在中测阶段用 4 pA 的限值测量。内控限值加严是综合考虑了设备和工艺过程波动、仪器的系统误差和测量误差等因素可能引起参数变化而设置的。其目的是最终产品的性能可靠,保证用户的满意。

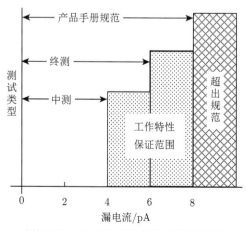

图 14.72　不同测试阶段漏电流的限值

14.5　成　品　率

成品率 (Yield) 的定义为

$$晶圆中测成品率 = \frac{合格的芯片数}{总的芯片数} \times 100\% \tag{14.67}$$

假设一批产品有 25 片晶圆，每个晶圆上有 100 个芯片，测得合格的芯片数 2380 个。其晶圆中测成品率为

$$晶圆中测成品率 = \frac{2380}{25 \times 100} \times 100\% = 95.2\% \tag{14.68}$$

成品率是反映工艺质量的关键性指标，是降低芯片制造成本的关键基础。影响芯片成品率的主要因素有：晶圆的面积、芯片的面积、工艺步骤、器件的特征尺寸、工艺成熟度和晶体材料缺陷密度。

14.5.1　晶圆面积与成品率

在集成电路发展过程中，除了不断按比例缩小器件的特征尺寸，还有一个持续变化就是增大晶圆直径，从而增大晶圆面积。晶圆的面积越大，晶圆边缘上不完整芯片所占比例越小。例如，同样芯片面积的芯片，在 200 mm 直径的晶圆上，不完整芯片占 14.5%；在 300 mm 直径的晶圆上，不完整芯片占 10.8%。所以，对于同样芯片的面积，晶圆面积越大，中测成品率越高。

另外，由于工艺升降温变化或传送操作，可能会影响位于晶圆边缘的芯片参数一致性和可靠性。晶圆的面积越大，位于边缘的芯片占总芯片数的比例越小。

14.5.2　芯片面积与成品率

在同样的关键尺寸下，芯片面积越大，其电路的集成度越高。但是，在晶圆上同样缺陷密度下，芯片面积增大，芯片上遇上缺陷的概率增大，晶圆中测成品率降低。晶圆直径增加可以平衡因芯片尺寸增大而降低的成品率，保持晶圆上足够多的合格芯片数。

14.5.3　工艺步骤与成品率

随着集成电路的发展，制造集成电路的工艺步骤数也在不断增加，如图 14.73 所示，其中虚线表示工艺步骤数，实线表示芯片上晶体管数 [28]。例如，金属硅化物、金属化的叠层、高 k 金属栅叠层、多层铜互连等工艺不断加入 CMOS 集成电路的工艺流程中。现在制造工艺大约有 1000 道步骤。工艺步骤越多，由晶圆传

送、工艺波动引起的芯片沾污和损伤的概率越大。另外，工艺步骤增多，一批产品的生产周期延长，晶圆受沾污的概率增大。所以，随着工艺步骤数增大，晶圆中测成品率降低。

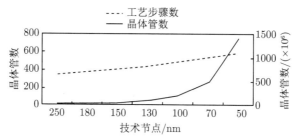

图 14.73　CMOS 集成电路工艺步骤数与技术节点

14.5.4　特征尺寸与成品率

集成电路的集成度之所以能不断增大、工作速度不断提高，皆源自其中器件的特征尺寸不断地缩小。减少工艺的关键尺寸，增大了集成电路中光刻和刻蚀的工艺难度，同时增大了对集成电路制造设备和净化间的颗粒控制的挑战。对于同样规模的集成电路，一方面缩小特征尺寸，减小芯片面积有助于提高中测成品率；另一方面，同样尺度的颗粒沾污对器件的影响会造成中测成品率下降。

14.5.5　工艺成熟度与成品率

工艺成熟度 (Process Maturity) 对中测成品率的影响非常大。在产品开发初期，工艺的波动，设计与工艺的匹配性都会严重影响到中测成品率。随着工艺和设计的优化，晶圆的中测成品率会逐渐提高，最终工艺成熟到一个可大批量生产的高成品率期。从 64 kbit 到 256 Mbit DRAM 产品的生命周期，如图 14.74 所示 [29]。从图中可以看到，早期 64 kbit DRAM 从研发到工程批成品率都很低，批量生产期成品率还一直在爬坡，最高成品率也只到 80%。随着工艺进步，市场竞争激烈，到了 64 Mbit、256 Mbit DRAM 产品在研发和工程批阶段，成品率提速加快，到批量生产阶段成品率已超过 90%。

14.5.6　晶体材料缺陷与成品率

硅晶圆材料中的缺陷，以及工艺过程中在各层薄膜中引入的缺陷都会降低集成电路的中测成品率。

14.5.7　晶圆中测成品率模型

人们已经开发了一些预测晶圆中测成品率的模型，这些模型可用于评估减小芯片面积或增大晶圆尺寸而更改设计规则的代价。传统的成品率模型是：泊松模型

(Poisson's Model)、墨菲模型 (Murphy's Model) 和席德模型 (Seed's Model)[30]。

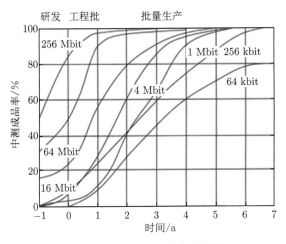

图 14.74　DRAM 产品生命周期

1. 泊松模型

泊松模型预测的成品率 Y 为

$$Y = \mathrm{e}^{-AD} \tag{14.69}$$

式中，A 是芯片表面面积，单位是 cm²；D 是单位面积的缺陷数，单位是缺陷个数/cm²。

泊松模型关注的是芯片面积和缺陷密度与晶圆中测成品率的关系。该模型的前提条件是晶圆上的缺陷密度是均匀的，并且晶圆片与片之间是相同的。实际晶圆边缘产生缺陷的概率会大于中心区域。这种模型只适用于小直径的晶圆。

2. 墨菲模型

墨菲模型预测的成品率 Y 为

$$Y = \left(\frac{1 - \mathrm{e}^{-AD}}{AD} \right)^2 \tag{14.70}$$

墨菲模型假设缺陷在晶圆中心区域分布密度低，在边缘部分分布密度高。这种模型适用于超大规模集成电路的成品率预测。

3. 席德模型

席德模型预测的成品率 Y 为

$$Y = \frac{1}{\mathrm{e}^{\sqrt{AD}}} \tag{14.71}$$

这种模型考虑了缺陷在晶圆内分布的不同，并且在晶圆之间也存在不同。这种模型可用于超大规模集成电路的成品率预测。

这些成品率模型模拟稳定的制造工艺，可以预测随机缺陷造成的芯片失效。但是，对于由芯片设计更改等引起的非随机缺陷，这些模型就不适用了。

14.5.8　成品率管理系统

集成电路产品的成品率涉及材料、工艺、测试的各个方面。所以现代集成电路制造厂会建立成品率管理系统 (Yield Management System)。成品率管理系统包括：① 工艺统计过程控制 (SPC)；② 缺陷检查；③ 不同失效模式在晶圆上的分布；④ 前端工艺 (FEOL)；⑤ 在线测量与检查；⑥ 后端工艺 (BEOL)；⑦ 电学参数测试；⑧ 装配与封装；⑨ 工程分析等子系统。将这些子系统中收集到的数据信息汇入工作站或服务器，进行综合处理、分析，甄别集成电路的失效原因。然后，采取停机、维修和校准等纠正措施，以提升集成电路产品的成品率。

14.6　小　　结

本章介绍了半导体及集成电路工艺参数测量、检测及工艺分析的仪器和方法、硅晶圆在线电学参数测试、中测及成品率的测量、计算及数据管理。

习　　题

(1) 定义硅晶圆测试。硅晶圆测试的目的是什么？

(2) 列出并描述集成电路生产过程中的五种不同电学测试。

(3) 列出硅晶圆制作过程中完成的两种硅晶圆级测试。

(4) 根据硅晶圆成品率解释制作工艺是如何成功或失败的。

(5) 在线参数测试典型的测试时间是在制作工艺的哪个阶段。

(6) 在线参数测试的另一个称呼是什么？在线参数测试是直流测试还是交流测试？

(7) 列举并解释五个进行在线参数测试的理由。

(8) 为什么在线参数测试是很重要的？

(9) 解释什么是测试结构，它在在线参数测试中如何使用。给出三种不同测试结构的例子。

(10) 列举并解释在线参数测试中要做的五种不同测试。

参 考 文 献

[1] Quirk M, Serda J. Semiconductor Manufacturing Technology. Upper Saddle River: Prentice Hall, 2001: 152.

[2] 鲁尼安 W R. 半导体测量和仪器. 上海科技大学半导体材料教研室, 译. 上海: 上海科学技术出版社, 1980: 73.

[3] 孙以材. 半导体测试技术. 北京: 冶金工业出版社, 1984: 7.

[4] 孙以材. 半导体测试技术. 北京: 冶金工业出版社, 1984: 14-15.

[5] 宿昌厚. 用四探针技术测量半导体薄层电阻的新方案. 物理学报, 1979, 28(6): 759-777.

[6] van der Pauw L J. A method of measuring specific resistivity and hall effect of discs of arbitrary shape. Philips Res. Repts., 1958, 13: 1-9.

[7] 庄同曾, 张安康, 黄兰芳. 集成电路制造技术——原理与实践. 北京: 电子工业出版社, 1987: 510-515.

[8] Quirk M, Serda J. Semiconductor Manufacturing Technology. Upper Saddle River: Prentice Hall, 2001: 155.

[9] 鲁尼安 W R. 半导体测量和仪器. 上海科技大学半导体材料教研室, 译. 上海: 上海科学技术出版社, 1980: 155-156 .

[10] 鲁尼安 W R. 半导体测量和仪器. 上海科技大学半导体材料教研室, 译. 上海: 上海科学技术出版社, 1980: 161.

[11] Quirk M, Serda J. Semiconductor Manufacturing Technology. Upper Saddle River: Prentice Hall, 2001: 157.

[12] Dax M. X-ray film thickness measurements. Semiconductor International, 1996: 98.

[13] Chen P Y, Wang W C, Wu Y T. Experimental investigation of thin film stress by Stoney's formula. Measurement, 2019, 143: 39-50.

[14] Rimini E. Ion Implantation: Basics to Device Fabrication. Boston: Kluwer Academic, 1995: 70.

[15] 孙以材. 半导体测试技术. 北京: 冶金工业出版社, 1984: 207-209.

[16] Quirk M, Serda J. Semiconductor Manufacturing Technology. Upper Saddle River: Prentice Hall, 2001: 162-167.

[17] Quirk M, Serda J. Semiconductor Manufacturing Technology. Upper Saddle River: Prentice Hall, 2001: 173-175.

[18] Kalkofen B, Lisker M, Burte E P. A simple two-step phosphorus doping process for shallow junctions by applying a controlled adsorption and a diffusion in an oxidising ambient. Materials Science and Engineering B-Solid State Materials for Advanced Technology, 2004, 114: 362-366.

[19] 孙以材. 半导体测试技术. 北京: 冶金工业出版社, 1984: 461-462.

[20] Hanafusa H, Todo D, Higashi S. Band-energy estimation on silicon cap annealed 4H-SiC surface using hard X-ray photoelectron spectroscopy. Surface Science, 2020, 696: 1-5.

[21] Quirk M, Serda J. Semiconductor Manufacturing Technology. Upper Saddle River: Prentice Hall, 2001: 546-549.

[22] 庄同曾, 张安康, 黄兰芳. 集成电路制造技术——原理与实践. 北京: 电子工业出版社, 1987: 522-523.

[23] Merkel W. Parametric Testing to Improve Semiconductor Yields. Semiconductor Online. [2023-1-10]. http://www.semiconductoronline.com.

[24] Shao T, Wang F. Wafer fab manufacturing technology// Chang C, Sze S. ULSI Technology. New York: McGraw-Hill, 1996: 631.

[25] Sasho S, Shibata F. Multi-output one-digitizer measurement. Proceedings of International Test Conference, Piscataway, NJ: IEEE, 1998: 258.

[26] Hnatek E. Digital Integrated Circuit Testing from a Quality Perspective. New York: Van Nostrand Reinhold, 1993: 133.

[27] Rajsuma R. Iddq testing for CMOS VLSI. Proceedings of the IEEE, 2000, 88(4): 544-566.

[28] Agrawal V, Seth S. Test Generation for VLSI Chip. Washington, D.C.: Computer Society Press, 1988: 328.

[29] Gross C, Tobin K W, Jensen D, et al. Assessing future technology requirements for rapid isolation and sourcing of faults. Micromagazine, 1998, 16(7): 57-66.

[30] Price T. Introduction to VLSI Technology. Upper Saddle River: Prentice Hall, 1994: 105.

第 15 章 封 装 工 艺

韩郑生

15.1 引　言

国内业界有时会将集成电路制造芯片完成后的后道工序笼统称为封装工艺。而实际后道工序又分为装配 (Assembly) 和封装 (Packaging) 两个阶段。装配过程是将中测电性能合格的芯片粘贴在基座上，用金属引线将芯片上的压点与基座上的内电极一一对应地互相连接起来。封装为芯片提供保护，并使其适合装配到更高级电路板上，更高级电路板通常是印制电路板 (Printed Circuit Board, PCB)。传统的装配与封装的简要流程如图 15.1 所示，(a) 晶圆测试和拣选：通常

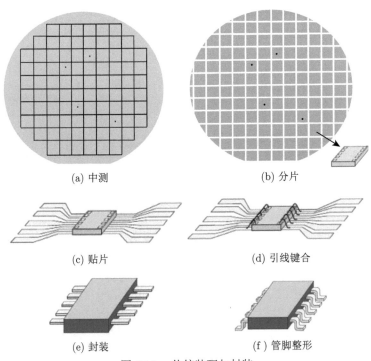

(a) 中测 (b) 分片

(c) 贴片 (d) 引线键合

(e) 封装 (f) 管脚整形

图 15.1　传统装配与封装

称为中测, 即用探针卡对电路功能及性能进行测试, 将不合格的芯片用墨水打点标记出来; (b) 分片: 用划片锯沿着划片道 (Scribe Line) 在 x 和 y 方向进行切割; (c) 贴片: 将划下合格的芯片粘贴在引线框架或基座上; (d) 引线键合 (Wire Bonding): 又称为压焊, 用金丝或铝丝将芯片上的压点与引线框架或管座上对应的内电极电连接; (e) 封装: 用塑料或盖板将芯片包封起来; (f) 管脚整形: 切筋或对管脚整形。

现在集成电路装配与封装是高度自动化的。封装参数有 I/O 管脚数、电性能、散热性及尺寸等。封装技术趋势是将晶圆制造技术与装配和封装综合考虑进行设计的。成本是选择封装方式的重要因素之一。

集成电路封装是为了实现芯片上输入和输出压点 (Input/Output Pad) 与外部系统的电信号连接; 保护合格的芯片免受潮气、静电放电 (ESD) 环境的影响, 以及在传递过程中引起机械损伤; 可以为芯片提供物理支撑; 还肩负集成电路工作时的散热功能。

集成电路封装具有许多封装形式。根据复杂程度大致可分为传统封装形式和先进封装形式。

集成电路封装选择应考虑污染、潮气、温度、机械振动以及人为误操作等各种环境因素。对应高性能集成电路应用, 例如, 高端计算机的性能和可靠性是至关重要的。而对于大部分消费类应用, 成本、尺寸和重量是重要标志。表 15.1 列出了针对封装设计指标所对应的约束条件。

表 15.1　集成电路封装设计约束条件 [1]

设计参数	设计约束条件
性能	信号上升/下降时间、延迟时间、开关瞬态、频率响应、输入/输出阻抗、输入/输出信号数、热、功耗、贴片、引线键合
尺寸/重量/外形	芯片尺寸、封装外形尺寸、压点尺寸和间距、管壳引线尺寸和间距、衬底载体引线尺寸和间距、散热设计
材料	芯片基座 (塑料、陶瓷或金属)、载体 (有机物、陶瓷)、热膨胀失配、引线金属化
装配	芯片粘贴方式、封装粘贴 (穿孔、表面贴装或凸点)、散热装配、包封
成本	集成到现有工艺、管壳材料、成品率

本章着重介绍的装配和封装属于最基础的层次, 称为第一级封装。第一级封装是将芯片封装成集成电路块, 集成电路块的 I/O 端用于第二层次的装配。将集成电路块装配到印制电路板上属于第二级封装, 如图 15.2 所示。在 PCB 上除了有集成电路块外, 还有一些电阻、电容和电感等分立元件。将装配有集成电路和其他元器件的 PCB 组装到整机内属于第三层次。由第三层次 PCB 组装的整机才是我们常用的微型计算机、电视机等电子产品。

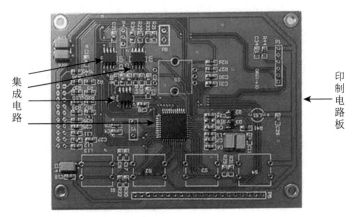

图 15.2   装配有集成电路的 PCB

这里首先讲述集成电路传统的装配和封装的方法，然后介绍先进的装配和封装方式。传统的装配和封装方法制造成本低，并且其可靠性已得到充分验证，所以这些传统方法依然在产品中广泛使用。先进的封装技术一般用于高性能产品。

15.2　传 统 装 配

集成电路制造对装配工艺合格率的要求非常高。因为在晶圆制造阶段已经花费了巨大人力、物力和财力生产出合格芯片，若在最后装配过程中被废掉了非常可惜，装配的材料成本也将搭进去。装配工艺由背面减薄处理、分片、贴片和引线键合四个工艺步骤构成。

15.2.1　背面减薄处理

装配工艺的第一步工艺是背面减薄。在前端的晶圆制造过程中，为了保障硅晶圆的机械强度，使其在加工处理和传递过程中免受破损，使用的晶圆比较厚。晶圆直径越大，相应的厚度越厚。直径 300 mm 硅晶圆的厚度约为 775 μm。通常在装配工艺的第一步将硅晶圆的厚度减薄到 200 ～ 500 μm[2]。显然，薄的晶圆有助于划片，并且可以改善散热。对应超大规模集成电路装配，薄芯片可以减少热应力 [3]。此外，更薄的芯片还有利于减小最终集成电路产品的外形尺寸和重量。

背面减薄是通过对晶圆背面研磨而实现的，如图 15.3 所示 [4]。将硅晶圆正面保护起来，正面向下固定在旋转底盘上。研磨头与转动杆相连，研磨时通过转动杆带动研磨头转动，并向下施加一定的压力，同时还要注入适量的磨料。通过严格控制转速和施加的压力，可以降低由机械研磨在晶圆中产生的应力[3]。若应力控制不当可能造成晶圆翘曲，影响随后的划片和贴片工艺质量。

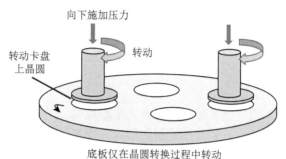

图 15.3 背面减薄装置[4]

有些半导体器件需要背面金属化。背面金属化工艺是在上述背面减薄后，在背面再淀积一层或数层金属薄膜。常用的金属是金、钛镍银等，用于改善芯片与底座的电导率，并且使芯片与基座间形成共晶焊。

15.2.2 分片

分片的工艺流程是：① 将减薄后的晶圆放置在一个周围由刚性框架固定的黏膜上，由于这层黏膜通常是蓝色的，业界习惯上称其为蓝膜；② 用具有金刚石刀刃的砂轮沿着 x 方向进行一行一行地划片，然后再沿着 y 方向进行一列一列地划片，直到所有芯片都被划成小块，如图 15.4 所示。所有金刚石刀刃的厚度约为 25 μm，划片时，砂轮旋转速率控制在 20000 r/min 左右，同时用去离子水喷淋晶圆。一般划痕深度是减薄后晶圆厚度的 90%～100%。

图 15.4 含有金刚石刀刃的砂轮和待划晶圆[4]

早期在半导体器件中测时，在不合格的芯片上打上一个墨水点，以有无墨水标点来识别芯片是否合格。晶圆划完片后，将无墨水标点的合格芯片装在分隔成小块的分居盒内。

现在，由于晶圆划完片后芯片依然黏附在蓝膜上，相对位置未变。在半导体器件中测时，让计算机记住合格芯片的分布在蓝膜上的位置。

15.2.3　贴片

对于塑封封装形式，贴片是将背面还黏附在蓝膜上的每一个合格的芯片挑选出来，粘贴到引线框架上。若是陶瓷封装形式，就是将分拣出的合格芯片粘贴在陶瓷基座上。

分片后，将芯片移到贴片操作。在贴片时，每一个合格的芯片从黏附的背面被分别挑选出来，粘贴到底座或引线框架上。图 15.5 所示为一种引线框架，具有从内部芯片键合区到为更高层次装配需要的更大电极间距扇出的电极。为了提高效率和传输，在贴片阶段几个芯片的线框架是连在一起的。

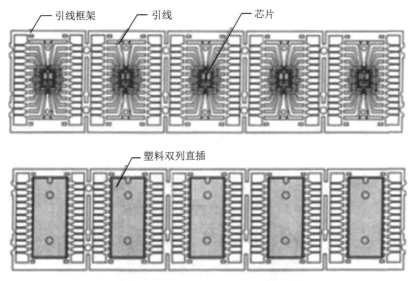

图 15.5　装片用的典型的引线框架 [4]

贴片设备应用比较灵活，一般可适应于引线框架、陶瓷基座和印制电路板等各种封装形式。

将芯片粘贴在引线框架上或基座上的常用方式有环氧树脂、共晶焊和玻璃焊料三种。

1. 环氧树脂贴片法

首先将环氧树脂法滴在引线框架或基座的中心。然后将芯片背面放置在环氧树脂上，如图 15.6 所示。第三步是在 125 ℃，保持 1 小时加热以对环氧树脂进行固化。

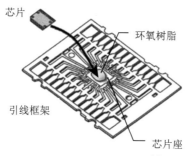

图 15.6 环氧树脂贴片[4]

大部分 MOS 类产品直接使用环氧树脂。然而，如果芯片和封装其余部分之间有散热要求，可以在环氧树脂中加入银粉成分制成导热树脂。

2. 共晶焊贴片法

共晶焊基座可以是镍-铁合金的引线框架，也可以是 90%～95% 三氧化铝的陶瓷管壳。

共晶焊贴片工艺步骤是：首先，在减薄后的晶圆背面淀积一层金膜；然后，将背面含有金膜的芯片放置在基座上，如图 15.7 所示。在略高于 Au-Si 共晶温度的 420 ℃，保持约 6 s，以此来实现芯片和引线框架形成共晶合金互连。共晶贴片法的优点是黏附的机械强度高，散热性能好。多数功率半导体器件都采用这种贴片技术。

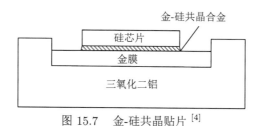

图 15.7 金-硅共晶贴片[4]

3. 玻璃焊料贴片法

玻璃焊料的主要成分是二氧化硅玻璃和银。玻璃以微粒的形式悬浮在有机媒介中。

玻璃焊料贴片工艺步骤是：首先，将无背面金属化的芯片直接粘贴在三氧化二铝陶瓷管座上；然后，加热固化含银的玻璃。玻璃焊料还可用于铝陶瓷管座与盖板的粘贴，以实现气密性封装。气密性封装可以使硅器件免受潮气等外部环境的污染。

15.2.4 引线键合

将芯片上的金属压点和引线框架上或基座上的电极内端进行电连接的工艺称为引线键合，如图 15.8 所示 [4]。国内业界习惯将这个工艺步骤称为压焊。键合的引线材料为 Au 丝或 Al 丝。一般引线的直径是 $25 \sim 75$ μm。常将直径 25 μm 的标准引线用于 70 μm 压点间距的芯片上 [5]。引线键合机上配备有缠绕金属丝的线轴。设备将金属丝定位到每个芯片上压点处实施引线键合，然后拉伸引线定位到对应的引线框架上的内电极处进行引线键合，并折断金属丝。这样就完成了一管脚的内外电连接。接着将金属丝再步进定位到芯片上下一个压点位置，依次重复上面过程。最终完成所有器件管脚的内外电连接。通常引线键合步进定位的精度是 5 μm[6]。

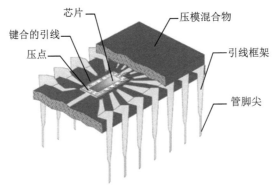

图 15.8　引线键合截面图 [4]

按照引线键合时所用的能量类型划分，引线键合工艺分为热压、超声和热超声球三种键合方式。

1. 热压键合

在温控器控制下现将基座加热到一定的温度，键合机上配备的毛细管劈刀将金属丝定位到芯片压点并施加压力。在热和力的共同作用下实现金属丝和芯片上铝压点的键合。这种方式称为楔压键合。然后，随着劈刀移动定位到引线框架内端电极，缠绕金属丝的转轴转动输送适当长度的金属丝，用同样方法在此形成另一个楔压键合点，并将金属丝扯断，如图 15.9 所示。接着，依次重复上述过程，直到所有器件管脚的电连接全部完成。

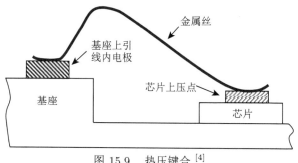

图 15.9　热压键合 [4]

2. 超声键合

超声键合是通过超声能量和压力实现金属丝与压点或管座内电极间的楔压键合。这种键合方式不需要对基座加热。超声键合既能实现铝丝/铝压点同类金属间的键合,也能进行铝丝和座内金材料电极不同类金属间的键合。超声键合的过程如图 15.10 所示。(a) 类似热压键合,毛细管劈刀将金属丝定位到芯片上的压点处;(b) 毛细管劈刀向下施加一定压力,同时以 $60 \sim 100$ kHz 的频率摩擦振动实

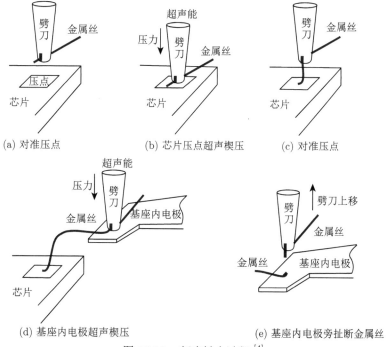

(a) 对准压点　　　　(b) 芯片压点超声楔压　　　　(c) 对准压点

(d) 基座内电极超声楔压　　　　(e) 基座内电极旁扯断金属丝

图 15.10　超声键合过程 [4]

现金属丝与芯片上压点的键合；(c) 随毛细管劈刀移动拉伸一段金属丝，重新定位到引线框架内电极处；(d) 重复 (b) 步过程，在管座内电极上形成键合；(e) 随着毛细管劈刀向上移动将金属丝扯断。然后依次重复 (a)~(e) 过程，直到所有芯片上压点与管座上对应的内电极都完成电连接。

3. 热超声球键合

将管座加热到 150 ℃，同时施加压力和超声振动实现引线键合的工艺称为热超声球键合。这种键合方式采用碳化钨或陶瓷制成的毛细管劈刀。这种键合工艺流程如图 15.11 所示 [4]：(a) 将金丝自上向下穿过劈刀中间的毛细管；(b) 在下端用电容放电火花使金丝熔化在针尖形成一个球；(c) 将劈刀定位到芯片的一个压点上，向毛细管劈刀施加压力和超声能，在热、压力和超声能的共同作用下实现在金丝球和铝压点的冶金键合；(d) 随着劈刀向上提起和移动，同时拉伸出适当长度的金丝；(e) 劈刀将其定位到基座内端镀金电极处，并形成热楔压键合；(f) 在键合点旁将引线拉断。然后，依次重复 (b)~(f) 过程，直到完成所有芯片上的压点与对应的管座内电极的电连接。

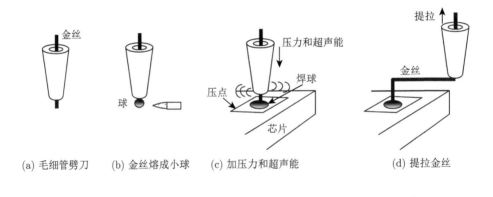

(a) 毛细管劈刀　　　(b) 金丝熔成小球　　　(c) 加压力和超声能　　　　　　　(d) 提拉金丝

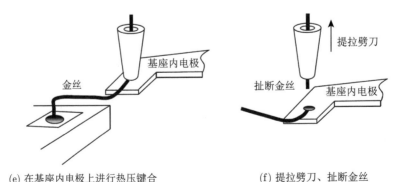

(e) 在基座内电极上进行热压键合　　　　　　　　(f) 提拉劈刀、扯断金丝

图 15.11　热超声球键合 [4]

4. 引线键合质量测试

完成上述引线键合后，需要对键合位置和形貌进行目检。观察楔压或球是否在压点的正中？是否影响到附近的其他图形？压点上金属球的形状是否过度变形？等等。开始引线键合通常需要做首件拉力试验，满足产品规范要求后才会进行正式工艺流片。有些产品需要进行质量一致性试验或鉴定检验验证。这些试验中包含引线键合后的目检和拉力测试。

可通过引线键合拉力试验进行引线键合质量的定量评价，如图 15.12 所示[4]。用夹具将待测未包封的器件固定，用一个带有测量拉力的钩子拉待测的引线。记录拉断引线时的拉力，并标出所在位置。可用统计过程控制 (SPC) 监视这些数字化测量以评估工艺稳定性和变化趋势。① 在给定的拉力下，引线不能被拉断，以确定引线键合的拉力强度。② 但是在极限试验时，即使在规范规定的拉力下引线未被拉断，若在超过规范规定的拉力下，引线在键合点被拉脱，表明键合点存在可靠性隐患。尤其是在不同金属界面，例如，如金丝-芯片上的铝压点间，或铝丝-金的基座内电极间。

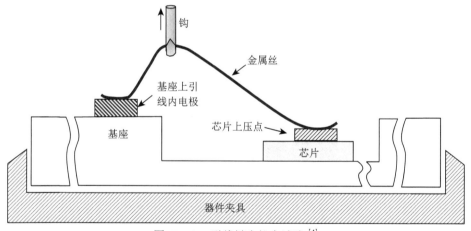

图 15.12　引线键合拉力试验[4]

15.3　传统封装

按封装材料划分，集成电路的传统封装有金属管壳、塑料和陶瓷管壳三种封装形式。按封装管脚的形状划分有表面贴封装式 (SMT) 和插孔式 (PIH) 两种。芯片上邻近压点之间的最小间距范围是 60 ∼ 115 μm。对表面贴封装式 (SMT) 组件，在电路板上采用相对大的间距，范围从 300 μm 到 1250 μm。PIH 组件在电路板上有 2500 μm 间距。芯片上的压点要从小间距扇出到引线框架内电极或管座内电极之间的大间距，引线框架内电极或管座内电极进一步扇出大集成电路块管脚之间更大的间距。

15.3.1　金属壳封装

在小规模集成电路时期，金属壳封装占有很大的市场份额，现在主要用于分立半导体器件。常用的封装材料是 Fe54-Ni29-Co17 可伐 (Kovar) 合金 [7]。将可伐板冲模，在插入式的底部冲制出引线接触孔，再在封装体上生长一层氧化层。随后将硼酸盐玻璃绝缘子穿在引线上，并置入引线接触孔。加热到 500 °C 形成金属-玻璃的气密性封装。

15.3.2　塑料封装

塑料封装是使用环氧树脂聚合物将已完成引线键合的芯片和引线框架包封起来的工艺。自 20 世纪 60 年代起，塑料封装已经广泛应用于工业级和消费类产品。将含有粘贴和引线键合的芯片的引线框架以条带形式在专用轨道上传送。塑料封装管脚成型灵活，可以是 PIH 型管脚，也可以是 SMT 型管脚。PIH 型的管脚是穿过 PCB 并在背面用焊锡焊接，而 SMT 型管脚是粘贴在同侧 PCB 的表面。SMT 型允许比 PIH 型更多输入/输出管脚数，可以实现集成电路组件和电路板两方面的高密度封装，所以更受用户的青睐。塑料封装还拥有材料成本低和重量轻的明显优势。

塑料封装的交联后聚合物其性能稳定不变形、加工温度高达 250 °C。虽然环氧树脂模块的密封性并不足以保护芯片免受环境污染的影响，但在这方面已经有了根本性改善。为了改善环氧树脂与芯片和引线框架热匹配性，通过在环氧树脂中加入填充剂可以降低其热膨胀系数 (TCE)。

包封后从集成电路封装伸出的仅有为第二级装配到电路板上必需的管脚。模型封装经过去飞边步骤，它是从封装附件中去除多余的材料。通常用类似喷沙的物理磨耗工艺去除飞边。然后使用墨水或激光在塑料封面上打印产品型号、批号和制造商商标等信息。

组件管脚成型是在铸模后进行的。将铸模的集成电路条带放入管脚去边成型设备，在此将管脚加工成必要的形状。例如，为进行表面贴装的鸥翼型和 J 型管脚，以及为插孔式的直插型。通过剪去为支持所有管脚平直的连接条，将每块集成电路从引线框架条带上分出来，如图 15.13 所示。管脚成型后，接下来电镀淀积一层薄的管脚涂层以防止其受侵蚀，这种涂层通常是焊料或锡。在有些情况下，管脚涂层在管脚成型前进行。

有许多种不同的塑料封装外形。这里是主要的塑料封装代表的例子 [8]。

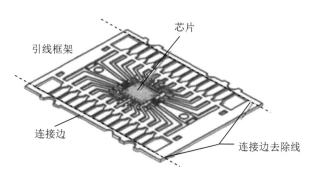

图 15.13   去除引线框架上的连接边 [8]

(1) 双列直插封装 (DIP) 有两列 PIH 型管脚，第二级封装时管脚向下穿过 PCB 上的孔，如图 15.14 所示。这种封装形式盛行于 20 世纪 70 年代和 80 年代的中小规模集成电路，但它的使用量正在减少。

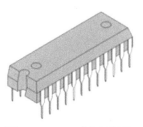

图 15.14   双列直插封装

(2) 单列直插封装 (SIP) 有单列 PIH 型管脚，第二级封装时管脚向下穿过 PCB 上的孔，如图 15.15 所示，SIP 比 DIP 更节省 PCB 上的空间，常用于存储器应用。

图 15.15   单列直插封装

(3) 小薄型封装 (TSOP) 具有鸥翼型的 SMT 型的管脚，管脚位于两边，如图 15.16 所示。早期的 TSOP 的封装形式曾是一种外型小巧的集成电路，又称为

SOIC。这种封装在 20 世纪 90 年代已被广泛采用,并且在 21 世纪初期仍保持最广泛使用的集成电路封装形式。

图 15.16   小薄型封装

(4) 四边形扁平封装 (QFP) 是一种管脚分布在外壳四边的 SMT 型封装形式,管脚可超过 256 个,如图 15.17 所示。对于 SMT 塑料封装来说,用最密的管脚间距制成的 QFP,其节距只有 300 μm。如此细的节距已成为印制电路板装配时高成品率的制约因素。

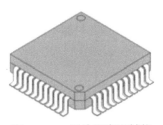

图 15.17   四边形扁平封装

(5) 如果不需要过多 I/O 数,可采用具有 J 型管脚塑封电极芯片载体 (PLCC) 封装替代 QFP,如图 15.18 所示。

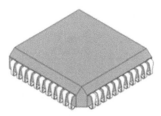

图 15.18   具有 J 型管脚塑封电极芯片载体

(6) 无引线芯片载体 (LCC) 采用一种电极被封装周围的边缘包起来的封装形式,如图 15.19 所示。在第二级装配时,可以用 SMT 方式直接焊到 PCB 上。为了方便现场取下升级或修理,也可以将 LCC 插入固定在 PCB 上的插座中。

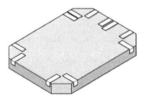

图 15.19　无引线芯片载体

15.3.3　陶瓷封装

基座或壳体由陶瓷材料形成的封装形式称为陶瓷封装。陶瓷封装有耐熔陶瓷和薄层陶瓷两种封装形式。陶瓷类封装形式的最大优点是气密性好，可以使芯片免受外部潮气的影响。主要用于具有高可靠性集成电路，或者大功率器件。

耐熔陶瓷的熔点高，芯片装配和封装分别进行。薄层陶瓷的优势是封装成本较低。

1. 耐熔陶瓷

耐熔陶瓷基座制备工艺是：① 由三氧化二铝粉和适量玻璃粉及有机介质混合构成浆料；② 将这些浆料铸成大约 0.0254 mm 厚的薄片；③ 干化；④ 用淀积、光刻和刻蚀法在不同的单层上制作金属布线图形或金属化通孔，如图 15.20 所示 [8]；⑤ 将第 ④ 步制备好的几个陶瓷薄层片精确对准，并齐碾压在一起；⑥ 在 1600 ℃ 烧结，使其成为单一的熔结体，这种称为高温共烧结陶瓷 (HTCC)。若用第 ⑥ 步的烧结温度换成 850 ～ 1050 ℃，就称为低温共烧结陶瓷 (LTCC)[9]。

作为集成电路封装基座的耐熔陶瓷的主要挑战有：① 高收缩性，这使得公差难于控制；② 高介电常数，这增加了寄生电容，并能影响高频信号 [10]。

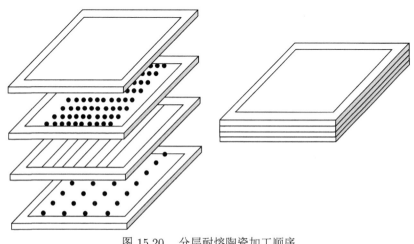

图 15.20　分层耐熔陶瓷加工顺序

陶瓷封装最常用的管脚形式是 2.54 mm 节距的铜管脚，它组成针栅阵列 (PGA) 管壳。这是为印制电路版装配的插孔式管壳。芯片能被粘贴和引线键合到陶瓷的底部或顶部，接下来是加上一个盖板来实现真空密封。PGA 被用于高性能集成电路，像高频和具有高达 600 个管脚的快速微处理器。

2. 薄层陶瓷

薄层陶瓷封装是一种在芯片引线键合后，将两个陶瓷片压在一起的封装形式。两个陶瓷片将引线框架夹在之间，如图 15.21 所示 [11]，其中 (a) 是顶视图，(b) 和 (c) 是侧视图。图中的数字表示各部分对应的尺寸，括号外的数字是以英寸为单位，括号内的数字是以 mm 为单位。这种封装又被称为陶瓷双列直插 (CERDIP)，使用低温玻璃材料将陶瓷层密封。这种封装的成本明显低于耐熔陶瓷的。

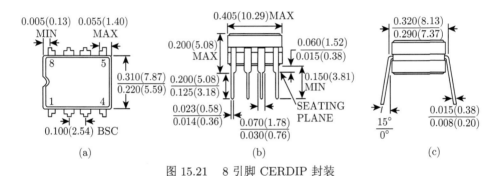

图 15.21   8 引脚 CERDIP 封装

15.3.4 封装与功率耗散

半导体器件工作时会产生热量，其热量是器件端所施加的电压与流经器件电流的乘积。这种热量不是引起器件温度上升，就是通过传导、对流或辐射的方式向外界传递。半导体器件工作时，器件的大部分热量是以传导方式流动的。

半导体器件中稳态温升与功率耗散和器件的热阻由下式所决定：

$$T_j - T_A = P_D \cdot Q_{JA} \tag{15.1}$$

式中，T_j 是以 ℃ 为单位的结温；T_A 是以 ℃ 为单位的环境温度；Q_{JA} 是以 ℃/W 为单位由结到环境的热阻。Q_{JA} 由结与管壳间的热阻 Q_{JC}、管壳和散热片间的热阻 Q_{CS} 及散热片到环境的热阻 Q_{SA} 构成，即

$$Q_{JA} = Q_{JC} + Q_{CS} + Q_{SA} \tag{15.2}$$

将式 (15.2) 代入式 (15.1) 可得

$$T_j - T_A = P_D \cdot (Q_{JC} + Q_{CS} + Q_{SA}) \tag{15.3}$$

整理可得器件所允许的最大功率耗散为

$$P_{\mathrm{D(max)}} = \left[T_{\mathrm{j(max)}} - T_{\mathrm{A}}\right] / (Q_{\mathrm{JC}} + Q_{\mathrm{CS}} + Q_{\mathrm{SA}}) \tag{15.4}$$

Q_{JA} 与芯片尺寸成反比，还与所需耗散功率成反比。增大键合金属引线的直径有助于降低 Q_{JA}，例如，金属引线直径从 25.4 μm 增至 38 μm，可以使 Q_{JA} 降低约 5%。为了增大散热能力，使器件与散热材料或流体材料接触以便增大热传导。表 15.2 列出了双列直插式封装的热阻值。

表 15.2　双列直插式封装的热阻值 [12]

管脚数	塑料封装		陶瓷封装	
	$Q_{\mathrm{JA}}/(\text{℃/W})$	$Q_{\mathrm{JC}}/(\text{℃/W})$	$Q_{\mathrm{JA}}/(\text{℃/W})$	$Q_{\mathrm{JC}}/(\text{℃/W})$
8	160	65	—	—
14	150	60	110	30
16	140	55	100	30
18	135	55	90	30
22	120	55	75	30
24	115	55	60	25
28	115	55	—	—
40	110	50	—	—

15.4　现代装配与封装

缩小集成电路管壳以适应最终用户应用和整个外形的新技术设计的需求正驱使人们减少器件尺寸，如智能卡、掌上电脑、便携式摄像机等。这种尺寸缩小与要处理更大量并行数据线的需求矛盾。更多的并行数据线需要更多的输入/输出管脚。增加 I/O 管脚的最大需求是处理器，而存储器 I/O 管脚数的需求将保持相对低。

美国的联合电子器件会议 (JEDEC) 和日本的电子产业协会 (EIAJ) 制定了一系列封装标准，引入新型封装设计以解决第二级封装的挑战。用封装标准统一所有公司的集成电路封装设计。现代集成电路封装类型有：① 倒装芯片 (Flip Chip)、② 球栅阵列 (BGA)、③ 板上芯片 (COB)、④ 载带式自动键合 (TAB)、⑤ 多芯片模块 (MCM)、⑥ 芯片尺寸封装 (CSP) 和 ⑦ 晶圆级封装 (Wafer-Level-Packaging) 等。

15.4.1　倒装芯片

倒装芯片的概念起源于 20 世纪 60 年代，IBM 为了粘贴芯片到陶瓷基座而开发了被称为可控塌陷芯片载体 (Controlled Collapse Chip Carrier，C4) 焊料凸点的工艺。该工艺的全称太拗口，通常取 4 个单词的首字母，简称 C4 工艺。

顾名思义，倒装芯片封装就是将含有键合压点的面倒过来，利用芯片上的凸点 (Bump) 与管座上对应的电极相连接的贴装技术。这样可以使器件与基座之间的电连接路径最短，显著改善电信号传输速度。同时也缩小了封装外形尺寸，减轻了集成电路块的重量。

早期开发的凸点材料通常是 5%Sn 和 95%Pb 配比的锡/铅焊料。增加其中的 Pb 比例可增强凸点贴装的可靠性。

现在使用的基座是陶瓷或塑料基的，或作为刚性的印刷电路板或柔性的聚合物电路。

典型的 C4 焊料凸点使用蒸发或物理气相淀积 (溅射) 法淀积在硅的芯片压点上。压点上的 C4 焊料要求有特殊冶金阻挡层 (BLM)，如图 15.22 所示 [13]。这里 (a) 对应完成压点刻蚀；(b) 是淀积 Cr、Cr + Cu 和 Cu + Sn 复合金属，BLM 提供压点到 C4 焊点良好的黏附，并阻止金属间扩散；(c) 淀积金属 Pb 和 Sn；(d) 进行回流，在回流过程中，形成焊球。传统上 C4 凸点的直径在 0.254 mm 的间距下 0.1016 mm。

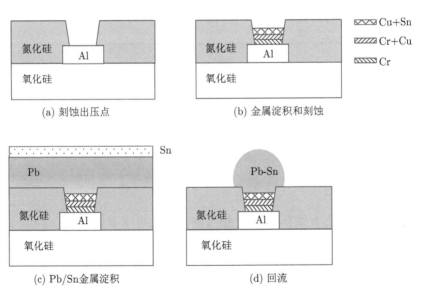

图 15.22　在硅片压点上 C4 焊料凸点

使用对准键合工具将倒装芯片粘贴到基座上。它使用自动对准显示系统并将芯片放在基座上。芯片的 C4 焊料凸点被定位在相应的基座接触压点。经常是用热空气加热，并稍微加压力，随后引起 C4 焊料回流并形成在基座和芯片之间的电学和物理连接。

由于硅芯片和基座之间热膨胀系数 (CTE) 不一致，严重时会在 C4 焊点中引

入应力。由此引起 C4 焊点裂缝造成器件早期失效。常用的解决措施是用流动的
环氧树脂填充在芯片和基座之间, 如图 15.23 所示 [13]。这种工艺称为环氧树脂填
充术。环氧树脂的 CTE 被匹配到 C4 焊点, 使作用于 C4 结点的应力有效地减
小。在 C4 焊接点上使用填充术应力能被减少到原来的 1/10[14]。

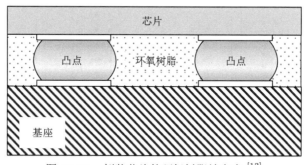

图 15.23   倒装芯片的环氧树脂填充术 [13]

使用环氧树脂填充术的一个重要挑战是一旦环氧树脂固化, 使用的倒装芯片
不能被取下。这产生了如果在测试中发现芯片有缺陷如何返工的问题。通常电学
测试后再施用环氧树脂。也有开发避免使用环氧树脂填充术的技术, 例如, 在芯
片与基座之间添加具有互连结构适应的聚合物介质材料以消除两者之间的 CTE
应力。

倒装工艺另一方面是在施用环氧树脂填充术之前能清洗芯片下面。回流 C4
焊料凸点在芯片与基座之间仅留下 0.0508 mm 到 0.0762 mm 的间距。焊接要求
流体化学物质以去除氧化并产生合格的焊点。有时流体有离子污染, 必须使用去
离子水或溶剂将污染物去除。

因为倒装芯片封装的凸点是面阵排列, 可以充分利用芯片表面面积, 排布更
多的输入/输出管脚数。传统的引线键合是周边阵列限制了封装的管脚数, 并且不
能有效利用芯片中的表面积。面阵技术的最大挑战之一是对 C4 凸点完整性的检
查。需要使用基于 X 射线的自动检查系统。

15.4.2 球栅阵列

球栅阵列 (BGA) 封装是在 20 世纪 90 年代早期引入的。BGA 的基座材料
可以是陶瓷, 或者是塑料, 将共晶 Sn/Pb 焊料球植于基座的电极上, 以便实现与
PCB 上对应的电极连接。BGA 排列方式如图 15.24 所示, (a) 是周边型阵列, (b)
是交错型阵列, (c) 是全阵列。像用倒装芯片一样, 在小外型的表面贴装上, 采用
BGA 可获得更多的管脚。高密度的 BGA 封装具有多达 2400 管脚。BGA 焊球
间距通常是 1.016 mm、1.270 mm 或 1.524 mm, 对应 PGA100 密耳的管脚间距。

这一特征是多管脚数的一个主要贡献。最新引入的 BGA 管壳具有 0.508 mm 的焊料球间距,这是在 20 世纪 90 年代后期使用的最小 BGA 间距。

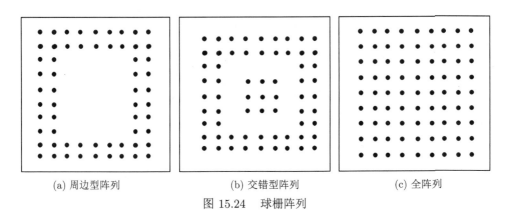

(a) 周边型阵列   (b) 交错型阵列   (c) 全阵列

图 15.24   球栅阵列

关于 BGA 封装的塑料基座有显著的进展工作,又称为有机或薄片载体。在这种情况下,用引线键合或 C4 焊料凸点将硅芯片粘贴到塑料基座,基座具有为粘贴到电路板的焊料球。塑料基座具有比陶瓷更低的介电常数,这将因为减少信号传输延迟而使高频性能和高速开关改善。

BGA 的优点是在第二级装配时,BGA 组件和 QFP、TSOP 等其他表面贴组件一起被放在印制电路板上,并同时进行焊料回流。BGA 焊料球回流,并形成对印制电路板的互连。将 BGA 与现存的表面贴装组件工艺两者集成在一起完成还降低了装配成本。

15.4.3 板上芯片

在 20 世纪 80 年代后期,板上芯片 (COB) 工艺被开发以将集成电路芯片直接固定到具有其他 SMT 和 PIH 组件的基座上,它又被称为直接芯片粘贴 (DCA)。这里的基座通常可能是印制电路板,如图 15.25 所示。

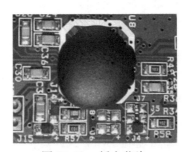

图 15.25   板上芯片

　　COB 法工艺步骤包括: ① 使用传统的贴片工艺将芯片粘贴到基座上; ② 用前面讲述的引线键合技术,将芯片上的压点与基座上对应的电极进行电连接; ③ 直接用环氧树脂覆盖在芯片上。COB 法用最少的工艺和设备的变化,以减少传统的 SMT 和 PIH 封装尺寸。在尺寸和成本为主的领域中,它变得日益流行,如图像游戏卡和智能卡。

15.4.4　载带式自动键合

　　载带式自动键合 (TAB) 是采用塑料带作为芯片载体,如图 15.26 所示[15]。这带含有夹在两层聚合物介质膜之间的薄铜箔。将薄铜箔刻蚀成与芯片压点匹配的电极。含有为黏附芯片的凸点内电极键合区 (Inner Lead Bond Region, ILB) 和为焊料黏附到电路板的外电极键合区 (Outer Lead Bond Region, OLB)。将芯片粘贴在 ILB 上以后,用环氧树脂将芯片覆盖,并将该带卷成卷。以备将 TAB 芯片用于印制电路板的第二级装配。在装配中,芯片和电极被从带上取下,电极制成鸥翼形状,然后用焊料回流键合到印制电路板上。在 20 世纪 80 年代,TAB 曾被认为是最多的 I/O 封装形式,由于设备昂贵和装配综合成本高,制约了其应用范围,现在它仅用在特别需要的应用场合。

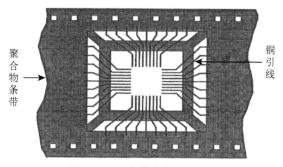

聚合物条带

铜引线

图 15.26　载带式自动键合

15.4.5　多芯片模块

　　多芯片模块 (Multi Chip Module, MCM) 是一种将几个芯片固定在同一个基座上的封装形式,如图 15.27 所示。这种固定允许在 MCM 基座材料上有更高的硅芯片密度。在 MCM 中,硅芯模块表面积占基座表面积的 30% 以上[16]。最常用的 MCM 是陶瓷或含有高芯片密度的印刷电路板。MCM 封装在减小总封装尺寸和重量的同时减小了电路电阻和寄生电容,进而增强了集成电路的电性能。MCM 是在混合电路技术基础上演化而来的。混合电路是用类似于丝网印刷的厚胶膜将有源和无源组件固定在陶瓷上,并进行连接。在基座上混合电路的芯片密度较低。

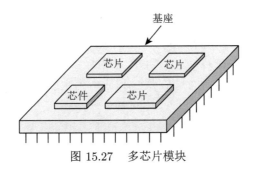

图 15.27 多芯片模块

15.4.6 芯片尺寸封装

在 20 世纪 90 年代产生了芯片尺寸封装 (CSP) 概念,将小于芯片表面积 1.2 倍的集成电路封装形式定义为芯片尺寸封装 [17]。这个概念意味着封装所占面积基本上与芯片面积相当。显然,倒装芯片和 BGA 技术最适合于 CSP 的概念。倒装芯片是一种发展最快的先进封装方法。

芯片尺寸封装除了小于芯片表面积 1.2 倍的定义外,尚无统一标准来规范。所以 CSP 封装的名称也五花八门,各家公司各行其是。

按定制引线框架形式划分有:Amkor/Anam 公司的面阵列、凸点式 CSP;富士通公司的小外形无引线/C 引线 (SON/SOC) 和凸点芯片载体 (BCC);日立公司的微针点阵列 (MSA);LG Semicon 公司的底部引线塑料封装 (BLP);松下公司的方形扁平无引线封装 (QFN);德州仪器 (日本) 公司的存储器 CSP;东芝公司的方形无引线封装。

按在芯片和基座之间插线板形式划分有:3M 公司的增强柔性 CSP;Amkor/Anam 公司的柔性球栅阵列;富士通公司的 FBGA;通用电气 (GE) 公司的柔性芯片 CSP;Hightec MC AG 公司的多芯片尺寸封装 (MCSP);日立公司的用于存储器器件的 CSP;弗劳恩霍夫陶瓷技术和系统研究所 (Fraunhofer Institute) 的 IZM 柔性 PAC;三菱电气公司的模块式球栅阵列;摩托罗拉 (新加坡) 公司的柔性芯片尺寸封装;NEC 公司的细间距球栅阵列 (FPBGA);Tessera 公司的微球栅阵列。

对于刚性基座形式划分则有:Amkor/Anam 公司的芯片阵列封装 (CABGA);赛普拉斯半导体 (Cypress Semiconductor) 公司的 CSP;IBM 公司的陶瓷微型球栅阵列;摩托罗拉公司的采用模块式阵列工艺的 CSP;National 公司的塑料芯片载体;日本冲电气公司的 CSP;索尼公司的变换栅阵列封装;东芝公司的陶瓷/塑料细间距球栅阵列。

CSP 可以和现有的为第二级装配到电路板的表面贴装相匹配。CSP 使用的设备、工艺以及材料和现有表面贴装基础结构相匹配,因此可以简化 CSP 产品导入工艺, 并降低生产成本。

15.4.7 晶圆级封装

到目前为止, 前面所讲述的封装技术都是先将芯片从硅晶圆上分离出来, 然后对芯片进行装配和封装。到 20 世纪 90 年代后期, 人们开发了晶圆级封装技术。在硅晶圆划片前, 在晶圆上制作 C4 凸点阵列。在晶圆上封装 I/O 端的形式如图 15.28 所示[18], (a)WLP 封装对应不同层图形, (b)WLP 封装中单个芯片的凸点分布。对于晶圆级封装要使用倒装芯片的材料和工艺技术。

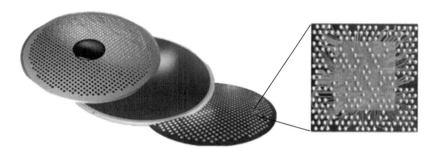

(a) WLP封装的不同层图形   (b) WLP封装中的单芯片

图 15.28   晶圆级封装[18]

晶圆级封装是以 BGA 技术为基础改进的 CSP, 也称为晶圆级-芯片尺寸封装 (WLP-CSP)。WLP 是在晶圆上同时对许多芯片进行封装、老化、测试, 最后再切割分离成各个器件。可以将其直接贴装在基座或印制电路板上。

晶圆级封装关键是针对在芯片压点细节距尺寸和为第二级电路板装配需要的粗节距尺寸之间界面处, 要开发出可靠的互连系统。一种方式是使用薄膜涂层工艺在芯片压点和需要黏附芯片的电路板的较大尺寸压点之间建立界面。BGA 焊料球阵列被用于将芯片直接粘贴在第二级装配电路板。

薄膜再分布工艺制成芯片和界面之间的互连流程如图 15.29 所示, (a)WLP 的起点, 已经完成前道工艺的所有步骤。(b) 涂敷第 1 层聚合物薄膜 (Polymer Layer) 并光刻, 聚合物薄膜可加强芯片的钝化层, 同时起到应力缓冲的作用。最常用的聚合物薄膜是光敏性聚酰亚胺 (Photo-sensitive Polyimide), 是一种负性胶。(c) 重布线层 (RDL) 是为了对芯片的铝压点位置进行重新布局, 使得新焊点区满足对焊料球最小间距的要求, 并且使新焊点区按照阵列排布。常见的 RDL 材料是电镀铜 (Plated Cu) 辅助以底层的钛、铜溅射层 (Sputtered Ti/Cu)。(d) 涂敷第 2 层 Polymer, 使晶圆表面平坦化, 并保护 RDL 层。第 2 层 Polymer 经过光刻开出新焊点区。(e) 淀积金属层凸点下金属层 (Under Bump Metallization, UBM), 采用与 RDL 相同的工艺流程制作。(f) 植球: 早期的焊料球是铅锡合金,为了满足环保的要求，现在采用锡银铜合金作为 WLP 的焊料球材料。焊料球的直径一般是 250 μm。使用掩模版来保证焊膏和焊料球准确地定位在相应的 UBM 上。通过掩模版的开孔将焊料球放置于 UBM 上。最后，将植球后的晶圆推进回流炉进行回流，焊料球经过回流融化与 UBM 形成良好的浸润结合。

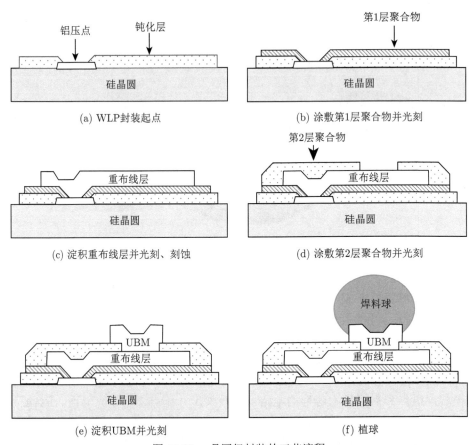

图 15.29　晶圆级封装的工艺流程

凸点制作技术：凸点制作是 WLP 工艺过程的关键工序，它是在晶圆的焊点区铝电极上形成凸点。WLP 制作凸点的工艺有多种，每种工艺各有优缺点，适用于不同的工艺要求。所以使用之前，应该认真选择。在晶圆凸点制作中，金属淀积占总成本的 50% 以上。晶圆凸点制作中最为常见的金属淀积步骤是 UBM 的淀积和凸点本身的淀积，一般是采用电镀工艺。

图 15.30 列出了常规封装的标准测试流程和圆片级封装测试流程[19]。可以看出，装配和封装工艺用晶圆级封装实现，测试和老化也可在硅晶圆上进行。由于晶圆级封装后芯片焊料凸点间距比硅片上压点的间距大得多，可以使测试用的

探针卡更加简化。晶圆级封装的老炼筛选不再专门定制测试管座。另外减少了一次中测。所以晶圆级封装既提高了测试效率,又降低了测试成本。

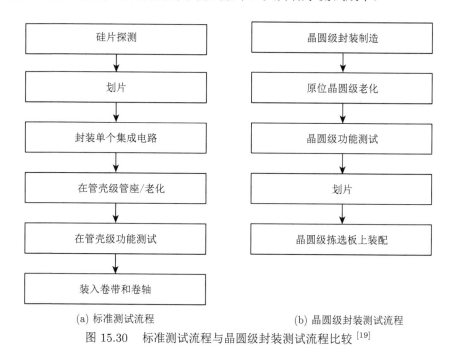

  (a) 标准测试流程   (b) 晶圆级封装测试流程

图 15.30   标准测试流程与晶圆级封装测试流程比较 [19]

  节省成本是集成电路装配和封装中的重要因素。当芯片尺寸缩小而装配和封装技术固定不变时,封装成本在集成电路组件总成本占有的比例会变得更大。在某些情况下,集成电路封装的成本会超过集成电路本身的成本。晶圆级封装的最终目标是仍提供高密度的集成电路封装,因此为从根本上节省费用,统一前道和后道工艺以减少工艺步骤。这种集成是导致真正芯片尺寸封装的自然进步。

  晶圆级封装优势总结如下:① 在 x 和 y 维度管壳等于芯片面积,是最小最轻的集成电路封装形式。② 高度方向可以实现极薄型,第二级装配后从电路板表面算起总高度小于 1.0 mm。③ 芯片面朝下的晶圆级封装结构具有短的电路路径,由于寄生电感和电容小,可以实现电学性能最优化。④ 晶圆级封装可以和现有的表面贴装技术兼容并使用标准的焊料球及球间距。⑤ 减少了重复测试和集成电路块的装卸,从而降低了系统总成本。

15.5   封装与装配质量测量

  集成电路装配和封装常见的质量检测问题有:① 倒装芯片 C4 凸点中的裂缝或空洞。② 倒装芯片 C4 凸点尺寸的不规则性。③ 倒装芯片 C4 凸点上熔化的污染残渣。④ 倒装芯片环氧树脂填充术在芯片和基座之间有空洞和分层。⑤ 楔压或球键合的引线键合强度。

(1) 倒装芯片 C4 凸点中的裂缝或空洞的类型有：① 在 C4 凸点中的焊接裂缝或空洞是应力集中点，这将引起早期失效。② 在终测中探测出完全分层 C4 凸点的严重裂缝。

产生这类缺陷的原因有：① 焊接裂缝可能来自于工艺过程中的设备损伤。② 空洞可能来自焊料预热过程中不恰当的温度曲线，或在焊接过程中蒸发遗留下过量熔化的残渣。

(2) 倒装芯片 C4 凸点尺寸的不规则性表现为：不规则的 C4 凸点尺寸引起焊接应力增大和凸点的电学失效。

改善和预防此类失效的措施有：① 确保在 C4 焊料淀积前，将压点表面的金属 (如 BLM) 彻底地清洗干净。② 检查 C4 焊料淀积工艺以验证参数的正确性。

(3) 倒装芯片 C4 凸点上熔化的污染残渣的类型有：助焊污染物可能在 C4 焊料凸点出现树枝状生长，引起受污染的导电膜短路，从而造成器件电学失效。

预防此类失效的措施有：① 验证回流后清洗工艺，以确保去除助焊剂残渣清洗的化学试剂成分适当。② 验证环氧树脂填充物完全覆盖芯片和基座之间的 C4 焊料凸点，确保 C4 焊料凸点无空洞。

(4) 倒装芯片环氧树脂填充物在芯片和基座之间有空洞和分层，这是由于 CTE 失配，在 C4 焊料凸点产生裂缝而导致器件电学失效。

预防此类失效的措施有：① 适当地控制环氧树脂填充工艺，使这类缺陷密度降到最低。② 请注意：如果已经施加环氧树脂，很难再对倒装芯片工艺进行返工。

(5) 楔压或球键合的引线键合强度的质量问题有：① 拉力强度小于产品规范控制值。② 由于键合点开路导致器件电学测试失效。

键合失效的可能原因是：① 在键合界面金和铝之间金属内部的结构。② 由于污染或不恰当的清洗过程，楔压或球键合结构异常，从而引起键合点翘起。③ 在键合工艺中不恰当的压力。例如，键合压力偏低，键合点易于翘起；而键合压力偏高，又易于形成键合点裂缝。

15.6   集成电路封装检查及故障排除

集成电路封装常见的故障有：① 塑料管壳的分层或裂缝；② 侵蚀会增加金属化电阻和最终开路或增加漏电流，最终使芯片电失效；③ 在动态随机存储器 (DRAM) 或静态随机存储器 (SRAM) 中存储软失效；④ 由芯片压点开路造成的引线键合失效。

（1）产生塑料管壳的分层或裂缝的原因有：① 塑料模块中吸进过量的潮气，成模塑料能从空气中吸收多达 0.4% 重量的潮气。在工艺循环温度中暴露或芯片使用能引起膨胀和失效。② 在塑料模块中、芯片和互连结构中过量的 CTE 失配。

改进的方法有：① 如果必要，使用干燥存储防止潮气到达管壳。② 为运输而包装模块应先烘焙干燥，并放置吸潮的干燥剂再包装。③ 如果过量的 CTE 失配，需要重新设计模具或材料以便使失配最小。

（2）产生侵蚀的原因有：① 有离子污染的潮气到达芯片上。② 由于封装应力，氮化硅层可能出现裂缝，并使下面的金属暴露在潮气中。

改进措施是减少离子污染水平并禁止潮气进入芯片，具体的改进方法有：① 在成模中通过加填充剂减少塑料收缩，由此使芯片上的应力最小并在整个表面形成良好粘贴。② 改善芯片清洗工艺以减少离子污染的存在。

（3）造成存储器电路软失效的原因是：在封装材料中存在放射元素发射能量高达 8 MeV 的 α 粒子，它能使存储器单元反转，即引起存 "1" 的单元失去存储内容而变为 "0"，反之亦然。

α 粒子源自氧化铝和环氧树脂。防止 α 粒子辐射的方法包括：① 因为放射性杂质不可能完全消除，在器件周围加屏蔽。② 用聚合物涂覆表面以抑制 α 粒子辐射的效应。③ 在重掺杂硅外延层上做器件以抑制电荷运动。

（4）引起芯片压点开路的原因是：在压点上铝和金丝之间的界面形成紫色金属间混合物，被称为紫色瘟疫。当温度升高，压点上的铝扩散进入紫色瘟疫金属并引起空洞。过量的空洞导致开路。

针对紫色瘟疫的防范措施有：① 将暴露于高温的情况降到最小。② 确保金的纯度满足规范要求。③ 遵守压点金属化标准设计规则。

15.7　小　　结

本章介绍了晶圆背面减薄、分片、贴片和引线键合四个传统的装配工艺步骤。讲述了环氧树脂粘贴、共晶焊粘贴和玻璃料粘贴三种贴片工艺；热压焊、超声及热超声球键合三种引线键合工艺；金属管壳、塑封和陶瓷三类封装技术。介绍了倒装芯片、球栅阵列、板上芯片、卷带自动键合、多芯片模块、芯片尺寸封装及晶圆级封装等技术。

习　　题

（1）简述集成电路的装配与封装。
（2）说明集成电路封装的四种功能。

(3) 列出传统装配的四个步骤。

(4) 简述引线键合的三种方法。

(5) 简述塑料封装工艺。

(6) 简述陶瓷封装的两种方法。

(7) 什么是针栅阵列封装?

(8) 什么是倒装芯片?

(9) 芯片封装的凸点工艺有什么优点?

(10) 倒装芯片为什么要使用环氧树脂填充?

(11) 简述 BGA 封装。

(12) 什么是载带式自动键合 (TAB)?

(13) 简述芯片尺寸封装 (CSP)。

(14) 简述晶圆级封装。

参 考 文 献

[1] Quirk M, Serda J. Semiconductor Manufacturing Technology. Upper Saddle River: Prentice Hall, 2001: 573.

[2] Hinzen H, Ripper B. Precision grinding of semiconductor wafers. Solid State Technology, 1993, 36(8) : 53.

[3] Blech I, Dang D. Silicon wafer deformation after backside grinding. Solid State Technology, 1994, 37(8) : 74.

[4] Quirk M, Serda J. Semiconductor Manufacturing Technology. Upper Saddle River: Prentice Hall, 2001: 575-580.

[5] Dejule R. High pincount package. Semiconductor International, 1997: 142.

[6] Oboler L. Wire bonding still at the head of the class. Chip Scale Review, 1999: 40.

[7] Sergent J, Harper C. Hybrid Microelectronics Handbook. 2nd ed. New York : McGraw-Hill, 1995.

[8] Quirk M, Serda J. Semiconductor Manufacturing Technology. Upper Saddle River: Prentice Hall, 2001: 582-585.

[9] Sergent J. Material for multichip modules. Semiconductor International, 1996: 212.

[10] Tachikawa T. Assembly and Packaging//Chang C, Sze S. ULSI Technology. New York: McGraw-Hill, 1996: 522.

[11] Analog Devices 公司产品手册.

[12] 沈文正, 李荫波, 胡骏鹏. 实用集成电路工艺手册. 北京: 宇航出版社, 1989: 408.

[13] Quirk M, Serda J. Semiconductor Manufacturing Technology. Upper Saddle River: Prentice Hall, 2001: 588.

[14] Babiaz A. Key process controls for underfilling flip chip. Soild State Technology, 1997, 40(4): 77.

[15] Michael P. Integrated Circuit, Hybrid, and Multichip Module. New York: Wiley Inter-science, 1994.

[16] Sergent J. Materials for multichip modules. Semiconductor International, 1996: 209.

[17] Distefano T, Fjelstad J. Chip-scale packaging meets future design needs. Solid State Technology, 1996, 39(4): 82.

[18] Tilli M, Paulasto-Kröckel M, Petzold M, et al. Handbook of Silicon Based MEMS Materials and Technologies. Amsterdam: William Andrew, 2015: 709.

[19] Elenius P. Wafer-level packaging gains momentum. Solid State Technology, 1999, 42(4): 46.

名词术语中英文对照表

3D FinFET	三维鳍形场效应晶体管
AA	有源区
AC	交流
AES	俄歇电子能谱分析仪
AFM	原子力显微镜
Air Gap	气隙
ALD	原子层淀积
ALE	原子层刻蚀
Alignment	对准
All-last	全后栅工艺
AMAT	美国应用材料公司
APCVD	常压化学气相淀积
ARC	抗反射涂层
Ashing	灰化
Assembly	装配
At-Line	在线式
Backscattering Electron	背散射电子
BARC	底部抗反射涂层
Base	基极，基区
BCC	体心立方
BCC	凸点芯片载体
BCP	嵌段共聚物
Benzotriazole(BTA)	苯并三唑
BEOL	后道工艺
BGA	球栅阵列
BHF	氢氟酸缓冲液
Bipolar	双极
Bird's Beak	鸟嘴效应
BIST	内建自测试
Blanking Aperture	消隐孔
BLM	冶金阻挡层
Block Copolymers	嵌段共聚物
BLP	底部引线塑料封装
Bonding	键合

Bridging Oxygen	桥键氧
BSG	硼硅玻璃
BOE	刻蚀氧化层缓冲液
Bulk	衬底
Bump	凸点
CABGA	芯片阵列封装
CD	关键尺寸
CEL	对比度增强层
CERDIP	陶瓷双列直插
CESL	氮化硅刻蚀阻挡层
CG	控制栅
Chalcogenide Glass	硫系玻璃
Chamber	腔室内
Channel	沟道
Chelating agent	螯合剂
Chemical Amplified Resist	化学放大胶
Chemoepitaxy	化学衬底外延法
Climb	攀移
CMP	化学机械抛光
CMTF	临界传输函数
COB	板上芯片
Collector	集电极，收集区
Confocal Microcopy	共焦显微镜
Conformal	共形
Contact Angle	接触角
Contact Hole	接触孔
Controlled Collapse Chip Carrier	可控塌陷芯片载体
Cross-Linked PS Guide Material	交联聚苯乙烯导向材料
Crystal Defect	晶体缺陷
CSP	芯片尺寸封装
CVD	化学气相淀积
DAC	数/模转换器
Damascene	大马士革
Dark Field	暗场
DC	直流
DCA	直接芯片粘贴
DCS	二氯硅烷
DC Test	直流测试
Deactivation	逆退火特性
Debye Equation	德拜公式

Degas Chamber	脱气腔室
Develop	显影
DFT	可测性设计
DIBL	漏诱生势垒降低
Diazoquinone	重氮醌
Diffusion Barrier	扩散阻挡层
DIP	双列直插封装
Directed Self-Assembly of Block Copolymer Lithography	嵌段共聚物定向自组装光刻
Distortion Polarization	扭曲极化
DOF	聚焦深度
Double Patterning	多重曝光技术
Drain	漏
DRC	设计规则检查
DSA	动态表面退火
DSA	定向自组装光刻技术
DSL	双应变刻蚀阻挡层
Dual Damascene	双大马士革
DUV	深紫外线
EB	能量势垒
E-beam	电子束
EBL	直写式电子束光刻
ECR	回旋共振等离子
EDA	电子设计自动化
Edge Rounding	倒角
EDTA	乙二胺四乙酸
EI	沟道静电势完整因子
EIAJ	日本的电子产业协会
Electrically Active	电活性
Electronic Polarization	电子极化
ELO	横向超速外延
EM	电迁移
Embossing	压力
Emitter	发射区
ENIAC	电子数字积分计算机
EOR	射程末端
EOT	有效氧化层厚度
ESD	抗静电放电
ESL	刻蚀停止层
EUV	极紫外线

Exposure	曝光
FA	炉管热退火
FA	精对准标记
FAB	集成电路制造厂
Fairchild	仙童半导体公司
Fault model	失效模式
FCC	面心立方
FD-SOI	全耗尽绝缘体上硅
FEOL	前道工艺
FG	浮栅
FIB	聚焦离子束
Field Oxide	场氧化层
Field Transistor	场晶体管
FinFET	鳍形场效应晶体管
FLA	闪光灯退火
Flange	法兰
Flat	平边
Flip Chip	倒装芯片
Focus	焦距
Forward Scattering Electron	正向散射电子
FPBGA	细间距球栅阵列
Functional Test	功能测试
Gate Stack	栅叠层
Gate-first	先栅工艺
Gate-last	后栅工艺
Gate	栅
GA	全局对准标记
Gibbs Free Energy	吉布斯自由能
GILD	气体浸没激光掺杂
Glass-Transition Temperature	软化温度
Glide	滑移
Glycine	甘氨酸
Graft Neutral Brush	接枝中性刷
Graphoepitaxy	图形结构外延法
Guard Banding	工作保障范围测试
Half Pitch	半节距
Halo	晕环掺杂
Hard Bake	硬烘焙，坚膜
Hard Mask	硬掩膜
HBT	异质结双极晶体管

HCE	热载流子效应
HDP	高密度等离子体
HEI	热塑纳米压印技术
HEMT	高电子迁移率晶体管
HF	氢氟酸
HK	高介电常数栅
HMDS	六甲基二硅胺
HTCC	高温共烧结陶瓷
HJFET	异质结场效应晶体管
Hot Embossing Lithography	热压印技术
IA	隔离区
IC	集成电路
ICP	电感耦合等离子体
I_{DDQ} Testing	静态漏电流测试
ILB	内电极键合区
ILD	器件层与金属层之间的介质隔离
Image Layer	图形层
IMD	金属层之间介质隔离
Immersion Lithography	浸没式光刻
IMP	离化溅射
Imprint	图形复制
Inhibitor	抑制剂
In-Line	内嵌式
In-Situ	原位式
Integration Technology	集成技术
Intel	英特尔公司
Intermetalics	金属间化合物
Interstitial Atom	间隙原子
IPA	异丙醇
IPVD	离化溅射
IRDS	国际器件及系统技术蓝图
ITRS	国际半导体技术路线图
JEDEC	美国的联合电子器件会议
JFET	结型场效应晶体管
Kick-Out	挤出
LA	激光退火
LaB_6	六硼化镧
Layout	设计版图
LCC	无引线芯片载体
LDD	源漏轻掺杂

LED	发光二极管
Lift-off	剥离
Light Field	明场
Linear Rate Coefficient	线性速率系数
Line-Off	离线式
Liner Oxide	衬氧化层
Lipping	研磨
Loading Effect	载荷效应
LOCOS	局域氧化隔离
LP	低功耗
LPCVD	低压化学气相淀积
LPE	液相外延
LA	激光退火
LSI	大规模集成电路
LTCC	低温共烧结陶瓷
LTO	低温氧化物
LVS	版图与电路图一致性检查
MAPPER	多孔径逐像素分辨率增强
Marching Pattern	齐步图形
Mask	掩模版
MBE	分子束外延
MCM	多芯片模块
MCP	微接触纳米压印技术
MCSP	多芯片尺寸封装
Megasonics	兆频超声清洗
MEOL	中段工艺
MESFET	金属半导体场效应晶体管
MG	金属栅
Micro Contact Printing	纳米图形的微接触印刷工艺
MIMIC	毛细管微成形
MOCVD	金属有机物化学气相淀积
MODFET	调制掺杂场效应晶体管
Monitor Wafer	监控晶圆、陪片
MOS	金属-氧化物-半导体结构
MOSFET	金属-氧化物-半导体场效应晶体管
MSA	微针点阵列
MSI	中规模集成电路
Multiple Column	多个电子柱
Multiple Patterning	多重图形化
Murphy's Model	墨菲模型

MWA	微波退火
Native Oxide	自生氧化物
NIL	纳米压印
Non-conformal	非共形
Notch	凹槽
NTRS	国家半导体技术发展路线图
OAI	离轴照明
OLB	外电极键合区
OLED	有机发光二极管
On-line	线上
OPC	光学邻近效应修正
Orientation Polarization	取向极化
Output Check	输出检查
Overlay Budget	套准容差
Overlay Error	套准误差
Overlay Registration	套准
Oxidizer	氧化剂
PAC	感光化合物
Packaging	封装
PAD	压点
Pad Oxide	垫氧化层
PAG	光酸发生剂
PAI	预非晶化注入
Parabolic Rate Coefficient	抛物型速率系数
Particles Per Wafer Per Pass	每个晶圆通过每步骤后的颗粒数
Pattern	测试图形
Patterned Wafer	具有图形的晶圆
Pattern Transfer	图形转移
PAW	邻苯二酚-乙二胺-水腐蚀法
PCB	印制电路板
PCM	工艺监控
PDE	多晶硅耗尽效应
PDMS	聚二甲基硅氧烷
PECVD	等离子体增强化学气相淀积
Pentium	奔腾
PerKin-Elmer	美国的珀金埃尔默公司
PGA	针栅阵列
Phase Diagram	相图
Phase Equilibrium	相平衡状态
Phase Transformation	相变

pHEMT	赝晶 HEMT
Photoresist	光致抗蚀剂，光刻胶
PI	光敏性聚酰亚胺
PIH	插孔式
Pitch	节距
Plasma Etching	等离子体刻蚀
Plated Cu	电镀铜
PLCC	塑封电极芯片载体
Plug Recess	塞凹陷
PLUG W	淀积钨塞
PMD	前金属化绝缘层
PMMA	聚甲基丙烯酸甲酯
Poisson's Model	泊松模型
Polishing	抛光
Poly Butene 1 Sulfone	聚丁烯 1 砜
Polymer Layer	聚合物薄膜
Post-Exposure Bake	曝光后烘焙
Preclean Chamber	预清洗腔室
Probe Card	探针卡
Process Module	工艺模块
Precursor	前驱体
Process Maturity	工艺成熟度
Project and Scan	投影式扫描式
PSG	磷硅玻璃
PSM	相移掩模
Punch Through	沟道穿通
PVA	聚乙烯醇
PVD	物理气相淀积
QFN	方形扁平无引线封装
QFP	四边形扁平封装
RA	投影掩模版的对准标记
Random Copolymer	无规共聚物
Rayleigh Criterion	瑞利准则
RCA	美国无线电公司
RDL	重布线层
Refractories	难熔金属
REM	模塑成形
Remote Plasma	远区等离子体
Resist	光刻胶
Reticle	投影掩模版

Resonant Tunneling	量子回旋隧穿效应
Re-Sputtering	再溅射
Retrograde Doping	倒掺杂
Reverse Imprint	逆压印技术
Rim Phase Shifting	边缘相移
RF	射频
RTA	快速热退火
RTO	快速热氧化
RTP	快速热处理
RVD	快速气相掺杂
SADP	双重图形自对准技术
Salicide	自对准硅化物
SADP	双图形自对准
SAMIM	溶剂辅助微成形
SCALPEL	角度限制散射投影电子束光刻
SCE	短沟道效应
Scrib Line	划片道
S/D Extension	源漏延伸区
Seedless Cu Plating	无籽晶层铜电镀
Seed's Model	席德模型
SEG	选择性外延
SEM	扫描电子显微镜
Self-Annealing	自退火
Self-interstitial Atom	自间隙原子
SEMI	国际半导体设备与材料组织
S-FIL	步进-闪光压印
Sheet Resistance	方形薄层电阻
SIA	美国半导体行业协会
Silicides	硅化物
SIMOX	注入氧形成 SOI 材料法
SIMS	二次离子质谱分析仪
SiP	系统级封装
SIP	单列直插封装
SIV	应力致空腔化
Smart-Cut^{TM}	智能剥离形成 SOI 材料法
SMT	表面贴封装
SoC	片上系统
Soft Bake	软烘焙，前烘
SOI	绝缘体上硅
SON/SOC	小外形无引线/C 引线

Source	源
Spacer	侧墙
SPC	统计过程控制
SPD	固相扩散
SPE	固相外延
SPER	固相外延再生长
Spin	旋转涂敷
Spreading Resistance Profilometry	扩展电阻分布测量
SRAM	静态随机存取存储器
SRO	富硅氧化膜
SRP	扩展电阻法
SSAF	单个固定故障
SSI	小规模集成电路
SSR	超陡倒掺杂
Stepper and Repeat	步进重复式
Stepper and Scan	步进扫描式
STI	浅槽隔离
STL	侧墙转移
Strain Engineering	应变工程
Substitutional	替位的
Switch Resist Polarity	光刻胶极性反转
TAB	载带式自动键合
TCE	热膨胀系数
TCS	三氯硅烷
Technology Node	技术节点
Technology Generation	技术代
TED	瞬态增强扩散
TEM	透射电镜
TEOS	正硅酸四乙脂
TFT	薄膜场效应晶体管
Thermal Budget	热预算
TI	美国德州仪器
TMAH	四甲基氢氧化氨
Total Test Time	测试消耗时间
Trim-etch Approach	刻蚀修饰法
TSOP	小薄型封装
TXRF	全反射 X 射线荧光
UBM	金属层凸点下金属层
ULSI	甚大规模集成电路
USJ	超浅结

UV	紫外线
UV-NIL	紫外固化压印技术
Vacancy	空位
VLSI	超大规模集成电路
VPE	气相外延
V_{th} Roll-Off	器件阈值电压滚降
Wafer Etch	晶圆刻蚀
Wafer-Level-Packaging	晶圆级封装
Wafer Slicing	切片
Wafer Sort	晶圆拣选
WDX & EDX	波长和能量色散谱仪
Well	阱
WET	晶圆电参数测试
WFM	功函数金属层
Wire Bonding	引线键合
W Plug	钨塞
XPS	X 射线光电能谱分析仪
Yield	成品率、良率
Yield Management System	成品率管理系统
μTM	微转移成形